航空发动机基础与教学丛书

航空发动机
转子-支承系统的振动
（下册）

廖明夫　王四季　李全坤　苏　越　马瑞贤　著

科学出版社

北　京

内 容 简 介

本书是聚焦航空发动机振动的专著，分为上、下两册。上册为基础篇，从振动基础理论出发，以单转子系统为对象，系统地介绍转子动力学基础理论，为发动机转子-支承系统减振设计提供必备知识。下册为专业篇，以航空发动机转子-支承系统为对象，阐述高压转子和低压转子的“可容模态”设计理论和方法；建立双转子解析模型，揭示双转子系统的振动特性和参数影响规律；建立双转子系统模态动平衡理论，论述双转子系统“可容模态”优化设计方法；介绍电磁轴承和弹支干摩擦阻尼器主控技术，以激发读者对发动机振动主动控制的关注和兴趣。

本书集成了作者从事空天发动机振动和振动控制几十年教学和科研的成果，浓缩了作者几十年参与若干型号发动机研制的经验和体会，具有鲜明的专业特色。本书宜作为发动机设计、制造、运行和维护技术人员的专业参考书，也宜用作飞行器动力专业、机械专业和力学专业本科生及研究生的教材。

图书在版编目（CIP）数据

航空发动机转子-支承系统的振动. 下册 / 廖明夫等著. —北京：科学出版社，2023.6
（航空发动机基础与教学丛书）
ISBN 978-7-03-075433-2

Ⅰ. ①航… Ⅱ. ①廖… Ⅲ. ①航空发动机—转子动力学—振动 Ⅳ. ①V231.92

中国国家版本馆 CIP 数据核字（2023）第 068704 号

责任编辑：胡文治 / 责任校对：谭宏宇
责任印制：黄晓鸣 / 封面设计：殷 靓

科学出版社 出版
北京东黄城根北街 16 号
邮政编码：100717
http：//www.sciencep.com
南京展望文化发展有限公司排版
广东虎彩云印刷有限公司印刷
科学出版社发行 各地新华书店经销

*

2023 年 6 月第 一 版 开本：B5（720×1000）
2024 年 1 月第二次印刷 印张：29 1/2
字数：577 000

定价：200.00 元

（如有印装质量问题，我社负责调换）

航空发动机基础与教学丛书

编写委员会

名誉主任

尹泽勇

主　任

王占学

副主任

严　红　缑林峰　刘存良

委　员

（以姓氏笔画为序）

王丁喜　王占学　王治武　乔渭阳　刘存良
刘振侠　严　红　杨青真　肖　洪　陈玉春
范　玮　周　莉　高丽敏　郭迎清　缑林峰

丛书序

航空发动机是“飞机的心脏”，被誉为现代工业“皇冠上的明珠”。航空发动机技术涉及现代科技和工程的许多专业领域，集流体力学、固体力学、热力学、燃烧学、材料学、控制理论、电子技术、计算机技术等学科最新成果的应用为一体，对促进一国装备制造业发展和提升综合国力起着引领作用。

喷气式航空发动机诞生以来的80多年时间里，航空发动机技术经历了多次更新换代，航空发动机的技术指标实现了很大幅度的提高。随着航空发动机各种参数趋于当前所掌握技术的能力极限，为满足推力或功率更大、体积更小、质量更轻、寿命更长、排放更低、经济性更好等诸多严酷的要求，对现代航空发动机发展所需的基础理论及新兴技术又提出了更高的要求。

目前，航空发动机技术正在从传统的依赖经验较多、试后修改较多、学科分离较明显向仿真试验互补、多学科综合优化、智能化引领“三化融合”的方向转变，我们应当敢于面对由此带来的挑战，充分利用这一创新超越的机遇。航空发动机领域的学生、工程师及研究人员都必须具备更坚实的理论基础，并将其与航空发动机的工程实践紧密结合。

西北工业大学动力与能源学院设有“航空宇航科学与技术”（一级学科）和“航空宇航推进理论与工程”（二级学科）国家级重点学科，长期致力于我国航空发动机专业人才培养工作，以及航空发动机基础理论和工程技术的研究工作。这些年来，通过国家自然科学基金重点项目、国家重大研究计划项目和国家航空发动机领域重大专项等相关基础研究计划支持，并与国内外研究机构开展深入广泛合作研究，在航空发动机的基础理论和工程技术等方面取得了一系列重要研究成果。

正是在这种背景下，学院整合师资力量、凝练航空发动机教学经验和科学研究成果，组织编写了这套“航空发动机基础与教学丛书”。丛书的组织和撰写是一项具有挑战性的系统工程，需要创新和传承的辩证统一，研究与教学的有机结合，发展趋势同科研进展的协调论述。按此原则，该丛书围绕现代高性能航空发动机所涉及的空气动力学、固体力学、热力学、传热学、燃烧学、控制理论等诸多学科，系统介绍航空发动机基础理论、专业知识和前沿技术，以期更好地服务于航空发动机领域的关键技术攻关和创新超越。

丛书包括专著和教材两部分,前者主要面向航空发动机领域的科技工作者,后者则面向研究生和本科生,将两者结合在一个系列中,既是对航空发动机科研成果的及时总结,也是面向新工科建设的迫切需要。

丛书主事者嘱我作序,西北工业大学是我的母校,敢不从命。希望这套丛书的出版,能为推动我国航空发动机基础研究提供助力,为实现我国航空发动机领域的创新超越贡献力量。

2020 年 7 月

前言

振动问题一直是航空发动机研制中的“瓶颈”。究其原因,一是由于发动机转速高、温度高、负荷大、结构复杂且轻柔等自身特点;二是由于在持续追求高比特性的同时,运行工况的变化范围和剧烈程度不断增加,使发动机在工作转速范围内,难以“避开共振”。另外,根据以往的经验和教训,在发动机设计阶段,往往忽视发动机结构动力学的设计,惯常的流程是验算叶片的自振频率和转子的临界转速,很可能使振动问题成为“先天缺陷”潜伏在设计中。将减振设计贯穿在发动机设计的整个流程之中是解决振动问题的根本出路。这需要系统的动力学基础理论来支撑。

转子-支承系统是发动机的核心部件,既是发动机振动的主体,也是发动机振动的主要激振源。因此,转子-支承系统的振动与振动控制是航空发动机结构动力学设计的核心内容。本书正是针对这一亟需而撰写的,期望对航空发动机研制有所贡献。

本书集成了作者从事空天发动机振动和振动控制几十年教学和科研的成果,特别是浓缩了作者几十年参与若干型号发动机研制、测试和故障诊断的经验和体会,具有明显的专业性和针对性。本书以问题为导向,强调理论与实践的结合,特别注重从理论源头揭示机理,同时也注重在实际设计中的应用。本书宜作为发动机设计、制造、运行和维护技术人员的专业参考书,也适合用作飞行器动力专业、机械专业和力学专业本科生及研究生的教材。

全书共计 22 章,分为上、下两册。第 1 册为基础篇,包括第 1 章至第 14 章的内容,从振动基础理论开始,以单转子系统为对象,系统地介绍转子动力学基础理论,这是发动机转子-支承系统减振设计的必备知识。第 2 册为专业篇,包括第 15 章至第 22 章的内容,着重以航空发动机转子-支承系统为对象,阐述高压转子和低压转子的“可容模态”设计理论和方法,并给出设计示例。分析双转子系统的振动,首先建立双转子解析模型,由此通过完备的解析结果,揭示支承刚度、支承阻尼、转子刚度和惯量,以及中介支承刚度及其各向异性对双转子振动的影响规律。建立双转子系统模态动平衡理论和方法,阐明双转子“临界跟随”现象及其机理,描述双转子系统“可容模态”优化设计理论和方法，并给出设计示例和实验验证结果。考虑到转子振动主动控制将是未来发动机研制的支撑技术，故在第2册中，即第21章和第22章，重点介绍电磁轴承和弹支干摩擦阻尼器主动控制转子振动的理论和方法，以激发读者对发动机振动主动控制的关注和兴趣。

本书的上、下两册相互联系，又相对独立完整。采用这样的结构安排，一方面是考虑能够由简入繁、步步深入地形成发动机振动和振动控制的系统知识链，设计师们可按照台阶拾级而上，逐步掌握发动机减振设计和解决振动问题必备的理论基础和方法；另一方面，还考虑到不同专业和岗位的工程技术人员具有不同的要求，分成两册便于他们选择不同的部分来学习。作为教材，这样的结构安排有助于读者循序渐进地学习，也利于教师根据不同的学生类型取舍内容。

本书各章内容如下：

第1章介绍单自由度系统的振动，引入自振频率的概念及共振现象，给出振动系统阻尼的估计方法和振动烈度的度量方法。本章为发动机转子-支承系统振动初学者的入门知识。

第2章分析支座激振及振动隔离。台架或者飞机的振动均可引起发动机的振动。即使对发动机本身而言，附件或者机匣的振动也可导致转子振动。为简单起见，把这种现象视作支座激振。支座的运动可源自多种激扰源，例如，机翼振动、飞机起降的冲击、邻近机器的激扰、地震等。另一方面，转子的振动将会通过支承传至机匣，再由安装节传至飞机，引起飞机的振动，威胁飞行安全。这两个问题看似完全不同，但本质上是同一个问题的两个方面，都可通过振动的隔离加以解决。本章仍将发动机简化成单自由度系统，讨论支座激起的机器振动，分析发动机传到飞机的激扰力。在此基础上，阐明振动隔离的原理及方法。虽然高度简化，但原理与方法并不失一般性。

第3章讨论单盘对称转子的振动。本章为转子动力学基础，首先分析转子的涡动和不平衡响应，引入临界转速的概念，着重讨论转子的幅频特性及相频特性。最后，阐述转子系统阻尼的估计方法，并给出应用实例。

第4章分析带弯曲轴和非圆轴的转子振动。着重揭示它们的影响规律以及在此影响下转子的振动表现特征，有助于对带弯曲轴的转子进行动平衡，也有助于转子故障诊断。

第5章揭示支承刚度各向异性对转子振动的影响规律。分析转子的正、反进动，重点讨论支承反对称交叉刚度对转子稳定性的影响。

第6章讨论带偏置盘转子的振动。引入陀螺力矩，分析回转效应对临界转速的影响。特别分析了转子“临界跟随”现象及其对转子振动特性的影响。

第7章剖析叶轮间隙激振。在汽轮机、轴流压缩机、航空发动机等轴流机械中，当转子受某种激扰，其轴心偏离机匣的中心位置时，叶轮与机匣的顶间隙就要发生变化。顶间隙小的一边叶轮所受周向力大,顶间隙大的一边叶轮所受的周向力小。最终产生间隙激振力,可导致转子发生正进动失稳(涡轮)或反进动失稳(压气机)。本章介绍间隙激振力的计算方法和在此力作用下转子的振动特征。

第 8 章论述转子振动的进动分析方法。给出全频域分解转子正、反进动量的算法和表达方法,介绍复向量的内积法则,引入 6 个廖氏进动分析定理及其证明,结合实例说明进动分析方法的应用。

第 9 章分析转子系统的失稳振动。流构耦合、结构内摩擦、转/静碰摩等因素都可能会引起转子失稳振动。超过某一失稳门坎转速后,转子失稳振动会突然发作,转子从工质中、或者从驱动系统中持续吸取能量,并转化成自身振动的动能。失稳振动一旦发生,引起故障的风险很大。

1924 年 Newkirk 详细报道了高炉风机失稳振动现象。此后,Newkirk 和 Kimball 开展了理论研究,以图揭示失稳产生的机理。他们得出圆柱面热套产生的内摩擦可使转子失稳的结论。随后,Lund、Gunter、Kraemer、Gasch 和顾家柳等学者对材料内摩擦、圆柱面配合以及套齿连接结构进行了深入的理论和实验研究。本章以他们的研究结果为基础,以材料内阻尼、圆柱面配合以及套齿连接为失稳源,分析由此引起转子失稳振动的机理和影响因素。

第 10 章阐述振动测试及振动信号分析技术。特别强调振动测试的目的和任务,以引起发动机研制单位对振动测试工作的重视。本章还介绍常用的振动传感器—位移、速度及加速度传感器,讨论信号处理中应注意的几个问题。

第 11 章介绍单转子动平衡理论和方法。考虑到实用性,只介绍刚性转子动平衡和柔性转子的影响系数平衡法。

第 12 章论述柔性单转子模态动平衡理论和方法。对于运转在一阶、二阶甚至三阶临界转速之上的发动机转子,一般的刚性转子动平衡工艺达不到动平衡要求。必须将其视作柔性转子进行高速动平衡。柔性转子动平衡要比刚性转子动平衡复杂得多。它涉及平衡面的选取、各阶模态的确定、转子振动的测量、试重的加法、组件的平衡次序等诸多方面的问题。一般采用模态平衡法或影响系数平衡法对柔性转子实施动平衡。本章分别介绍模态动平衡法中的 N 平面法和 N+2 平面法,给出单转子模态动平衡的一般流程和步骤。

第 13 章介绍挤压油膜阻尼器。自 20 世纪 60 年代以来,挤压油膜阻尼器在航空发动机上获得了广泛应用,取得了较好的减振效果。本章系统地介绍挤压油膜阻尼器的原理和基础理论,以单转子为对象,建立挤压油膜阻尼器与转子系统匹配设计的方法,展示实验验证的结果。

第 14 章介绍转子动力学特性计算和优化设计方法。引入计算转子振动特性的传递矩阵法和有限元法,以此为基础,建立转子优化设计方法。分别按照“临界转速裕度”准则和“可容模态”准则对转子进行优化设计,比较两种设计结果,并给出设计示例。

第 15 章详细讨论航空发动机高压转子结构动力学设计方法。首先建立发动机高压转子结构动力学模型，讨论转子抗振设计的要素，给出支承刚度匹配和动平衡时相位匹配的准则，引入参数临界转速的概念，最后用示例说明发动机高压转子的设计方法和步骤。

第 16 章论述航空发动机转子振动的“可容模态”和减振设计方法。高性能航空发动机在工作期间，转子频繁越过若干阶临界转速，工作点甚至落在临界转速位置或邻域，难以保证工作转速与临界转速之间的裕度要求，简言之，完全“避开共振”难以实现。转子的临界转速将成为发动机的工作转速。转子的动力学设计面临从“避开共振”向“容忍共振”的设计方向发展的挑战。为此，本章引入转子“可容模态”概念，对应的临界转速定义为“可容临界”，即“可容忍的共振”。建立“可容模态”下，转子减振设计方法和准则，以发动机低压转子模型为例，验证“可容模态”设计方法，并给出设计流程。

第 17 章分析双转子-支承系统的振动。以简化的双转子模型为基础，分析双转子的耦合振动特性，着重揭示中介轴承刚度各向异性对双转子振动的影响规律，从理论上证明，中介轴承刚度各向异性将产生转子“重力临界”现象，并引起组合频率成分的不平衡响应。

第 18 章论述发动机双转子系统模态动平衡方法。双转子系统在运转时由于是双频激励，即高压激励与低压激励，由此在各自的激振频率上所产生的模态则称之为高压激励模态与低压激励模态。这两组模态的正交性是双转子系统动力学特性的核心要素，也是双转子系统动平衡的理论基础。本章首先以一离散双转子模型为对象，分析双转子系统模态的正交性。利用复模态分析方法，理论证明了，当高压转速和低压转速之比恒定时，低压转子主激励的模态组是正交的，高压转子主激励的模态组也是正交的。但当转速比变化时，两组模态都不正交。即使转速比恒定，低压激励的模态组与高压激励的模态组之间也不存在正交性。另外，建立了双转子系统不平衡响应的模态分解方法和双转子系统不平衡响应的统一表达式。双转子的模态正交性理论为双转子模态动平衡奠定了基础。由此建立双转子系统模态动平衡的 N_1+N_2 平面法和 N_1+N_2+4 平面法，给出双转子系统模态动平衡的流程和步骤。

第 19 章分析双转子系统“临界跟随”特征和参数影响规律。建立一双转子模型，揭示双转子“临界跟随”现象的机理以及参数影响规律，建立确定双转子“临界跟随”条件的理论方法，分析“临界跟随”条件下双转子系统的响应特征，得到双转子表现出“临界跟随”特征的参数条件。对双转子在“临界跟随”条件下的动力学特性进行计算和分析，探明同转和对转双转子“临界跟随”的特征，总结出“临界跟随”状态下双转子系统的响应规律，为消除“临界跟随”现象奠定理论基础。

第 20 章介绍航空发动机双转子–支承系统动力学设计方法。首先阐述双转子动力学优化设计流程，并给出优化设计的初始模型，进而讨论转子系统不平衡响应关于设计参数的灵敏度，分别介绍以“裕度准则”为基础的优化设计方法和“可容模态”优化设计方法，并给出设计示例。最后，详细说明实验验证结果。

第 21 章介绍电磁轴承。电磁轴承在地面机械中已获得成功应用，显现突出的自适应优势。目前虽未应用于航空发动机，但随着技术进步和发动机对自适应减振结构的不断需求，未来有可能应用于航空发动机。本章论述电磁轴承的基本结构和工作原理，分析带电磁轴承转子的振动特性，介绍电磁轴承几种振动控制方法，讨论设计中应注意的几个问题。

第 22 章介绍弹支干摩擦阻尼器。弹支干摩擦阻尼器是一种新型的自适应转子减振机构，可实现转子振动主动控制，由西北工业大学研制。本章介绍弹支干摩擦阻尼器的原理和几种典型结构，剖析减振和镇定机理，建立弹支干摩擦阻尼器实施振动主动控制的两种控制方法。最后，展示实验验证结果。

李全通教授对本书的第 1 章至第 12 章进行了修订和校对，金路博士和宋明波博士分别对第 14 章和第 22 章进行了校对。全书的格式、图表修订和校对由景琰婷女士负责。作者在此对他们表示衷心感谢。

在本书的编写过程中，得到西工大动力与能源学院杨伸记高级工程师、李岩博士、刘准博士、黄江博博士、赵璐博士、赵清周博士、周旋博士、王瑞博士、王术光博士、兰翱博士等师生的帮助和支持。另外，国家科技重大专项(2017－IV－0001－0038)给予了大力支持。在此表示衷心感谢。

由于作者水平有限，错误和不足在所难免，恳请读者批评指正。

廖明夫
2022 年 9 月

目 录

第 16 章 航空发动机低压转子的“可容模态”和减振设计

第 17 章 航空发动机双转子系统的振动

第 18 章　发动机双转子系统模态动平衡理论与方法

第 19 章　双转子系统“临界跟随”特征和参数影响规律

第20章 航空发动机双转子系统动力学设计

第 21 章　电磁轴承及带电磁轴承转子的振动

第 22 章　弹支干摩擦阻尼器

第 15 章
航空发动机高压转子的结构动力学设计方法

航空发动机的高压转子由高压压气机转子、高压涡轮转子和支承系统构成。一般情况下，将转子设计成刚性转子，而支承带有弹性，且在前支点配置弹支和挤压油膜阻尼器，例如，图 15.1 所示的 GE90 发动机就采用了这种设计方案[1]。

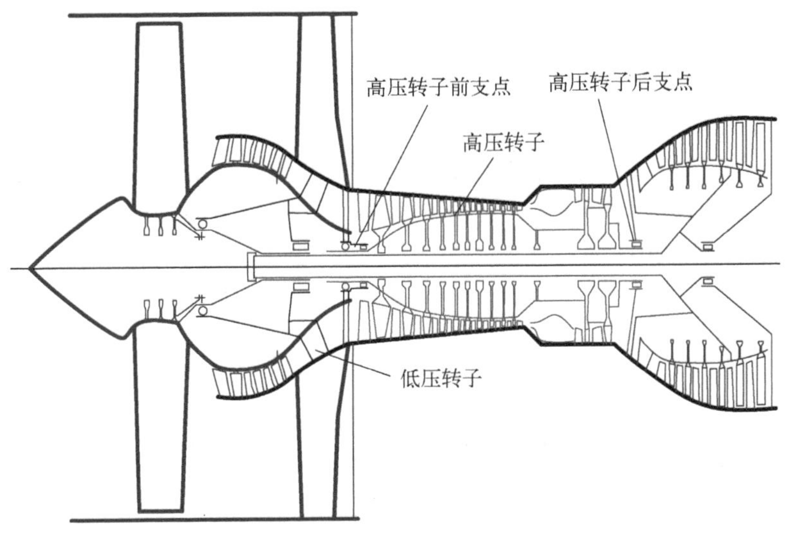

图 15.1　GE90 发动机结构简图

在设计高压转子时，需要确定转子的模态，但往往仅关注转子临界转速的配置，即要求一阶临界转速（平动模态）在发动机慢车以下，而二阶临界转速（俯仰模态）则有可能在工作转速范围之内。发动机每次运行，都将通过临界转速。因此，需在支承处设计挤压油膜阻尼器，以减小转子通过临界转速时的振动。挤压油膜阻尼器一般配置在高压转子的前支点处。阻尼器的阻尼效果将受到转子结构参数的影响。

转子的结构动力学设计是高压转子设计的关键。设计的目标是在发动机整个工作转速范围内，保证转子振动水平不超过限制值。设计时要解决的主要问题是[2]：

（1）如何建立动力学模型，以便优化设计和积累设计经验；

（2）如何设计转子结构，包括弹性支承，以达到"转速裕度"要求，即"避开共振"的要求；

（3）如何优化转子的参数，才能更有效地发挥挤压油膜阻尼器的减振作用；

（4）如何优化转子的模态、制定平衡工艺，以降低转子对不平衡量变化的敏感度。

为此，本章建立高压转子的动力学模型，考虑转子设计的所有参数，从理论上，建立转子两阶临界转速的上界估计方法，提出高压转子结构动力学设计的基本准则。该准则包含转子设计的所有参数，并以无量纲化的组合参数形式表达，可对高压转子的设计提供明确的指导。

15.1　高压转子的动力学模型和振动模态

可将高压转子简化为如图 15.2 所示的模型。刚性转子支承在两个弹性支座之上。转子质量为 M，极转动惯量为 I_p，绕质心的转动惯量为 I_d，质心距前支点的距离为 a，阻尼器设置在前支点处，阻尼系数为 d，两个弹性支承的刚度分别为 s_{b1} 和 s_{b2}，两支点间的距离为 L。

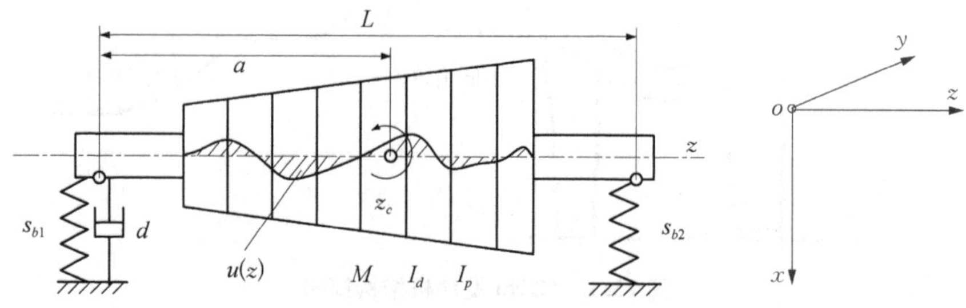

图 15.2　高压转子的动力学模型和坐标系[2,3]

设转子质心的位置为 z_c，长度 $b = L - a$，取如图 15.2 所示的 $oxyz$ 坐标系。

在 oxz 平面上，转子的位移和转角如图 15.3 所示，可列出如下的自由振动微分方程：

$$
\begin{aligned}
&M\ddot{x} + (s_{b1} + s_{b2})x - (as_{b1} - bs_{b2})\theta_y = 0 \\
&I_d\ddot{\theta}_y - I_p\Omega\dot{\theta}_x - (as_{b1} - bs_{b2})x + (a^2 s_{b1} + b^2 s_{b2})\theta_y = 0
\end{aligned}
\tag{15.1}
$$

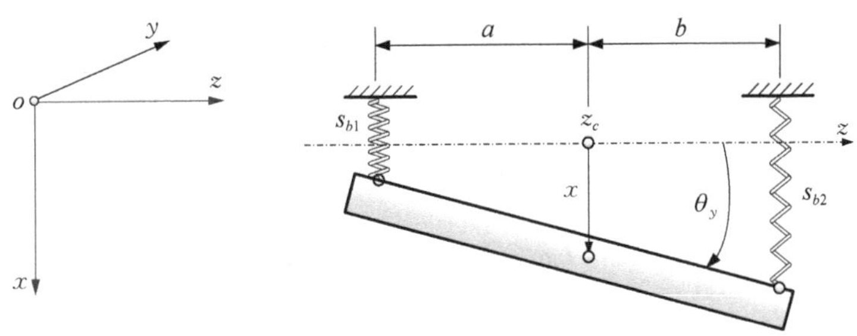

图 15.3　oxz 平面转子的位移和转角

同样,在 oyz 平面,如图 15.4 所示,根据转子位移和转角以及所受的力,写出自由振动微分方程如下:

$$
\begin{aligned}
&M\ddot{y} + (s_{b1} + s_{b2})y + (as_{b1} - bs_{b2})\theta_x = 0 \\
&I_d\ddot{\theta}_x + I_p\Omega\dot{\theta}_y + (as_{b1} - bs_{b2})y + (a^2 s_{b1} + b^2 s_{b2})\theta_x = 0
\end{aligned}
\tag{15.2}
$$

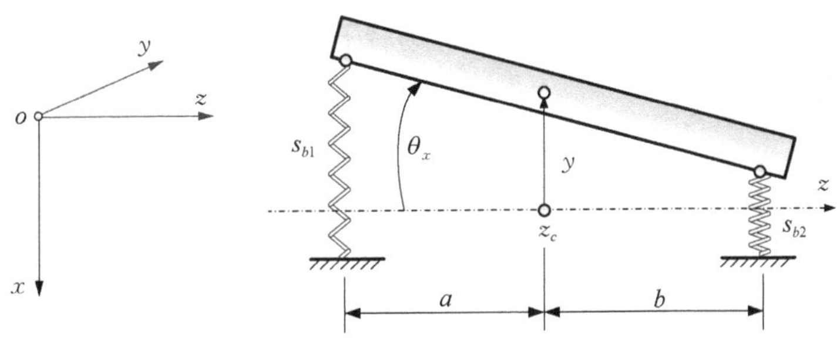

图 15.4　oyz 平面转子的位移和转角

引入 $\boldsymbol{r} = x + \mathrm{j}y$, $\boldsymbol{\theta} = \theta_x + \mathrm{j}\theta_y$, 则式(15.1)和式(15.2)所描述的 4 个方程可合写成如下的 2 个复向量方程:

$$
\begin{bmatrix} M & 0 \\ 0 & I_d \end{bmatrix}\begin{Bmatrix} \ddot{\boldsymbol{r}} \\ \ddot{\boldsymbol{\theta}} \end{Bmatrix} + \begin{bmatrix} 0 & 0 \\ 0 & -\mathrm{j}I_p\Omega \end{bmatrix}\begin{Bmatrix} \dot{\boldsymbol{r}} \\ \dot{\boldsymbol{\theta}} \end{Bmatrix} + \begin{bmatrix} s_{b1} + s_{b2} & \mathrm{j}(as_{b1} - bs_{b2}) \\ -\mathrm{j}(as_{b1} - bs_{b2}) & (a^2 s_{b1} + b^2 s_{b2}) \end{bmatrix}\begin{Bmatrix} \boldsymbol{r} \\ \boldsymbol{\theta} \end{Bmatrix} = \begin{Bmatrix} 0 \\ 0 \end{Bmatrix}
\tag{15.3}
$$

式中, $\boldsymbol{r}$ 为转子质心位移; $\boldsymbol{\theta}$ 为转子绕质心的转角。

设方程的解为

$$
\begin{Bmatrix} \boldsymbol{r} \\ \boldsymbol{\theta} \end{Bmatrix} = \begin{Bmatrix} \boldsymbol{r}_0 \\ \boldsymbol{\theta}_0 \end{Bmatrix} \boldsymbol{e}^{\mathrm{j}\omega t}
\tag{15.4}
$$

代入方程(15.3)后,得

$$\begin{bmatrix} s_{b1} + s_{b2} - M\omega^2 & \mathrm{j}(as_{b1} - bs_{b2}) \\ -\mathrm{j}(as_{b1} - bs_{b2}) & a^2 s_{b1} + b^2 s_{b2} + I_p\omega\Omega - I_d\omega^2 \end{bmatrix} \begin{Bmatrix} \boldsymbol{r}_0 \\ \boldsymbol{\theta}_0 \end{Bmatrix} = 0 \tag{15.5}$$

由此得到特征方程为

$$(a^2 s_{b1} + b^2 s_{b2} + I_p\omega\Omega - I_d\omega^2)(s_{b1} + s_{b2} - M\omega^2) - (as_{b1} - bs_{b2})^2 = 0 \tag{15.6}$$

或

$$\begin{aligned} &MI_d\omega^4 - MI_p\Omega\omega^3 - [M(a^2 s_{b1} + b^2 s_{b2}) + (s_{b1} + s_{b2})I_d]\omega^2 \\ &\quad + I_p(s_{b1} + s_{b2})\Omega\omega + L^2 s_{b1} s_{b2} = 0 \end{aligned} \tag{15.7}$$

引入如下无量纲参数: $\dfrac{a}{L}$ 为转子相对质心位置; $\dfrac{I_d}{ML^2}$ 为转子相对转动惯量; $\bar{\omega} = \sqrt{\dfrac{s_{b1} + s_{b2}}{M}}$ 为转子当量临界转速; $\dfrac{s_{b1}}{s_{b2}}$ 为转子支承刚度比; $\lambda = \dfrac{\omega}{\bar{\omega}}$ 为转子相对临界转速,特征方程则变为

$$\begin{aligned} &\lambda^4 - \frac{I_p}{I_d}\frac{\Omega}{\bar{\omega}}\lambda^3 - \left[\frac{\left(\dfrac{a}{L}\right)^2\left(1 + \dfrac{s_{b1}}{s_{b2}}\right) + \left(1 - \dfrac{2a}{L}\right)}{\left(1 + \dfrac{s_{b1}}{s_{b2}}\right)\dfrac{I_d}{ML^2}} + 1\right]\lambda^2 \\ &\quad + \frac{I_p}{I_d}\frac{\Omega}{\bar{\omega}}\lambda + \frac{s_{b1}/s_{b2}}{\left(1 + \dfrac{s_{b1}}{s_{b2}}\right)^2 \dfrac{I_d}{ML^2}} = 0 \end{aligned} \tag{15.8}$$

由此式可解得转子的临界转速。

转子的振型为

$$\boldsymbol{r}_{0i} = -\mathrm{j}\frac{as_{b1} - bs_{b2}}{s_{b1} + s_{b2} - M\omega_i^2}\boldsymbol{\theta}_{0i} = -\mathrm{j}\frac{L\left(\dfrac{a}{L} - \dfrac{1}{1 + \dfrac{s_{b1}}{s_{b2}}}\right)}{1 - \lambda_i^2}L\boldsymbol{\theta}_{0i},\ i = 1, 2\ \text{振型阶数} \tag{15.9}$$

图 15.5 表示转子的两阶振型。

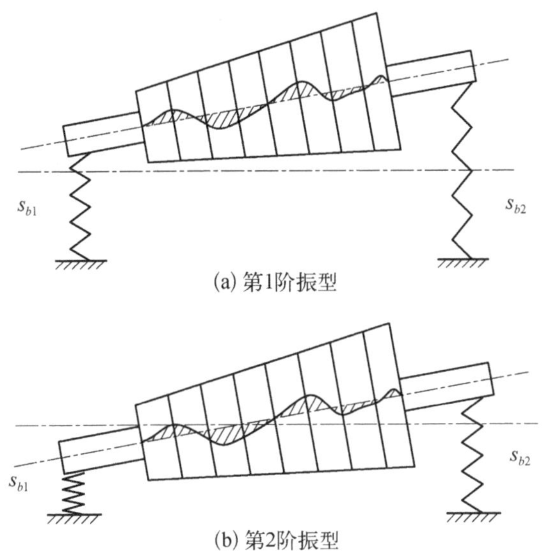

图 15.5　转子的两阶振型[2,3]

由式(15.8)和式(15.9)可见,转子的模态取决于 $\dfrac{a}{L}$、$\dfrac{I_d}{ML^2}$、$\dfrac{I_P}{I_d}$、$\bar{\omega}^2 = \dfrac{s_{b1} + s_{b2}}{M}$ 和 $\dfrac{s_{b1}}{s_{b2}}$ 这 5 个无量纲参数。在气动设计完成后,转子质量 M 和长度 L 可能是确定的。$\dfrac{a}{L}$ 为转子质心的相对轴向位置,ML^2 是转子可能的最大转动惯量。由于 $I_e = I_d\left(1 - \dfrac{I_P}{I_d}\dfrac{\Omega}{\omega}\right)$,故转子的模态还与极转动惯量和质心转动惯量之比 $\dfrac{I_P}{I_d}$,以及转速比 $\dfrac{\Omega}{\omega}$ 相关。$\dfrac{s_{b1}}{s_{b2}}$ 为前后两个支承的刚度比,$\sqrt{\dfrac{s_{b1} + s_{b2}}{M}} = \bar{\omega}$ 定义为转子的当量临界转速。在转子设计时,恰当地选取这些设计参数,就可满足特定的结构动力学设计要求。

选定上述的设计参数,就可由式(15.8)解出转子的临界转速。图 15.6 为 $\dfrac{s_{b1}}{s_{b2}} = 1/2$;$\dfrac{a}{L} = 1/2$;$\dfrac{I_d}{ML^2} = 1/6$;$\dfrac{I_P}{I_d} = 1/2, 1, 2$ 时,转子的临界转速与转子工作转速之间的关系。图中转子转速为相对转速 $\dfrac{\Omega}{\bar{\omega}}$。

由图 15.6 可见,任何情况下,第一阶临界转速 $\omega_1 < \bar{\omega}$,且随转速增大趋近于

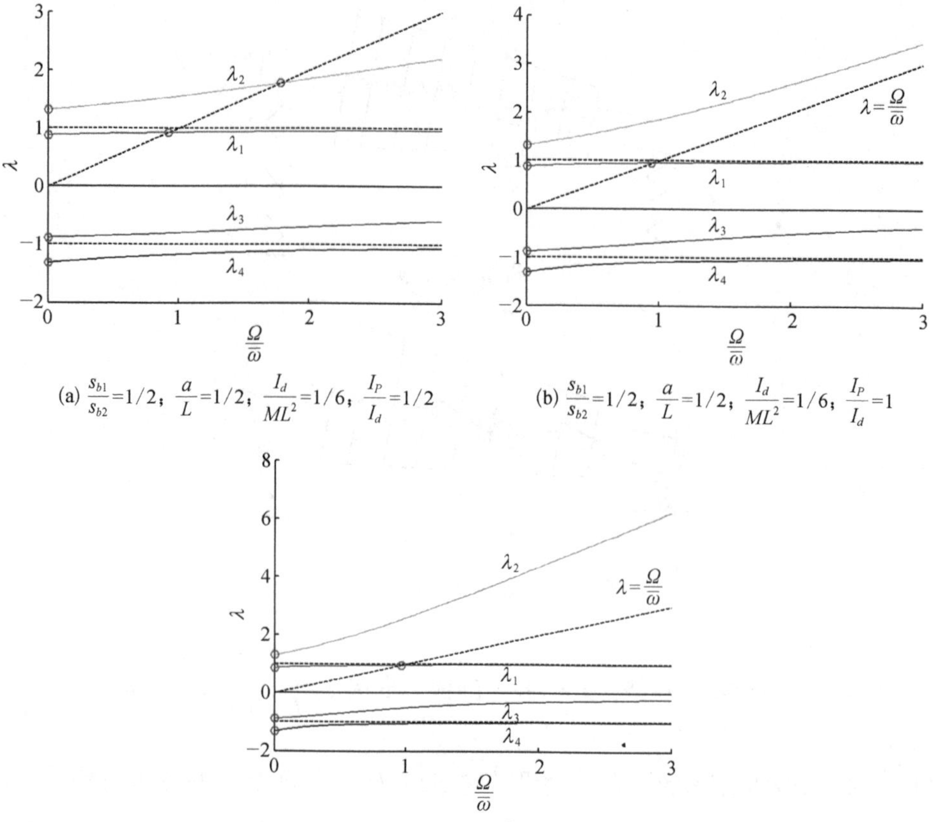

(a) $\frac{s_{b1}}{s_{b2}}=1/2$；$\frac{a}{L}=1/2$；$\frac{I_d}{ML^2}=1/6$；$\frac{I_P}{I_d}=1/2$

(b) $\frac{s_{b1}}{s_{b2}}=1/2$；$\frac{a}{L}=1/2$；$\frac{I_d}{ML^2}=1/6$；$\frac{I_P}{I_d}=1$

(c) $\frac{s_{b1}}{s_{b2}}=1/2$；$\frac{a}{L}=1/2$；$\frac{I_d}{ML^2}=1/6$；$\frac{I_P}{I_d}=2$

图 15.6　转子的临界转速与转速之间的关系

$\bar{\omega}$。随着 $\frac{I_P}{I_d}$ 增大，转子的陀螺力矩对第二阶临界转速的影响增大。当 $\frac{I_p}{I_d}>1$ 时，转速频率激振力不会激起第二阶临界转速共振。$\frac{I_p}{I_d}=1$ 时，转子越过一阶临界转速之后，转速增加，第二阶自振频率也增加，转速可能会始终处在第二阶自振频率的邻域，但始终无法越过第二阶自振频率，转子的振动会居高不下，这就是本书第 6 章所分析的转子动力学“临界跟随”现象。如第 6 章所述，高压压气机为多盘集中的转子，出现“临界跟随”现象（$I_p=I_d$）的可能性较大。出现临界跟随现象之后，转子响应对不平衡力矩特别敏感。而高压压气机一般都存在不平衡力矩。因此，在高压转子设计时，应避免出现 $I_p=I_d$ 的情况。

值得注意的是，由于陀螺力矩对第二阶临界转速的影响较大，故第二阶振型会随转速发生变化。图 15.7 分别表示转速为 0 和转速为协调正进动临界转速时的第一阶和第二阶振型。由图 15.7 可见，随转速增加，转子第一阶振型趋向于纯平动，第二阶振型趋向于纯俯仰。图中纵坐标为标一化的振型，r_e 为转子任一轴向位置处的振幅，r_{f0} 则是转速为零时前支点的振幅。横坐标为 $\tilde{z}=\dfrac{z}{L}$。

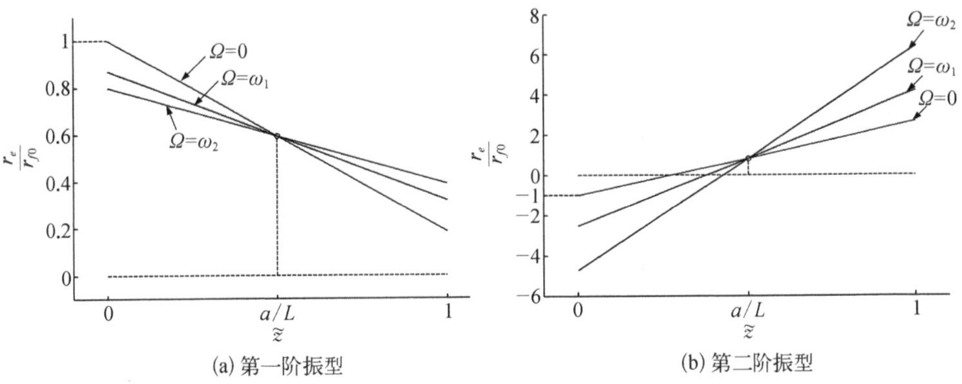

图 15.7　转子的第一阶和第二阶振型随转速的变化

$$\frac{s_{b1}}{s_{b2}}=1/2;\ \frac{a}{L}=1/2;\ \frac{I_d}{ML^2}=1/6;\ \frac{I_P}{I_d}=1/2$$

15.2　转子两阶临界转速的上界估计方法

在转子设计初期，给定转子质量 M，期望在其他参数未知的情况下，通过前后支点刚度 s_{b1} 和 s_{b2} 的配置，初步估计出临界转速的界值。

从图 15.6 可以看出：

$$\omega_1 \leqslant \sqrt{\frac{s_{b1}+s_{b2}}{M}}=\bar{\omega} \leqslant \omega_2 \tag{15.10}$$

$$\text{且当}\frac{\left(1-\dfrac{I_p}{I_d}\right)I_d}{ML^2} \geqslant \frac{1}{12}\text{时，}\omega_2 \leqslant 2\sqrt{\frac{s_{b1}+s_{b2}}{M}}=2\bar{\omega} \tag{15.11}$$

以下证明这 2 个关系的普适性。

转子的振动特征方程为

$$MI_d\left(1-\frac{I_P}{I_d}\frac{\Omega}{\omega}\right)\omega^4-\left[M(a^2s_{b1}+b^2s_{b2})+I_d(s_{b1}+s_{b2})\left(1-\frac{I_P}{I_d}\frac{\Omega}{\omega}\right)\right]\omega^2+L^2s_{b1}s_{b2}=0 \tag{15.12}$$

令

$$I_e = I_d\left(1 - \frac{I_P}{I_d}\frac{\Omega}{\omega}\right) \tag{15.13}$$

于是,可把自振频率表示为

$$\begin{aligned}
\omega_{1,2}^2 &= \frac{M(a^2 s_{b1} + b^2 s_{b2}) + I_e(s_{b1} + s_{b2})}{2MI_e} \\
&\quad \pm \frac{1}{2MI_e}\sqrt{[M(a^2 s_{b1} + b^2 s_{b2}) + I_e(s_{b1} + s_{b2})]^2 - 4MI_e s_{b1} s_{b2} L^2} \\
&= \frac{s_{b1} + s_{b2}}{M}\left[\frac{\left(\frac{a}{L}\right)^2\left(1 + \frac{s_{b1}}{s_{b2}}\right) + 1 - 2\frac{a}{L}}{\left(1 + \frac{s_{b1}}{s_{b2}}\right)\frac{2I_e}{ML^2}} + \frac{1}{2}\right] \\
&\quad \pm \frac{s_{b1} + s_{b2}}{M}\sqrt{\left[\frac{\left(\frac{a}{L}\right)^2\left(1 + \frac{s_{b1}}{s_{b2}}\right) + 1 - 2\frac{a}{L}}{\left(1 + \frac{s_{b1}}{s_{b2}}\right)\frac{2I_e}{ML^2}} + \frac{1}{2}\right]^2 - \frac{\frac{s_{b1}}{s_{b2}}}{\left(1 + \frac{s_{b1}}{s_{b2}}\right)^2\frac{I_e}{ML^2}}}
\end{aligned} \tag{15.14}$$

以下首先证明 $\omega_1 \leqslant \sqrt{\frac{s_{b1} + s_{b2}}{M}} = \bar{\omega}$。

$$\begin{aligned}
\omega_1^2 = \frac{s_{b1} + s_{b2}}{M}&\left\{\left[\frac{\left(\frac{a}{L}\right)^2\left(1 + \frac{s_{b1}}{s_{b2}}\right) + 1 - 2\frac{a}{L}}{\left(1 + \frac{s_{b1}}{s_{b2}}\right)\frac{2I_e}{ML^2}} + \frac{1}{2}\right]\right. \\
&\left. - \sqrt{\left[\frac{\left(\frac{a}{L}\right)^2\left(1 + \frac{s_{b1}}{s_{b2}}\right) + 1 - 2\frac{a}{L}}{\left(1 + \frac{s_{b1}}{s_{b2}}\right)\frac{2I_e}{ML^2}} + \frac{1}{2}\right]^2 - \frac{\frac{s_{b1}}{s_{b2}}}{\left(1 + \frac{s_{b1}}{s_{b2}}\right)^2\frac{I_e}{ML^2}}}\right\}
\end{aligned} \tag{15.15}$$

只要证明大括号中的项等于或小于 1,就得到 $\omega_1^2 \leqslant \frac{s_{b1}+s_{b2}}{M} = \bar{\omega}^2$, 即要证明:

$$\left[\frac{\left(\frac{a}{L}\right)^2\left(1+\frac{s_{b1}}{s_{b2}}\right)+1-2\frac{a}{L}}{\left(1+\frac{s_{b1}}{s_{b2}}\right)\frac{2I_e}{ML^2}}+\frac{1}{2}\right]$$

$$-\sqrt{\left[\frac{\left(\frac{a}{L}\right)^2\left(1+\frac{s_{b1}}{s_{b2}}\right)+1-2\frac{a}{L}}{\left(1+\frac{s_{b1}}{s_{b2}}\right)\frac{2I_e}{ML^2}}+\frac{1}{2}\right]^2-\frac{\frac{s_{b1}}{s_{b2}}}{\left(1+\frac{s_{b1}}{s_{b2}}\right)^2\frac{I_e}{ML^2}}} \leqslant 1 \quad (15.16)$$

或

$$\left(\left[\frac{\left(\frac{a}{L}\right)^2\left(1+\frac{s_{b1}}{s_{b2}}\right)+1-2\frac{a}{L}}{\left(1+\frac{s_{b1}}{s_{b2}}\right)\frac{2I_e}{ML^2}}+\frac{1}{2}\right]-1\right)^2 \leqslant \left[\frac{\left(\frac{a}{L}\right)^2\left(1+\frac{s_{b1}}{s_{b2}}\right)+1-2\frac{a}{L}}{\left(1+\frac{s_{b1}}{s_{b2}}\right)\frac{2I_e}{ML^2}}+\frac{1}{2}\right]^2$$

$$-\frac{\frac{s_{b1}}{s_{b2}}}{\left(1+\frac{s_{b1}}{s_{b2}}\right)^2\frac{I_e}{ML^2}} \quad (15.17)$$

将不等式的左、右两端展开,并整理得

$$-2\left[\frac{\left(\frac{a}{L}\right)^2\left(1+\frac{s_{b1}}{s_{b2}}\right)+1-2\frac{a}{L}}{\left(1+\frac{s_{b1}}{s_{b2}}\right)\frac{2I_e}{ML^2}}+\frac{1}{2}\right]+1 \leqslant -\frac{\frac{s_{b1}}{s_{b2}}}{\left(1+\frac{s_{b1}}{s_{b2}}\right)^2\frac{I_e}{ML^2}} \quad (15.18)$$

或

$$\frac{\frac{s_{b1}}{s_{b2}}}{\left(1+\frac{s_{b1}}{s_{b2}}\right)^2\frac{I_e}{ML^2}} \leqslant 2\left[\frac{\left(\frac{a}{L}\right)^2\left(1+\frac{s_{b1}}{s_{b2}}\right)+1-2\frac{a}{L}}{\left(1+\frac{s_{b1}}{s_{b2}}\right)\frac{2I_e}{ML^2}}+\frac{1}{2}\right]-1 \quad (15.19)$$

化简得

$$\frac{\dfrac{s_{b1}}{s_{b2}}}{\left(1+\dfrac{s_{b1}}{s_{b2}}\right)^2\dfrac{I_e}{ML^2}} \leqslant \frac{\left(\dfrac{a}{L}\right)^2\left(1+\dfrac{s_{b1}}{s_{b2}}\right)+1-2\dfrac{a}{L}}{\left(1+\dfrac{s_{b1}}{s_{b2}}\right)\dfrac{I_e}{ML^2}} \tag{15.20}$$

左、右两边相约,得

$$\frac{\dfrac{s_{b1}}{s_{b2}}}{\left(1+\dfrac{s_{b1}}{s_{b2}}\right)} \leqslant \left(\frac{a}{L}\right)^2\left(1+\frac{s_{b1}}{s_{b2}}\right)+1-2\frac{a}{L} \tag{15.21}$$

左、右两端同乘 $\left(1+\dfrac{s_{b1}}{s_{b2}}\right)$,并合并和移项,得

$$\left(\frac{a}{L}\right)^2\left(1+\frac{s_{b1}}{s_{b2}}\right)^2-2\frac{a}{L}\left(1+\frac{s_{b1}}{s_{b2}}\right)+1 \geqslant 0 \tag{15.22}$$

显见,不等式的左端为

$$\left[\frac{a}{L}\left(1+\frac{s_{b1}}{s_{b2}}\right)-1\right]^2 \geqslant 0 \tag{15.23}$$

于是,证得 $\omega_1^2 \leqslant \dfrac{s_{b1}+s_{b2}}{M}=\bar{\omega}^2$ 是成立的。另外,由图 15.6 可见,随转速增加,ω_1 趋近于 $\bar{\omega}$。

现证明 $\omega_2^2 \geqslant \dfrac{s_{b1}+s_{b2}}{M}=\bar{\omega}^2$。

$$\omega_2^2=\frac{s_{b1}+s_{b2}}{M}\left\{\left[\frac{\left(\dfrac{a}{L}\right)^2\left(1+\dfrac{s_{b1}}{s_{b2}}\right)+1-2\dfrac{a}{L}}{\left(1+\dfrac{s_{b1}}{s_{b2}}\right)\dfrac{2I_e}{ML^2}}+\frac{1}{2}\right]\right.$$
$$\left.+\sqrt{\left[\frac{\left(\dfrac{a}{L}\right)^2\left(1+\dfrac{s_{b1}}{s_{b2}}\right)+1-2\dfrac{a}{L}}{\left(1+\dfrac{s_{b1}}{s_{b2}}\right)\dfrac{2I_e}{ML^2}}+\frac{1}{2}\right]^2-\frac{\dfrac{s_{b1}}{s_{b2}}}{\left(1+\dfrac{s_{b1}}{s_{b2}}\right)^2\dfrac{I_e}{ML^2}}}\right\} \tag{15.24}$$

只要证明大括号中的项等于或大于 1，就得到 $\omega_2^2 \geqslant \dfrac{s_{b1}+s_{b2}}{M}=\bar{\omega}^2$，即要证明：

$$\left[\frac{\left(\frac{a}{L}\right)^2\left(1+\frac{s_{b1}}{s_{b2}}\right)+1-2\frac{a}{L}}{\left(1+\frac{s_{b1}}{s_{b2}}\right)\frac{2I_e}{ML^2}}+\frac{1}{2}\right]+\sqrt{\left[\frac{\left(\frac{a}{L}\right)^2\left(1+\frac{s_{b1}}{s_{b2}}\right)+1-2\frac{a}{L}}{\left(1+\frac{s_{b1}}{s_{b2}}\right)\frac{2I_e}{ML^2}}+\frac{1}{2}\right]^2-\frac{\frac{s_{b1}}{s_{b2}}}{\left(1+\frac{s_{b1}}{s_{b2}}\right)^2\frac{I_e}{ML^2}}}\geqslant 1 \quad (15.25)$$

对上式移项，并取左、右两端的平方可得

$$\left\{1-\left[\frac{\left(\frac{a}{L}\right)^2\left(1+\frac{s_{b1}}{s_{b2}}\right)+1-2\frac{a}{L}}{\left(1+\frac{s_{b1}}{s_{b2}}\right)\frac{2I_e}{ML^2}}+\frac{1}{2}\right]\right\}^2 \leqslant\left[\frac{\left(\frac{a}{L}\right)^2\left(1+\frac{s_{b1}}{s_{b2}}\right)+1-2\frac{a}{L}}{\left(1+\frac{s_{b1}}{s_{b2}}\right)\frac{2I_e}{ML^2}}+\frac{1}{2}\right]^2-\frac{\frac{s_{b1}}{s_{b2}}}{\left(1+\frac{s_{b1}}{s_{b2}}\right)^2\frac{I_e}{ML^2}} \quad (15.26)$$

左、右两端展开，整理后得

$$-2\left[\frac{\left(\frac{a}{L}\right)^2\left(1+\frac{s_{b1}}{s_{b2}}\right)+1-2\frac{a}{L}}{\left(1+\frac{s_{b1}}{s_{b2}}\right)\frac{2I_e}{ML^2}}+\frac{1}{2}\right]+1\leqslant-\frac{\frac{s_{b1}}{s_{b2}}}{\left(1+\frac{s_{b1}}{s_{b2}}\right)^2\frac{I_e}{ML^2}} \quad (15.27)$$

化简后得

$$\frac{s_{b1}}{s_{b2}}-\left[\left(\frac{a}{L}\right)^2\left(1+\frac{s_{b1}}{s_{b2}}\right)+1-\frac{2a}{L}\right]\left(1+\frac{s_{b1}}{s_{b2}}\right)\leqslant 0 \quad (15.28)$$

进一步整理，得

$$-\left(\frac{a}{L}\right)^2\left(1+\frac{s_{b1}}{s_{b2}}\right)^2+2\frac{a}{L}\left(1+\frac{s_{b1}}{s_{b2}}\right)-1\leqslant 0 \tag{15.29}$$

上式左端合并成平方项后，必然成立，即

$$-\left(\frac{a}{L}\left(1+\frac{s_{b1}}{s_{b2}}\right)-1\right)^2\leqslant 0 \tag{15.30}$$

最终证得 $\omega_1 \leqslant \sqrt{\dfrac{s_{b1}+s_{b2}}{M}}=\bar{\omega}\leqslant\omega_2$ 成立。

若陀螺力矩的作用使得 $I_e=I_d\left(1-\dfrac{I_P}{I_d}\dfrac{\Omega}{\omega}\right)=0$，即把转子视作点质量，考虑到式(15.12)，则临界转速为

$$\omega_1^*=\sqrt{\frac{L^2s_{b1}s_{b2}}{M(a^2s_{b1}+b^2s_{b2})}}=\sqrt{\frac{s_{b1}+s_{b2}}{M}}\sqrt{\frac{s_{b1}/s_{b2}}{\left(\dfrac{a}{L}\right)^2\left(1+\dfrac{s_{b1}}{s_{b2}}\right)^2+\left(1+\dfrac{s_{b1}}{s_{b2}}\right)\left(1-\dfrac{2a}{L}\right)}}$$

$$<\sqrt{\frac{s_{b1}+s_{b2}}{M}}=\bar{\omega}$$

接下来证明，当 $\Omega=0$ 时，$\omega_2<2\bar{\omega}$，或 $\omega_2^2<4\bar{\omega}^2$。当 $\Omega=0$ 时，由方程(15.12)解得

$$\omega_2^2=\frac{s_{b1}+s_{b2}}{M}\left\{\left[\frac{\left(\dfrac{a}{L}\right)^2\left(1+\dfrac{s_{b1}}{s_{b2}}\right)+1-2\dfrac{a}{L}}{\left(1+\dfrac{s_{b1}}{s_{b2}}\right)\dfrac{2I_d}{ML^2}}+\frac{1}{2}\right]\right.$$

$$\left.+\sqrt{\left[\frac{\left(\dfrac{a}{L}\right)^2\left(1+\dfrac{s_{b1}}{s_{b2}}\right)+1-2\dfrac{a}{L}}{\left(1+\dfrac{s_{b1}}{s_{b2}}\right)\dfrac{2I_d}{ML^2}}+\frac{1}{2}\right]^2-\frac{\dfrac{s_{b1}}{s_{b2}}}{\left(1+\dfrac{s_{b1}}{s_{b2}}\right)^2\dfrac{I_d}{ML^2}}}\right\}$$

$$=\bar{\omega}^2\left\{\left[\frac{\left(\dfrac{a}{L}\right)^2\left(1+\dfrac{s_{b1}}{s_{b2}}\right)+1-2\dfrac{a}{L}}{\left(1+\dfrac{s_{b1}}{s_{b2}}\right)\dfrac{2I_d}{ML^2}}+\frac{1}{2}\right]\right.$$

$$+\sqrt{\left[\frac{\left(\frac{a}{L}\right)^2\left(1+\frac{s_{b1}}{s_{b2}}\right)+1-2\frac{a}{L}}{\left(1+\frac{s_{b1}}{s_{b2}}\right)\frac{2I_d}{ML^2}}+\frac{1}{2}\right]^2-\frac{\frac{s_{b1}}{s_{b2}}}{\left(1+\frac{s_{b1}}{s_{b2}}\right)^2\frac{I_d}{ML^2}}}\Bigg\} \tag{15.31}$$

高压转子绕质心的转动惯量始终满足：

$$I_d \geqslant \frac{ML^2}{12} \tag{15.32}$$

即转子绕质心的转动惯量总会大于如图 15.8 所示的匀质轴绕质心的转动惯量。

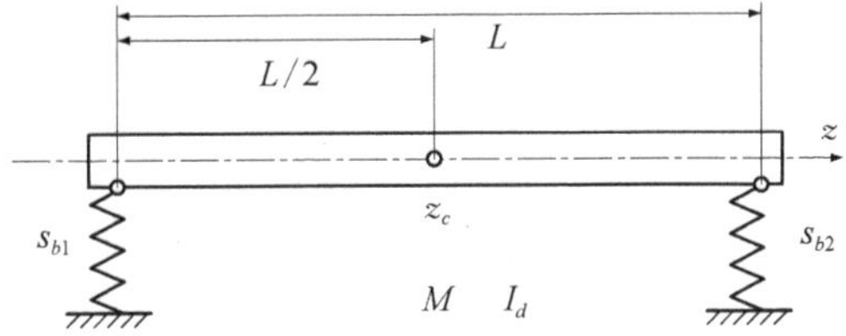

图 15.8　匀质轴

当取 $I_d=\frac{ML^2}{12}$，$\frac{a}{L}=\frac{1}{2}$ 时，ω_2 获最大值，即

$$\omega_2^2=\frac{s_{b1}+s_{b2}}{M}\left\{\left[\frac{\left(\frac{a}{L}\right)^2\left(1+\frac{s_{b1}}{s_{b2}}\right)+1-2\frac{a}{L}}{\left(1+\frac{s_{b1}}{s_{b2}}\right)\frac{2I_d}{ML^2}}+\frac{1}{2}\right]\right.$$

$$\left.+\sqrt{\left[\frac{\left(\frac{a}{L}\right)^2\left(1+\frac{s_{b1}}{s_{b2}}\right)+1-2\frac{a}{L}}{\left(1+\frac{s_{b1}}{s_{b2}}\right)\frac{2I_d}{ML^2}}+\frac{1}{2}\right]^2-\frac{\frac{s_{b1}}{s_{b2}}}{\left(1+\frac{s_{b1}}{s_{b2}}\right)^2\frac{I_d}{ML^2}}}\right\}$$

$$=\bar{\omega}^2\left[2+2\sqrt{1-\frac{3\frac{s_{b1}}{s_{b2}}}{\left(1+\frac{s_{b1}}{s_{b2}}\right)^2}}\right]<4\bar{\omega}^2 \tag{15.33}$$

如果考虑陀螺力矩时,即 $\Omega \neq 0$, 当 $\left(1-\dfrac{I_p}{I_d}\right) I_d \geqslant \dfrac{ML^2}{12}$ 时,转子的第二阶协调正进动临界转速仍然满足 $\omega_2 < 2\bar{\omega}$。 但在实际中,高压转子的极转动惯量 I_p 与质心转动惯量 I_d 相差不会太大,条件 $\left(1-\dfrac{I_p}{I_d}\right) I_d \geqslant \dfrac{ML^2}{12}$ 可能不成立。此时,估计的界值为 $2\bar{\omega} \leqslant \omega_2 \leqslant 3\bar{\omega}$。

在上述的证明过程中,并未涉及刚度比 $\dfrac{s_{b1}}{s_{b2}}$。 因此,上述结论与刚度的取值无关,换言之,对于实际中刚度比 $\dfrac{s_{b1}}{s_{b2}}$ 的所有取值范围,上述结论均成立。根据上述界值估计,可以很容易地预估高压转子两阶临界转速的范围,便于在发动机方案设计阶段有据可依。

15.3 高压转子的抗振设计

根据上述转子模态与无量纲参数间的关系,经恰当设计就可得到所期望的模态。模态设计的目标是: ① 对转子不平衡敏感度尽量小;② 外传力尽量小;③ 通过临界转速时,振动峰值尽量小。对于高压转子,一般情况下,弹支和挤压油膜阻尼器设置在前支承处;在工作转速范围内,允许存在上述两阶模态。此时,模态设计的原则是: ① 第一阶模态在慢车转速以下,且以前支点变形为主;② 第二阶模态可在慢车以上、巡航转速以下,仍须有较大的前支点变形。目的是增强挤压油膜阻尼器的阻尼效果,降低转子对不平衡的敏感度,避免高压涡轮叶尖与机匣的碰摩。

15.3.1 转子的不平衡响应

如上所述,在前支点配置阻尼器,阻尼值为 d,如图 15.2 所示。一般情况下,阻尼对转子的模态影响很小,可忽略不计,但对转子的响应却有显著影响。以下分析转子的不平衡响应。

假设在转子两端截面上存在不平衡量(模拟压气机第一和第二级以及涡轮不平衡),不平衡量的半径位置分别为 R_1 和 R_2, 大小为 Δm_1 和 Δm_2, 相角分别为 β_1 和 β_2。 转子的受迫振动方程为

$$M\ddot{\boldsymbol{r}} + d(\dot{\boldsymbol{r}} + \mathrm{j}a\dot{\boldsymbol{\theta}}) + (s_{b1} + s_{b2})\boldsymbol{r} + \mathrm{j}(as_{b1} - bs_{b2})\boldsymbol{\theta} = \Omega^2 \boldsymbol{e}^{\mathrm{j}\Omega t}(\Delta m_1 R_1 \boldsymbol{e}^{\mathrm{j}\beta_1} + \Delta m_2 R_2 \boldsymbol{e}^{\mathrm{j}\beta_2}) \tag{15.34}$$

$$
\begin{aligned}
&I_d\ddot{\boldsymbol{\theta}} - \mathrm{j}I_p\Omega\dot{\boldsymbol{\theta}} - da(\mathrm{j}\dot{\boldsymbol{r}} - a\dot{\boldsymbol{\theta}}) - \mathrm{j}(as_{b1} - bs_{b2})\boldsymbol{r} + (a^2 s_{b1} + b^2 s_{b2})\boldsymbol{\theta} \\
&= \Omega^2 \boldsymbol{e}^{\mathrm{j}\Omega t}[aR_1\Delta m_1 \boldsymbol{e}^{\mathrm{j}\beta_1} - (L-a)R_2\Delta m_2 \boldsymbol{e}^{\mathrm{j}\beta_2}]
\end{aligned} \tag{15.35}
$$

写成矩阵形式：

$$
\begin{aligned}
&\begin{bmatrix} M & 0 \\ 0 & I_d \end{bmatrix}\begin{Bmatrix} \ddot{\boldsymbol{r}} \\ \ddot{\boldsymbol{\theta}} \end{Bmatrix} + \begin{bmatrix} 0 & 0 \\ 0 & -\mathrm{j}I_p\Omega \end{bmatrix}\begin{Bmatrix} \dot{\boldsymbol{r}} \\ \dot{\boldsymbol{\theta}} \end{Bmatrix} + \begin{bmatrix} d & \mathrm{j}ad \\ -\mathrm{j}ad & da^2 \end{bmatrix}\begin{Bmatrix} \dot{\boldsymbol{r}} \\ \dot{\boldsymbol{\theta}} \end{Bmatrix} \\
&\quad + \begin{bmatrix} s_{b1} + s_{b2} & \mathrm{j}(as_{b1} - bs_{b2}) \\ -\mathrm{j}(as_{b1} - bs_{b2}) & (a^2 s_{b1} + b^2 s_{b2}) \end{bmatrix}\begin{Bmatrix} \boldsymbol{r} \\ \boldsymbol{\theta} \end{Bmatrix} \\
&= \Omega^2 \boldsymbol{e}^{\mathrm{j}\Omega t}\begin{Bmatrix} \Delta m_1 R_1 \boldsymbol{e}^{\mathrm{j}\beta_1} + \Delta m_2 R_2 \boldsymbol{e}^{\mathrm{j}\beta_2} \\ aR_1\Delta m_1 \boldsymbol{e}^{\mathrm{j}\beta_1} - (L-a)R_2\Delta m_2 \boldsymbol{e}^{\mathrm{j}\beta_2} \end{Bmatrix}
\end{aligned} \tag{15.36}
$$

设解为

$$
\begin{Bmatrix} \boldsymbol{r} \\ \boldsymbol{\theta} \end{Bmatrix} = \begin{Bmatrix} \boldsymbol{r}_e \\ \boldsymbol{\theta}_e \end{Bmatrix} \boldsymbol{e}^{\mathrm{j}(\Omega t + \alpha)} \tag{15.37}
$$

代入方程(15.36)后得

$$
\boldsymbol{S}_M \begin{Bmatrix} \boldsymbol{r}_e \\ \boldsymbol{\theta}_e \end{Bmatrix} \boldsymbol{e}^{\mathrm{j}\alpha} + \mathrm{j}\Omega \boldsymbol{d}_a \begin{Bmatrix} \boldsymbol{r}_e \\ \boldsymbol{\theta}_e \end{Bmatrix} \boldsymbol{e}^{\mathrm{j}\alpha} = \Omega^2 \begin{Bmatrix} \Delta m_1 R_1 \boldsymbol{e}^{\mathrm{j}\beta_1} + \Delta m_2 R_2 \boldsymbol{e}^{\mathrm{j}\beta_2} \\ aR_1\Delta m_1 \boldsymbol{e}^{\mathrm{j}\beta_1} - (L-a)R_2\Delta m_2 \boldsymbol{e}^{\mathrm{j}\beta_2} \end{Bmatrix} \tag{15.38}
$$

式中，

$$
\boldsymbol{S}_M = \begin{bmatrix} s_{b1} + s_{b2} - M\Omega^2 & \mathrm{j}(as_{b1} - bs_{b2}) \\ -\mathrm{j}(as_{b1} - bs_{b2}) & a^2 s_{b1} + b^2 s_{b2} + (I_p - I_d)\Omega^2 \end{bmatrix}
$$

$$
\boldsymbol{d}_a = \begin{bmatrix} d & \mathrm{j}ad \\ -\mathrm{j}ad & da^2 \end{bmatrix}
$$

由此解得转子的不平衡响应为

$$
\begin{Bmatrix} \boldsymbol{r}_e \\ \boldsymbol{\theta}_e \end{Bmatrix} \boldsymbol{e}^{\mathrm{j}\alpha} = (\boldsymbol{S}_M + \mathrm{j}\Omega d_a)^{-1} \begin{Bmatrix} \boldsymbol{F}_{1e} + \boldsymbol{F}_{2e} \\ a\boldsymbol{F}_{1e} - (L-a)\boldsymbol{F}_{2e} \end{Bmatrix} \tag{15.39}
$$

式中，

$$
\boldsymbol{F}_{1e} = \Omega^2 \Delta m_1 R_1 \boldsymbol{e}^{\mathrm{j}\beta_1}
$$

$$
\boldsymbol{F}_{2e} = \Omega^2 \Delta m_2 R_2 \boldsymbol{e}^{\mathrm{j}\beta_2}
$$

或

$$\begin{Bmatrix} \boldsymbol{r}_e \\ \boldsymbol{\theta}_e \end{Bmatrix} \boldsymbol{e}^{\mathrm{j}\alpha} = (\boldsymbol{S}_M + \mathrm{j}\Omega \boldsymbol{d}_a)^{-1} \begin{bmatrix} 1 & 1 \\ a & -(L-a) \end{bmatrix} \begin{Bmatrix} \boldsymbol{F}_{1e} \\ \boldsymbol{F}_{2e} \end{Bmatrix} \tag{15.40}$$

运用前面的无量纲参数 $\frac{a}{L}$、$\frac{I_d}{ML^2}$、$\frac{s_{b1}+s_{b2}}{M}$ 和 $\frac{s_{b1}}{s_{b2}}$，可将转子的不平衡响应无量纲化，即

$$\begin{Bmatrix} \bar{\boldsymbol{r}}_e \\ \boldsymbol{\theta}_e \end{Bmatrix} \boldsymbol{e}^{\mathrm{j}\alpha} = (\boldsymbol{M}_s + \mathrm{j}\boldsymbol{D}_\omega)^{-1} \begin{bmatrix} 1 & 1 \\ \frac{a}{L} & -\left(1-\frac{a}{L}\right) \end{bmatrix} \begin{Bmatrix} \boldsymbol{f}_{1e} \\ \boldsymbol{f}_{2e} \end{Bmatrix} \tag{15.41}$$

$$\boldsymbol{M}_s = \begin{bmatrix} 1 - \frac{\Omega^2}{\bar{\omega}^2} & \mathrm{j}\left(\frac{a}{L} - \frac{1}{1+\frac{s_{b1}}{s_{b2}}}\right) \\ -\mathrm{j}\left(\frac{a}{L} - \frac{1}{1+\frac{s_{b1}}{s_{b2}}}\right) & \left(\frac{a}{L}\right)^2 + \frac{1}{1+\frac{s_{b1}}{s_{b2}}}\left(1-2\frac{a}{L}\right) + \frac{(I_p - I_d)\Omega^2}{ML^2\bar{\omega}^2} \end{bmatrix}$$

$$\boldsymbol{D}_\omega = \begin{bmatrix} 2\frac{\Omega}{\bar{\omega}}D & \mathrm{j}2\frac{a}{L}\frac{\Omega}{\bar{\omega}}D \\ -\mathrm{j}2\frac{a}{L}\frac{\Omega}{\bar{\omega}}D & 2\left(\frac{a}{L}\right)^2\frac{\Omega}{\bar{\omega}}D \end{bmatrix}$$

式中，$\bar{\boldsymbol{r}}_e = \frac{\boldsymbol{r}_e}{L}$；$\bar{\omega} = \sqrt{\frac{s_{b1}+s_{b2}}{M}}$；$D = \frac{d}{2\bar{\omega}M}$；$\boldsymbol{f}_{1e} = \frac{\Omega^2}{\bar{\omega}^2}\frac{\Delta m_1}{M}\frac{R_1}{L}\boldsymbol{e}^{\mathrm{j}\beta_1}$；$\boldsymbol{f}_{2e} = \frac{\Omega^2}{\bar{\omega}^2}\frac{\Delta m_2}{M}\frac{R_2}{L}\boldsymbol{e}^{\mathrm{j}\beta_2}$。

当阻尼 $D=0$，转子协调正进动时的临界转速为

$$\left(1-\frac{I_p}{I_d}\right)\lambda^4 - \left(\frac{\left(\frac{a}{L}\right)^2\left(1+\frac{s_{b1}}{s_{b2}}\right) + \left(1-\frac{2a}{L}\right)}{\left(1+\frac{s_{b1}}{s_{b2}}\right)\frac{I_d}{ML^2}} + 1 - \frac{I_p}{I_d}\right)\lambda^2 + \frac{s_{b1}/s_{b2}}{\left(1+\frac{s_{b1}}{s_{b2}}\right)^2\frac{I_d}{ML^2}} = 0 \tag{15.42}$$

式中，$\lambda = \frac{\Omega}{\bar{\omega}}$。

由此解得

$$\lambda_{1,2}^{\text{正}} = \sqrt{\frac{1}{2}\left[B_M + 1 \pm \sqrt{(B_M + 1)^2 - 4A_C}\right]} \tag{15.43}$$

式中，

$$B_M = \frac{\left(\frac{a}{L}\right)^2\left(1 + \frac{s_{b1}}{s_{b2}}\right) + \left(1 - \frac{2a}{L}\right)}{\left(1 - \frac{I_p}{I_d}\right)\left(1 + \frac{s_{b1}}{s_{b2}}\right)\frac{I_d}{ML^2}}$$

$$A_C = \frac{s_{b1}/s_{b2}}{\left(1 - \frac{I_p}{I_d}\right)\left(1 + \frac{s_{b1}}{s_{b2}}\right)^2\frac{I_d}{ML^2}}$$

当有阻尼时，系数矩阵的行列式为

$$\begin{aligned}\Delta = |\boldsymbol{M}_S + \mathrm{j}\boldsymbol{D}_\omega| = &\left[\left(\frac{a}{L}\right)^2 + \frac{1}{1 + \frac{s_{b1}}{s_{b2}}}\left(1 - \frac{2a}{L}\right) + \frac{(I_p - I_d)\Omega^2}{ML^2\bar{\omega}^2}\right]\left(1 - \frac{\Omega^2}{\bar{\omega}^2}\right)\\ &- \left(\frac{a}{L} - \frac{1}{1 + \frac{s_{b1}}{s_{b2}}}\right)^2 + 2\mathrm{j}D\frac{\Omega}{\bar{\omega}}\left\{\frac{1}{1 + \frac{s_{b1}}{s_{b2}}} - \left(\frac{\Omega}{\bar{\omega}}\right)^2\left[\left(\frac{a}{L}\right)^2 + \frac{I_d\left(1 - \frac{I_p}{I_d}\right)}{ML^2}\right]\right\}\end{aligned} \tag{15.44}$$

在协调正进动的临界转速处，$\Omega = \Omega_{cri}$，有

$$\left[\left(\frac{a}{L}\right)^2 + \frac{1}{1 + \frac{s_{b1}}{s_{b2}}}\left(1 - \frac{2a}{L}\right) + \frac{(I_p - I_d)\Omega_{cri}^2}{ML^2\bar{\omega}^2}\right]\left(1 - \frac{\Omega_{cri}^2}{\bar{\omega}^2}\right) - \left(\frac{a}{L} - \frac{1}{1 + \frac{s_{b1}}{s_{b2}}}\right)^2 = 0 \tag{15.45}$$

故在临界转速处，系数行列式仅存虚部，即

$$\Delta = |\boldsymbol{M}_S + \mathrm{j}\boldsymbol{D}_\omega| = 2\mathrm{j}D\frac{\Omega_{cri}}{\bar{\omega}}\left\{\frac{1}{1 + \frac{s_{b1}}{s_{b2}}} - \left(\frac{\Omega_{cri}}{\bar{\omega}}\right)^2\left[\left(\frac{a}{L}\right)^2 + \frac{I_d\left(1 - \frac{I_p}{I_d}\right)}{ML^2}\right]\right\} \tag{15.46}$$

显然,增大阻尼 D 值,会减小振动峰值。但如式(15.46)所示,减振效果还与转子模态或转子参数有关。当阻尼 D 一定时,要使转子在临界转速处振动峰值最小,须使行列式的模最大,即 $\left|\frac{\Omega_{cri}}{\bar{\omega}}\left\{\frac{1}{1+\frac{s_{b1}}{s_{b2}}}-\left(\frac{\Omega_{cri}}{\bar{\omega}}\right)^2\left[\left(\frac{a}{L}\right)^2+\frac{I_d\left(1-\frac{I_p}{I_d}\right)}{ML^2}\right]\right\}\right|$ 最大。

对于高压转子,一般情况下,$\frac{a}{L}\leqslant\frac{1}{2}$,而 $I_d > I_p$,且相差不会太大。当在第一阶临界转速运行时,即 $\Omega = \Omega_{cri} = \omega_1$ 时,选 $s_{b2} > s_{b1}$,$\left|\frac{\Omega_{cri}}{\bar{\omega}}\left\{\frac{1}{1+\frac{s_{b1}}{s_{b2}}}-\left(\frac{\Omega_{cri}}{\bar{\omega}}\right)^2\left[\left(\frac{a}{L}\right)^2+\frac{I_d\left(1-\frac{I_p}{I_d}\right)}{ML^2}\right]\right\}\right|$ 趋于最大。这样的设计是合理的,也很容易理解。如图 15.7 所示,前支点刚度小,第一阶振型下,前支点位移较大,阻尼器能发挥更大的阻尼作用。事实上,在发动机设计中,也遵循着这一规律。此外,增大阻尼比 D,振动峰值减小。

但在第二阶临界转速运行时,即 $\Omega = \Omega_{cri} = \omega_2$ 时,情况却相反。如图 15.7 所示,第二阶模态为纯俯仰振动,节点靠近前支点,前支点位移小于后支点位移,且前支点刚度 s_{b1} 越小,节点越靠近前支点,前支点的位移越小,阻尼器的阻尼作用就越小。图 15.9 表示不同支承刚度比 $\frac{s_{b1}}{s_{b2}}$ 下转子的幅频特性。由图可见,随着支承刚度比 $\frac{s_{b1}}{s_{b2}}$ 增加,第一阶临界峰值增大,而第二阶临界峰值减小。

基于图 15.9 所示的规律,可以选择如下三种设计方案:

(1) 主要抑制转子通过第一阶临界转速时的振动峰值。此时,应选择 $s_{b2} > s_{b1}$,例如,$\frac{s_{b1}}{s_{b2}} = (0.1, 0.5)$。

(2) 主要抑制转子通过第二阶临界转速时的振动峰值。此时,应选择 $s_{b2} \leqslant s_{b1}$,例如,$\frac{s_{b1}}{s_{b2}} = (1, 2)$。

(3) 既要抑制第一阶临界峰值,又要抑制第二阶临界峰值,则须折中选择前、后支点的刚度比例。例如,$\frac{s_{b1}}{s_{b2}} = (0.5, 1)$。

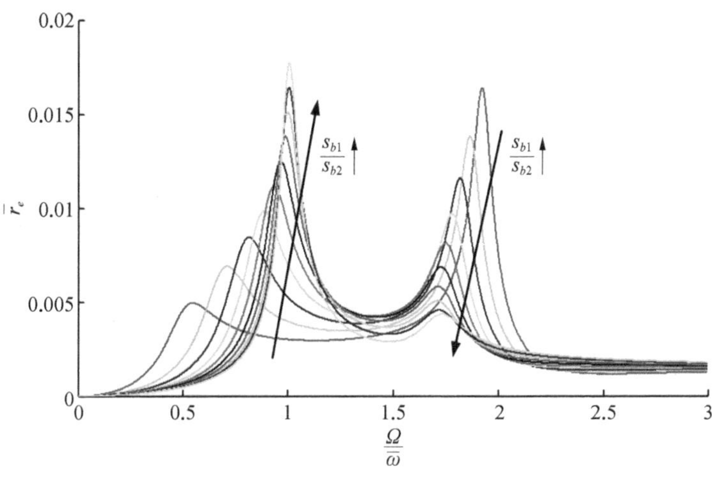

图 15.9　转子的幅频特性[3]

$$\frac{a}{L} = 0.5;\ \frac{I_d}{ML^2} = 1/6;\ \frac{I_P}{I_d} = 0.5;\ D = 4\%;\ \frac{s_{b1}}{s_{b2}} = [0.1,\ 1]$$

不论何种方案，增加阻尼 D 值，总会使两阶临界峰值均减小。

一般情况下，转子的第一阶临界转速 ω_1 处于发动机慢车转速以下，而第二阶临界转速 ω_2 可能处于发动机工作转速范围之内，例如，ω_2 可能在发动机最大转速的 65%～75%范围内。此时，应以抑制第二阶临界峰值为主要设计目标。

除按照上述原则选择参数之外，还应控制压气机和涡轮残余不平衡量的相位。图 15.10 表示压气机（前截面）和涡轮（后截面）残余不平衡量分别为同相位和反相位时的幅频响应。此处选取前、后截面不平衡量的大小相同，只是改变相位。由图 15.10 可见，同相位时不平衡主要激起转子第一阶模态的振动，反相位时会激起第二阶模态的振动。第二阶模态可能处在工作转速范围之内，因此，应使压气机和涡轮残余不平衡量的相位相同，有利于控制转子的第二阶模态振动。这一规律可由图 15.5 所示的两阶振型予以解释。同相位的不平衡分布与第一阶振型相似度高，而与第二阶振型相似度低，故同相位时，不平衡主要激起转子第一阶模态的振动。同理，反相位的不平衡分布与第二阶振型相似度高，而与第一阶振型相似度低，因此，反相位时，不平衡主要激起转子第二阶模态的振动。

设计时，如果选择 $I_p > I_d$，则在所有工作转速范围内，只存在一阶协调正进动临界转速，振型以平动为主。宜选第一设计方案，即主要抑制转子通过一阶临界转速时的振动峰值。此时，应选择 $s_{b2} > s_{b1}$，例如，$\frac{s_{b1}}{s_{b2}} = [0.1,\ 0.5]$。另外，应使压气机（前截面）和涡轮（后截面）残余不平衡量的相位相反，以利于控制转子的振动。

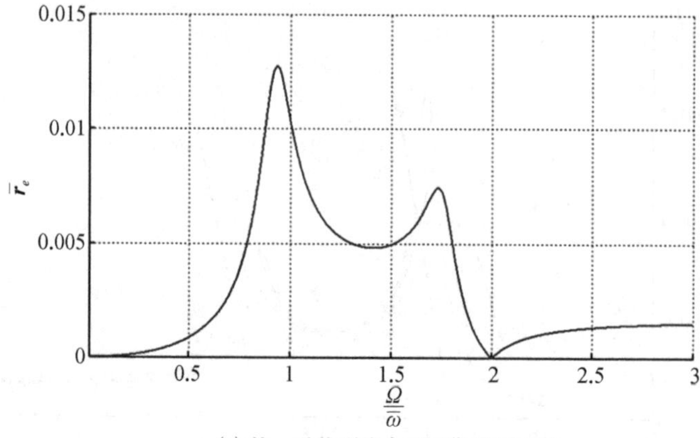

(a) 前、后截面残余不平衡量同相位

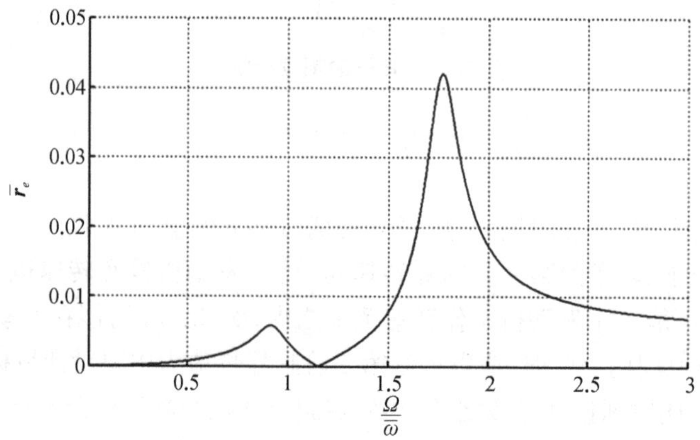

(b) 前、后截面残余不平衡量反相位

图 15.10　前、后截面不平衡量同相位与反相位时转子的幅频特性

$$\frac{s_{b1}}{s_{b2}} = 1/2;\ \frac{a}{L} = 1/2;\ \frac{I_d}{ML^2} = 1/6;\ \frac{I_P}{I_d} = 0.5$$

15.3.2　协调正进动参数临界转速

再回到式(15.46)。令行列式的虚部为零,即

$$2\mathrm{j}D\frac{\Omega}{\bar{\omega}}\left\{\frac{1}{1+\frac{s_{b1}}{s_{b2}}}-\left(\frac{\Omega}{\bar{\omega}}\right)^2\left[\left(\frac{a}{L}\right)^2+\frac{I_d\left(1-\frac{I_p}{I_d}\right)}{ML^2}\right]\right\}=0 \tag{15.47}$$

若选择一组设计参数使行列式的实部和虚部同时为零,即式(15.45)和式(15.47)同时成立,则阻尼器无效。

由式(15.47)可解得

$$\frac{1}{1+\dfrac{s_{b1}}{s_{b2}}}=\left(\frac{\Omega}{\bar{\omega}}\right)^{2}\left[\left(\frac{a}{L}\right)^{2}+\frac{I_d\left(1-\dfrac{I_p}{I_d}\right)}{ML^2}\right] \tag{15.48}$$

代入式(15.45)后，得

$$\frac{I_d\left(1-\dfrac{I_p}{I_d}\right)}{ML^2}=\frac{a}{L}\left(1-\frac{a}{L}\right) \tag{15.49}$$

当转子参数满足式(15.49)时，转子振动方程系数矩阵行列式的实部和虚部确实会同时为零，阻尼器失去阻尼作用，转子振动趋于无穷大。由式(15.48)可解出对应的转速，即

$$\frac{\Omega_{p+}}{\bar{\omega}}=\sqrt{\frac{L}{a}\frac{1}{1+\dfrac{s_{b1}}{s_{b2}}}} \tag{15.50}$$

称 Ω_{p+} 为协调正进动参数临界转速。图 15.11 为参数临界转速随刚度比的变化。

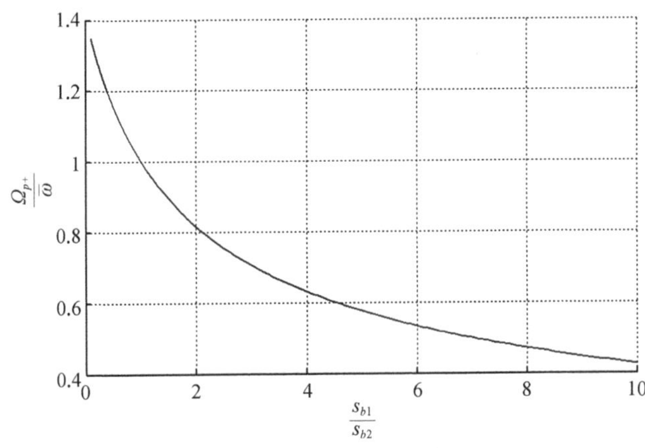

图 15.11　参数临界转速比 $\Omega_{p+}/\bar{\omega}$ 随刚度比的变化

$\frac{a}{L}=1/2$

实际的高压转子质心位置 $\dfrac{a}{L}$ 会落在(0.3, 0.7)区间之内，而 $\dfrac{a}{L}\left(1-\dfrac{a}{L}\right)$ 必然落在区间[1/5, 1/4]之内。因此，条件式(15.49)在实际发动机中一般不会成

立，协调正进动参数临界转速不会出现，设计风险不大。

15.3.3 反进动激振力作用下转子的振动

某些型号的发动机以对转模式工作。低压转子会对高压转子施加反转方向的激振力。另外，当高压转子与机匣或与密封产生碰摩时，在高压转子上也会作用反进动激振力。

假设作用在压气机（前截面）和涡轮（后截面）上的反进动激振力分别为

$$\boldsymbol{F}_{-1}=\begin{Bmatrix}F_{g1}\boldsymbol{e}^{\mathrm{j}\beta_{g1}}\\F_{g2}\boldsymbol{e}^{\mathrm{j}\beta_{g2}}\end{Bmatrix}\boldsymbol{e}^{-\mathrm{j}\Omega_g t} \tag{15.51}$$

式中，Ω_g 为反进动激振力的频率，或反转时的低压转速；F_{gi} 和 $\beta_{gi}(i=1,2)$ 分别为反进动激振力的幅值和相位。

代入方程(15.36)，即得

$$\begin{bmatrix}M&0\\0&I_d\end{bmatrix}\begin{Bmatrix}\ddot{\boldsymbol{r}}\\\ddot{\boldsymbol{\theta}}\end{Bmatrix}+\begin{bmatrix}0&0\\0&-\mathrm{j}I_p\Omega\end{bmatrix}\begin{Bmatrix}\dot{\boldsymbol{r}}\\\dot{\boldsymbol{\theta}}\end{Bmatrix}+\begin{bmatrix}d&\mathrm{j}ad\\-\mathrm{j}ad&da^2\end{bmatrix}\begin{Bmatrix}\dot{\boldsymbol{r}}\\\dot{\boldsymbol{\theta}}\end{Bmatrix}$$
$$+\begin{bmatrix}s_{b1}+s_{b2}&\mathrm{j}(as_{b1}-bs_{b2})\\-\mathrm{j}(as_{b1}-bs_{b2})&(a^2s_{b1}+b^2s_{b2})\end{bmatrix}\begin{Bmatrix}\boldsymbol{r}\\\boldsymbol{\theta}\end{Bmatrix}$$
$$=\boldsymbol{e}^{-\mathrm{j}\Omega_g t}\begin{Bmatrix}F_{g1}\boldsymbol{e}^{\mathrm{j}\beta_{g1}}+F_{g2}\boldsymbol{e}^{\mathrm{j}\beta_{g2}}\\aF_{g1}\boldsymbol{e}^{\mathrm{j}\beta_{g1}}-(L-a)F_{g2}\boldsymbol{e}^{\mathrm{j}\beta_{g2}}\end{Bmatrix} \tag{15.52}$$

设解为

$$\begin{Bmatrix}\boldsymbol{r}\\\boldsymbol{\theta}\end{Bmatrix}=\begin{Bmatrix}\boldsymbol{r}_g\\\boldsymbol{\theta}_g\end{Bmatrix}\boldsymbol{e}^{-\mathrm{j}(\Omega_g t+\varphi)} \tag{15.53}$$

代入方程(15.52)后得

$$\begin{bmatrix}s_{b1}+s_{b2}-M\Omega_g^2&\mathrm{j}(as_{b1}-bs_{b2})\\-\mathrm{j}(as_{b1}-bs_{b2})&a^2s_{b1}+b^2s_{b2}-\left(I_p\dfrac{\Omega}{\Omega_g}+I_d\right)\Omega_g^2\end{bmatrix}\begin{Bmatrix}\boldsymbol{r}_g\\\boldsymbol{\theta}_g\end{Bmatrix}\boldsymbol{e}^{-\mathrm{j}\varphi}-\mathrm{j}\Omega_g\begin{bmatrix}d&\mathrm{j}ad\\-\mathrm{j}ad&da^2\end{bmatrix}\begin{Bmatrix}\boldsymbol{r}_g\\\boldsymbol{\theta}_g\end{Bmatrix}\boldsymbol{e}^{-\mathrm{j}\varphi}$$
$$=\begin{Bmatrix}F_{g1}\boldsymbol{e}^{\mathrm{j}\beta_{g1}}+F_{g2}\boldsymbol{e}^{\mathrm{j}\beta_{g2}}\\aF_{g1}\boldsymbol{e}^{\mathrm{j}\beta_{g1}}-(L-a)F_{g2}\boldsymbol{e}^{\mathrm{j}\beta_{g2}}\end{Bmatrix} \tag{15.54}$$

进行无量纲化处理，得

$$\begin{Bmatrix}\bar{\boldsymbol{r}}_g\\\boldsymbol{\theta}_g\end{Bmatrix}\boldsymbol{e}^{-\mathrm{j}\varphi}=(\boldsymbol{M}_g-\mathrm{j}\boldsymbol{D}_g)^{-1}\begin{bmatrix}1&1\\\dfrac{a}{L}&-\left(1-\dfrac{a}{L}\right)\end{bmatrix}\begin{Bmatrix}\boldsymbol{f}_{1g}\\\boldsymbol{f}_{2g}\end{Bmatrix} \tag{15.55}$$

$$\boldsymbol{M}_g=\begin{bmatrix}1-\dfrac{\Omega_g^2}{\bar{\omega}^2} & \mathrm{j}\left(\dfrac{a}{L}-\dfrac{1}{1+\dfrac{s_{b1}}{s_{b2}}}\right)\\ -\mathrm{j}\left(\dfrac{a}{L}-\dfrac{1}{1+\dfrac{s_{b1}}{s_{b2}}}\right) & \left(\dfrac{a}{L}\right)^2+\dfrac{1}{1+\dfrac{s_{b1}}{s_{b2}}}\left(1-2\dfrac{a}{L}\right)-\dfrac{\left(I_p\dfrac{\Omega}{\Omega_g}+I_d\right)\Omega_g^2}{ML^2\bar{\omega}^2}\end{bmatrix}$$

$$\boldsymbol{D}_g=\begin{bmatrix}2\dfrac{\Omega_g}{\bar{\omega}}D & \mathrm{j}2\dfrac{a}{L}\dfrac{\Omega_g}{\bar{\omega}}D\\ -\mathrm{j}2\dfrac{a}{L}\dfrac{\Omega_g}{\bar{\omega}}D & 2\left(\dfrac{a}{L}\right)^2\dfrac{\Omega_g}{\bar{\omega}}D\end{bmatrix}$$

式中，$\bar{r}_g=\dfrac{\boldsymbol{r}_g}{L}$；$\bar{\omega}=\sqrt{\dfrac{s_{b1}+s_{b2}}{M}}$；$D=\dfrac{d}{2\bar{\omega}M}$；$\boldsymbol{f}_{1g}=\dfrac{F_{g1}}{(s_{b1}+s_{b2})L}\boldsymbol{e}^{\mathrm{j}\beta_{g1}}$；$\boldsymbol{f}_{2g}=\dfrac{F_{g2}}{(s_{b1}+s_{b2})L}\boldsymbol{e}^{\mathrm{j}\beta_{g2}}$。

系数矩阵的行列式为

$$\begin{aligned}\Delta=|\boldsymbol{M}_g-\mathrm{j}\boldsymbol{D}_g|=&\left[\left(\frac{a}{L}\right)^2+\frac{1}{1+\frac{s_{b1}}{s_{b2}}}\left(1-2\frac{a}{L}\right)-\frac{\left(I_p\frac{\Omega}{\Omega_g}+I_d\right)\Omega_g^2}{ML^2\bar{\omega}^2}\right]\left(1-\frac{\Omega_g^2}{\bar{\omega}^2}\right)\\&-\left(\frac{a}{L}-\frac{1}{1+\frac{s_{b1}}{s_{b2}}}\right)^2+2\mathrm{j}D\frac{\Omega_g}{\bar{\omega}}\left\{\frac{-1}{1+\frac{s_{b1}}{s_{b2}}}+\left(\frac{\Omega_g}{\bar{\omega}}\right)^2\left[\left(\frac{a}{L}\right)^2+\frac{I_p\frac{\Omega}{\Omega_g}+I_d}{ML^2}\right]\right\}\end{aligned}\tag{15.56}$$

阻尼 $D=0$ 时，转子反进动的自振频率为

$$\lambda_{1,2}^{反}=-\sqrt{\frac{1}{2}\left[B_g+1\pm\sqrt{(B_g+1)^2-4A_g}\right]}\tag{15.57}$$

式中，

$$B_g=\frac{\left(\dfrac{a}{L}\right)^2\left(1+\dfrac{s_{b1}}{s_{b2}}\right)+\left(1-\dfrac{2a}{L}\right)}{\left(1+\dfrac{I_p}{I_d}\dfrac{\Omega}{\Omega_g}\right)\left(1+\dfrac{s_{b1}}{s_{b2}}\right)\dfrac{I_d}{ML^2}}$$

$$A_g = \frac{s_{b1}/s_{b2}}{\left(1 + \frac{I_p}{I_d}\frac{\Omega}{\Omega_g}\right)\left(1 + \frac{s_{b1}}{s_{b2}}\right)^2 \frac{I_d}{ML^2}}$$

协调反进动时，$\Omega = \Omega_g$，有

$$B_g = \bar{B}_g = \frac{\left(\frac{a}{L}\right)^2\left(1 + \frac{s_{b1}}{s_{b2}}\right) + \left(1 - \frac{2a}{L}\right)}{\left(1 + \frac{I_p}{I_d}\right)\left(1 + \frac{s_{b1}}{s_{b2}}\right)\frac{I_d}{ML^2}}$$

$$A_g = \bar{A}_g = \frac{s_{b1}/s_{b2}}{\left(1 + \frac{I_p}{I_d}\right)\left(1 + \frac{s_{b1}}{s_{b2}}\right)^2 \frac{I_d}{ML^2}}$$

临界转速则为

$$\lambda_{1,2}^{反} = -\sqrt{\frac{1}{2}\left[\bar{B}_g + 1 \pm \sqrt{(\bar{B}_g + 1)^2 - 4\bar{A}_g}\right]} \tag{15.58}$$

图 15.12 表示转子反进动自振频率随转速的变化。由图 15.12 可见，不论 $\frac{I_p}{I_d}$ 为何值，总存在 2 个协调反进动临界转速，且随着转速 Ω 增加，第一阶临界转速趋

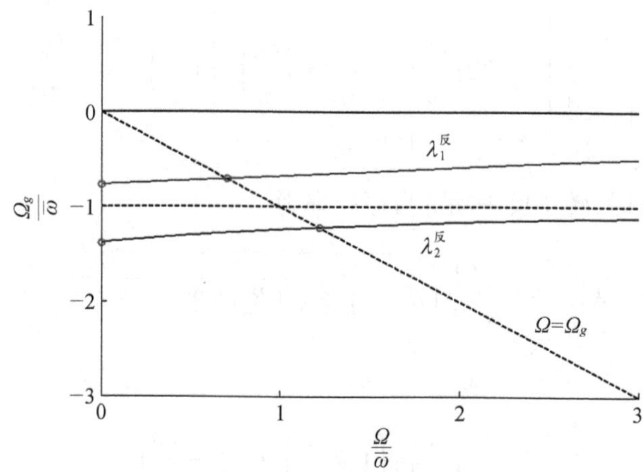

图 15.12 转子的反进动自振频率随转速的变化

$\frac{a}{L} = 0.5$; $\frac{I_d}{ML^2} = 1/6$; $\frac{I_p}{I_d} = 0.5$; $\frac{s_{b1}}{s_{b2}} = 1/3$

于零,第二阶趋于 $-\bar{\omega}$。

图 15.13 为转子受到反进动激励时,转子响应幅值随转速的变化关系。支承刚度比的影响与协调正进动时的规律一致。

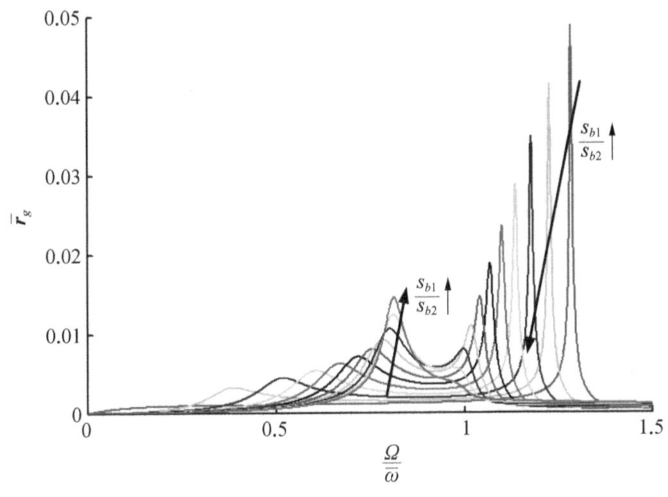

图 15.13　反进动激励时,转子的幅频特性

$\frac{a}{L}=0.5$; $\frac{I_d}{ML^2}=1/6$; $\frac{I_p}{I_d}=1.3$; $D=4\%$; $\frac{s_{b1}}{s_{b2}}=[0.1,\ 1]$

15.3.4　反进动参数临界转速

令行列式(15.56)的虚部为零,得

$$\frac{1}{1+\frac{s_{b1}}{s_{b2}}}=\left(\frac{\Omega_g}{\bar{\omega}}\right)^2\left[\left(\frac{a}{L}\right)^2+\frac{I_d\left(1+\frac{\Omega}{\Omega_g}\frac{I_p}{I_d}\right)}{ML^2}\right] \tag{15.59}$$

代入行列式(15.56)的实部,并令其为零,解得

$$\frac{I_d\left(1+\frac{\Omega}{\Omega_g}\frac{I_p}{I_d}\right)}{ML^2}=\frac{a}{L}\left(1-\frac{a}{L}\right) \tag{15.60}$$

若转子的参数满足式(15.60)时,转子振动方程系数矩阵行列式(15.56)的实部和虚部同时为零,阻尼器对转子的协调反进动临界响应无阻尼效果,转子振动无穷大。

当转子参数满足式(15.60)时,对应的反进动自振频率可由式(15.59)解

出,即

$$\frac{\Omega_{gp-}}{\bar{\omega}} = \sqrt{\frac{L}{a}\frac{1}{\left(1+\frac{s_{b1}}{s_{b2}}\right)}} \tag{15.61}$$

Ω_{gp-} 称为反进动参数临界转速。与式(15.50)比较,$\Omega_{gp-}=\Omega_{p+}$。这说明协调反进动参数临界转速与协调正进动参数临界转速绝对值相等,只是旋转方向相反。

如前面所述,实际的高压转子质心位置 $\frac{a}{L}$ 会落在(0.3, 0.7)区间之内,而 $\frac{a}{L}\left(1-\frac{a}{L}\right)$ 必然落在区间(1/5, 1/4)之内。高、低压转子对转时,$\Omega_g<\Omega=\Omega_h$,低压转子不平衡会对高压转子产生反进动激励。在这种情况下,式(15.60)在实际中是可能成立的。因此,在对转双转子发动机设计时,要检验高压转子参数,避免出现式(15.60)所示的条件。另外,由式(15.60)还可解得

$$\frac{\Omega}{\Omega_g} = \frac{1}{I_p}\left[\frac{a}{L}\left(1-\frac{a}{L}\right)ML^2 - I_d\right] \tag{15.62}$$

当转子参数确定之后,对转双转子高、低压转速比不宜取式(15.62)所确定的值。否则,将会使条件式(15.60)成立,出现反进动参数临界转速,导致阻尼器无效。

比较式(15.49)和式(15.60)可见,转子协调正进动时,可能不会出现协调正进动参数临界转速,但反进动时,则有可能出现反进动参数临界转速。其物理意义很明确,即对于同样的转子,高、低压转子同向转动(简称同转)时,阻尼器效果明显;而对转时,有可能出现反进动参数临界现象,阻尼器无效。因此,在发动机借鉴性设计时,须按式(15.60)检验转子的参数。与避开临界转速的设计原则类似,转子的参数应避开式(15.60)所定值的一定范围,如图 15.14 所示,当 $\frac{I_d\left(1+\frac{\Omega}{\Omega_g}\frac{I_p}{I_d}\right)}{ML^2}\Big/\frac{a}{L}\left(1-\frac{a}{L}\right)<0.6$ 或 $\frac{I_d\left(1+\frac{\Omega}{\Omega_g}\frac{I_p}{I_d}\right)}{ML^2}\Big/\frac{a}{L}\left(1-\frac{a}{L}\right)>1.5$ 时,不会出现参数临界转速的影响。若转子参数落在不恰当的范围内,如图 15.14 所示的范围[0.6, 1.5],则转子的振动对不平衡的变化非常敏感,须修正转子的设计。

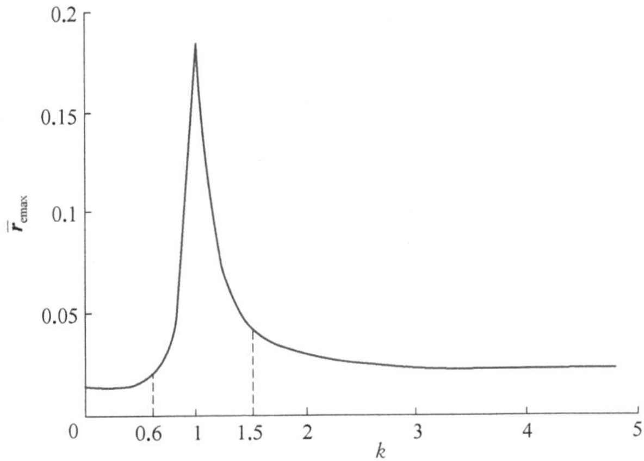

图 15.14　转子临界峰值随转子参数的变化[3]

$$\frac{a}{L}=0.5;\ \frac{I_d}{ML^2}=1/6;\ D=4\%;\ \frac{s_{b1}}{s_{b2}}=0.5;\ \bar{a}=\frac{a}{L}\left(1-\frac{a}{L}\right),$$

$$\bar{I}=\frac{I_d\left(1+\dfrac{\Omega}{\Omega_g}\dfrac{I_p}{I_d}\right)}{ML^2}=k\cdot\bar{a};\ k=[0.01,\ 5]$$

15.4　高压转子动力学设计实例

本节以一个三盘转子模拟高压转子，利用有限元法进行数值仿真计算，对前文所述高压转子的两阶模态、高压转子支承刚度配比准则、高压转子动平衡相位配比准则以及参数临界转速的出现条件进行模拟与验证。同时，作为设计实例，也可为高压转子动力学设计提供参考与指导。

15.4.1　高压转子动力学模型

真实的高压转子结构非常复杂，例如，压气机盘可能达到 10 级以上，转子多采用盘鼓结构，同时使用挤压油膜阻尼器等。但对于高压转子的动力学分析和设计，可建立如图 15.15 所示的简化模型[3,4]，只要保证结构动力学相似，所得设计结果就具有指导意义。

简化的模型转子系统包含三个盘，其中前两个盘模拟高压压气机盘，第三个盘模拟高压涡轮。转子系统包含两个支承，分别模拟高压转子前支承和后支承。其中，前后支承均为弹性支承，阻尼器设置在前支承处。

通过调节转子的几何参数及惯量参数，验证前文所述的各无量纲参数对高压转子动力学特性的影响。可改变的转子参数包括：

（1）转子支承刚度比 s_{b1}/s_{b2}，通过改变前、后支承的支承刚度值即可改变转子的支承刚度比；

（2）高压转子质心位置 a/L，通过调节高压转子转盘的质量或者各盘的位置均可改变转子的相对质心位置；

（3）轴的长度以及各个位置的截面可变；

（4）各盘直径、厚度、质量 m、极转动惯量 I_p，以及绕质心的转动惯量 I_d 等参数可变。

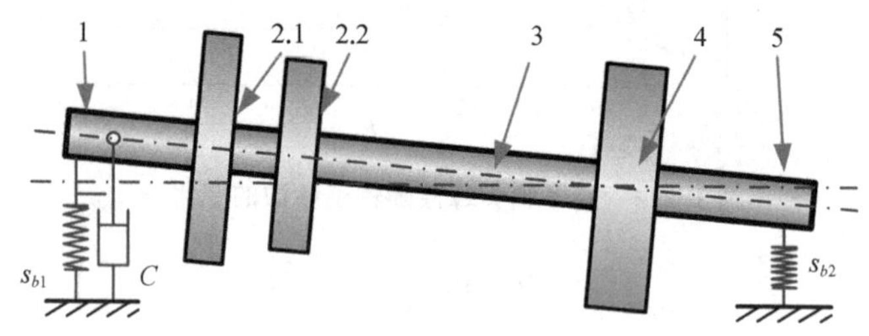

图 15.15　高压转子动力学模型

1. 前支点(含阻尼器)；2.1 和 2.2. 模拟高压压气机盘；3. 高压轴；4. 模拟高压涡轮盘；5. 后支点

根据转子结构特征对转子进行单元划分，建立转子的有限元模型。具体建模及计算过程参见本书第 14 章航空发动机转子动力学设计相关内容，有限元模型如图 15.16 所示，下面分别描述该模型所包含的有限元单元。

（1）梁单元：19 个，其中各单元内外直径和长度可调。

（2）轴承单元：2 个，轴承的刚度可调，其中前支承添加线性阻尼。

（3）盘单元：3 个，各盘内外径和盘厚度可调，各盘的节点位置可调。

下面利用数值方法计算转子的两阶模态，通过调节转子的几何参数如转子质心位置，以及力学参数，如转子支承刚度比，分析不同参数配比下高压转子的动力

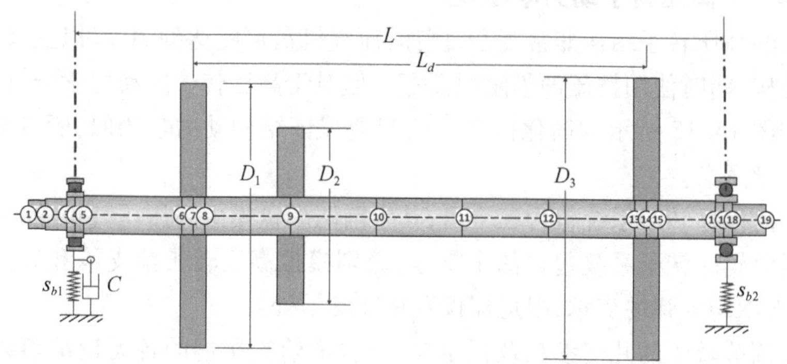

图 15.16　高压转子有限元模型

学特性。需要说明的是,为了增强计算结果的普适性,计算过程中的模型参数均以无量纲参数给出。例如,当分析支承刚度配比的影响时,所使用的模型参数为支承刚度比 s_{b1}/s_{b2},而不是具体的刚度值。

15.4.2　高压转子的两阶模态

根据图 15.16 所示的有限元模型,得到转子系统的运动微分方程:

$$\boldsymbol{M}^s\ddot{\boldsymbol{q}}^s + (\boldsymbol{C}^s - \Omega\boldsymbol{G}^s)\dot{\boldsymbol{q}}^s + \boldsymbol{K}^s\boldsymbol{q}^s = \boldsymbol{Q}^s \tag{15.63}$$

式中,$\boldsymbol{M}^s$ 为转子系统质量矩阵;$\boldsymbol{C}^s$ 为转子系统阻尼矩阵;$\boldsymbol{G}^s$ 为转子系统陀螺力矩矩阵;$\boldsymbol{K}^s$ 为转子系统刚度矩阵;$\boldsymbol{Q}^s$ 为转子系统所受广义力向量;$\boldsymbol{q}^s$ 为转子系统广义坐标向量。

计算两阶模态时,盘和轴的材料密度为 7 850 kg/m^3,所选取的有限元模型参数如表 15.1 所列。

表 15.1　转子模型参数

	节点编号	外径/mm	内径/mm	厚度/mm
盘单元参数	2	700	60	40
	3	500	40	40
	18	700	60	60
轴单元参数	节点编号	外径/mm	内径/mm	长度/mm
	1、18	43	0	50
	1~17	160	150	50
	19	43	0	0
支承参数	节点编号	刚度/(N/m)	阻尼/(N·s/m)	
	1	1.2×10^6	100	
	19	1.5×10^6	0	

根据模型参数,可得转子无量纲化参数,如表 15.2 所示。

表 15.2　转子模型无量纲化参数

相对质心位置 a/L	转动惯量比 I_p/I_d	相对转动惯量 I_d/ML^2	当量临界转速 $\bar{\omega}$/(rad/s)	支承刚度比 s_{b1}/s_{b2}
0.68	0.31	0.22	84.8	0.83

计算得到的转子两阶振型如图 15.17 所示,临界转速如图 15.18 所示。

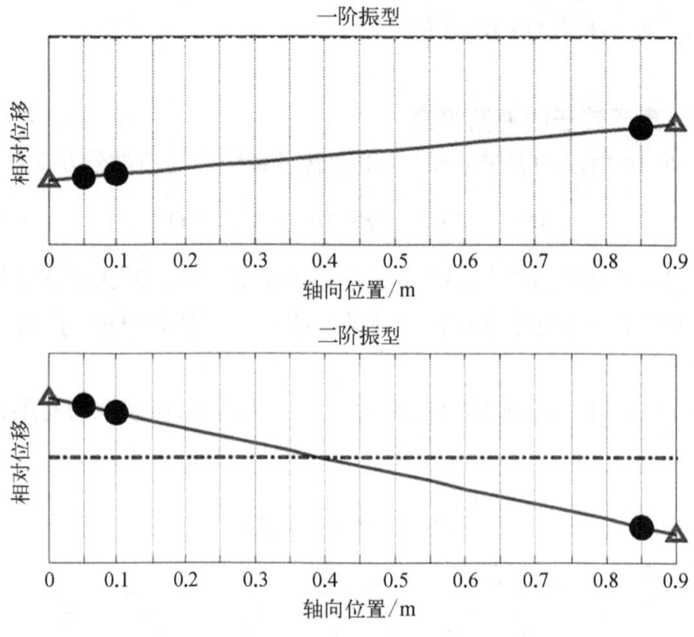

图 15.17　转子的两阶振型

△表示支承位置;●表示盘的位置

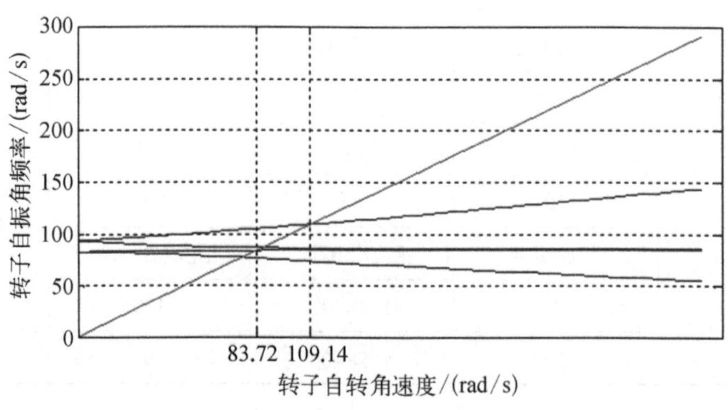

图 15.18　转子坎贝尔图

如图 15.17 和图 15.18 所示,转子第一阶振型为平动振型,对应的临界转速为 83.72 rad/s;第二阶振型为俯仰振型,对应的临界转速为 109.14 rad/s。在第一阶临界转速处,分布于高压轴的弯曲应变能为 3.3%;在第二阶临界转速时,分布于高压轴的弯曲应变能为 3.8%,应变能主要集中在弹支上。根据文献[7],当集中于轴系的应变能小于 10%时,可认为转子的模态为刚性模态。因此,本算例将转子视作为刚性转子是合适的。

根据第 15.2 节中两阶临界转速上界估算方法，当 $\dfrac{(1-I_p/I_d)I_d}{ML^2} \geqslant \dfrac{1}{12}$ 时，转子的第一阶临界转速满足 $\omega_1 < \bar{\omega}$；第二阶临界转速满足 $\bar{\omega} < \omega_2 < 2\bar{\omega}$。对于本算例，$\dfrac{(1-I_p/I_d)I_d}{ML^2} = 0.22$，$\omega_1 = 0.98\bar{\omega}$，$\omega_2 = 1.29\bar{\omega}$，与第 15.2 节中的估算方法是相符的。

15.4.3　高压转子支承刚度配比

转子几何参数不变，设置不同的刚度比 s_{b1}/s_{b2}，计算转子的不平衡响应。考虑到转子为刚性转子，不论是第一阶或第二阶振型，转子振动的最大位移均出现在支承处。因此，下面计算的转子响应均为支承处转子的响应。假设转子的支承刚度比 s_{b1}/s_{b2} 的范围为 0.2~1.2，具体参数如表 15.3 所示。假设前支点安装线性阻尼器，阻尼值为 800 N·s/m。在模拟涡轮盘 0°位置添加 20 g·cm 不平衡量，所得到的响应如图 15.19 所示。

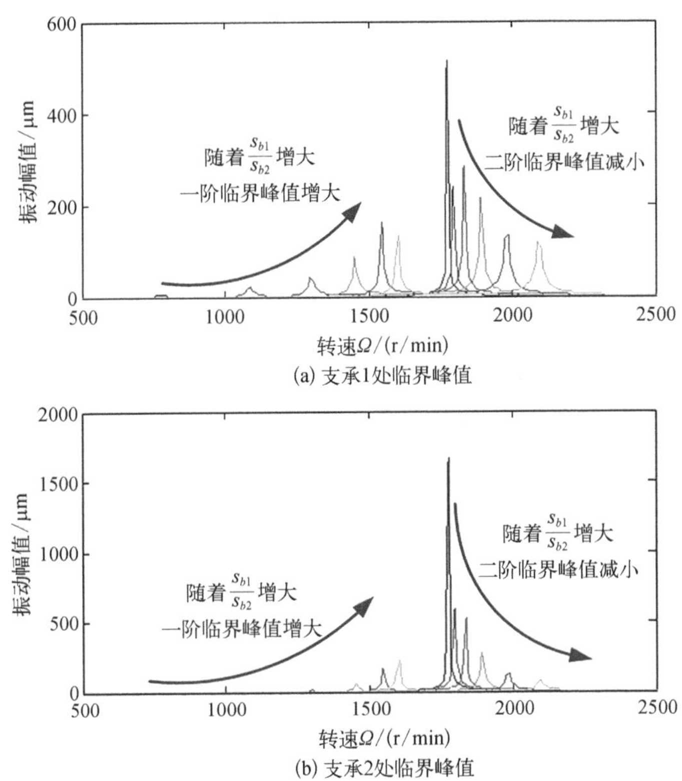

(a) 支承1处临界峰值

(b) 支承2处临界峰值

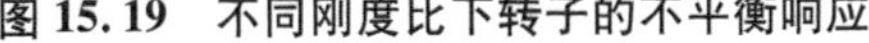

图 15.19　不同刚度比下转子的不平衡响应

表 15.3 支承刚度比

s_{b1}/s_{b2}	0.2	0.4	0.6	0.8	1.0	1.2
s_{b1}/(N/m)	1.0×10^6	2.0×10^6	3.0×10^6	4.0×10^6	5.0×10^6	6.0×10^6

根据计算结果,随着刚度比 s_{b1}/s_{b2} 的增大,转子的第一阶临界峰值呈增大趋势,转子第二阶临界峰值呈减小趋势。也就是说,减小前支点刚度有利于降低转子第一阶振动峰值;增大前支点刚度有利于降低高压转子第二阶振动峰值。这与前面分析的结论是一致的。如前面章节所述,在进行高压转子动力学设计时,不仅要考虑支承刚度对临界转速和振型的影响,还须结合转子的工作转速与设计目标,合理配置高压转子前、后支承刚度比。

15.4.4 高压转子动平衡相位匹配准则

分别设置模拟高压压气机盘与模拟高压涡轮盘上的不平衡量,通过改变其相位来计算不平衡量的相位匹配对转子振动响应的影响。

假设靠近前支点的模拟压气机盘与模拟高压涡轮盘上存在不平衡量,具体大小与位置如表 15.4 所示,分别计算转子的不平衡响应,结果如图 15.20 所示。

表 15.4 不平衡量设置

计 算 条 件	模拟压气机盘	模拟涡轮盘
反相位	30 g · cm∠0°	30 g · cm∠180°
同相位	30 g · cm∠0°	30 g · cm∠0°

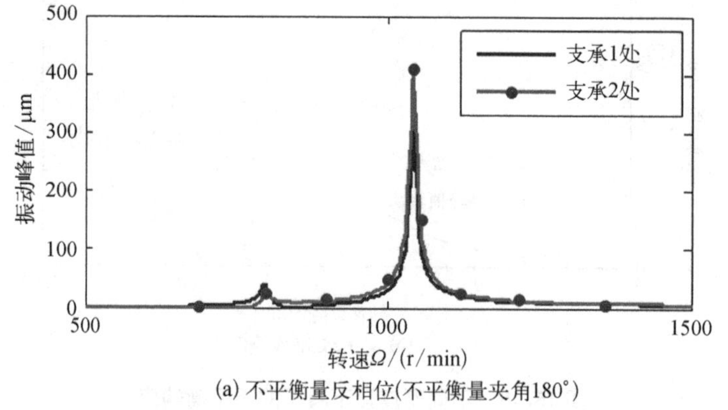

(a) 不平衡量反相位(不平衡量夹角180°)

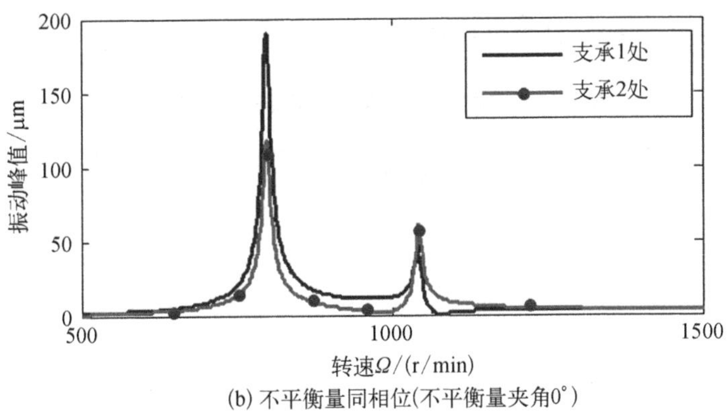

(b) 不平衡量同相位(不平衡量夹角0°)

图 15.20　不同不平衡量相位匹配下转子的响应

由图 15.20 可见，当压气机盘与涡轮盘残余不平衡量设置为反相位时，转子第一阶临界峰值远小于第二阶临界峰值；当压气机盘与涡轮盘残余不平衡量设置为同相位时，转子第二阶临界峰值远小于第一阶临界峰值。此规律与第 15.3.1 节中所述的残余不平衡量相位匹配准则相符。

15.4.5　高压转子参数临界转速

根据第 15.3.2 节，协调正进动条件下通常不易出现参数临界转速。因此，本算例在反进动条件下，计算参数临界转速出现时转子的响应。在计算中，通过调节各轴段长度与盘的几何参数来满足参数临界转速出现的条件，具体参数如表 15.5 所示。

表 15.5　验证参数临界转速时转子的模型参数

盘单元参数	节点编号	外径/mm	内径/mm	厚度/mm
	2、18	400	40	60
	10	200	100	40
轴单元参数	节点编号	外径/mm	内径/mm	长度/mm
	1、18	43	0	34
	1～17	160	150	34
	19	43	0	0
支承参数	节点编号	刚度/(N/m)	阻尼/(N·s/m)	
	1	1×10^6	200	
	19	1×10^6	0	

根据上述转子参数，计算可得转子的几何参数与惯量参数，如表 15.6 所示。

表 15.6　参数临界转速条件下转子参数的选择

相对质心位置 a/L	转动惯量比 I_p/I_d	相对转动惯量 I_d/ML^2
0.500	0.236	0.201 9

此时，

$$\frac{I_d\left(1+\dfrac{\Omega}{\Omega_g}\dfrac{I_p}{I_d}\right)}{ML^2}\approx\frac{a}{L}\left(1-\frac{a}{L}\right)$$

即满足了反进动条件下参数临界转速出现的条件。在盘 1 添加 5 g · cm 不平衡量，相位为 0°；盘 3 添加不平衡量 5 g · cm，相位为 90°。以 0.02 rad/s 步长分别计算转子在同步正进动和同步反进动条件下的不平衡响应，结果如图 15.21 所示。

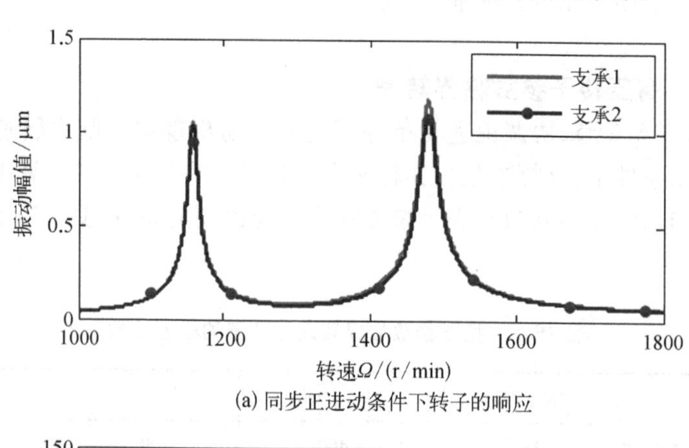

(a) 同步正进动条件下转子的响应

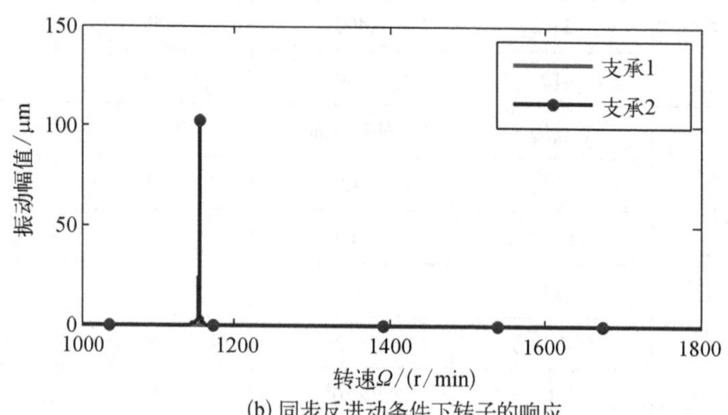

(b) 同步反进动条件下转子的响应

图 15.21　参数临界转速条件下转子的响应

由图 15.21 所示的计算结果可见,在满足参数临界转速出现的条件下,转子做同步正进动时,其振动水平仍维持在正常水平,即参数临界转速不出现。但是,在反进动条件下,转子的第一阶临界峰值急剧增大,较正进动条件下的临界峰值增大了近 100 倍。事实上,转速步长取的越小,转子第一阶临界峰值越大。也就是说,此时阻尼器已经失效,即出现了第 15.3.4 节所述参数临界转速现象。经计算验证,反进动参数临界转速现象表现为:阻尼器失效,临界峰值急剧增大。

因此,在进行动力学设计时,应按照式(15.60)检验参数临界转速是否存在,避免出现参数临界现象。

15.5　弹性支承刚度的计算与测试[5,6]

由前文论述可知,支承的刚度是发动机转子设计的重要参数。支承刚度的改变是通过改变弹性支承的设计刚度来实现的。常见的弹性支承包括鼠笼式、拉杆式和弹性环式弹性支承,其中鼠笼式弹性支承应用最为广泛。本节针对鼠笼式弹性支承,通过仿真计算和实验,建立弹性支承刚度的估计方法和测试方法。

刚度的准确估计是鼠笼弹性支承设计的前提。目前常用的估计方法有公式计算、有限元仿真和实验测试方法。相对于常用的计算公式,使用三维有限元模型计算鼠笼弹性支承的刚度时,计算结果误差较小。对弹性支承进行刚度测定时,实验方法很重要,测试的方法不正确,可能会造成较大的刚度测试误差。在进行弹性支承刚度估计与实验时应予以重视。

鼠笼式弹性支承结构简图与实物照片如图 15.22 所示。

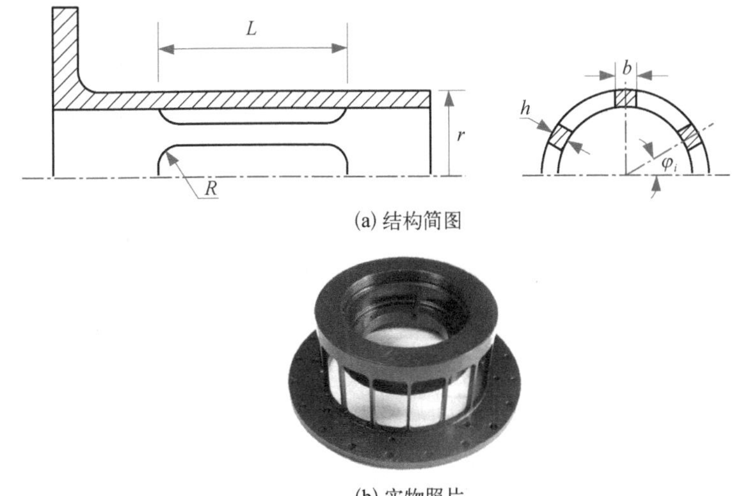

(a) 结构简图

(b) 实物照片

图 15.22　鼠笼弹性支承

15.5.1 弹性支承刚度的计算

根据航空发动机设计手册(第 19 册),在进行刚度计算时,可采用以下三式中任意一个进行刚度计算。

$$K_{rr}=\frac{nEb^2h^2}{L^3} \tag{15.64}$$

$$K_{rr}=\frac{nEbh}{2}\left[\frac{1}{L^3/h^2+13L/6}+\frac{1}{L^3/b^2+13L/6}\right] \tag{15.65}$$

$$K_{rr}=\frac{12E}{L^3}\sum_{i=1}^{n}(I_h\cos^2\varphi_i+I_b\sin^2\varphi_i) \tag{15.66}$$

式中,n 为鼠笼肋条数;E 为材料弹性模量;L 为鼠笼肋条长度;b 为鼠笼肋条截面宽度;h 为鼠笼肋条截面高度;$I_h=\frac{bh^3}{12}$,$I_b=\frac{hb^3}{12}$。

除以上三个公式外,有的公式加入了修正系数,该修正系数是通过实验得到的,可提高计算的准确度。式(15.67)是常用的经验公式。

$$K_{rr}=\frac{nEbh(b^2+kh^2)}{2L^3} \tag{15.67}$$

式中,k 为修正系数,$k=\frac{1}{(1+2\sqrt{bh}/L)^3}$。

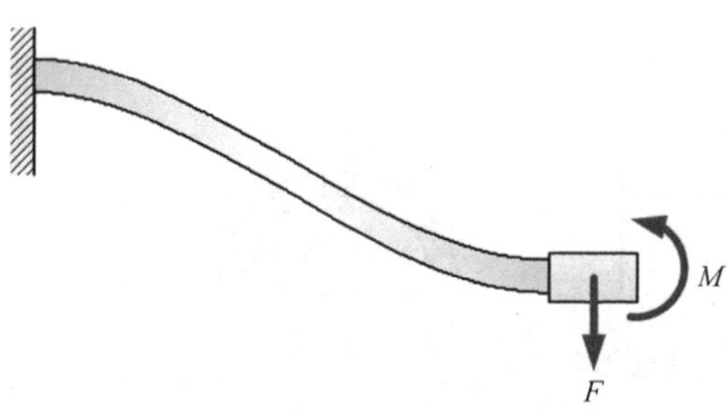

图 15.23 肋条受力变形示意图

从以上几个公式的表达式可以看出,所有的计算公式中都没有考虑肋条两端圆角 R 的影响。然而,肋条形变最大的地方正是在肋条的两端,如图 15.23 所示。圆角 R 对刚度的影响是比较大的。因此,使用公式计算时,通常会出现计算结果偏小的情况。

同时,肋条的截面形状参数对鼠笼刚度有一定影响。不妨先不考虑圆角 R 的影响(假设 $R=0$),首先讨论一下以上几个公式在计算不同截面形状时有何区别。以一个鼠笼弹性支承为例,计算参数如表 15.7 所示。

取不同肋条截面形状参数,分别使用以上 4 个计算公式和有限元仿真方法,计算鼠笼刚度,得到鼠笼刚度随肋条截面宽高比 r_a 的变化曲线如图 15.24 所示。

表 15.7　鼠笼参数

肋条数目 n	肋条长度 L	圆角 R	肋条面积 A	肋条截面宽高比 r_a (b/h)
16	63 mm	0 mm	14.8 mm^2	0.2~4.0

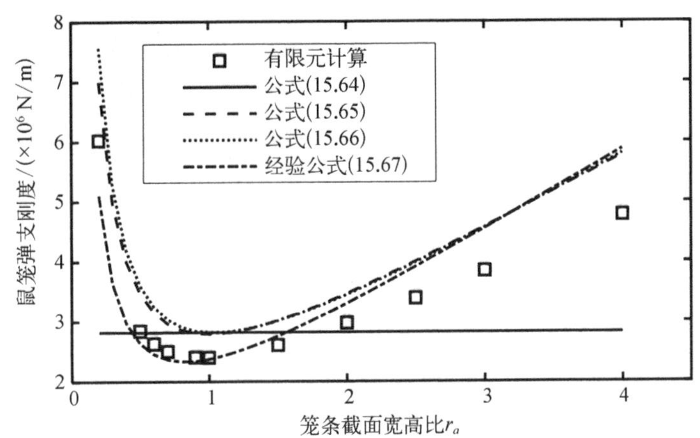

图 15.24　鼠笼弹支刚度随肋条截面宽高比 r_a 的变化

由图 15.24 可见，式(15.64)的计算结果不受肋条截面宽高比 r_a 的影响，而式(15.65)与式(15.66)基本相同。利用经验公式(15.67)计算的结果与有限元仿真的结果较为相近。尤其在肋条宽高比 r_a 最为常见的 0.5~2.0 的设计范围内，一致性很好。利用三维有限元仿真计算的结果较为可靠。从以上计算结果可以看出，当不考虑圆角时，利用经验公式(15.67)计算得到的刚度更加准确。

当考虑圆角后，刚度的大小受圆角 R 的影响较大，无法直接确定哪个公式更加准确，需要具体情况具体分析。由于使用三维有限元仿真计算时，可以考虑圆角的影响，因此，在设计以及计算鼠笼弹支刚度时，使用有限元法估算刚度是较为可靠的方法。下面使用有限元建模，计算一个真实鼠笼弹性支承的刚度，鼠笼弹性支承的参数如表 15.8 所示。

表 15.8　鼠笼弹性支承参数

肋条数目 n	肋条长度 L	圆角 R	肋条宽度 b	肋条高度 h
16	63 mm	3 mm	3.7 mm	4.0 mm

利用有限元建模，添加合适的约束以模拟轴承分布载荷，如图 15.25 所示。

根据鼠笼弹支所受约束、载荷与变形，计算得到该鼠笼弹支的刚度为 2.88×

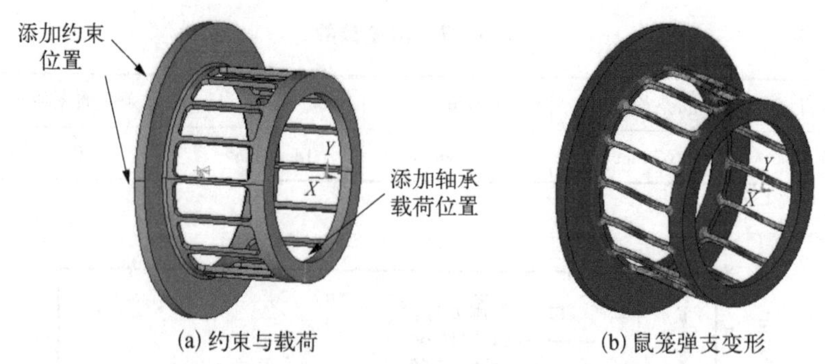

(a) 约束与载荷　　(b) 鼠笼弹支变形

图 15.25　有限元仿真计算鼠笼弹支刚度的约束、载荷和变形

10^6 N/m,实验测得的支承刚度为 2.96×10^6 N/m,相对误差为 2.7%。利用刚度计算公式得到的刚度结果及误差如表 15.9 所示。

表 15.9　鼠笼刚度计算结果及误差

	实验结果	有限元法	式(15.64)	式(15.65)	式(15.66)	式(15.67)
刚度/($\times10^6$N/m)	2.96	2.88	2.84	2.85	2.85	2.69
误差	0	2.7%	4.1%	3.7%	3.7%	9.1%

需要说明的是,表 15.9 中各公式的计算误差并不具有普适性,仅适用于该模型。因为各公式计算误差的大小不仅与建立计算公式时的假设有关,也与是否有圆角以及圆角的大小有关。

15.5.2　弹性支承刚度的测试

下面描述鼠笼弹支刚度的测试方法。最常见的测试方法是,在轴承安装位置悬挂重物,然后根据测得的位移与力的关系计算得到鼠笼的刚度。有时,为了便于安装不同的鼠笼,会用到测试工装,如图 15.26 所示。在测试过程中,基准面的选择非常关键,基准面决定了位移传感器支座的安装位置。换句话说,基准选在哪里,所测得的位移就是鼠笼端面与该基准面间的相对位移。测试对象为鼠笼弹支,因此,基准面应选在距离鼠笼弹支安装面最近的位置,如图 15.26 所示基准 A 所在的平面。由于传感器安装条件限制,有时不得不选择将传感器支座安装在距离鼠笼弹支法兰端较远的位置,如支座(基准 B)处,甚至是测试平台(基准 C)上。这样测得的刚度不再是鼠笼弹支刚度,而是包含基准与测试面间所有部件的串联刚度,这将给测试结果带来较大误差。另外,施加作用力的方式对刚度测试的准确度影响很大。若在弹支前端面圆环底部吊挂重物,圆环会发生较大变形,影响测试结果。应使用软索带从前端圆环顶部吊挂重物,以施加载荷,如图 15.26(b)所示,则

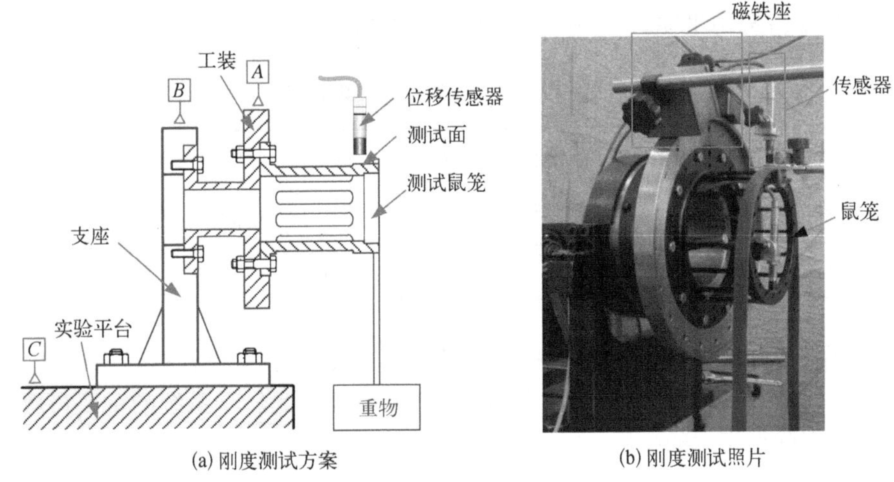

(a) 刚度测试方案　　(b) 刚度测试照片

图 15.26　鼠笼弹支刚度测试方案

圆环变形很小,会显著地提高测试精度。根据作者经验,由于测试方案选择不当造成的误差在实际测试中普遍存在,应引起注意。

采用图 15.26 所示的测试方案,选择基准 A 作为传感器支座即磁铁座安装面。磁铁座安装如图 15.26(b)所示。共测量 4 次。每次测完后,将鼠笼拆下,转 90°后再安装,重复上一次的测量过程。由此可检验鼠笼弹支刚度的各向均匀度。

图 15.27 为测试过程中所施加的力与所测得的位移间的变化关系。如图所示,在鼠笼弹支各个方向上,位移与受力表现出较好的线性关系,而且四个方向上的直线的斜率非常接近。直线的斜率 k 为弹性支承的柔度,其倒数即为所求刚度。计算四个方

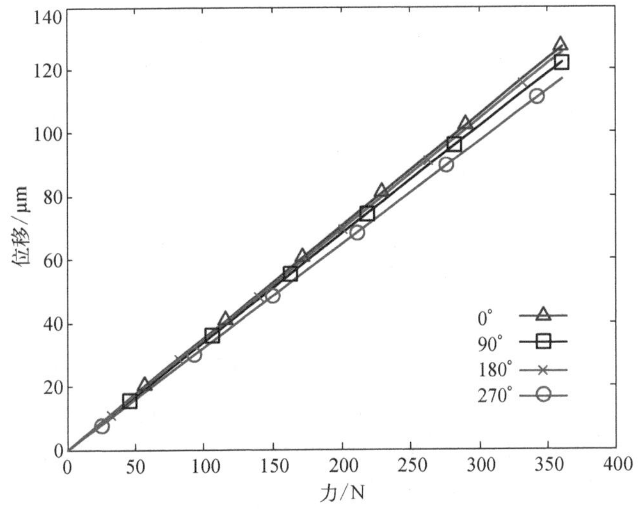

图 15.27　鼠笼弹支位移随力的变化

向上的刚度，计算结果如表 15.10 所示，该弹性支承的平均刚度为 2.96×10^6 N/m。

表 15.10 鼠笼弹支刚度测试结果

方　向	0°	90°	180°	270°
测试刚度/(N/m)	3.096×10^6	2.86×10^6	2.82×10^6	3.08×10^6
平均刚度/(N/m)	2.96×10^6			

掌握如何准确计算和测试弹性支承刚度的方法后，就可以根据转子的动力学设计要求，为转子设计合适的弹性支承。由于支承刚度是转子系统的重要参数，只有准确获得弹性支承的刚度，才能使得所设计的转子具备既定的动力学特性。

本 章 小 结

本章建立了发动机高压转子的动力学模型，揭示了设计参数与转子振动特性间的关系，提出了转子临界转速界值的估计方法，建立了转子支承刚度设计的准则，揭示了转子参数临界转速现象，给出了参数临界转速出现的条件。本章小结如下：

（1）高压转子单独支承时（无中介轴承），用支承在两个弹性支承上的刚性转子作为其结构动力学设计模型是合适的。

（2）可依据当量临界转速来估计转子的临界转速范围。当量临界转速为 $\bar{\omega}=\sqrt{\dfrac{s_{b1}+s_{b2}}{M}}$（$s_{b1}$ 和 s_{b2} 为前、后支承的刚度，M 为转子的质量）。转子的第一阶临界转速 $\omega_1<\bar{\omega}$，且随转速增大趋近于 $\bar{\omega}$；当 $\dfrac{\left(1-\dfrac{I_p}{I_d}\right)I_d}{ML^2}\geqslant\dfrac{1}{12}$ 时（I_d 为转子绕质心的转动惯量，I_p 为转子的极转动惯量，L 为两支承间的距离），转子的第二阶临界转速满足 $\bar{\omega}<\omega_2<2\sqrt{\dfrac{s_{b1}+s_{b2}}{M}}=2\bar{\omega}$；条件 $\left(1-\dfrac{I_p}{I_d}\right)I_d\geqslant\dfrac{ML^2}{12}$ 不成立时，在实际可选的设计参数范围内，估计的界值为 $2\bar{\omega}<\omega_2\leqslant3\bar{\omega}$。

（3）若在工作转速范围内，设置两阶临界转速，第一阶临界转速一般设计在慢车转速以下，第二阶可设计在慢车与巡航转速之间。在这种情况下，阻尼器是必要的，一般设置在前支承处。阻尼越大，临界峰值越小。但阻尼效果受到前、后支承刚度 s_{b1} 和 s_{b2} 的影响。取 $s_{b1}<s_{b2}$，有利于降低第一阶临界峰值；而取 $s_{b1}>s_{b2}$，则有利于降低第二阶临界峰值。若以降低第二阶临界峰值为设计目标，则高压压气机剩余不平衡量应与高压涡轮剩余不平衡量同相位。

（4）转子存在协调正进动参数临界转速。当 $\dfrac{I_d\left(1-\dfrac{I_p}{I_d}\right)}{ML^2}=\dfrac{a}{L}\left(1-\dfrac{a}{L}\right)$（$a$ 为转子重心的轴向位置）时，转子的协调正进动参数临界转速为 $\dfrac{\Omega_{p+}}{\bar{\omega}}=\sqrt{\dfrac{L}{a}\dfrac{1}{1+\dfrac{s_{b1}}{s_{b2}}}}$。在参数临界转速处，阻尼器将失去阻尼作用，振动无穷大。但在转子参数的实际取值范围内，转子协调正进动参数临界转速一般不会出现。

（5）转子也存在反进动参数临界转速。当 $\dfrac{I_d\left(1+\dfrac{\Omega}{\Omega_g}\dfrac{I_p}{I_d}\right)}{ML^2}=\dfrac{a}{L}\left(1-\dfrac{a}{L}\right)$（$\Omega$ 为转子转速，Ω_g 为反进动激振频率）时，转子的反进动参数临界转速为 $\dfrac{\Omega_{gp-}}{\bar{\omega}}=\sqrt{\dfrac{L}{a}\dfrac{1}{1+\dfrac{s_{b1}}{s_{b2}}}}$。在参数临界转速处，阻尼器将失去阻尼作用，振动无穷大。转子反进动参数临界转速在实际中是可能出现的。因此，在设计时，要按照上述条件对转子参数进行检验，避免出现反进动参数临界转速。

（6）利用一个设计实例对高压转子设计方法进行了验证。结合实测和仿真计算，阐明了弹性支承刚度计算与测试中应注意的问题。

参考文献

[1] 陈光. 航空发动机结构设计分析：第 2 版[M]. 北京：北京航空航天大学出版社，2014.

[2] 廖明夫，谭大力，耿建明，等. 航空发动机高压转子的结构动力学设计方法[J]. 航空动力学报，2014，29(7)：1505－1519.

[3] 廖明夫. 航空发动机转子动力学[M]. 西安：西北工业大学出版社，2015.

[4] 赵璐，廖明夫，薛永广，等. 航空发动机高压转子“可容模态”设计及实验验证[J]. 推进技术，2022，43(2)：210553.

[5] 刘展翅. 弹支挤压油膜阻尼器设计与特殊工况下阻尼器减振特性研究[D]. 西安：西北工业大学，2016.

[6] 李岩. 航空发动机转子系统可容模态优化设计方法与实验研究[D]. 西安：西北工业大学，2020.

[7] GUNTER E J. Optimum bearing and support damping for unbalance response and stability of rotating machinery[J]. Journal of Engineering for Power, 1978, 100(1): 1－6.

第 16 章
航空发动机低压转子的“可容模态”和减振设计

航空发动机转子的结构动力学设计一直沿用“保证工作转速与临界转速间留有足够裕度”的设计准则[1]，即“避开共振”的设计准则，简称“转速裕度”准则。不论亚临界或者超临界运行的转子，其工作转速需与临界转速保持足够的裕度，例如15%。若要在超临界工作，需设置阻尼器以降低临界响应。Gunter 给出了最佳阻尼与支承刚度的关系，并分析了最佳阻尼对转子的镇定作用[2]。但他仅考虑了一阶模态。Vance 较系统地总结出转子动力学设计的目标、准则和方法[3,4]。本书第15 章建立了发动机高压转子的动力学设计方法，提出了参数临界转速的概念，建立了设计参数的检验准则。

近年来，随着对战机战术要求的提升和飞行任务的多样性，航空发动机变工况特征越加突出。发动机的结构动力学设计面临前所未有的挑战[5]。

高性能航空发动机在工作期间，转子频繁越过若干阶临界转速，工作点甚至落在临界转速位置或邻域，难以保证工作转速与临界转速之间的裕度要求，简言之，完全“避开共振”难以实现。转子的临界转速将成为发动机的工作转速。这种情况下的转子模态，定义为“可容模态”，对应的临界转速定义为“可容临界”，即“可容忍的共振”。之所以定义为“可容模态”，一是因为发动机运行期间，转子频繁越过临界转速，临界转速甚至可能成为工作转速；二是因为工作状态下，材料特性、配合刚度和连接刚度发生明显变化，导致临界转速在较大范围内变化，很难保证设计时的“转速裕度”；三是因为“可容模态”下，转子结构动力学设计的准则是，要把转子的“可容临界”响应控制在允许的限制值之下，而不再是刻意保证期望的“转速裕度”。概而言之，转子的动力学设计要从“避开共振”的设计准则向着“容忍共振”的设计准则发展。为此，一是要在支承中加入阻尼器；二是要保证“可容模态”与支承绝对刚性时转子模态间的裕度，即“模态裕度”。这一变化将需要新的设计思想和方法与之相适应[6-8]。

对于“可容模态”下工作的转子，结构动力学设计至关重要。“可容模态”设计的核心内容是如何保证转子系统能够“容忍共振”，而不追求设定的“转速裕度”和跨越临界转速时的加速度，是直接在临界转速之下，设计和优化转子参数，使阻尼器减振效果最佳，从而允许转子在“可容模态”下工作，即“容忍共振”。另外，对转子动平衡的要求将会更加苛刻。

转子“可容模态”设计的核心要素包括三个方面：转子系统的抗振特性、减振特性和振动控制特性的设计。转子的抗振特性是指转子承受振动的抗力。抗振特性强意味着在相同的振动水平下，转子的可靠性高；或在满足相同的可靠性要求条件下，转子所能承受的振动水平高，或动载荷大。举一简例说明，为保证发动机一个翻修寿命期内的可靠性，转子上允许的残余不平衡量为 15 g · cm。转子抗振特性提高之后，转子上允许的残余不平衡量可能会达到 25 ~ 30 g · cm。这意味着，动平衡难度降低，或动平衡次数减少。抗振特性设计涉及材料、结构、工艺和装配等多个方面，而动力学设计是其核心，通过几何、结构、刚度和惯量等参数的优化设计，使转子系统的振动响应对激振力不敏感，即“响应钝化”，同时，使转子系统中的阻尼器阻尼效果最佳，还要使振动易于控制，例如易于通过本机动平衡减振。概括而言，提高转子系统模态的“可容度”。

转子系统的减振特性设计是指利用减振机构，例如阻尼器，耗散转子的振动能量，使转子振动以及外传动载荷减小。目前，在役和在研的发动机均采用挤压油膜阻尼器来减振。减振特性的优化设计是将阻尼器参数与转子参数融合优化，使阻尼器对转子工作转速范围内的所有模态，特别是对巡航至最大转速范围内的模态，具有显著的减振效果，为使这些模态成为“可容模态”创造条件。

转子系统的振动控制特性一般是指通过控制作用在转子上的激振力而来控制转子振动的机制。例如，转子的动平衡就是最有效的振动控制方法。但对于多阶模态振动的控制，在“可容模态”优化设计中，需要将模态振型、“常发不平衡分布”和本机动平衡的条件进行综合考虑，使“常发不平衡分布”与转子系统的主要模态振型正交，或相似度降低，转子主要模态下的振动响应对不平衡的变化不敏感（响应钝化）。对于难于实现“响应钝化”设计的模态，则在转子上设计本机动平衡的结构要素，例如，键相位测量面、试重和加重面等，通过本机动平衡来控制该模态下的振动。这时，本机动平衡面沿轴向的位置分布与需要控制的模态振型要有比较高的相容性，即在这些平衡面上，易于施加与需要控制的模态振型相似的分布平衡校正量，以保证本机动平衡的有效性。

上述三个方面的优化设计虽各有侧重，但相互关联，构成了“可容模态”设计的核心内容。这也是本书的重点，体现在本章及此后各章节中。

本章以发动机低压转子为例，分析转子的动力学特性和不平衡响应，建立“可容模态”减振设计的参数优化准则和动平衡准则。“可容模态”下阻尼器的减振效果不仅取决于阻尼器的设计，还取决于转子参数的优化，即保证“模态裕度”。另外，要提高转子动平衡的精度，残余不平衡的分布要尽量与支承绝对刚性时转子的模态正交。

16.1 简单柔性转子的"可容模态"设计

为阐明"可容模态"设计的思想和基本的设计方法,本节以简单对称转子模型为对象,建立转子运动微分方程,求得转子响应峰值,获得转子"可容模态"的参数条件和取值范围。

16.1.1 转子的动力学模型与振动特性

为说明柔性转子"可容模态"设计的思想,取图 16.1 所示的简单对称转子作为分析模型。

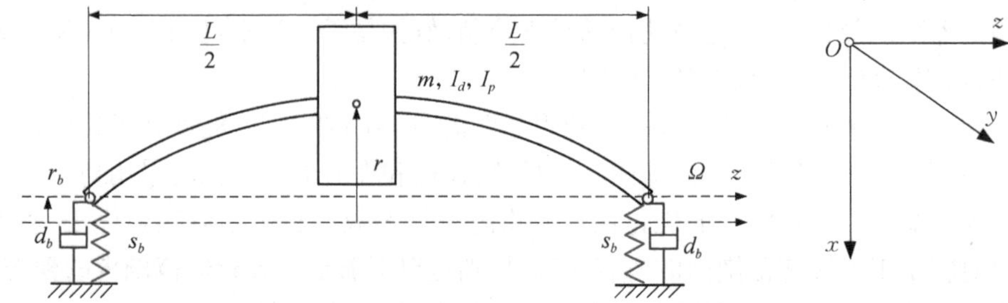

图 16.1 带弹支和阻尼器的柔性转子以及坐标系[6]

如图 16.1 所示,设两个支承的刚度和阻尼系数分别为 s_{b1}、d_{b1}、s_{b2} 和 d_{b2}。为简单起见,取

$$s_{b1} = s_{b2} = s_b,\ d_{b1} = d_{b2} = d_b$$

取如图 16.1 所示的坐标系。设轴两端的位移分别为 $(x_{b1},\ y_{b1})$,$(x_{b2},\ y_{b2})$,盘中心的位移为 $(x,\ y)$,摆角为 $(\theta_x,\ \theta_y)$。

考虑到转子系统的对称性,盘的横向振动和摆动是相互独立的,即无交叉刚度,$s_{12} = s_{21} = 0$。此种条件下,转子的运动方程为

$$\begin{aligned} m\ddot{x} + s_{11}(x - x_b) &= m\varepsilon\Omega^2\cos(\Omega t + \beta) \\ m\ddot{y} + s_{11}(y - y_b) &= m\varepsilon\Omega^2\sin(\Omega t + \beta) \end{aligned} \tag{16.1}$$

$$\begin{aligned} s_{11}(x - x_b) &= 2s_b x_b + 2d_b\dot{x}_b \\ s_{11}(y - y_b) &= 2s_b y_b + 2d_b\dot{y}_b \end{aligned} \tag{16.2}$$

方程中,s_{11} 为置盘处轴的横向刚度;而 $x_{b1} = x_{b2} = x_b$,$y_{b1} = y_{b2} = y_b$。

引入复向量:

$$\boldsymbol{r} = x + \mathrm{j}y$$

$$\boldsymbol{r}_b = x_b + \mathrm{j}y_b \tag{16.3}$$

方程(16.1)和方程(16.2)则变为

$$\begin{aligned} m\ddot{\boldsymbol{r}} + s_{11}(\boldsymbol{r} - \boldsymbol{r}_b) &= m\varepsilon\Omega^2\boldsymbol{e}^{\mathrm{j}(\Omega t+\beta)} \\ s_{11}(\boldsymbol{r} - \boldsymbol{r}_b) &= 2s_b\boldsymbol{r}_b + 2d_b\dot{\boldsymbol{r}}_b \end{aligned} \tag{16.4}$$

将式(16.4)中第二个方程代入第一个方程,可得

$$\frac{2md_b}{s_{11}}\dddot{\boldsymbol{r}}_b + \frac{m(2s_b + s_{11})}{s_{11}}\ddot{\boldsymbol{r}}_b + 2d_b\dot{\boldsymbol{r}}_b + 2s_b\boldsymbol{r}_b = m\varepsilon\Omega^2\boldsymbol{e}^{\mathrm{j}(\Omega t+\beta)} \tag{16.5}$$

设支承处转子的稳态振动为

$$\boldsymbol{r}_b = \boldsymbol{r}_{b0}\boldsymbol{e}^{\mathrm{j}(\Omega t+\beta_{b0})} \tag{16.6}$$

代入方程(16.5),并化简得

$$\left[2s_b - \frac{m(2s_b + s_{11})}{s_{11}}\Omega^2 + 2\mathrm{j}d_b\Omega\left(1 - \frac{m}{s_{11}}\Omega^2\right)\right]\boldsymbol{r}_{b0}\boldsymbol{e}^{\mathrm{j}\beta_{b0}} = m\varepsilon\Omega^2\boldsymbol{e}^{\mathrm{j}\beta} \tag{16.7}$$

由此解得支承振动幅值为

$$|\boldsymbol{r}_{b0}\boldsymbol{e}^{\mathrm{j}\beta_{b0}}| = \left\{\left[2s_b - \frac{m(2s_b + s_{11})}{s_{11}}\Omega^2\right]^2 + 4d_b^2\Omega^2\left(1 - \frac{m}{s_{11}}\Omega^2\right)^2\right\}^{-\frac{1}{2}} m\varepsilon\Omega^2 \tag{16.8}$$

由式(16.8)可得到无阻尼时转子的一阶临界转速:

$$\Omega_{cr1} = \sqrt{\frac{2s_bs_{11}}{m(2s_b + s_{11})}} \tag{16.9}$$

引入一阶阻尼比:

$$D_{cr1} = \frac{d_b}{m\Omega_{cr1}} \tag{16.10}$$

于是,可得到支承的无量纲振动幅值:

$$\frac{|\boldsymbol{r}_{b0}\boldsymbol{e}^{\mathrm{j}\beta_{b0}}|}{\varepsilon} = \frac{\left(\dfrac{\Omega}{\Omega_{cr1}}\right)^2}{\sqrt{\left(\dfrac{2s_b + s_{11}}{s_{11}}\right)^2\left[1 - \left(\dfrac{\Omega}{\Omega_{cr1}}\right)^2\right]^2 + \left(2D_{cr1}\dfrac{\Omega}{\Omega_{cr1}}\right)^2\left[1 - \left(\dfrac{\Omega}{\Omega_{cr1}}\right)^2\dfrac{2s_b}{2s_b + s_{11}}\right]^2}} \tag{16.11}$$

而转子的无量纲响应幅值为

$$\frac{|\boldsymbol{r}_0 \boldsymbol{e}^{\mathrm{j}\beta_0}|}{\varepsilon} = \sqrt{\left(1 + \frac{2s_b}{s_{11}}\right)^2 + 4D_{cr1}^2\left(\frac{2s_b/s_{11}}{2s_b/s_{11} + 1}\right)^2} \frac{|\boldsymbol{r}_{b0} \boldsymbol{e}^{\mathrm{j}\beta_{b0}}|}{\varepsilon} \tag{16.12}$$

图 16.2 为转子和支承的幅频特性。由图 16.2 可见，仅在临界转速附近，阻尼器减振效果明显。当能保证与临界转速有足够的转速裕度时，例如 15%，阻尼器则只用于转子跨越临界转速时减振。只要跨越临界转速时，升速或降速足够快，振动

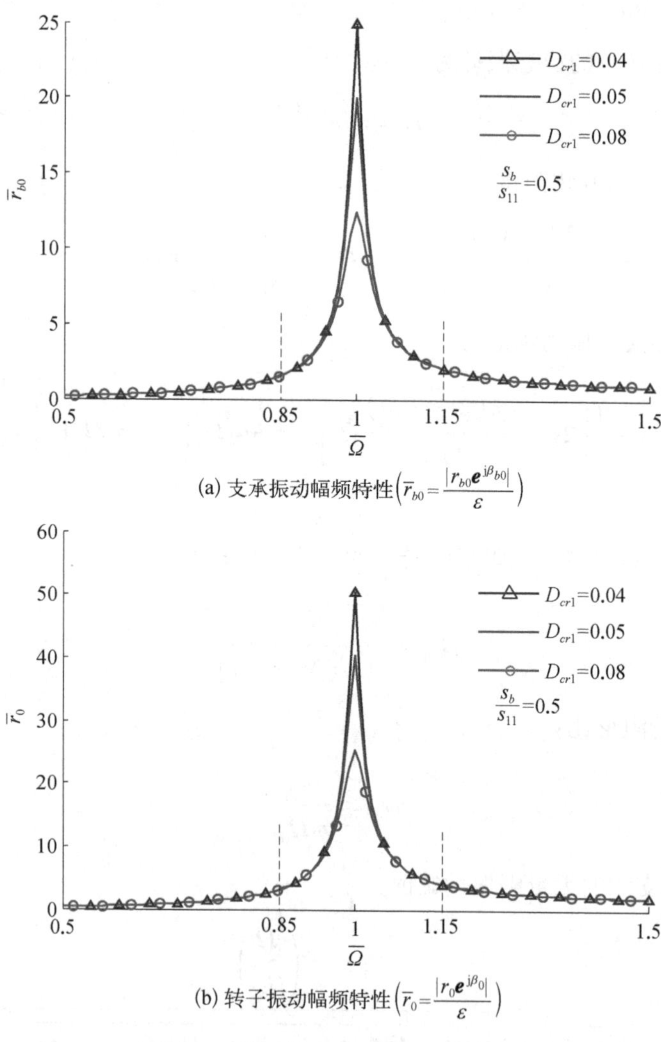

(a) 支承振动幅频特性$\left(\bar{r}_{b0} = \frac{|r_{b0}\boldsymbol{e}^{\mathrm{j}\beta_{b0}}|}{\varepsilon}\right)$

(b) 转子振动幅频特性$\left(\bar{r}_0 = \frac{|r_0\boldsymbol{e}^{\mathrm{j}\beta_0}|}{\varepsilon}\right)$

图 16.2 转子和支承的振动幅频特性

$D_{cr1} = 0.04, 0.05, 0.08$; $\frac{s_b}{s_{11}} = 0.5$; $\bar{\Omega} = \frac{\Omega}{\Omega_{cr1}}$

幅值不会很大,阻尼器设计相对较容易。在这种情况下,支承与转子的刚度选择,主要考虑调整临界转速的位置,以保证转速裕度,而与阻尼效果无关。

16.1.2　转子第一阶模态为“可容模态”

若转子第一阶模态为“可容模态”,即工作时,转子频繁跨越第一阶临界转速,甚至在第一阶临界转速邻近工作,则阻尼器要优化设计,并且要与转子和支承刚度匹配。

在临界转速处,即 $\Omega = \Omega_{cr1}$ 时,转子支承的响应幅值为

$$\frac{|\boldsymbol{r}_{b0}\boldsymbol{e}^{j\beta_{b0}}|_{cr1}}{\varepsilon} = \frac{1 + \dfrac{2s_b}{s_{11}}}{2D_{cr1}} \tag{16.13}$$

转子的临界响应幅值为

$$\begin{aligned}\frac{|\boldsymbol{r}_0\boldsymbol{e}^{j\beta_0}|_{cr1}}{\varepsilon} &= \sqrt{\left(1 + \frac{2s_b}{s_{11}}\right)^2 + 4D_{cr1}^2\left(\frac{2s_b/s_{11}}{2s_b/s_{11} + 1}\right)^2}\,\frac{|\boldsymbol{r}_{b0}\boldsymbol{e}^{j\beta_{b0}}|}{\varepsilon} \\ &= \sqrt{\left(1 + \frac{2s_b}{s_{11}}\right)^2 + 4D_{cr1}^2\left(\frac{2s_b/s_{11}}{2s_b/s_{11} + 1}\right)^2}\,\frac{\left(1 + \dfrac{2s_b}{s_{11}}\right)}{2D_{cr1}}\end{aligned} \tag{16.14}$$

显见,阻尼 D_{cr1} 越大,支承和转子的临界响应越小。但转子的临界响应还取决于转子支承刚度与轴刚度的选取。当支承刚度相对于轴的刚度无穷大时,即 $2s_b \gg s_{11}$,转子临界响应趋于无穷大。这表明,阻尼无效。由于支承绝对刚性,置于其上的阻尼器自然失去作用。

当轴的刚度相对于支承刚度趋于无穷大时,即 $s_{11} \gg 2s_b$ 时,转子和支承的临界响应均达到最小,即

$$\frac{|\boldsymbol{r}_0\boldsymbol{e}^{j\beta_0}|_{\min}}{\varepsilon} \approx \frac{|\boldsymbol{r}_{b0}\boldsymbol{e}^{j\beta_{b0}}|_{\min}}{\varepsilon} = \frac{1}{2D_{cr1}} \tag{16.15}$$

换句话说,挤压油膜阻尼器对支承在弹支上的刚性转子阻尼效果最好。

图 16.3 为阻尼比 $D_{cr1} = 0.05$ 时转子和支承振动幅频特性随支承与转子刚度比的变化。由图 16.3 可见,在临界转速区域,支承与转子刚度比的匹配对临界响应峰值的影响非常显著。支承刚度越小,减振效果越好。

如第 15 章所述,航空发动机的高压转子易于满足转子为刚性和支承为弹性的

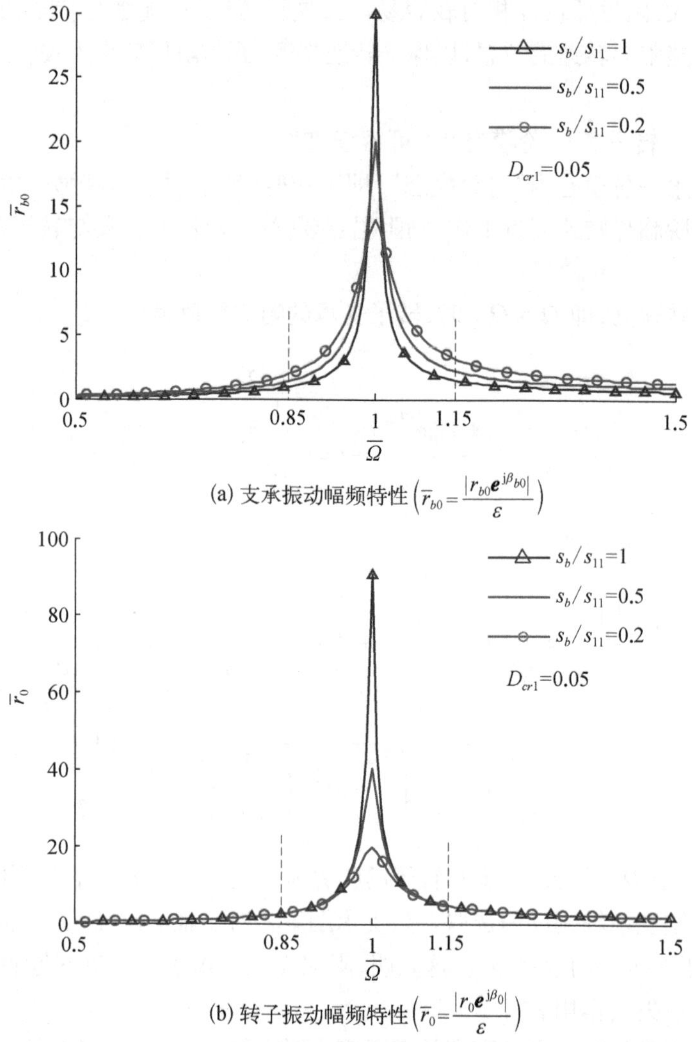

(a) 支承振动幅频特性 $\left(\bar{r}_{b0}=\frac{|r_{b0}\boldsymbol{e}^{\mathrm{j}\beta_{b0}}|}{\varepsilon}\right)$

(b) 转子振动幅频特性 $\left(\bar{r}_0=\frac{|r_0\boldsymbol{e}^{\mathrm{j}\beta_0}|}{\varepsilon}\right)$

图 16.3　转子和支承振动幅频特性随支承与转子刚度比的变化

$$D_{cr1}=0.05;\ \frac{s_b}{s_{11}}=0.2,\ 0.5,\ 1.0$$

要求。但对于航空发动机的低压转子，因空间限制，轴的直径较小，而长度较长，故刚度较小。要按照 $s_{11}\gg 2s_b$ 的条件来设计转子的支承，将受到两个约束条件的限制：① 弹支要有足够的强度；② 转子-支承系统的静变形不能太大（例如叶尖-机匣间隙、密封配合等限制）。因此，须折中选择。

图 16.4 表示临界转速处减振效果与支承/轴刚度比 $\frac{2s_b}{s_{11}}$ 的变化关系。由图

16.4 可见，随着 $\frac{2s_b}{s_{11}}$ 的减小，转子振动持续减小，最终趋于最小值。这与文献[3]的结论是一致的。

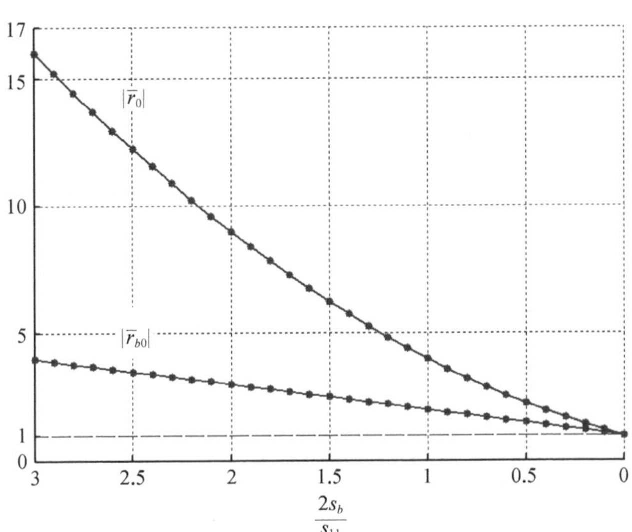

图 16.4　转子和支承振动相对幅值随支承/轴刚度比 $\frac{2s_b}{s_{11}}$ 的变化关系

$\Omega = \Omega_{cr1}$，纵坐标分别为 $\bar{r}_0 = |\boldsymbol{r}_0\boldsymbol{e}^{\mathrm{j}\beta_0}|_{cr1}/|\boldsymbol{r}_0\boldsymbol{e}^{\mathrm{j}\beta_0}|_{\min}$ 和 $\bar{r}_{b0} = |\boldsymbol{r}_{b0}\boldsymbol{e}^{\mathrm{j}\beta_{b0}}|_{cr1}/|\boldsymbol{r}_{b0}\boldsymbol{e}^{\mathrm{j}\beta_{b0}}|_{\min}$

当 $s_b = s_{11}$ 时，$|\boldsymbol{r}_0\boldsymbol{e}^{\mathrm{j}\beta_0}|/|\boldsymbol{r}_0\boldsymbol{e}^{\mathrm{j}\beta_0}|_{\min} \approx 9$；$|\boldsymbol{r}_{b0}\boldsymbol{e}^{\mathrm{j}\beta_{b0}}|/|\boldsymbol{r}_{b0}\boldsymbol{e}^{\mathrm{j}\beta_{b0}}|_{\min} = 3$。而当 $s_b \leqslant \frac{1}{5}s_{11}$ 时，$|\boldsymbol{r}_0\boldsymbol{e}^{\mathrm{j}\beta_0}|/|\boldsymbol{r}_0\boldsymbol{e}^{\mathrm{j}\beta_0}|_{\min} \leqslant 1.96$；$|\boldsymbol{r}_{b0}\boldsymbol{e}^{\mathrm{j}\beta_{b0}}|/|\boldsymbol{r}_{b0}\boldsymbol{e}^{\mathrm{j}\beta_{b0}}|_{\min} \leqslant 1.4$。因此，设计时，选择支承刚度小于轴刚度的 20%，阻尼器就可发挥显著的阻尼效果。

16.1.3　第二阶模态为“可容模态”

航空发动机的低压转子在工作转速范围之内，可能会存在两阶甚至更多阶模态。若第一阶模态在慢车以下，第二阶模态可能会出现在主要工作转速区域，应设计成为“可容模态”。第二阶模态通常表现为俯仰形式，并伴随轴的弯曲变形。为便于分析和理解，仍取图 16.1 所示的转子模型加以剖析，但结论并不失一般性。

如图 16.5 所示，转子的第二阶模态为纯摆动（纯俯仰模态）模态。转子的振动微分方程为

$$I_d\ddot{\boldsymbol{\varphi}} - \mathrm{j}I_p\Omega\dot{\boldsymbol{\varphi}} + s_{22}\boldsymbol{\varphi} - \mathrm{j}s_{22}\frac{2\boldsymbol{r}_b}{L} = (I_d - I_p)\alpha\Omega^2\boldsymbol{e}^{\mathrm{j}(\Omega t+\gamma)} \tag{16.16}$$

$$s_{22}\boldsymbol{\varphi} - \mathrm{j}s_{22}\frac{2\boldsymbol{r}_b}{L} = 2\mathrm{j}s_b\frac{L}{2}\boldsymbol{r}_b + 2\mathrm{j}d_b\frac{L}{2}\dot{\boldsymbol{r}}_b \tag{16.17}$$

$$\boldsymbol{\varphi} = \mathrm{j}\left(\frac{Ls_b}{s_{22}} + \frac{2}{L}\right)\boldsymbol{r}_b + \mathrm{j}\frac{d_bL}{s_{22}}\dot{\boldsymbol{r}}_b \tag{16.18}$$

式中,$\boldsymbol{\varphi}$ 为盘的摆角;s_{22} 为置盘处轴的抗摆刚度;Ω 为转子的自转角速度;α 为盘的初始偏角;I_d 为盘的直径转动惯量;I_p 为盘的极转动惯量。

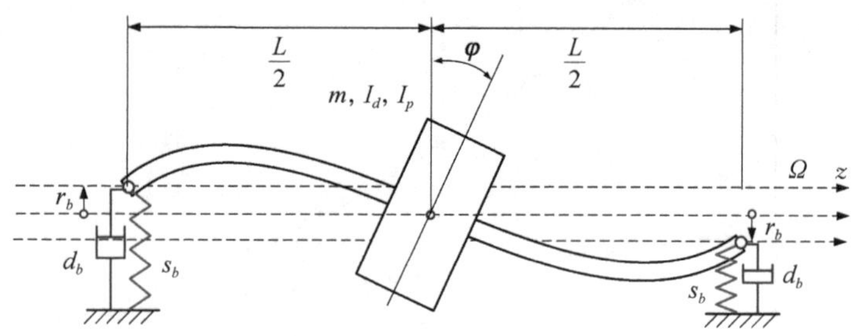

图 16.5 转子的第二阶振动模态(纯俯仰模态)

将式(16.18)代入方程(16.16),得

$$\mathrm{j}\frac{I_dd_b}{s_{22}}\dddot{\boldsymbol{r}}_b + \left[I_d\mathrm{j}\left(\frac{s_b}{s_{22}} + \frac{2}{L^2}\right) + \frac{I_p\Omega d_b}{s_{22}}\right]\ddot{\boldsymbol{r}}_b + \left[I_p\Omega\left(\frac{s_b}{s_{22}} + \frac{2}{L^2}\right) + \mathrm{j}d_b\right]\dot{\boldsymbol{r}}_b + \mathrm{j}s_b\boldsymbol{r}_b$$
$$= \frac{I_d - I_p}{L}\alpha\Omega^2\boldsymbol{e}^{\mathrm{j}(\Omega t+\gamma)} \tag{16.19}$$

1. 转子的临界转速

设方程的齐次解为

$$\boldsymbol{r}_b = \boldsymbol{r}_{b02}\boldsymbol{e}^{\mathrm{j}(\omega t+\beta_{b02})} \tag{16.20}$$

代入方程(16.19)对应的齐次方程,可得

$$\left\{\frac{I_dd_b}{s_{22}}\omega^3 - \left[\mathrm{j}I_d\left(\frac{s_b}{s_{22}} + \frac{2}{L^2}\right) + \frac{I_p\Omega d_b}{s_{22}}\right]\omega^2 + \mathrm{j}\left[I_p\Omega\left(\frac{s_b}{s_{22}} + \frac{2}{L^2}\right) + \mathrm{j}d_b\right]\omega + \mathrm{j}s_b\right\}\boldsymbol{r}_{b02}\boldsymbol{e}^{\mathrm{j}\beta_{b02}} = 0$$

或

$$\left\{d_b\omega\left[\frac{I_d}{s_{22}}\omega^2 - \frac{I_p\Omega}{s_{22}}\omega - 1\right] + \mathrm{j}\left[I_p\Omega\left(\frac{s_b}{s_{22}} + \frac{2}{L^2}\right)\omega - I_d\left(\frac{s_b}{s_{22}} + \frac{2}{L^2}\right)\omega^2 + s_b\right]\right\}\boldsymbol{r}_{b02}\boldsymbol{e}^{\mathrm{j}\beta_{b02}} = 0 \tag{16.21}$$

阻尼为零时,即 $d_b = 0$,可得到特征方程为

$$I_d\left(\frac{s_b}{s_{22}}+\frac{2}{L^2}\right)\omega^2-I_p\Omega\left(\frac{s_b}{s_{22}}+\frac{2}{L^2}\right)\omega-s_b=0 \tag{16.22}$$

解得转子的第二阶自振频率为

$$\omega_{cr2}=\frac{I_p\Omega}{2I_d}\pm\sqrt{\left(\frac{I_p\Omega}{2I_d}\right)^2+\frac{s_b s_{22}L^2}{I_d(s_bL^2+2s_{22})}} \tag{16.23}$$

2. 转盘初始偏角引起的振动

当转子在第二阶临界转速处振动时，即 $\Omega=\omega_{cr2}$，转子的临界响应为

$$\boldsymbol{r}_{b02}\boldsymbol{e}^{\mathrm{j}\beta_{b02}}=\frac{(I_d-I_p)\alpha\omega_{cr2}^2\boldsymbol{e}^{\mathrm{j}\gamma}}{\dfrac{I_dd_bL}{s_{22}}\omega_{cr2}^3-\dfrac{I_p\Omega d_bL}{s_{22}}\omega_{cr2}^2-d_bL\omega_{cr2}}=\frac{(I_d-I_p)\alpha\omega_{cr2}\boldsymbol{e}^{\mathrm{j}\gamma}}{d_bL\left(\dfrac{I_d}{s_{22}}\omega_{cr2}^2-\dfrac{I_p\Omega}{s_{22}}\omega_{cr2}-1\right)} \tag{16.24}$$

而临界转速为

$$\omega_{cr}=L\sqrt{\frac{s_bs_{22}}{(I_d-I_p)(s_bL^2+2s_{22})}}$$

将临界转速的表达式代入式(16.24)，得

$$\boldsymbol{r}_{b02}\boldsymbol{e}^{\mathrm{j}\beta_{b02}}=\frac{(I_d-I_p)\alpha\omega_{cr}\boldsymbol{e}^{\mathrm{j}\gamma}}{d_bL\left(\dfrac{s_bL^2}{s_bL^2+2s_{22}}-1\right)}=-\sqrt{\frac{s_b(I_d-I_p)(s_bL^2+2s_{22})}{s_{22}}}\,\frac{\alpha\boldsymbol{e}^{\mathrm{j}\gamma}}{2d_b} \tag{16.25}$$

由式(16.25)可见，转子的第二阶临界振动峰值与第一阶模态时的规律一致。当支承刚度相对轴的刚度无穷大时，即 $s_b\gg s_{22}$ 时，阻尼无效，转子临界响应趋于无穷大。增大阻尼值 d_b，转子临界峰值减小。另外，当 $I_d=I_p$ 时，转盘初始偏角 α 引起的振动始终为 0。

3. 同步协调正进动

再回到方程(16.19)，设转子的运动为同步协调正进动，即稳态解为

$$\boldsymbol{r}_{b+}=\boldsymbol{r}_{b0+}\,\boldsymbol{e}^{\mathrm{j}(\Omega t+\beta_{b+})} \tag{16.26}$$

代入方程(16.19)，可得

$$\left\{(I_d-I_p)\frac{d_bL}{s_{22}}\Omega^3-d_bL\Omega+\mathrm{j}\left[-(I_d-I_p)L\left(\frac{s_b}{s_{22}}+\frac{2}{L^2}\right)\Omega^2+Ls_b\right]\right\}\boldsymbol{r}_{b0+}\,\boldsymbol{e}^{\mathrm{j}\beta_{b+}}=(I_d-I_p)\alpha\Omega^2\boldsymbol{e}^{\mathrm{j}\gamma} \tag{16.27}$$

无阻尼时，特征方程为

$$- I_d\left(\frac{s_b}{s_{22}} + \frac{2}{L^2}\right)\Omega^2 + I_p\Omega^2\left(\frac{s_b}{s_{22}} + \frac{2}{L^2}\right) + s_b = 0 \tag{16.28}$$

解得临界转速为

$$\Omega_{cr2} = \sqrt{\frac{s_b s_{22}}{(I_d - I_p)\left(s_b + \dfrac{2s_{22}}{L^2}\right)}} \tag{16.29}$$

式(16.29)表明，当 $I_p \geqslant I_d$ 时，转子不会发生协调正进动摆动。但对于航空发动机的低压转子，一般情况下，$I_p < I_d$。

令

$$\frac{d_b L^2}{I_d} = 2D_{cr2}\Omega_{cr2} \tag{16.30}$$

式中，D_{cr2} 为第二阶模态阻尼比。

$$\bar{\Omega} = \frac{\Omega}{\Omega_{cr2}} \tag{16.31}$$

代入式(16.27)，解得支承无量纲振动幅值为

$$\frac{|\boldsymbol{r}_{b0+}\boldsymbol{e}^{j\beta_{b+}}|}{L\alpha} = \frac{\dfrac{I_d - I_p}{I_d}\left(\dfrac{\Omega}{\Omega_{cr2}}\right)^2}{\sqrt{\left(\dfrac{(I_d - I_p)(L^2 s_b + 2s_{22})}{I_d s_{22}}\right)^2\left[1-\left(\dfrac{\Omega}{\Omega_{cr2}}\right)^2\right]^2 + \left(2D_{cr2}\dfrac{\Omega}{\Omega_{cr2}}\right)^2\left[1-\dfrac{L^2 s_b}{L^2 s_b + 2s_{22}}\left(\dfrac{\Omega}{\Omega_{cr2}}\right)^2\right]^2}} \tag{16.32}$$

方程(16.32)再次表明，当 $I_d = I_p$ 时，转盘初始偏角 α 引起的振动始终为 0，即它不会引起转子的摆振。

转子盘的无量纲响应为

$$\frac{|\boldsymbol{\varphi}_{0+}|}{\alpha} = \sqrt{\left(2 + \frac{L^2 s_b}{s_{22}}\right)^2 + \left[\frac{2I_d D_{cr2}\left(\dfrac{L^2 s_b}{s_{22}}\right)}{(I_d - I_p)\left(2 + \dfrac{L^2 s_b}{s_{22}}\right)}\right]^2}\left(\frac{\Omega}{\Omega_{cr2}}\right)^2\frac{|\boldsymbol{r}_{b0+}\boldsymbol{e}^{j\beta_{b+}}|}{L\alpha} \tag{16.33}$$

分别比较式(16.32)和式(16.11)、式(16.33)和式(16.12),可见,两阶模态的无量纲响应表达式形式相同,只是由于陀螺力矩影响,第二阶模态包含了转动惯量。

在第二阶临界转速处,即 $\Omega=\Omega_{cr2}$,支承和转子的振动幅值分别为

$$\frac{|\boldsymbol{r}_{b0+}\boldsymbol{e}^{\mathrm{j}\beta_{b+}}|_{cr2}}{L\alpha}=\frac{(I_d-I_p)\left(2+\frac{L^2s_b}{s_{22}}\right)}{4I_dD_{cr2}} \tag{16.34}$$

$$\frac{|\boldsymbol{\varphi}_{0+}|_{cr2}}{\alpha}=\sqrt{\left(2+\frac{L^2s_b}{s_{22}}\right)^2+\left[\frac{2I_dD_{cr2}\left(\frac{L^2s_b}{s_{22}}\right)}{(I_d-I_p)\left(2+\frac{L^2s_b}{s_{22}}\right)}\right]^2}\ \frac{(I_d-I_p)\left(2+\frac{L^2s_b}{s_{22}}\right)}{4I_dD_{cr2}} \tag{16.35}$$

而当轴的刚度相对于支承刚度趋于无穷大时,即 $s_{22}\gg L^2s_b$ 时,支承和转子的临界响应均达到最小,即

$$\frac{|\boldsymbol{r}_{bo+}\boldsymbol{e}^{\mathrm{j}\beta_{b+}}|_{cr2/\min}}{L\alpha}=\frac{1}{2D_{cr2}}\left(1-\frac{I_p}{I_d}\right) \tag{16.36}$$

$$\frac{|\boldsymbol{\varphi}_{0+}|_{cr2/\min}}{\alpha}=\frac{1}{D_{cr2}}\left(1-\frac{I_p}{I_d}\right) \tag{16.37}$$

当 $L^2s_b\leqslant\frac{1}{2}s_{22}$ 时,由式(16.34)和式(16.35)可算出,$|\boldsymbol{r}_{bo+}\boldsymbol{e}^{\mathrm{j}\beta_{b+}}|_{cr2}/|\boldsymbol{r}_{bo+}\boldsymbol{e}^{\mathrm{j}\beta_{b+}}|_{cr2/\min}\leqslant 1.25$;$|\boldsymbol{\varphi}_{0+}|_{cr2}/|\boldsymbol{\varphi}_{0+}|_{cr2/\min}\leqslant 1.5625$。这一条件在实际设计中较易满足。

4. 反进动时转子的响应

对于对转发动机,有可能在低压转子上作用反进动激振力,使转子产生反进动,即

$$\boldsymbol{r}_{b-}=\boldsymbol{r}_{b0-}\boldsymbol{e}^{-\mathrm{j}(\Omega t+\beta_{b-})} \tag{16.38}$$

特征方程为

$$-I_d\left(\frac{s_b}{s_{22}}+\frac{2}{L^2}\right)\omega^2-I_p\Omega\left(\frac{s_b}{s_{22}}+\frac{2}{L^2}\right)\omega+s_b=0 \tag{16.39}$$

解得转子的反进动自振频率为

$$\omega_{-cr1}=-\frac{I_p\Omega}{2I_d}-\sqrt{\left(\frac{I_p\Omega}{2I_d}\right)^2+\frac{s_b}{I_d\left(\frac{s_b}{s_{22}}+\frac{2}{L^2}\right)}} \tag{16.40}$$

同步反进动($\Omega=-\omega$)的临界转速为

$$\Omega_{-cr2}=-\sqrt{\frac{s_b s_{22}}{(I_d+I_p)\left(s_b+\frac{2s_{22}}{L^2}\right)}} \tag{16.41}$$

当转子在反进动临界转速处振动时,即 $\Omega=\Omega_{-cr2}$,转子的反进动临界响应为

$$\begin{aligned}\boldsymbol{r}_{b0-}\boldsymbol{e}^{\mathrm{j}\beta_{b-}}&=\frac{(I_d+I_p)\alpha\Omega_{-cr2}^2\boldsymbol{e}^{\mathrm{j}\gamma}}{-\frac{I_d d_b L}{s_{22}}\Omega_{-cr2}^3-\frac{I_p d_b L}{s_{22}}\Omega_{-cr2}^3+d_b L\Omega_{-cr2}}\\&=\frac{(I_d+I_p)\alpha\Omega_{-cr2}\boldsymbol{e}^{\mathrm{j}\gamma}}{d_b L\left(1-\frac{I_d+I_p}{s_{22}}\Omega_{-cr2}^2\right)}\end{aligned} \tag{16.42}$$

将临界转速的表达式(16.41)代入式(16.42),得

$$\boldsymbol{r}_{b0-}\boldsymbol{e}^{\mathrm{j}\beta_{b-}}=\frac{(I_d+I_p)(L^2 s_b+2s_{22})\alpha\Omega_{-cr2}\boldsymbol{e}^{\mathrm{j}\gamma}}{2d_b L s_{22}} \tag{16.43}$$

与正进动的结论是一致的。

协调反进动时,$\Omega=\Omega_{-cr2}$,当 $\frac{L^2 s_b}{s_{22}}\Rightarrow 0$,转子响应达到最小值:

$$(\boldsymbol{r}_{b0-}\boldsymbol{e}^{\mathrm{j}\beta_{b-}})_{-cr2/\min}=\frac{\sqrt{2s_b(I_d+I_p)}\,\alpha\boldsymbol{e}^{\mathrm{j}\gamma}}{2d_b}$$

这说明支承刚度远小于转子刚度,对于减小反进动幅值也是有利的。

上述分析表明,阻尼器的减振效果取决于阻尼的大小,但也与转子刚度和支承刚度的匹配密切相关。如果第二阶模态为"可容模态",减振设计的目标是降低转子的第二阶临界响应。阻尼器和转子/支承刚度的匹配应针对第二阶模态来设计。由于 $s_{22}>s_{11}$,适合第二阶模态减振的转子/支承刚度匹配,$L^2 s_b=\eta s_{22}\left(\eta\leqslant\frac{1}{2}\right)$,对第一阶模态可能不是最佳的。但反过来,适合第一阶模态减振的转子/支承刚度

匹配，$s_b = \eta s_{11}\left(\eta \leqslant \dfrac{1}{5}\right)$，对第二阶模态总是适合的。航空发动机的低压转子细长，刚度 s_{11} 较低，而要满足刚度匹配条件 $s_b = \eta s_{11}\left(\eta \leqslant \dfrac{1}{5}\right)$，支承设计可能会受到强度和变形条件的限制。但若第一阶模态不是“可容”模态，则针对第一阶模态的刚度匹配 $s_b = \eta s_{11}$ 可适当放宽，主要关注第二阶模态减振。

可以类推，若在发动机工作转速内存在多个“可容模态”，例如涡轴发动机，当以最低一阶作为“可容模态”来匹配转子/支承刚度时，则对所有高阶模态都是合适的。

16.2　一般柔性转子的“可容模态”设计

实际的转子自由度较多，具有多阶模态，“可容模态”设计要复杂得多。为说明一般转子“可容模态”设计的方法，取图 16.6 所示的转子模型为设计对象，既不失一般性，又可使设计过程透明、易懂。

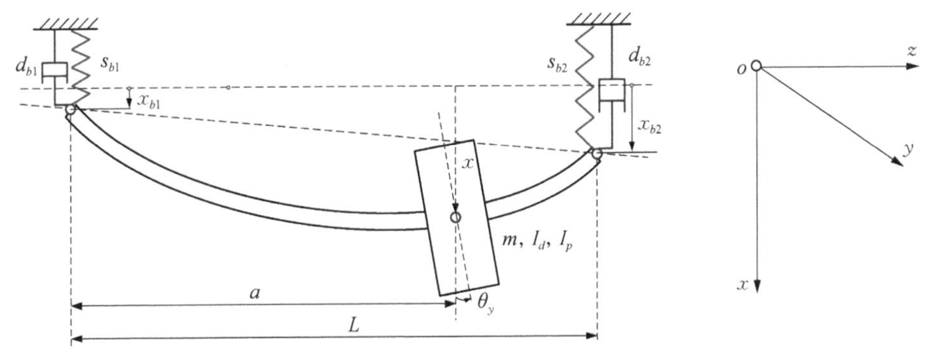

图 16.6　带弹支和阻尼器的柔性转子模型和坐标系[6-10]

16.2.1　转子模型与运动微分方程

如图 16.6 所示，假设两个支承的刚度和阻尼系数分别为 s_{b1}，d_{b1}，s_{b2} 和 d_{b2}，s_{11} 为轮盘处转轴的位移刚度；s_{22} 为转角刚度；s_{12} 为转角引起的位移刚度；s_{21} 为位移引起的转角刚度；Ω 为转子转速。取图 16.6 所示的坐标系，设轴两端的位移分别为 (x_{b1}, y_{b1})，(x_{b2}, y_{b2})，盘中心的位移为 (x, y)，盘的摆角为 (θ_x, θ_y)，则转子的运动方程为

$$m\ddot{x} + s_{11}\left[x - x_{b1} - \frac{a(x_{b2} - x_{b1})}{L}\right] + s_{12}\left[\theta_y + \frac{(x_{b2} - x_{b1})}{L}\right] = m\varepsilon\Omega^2\cos(\Omega t + \beta)$$

$$m\ddot{y}+s_{11}\left(y-y_{b1}-\frac{a(y_{b2}-y_{b1})}{L}\right)-s_{12}\left(\theta_x-\frac{(y_{b2}-y_{b1})}{L}\right)=m\varepsilon\Omega^2\sin(\Omega t+\beta) \tag{16.44}$$

$$\begin{aligned}&I_d\ddot{\theta}_x+I_p\Omega\dot{\theta}_y-s_{21}\left[y-y_{b1}-\frac{a(y_{b2}-y_{b1})}{L}\right]+s_{22}\left[\theta_x-\frac{(y_{b2}-y_{b1})}{L}\right]=0\\&I_d\ddot{\theta}_y-I_p\Omega\dot{\theta}_x+s_{21}\left[x-x_{b1}-\frac{a(x_{b2}-x_{b1})}{L}\right]+s_{22}\left[\theta_y+\frac{(x_{b2}-x_{b1})}{L}\right]=0\end{aligned} \tag{16.45}$$

$$\begin{aligned}&s_{11}\left[x-x_{b1}-\frac{a(x_{b2}-x_{b1})}{L}\right]+s_{12}\left[\theta_y+\frac{(x_{b2}-x_{b1})}{L}\right]=s_{b1}x_{b1}+s_{b2}x_{b2}+d_{b1}\dot{x}_{b1}+d_{b2}\dot{x}_{b2}\\&s_{11}\left[y-y_{b1}-\frac{a(y_{b2}-y_{b1})}{L}\right]-s_{12}\left[\theta_x-\frac{(y_{b2}-y_{b1})}{L}\right]=s_{b1}y_{b1}+s_{b2}y_{b2}+d_{b1}\dot{y}_{b1}+d_{b2}\dot{y}_{b2}\end{aligned} \tag{16.46}$$

$$\begin{aligned}&s_{21}\left[x-x_{b1}-\frac{a(x_{b2}-x_{b1})}{L}\right]+s_{22}\left[\theta_y+\frac{(x_{b2}-x_{b1})}{L}\right]\\&=(L-a)s_{b2}x_{b2}+(L-a)d_{b2}\dot{x}_{b2}-as_{b1}x_{b1}-ad_{b1}\dot{x}_{b1}\\&-s_{21}\left[y-y_{b1}-\frac{a(y_{b2}-y_{b1})}{L}\right]+s_{22}\left[\theta_x-\frac{(y_{b2}-y_{b1})}{L}\right]\\&=-(L-a)s_{b2}y_{b2}-(L-a)d_{b2}\dot{y}_{b2}+as_{b1}y_{b1}+ad_{b1}\dot{y}_{b1}\end{aligned} \tag{16.47}$$

取复向量 $\boldsymbol{r}=x+\mathrm{j}y$；$\boldsymbol{\varphi}=\theta_x+\mathrm{j}\theta_y$；$\boldsymbol{r}_{b1}=x_{b1}+\mathrm{j}y_{b1}$；$\boldsymbol{r}_{b2}=x_{b2}+\mathrm{j}y_{b2}$，上述方程组则变为

$$m\ddot{\boldsymbol{r}}+s_{11}\left[\boldsymbol{r}-\boldsymbol{r}_{b1}-\frac{a(\boldsymbol{r}_{b2}-\boldsymbol{r}_{b1})}{L}\right]-\mathrm{j}s_{12}\boldsymbol{\varphi}+s_{12}\frac{(\boldsymbol{r}_{b2}-\boldsymbol{r}_{b1})}{L}=m\varepsilon\Omega^2\boldsymbol{e}^{\mathrm{j}(\Omega t+\beta)} \tag{16.48}$$

$$I_d\ddot{\boldsymbol{\varphi}}-\mathrm{j}I_p\Omega\dot{\boldsymbol{\varphi}}+s_{22}\boldsymbol{\varphi}+\mathrm{j}s_{21}\boldsymbol{r}-\mathrm{j}s_{21}\boldsymbol{r}_{b1}-\mathrm{j}s_{21}\frac{a(\boldsymbol{r}_{b2}-\boldsymbol{r}_{b1})}{L}+\mathrm{j}s_{22}\frac{(\boldsymbol{r}_{b2}-\boldsymbol{r}_{b1})}{L}=0 \tag{16.49}$$

$$s_{11}\left[\boldsymbol{r}-\boldsymbol{r}_{b1}-\frac{a(\boldsymbol{r}_{b2}-\boldsymbol{r}_{b1})}{L}\right]-\mathrm{j}s_{12}\boldsymbol{\varphi}+s_{12}\frac{(\boldsymbol{r}_{b2}-\boldsymbol{r}_{b1})}{L}=s_{b1}\boldsymbol{r}_{b1}+s_{b2}\boldsymbol{r}_{b2}+d_{b1}\dot{\boldsymbol{r}}_{b1}+d_{b2}\dot{\boldsymbol{r}}_{b2} \tag{16.50}$$

$$
\mathrm{j}s_{21}\left[\boldsymbol{r}-\boldsymbol{r}_{b1}-\frac{a(\boldsymbol{r}_{b2}-\boldsymbol{r}_{b1})}{L}\right]+s_{22}\boldsymbol{\varphi}+\mathrm{j}s_{22}\frac{(\boldsymbol{r}_{b2}-\boldsymbol{r}_{b1})}{L}
$$

$$
=-\mathrm{j}a(s_{b1}\boldsymbol{r}_{b1}+d_{b1}\dot{\boldsymbol{r}}_{b1})+\mathrm{j}(L-a)(s_{b2}\boldsymbol{r}_{b2}+d_{b2}\dot{\boldsymbol{r}}_{b2}) \tag{16.51}
$$

将方程(16.48)、方程(16.49)、方程(16.50)和方程(16.51)合写成矩阵形式:

$$
\boldsymbol{M}\ddot{\boldsymbol{Q}}+\boldsymbol{D}\dot{\boldsymbol{Q}}+\boldsymbol{S}\boldsymbol{Q}=\boldsymbol{u} \tag{16.52}
$$

式中,

$$
\boldsymbol{Q}=\begin{Bmatrix}\boldsymbol{r}\\ \boldsymbol{\varphi}\\ \boldsymbol{r}_{b1}\\ \boldsymbol{r}_{b2}\end{Bmatrix};\ \boldsymbol{M}=\begin{bmatrix}m&0&0&0\\0&I_d&0&0\\0&0&0&0\\0&0&0&0\end{bmatrix};\ \boldsymbol{D}=\begin{bmatrix}0&0&0&0\\0&-\mathrm{j}I_p\Omega&0&0\\0&0&-d_{b1}&-d_{b2}\\0&0&\mathrm{j}ad_{b1}&-\mathrm{j}(L-a)d_{b2}\end{bmatrix};
$$

$$
\boldsymbol{S}=\begin{bmatrix}
s_{11} & -\mathrm{j}s_{12} & -\left(1-\frac{a}{L}\right)s_{11}-\frac{s_{12}}{L} & -\frac{a}{L}s_{11}+\frac{s_{12}}{L}\\
\mathrm{j}s_{21} & s_{22} & -\mathrm{j}\left(1-\frac{a}{L}\right)s_{21}-\mathrm{j}\frac{s_{22}}{L} & -\mathrm{j}\frac{a}{L}s_{21}+\mathrm{j}\frac{s_{22}}{L}\\
s_{11} & -\mathrm{j}s_{12} & -\left(1-\frac{a}{L}\right)s_{11}-\frac{s_{12}}{L}-s_{b1} & -\frac{a}{L}s_{11}+\frac{s_{12}}{L}-s_{b2}\\
\mathrm{j}s_{21} & s_{22} & -\mathrm{j}\left(1-\frac{a}{L}\right)s_{21}-\mathrm{j}\frac{s_{22}}{L}+\mathrm{j}as_{b1} & -\mathrm{j}\frac{a}{L}s_{21}+\mathrm{j}\frac{s_{22}}{L}-\mathrm{j}(L-a)s_{b2}
\end{bmatrix};
$$

$$
\boldsymbol{u}=\begin{Bmatrix}m\varepsilon\Omega^2\boldsymbol{e}^{\mathrm{j}(\Omega t+\beta)}\\0\\0\\0\end{Bmatrix}。
$$

令

$$
\boldsymbol{Q}_1=\begin{Bmatrix}\boldsymbol{r}\\ \boldsymbol{\varphi}\end{Bmatrix};\ \boldsymbol{Q}_2=\begin{Bmatrix}\boldsymbol{r}_{b1}\\ \boldsymbol{r}_{b2}\end{Bmatrix}
$$

由方程(16.50)和方程(16.51)可解得

$$
\boldsymbol{Q}_1=\boldsymbol{S}_S^{-1}\boldsymbol{S}_{bb}\boldsymbol{Q}_2+\boldsymbol{S}_S^{-1}\boldsymbol{S}_{bd}\dot{\boldsymbol{Q}}_2 \tag{16.53}
$$

式中,

$$
\boldsymbol{S}_S=\begin{bmatrix}s_{11}&-\mathrm{j}s_{12}\\ \mathrm{j}s_{21}&s_{22}\end{bmatrix}
$$

$$\boldsymbol{S}_{bb}=\begin{bmatrix}\left(1-\dfrac{a}{L}\right)s_{11}+\dfrac{s_{12}}{L}+s_{b1} & \dfrac{a}{L}s_{11}-\dfrac{s_{12}}{L}+s_{b2}\\ \mathrm{j}\left(1-\dfrac{a}{L}\right)s_{21}+\mathrm{j}\dfrac{s_{22}}{L}-\mathrm{j}as_{b1} & \mathrm{j}\dfrac{a}{L}s_{21}-\mathrm{j}\dfrac{s_{22}}{L}+\mathrm{j}(L-a)s_{b2}\end{bmatrix}$$

$$=\boldsymbol{S}_S\left\{\begin{bmatrix}\left(1-\dfrac{a}{L}\right) & \dfrac{a}{L}\\ \dfrac{\mathrm{j}}{L} & -\dfrac{\mathrm{j}}{L}\end{bmatrix}+\boldsymbol{S}_S^{-1}\begin{bmatrix}1 & 1\\ -\mathrm{j}a & \mathrm{j}(L-a)\end{bmatrix}\begin{bmatrix}s_{b1} & 0\\ 0 & s_{b2}\end{bmatrix}\right\}\tag{16.54}$$

$$\boldsymbol{S}_{bd}=\begin{bmatrix}d_{b1} & d_{b2}\\ -\mathrm{j}ad_{b1} & \mathrm{j}(L-a)d_{b2}\end{bmatrix}=\begin{bmatrix}1 & 1\\ -\mathrm{j}a & \mathrm{j}(L-a)\end{bmatrix}\begin{bmatrix}d_{b1} & 0\\ 0 & d_{b2}\end{bmatrix}\tag{16.55}$$

将式(16.53)代入方程(16.52)，可得

$$\begin{bmatrix}m & 0\\ 0 & I_d\end{bmatrix}(\boldsymbol{S}_S^{-1}\boldsymbol{S}_{bd}\dddot{\boldsymbol{Q}}_2+\boldsymbol{S}_S^{-1}\boldsymbol{S}_{bb}\ddot{\boldsymbol{Q}}_2)+\begin{bmatrix}0 & 0\\ 0 & -\mathrm{j}I_p\Omega\end{bmatrix}(\boldsymbol{S}_S^{-1}\boldsymbol{S}_{bd}\ddot{\boldsymbol{Q}}_2+\boldsymbol{S}_S^{-1}\boldsymbol{S}_{bb}\dot{\boldsymbol{Q}}_2)$$
$$+\boldsymbol{S}_{bd}\dot{\boldsymbol{Q}}_2+\boldsymbol{S}_{bb}\boldsymbol{Q}_2+\boldsymbol{S}_{bS}\boldsymbol{Q}_2=\boldsymbol{u}_1\tag{16.56}$$

式中，

$$\boldsymbol{S}_{bS}=\begin{bmatrix}-\left(1-\dfrac{a}{L}\right)s_{11}-\dfrac{s_{12}}{L} & -\dfrac{a}{L}s_{11}+\dfrac{s_{12}}{L}\\ -\mathrm{j}\left(1-\dfrac{a}{L}\right)s_{21}-\mathrm{j}\dfrac{s_{22}}{L} & -\mathrm{j}\dfrac{a}{L}s_{21}+\mathrm{j}\dfrac{s_{22}}{L}\end{bmatrix}$$

$$\boldsymbol{u}_1=\begin{Bmatrix}m\varepsilon\\ 0\end{Bmatrix}\Omega^2\boldsymbol{e}^{\mathrm{j}(\Omega t+\beta)}=U_1\Omega^2\boldsymbol{e}^{\mathrm{j}(\Omega t+\beta)}$$

$$\boldsymbol{U}_1=\begin{Bmatrix}m\varepsilon\\ 0\end{Bmatrix}$$

经整理后，方程(16.56)变为

$$\begin{bmatrix}m & 0\\ 0 & I_d\end{bmatrix}\boldsymbol{S}_S^{-1}S_{bd}\dddot{\boldsymbol{Q}}_2+\left\{\begin{bmatrix}m & 0\\ 0 & I_d\end{bmatrix}\boldsymbol{S}_S^{-1}\boldsymbol{S}_{bb}+\begin{bmatrix}0 & 0\\ 0 & -\mathrm{j}I_p\Omega\end{bmatrix}\boldsymbol{S}_S^{-1}\boldsymbol{S}_{bd}\right\}\ddot{\boldsymbol{Q}}_2$$
$$+\left\{\begin{bmatrix}0 & 0\\ 0 & -\mathrm{j}I_p\Omega\end{bmatrix}\boldsymbol{S}_S^{-1}\boldsymbol{S}_{bb}+\boldsymbol{S}_{bd}\right\}\dot{\boldsymbol{Q}}_2+\begin{bmatrix}s_{b1} & s_{b2}\\ -\mathrm{j}as_{b1} & \mathrm{j}(L-a)s_{b2}\end{bmatrix}\boldsymbol{Q}_2=\boldsymbol{u}_1\tag{16.57}$$

当不考虑阻尼时，即 $S_{bd}=0$，方程(16.57)则变为

$$\begin{bmatrix} m & 0 \\ 0 & I_d \end{bmatrix} \boldsymbol{S}_S^{-1}\boldsymbol{S}_{bb}\ddot{\boldsymbol{Q}}_2 + \begin{bmatrix} 0 & 0 \\ 0 & -\mathrm{j}I_p\Omega \end{bmatrix} \boldsymbol{S}_S^{-1}\boldsymbol{S}_{bb}\dot{\boldsymbol{Q}}_2 + \begin{bmatrix} s_{b1} & s_{b2} \\ -\mathrm{j}as_{b1} & \mathrm{j}(L-a)s_{b2} \end{bmatrix} \boldsymbol{Q}_2 = \boldsymbol{u}_1 \tag{16.58}$$

16.2.2 转子的振动模态

方程(16.58)的齐次方程为

$$\begin{bmatrix} m & 0 \\ 0 & I_d \end{bmatrix} \boldsymbol{S}_S^{-1}\boldsymbol{S}_{bb}\ddot{\boldsymbol{Q}}_2 + \begin{bmatrix} 0 & 0 \\ 0 & -\mathrm{j}I_p\Omega \end{bmatrix} \boldsymbol{S}_S^{-1}\boldsymbol{S}_{bb}\dot{\boldsymbol{Q}}_2 + \begin{bmatrix} s_{b1} & s_{b2} \\ -\mathrm{j}as_{b1} & \mathrm{j}(L-a)s_{b2} \end{bmatrix} \boldsymbol{Q}_2 = 0 \tag{16.59}$$

设齐次方程的解为

$$\boldsymbol{Q}_2 = \bar{Q}_2 \boldsymbol{e}^{\mathrm{j}\omega t}$$

代入方程(16.59),得

$$\left\{ -\begin{bmatrix} m & 0 \\ 0 & I_d \end{bmatrix} \boldsymbol{S}_S^{-1}\boldsymbol{S}_{bb}\omega^2 + \mathrm{j}\begin{bmatrix} 0 & 0 \\ 0 & -\mathrm{j}I_p\Omega \end{bmatrix} \boldsymbol{S}_S^{-1}\boldsymbol{S}_{bb}\omega + \begin{bmatrix} s_{b1} & s_{b2} \\ -\mathrm{j}as_{b1} & \mathrm{j}(L-a)s_{b2} \end{bmatrix} \right\} \bar{Q}_2 = 0 \tag{16.60}$$

由此可得到如下的特征方程:

$$\left| -\begin{bmatrix} m & 0 \\ 0 & I_d \end{bmatrix} \boldsymbol{S}_S^{-1}\boldsymbol{S}_{bb}\omega^2 + \mathrm{j}\begin{bmatrix} 0 & 0 \\ 0 & -\mathrm{j}I_p\Omega \end{bmatrix} \boldsymbol{S}_S^{-1}\boldsymbol{S}_{bb}\omega + \begin{bmatrix} s_{b1} & s_{b2} \\ -\mathrm{j}as_{b1} & \mathrm{j}(L-a)s_{b2} \end{bmatrix} \right| = 0 \tag{16.61}$$

求解特征方程可解得随转速变化的自振频率。同步进动时, $\omega = \Omega$, 特征方程为

$$\left| -\begin{bmatrix} m & 0 \\ 0 & I_d - I_p \end{bmatrix} \boldsymbol{S}_S^{-1}\boldsymbol{S}_{bb}\Omega^2 + \begin{bmatrix} s_{b1} & s_{b2} \\ -\mathrm{j}as_{b1} & \mathrm{j}(L-a)s_{b2} \end{bmatrix} \right| = 0 \tag{16.62}$$

由此求得临界转速为

$$\begin{bmatrix} \Omega_{cr1}^2 & 0 \\ 0 & \Omega_{cr2}^2 \end{bmatrix} = \begin{bmatrix} \dfrac{s_{cr1}}{m_{cr1}} & 0 \\ 0 & \dfrac{s_{cr2}}{m_{cr2}} \end{bmatrix} \tag{16.63}$$

式中, Ω_{cr1} 和 Ω_{cr2} 分别为转子的第一阶和第二阶临界转速; s_{cr1} 和 s_{cr2} 分别为转子的

第一阶和第二阶模态刚度；m_{cr1} 和 m_{cr2} 分别为第一阶和第二阶模态质量。

转子的模态矩阵为

$$\boldsymbol{\Phi} = [\boldsymbol{\Phi}_1 \quad \boldsymbol{\Phi}_2] = \begin{bmatrix} \psi_{11} & \psi_{12} \\ \psi_{21} & \psi_{22} \end{bmatrix} \tag{16.64}$$

式中，$\boldsymbol{\Phi}_1 = \begin{Bmatrix} \psi_{11} \\ \psi_{21} \end{Bmatrix}$ 为转子的第一阶振型；$\boldsymbol{\Phi}_2 = \begin{Bmatrix} \psi_{12} \\ \psi_{22} \end{Bmatrix}$ 为转子的第二阶振型。

将转子系统同步进动的临界转速和模态振型代入方程(16.60)，可得

$$\left\{ - \begin{bmatrix} m & 0 \\ 0 & I_d - I_p \end{bmatrix} \boldsymbol{S}_S^{-1} \boldsymbol{S}_{bb} \Omega_{cri}^2 + \begin{bmatrix} s_{b1} & s_{b2} \\ -\mathrm{j}a s_{b1} & \mathrm{j}(L-a) s_{b2} \end{bmatrix} \right\} \boldsymbol{\Phi}_i = 0;\ i = 1,\ 2 \tag{16.65}$$

16.2.3 转子的不平衡响应

把方程(16.56)的左端整理成两个部分，即

$$\begin{aligned} &\left\{ \begin{bmatrix} m & 0 \\ 0 & I_d \end{bmatrix} \boldsymbol{S}_S^{-1} \boldsymbol{S}_{bd} \ddot{\boldsymbol{Q}}_2 + \begin{bmatrix} 0 & 0 \\ 0 & -\mathrm{j}I_p\Omega \end{bmatrix} \boldsymbol{S}_S^{-1} \boldsymbol{S}_{bd} \ddot{\boldsymbol{Q}}_2 + \boldsymbol{S}_{bd} \dot{\boldsymbol{Q}}_2 \right\} \\ &+ \left\{ \begin{bmatrix} m & 0 \\ 0 & I_d \end{bmatrix} \boldsymbol{S}_S^{-1} \boldsymbol{S}_{bb} \ddot{\boldsymbol{Q}}_2 + \begin{bmatrix} 0 & 0 \\ 0 & -\mathrm{j}I_p\Omega \end{bmatrix} \boldsymbol{S}_S^{-1} \boldsymbol{S}_{bb} \dot{\boldsymbol{Q}}_2 + \begin{bmatrix} s_{b1} & s_{b2} \\ -\mathrm{j}a s_{b1} & \mathrm{j}(L-a) s_{b2} \end{bmatrix} \boldsymbol{Q}_2 \right\} \\ &= \boldsymbol{u}_1 \end{aligned} \tag{16.66}$$

设转子的不平衡响应为

$$\boldsymbol{Q}_2 = \boldsymbol{Q}_{20} \boldsymbol{e}^{\mathrm{j}(\Omega t + \beta_2)} \tag{16.67}$$

在临界转速处，$\Omega = \Omega_{cri}(i = 1,\ 2)$，转子的临界响应为

$$\boldsymbol{Q}_2 = \boldsymbol{Q}_{2cri} \boldsymbol{e}^{\mathrm{j}(\Omega_{cri} t + \beta_{2cri})} \tag{16.68}$$

代入方程(16.66)，得

$$\begin{aligned} &\left\{ -\mathrm{j} \begin{bmatrix} m & 0 \\ 0 & I_d \end{bmatrix} \boldsymbol{S}_S^{-1} \boldsymbol{S}_{bd} \Omega_{cri}^3 - \begin{bmatrix} 0 & 0 \\ 0 & -\mathrm{j}I_p\Omega_{cri} \end{bmatrix} \boldsymbol{S}_S^{-1} \boldsymbol{S}_{bd} \Omega_{cri}^2 + \mathrm{j}\boldsymbol{S}_{bd} \Omega_{cri} \right\} \boldsymbol{Q}_{2cri} \\ &+ \left\{ - \begin{bmatrix} m & 0 \\ 0 & I_d \end{bmatrix} \boldsymbol{S}_S^{-1} \boldsymbol{S}_{bb} \Omega_{cri}^2 + \begin{bmatrix} 0 & 0 \\ 0 & I_p\Omega_{cri} \end{bmatrix} \boldsymbol{S}_S^{-1} \boldsymbol{S}_{bb} \Omega_{cri} + \begin{bmatrix} s_{b1} & s_{b2} \\ -\mathrm{j}a s_{b1} & \mathrm{j}(L-a) s_{b2} \end{bmatrix} \right\} \boldsymbol{Q}_{2cri} \\ &= \boldsymbol{U}_1 \Omega_{cri}^2 \end{aligned} \tag{16.69}$$

在临界转速 $\Omega = \Omega_{cri}(i = 1,\ 2)$ 处，转子的临界响应可由对应的振型来表达，即

$$\boldsymbol{Q}_{2cri} = c_i\boldsymbol{\Phi}_i;\quad i = 1, 2 \tag{16.70}$$

式中，$c_i(i = 1, 2)$ 为常数。

将式(16.70)代入方程(16.69)，并考虑到方程(16.65)，则在临界转速处，方程(16.69)左端的第二项为 0。此时有

$$\left\{-\mathrm{j}\begin{bmatrix} m & 0 \\ 0 & I_d \end{bmatrix} \boldsymbol{S}_S^{-1}\boldsymbol{S}_{bd}\Omega_{cri}^3 - \begin{bmatrix} 0 & 0 \\ 0 & -\mathrm{j}I_p\Omega_{cri} \end{bmatrix} \boldsymbol{S}_S^{-1}\boldsymbol{S}_{bd}\Omega_{cri}^2 + \mathrm{j}\boldsymbol{S}_{bd}\Omega_{cri}\right\}\boldsymbol{Q}_{2cri} = \boldsymbol{U}_1\Omega_{cri}^2 \tag{16.71}$$

或

$$\mathrm{j}\left\{-\begin{bmatrix} m & 0 \\ 0 & I_d - I_p \end{bmatrix} \boldsymbol{S}_S^{-1}\boldsymbol{S}_{bd}\Omega_{cri}^2 + \boldsymbol{S}_{bd}\right\}\boldsymbol{Q}_{2cr} = \boldsymbol{U}_1\Omega_{cri} \tag{16.72}$$

为便于分析，引入如下变换：

$$\boldsymbol{q}_{2cr} = \boldsymbol{S}_S^{-1}\boldsymbol{S}_{bd}\boldsymbol{Q}_{2cr};\ \boldsymbol{Q}_{2cr} = \boldsymbol{S}_{bd}^{-1}\boldsymbol{S}_S\boldsymbol{q}_{2cr} \tag{16.73}$$

代入方程(16.72)后，得

$$\left\{-\begin{bmatrix} m & 0 \\ 0 & I_d - I_p \end{bmatrix}\Omega_{cri}^2 + \boldsymbol{S}_S\right\}\mathrm{j}\boldsymbol{q}_{2cr} = \boldsymbol{U}_1\Omega_{cri} \tag{16.74}$$

由方程(16.74)可解得

$$\boldsymbol{q}_{2cr} = -\mathrm{j}\left[\boldsymbol{S}_S - \begin{bmatrix} m & 0 \\ 0 & I_d - I_p \end{bmatrix}\Omega_{cri}^2\right]^{-1}\boldsymbol{U}_1\Omega_{cri} \tag{16.75}$$

代入式(16.73)，就可求得 $\boldsymbol{Q}_{2cr}$，进一步，由式(16.53)可求得 $\boldsymbol{Q}_{1cr}$，即

$$\begin{aligned} \boldsymbol{Q}_{1cr} &= \boldsymbol{S}_S^{-1}\boldsymbol{S}_{bb}\boldsymbol{Q}_{2cr} + \boldsymbol{S}_S^{-1}\boldsymbol{S}_{bd}\dot{\boldsymbol{Q}}_{2cr} \\ &= \left\{\begin{bmatrix} \left(1 - \dfrac{a}{L}\right) & \dfrac{a}{L} \\ \dfrac{\mathrm{j}}{L} & -\dfrac{\mathrm{j}}{L} \end{bmatrix} + \boldsymbol{S}_S^{-1}\begin{bmatrix} 1 & 1 \\ -\mathrm{j}a & \mathrm{j}(L-a) \end{bmatrix}\begin{bmatrix} s_{b1} & 0 \\ 0 & s_{b2} \end{bmatrix}\right\}\boldsymbol{S}_{bd}^{-1}\boldsymbol{S}_s\boldsymbol{q}_{2cr} + \mathrm{j}\Omega_{cri}\boldsymbol{q}_{2cr} \end{aligned} \tag{16.76}$$

式中，$\boldsymbol{S}_S$ 只与轴的刚度相关，而 $\boldsymbol{S}_{bd}$ 只包含转子几何参数和阻尼系数。因此，由式(16.76)可见，支承刚度 s_{b1} 和 s_{b2} 越大，转子的临界峰值越大。这与前面分析的结果是一致的。

16.2.4 支承绝对刚性时转子的模态

1. 转子模型与模态

为进一步揭示转子和支承的临界响应峰值与转子参数间的关系,将图 16.6 所示的转子模型简化为支承绝对刚性的转子模型,如图 16.7 所示。

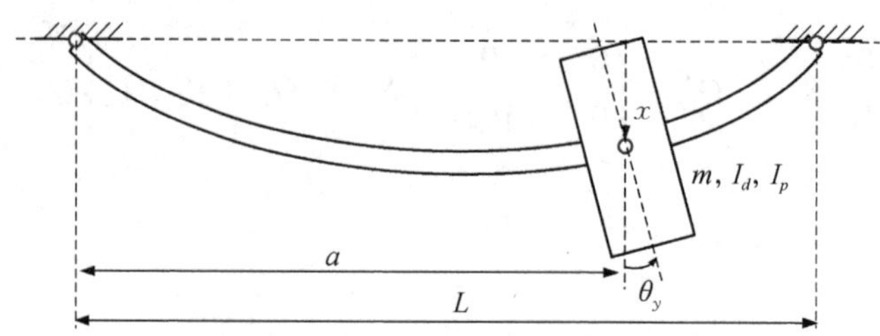

图 16.7 支承绝对刚性的转子[6]

支承绝对刚性时,即 $s_{b1}=s_{b2}\Rightarrow\infty$,只需将方程(16.48)和方程(16.49)中的支座运动置为 0,即 $\boldsymbol{r}_{b1}=\boldsymbol{r}_{b2}=0$,就可得到刚支转子的运动方程:

$$m\ddot{\boldsymbol{r}}_g+s_{11}\boldsymbol{r}_g-\mathrm{j}s_{12}\boldsymbol{\varphi}_g=m\varepsilon\Omega^2\boldsymbol{e}^{\mathrm{j}(\Omega t+\beta)} \tag{16.77}$$

$$I_d\ddot{\boldsymbol{\varphi}}_g-\mathrm{j}I_p\Omega\dot{\boldsymbol{\varphi}}_g+s_{22}\boldsymbol{\varphi}_g+\mathrm{j}s_{21}\boldsymbol{r}_g=0 \tag{16.78}$$

式中,下标 g 表示支承绝对刚性。

将上述两方程合写成如下矩阵形式:

$$\begin{bmatrix} m & 0\\ 0 & I_d\end{bmatrix}\begin{Bmatrix}\ddot{\boldsymbol{r}}_g\\ \ddot{\boldsymbol{\varphi}}_g\end{Bmatrix}+\begin{bmatrix}0 & 0\\ 0 & -\mathrm{j}I_p\Omega\end{bmatrix}\begin{Bmatrix}\dot{\boldsymbol{r}}_g\\ \dot{\boldsymbol{\varphi}}_g\end{Bmatrix}+\begin{bmatrix}s_{11} & -\mathrm{j}s_{12}\\ \mathrm{j}s_{21} & s_{22}\end{bmatrix}\begin{Bmatrix}\boldsymbol{r}_g\\ \boldsymbol{\varphi}_g\end{Bmatrix}=\begin{Bmatrix}m\varepsilon\Omega^2\boldsymbol{e}^{\mathrm{j}(\Omega t+\beta)}\\ 0\end{Bmatrix} \tag{16.79}$$

上述方程对应的齐次方程为

$$\begin{bmatrix} m & 0\\ 0 & I_d\end{bmatrix}\begin{Bmatrix}\ddot{\boldsymbol{r}}_g\\ \ddot{\boldsymbol{\varphi}}_g\end{Bmatrix}+\begin{bmatrix}0 & 0\\ 0 & -\mathrm{j}I_p\Omega\end{bmatrix}\begin{Bmatrix}\dot{\boldsymbol{r}}_g\\ \dot{\boldsymbol{\varphi}}_g\end{Bmatrix}+\begin{bmatrix}s_{11} & -\mathrm{j}s_{12}\\ \mathrm{j}s_{21} & s_{22}\end{bmatrix}\begin{Bmatrix}\boldsymbol{r}_g\\ \boldsymbol{\varphi}_g\end{Bmatrix}=\begin{Bmatrix}0\\ 0\end{Bmatrix} \tag{16.80}$$

方程(16.80)对应的特征方程为

$$\begin{vmatrix} -m\omega_g^2+s_{11} & -\mathrm{j}s_{12}\\ \mathrm{j}s_{12} & -I_d\omega_g^2+I_p\Omega\omega_g+s_{22}\end{vmatrix}=0 \tag{16.81}$$

展开之后得

$$mI_d\omega_g^4-mI_p\Omega\omega_g^3-(s_{22}m+s_{11}I_d)\omega_g^2+s_{11}I_p\Omega\omega_g+(s_{11}s_{22}-s_{12}^2)=0 \tag{16.82}$$

假设转子在临界转速处发生协调正进动，即 $\Omega = \omega_g$，方程(16.82)则变成：

$$m(I_p - I_d)\omega_g^4 - [(I_p - I_d)s_{11} - ms_{22}]\omega_g^2 - (s_{11}s_{22} - s_{12}^2) = 0 \tag{16.83}$$

其解为

$$\omega_g^2 = \frac{1}{2}\left(\frac{s_{11}}{m} - \frac{s_{22}}{I_p - I_d}\right) \pm \sqrt{\frac{1}{4}\left(\frac{s_{11}}{m} - \frac{s_{22}}{I_p - I_d}\right)^2 + \frac{s_{11}s_{22} - s_{12}^2}{m(I_p - I_d)}} \tag{16.84}$$

如本书第 6 章所述，当 $I_d > I_p$ 时，转子具有如下两阶临界转速：

$$\omega_{g1}^2 = \tilde{\Omega}_{cr1}^2 = \frac{1}{2}\left(\frac{s_{11}}{m} - \frac{s_{22}}{I_p - I_d}\right) - \sqrt{\frac{1}{4}\left(\frac{s_{11}}{m} - \frac{s_{22}}{I_p - I_d}\right)^2 - \frac{s_{11}s_{22} - s_{12}^2}{m(I_d - I_p)}} \tag{16.85}$$

$$\omega_{g2}^2 = \tilde{\Omega}_{cr2}^2 = \frac{1}{2}\left(\frac{s_{11}}{m} - \frac{s_{22}}{I_p - I_d}\right) + \sqrt{\frac{1}{4}\left(\frac{s_{11}}{m} - \frac{s_{22}}{I_p - I_d}\right)^2 - \frac{s_{11}s_{22} - s_{12}^2}{m(I_d - I_p)}} \tag{16.86}$$

根据齐次方程组(16.80)和式(16.85)与式(16.86)，可求得转子的两阶振型。刚性支承时转子的第一阶振型：

$$\tilde{\boldsymbol{\Phi}}_1 = \begin{Bmatrix} \tilde{\psi}_{11} \\ \tilde{\psi}_{21} \end{Bmatrix} \tag{16.87}$$

刚性支承时转子的第二阶振型：

$$\tilde{\boldsymbol{\Phi}}_2 = \begin{Bmatrix} \tilde{\psi}_{12} \\ \tilde{\psi}_{22} \end{Bmatrix} \tag{16.88}$$

于是，得到支承绝对刚性时转子的模态矩阵为

$$\tilde{\boldsymbol{\Phi}} = [\tilde{\boldsymbol{\Phi}}_1 \quad \tilde{\boldsymbol{\Phi}}_2] = \begin{bmatrix} \tilde{\psi}_{11} & \tilde{\psi}_{12} \\ \tilde{\psi}_{21} & \tilde{\psi}_{22} \end{bmatrix} \tag{16.89}$$

且有

$$\tilde{\boldsymbol{\Phi}}^{\mathrm{T}} \boldsymbol{S}_S \tilde{\boldsymbol{\Phi}} = \begin{bmatrix} \tilde{s}_{cr1} & 0 \\ 0 & \tilde{s}_{cr2} \end{bmatrix} \tag{16.90}$$

$$\tilde{\boldsymbol{\Phi}}^{\mathrm{T}} \begin{bmatrix} m & 0 \\ 0 & I_d - I_p \end{bmatrix} \tilde{\boldsymbol{\Phi}} = \begin{bmatrix} \tilde{m}_{cr1} & 0 \\ 0 & \tilde{m}_{cr2} \end{bmatrix} \tag{16.91}$$

$$\begin{bmatrix} \tilde{\Omega}_{cr1}^2 & 0 \\ 0 & \tilde{\Omega}_{cr2}^2 \end{bmatrix} = \begin{bmatrix} \dfrac{\tilde{s}_{cr1}}{\tilde{m}_{cr1}} & 0 \\ 0 & \dfrac{\tilde{s}_{cr2}}{\tilde{m}_{cr2}} \end{bmatrix} \tag{16.92}$$

式中 $\tilde{\Omega}_{cr1}$ 和 $\tilde{\Omega}_{cr2}$ 分别为支承绝对刚性时转子的第一阶和第二阶临界转速；$\tilde{s}_{cr1}$ 和 $\tilde{s}_{cr2}$ 分别为支承绝对刚性时转子的第一阶和第二阶模态刚度；$\tilde{m}_{cr1}$ 和 $\tilde{m}_{cr2}$ 分别为第一阶和第二阶模态质量。

2. 支承绝对刚性时转子的不平衡响应

由方程(16.79)可解得转子的不平衡响应为

$$\begin{Bmatrix} \boldsymbol{r}_g \\ \boldsymbol{\varphi}_g \end{Bmatrix} = \begin{bmatrix} -m\omega_g^2 + s_{11} & -\mathrm{j}s_{12} \\ \mathrm{j}s_{12} & (-I_d\omega_g^2 + I_p\Omega\omega_g + s_{22}) \end{bmatrix}^{-1} \begin{Bmatrix} m\varepsilon\Omega^2\boldsymbol{e}^{\mathrm{j}(\Omega t+\beta)} \\ 0 \end{Bmatrix} \tag{16.93}$$

在临界转速处，即 $\Omega = \omega_{gi} = \tilde{\Omega}_{cri}(i = 1,\ 2)$ 时，式(16.93)为

$$\begin{Bmatrix} \boldsymbol{r}_g \\ \boldsymbol{\varphi}_g \end{Bmatrix}_{\mathrm{cri}} = \frac{1}{\Delta}\begin{bmatrix} -(I_d - I_p)\tilde{\Omega}_{cri}^2 + s_{22} & \mathrm{j}s_{12} \\ -\mathrm{j}s_{12} & -m\tilde{\Omega}_{cri}^2 + s_{11} \end{bmatrix} \begin{Bmatrix} m\varepsilon\tilde{\Omega}_{cri}^2\boldsymbol{e}^{\mathrm{j}(\tilde{\Omega}_{cri}t+\beta)} \\ 0 \end{Bmatrix} \tag{16.94}$$

式中，

$$\Delta = m(I_p - I_d)\tilde{\Omega}_{cri}^4 - [(I_p - I_d)s_{11} - ms_{22}]\tilde{\Omega}_{cri}^2 - (s_{11}s_{22} - s_{12}^2) \tag{16.95}$$

在临界转速处，$\Delta = 0$，此时，转子临界响应峰值达到无穷大。支承绝对刚性时，即使考虑了滚动轴承和转子结构阻尼，转子的阻尼仍然非常小，转子无法在临界转速处持续运行。因此，转子的刚性支承模态是“不可容”的模态。

上述的模型仅包含了一个单盘，且不考虑轴的质量。因此，转子仅有两阶临界转速。而对于实际的发动机，转子带有若干个盘片和盘鼓结构，轴的分布质量也不能忽略。故在工作转速范围内，存在若干阶模态。可能会出现某阶模态与支承刚性时的模态相似的情况。这时，在该阶模态下，转子的响应与本节所描述的刚性支承转子的响应相似，设置在支承处的挤压油膜阻尼器将会失效，转子振动峰值会非常突出。因此，刚支模态是“不可容”的，在转子设计时需要避开。

16.2.5 转子临界峰值的模态表达

由式(16.90)和式(16.91)解得

$$\boldsymbol{S}_S = (\tilde{\boldsymbol{\Phi}}^{\mathrm{T}})^{-1}\begin{bmatrix}\tilde{s}_{cr1} & 0 \\ 0 & \tilde{s}_{cr2}\end{bmatrix}\tilde{\boldsymbol{\Phi}}^{-1} \tag{16.96}$$

$$\begin{bmatrix}m & 0 \\ 0 & I_d - I_p\end{bmatrix} = (\tilde{\boldsymbol{\Phi}}^{\mathrm{T}})^{-1}\begin{bmatrix}\tilde{m}_{cr1} & 0 \\ 0 & \tilde{m}_{cr2}\end{bmatrix}\tilde{\boldsymbol{\Phi}}^{-1} \tag{16.97}$$

上述两式将转子的刚度参数和惯量参数转化为刚支转子的模态参数。

将式(16.96)和式(16.97)代入式(16.75)，可得

$$\boldsymbol{q}_{2cr} = -\mathrm{j}\left\{(\tilde{\boldsymbol{\Phi}}^{\mathrm{T}})^{-1}\begin{bmatrix}\tilde{s}_{cr1} & 0 \\ 0 & \tilde{s}_{cr2}\end{bmatrix}\tilde{\boldsymbol{\Phi}}^{-1} - (\tilde{\boldsymbol{\Phi}}^{\mathrm{T}})^{-1}\begin{bmatrix}\tilde{m}_{cr1} & 0 \\ 0 & \tilde{m}_{cr2}\end{bmatrix}\tilde{\boldsymbol{\Phi}}^{-1}\Omega_{cri}^2\right\}^{-1}\boldsymbol{U}_1\Omega_{cri} \tag{16.98}$$

化简后得

$$\boldsymbol{q}_{2cr} = -\mathrm{j}\tilde{\boldsymbol{\Phi}}\begin{bmatrix}\tilde{s}_{cr1} - \tilde{m}_{cr1}\Omega_{cri}^2 & 0 \\ 0 & \tilde{s}_{cr2} - \tilde{m}_{cr2}\Omega_{cri}^2\end{bmatrix}^{-1}\tilde{\boldsymbol{\Phi}}^{\mathrm{T}}\boldsymbol{U}_1\Omega_{cri} \tag{16.99}$$

进一步求解得

$$\boldsymbol{q}_{2cr} = -\mathrm{j}\tilde{\boldsymbol{\Phi}}\begin{bmatrix}\dfrac{1}{\tilde{m}_{cr1}(\tilde{\Omega}_{cr1}^2 - \Omega_{cri}^2)} & 0 \\ 0 & \dfrac{1}{\tilde{m}_{cr2}(\tilde{\Omega}_{cr2}^2 - \Omega_{cri}^2)}\end{bmatrix}\tilde{\boldsymbol{\Phi}}^{\mathrm{T}}\boldsymbol{U}_1\Omega_{cri} \tag{16.100}$$

代入式(16.73)，即可求得支承的振动：

$$\boldsymbol{Q}_{2cr} = \boldsymbol{S}_{bd}^{-1}\boldsymbol{S}_S\boldsymbol{q}_{2cr} = -\mathrm{j}\boldsymbol{S}_{bd}^{-1}\boldsymbol{S}_S\tilde{\boldsymbol{\Phi}}\begin{bmatrix}\dfrac{1}{\tilde{m}_{cr1}(\tilde{\Omega}_{cr1}^2 - \Omega_{cri}^2)} & 0 \\ 0 & \dfrac{1}{\tilde{m}_{cr2}(\tilde{\Omega}_{cr2}^2 - \Omega_{cri}^2)}\end{bmatrix}\tilde{\boldsymbol{\Phi}}^{\mathrm{T}}\boldsymbol{U}_1\Omega_{cri} \tag{16.101}$$

引入模态阻尼矩阵：

$$\begin{bmatrix}d_{cr1} & 0 \\ 0 & d_{cr2}\end{bmatrix} = \boldsymbol{\Phi}^{\mathrm{T}}S_{bd}\boldsymbol{\Phi} \tag{16.102}$$

或

$$\boldsymbol{S}_{bd} = (\boldsymbol{\Phi}^{\mathrm{T}})^{-1}\begin{bmatrix}2m_{cr1}\Omega_{cr1}D_{cr1} & 0 \\ 0 & 2m_{cr2}\Omega_{cr2}D_{cr2}\end{bmatrix}\boldsymbol{\Phi}^{-1} \tag{16.103}$$

式中，$\boldsymbol{\Phi}$ 为转子的模态矩阵(支承为弹性)；

$$D_{cr1}=\frac{d_{cr1}}{2m_{cr1}\Omega_{cr1}};\ D_{cr2}=\frac{d_{cr2}}{2m_{cr2}\Omega_{cr2}} \tag{16.104}$$

分别为支承弹性时转子的第一阶和第二阶模态阻尼比。

把式(16.103)代入式(16.101)，得到支承的振动为

$$\boldsymbol{Q}_{2cr}=-\mathrm{j}\boldsymbol{\Phi}\boldsymbol{D}_{cr}\boldsymbol{\Phi}^{\mathrm{T}}\cdot\boldsymbol{S}_{S}\cdot\tilde{\boldsymbol{\Phi}}\tilde{\boldsymbol{M}}_{cr}\tilde{\boldsymbol{\Phi}}^{\mathrm{T}}\boldsymbol{U}_{1}\Omega_{cri} \tag{16.105}$$

式中，

$$\boldsymbol{D}_{cr}=\begin{bmatrix}\dfrac{1}{2m_{cr1}D_{cr1}\Omega_{cr1}} & 0\\ 0 & \dfrac{1}{2m_{cr2}D_{cr2}\Omega_{cr2}}\end{bmatrix}$$

$$\tilde{\boldsymbol{M}}_{cr}=\begin{bmatrix}\dfrac{1}{\tilde{m}_{cr1}(\tilde{\Omega}_{cr1}^{2}-\Omega_{cri}^{2})} & 0\\ 0 & \dfrac{1}{\tilde{m}_{cr2}(\tilde{\Omega}_{cr2}^{2}-\Omega_{cri}^{2})}\end{bmatrix}$$

将式(16.92)和式(16.96)代入式(16.105)，得

$$\boldsymbol{Q}_{2cr}=-\mathrm{j}\Omega_{cri}\boldsymbol{\Phi}\boldsymbol{D}_{cr}\boldsymbol{\Phi}^{\mathrm{T}}(\tilde{\boldsymbol{\Phi}}^{\mathrm{T}})^{-1}\begin{bmatrix}\dfrac{\tilde{\Omega}_{cr1}^{2}}{(\tilde{\Omega}_{cr1}^{2}-\Omega_{cri}^{2})} & 0\\ 0 & \dfrac{\tilde{\Omega}_{cr2}^{2}}{(\tilde{\Omega}_{cr2}^{2}-\Omega_{cri}^{2})}\end{bmatrix}\tilde{\boldsymbol{\Phi}}^{\mathrm{T}}\boldsymbol{U}_{1} \tag{16.106}$$

转子的振动为

$$\boldsymbol{Q}_{1cr}=\boldsymbol{S}_{S}^{-1}\boldsymbol{S}_{bb}\boldsymbol{Q}_{2cr}+\boldsymbol{S}_{S}^{-1}\boldsymbol{S}_{bd}\dot{\boldsymbol{Q}}_{2cr}=(\boldsymbol{S}_{S}^{-1}\boldsymbol{S}_{bb}+\mathrm{j}\Omega_{cri}\boldsymbol{S}_{S}^{-1}\boldsymbol{S}_{bd})\boldsymbol{Q}_{2cr} \tag{16.107}$$

将式(16.106)代入式(16.107)得

$$\begin{aligned}\boldsymbol{Q}_{1cr}&=(\boldsymbol{S}_{S}^{-1}\boldsymbol{S}_{bb}+\mathrm{j}\Omega_{cri}\boldsymbol{S}_{S}^{-1}\boldsymbol{S}_{bd})\boldsymbol{Q}_{2cr}\\&=-\mathrm{j}\Omega_{cri}(\boldsymbol{S}_{S}^{-1}\boldsymbol{S}_{bb}+\mathrm{j}\Omega_{cri}\boldsymbol{S}_{S}^{-1}\boldsymbol{S}_{bd})\cdot\boldsymbol{\Phi}\boldsymbol{D}_{cr}\boldsymbol{\Phi}^{\mathrm{T}}(\tilde{\boldsymbol{\Phi}}^{\mathrm{T}})^{-1}\begin{bmatrix}\dfrac{\tilde{\Omega}_{cr1}^{2}}{(\tilde{\Omega}_{cr1}^{2}-\Omega_{cri}^{2})} & 0\\ 0 & \dfrac{\tilde{\Omega}_{cr2}^{2}}{(\tilde{\Omega}_{cr2}^{2}-\Omega_{cri}^{2})}\end{bmatrix}\tilde{\boldsymbol{\Phi}}^{\mathrm{T}}\boldsymbol{U}_{1}\end{aligned} \tag{16.108}$$

式中，

$$
\boldsymbol{S}_S^{-1}\boldsymbol{S}_{bb} = \begin{bmatrix} \left(1-\dfrac{a}{L}\right)s_{11} + \dfrac{s_{12}}{L} + s_{b1} & \dfrac{a}{L}s_{11} - \dfrac{s_{12}}{L} + s_{b2} \\ \mathrm{j}\left(1-\dfrac{a}{L}\right)s_{21} + \mathrm{j}\dfrac{s_{22}}{L} - \mathrm{j}as_{b1} & \mathrm{j}\dfrac{a}{L}s_{21} - \mathrm{j}\dfrac{s_{22}}{L} + \mathrm{j}(L-a)s_{b2} \end{bmatrix}
$$

$$
= \left\{ \begin{bmatrix} \left(1-\dfrac{a}{L}\right) & \dfrac{a}{L} \\ \dfrac{\mathrm{j}}{L} & -\dfrac{\mathrm{j}}{L} \end{bmatrix} + \tilde{\boldsymbol{\Phi}}\begin{bmatrix} \tilde{s}_{cr1} & 0 \\ 0 & \tilde{s}_{cr2} \end{bmatrix}^{-1} \tilde{\boldsymbol{\Phi}}^{\mathrm{T}} \begin{bmatrix} 1 & 1 \\ -\mathrm{j}a & \mathrm{j}(L-a) \end{bmatrix} \begin{bmatrix} s_{b1} & 0 \\ 0 & s_{b2} \end{bmatrix} \right\}
$$

$$
\boldsymbol{S}_s^{-1}\boldsymbol{S}_{bd} = \boldsymbol{S}_s^{-1}(\boldsymbol{\Phi}^{\mathrm{T}})^{-1} \begin{bmatrix} 2m_{cr1}\Omega_{cr1}D_{cr1} & 0 \\ 0 & 2m_{cr2}\Omega_{cr2}D_{cr2} \end{bmatrix} \boldsymbol{\Phi}^{-1}
$$

$$
= \tilde{\boldsymbol{\Phi}}\begin{bmatrix} \tilde{s}_{cr1} & 0 \\ 0 & \tilde{s}_{cr2} \end{bmatrix}^{-1} \tilde{\boldsymbol{\Phi}}^{\mathrm{T}}(\boldsymbol{\Phi}^{\mathrm{T}})^{-1} \begin{bmatrix} 2m_{cr1}\Omega_{cr1}D_{cr1} & 0 \\ 0 & 2m_{cr2}\Omega_{cr2}D_{cr2} \end{bmatrix} \boldsymbol{\Phi}^{-1}
$$

于是得

$$
\boldsymbol{Q}_{1cr} = (\boldsymbol{S}_S^{-1}\boldsymbol{S}_{bb} + \mathrm{j}\Omega_{cri}\boldsymbol{S}_S^{-1}\boldsymbol{S}_{bd})\boldsymbol{Q}_{2cr}
$$

$$
= -\mathrm{j}(\boldsymbol{S}_S^{-1}\boldsymbol{S}_{bb} + \mathrm{j}\Omega_{cri}\boldsymbol{S}_S^{-1}\boldsymbol{S}_{bd}) \cdot \Omega_{cri}\boldsymbol{\Phi}\boldsymbol{D}_{cr}\boldsymbol{\Phi}^{\mathrm{T}}(\tilde{\boldsymbol{\Phi}}^{\mathrm{T}})^{-1} \begin{bmatrix} \dfrac{\tilde{\Omega}_{cr1}^2}{\tilde{\Omega}_{cr1}^2 - \Omega_{cri}^2} & 0 \\ 0 & \dfrac{\tilde{\Omega}_{cr2}^2}{\tilde{\Omega}_{cr2}^2 - \Omega_{cri}^2} \end{bmatrix} \tilde{\boldsymbol{\Phi}}^{\mathrm{T}}\boldsymbol{U}_1
$$

$$
= -\mathrm{j}\Omega_{cri}\boldsymbol{S}_S^{-1}\boldsymbol{S}_{bb}\boldsymbol{\Phi}\boldsymbol{D}_{cr}\boldsymbol{\Phi}^{\mathrm{T}}(\tilde{\boldsymbol{\Phi}}^{\mathrm{T}})^{-1} \begin{bmatrix} \dfrac{\tilde{\Omega}_{cr1}^2}{\tilde{\Omega}_{cr1}^2 - \Omega_{cri}^2} & 0 \\ 0 & \dfrac{\tilde{\Omega}_{cr2}^2}{\tilde{\Omega}_{cr2}^2 - \Omega_{cri}^2} \end{bmatrix} \tilde{\boldsymbol{\Phi}}^{\mathrm{T}}\boldsymbol{U}_1
$$

$$
+ \Omega_{cri}^2\tilde{\boldsymbol{\Phi}}\begin{bmatrix} \tilde{s}_{cr1} & 0 \\ 0 & \tilde{s}_{cr2} \end{bmatrix}^{-1} \begin{bmatrix} \dfrac{\tilde{\Omega}_{cr1}^2}{\tilde{\Omega}_{cr1}^2 - \Omega_{cri}^2} & 0 \\ 0 & \dfrac{\tilde{\Omega}_{cr2}^2}{\tilde{\Omega}_{cr2}^2 - \Omega_{cri}^2} \end{bmatrix} \tilde{\boldsymbol{\Phi}}^{\mathrm{T}}\boldsymbol{U}_1 \tag{16.109}
$$

由式(16.106)和式(16.109)可见，阻尼越大，支承和转子的临界响应越小；支承弹性时转子的临界转速 Ω_{cri} 与支承刚性时的临界转速 $\tilde{\Omega}_{crk}(k=1,\ 2)$ 相差越大，支承和转子的临界响应也会越小。

16.2.6 转子"可容模态"设计的准则

从上述的分析结果可得出如下的设计准则[6-10]：

（1）转子的刚性支承模态是"不可容"的模态。支承绝对刚性时，支承处的阻尼器将会失效，即使考虑了滚动轴承和转子结构阻尼，转子的阻尼仍然非常小，穿越临界转速时，转子振动峰值会很大，难以在临界转速处持续运行。

（2）在支承为弹性的情况下，若转子两阶临界转速皆低于支承刚性时的第一阶临界转速，即 $\Omega_{cr2} < \tilde{\Omega}_{cr1}$，则两阶刚支模态刚度 $\tilde{s}_{cr1}$ 和 $\tilde{s}_{cr2}$ 越大，两阶临界峰值就越小。其物理意义是，轴的刚度大于支承刚度有利于阻尼器减振。这与本章前面的结论是一致的。

（3）在支承为弹性的情况下，若转子第二阶临界转速低于支承刚性时的第二阶临界转速，而高于支承刚性时的第一阶临界转速，即 $\tilde{\Omega}_{cr1} < \Omega_{cr2} < \tilde{\Omega}_{cr2}$，若第二阶模态为"可容模态"，则第二阶临界转速为 $\Omega_{cr2} = \sqrt{\dfrac{\tilde{\Omega}_{cr1}^2 + \tilde{\Omega}_{cr2}^2}{2}}$ 时，第二阶临界峰值最小。

（4）在支承为弹性的情况下，若转子第二阶临界转速低于支承刚性时的第二阶临界转速，而与支承刚性时的第一阶临界转速相等，即 $\Omega_{cr2} = \tilde{\Omega}_{cr1}$，则对于弹支情况下的第二阶模态，阻尼器失效，故该阶模态是"不可容的"。在转子设计时，应避免出现这一情况。概括而言，刚性支承模态是"不可容"的模态。

（5）转子残余不平衡的分布与刚性支承转子的模态正交时，即 $\tilde{\boldsymbol{\Phi}}^{\mathrm{T}}\boldsymbol{U}_1 = 0$，支承和转子的不平衡响应均为最小。

从上述分析过程和结论可知，"可容模态"设计不是要保证转子工作转速与临界转速的裕度，而是要保证转子模态与支承绝对刚性时转子模态间的裕度。实际上，是要优化支承与转子的参数。支承刚度比转子刚度低得越多，转子临界响应就越小。但对于发动机低压转子来说，转子细长，要使支承刚度远低于转子刚度，是非常困难的。但只要保证"可容模态"与支承绝对刚性时转子模态间的裕度，即"模态裕度"，阻尼器将会有效地发挥减振作用，临界响应是可控的。在设计时，"模态裕度"是较容易保证的。一是由于支承绝对刚性时，转子的模态较易精确确定；二是在整个工作转速范围内，一般仅涉及一阶支承绝对刚性时的模态，最多不超过两阶。

16.3 单转子系统的动力学"临界跟随"现象

本书第6章分析带偏置盘单转子系统的陀螺效应时，发现当 $I_d = I_p$ 时，转子转速增加，逐步接近转子第二阶自振频率时，第二阶自振频率随着转子转速增加而线性增加，转子始终无法穿越该阶自振频率，即使转速持续增加，转子还是一直在第二阶自振频率邻近运行，振动会居高不下，这对于拟运行在第二阶自振频率以上的转子系统,是非常不利的,这种现象称为“临界跟随”现象,在“可容模态”设计时须予以避免。“临界跟随”现象的本质是转子的陀螺效应产生的结果。其物理意义是,直径转动惯量 I_d 与极转动惯量 I_p 相等时,从一定的转速开始,转子上的陀螺力矩与摆动惯性力矩大小相等,作用方向相反,盘的两种惯性作用相互抵消,使得盘摆振的惯性作用消失,它类似以盘心为中心的抗摆弹簧,以弹性恢复力矩来抵抗不平衡力矩,不平衡力矩越大,盘的摆角就越大。因此,盘的振动摆角响应会随转速持续增大。本节深入分析转子系统的“临界跟随”特性,并用算例说明,在“临界跟随”状态下,转子的响应特征。

16.3.1　转子的动力学模型和运动微分方程

为了说明转子动力学“临界跟随”现象,取刚性支承转子模型为分析对象,如图 16.8 所示。其中 L 为两支点之间的距离,即轴的长度;b 为轮盘距右端支点距离;D、E、ρ 分别表示轴的直径、弹性模量以及密度;其余参数含义与第 16.2 节一致。

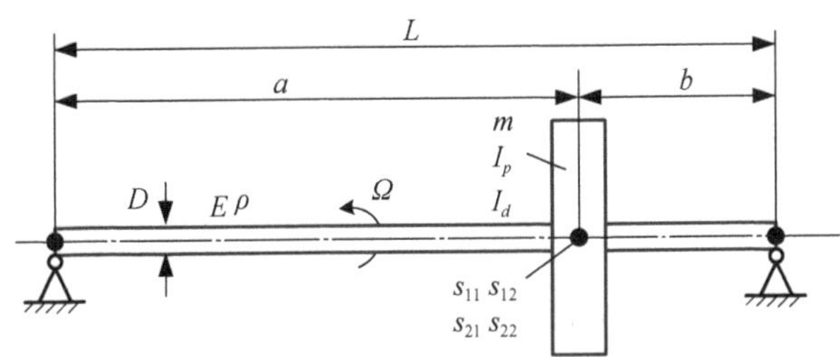

图 16.8　偏置盘单转子动力学模型[8,9]

转子系统运动方程为

$$\begin{bmatrix} m & 0 \\ 0 & I_d \end{bmatrix} \begin{bmatrix} \ddot{\boldsymbol{r}} \\ \ddot{\boldsymbol{\varphi}} \end{bmatrix} + \begin{bmatrix} 0 & 0 \\ 0 & -\mathrm{j}I_p\Omega \end{bmatrix} \begin{bmatrix} \dot{\boldsymbol{r}} \\ \dot{\boldsymbol{\varphi}} \end{bmatrix} + \begin{bmatrix} s_{11} & -\mathrm{j}s_{12} \\ \mathrm{j}s_{21} & s_{22} \end{bmatrix} \begin{bmatrix} \boldsymbol{r} \\ \boldsymbol{\varphi} \end{bmatrix} = \begin{bmatrix} m\varepsilon \boldsymbol{e}^{\mathrm{j}\beta} \\ (I_d - I_p)\alpha \boldsymbol{e}^{\mathrm{j}\gamma} \end{bmatrix} \Omega^2 \boldsymbol{e}^{\mathrm{j}\Omega t} \tag{16.110}$$

式中,$\boldsymbol{r}$ 和 $\boldsymbol{\varphi}$ 为转子系统的振动位移与转角;ε 为盘的质量偏心距;β 为质量偏心相角;α 为盘的初始安装斜度;γ 为斜度的相角。

16.3.2　转子的“临界跟随”现象和判定条件

方程(16.110)对应的特征方程为

$$mI_d\omega^4 - mI_p\Omega\omega^3 - (s_{22}m + s_{11}I_d)\omega^2 + s_{11}I_p\Omega\omega + (s_{11}s_{22} - s_{12}s_{21}) = 0 \tag{16.111}$$

当极转动惯量 I_p 和直径转动惯量 I_d 相等时,特征方程化为

$$mI_d\omega^3(\omega-\Omega)-s_{22}m\omega^2-s_{11}I_d\omega(\omega-\Omega)+(s_{11}s_{22}-s_{12}s_{21})=0 \quad (16.112)$$

此时，由转子系统运动方程的特征方程仅能解出一阶正进动临界转速：

$$\omega=\sqrt{\frac{s_{11}s_{22}-s_{12}s_{21}}{s_{22}m}} \quad (16.113)$$

图 16.9 为由式(16.112)解出的单转子系统坎贝尔图。由图 16.9 可见，转子系统第二阶正进动自振频率与转速一同增高，并不断靠近转速线。在一定转速之后，转子的第二阶正进动自振频率曲线几乎与转速线平行。此时，转子转速与转子系统的第二阶正进动自振频率相近，但始终无法穿越该阶自振频率。因此，转子将一直处于邻近共振状态。这种现象称为动力学“临界跟随”现象。

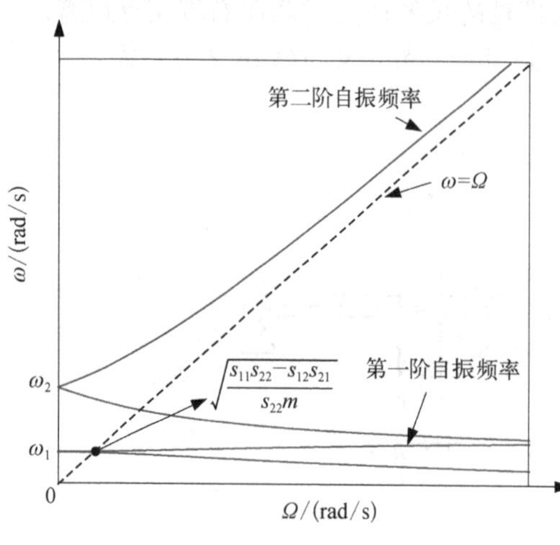

图 16.9 转子系统坎贝尔图

由图 16.9 可以看出，当转子系统处于动力学“临界跟随”状态时，转子自振频率的特征表现为

$$\frac{d\omega}{d\Omega}=1 \quad (16.114)$$

对转子系统特征方程(16.111)关于转速 Ω 连续求导 4 次，并将式(16.114)代入，进行化简，便可得到如下表达式：

$$24m(I_d-I_p)\frac{d\omega}{d\Omega}=0 \quad (16.115)$$

显然，满足式(16.115)的参数条件为 $I_d=I_p$，与前文所述一致。因此，式(16.114)可以作为动力学“临界跟随”现象的判断条件，而 $I_d=I_p$ 为转子系统具有动力学“临界跟随”特性的参数关系。

在一般情况下，普通圆盘的极转动惯量 I_p 为直径转动惯量 I_d 的 2 倍，因此，很难出现转子“临界跟随”现象。但在发动机转子系统中，存在鼓盘悬臂结构或多级盘集中结构，如图 16.10 所示。这些结构的等效极转动惯量与直径转动惯量有可能相等。虽然这种情况不常见，但为了确保转子不受“临界跟随”现象的影响，仍应在设计过程中加以检验。

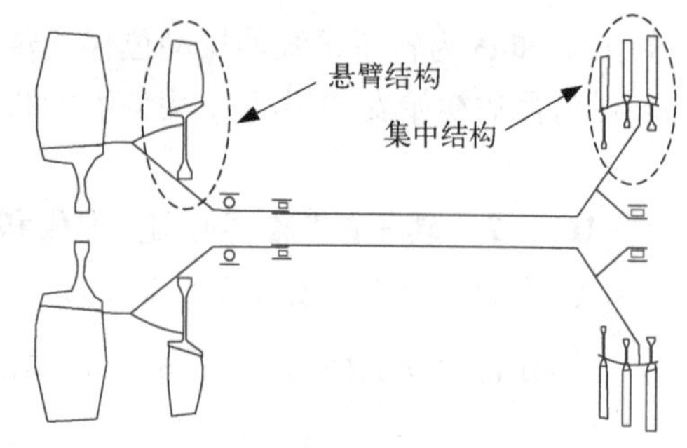

图 16.10 发动机转子中的盘鼓悬臂结构和多级盘集中结构

16.3.3　“临界跟随”状态下转子的振动响应

在图 16.8 的模型中，将盘假设成了一个只考虑惯量而没有考虑厚度的薄盘。但实际情况中，盘是存在一定厚度的。这时，盘的质量分布不均匀不仅会产生离心力，还会产生不平衡力矩。发动机结构中，尤其是图 16.10 中的多级叶盘结构，更有可能产生不平衡力矩。图 16.11 为考虑盘厚度以及不平衡力矩的动力学模型。其中，H 表示盘的厚度；M 表示不平衡力矩；Δm 表示等效不平衡量；γ 表示等效不平衡量的相位；R 表示等效不平衡量所在的半径位置。R 表示等效不平衡量的分布半径；D 表示轴的直径；点 A 为盘与左端支点的中点；其余参数与图 16.8 所示的模型相同。本节计算所用的参数值如表 16.1 所列。

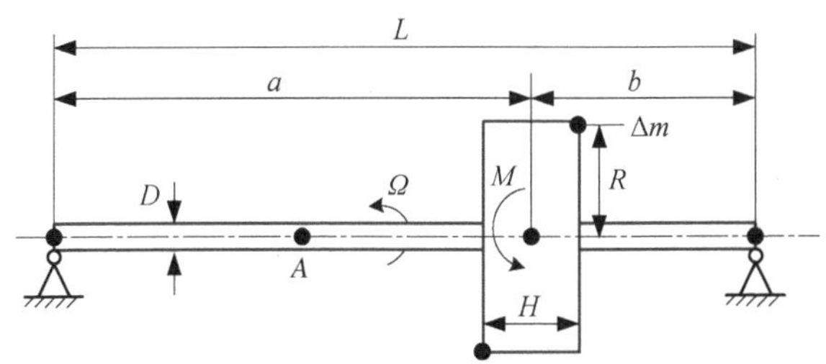

图 16.11　考虑盘厚度与不平衡力矩的转子动力学模型

表 16.1　转子模型参数

参　数	值	参　数	值
L/m	1.0	a/m	0.6
b/m	0.4	D/m	0.03
E/Pa	2.09×10^{11}	H/m	0.2
Δm/kg	0.001	R/m	0.1
m/kg	40.0	I_p/(kg·m^2)	0.4
s_{b1}/(N/m)	4.0×10^6	s_{b2}/(N/m)	5.0×10^6
d_{b1}/(N·s/m)	200	d_{b2}/(N·s/m)	200
ρ/(kg/m^3)	7 870		

根据方程(16.110)，考虑不平衡力矩后，转子的不平衡响应方程为

$$\begin{bmatrix} m & 0 \\ 0 & I_d \end{bmatrix} \begin{bmatrix} \ddot{\boldsymbol{r}} \\ \ddot{\boldsymbol{\varphi}} \end{bmatrix} + \begin{bmatrix} 0 & 0 \\ 0 & -\mathrm{j}I_p\Omega \end{bmatrix} \begin{bmatrix} \dot{\boldsymbol{r}} \\ \dot{\boldsymbol{\varphi}} \end{bmatrix} + \begin{bmatrix} s_{11} & -\mathrm{j}s_{12} \\ \mathrm{j}s_{21} & s_{22} \end{bmatrix} \begin{bmatrix} \boldsymbol{r} \\ \boldsymbol{\varphi} \end{bmatrix} = \begin{bmatrix} m\varepsilon \boldsymbol{e}^{\mathrm{j}\beta} \\ HR\Delta m\boldsymbol{e}^{\mathrm{j}\gamma} \end{bmatrix} \Omega^2 \boldsymbol{e}^{\mathrm{j}\Omega t} \tag{16.116}$$

$$\begin{bmatrix} \ddot{r} \\ \ddot{\varphi} \end{bmatrix} = -\Omega^2 \begin{bmatrix} r \\ \varphi \end{bmatrix}; \quad \begin{bmatrix} \dot{r} \\ \dot{\varphi} \end{bmatrix} = \mathrm{j}\Omega \begin{bmatrix} r \\ \varphi \end{bmatrix} \tag{16.117}$$

将式(16.117)代入式(16.116),得到如下方程组:

$$\begin{cases} (s_{11} - \Omega^2 m)\boldsymbol{r} - \mathrm{j}s_{12}\boldsymbol{\varphi} = \Omega^2 m\varepsilon \boldsymbol{e}^{\mathrm{j}(\Omega t+\beta)} \\ [s_{22} - \Omega^2(I_d - I_p)]\boldsymbol{\varphi} + \mathrm{j}s_{21}\boldsymbol{r} = \Omega^2 HR\Delta m\boldsymbol{e}^{\mathrm{j}(\Omega t+\gamma)} \end{cases} \tag{16.118}$$

由式(16.118)可以解出盘的不平衡响应为

$$\begin{cases} \boldsymbol{r} = \dfrac{[s_{22} - \Omega^2(I_d - I_p)]\Omega^2 m\varepsilon \boldsymbol{e}^{\mathrm{j}(\Omega t+\beta)}}{(s_{11} - \Omega^2 m)[s_{22} - \Omega^2(I_d - I_p)] - s_{12}s_{21}} + \dfrac{\mathrm{j}s_{12}\Omega^2 HR\Delta m\boldsymbol{e}^{\mathrm{j}(\Omega t+\gamma)}}{(s_{11} - \Omega^2 m)[s_{22} - \Omega^2(I_d - I_p)] - s_{12}s_{21}} \\ \boldsymbol{\varphi} = \dfrac{-\mathrm{j}s_{21}\Omega^2 m\varepsilon \boldsymbol{e}^{\mathrm{j}(\Omega t+\beta)}}{(s_{11} - \Omega^2 m)[s_{22} - \Omega^2(I_d - I_p)] - s_{12}s_{21}} + \dfrac{(s_{11} - \Omega^2 m)\Omega^2 HR\Delta m\boldsymbol{e}^{\mathrm{j}(\Omega t+\gamma)}}{(s_{11} - \Omega^2 m)[s_{22} - \Omega^2(I_d - I_p)] - s_{12}s_{21}} \end{cases} \tag{16.119}$$

当 $I_p = I_d$ 时,盘的振动响应为

$$\begin{cases} \boldsymbol{r} = \dfrac{s_{22}\Omega^2 m\varepsilon \boldsymbol{e}^{\mathrm{j}(\Omega t+\beta)}}{s_{22}(s_{11} - \Omega^2 m) - s_{12}s_{21}} + \dfrac{\mathrm{j}s_{12}\Omega^2 HR\Delta m\boldsymbol{e}^{\mathrm{j}(\Omega t+\gamma)}}{s_{22}(s_{11} - \Omega^2 m) - s_{12}s_{21}} \\ \boldsymbol{\varphi} = \dfrac{-\mathrm{j}s_{21}\Omega^2 m\varepsilon \boldsymbol{e}^{\mathrm{j}(\Omega t+\beta)}}{s_{22}(s_{11} - \Omega^2 m) - s_{12}s_{21}} + \dfrac{(s_{11} - \Omega^2 m)\Omega^2 HR\Delta m\boldsymbol{e}^{\mathrm{j}(\Omega t+\gamma)}}{s_{22}(s_{11} - \Omega^2 m) - s_{12}s_{21}} \end{cases} \tag{16.120}$$

将式(16.113)代入上式,则有

$$\begin{cases} \boldsymbol{r} = \dfrac{\Omega^2 \boldsymbol{e}^{\mathrm{j}\Omega t}}{(\omega^2 - \Omega^2)}\left(\varepsilon \boldsymbol{e}^{\mathrm{j}\beta} + \dfrac{\mathrm{j}s_{12}HR\Delta m\boldsymbol{e}^{\mathrm{j}\gamma}}{s_{22}m}\right) \\ \boldsymbol{\varphi} = \dfrac{\Omega^2 \boldsymbol{e}^{\mathrm{j}\Omega t}}{(\omega^2 - \Omega^2)}\left(\dfrac{-\mathrm{j}s_{21}\varepsilon \boldsymbol{e}^{\mathrm{j}\beta}}{s_{22}} + \dfrac{s_{11}HR\Delta m\boldsymbol{e}^{\mathrm{j}\gamma}}{s_{22}m} - \dfrac{\Omega^2 HR\Delta m\boldsymbol{e}^{\mathrm{j}\gamma}}{s_{22}}\right) \end{cases} \tag{16.121}$$

上式表明,盘的振动响应由不平衡力以及不平衡力矩两个载荷所引起。当 $I_p = I_d$ 时,转子仍在 $\Omega = \omega$ 时发生共振。越过临界转速 ω 后,随转速增加,盘的位移趋于定值,但盘的摆角 $\boldsymbol{\varphi}$ 随转速持续增大。其物理意义是,直径转动惯量 I_d 与极转动惯量 I_p 相等时,从一定的转速开始,转子上的陀螺力矩与摆动惯性力矩大小相等,作用方向相反,盘的两种惯性作用相互抵消,使得盘摆振的惯性作用消失,它类似以盘心为中心的抗摆弹簧,以弹性恢复力矩来抵抗不平衡力矩,不平衡力矩越大,盘的摆角就越大。因此,盘的振动摆角响应会随转速持续增大。由式(16.121)中的第二个方程可看出,当转速 Ω 趋于无穷大时,忽略前两项,则盘的摆角近似为

$$\boldsymbol{\varphi} \approx \frac{\Omega^2 HR\Delta m\boldsymbol{e}^{\mathrm{j}\gamma}}{s_{22}}\boldsymbol{e}^{\mathrm{j}\Omega t} \tag{16.122}$$

它随转速增加持续增大，如图 16.12 所示。值得注意的是，随转速增加，摆角 φ 的相位保持不变。

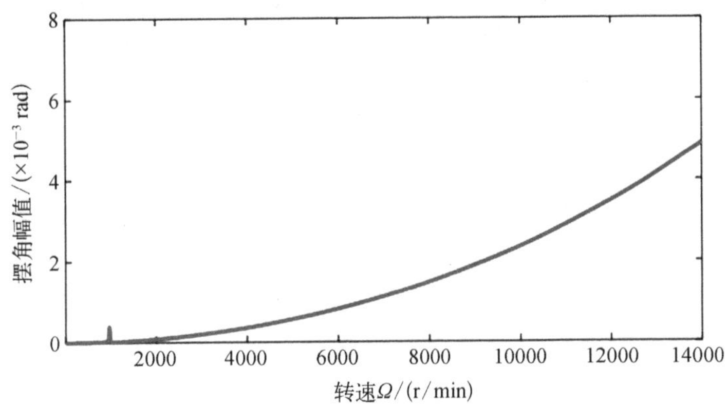

图 16.12　盘的振动摆角随转速的变化

$I_p = I_d$，密度 $\rho = 1\,000\ \text{kg/m}^3$；其余参数取自表 16.1

盘的振动响应式(16.119)可化作如下形式：

$$
\begin{cases}
\boldsymbol{r} = \dfrac{\left[\dfrac{s_{22}}{\Omega^2} - (I_d - I_p)\right] m\varepsilon \boldsymbol{e}^{\mathrm{j}(\Omega t+\beta)}}{\left(\dfrac{s_{11}}{\Omega^2} - m\right)\left[\dfrac{s_{22}}{\Omega^2} - (I_d - I_p)\right] - \dfrac{s_{12}s_{21}}{\Omega^4}} + \dfrac{\dfrac{\mathrm{j}}{\Omega^2} s_{12} HR\Delta m \boldsymbol{e}^{\mathrm{j}(\Omega t+\gamma)}}{\left(\dfrac{s_{11}}{\Omega^2} - m\right)\left[\dfrac{s_{22}}{\Omega^2} - (I_d - I_p)\right] - \dfrac{s_{12}s_{21}}{\Omega^4}} \\
\boldsymbol{\varphi} = \dfrac{-\dfrac{\mathrm{j}}{\Omega^2} s_{21} m\varepsilon \boldsymbol{e}^{\mathrm{j}(\Omega t+\beta)}}{\left(\dfrac{s_{11}}{\Omega^2} - m\right)\left[\dfrac{s_{22}}{\Omega^2} - (I_d - I_p)\right] - \dfrac{s_{12}s_{21}}{\Omega^4}} + \dfrac{\left(\dfrac{s_{11}}{\Omega^2} - m\right) HR\Delta m \boldsymbol{e}^{\mathrm{j}(\Omega t+\gamma)}}{\left(\dfrac{s_{11}}{\Omega^2} - m\right)\left[\dfrac{s_{22}}{\Omega^2} - (I_d - I_p)\right] - \dfrac{s_{12}s_{21}}{\Omega^4}}
\end{cases}
\tag{16.123}
$$

当转速 Ω 趋于无穷大时，式(16.123)近似为

$$
\begin{cases}
\boldsymbol{r} = -\varepsilon \boldsymbol{e}^{\mathrm{j}(\Omega t+\beta)} \\
\boldsymbol{\varphi} = -\dfrac{HR\Delta m \boldsymbol{e}^{\mathrm{j}(\Omega t+\gamma)}}{I_d - I_p}
\end{cases}
\tag{16.124}
$$

由此可见，盘的振动位移幅值趋近于 $-\varepsilon$，为一定值，即跨过临界转速后，转子“自动定心”。而盘的振动摆角幅值也趋近于一个定值。当 $I_d > I_p$ 时，出现类似于“自动定心”的现象；$I_d < I_p$ 时，则无此效果。但若 $I_d = I_p$，如前面所述，转子表现出“临界跟随”特征，振动摆角趋于无穷大，不会出现类似“质心转向”的现象。

上述模型中未考虑轴的均布质量。现设轴材料的密度为ρ,仍以图 16.11 所示的转子模型为对象,进一步分析考虑轴均布质量时,转子系统表现“临界跟随”特征时的振动响应。模型参数取表 16.1 所列的数据,密度ρ=7 870 kg·m^{-3}。其中,s_{b1}和s_{b2}分别表示两个支点的刚度。图 16.13 为盘转动惯量$I_p=2I_d$和$I_p=I_d$两种情况下转子系统的坎贝尔图。从图可以看出,考虑了转轴的质量后,转子临界转速增多。以转子转速穿越四阶临界转速为例,由图 16.13(a)可见,当盘转动惯量$I_p=2I_d$时,在转子自振频率线与转速线相交之前,自振频率线与转速线保持较大的距离。但当$I_p=I_d$时,如图 16.13(b)所示,转子转速越过第一阶临界转速之后,第二阶自振频率线迅速向转速线靠近,与转速线相交。转速越过第二阶临界转速之后,第三阶自振频率线向转速线靠近,也与转速线相交,转速线可穿越它。此后的各阶自振频率均有这一变化规律。

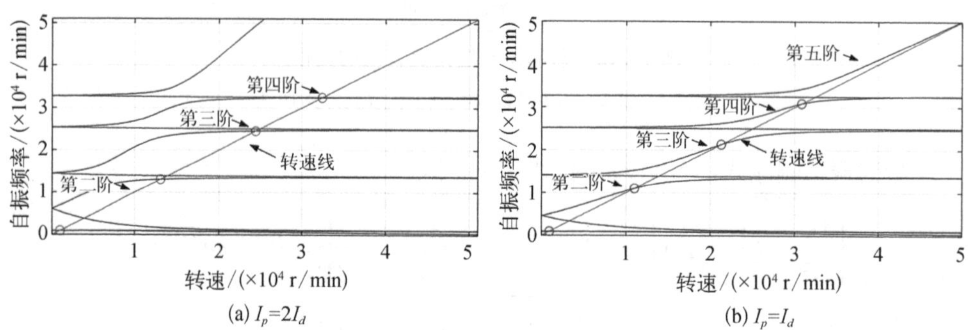

图 16.13 $I_p=2I_d$和$I_p=I_d$两种情况下转子的坎贝尔图

密度ρ=7 870 kg/m^3,其余参数取自表 16.1

图 16.14(a)和图 16.14(b)分别为盘转动惯量$I_p=2I_d$和$I_p=I_d$两种情况下转子的前四阶振型。由图 16.14(b)可见,$I_p=I_d$的情况下,转子前四阶振型中,盘的摆角均不为 0。

当盘上仅存在不平衡力,而无不平衡力矩时,转子系统的振动响应如图 16.15 所示。计算条件为盘上存在 10 g·cm 不平衡量。振动响应计算结果表明,盘的振动位移在第一阶临界转速之后几乎为 0,但盘的振动摆角和轴 A 点处的振动位移在第二阶临界转速处出现峰值。同时,相比于$I_p=2I_d$时的振动响应,$I_p=I_d$时,盘摆角和轴 A 点处的位移明显增大。这说明“临界跟随”状态下转子的振动响应对不平衡量更敏感。

假设盘上存在不平衡力矩,M=0.2 g·m^2。图 16.16 为不平衡力矩作用下,转子系统的振动响应。对比图 16.15 与图 16.16 可以看出,不平衡力矩作用下,$I_p=2I_d$和$I_p=I_d$两种情况对应的第一阶模态振动响应相差不大,但第一阶模态之后的振动响应差别非常显著。特别是,在$I_p=I_d$时,盘的摆角和轴上 A 点的转角第二

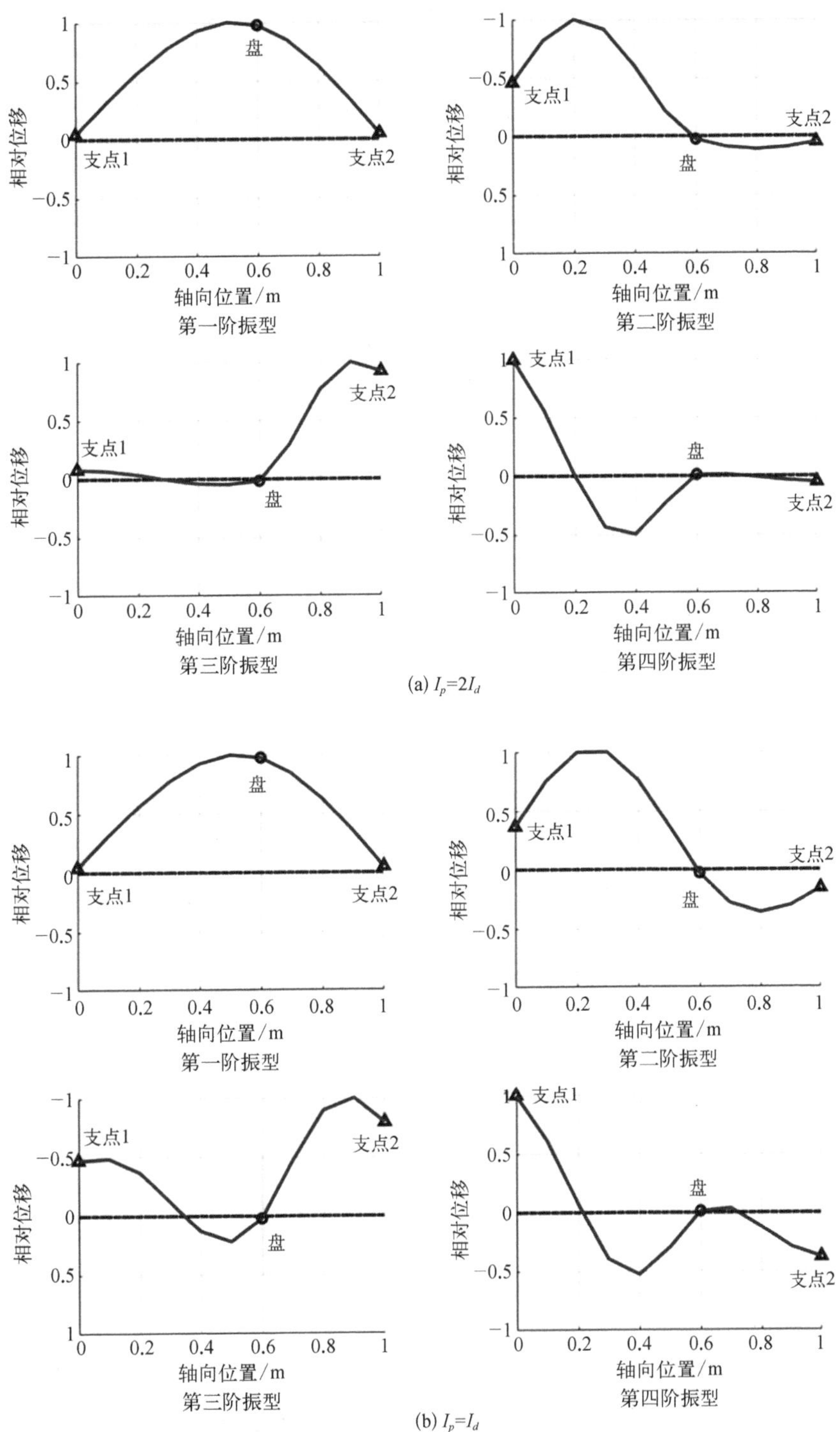

图 16.14　$I_p = 2I_d$ 和 $I_p = I_d$ 两种情况下转子的前 4 阶振型

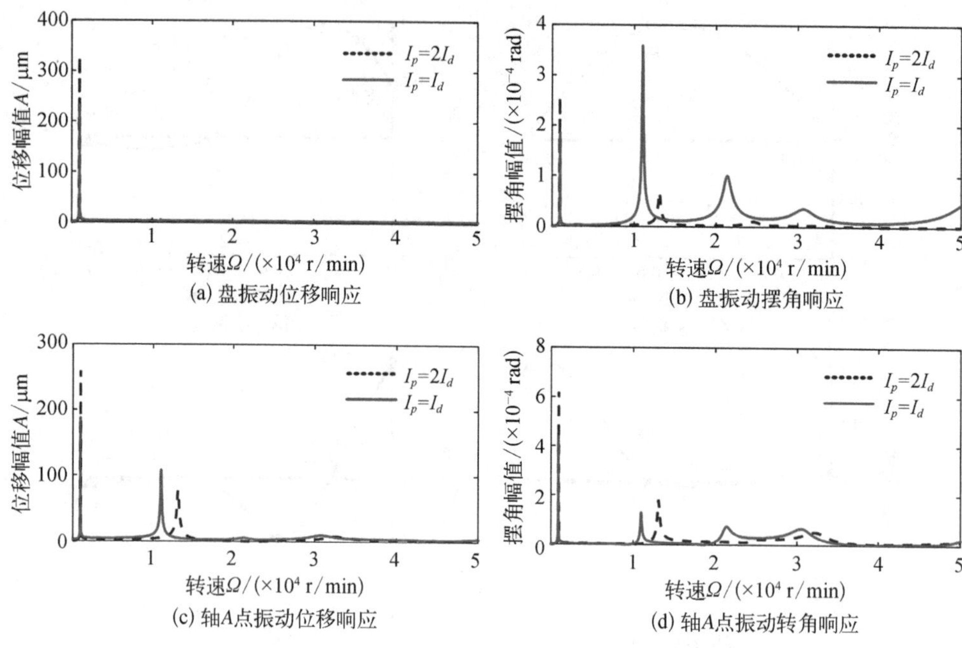

(a) 盘振动位移响应
(b) 盘振动摆角响应
(c) 轴A点振动位移响应
(d) 轴A点振动转角响应

图 16.15 仅考虑不平衡力时转子的振动响应

盘上存在 10 g · cm 不平衡量

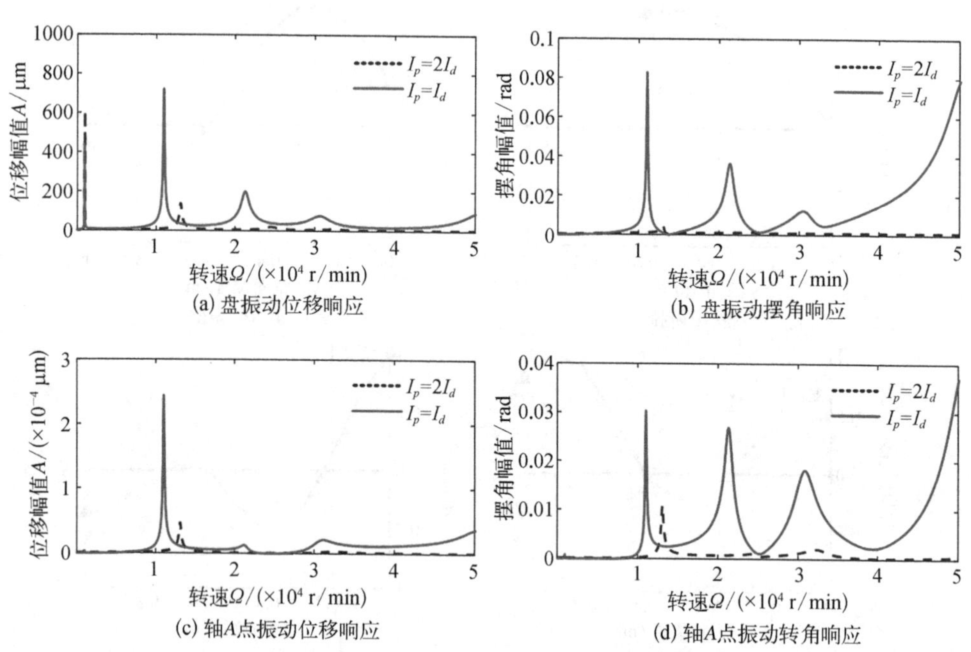

(a) 盘振动位移响应
(b) 盘振动摆角响应
(c) 轴A点振动位移响应
(d) 轴A点振动转角响应

图 16.16 不平衡力矩作用下转子的振动响应

盘上存在 0.2 g · m^2 的不平衡力矩

阶、第三和第四阶峰值突出，且随转速继续增加，盘的摆角和轴上 A 点的转角急剧增大。由此可见，“临界跟随”状态下，转子的振动响应对盘上的不平衡力矩更加敏感。一般情况下，发动机转子上会同时存在不平衡力和不平衡力矩，若转子的转动惯量满足“临界跟随”条件，则转子的振动响应对转子不平衡会非常敏感。故在转子设计中，应避免出现盘的极转动惯量与直径转动惯量相等的情况。

16.4　低压转子系统“可容模态”优化设计

如前面所述，转子“可容模态”设计从转子系统的抗振特性、减振特性和振动控制特性三个方面的优化设计入手，全面提升转子系统的抗振能力，实现转子“容忍共振”的设计目标。

本节以发动机低压转子为例，以前面的理论分析为基础，建立“可容模态”优化设计的流程和方法，最后给出优化设计的示例。

为便于理解和掌握转子“可容模态”优化设计方法，本节分两步循序渐进地加以论述。第一步，以 3 个支点的低压转子模型为对象，按照第 16.2 节所总结出的设计准则，以示例的形式，对转子进行“可容模态”优化设计，说明“转子模态要避开刚支转子模态”设计准则的优化设计效果。

第二步，系统地阐明转子“可容模态”优化设计的全部要素、流程和方法，给出优化设计的示例和实验验证。

16.4.1　低压转子系统的“可容模态”设计示例[6-9]

为便于理解“可容模态”优化设计的思路，作为第一步，本节以一个低压转子模型为示例[6-9]，说明转子系统“可容模态”设计的基本方法。

低压转子动力学模型如图 16.17 所示。它为 0－3－0 支承的单转子结构，在航空发动机中较为常见。作为设计示例，取表 16.2 所列的转子模型参数值。其

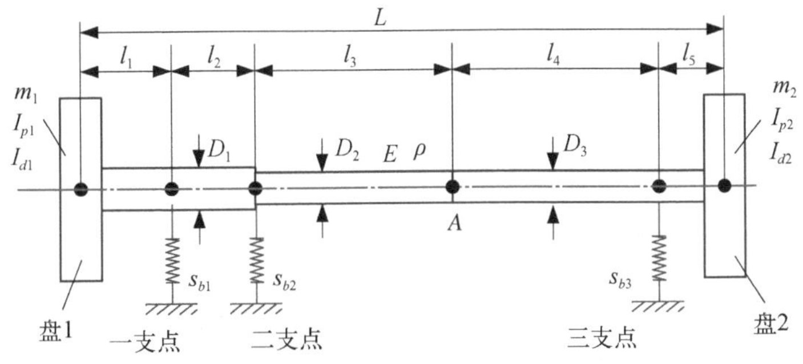

图 16.17　低压转子模型图(0－3－0 支承)[6-9]

中，D_1、D_2 和 D_3 分别为各段轴的直径；E 和 ρ 分别为轴的弹性模量与密度；s_{b1}、s_{b2} 和 s_{b3} 表示三个支点的刚度；d_{b1}、d_{b2} 和 d_{b3} 表示三个支点处的阻尼。

表 16.2 转子模型参数取值

参　数	值	参　数	值
L/m	1.690	l_1/m	0.165
l_2/m	0.175	l_3/m	0.690
l_4/m	0.590	l_5/m	0.070
D_1/m	0.060	D_2/m	0.050
D_3/m	0.050	E/Pa	1.89×10^{11}
ρ/(kg/m^3)	7 870	m_1/kg	80.0
m_2/kg	28.7	I_{p1}/(kg·m^2)	2.22
I_{p2}/(kg·m^2)	0.6	I_{d1}/(kg·m^2)	1.11
I_{d2}/(kg·m^2)	0.3	d_{b1}, d_{b2}, d_{b3}/(N·s/m)	200

基于上述转子模型，主要改变弹性支承条件下的支承刚度 s_{b2}，形成表 16.3 中的三种支承条件。计算表 16.3 中不同支承条件下转子系统的动力学特性，可以得到相应的临界转速与模态振型。图 16.18 为低压转子在刚性支承条件下的动力学特性。在这种情况下，转子的前两阶临界转速分别为 5 534 r/min 和 7 908 r/min，两阶模态均为转轴的弯曲模态，且各支点处于振型节点位置。另外，图 16.17 模型中的点 A 与二支点的轴向距离为 0.69 m，对应第一阶模态振型最大位置。

表 16.3 支承刚度参数取值

	s_{b1}/(N/m)	s_{b2}/(N/m)	s_{b3}/(N/m)
刚性支承条件	1.0×10^9	1.0×10^9	1.0×10^9
弹性支承条件一	5.0×10^6	2.8×10^8	7.0×10^6
弹性支承条件二	5.0×10^6	3.0×10^7	7.0×10^6

将支承刚度设置为表 16.3 中“弹性支承条件一”的数值，得到转子系统的动力学特性如图 16.19 所示。结果表明，转子系统的第三阶临界转速为 5 534 r/min，与刚性支承条件下的第一阶临界转速重合。从图 16.19 所示的转子模态振型可以看

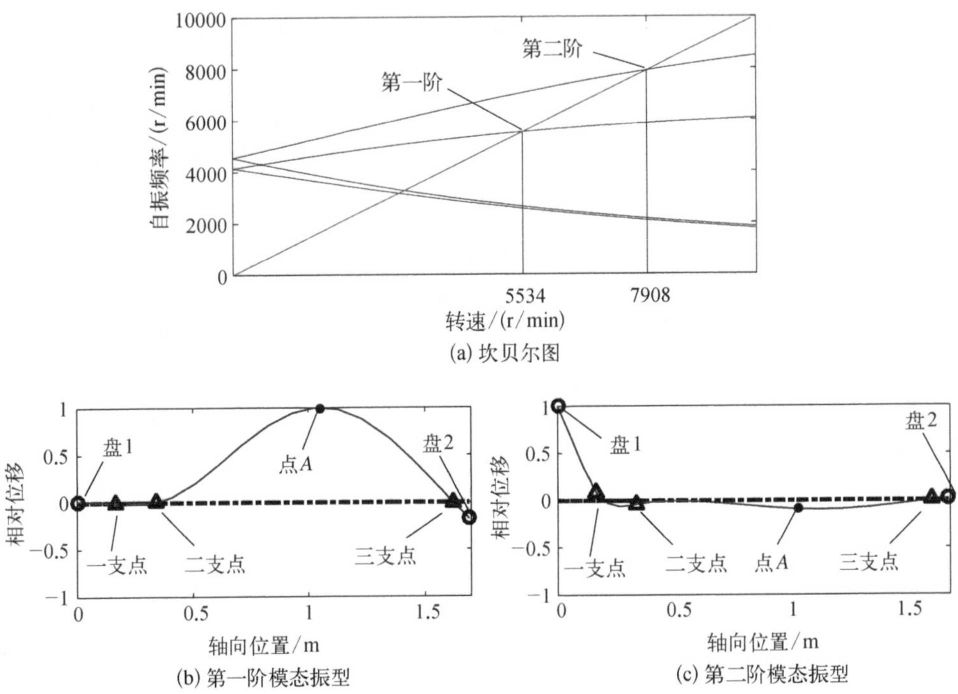

图 16.18 刚性支承条件下转子系统动力学特性

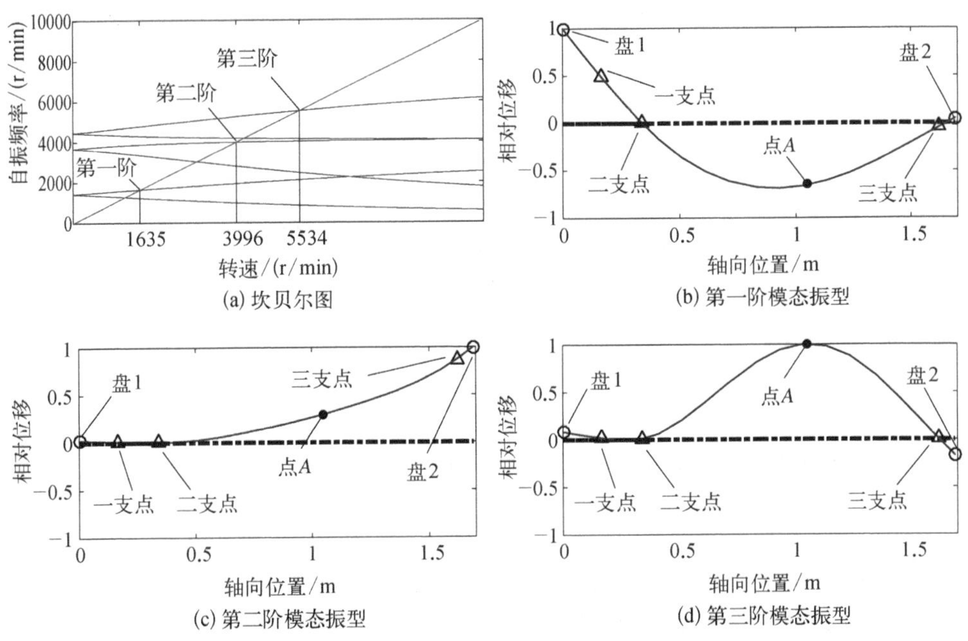

图 16.19 “弹性支承条件一”下转子系统动力学特性(数据见表 16.3)

出,前两阶模态振型中至少存在一个支承远离节点,其振动位移较显著。但第三阶模态振型与刚性支承条件下的第一阶模态振型几乎一致,三个支点都靠近节点位置。根据挤压油膜阻尼器的工作原理可知,当安装阻尼器位置的支点相对位移较大时,阻尼器才能发挥较好的减振作用。显然,这种情况下,前两阶模态振型都能够为阻尼器创造良好的工作条件。但对于第三阶模态,所有阻尼器均是失效的,难以利用阻尼器达到抑制转子系统振动的目的。转子第三阶模态下的振动响应会对转子不平衡质量变得非常敏感。

调整支承的刚度,使其与表 16.3 中"弹性支承条件二"的数值相等,得到转子系统的动力学特性如图 16.20 所示。此时,图 16.20 中转子系统的三阶模态振型与图 16.19 相比变化不大,前两阶临界转速几乎不受影响,但转子系统的第三阶临界转速已避开刚性支承条件下的临界转速,裕度约为 8.3%。下文通过分析转子系统的振动响应,进一步说明第三阶临界转速避开刚性支承条件下的临界转速对转子响应的影响。

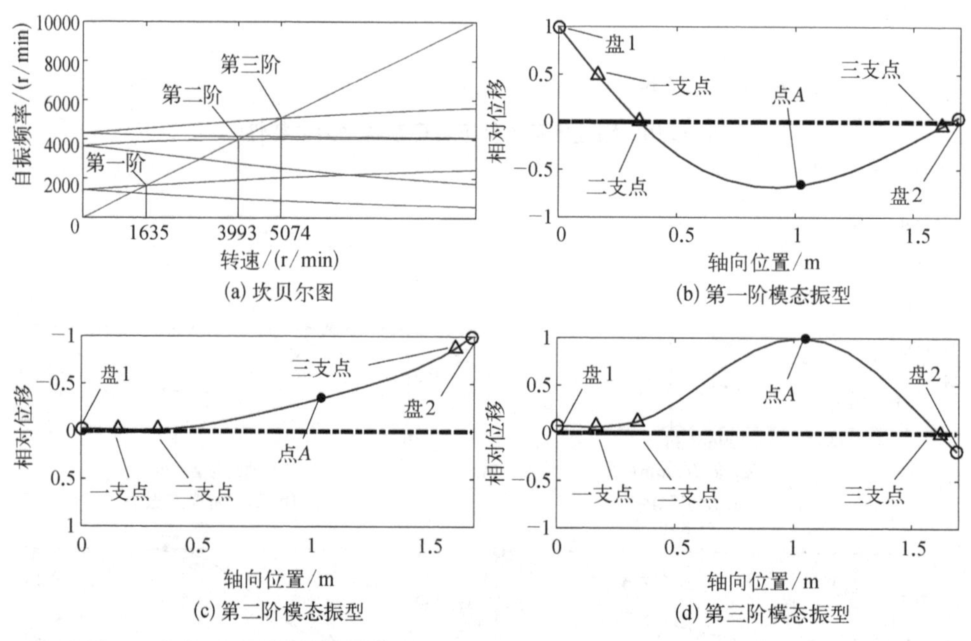

图 16.20 "弹性支承条件二"下转子系统的动力学特性(数据见表 16.3)

由于第三阶临界转速高,且轴系弯曲应变能大,在转子"可容模态"设计时,应重点关注。根据本书第 12 章的模态动平衡原理,对于分布在 N 个截面的不平衡向量 $\boldsymbol{U}$, 可以通过 N 阶模态振型向量进行分解,得到与模态振型相似的 N 个两两正交的不平衡分布 $\boldsymbol{u}_i$, 且有如下关系:

$$\boldsymbol{U} = \sum_{i=1}^{N} \boldsymbol{u}_i = \sum\nolimits_{i=1}^{N} \alpha_i \boldsymbol{R}_i \tag{16.125}$$

$$\alpha_i = \frac{\boldsymbol{R}_i^{\mathrm{T}} \boldsymbol{U}}{\boldsymbol{R}_i^{\mathrm{T}} \boldsymbol{R}_i} \tag{16.126}$$

$$\boldsymbol{R}_i = [R_i(1),\ R_i(2),\ \cdots,\ R_i(N)]^{\mathrm{T}} \tag{16.127}$$

式中，$\boldsymbol{R}_i$ 为第 i 阶振型在 N 个截面上的标一化复向量；α_i 为第 i 阶模态的等效不平衡质量因子，简称第 i 阶不平衡因子。

根据模态正交理论，第 i 阶模态不平衡分布 $\boldsymbol{u}_i$ 仅能激起第 i 阶模态振型下的振动响应，而不影响其他模态振型下的振动。在本节模型中，N 取值为 3，表 16.4 为一组不平衡量分布及其分解后的模态不平衡分布计算结果（保留小数点后四位）。

表 16.4　不平衡分布及其模态分解

不平衡截面	盘 1		点 A		盘 2		等效不平衡质量因子 α_i/(g · cm)
	质量/(g · cm)	相位/(°)	质量/(g · cm)	相位/(°)	质量/(g · cm)	相位/(°)	
总不平衡量	10.000 0	0	1.000 0	0	10.000 0	0	/
第一阶模态	9.281 2	0	0.798 6	180	0.012 2	180	8.160 8
第二阶模态	0.623 6	0	1.658 8	0	10.053 8	0	10.136 2
第三阶模态	0.095 1	0	0.139 8	0	0.042 2	180	0.152 5

基于表 16.4 的不平衡质量分布，计算得到“弹性支承条件一”下转子系统的振动响应，如图 16.21 所示。计算结果表明，在特定模态振型下，分解后的模态不平衡与总不平衡分布所引起的振动幅值相同，而不引起其他阶模态下的振动。例如，总不平衡分布引起第一阶模态振动峰值为 1 636 μm，模态分解后的第一阶模态不平衡所激起的第一阶模态振动峰值也是 1 636 μm，但不会引起其他阶模态振动。因此，对于较为重要的模态振型，应尽量降低总不平衡量在该阶模态振型下的分量，即尽量减小该阶模态的等效不平衡质量因子 α_i。本质上，使转子上的不平衡分布尽量与该阶模态振型正交。对于本节所用模型，第三阶模态为转轴弯曲模态，对应的临界转速较高，故为重点关注模态。

假设转子第三阶模态的等效不平衡质量 α_3 为 10 g · cm，则两种弹性支承条件下，转子系统的振动响应如图 16.22 所示。从图 16.22 可以看出，由于“弹性支承条件一”下的临界转速与刚性支承条件下的临界转速重合，转子的振动响应对该阶模态不平衡量非常敏感。而“弹性支承条件二”下的临界转速避开了刚性支承条

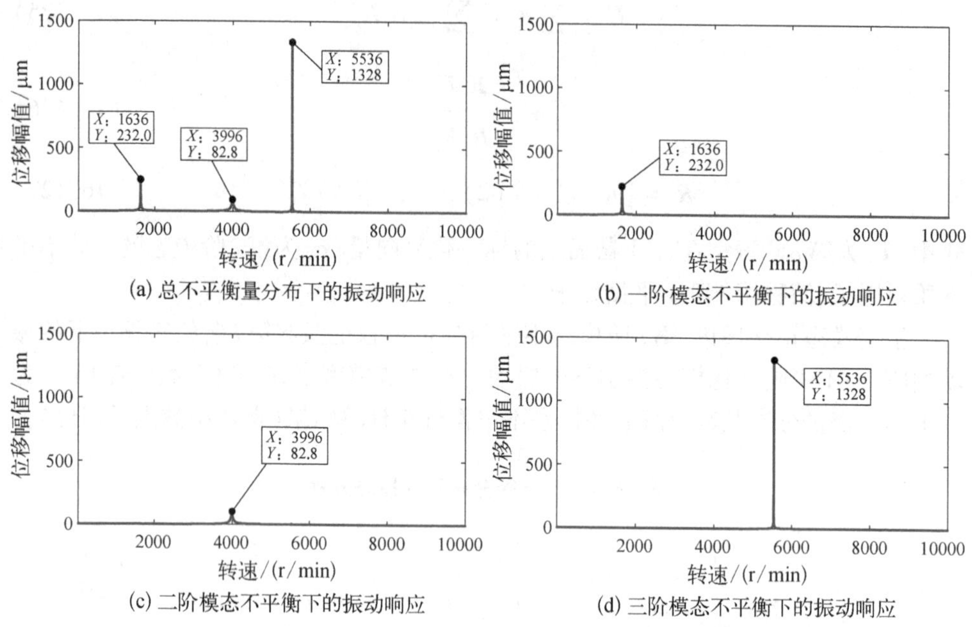

图 16.21　总不平衡分布和模态不平衡激起的 *A* 点振动响应

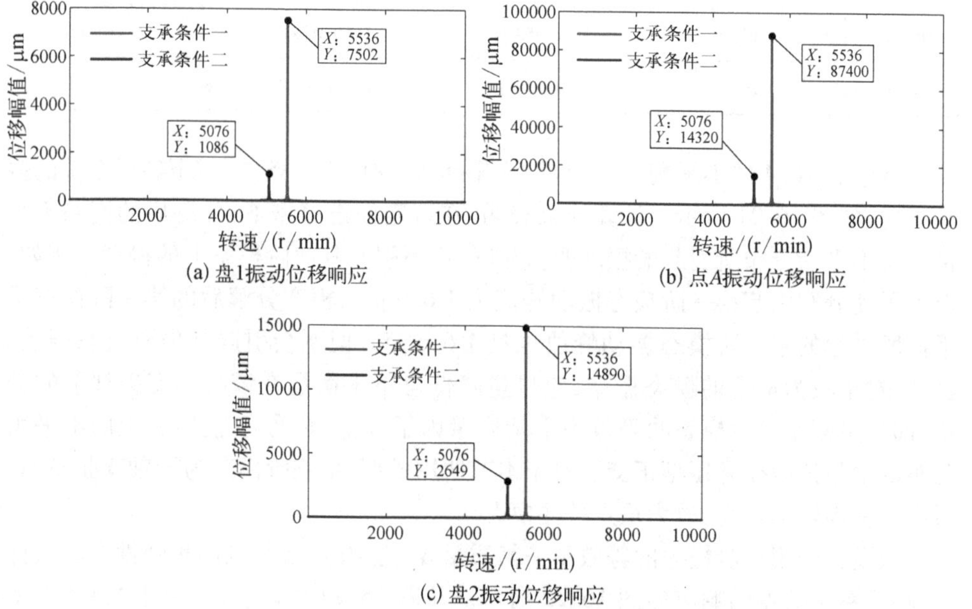

图 16.22　两种弹性支承条件下转子系统第三阶模态振动响应

件下的临界转速，转子振动对第三阶模态不平衡敏感度明显降低。相比于“弹性支承条件一”，“弹性支承条件二”下点 A 处的第三阶振动幅值降低了 83.6%，盘 1 的第三阶振动幅值降低了 85.5%，盘 2 降低了 82.2%。

上述低压转子模型的计算结果验证了第 16.2 节的理论。使弹性支承条件下的第三阶临界转速与刚性支承条件下的临界转速保留 8.3%的裕度，就可显著降低转子振动响应对刚支模态不平衡质量的敏感度，为将该阶模态优化为“可容模态”创造了条件。

对于本节建立的转子模型而言，虽然调整支承刚度可以避开刚性支承条件下的临界转速，但图 16.20(d) 所示的第三阶振型中所有支点均靠近节点位置，振型仍与图 16.19(d) 中刚性支承条件下的第一阶振型相似。这种情况造成的影响是，弹性支承上的应变能分布过低，阻尼器难以在第三阶模态下发挥良好的减振作用，在“可容模态”设计中仍是“不可容”的。这时，就必须通过优化转轴的直径分布、盘质量和惯量参数等，改变转子系统的模态振型，增大弹性支承上的应变能分布，这样才能增强阻尼器的减振效果，使第三阶模态变得“可容”。关于转子系统的“可容模态”优化设计将在下一节详细论述。

总结上述设计示例，可得出以下结论：

(1) 转子弹性支承条件下的临界转速应当避开刚性支承条件下的临界转速，设计裕度可选为 10%，以降低转子振动响应对不平衡激励的敏感度，从而提升转子模态的“可容度”。

(2) 转子系统弹支条件下的模态振型不得与刚性支承条件下的模态振型相似，振型中，至少应存在一个弹性支承远离节点位置。这将在接下来的第二步“可容模态”优化设计中加以考虑。

16.4.2 “可容模态”优化设计参数

单转子系统的参数主要分为三类：① 支承参数，包括支点的位置与刚度等；② 叶盘参数，包括盘的位置、质量、极转动惯量以及直径转动惯量等；③ 转轴参数，包括轴的长度、内径和外径等。这些参数都可以作为优化设计的参数。

对于特定结构的单转子模型，各个参数的取值通常都有一定的限制范围。例如，《航空发动机设计手册》[10] 中统计了国内外多个机种转子的弹性支承刚度，其刚度范围为 $4.8\times10^{6}\sim5.25\times10^{7}$ N/m。支承之间的跨距等关键参数通常也不会有很大的可调范围，转轴直径可在一定范围内进行优化。因此，优化设计时，可根据转子系统的结构、重量和空间等限制因素确定设计参数的优化范围。

另外，若可优化的参数过多，可先分析转子系统模态关于各个参数的灵敏度，筛选出对模态影响程度较高的参数，从而达到减少设计参数的目的。

16.4.3 “可容模态”优化约束条件

1. 刚支模态约束

与传统的“临界转速裕度准则”下的设计不同,“可容模态”设计准则是,转子系统的临界转速不需要刻意避开转子工作转速范围,而是需要避开刚性支承条件下转子的模态,如本章第16.2节所述。上一节的算例已给出验证结果,当弹性支承条件下的临界转速与刚性支承条件下的临界转速保留约8.3%的设计裕度时,转子临界振动峰值减小了83.6%。由此,建议将10%作为“可容模态”临界转速的裕度,构造如下多项式:

$$f(\omega_{cri}) = (\omega_{cri} - 0.9\tilde{\omega}_{cri})(\omega_{cri} - 1.1\tilde{\omega}_{cri}) \tag{16.128}$$

式中,ω_{cri} 为转子在弹性支承条件下的临界转速;$\tilde{\omega}_{cri}$ 为刚性支承条件下转子的临界转速。

由式(16.128)可以看出,当转子的临界转速 ω_{cri} 落入 $[0.9\tilde{\omega}_{cri},\ 1.1\tilde{\omega}_{cri}]$ 范围内时,多项式 $f(\omega_{cri}) \leqslant 0$,反之,则 $f(\omega_{cri}) > 0$。对于工作范围内的多阶临界转速,$f(\omega_{cri}) > 0$ 都必须成立,即

$$\min[f(\omega_{cri})] > 0 \tag{16.129}$$

式(16.129)的含义为,计算转子系统弹性支承条件下各阶临界转速对应的多项式 $f(\omega_{cri})$ 的值,若最小值满足 $f(\omega_{cri}) > 0$,说明每一阶临界转速均避开了 $[0.9\tilde{\omega}_{cri}, 1.1\tilde{\omega}_{cri}]$ 的范围,满足约束条件。否则,需要通过惩罚因子对优化函数进行调整。

2. 叶盘惯量参数约束

本章16.3节指出,当转子中叶盘的极转动惯量 I_p 与直径转动惯量 I_d 相等时,转子会表现出“临界跟随”特征,转子振动响应会对不平衡非常敏感。因此,叶盘的“临界跟随”惯量参数条件也应当作为优化设计中的一个约束。

为了便于表示,引入叶盘惯量比 $\xi = I_p/I_d$,则当叶盘惯量比满足 $\xi = 1$ 时,转子系统会表现出动力学“临界跟随”特征。为了避免这一现象,选取设计裕度5%,构造出与式(16.128)类似的多项式:

$$f(\xi) = (\xi - 0.95)(\xi - 1.05) \tag{16.130}$$

同样地,对于转子系统多个叶盘的惯量参数,也可以将约束条件统一为

$$\min[f(\xi)] > 0 \tag{16.131}$$

将约束条件式(16.129)和式(16.131)综合起来,得到转子系统的总约束函数为

$$f_{\text{penalty}} = M_k \times \max\{0, -\min[f(\omega_{cri})]\} + M_i \times \max\{0, -\min[f(\xi)]\} \tag{16.132}$$

式中，$M_k = (1, 2, \cdots)$；$M_i = (1, 2, \cdots)$，表示线性惩罚因子。当需要强化第一项约束时，惩罚因子 M_k 可取大于 1 的数；当需要强化第二项约束时，惩罚因子 M_i 可取大于 1 的数。默认值为 1。

总约束函数 f_{penalty} 取式(16.132)的函数形式主要是为了在优化设计程序中，便于判断参数是否满足了约束条件。若 f_{penalty} 为 0 则满足约束条件，若不为 0 则须对转子结构重新设计。

16.4.4 转子“可容模态”可容度函数与优化目标

在“可容模态”设计思想下，转子工作范围内是否能够容忍某阶模态下的“共振”，取决于该阶模态下的振动水平是否能够被控制在设定的限制值之内。此时，在工作范围内，转子系统各阶模态的评价仅分为“可容”与“不可容”两种情况。为了便于分析转子系统模态的可容程度，为“可容模态”的设计与优化指明方向，需要建立一个模态“可容度”评价函数和指标。

1. 模态不平衡影响因子

在某阶模态下，转子系统振动响应 $\boldsymbol{Q}$ 的大小，取决于该阶模态振型、不平衡质量分布以及阻尼器的减振能力。其中，转子的模态振型是“可容模态”设计的关键。一方面，通过合理的模态振型优化设计，可以有效降低局部结构上不平衡量对转子振动的影响程度。例如，发动机涡轮盘在装配完成后难以实现本机动平衡，应尽量降低涡轮盘不平衡对转子振动的影响。发动机风扇盘的本机动平衡便于操作，则可适当降低风扇盘在模态振型中的设计要求。另一方面，考虑阻尼器位置和数量，重点优化关键模态的振型，以保证阻尼器对关键模态振动的减振效果。综合考虑这两个方面的因素，开展优化设计，得到最优的模态振型，这是转子系统“可容模态”优化设计的要点。

根据模态不平衡量、模态振型以及实际不平衡量的关系式(16.125)，对于第 i 阶模态，可以将其不平衡无量纲化，记模态不平衡影响因子为

$$\tilde{U}_i = \frac{\sum_{k=1}^{N} a_{i,k} r_{i,k}^2}{\boldsymbol{\Phi}_i^{\mathrm{T}} \boldsymbol{\Phi}_i}, \quad a_{i,k} \in [0, 1], \ \tilde{U}_i \in [0, 1] \tag{16.133}$$

式中，N 为有限元模型单元节点总数；$r_{i,k}$ 表示第 i 阶模态振型中第 k 节点处的归一化位移；$\boldsymbol{\Phi}_i$ 为转子第 i 阶振型；$a_{i,k}$ 表示第 i 阶第 k 个单元节点的不平衡权重系数，其物理意义是，调整不同节点的不平衡量对影响因子的影响程度有多大。

式(16.133)的含义可通过图 16.23 来说明。一般情况下,对于有不平衡量的节点,不平衡权重系数 $a_{i,k}$ 取值为 1;而不需要考虑不平衡量的节点,不平衡权重系数 $a_{i,k}$ 取值为 0。特殊情况下,部分节点处的不平衡权重系数可适当减小。这样,就可考虑不同的不平衡分布和本机动平衡的作用。例如,某些发动机在装配完成后,可以通过本机动平衡将风扇盘的不平衡质量控制在很小的范围内。那么,风扇盘动平衡的精度越高,其对应节点的不平衡权重系数就可选得越小。显然,若模态振型中所有点处都存在较大的不平衡量,即不平衡权重全部取值为 1,则模态不平衡影响因子等于 1。此时,转子不平衡分布对转子系统振动响应的影响最大。反之,当不平衡影响因子等于 0 时,转子不平衡分布对转子系统振动响应的影响最小。由图 16.23 可见,当不平衡权重系数 $a_{i,k}$ 取值为 1 时,不平衡影响因子 $\tilde{U}_i$ 代表要考虑不平衡质量的节点在第 i 阶模态下的应变能占该阶模态总应变能的比例,取值范围 $0 \leqslant \tilde{U}_i \leqslant 1$。第 i 阶模态振型的不平衡影响因子 $\tilde{U}_i$ 值越大,转子系统振动响应对该阶模态不平衡就越敏感,在对应临界转速处所需要的动平衡精度也就越高,要求阻尼器的阻尼越大,简言之,该阶模态的"可容度"就越低。

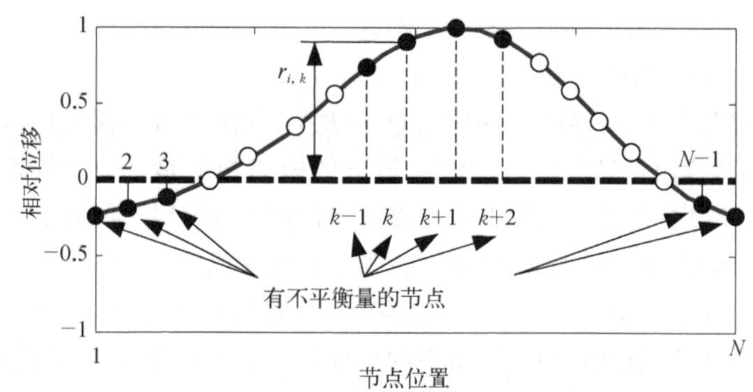

图 16.23　第 i 阶振型中考虑不平衡质量的节点

2. 弹支应变能占比

对于挤压油膜阻尼器而言,轴颈进动时的偏心比越大,则阻尼器的阻尼效果越强。由于挤压油膜阻尼器设置于弹性支承处,考虑到转子系统可能安装不止一个挤压油膜阻尼器,故利用弹支总应变能占比 P^{sfd} 代表阻尼器在某阶模态下的减振能力,简称第 i 阶弹支应变能占比,如式(16.134)所示。

$$P_i^{sfd} = \frac{E_i^{sfd}}{E_i^{sfd} + E_i^{sh} + E_i^{rb}}, \quad P_i^{sfd} \in (0,\ 1) \tag{16.134}$$

$$E_i^{sfd} = \sum_{z=1}^{m} 0.5 S_z r_{i,z}^2,\ E_i^{rb} = 0.5 S^{rb} r_{i,rb}^2 \tag{16.135}$$

$$E_i^{sh} = 0.5\boldsymbol{\Phi}_i^{\mathrm{T}}\boldsymbol{S}^{sh}\boldsymbol{\Phi}_i \tag{16.136}$$

式中,下标 i 为振型阶次;E_i^{sfd} 为第 i 阶模态弹支总应变能;E_i^{sh} 为转轴上的应变能;E_i^{rb} 为支承的应变能;S_z 为第 z 个弹性支承的刚度;S^{rb} 为支承的刚度;$r_{i,z}$ 表示第 i 阶模态振型中第 z 个阻尼器处的归一化位移;$\boldsymbol{S}^{sh}$ 为转子的刚度矩阵;$\boldsymbol{\Phi}_i$ 为转子第 i 阶振型。

弹支应变能占比 P_i^{sfd} 始终取正值,最大值为 1, 即 $0 \leqslant P_i^{sfd} < 1$。$P_i^{sfd}$ 值越大,表明阻尼器对第 i 阶模态振动的减振效果越显著。

3. 模态“可容度”评价函数

在“可容模态”优化设计过程中,为了通过程序控制转子参数的优化方向,需要建立一个能够综合反映模态可容程度的评价函数。这个函数必须使得工作范围内的多阶模态同时满足“可容模态”的设计要求,且随模态的可容程度呈单调递增趋势。

综合考虑式(16.133)和式(16.134),构造转子系统第 i 阶模态的可容度评价函数 f_{be} 为

$$f_{ibe} = 1 - (1 - P_i^{sfd})\tilde{U}_i, \quad f_{ibe} \in (0,\ 1);\ i = 1,\ \cdots,\ n \tag{16.137}$$

在转子“可容模态”设计过程中,可利用式(16.137)对每一阶模态的可容度进行评估。

为综合评价工作范围内转子的所有模态,构造如下的模态可容度评价函数:

$$f_{be} = 1 - \frac{\sum_{i=1}^{n}\zeta_i(1 - P_i^{sfd})\tilde{U}_i}{\sum_{i=1}^{n}\zeta_i}, \quad \zeta_i \in [0,\ 1];\ f_{be} \in (0,\ 1) \tag{16.138}$$

式中,n 为工作范围内的模态阶数;ζ_i 为第 i 阶模态的优化权重系数,用于调整优化过程中要特别关注的模态。若无特别需要关注的模态,ζ_i 则可全部设置为 1。

可容度评价函数式(16.138)的性质和变化规律如下:

(1) 函数值 f_{be} 始终为正,最大值为 1,即 $0 \leqslant f_{be} \leqslant 1$。$f_{be}$ 值越大,转子模态的可容度越高,转子抗振能力越强。转子模态要成为“可容模态”,可容度函数值不应小于 0.8。

(2) 包含了所有要关注的模态的可容性。但转子系统的多阶模态不可能同时达到最优状态。以第 16.4.1 节中的模型为例,其弹性支承条件下的各阶模态振型如图 16.24 所示。其中,第一阶振型中一支点的应变能占比较高,且可以通过本机动平衡提高盘 1 的平衡精度;第二阶振型中,三支点的应变能占比高,阻尼器能够发挥良好的减振效果;而在第三阶振型中,所有支点均位于节点,应变能几乎全部集中在转轴上。这时,可以适当降低前两阶模态的优化权重系数 ζ_1 和 ζ_2,而将第

三阶的优化权重系数 ζ_3 取为 1。特殊地,取 ζ_1 和 ζ_2 值为 0 时,相当于直接对转子系统的第三阶模态进行优化。

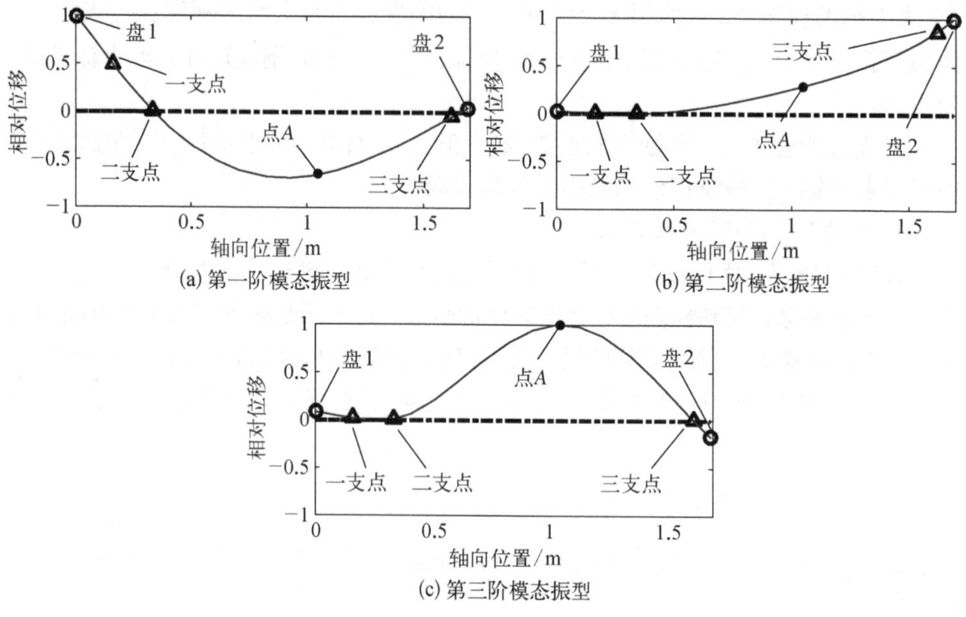

图 16.24　转子系统模态振型

(3) 阻尼器的减振效果提高,即 P_i^{sfd} 值增加、模态不平衡影响因子减小,即 $\tilde{U}_i$ 值减小,可容度评价函数 f_{be} 值增大,均代表转子模态的可容度提高。可容度评价函数 f_{be} 的变化规律代表了转子模态可容度的变化。

从式(16.137)可以看出,对于弹性支承总应变能占比很高或模态不平衡影响因子很小的模态,可容度评价函数 f_{be} 的值趋向于 1。反之,对于弹性支承应变能占比很低或模态不平衡影响因子很大的模态,可容度评价函数 f_{be} 的值会迅速减小。可容度评价函数 f_{be} 的值越高,则说明该转子系统工作范围内的模态越"可容",振动越容易得到控制。而提高可容度评价函数 f_{be} 值的方法,可以是降低模态不平衡影响因子 $\tilde{U}_i$,也可以是增大弹支应变能占比 P_i^{sfd},或二者兼优。

(4) 如果还要考虑结构、工艺和工况等因素对转子可容度的影响,可直接对可容度函数进行折中处理,例如:

$$f_{be} = 1 - \frac{\sum_{i=1}^{n} \zeta_i (1 - P_i^{sfd}) \tilde{U}_i}{\sum_{i=1}^{n} \prod_{k=1}^{\Gamma} \delta_{k,i} \zeta_i}, \quad \zeta_i \in [0, 1], \delta_{k,i} \in (0, 1], f_{be} \in (0, 1) \tag{16.139}$$

式中，$0 < \delta_{ki} \leqslant 1$ ($k=1, 2, \cdots, \Gamma$; $i=1, 2, \cdots, n$)，是对转子第 i 阶模态可容度的折扣因子，包含了结构、工艺和工况等因素的影响，Γ 为所考虑的影响因素的个数。折扣因子需要通过计算、部件和整机试验来确定。影响越大，折扣因子越小。若无影响，折扣因子为 1。

(5) 可容度评价函数包含了转子系统结构(模态)、阻尼和不平衡的影响，融合了转子“可容模态”设计的核心要素，作为“可容模态”的评价函数是恰当的。

综上所述，转子系统“可容模态”优化设计的目标函数就可由可容度评价函数来表达：

$$f = \max(f_{be}) = \max\left(1 - \frac{\sum_{i=1}^{n} \zeta_i (1 - P_i^{sfd}) \tilde{U}_i}{\sum_{i=1}^{n} \zeta_i}\right) \tag{16.140}$$

16.4.5　转子“可容模态”优化设计示例

仍以第 16.4.1 节中图 16.17 所示的转子模型为例来说明“可容模态”的优化设计流程和方法。表 16.5 为两种弹性支承条件下第三阶模态可容度评价函数 f_{be} 的计算结果。如前文所述，通过调整转子三个支点的刚度，已经将“弹性支承条件二”下的临界转速避开了刚性支承条件下的临界转速。但从表 16.5 可以看出，转子第三阶振型仍以转轴弯曲为主，各支点在振型中的位置均靠近节点位置，弹性支承应变能占比过低，导致该阶模态的可容度过低。此时，转子系统的振动会对不平衡质量非常敏感，若不平衡质量分布与第三阶模态振型相似度较高，则很难通过阻尼器控制转子系统的振动。

表 16.5　两种弹性支承条件下的可容度评价函数计算结果

	“弹性支承条件一”	“弹性支承条件二”
弹支应变能占比	0.001	0.009
不平衡影响因子	0.953	0.951
可容度评价函数	0.047	0.058

由此可见，对于转子系统特定阶次的模态而言，仅通过调整支点的刚度难以取得显著的优化效果，无法大幅提高该阶模态的可容度。

因此，在第 16.4.1 节的模型基础之上，将转轴的直径作为优化参数，支承参数与“弹性支承条件一”相同，得到相应的动力学特性如图 16.25 所示，直径参数以及可容度评价函数计算结果如表 16.6 所示。

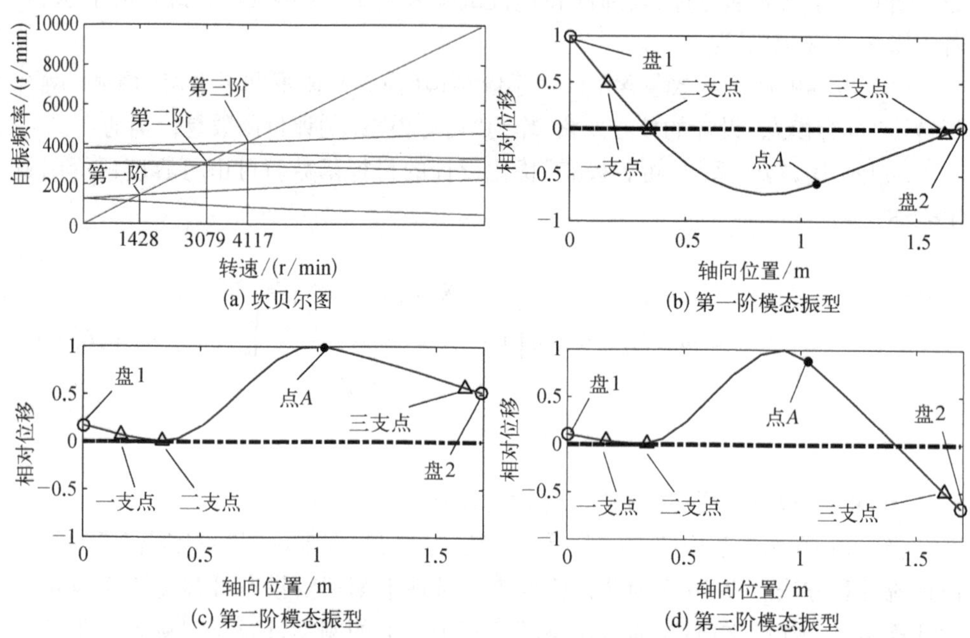

图 16.25 “弹性支承条件一”下对转轴直径优化后转子系统动力学特性

表 16.6 优化前、后的模型转轴直径参数以及可容度评价函数计算结果

直径参数	优化前	优化后	“可容度”参数	优化前	优化后
D_1/m	0.06	0.060	弹支应变能占比	0.001	0.394
D_2/m	0.05	0.040	不平衡影响因子	0.953	0.951
D_3/m	0.05	0.100	可容度	0.047	0.387

图 16.25 和表 16.6 的结果表明，通过调整转轴直径参数值后，三支点在振型中的相对位移明显偏离节点位置，第三阶模态的弹支总应变能占比达到了 39.4%，提高近 400 倍，可容度增大到 0.387，提高 8 倍，即该阶模态可容度得到了大幅提升。此时，假设第三阶模态不平衡质量大小同样为 10 g · cm，并将新模型的振动响应与图 16.22 中的两种弹性支承条件下的响应进行对比，得到图 16.26 的响应对比结果。表 16.7 列出了三种情况下转子第三阶临界峰值，以便于直观比较。

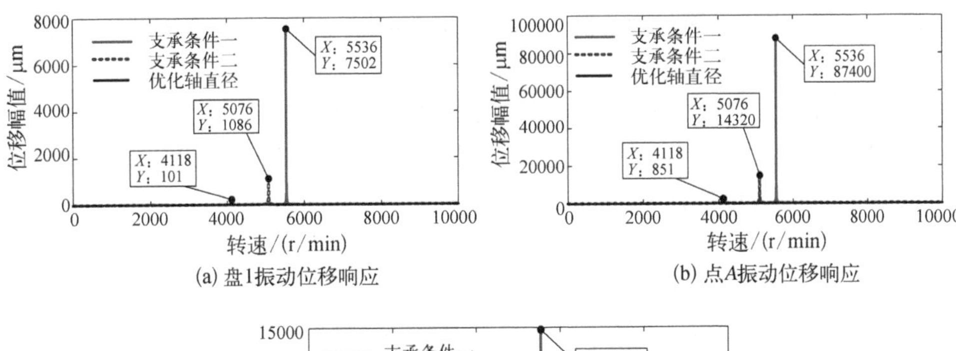

(a) 盘1振动位移响应 (b) 点A振动位移响应

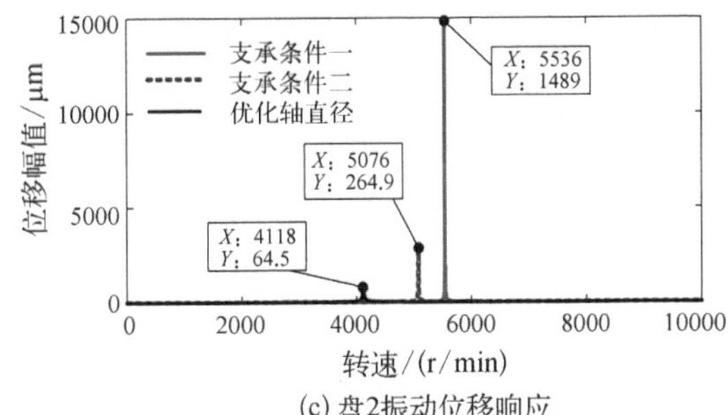

(c) 盘2振动位移响应

图 16.26 三种模型参数下转子系统第三阶模态振动响应的对比

表 16.7 三种情况下转子第三阶临界峰值计算结果

参数条件	支承条件一	支承条件二	轴直径优化
盘 1 振动峰值/μm	7 502	1 086	101
盘 2 振动峰值/μm	1 489	264.9	64.5
点 A 振动峰值/μm	87 400	14 320	851

由图 16.26 和表 16.7 中的数据可见，优化转轴直径参数后，转子系统第三阶模态的振动响应峰值大幅降低。与支承条件一之下的转子振动响应相比，轴 A 点处的响应峰值降低了 99%，盘 1 的响应峰值降低了 99%，盘 2 的响应峰值降低了 95.7%。但须注意，轴直径优化之后，重量增加了 26.74 kg。本节主要是描述应用转子模态可容度评价函数进行转子“可容模态”优化设计的思路、方法和效果，故暂不考虑重量因素。

实际上，可通过两种方法综合解决增重问题。

第一种方法：将减重函数加入优化设计的目标函数，例如，减重目标函数可定义为

$$f_w = \lambda \frac{w}{w_0},\ \lambda \in [0,\ 1],\ f_w \in [0,\ 1] \tag{16.141}$$

式中，λ 为权系数，不考虑减重时，$\lambda = 0$；W 为转子重量；w_0 为参考转子的重量。f_w 越小，减重效果越显著。

第二种方法：根据工艺可行性，将轴优化为空心轴。

这两种方法并不明显增大“可容模态”优化设计的难度，优化设计的效果仍然可予保证。但在设计过程中，转子动力学设计要求要高于减重要求，可通过控制目标函数中权系数 λ 予以考虑。

上述的“可容模态”优化设计示例表明，在进行转子系统的“可容模态”优化设计时，应将转子结构参数、阻尼器效果和不平衡的影响结合起来，以提高转子系统模态可容度为目标，进行综合优化。将可容度评价函数 f_{be} 作为优化目标，能够有效降低转子系统对模态不平衡量的敏感程度，增强阻尼器的减振效果，从而使转子系统的模态成为“可容模态”。

16.4.6 单转子“可容模态”优化设计原则和流程

总结本章前面的内容，归纳出单转子系统“可容模态”设计需要遵循的原则如下：

第一，转子系统必须满足“可容模态”下的临界转速约束条件以及叶盘惯量参数约束条件。

第二，对于转子系统工作范围内的各阶模态，都必须结合阻尼器数量和位置开展结构设计，不应出现主要模态对所有阻尼器都不敏感的情况。

第三，基于转子系统“可容模态”的优化设计目标函数，通过提高模态可容度评价函数值，使工作范围内的各阶模态成为“可容模态”。

第四，使转子的不平衡量分布与模态振型相似，根据转子振动的限值，确定该阶模态下的设计模态不平衡量 U_d。在此条件下，保证转子系统在工作范围内振动不超限，并具备任意转速下可长时间工作的抗振能力。

单转子系统“可容模态”优化设计主要分为三个阶段：“可容模态”优化设计阶段、挤压油膜阻尼器设计阶段以及验证阶段。图 16.27 描述这三个阶段的流程。

第一阶段为转子系统的“可容模态”优化设计阶段，包括以下步骤：

(a) 确定转子系统的结构、工作转速范围、设计模态不平衡量 U_d 以及所允许的振动限值等。

(b) 建立转子的参数化有限元初始模型，计算转子系统的动力学特性，得到临界转速与模态振型，并确定相关的优化设计参数与取值范围。

(c) 根据模型中各单元节点位置确定对应的不平衡权重系数，并通过各阶模态的应变能分布，选择合适的优化权重系数，明确模态的优化重点。

(d) 基于转子系统“可容模态”的优化设计目标函数，通过优化算法得到设计参数的最优解。优化算法可以选择现有的遗传算法、粒子群算法、蚁群算法或模拟退火法等。

(e) 检验优化后转子的动力学特性,若满足优化约束条件,则进入下一个阶段;若不满足,则返回步骤(b),调整设计参数的取值后,重新进行优化。

第二阶段为转子系统的挤压油膜阻尼器设计阶段。它包括以下步骤:

(f) 假设转子系统的不平衡量分布,计算转子系统的振动响应。若振动响应在振动限值之下,说明在没有阻尼器条件下,转子已经满足设计要求,则直接进入

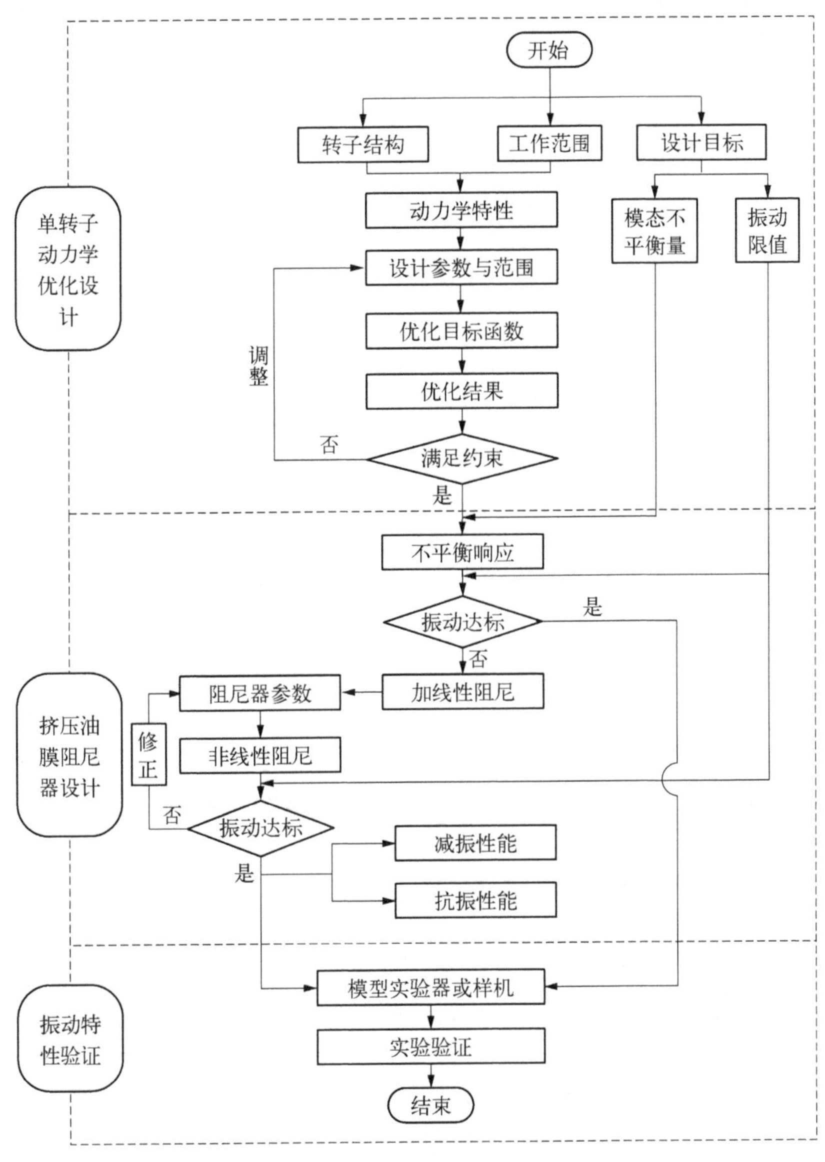

图 16.27　单转子系统“可容模态”优化设计流程[8,9]

验证阶段。否则，要针对各阶模态，选择弹支应变能最大的支点，设置挤压油膜阻尼器。

(g) 在设置了挤压油膜阻尼器的支点，施加线性阻尼，使相应模态下的转子系统振动不超过振动限值。

(h) 根据施加的线性阻尼计算挤压油膜阻尼器的结构参数，并基于非线性阻尼模型，计算阻尼器作用下转子系统的振动响应与减振特性，检验是否满足设计要求。若阻尼器在非线性条件下能满足设计要求，则进入下一步骤。否则，改变阻尼器参数重新检验。

(i) 以出现“双稳态”特征作为挤压油膜阻尼器失效的判定条件，确定阻尼器的抗振特性。增大转子不平衡量，直至阻尼器偏心比过大，并进入强非线性区域，导致转子系统振动出现“双稳态”特征。此时的不平衡量定义为转子系统的失效不平衡量 U_f。由此可确定转子的不平衡量裕度 τ_u，其计算公式如下：

$$\tau_u = \frac{U_f - U_d}{U_d} \tag{16.142}$$

式中，U_f 为失效不平衡量；U_d 为设计不平衡量。

第三阶段为转子系统“可容模态”特性的验证阶段，包括以下步骤：

(j) 基于所设计的转子系统结构参数以及挤压油膜阻尼器参数，建造实际的模型实验器或样机。

(k) 完成“可容模态”下转子系统的振动特性实验验证，包括“可容模态”下长时间“容忍共振”的实验验证。验证时，在转子上所加的不平衡量应大于设计不平衡量 U_d，并且其分布与所要验证的“可容模态”振型相似。

下一节以一套实验器为例，详细说明低压转子系统“可容模态”设计的方法与流程。

16.5 低压转子“可容模态”优化设计实例与验证

16.5.1 低压转子实验器设计目标

图 16.28 为某发动机低压转子结构简图与模拟实验器结构图。低压转子和实验器皆为 1－0－1 支承结构。将压气机与涡轮结构简化为标准圆盘，分别称作压气机盘和涡轮盘。实验器系统的工作转速范围为 0～5 500 r/min，工作过程中需要跨越第一阶临界转速。

为了使转子系统满足“可容模态”设计要求，考虑航空发动机的实际工作环境与结构特点，该模拟实验器的设计目标包括以下几方面：

(1) 由于发动机涡轮盘难以实现本机动平衡，涡轮盘的模态不平衡影响因子

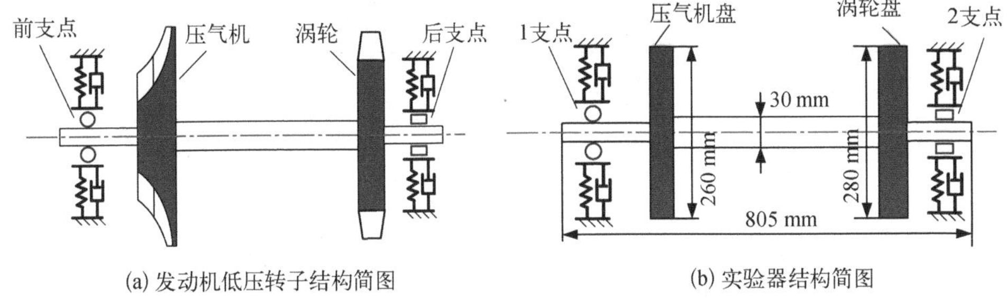

(a) 发动机低压转子结构简图 (b) 实验器结构简图

图 16.28 某型发动机低压转子结构简图与实验器结构简图

应尽量降低。对压气机盘可进行本机动平衡,故对压气机盘的模态不平衡影响因子可适当放宽。

(2) 转子系统中必须设计挤压油膜阻尼器,而转子模态设计应为阻尼器创造最佳的工作条件,使阻尼器发挥最优的减振效果。

(3) 在设计模态不平衡量下,转子最大振动响应不能超过“可容模态”设定的上限。

根据转子系统的实验条件,为了防止实验器发生碰摩故障,取设计模态不平衡量 U_d 为 25 g · cm,转子上任意截面的振动位移上限 A_{max} 为 100 μm。实际的发动机转子常用振动速度作为限定值,其有效值一般不超过 45 mm/s。振动速度与振动位移可通过转速关系进行换算,此处的振动限定值仅作为示例,用以说明设计方法,不能用作为实际设计标准。

(4) 即使转子系统长时间工作于临界转速处,转子振动响应仍不应超过“可容模态”设定的上限,即转子要具有“容忍共振”的抗振能力。对于本转子实验器,持续“共振”时间不少于 1 小时。

16.5.2 转子实验器初始模型

针对图 16.28(b)的实验器结构,建立有限元模型,如图 16.29 所示。模型包含 11 个节点、10 个梁单元、2 个盘单元以及 2 个支承单元,单元参数详见表 16.8 至表 16.10。这一模型定义为初始模型,作为后面优化设计比较的基础。

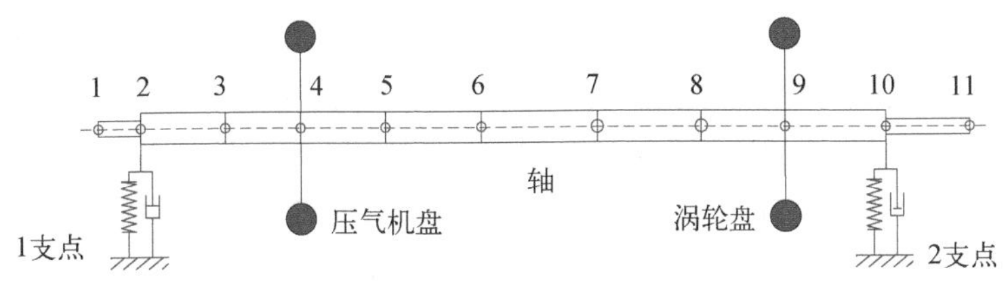

图 16.29 实验器有限元模型

表 16.8 初始模型梁单元参数

节点编号	长度/mm	直径/mm	弹性模量/GPa	密度/(kg/m^3)	泊松比
1-2	36	25	201.0	7 850	0.3
2-3	68	30	201.0	7 850	0.3
3-4	70	30	201.0	7 850	0.3
4-5	94.4	30	201.0	7 850	0.3
5-6	94.4	30	201.0	7 850	0.3
6-7	94.4	30	201.0	7 850	0.3
7-8	94.4	30	201.0	7 850	0.3
8-9	94.4	30	201.0	7 850	0.3
9-10	82	30	201.0	7 850	0.3
10-11	77	25	201.0	7 850	0.3

表 16.9 初始模型盘单元参数

节点编号	节点信息	质量/kg	极转动惯量/($kg \cdot m^2$)	直径转动惯量/($kg \cdot m^2$)
4	压气机盘	15.6	0.131 8	0.065 9
9	涡轮盘	18.3	0.179 3	0.089 7

表 16.10 初始模型支承单元参数

节点编号	节点信息	刚度/(N/m)	阻尼/($N \cdot s/m$)
2	1 支点	3×10^7	200
10	2 支点	8×10^6	200

利用本书第 14 章所述的转子系统动力学特性计算方法,得到实验器初始模型的动力学特性,如图 16.30 所示。图 16.30(a)表示转子的坎贝尔图,转子的第一阶临界转速为 3 280 r/min。图 16.30(b)表示转子的第一阶振型,显见,它是轴弯曲为主的振型。

根据实验器设计目标,重点考虑涡轮盘不平衡量对转子振动的影响,取风扇盘不平衡权重为 0.2,涡轮盘不平衡权重为 1,得到实验器初始模型的模态可容度评价函数值,如表 16.11 所示。其中,弹支应变能占比为 16.9%,模态不平影响因子

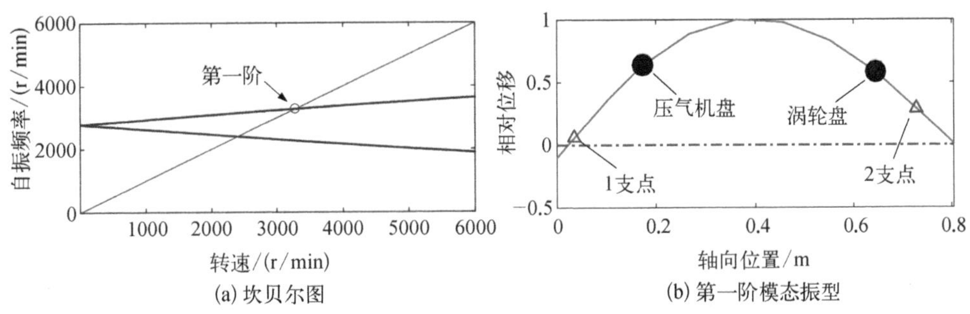

(a) 坎贝尔图　(b) 第一阶模态振型

图 16.30　实验器初始模型动力学特性

为 0.335,转子系统模态可容度评价函数值为 0.721。此时,涡轮盘的相对振动位移较大,对转子振动影响程度较高,而弹性支承上的应变能占比过低,不利于阻尼器发挥减振作用。实验器初始模型具有优化的必要和空间。

表 16.11　初始模型模态可容度评价函数值

参　数	弹支应变能占比 P^{sfd}	模态不平衡影响因子 $\tilde{U}$	可容度评价函数值
数　值	0.169	0.335	0.721

16.5.3　转子实验器“可容模态”优化设计

在转子动力学模型中,可优化参数包括轴的直径、支点的跨距、盘的质量与惯量,以及支承的刚度等。具体的参数优化范围要根据实际设计需求适当选取。对于本例中的低压转子实验器系统,为了不影响压气机和涡轮的总体设计性能,保持盘参数和支点跨距不变,将轴的直径和两个支点的刚度作为优化参数。考虑到优化结果的合理性,取优化参数范围如表 16.12 所示。

表 16.12　优化参数取值范围

参　数	轴直径/m	1 支点刚度/(N/m)	2 支点刚度/(N/m)
优化上界	0.033	1×10^9	1×10^9
优化下界	0.027	3×10^6	3×10^6

图 16.31 为基于遗传算法的低压转子“可容模态”优化设计流程图。首先,确定优化目标参数与范围,选取遗传算法的参数,在优化范围内随机选取一定数量的个体,构成初始遗传种群;其次,计算种群中所有个体的模态振型,并通过模态可容度评价函数,评价每个个体的可容度,保留可容度评价函数值高的个体,淘汰可容度函数值

低的个体；再次，使模态可容度高的个体发生一定概率的交叉与变异，构成新的遗传种群；最后，不断对遗传种群进行优化与评估，使种群中个体的模态可容度越来越高，直至最优个体的可容度达到设计要求，或遗传代数到达参数上限，则转子优化设计结束。

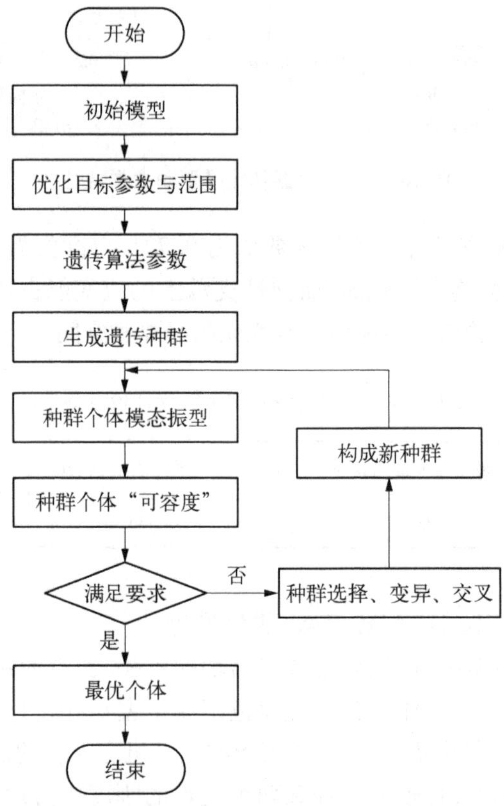

图 16.31 转子“可容模态”优化设计流程

表 16.13 是优化后的参数结果。此时，1 支点刚度几乎接近优化下界，而 2 支点刚度则到达了优化上界。这种情况有利于降低模态不平衡影响因子。而轴的直径优化到达了取值范围的上界，原因在于轴的刚度越大，越利于提高弹性支承的应变能占比。

表 16.13 参数优化结果

参　数	轴直径/m	1 支点刚度/(N/m)	2 支点刚度/(N/m)
优化结果	0.033	3.2×10^6	1×10^9
变化情况	到达优化上界	接近优化下界	到达优化上界

根据最优个体的结构参数，得到优化后的动力学特性如图 16. 32 所示。图 16. 32(a)为转子坎贝尔图。第一阶临界转速为 3 597 r/min，较初始模型升高了 9. 7%。图 16. 32(b)的振型表明，涡轮盘在振型中的相对振动位移降低，1 支点的弹性应变能显著增高。虽然压气机盘的相对振动位移有所增大，但它的不平衡量可以通过本机动平衡加以控制。

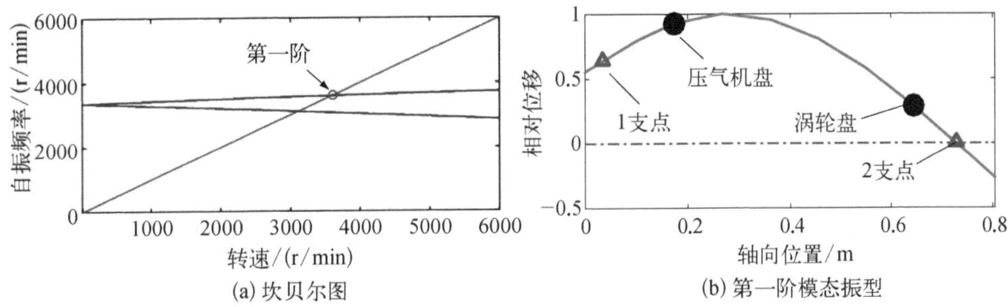

图 16. 32　实验器优化后的动力学特性

表 16. 14 为实验器优化后模态可容度评价函数值计算结果。可以看出，模态不平衡影响因子减小了 31. 6%，而弹支应变能占比提高了 215. 4%，达到 53. 3%。这对于在 1 支点加装挤压油膜阻尼器是非常有利的。经过优化后的转子系统模态可容度评价函数值为 0. 893，在初始模型的基础上提高了 31. 9%，达到了“可容模态”设计的目标。

表 16. 14　优化模型模态可容度函数值

参　数	弹支应变能占比 P^{sfd}	模态不平衡影响因子 $\tilde{U}$	可容度函数
数　值	0. 533	0. 229	0. 893
变化量	215. 4%	−31. 6%	31. 9%

16. 5. 4　低压转子实验器“可容模态”优化设计验证

完成转子系统“可容模态”优化设计之后，首先需要检验优化结果是否满足约束条件。若不满足则需要调整设计参数的取值范围重新进行优化。

1. 刚支模态约束条件

当转子系统的支承全部变为刚性支承时，转子的坎贝尔图如图 16. 33 所示。第一阶刚性支承条件下的临界转速为 5 240 r/min，远高于第一阶弹性支承条件下的临界转速，优化设计满足临界转速约束条件。

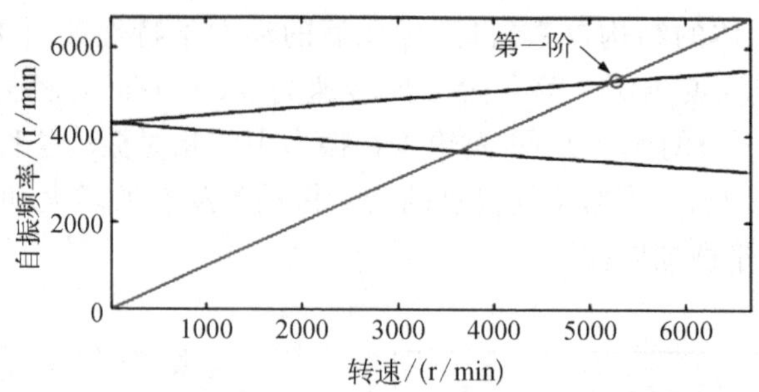

图 16.33 优化后的转子在刚性支承条件下的坎贝尔图

2. 叶盘惯量参数约束条件

对于所设计的转子实验器,压气机盘与涡轮盘均为规则圆盘,其极转动惯量约为直径转动惯量的2倍。因此,实验器系统不会表现出动力学“临界跟随”特征,优化设计满足叶盘惯量参数约束条件。

综上所述,优化后的转子系统满足“可容模态”设计约束条件。

基于优化模型和结构参数,建造如图16.34所示的低压转子实验器系统。

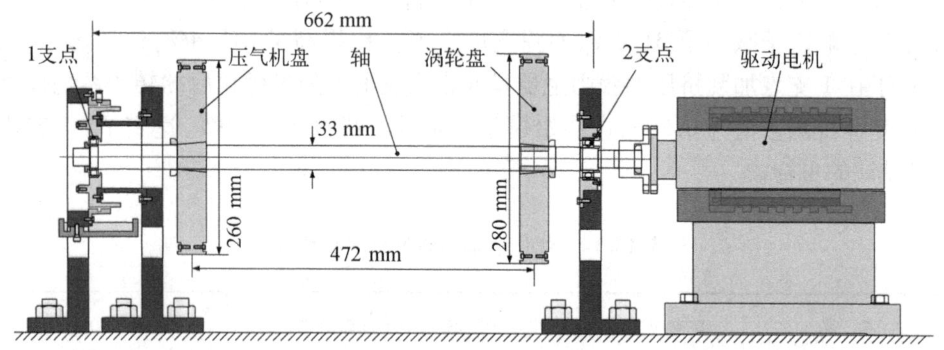

图 16.34 低压转子实验器系统结构与主要尺寸

图16.34中,1支点为弹性支承,可设置挤压油膜阻尼器,2支点为刚性支承。转轴末端设置有柔性联轴器,可由电机直接驱动转子。转子的工作转速范围为0~5 500 r/min,工作过程中可通过位移传感器直接测量到盘和轴上测点处的振动位移。设计模态不平衡量为25 g · cm。根据模态不平衡分布的计算式(16.125),可计算得到两个盘上的不平衡分布,如表16.15中的分布情况一所示。考虑到工作范围内仅存在一阶模态,压气机盘靠近振型中的最大位移处,将设计不平衡量全部设置在压气机盘上,见表16.15中的分布情况二。

在表16.15的两种不平衡量分布情况下,计算得到如图16.35所示的转子振动响应。对比两种不平衡分布情况下的不平衡响应,其振动峰值仅相差0.7%,即对于

表 16.15　转子实验器不平衡量分布

	压气机盘		涡轮盘	
	不平衡/(g·cm)	相位/(°)	不平衡/(g·cm)	相位/(°)
分布情况一	23.58	0	4.68	0
分布情况二	25.0	0	0	0

本实验器的模态而言，可以通过压气机盘的不平衡量近似等效第一阶模态不平衡量。同时，从图 16.35 的振动响应可以看出，转子系统中压气机盘处的振动位移峰值超过 620 μm，远高于设定的振动上限，显然是不可容的。因此，必须设计挤压油膜阻尼器，降低转子在第一阶模态处的振动，以达到工作范围内振动不超限的设计目标。

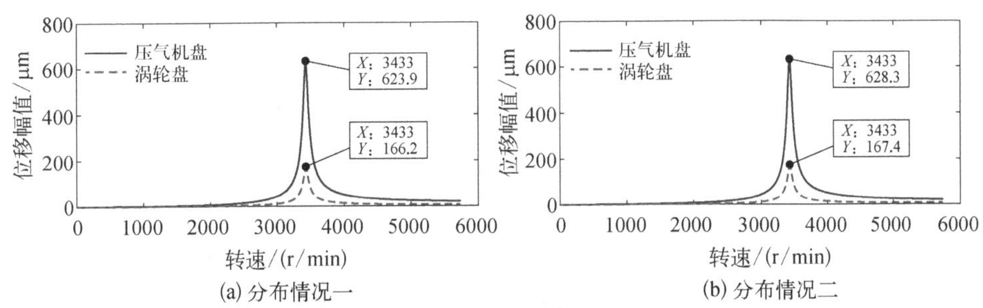

图 16.35　两种不平衡量分布情况下转子的振动响应

16.5.5　转子系统的挤压油膜阻尼器设计

根据挤压油膜阻尼器的动力学原理可知，影响阻尼器减振性能的参数主要包括转子系统质量不平衡大小、油膜间隙、油膜长度以及油膜半径等。有关挤压油膜阻尼器理论和实验的系统介绍请参阅本书第 13 章。

阻尼器设计步骤如下：

第一步，确定阻尼器油膜半径。

阻尼器的油膜半径取决于鼠笼式弹性支承的结构和尺寸。转子实验器中 1 支点的阻尼器结构如图 16.36 所示。其中 1 支点为圆柱滚子轴承，基于轴承尺寸以及鼠笼式弹性支承结构，得到油膜半径 R 为 67.5 mm。

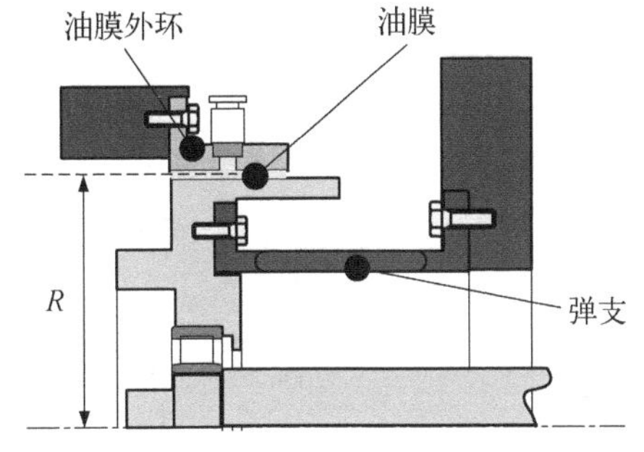

图 16.36　1 支点挤压油膜阻尼器结构

第二步，确定阻尼器的油膜间隙。

根据实验器中阻尼器结构特点，选取短轴承全油膜模型。图 16.37 为油膜间隙比从1‰增大至4‰时,阻尼器的油膜阻尼和油膜刚度随轴颈偏心比的变化。计算条件为半径 $R=67.5$ mm, $L=15$ mm, $\mu=0.026$ Pa·s。计算结果中,当间隙比一定,在轴颈偏心比较小(不大于0.4)时,阻尼器的油膜阻尼和刚度增长缓慢,偏心比较大(大于0.6)时,迅速增大。随间隙比增大,阻尼器的油膜阻尼和刚度迅速减小,超过4‰时的曲线数值难以区分,故未予列出。虽然间隙比为1‰时的阻尼远远大于另外三种情况,但其油膜刚度过大,甚至与一般弹性支承刚度达到了同一量级,这会严重影响转子系统临界转速的设计值。《航空发动机设计手册》中给出的设计间隙比建议值为3‰左右。

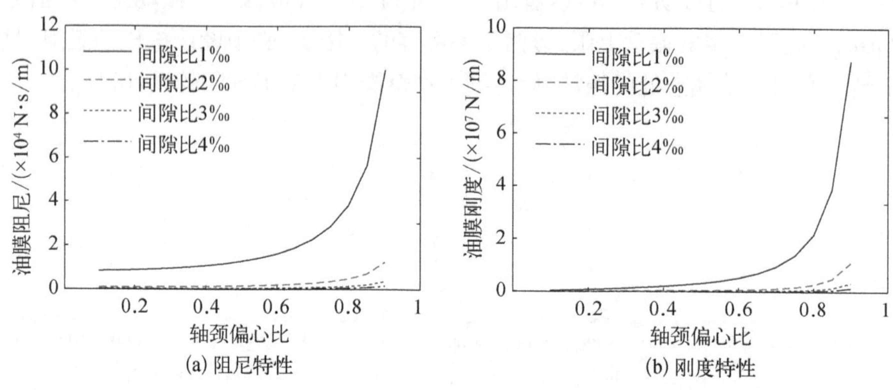

图 16.37 不同间隙比下阻尼器的油膜刚度和阻尼

油膜间隙宜在油膜半径的2‰至3‰之间取值。取油膜间隙 C_1 为 0.2 mm,约为油膜半径的3.0‰。

第三步,确定转子系统所需的线性阻尼。

取表16.15中的不平衡量分布情况二,在此条件下,先在1支点处施加线性阻尼,计算得到对应状态的转子系统不平衡响应。其中,压气机盘的振动响应如图16.38所示。阻尼的选取原则是,在设计模态不平衡质量 U_d 下,转子系统在临界

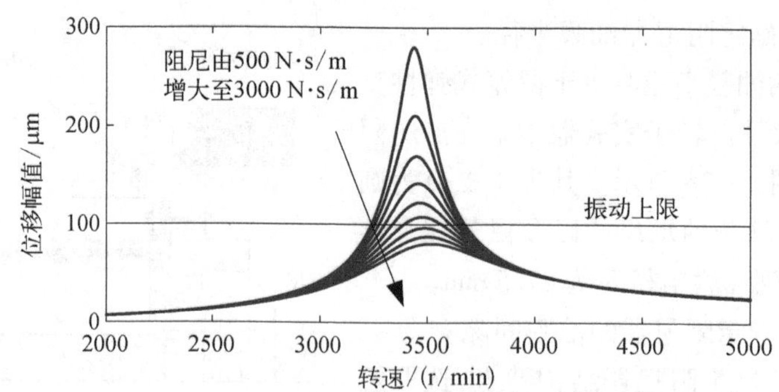

图 16.38 1支点不同线性阻尼下压气机盘的振动位移

转速处的振动幅值不超过限定值 A_{max}，且阻尼器的最大偏心比 ε 不能进入强非线性区域(小于 0.4)。

图 16.39 为转子系统响应特性随 1 支点阻尼的变化情况，包括压气机盘振动位移峰值变化、阻尼器最大偏心比变化以及转子系统的阻尼比变化。结果表明，随阻尼增大，转子系统振动临界峰值及阻尼器的最大偏心比减小，而转子系统的阻尼比在线性条件下呈线性增大。当 1 支点的阻尼达到 2 300 N · s/m 时，压气机盘的振动峰值降低至 96.91 μm，低于振动上限。此时，转子系统在第一阶模态处的阻尼比为 7.19%，阻尼器的最大偏心比 ε 为 0.285，满足设计要求。因此，取线性阻尼 2 300 N · s/m 作为阻尼器的设计值 c_d，进行下一步设计。

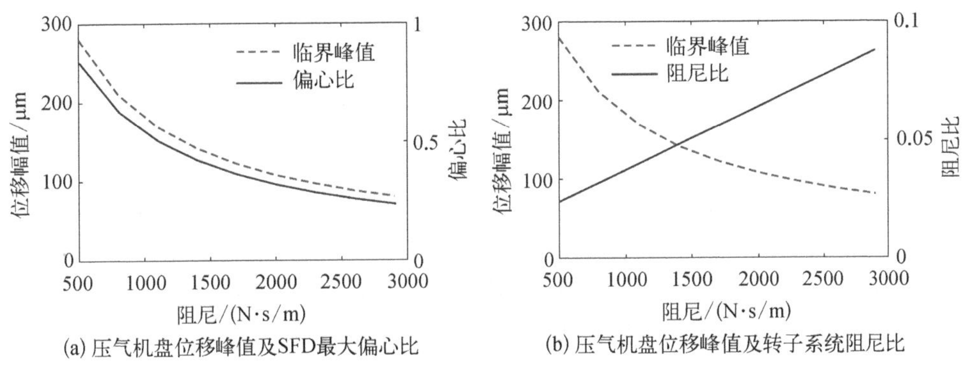

(a) 压气机盘位移峰值及SFD最大偏心比　(b) 压气机盘位移峰值及转子系统阻尼比

图 16.39　转子系统响应特性随 1 支点线性阻尼的变化

第四步，确定阻尼器的油膜长度。

在短轴承全油膜计算模型下，将油膜半径 R、间隙 C、设计阻尼 c_d 以及设计偏心比 ε 等参数代入式(16.143)，求得阻尼器的油膜长度 L 为 14.1 mm。

$$L = \sqrt[3]{\frac{c_d C^3 (1 - \varepsilon^2)^{1.5}}{\pi \mu R}} \tag{16.143}$$

第五步，校核挤压油膜阻尼器减振性能。

由于挤压油膜阻尼器的动力学特性为非线性，必须校核带挤压油膜阻尼器转子系统的振动响应是否满足设计要求。基于第 13 章建立的带挤压油膜阻尼器转子系统动力学计算方法，将 1 支点阻尼器的相关参数代入转子系统，进行转子响应计算。图 16.40 为 1 支点阻尼器的减振效果校核结果。结果表明，设计状态下风扇盘的振动峰值为 95.49 μm，挤压油膜阻尼器的减振比达到了 84.8%，阻尼器的最大偏心比为 0.282，转子系统最大振动幅值不超过设定限值。因此，所设计的挤压油膜阻尼器满足设计要求。在校核过程中，如果振动超限，应返回第三步增大挤压油膜阻尼器的设计值 c_d，直至阻尼器满足设计要求为止。

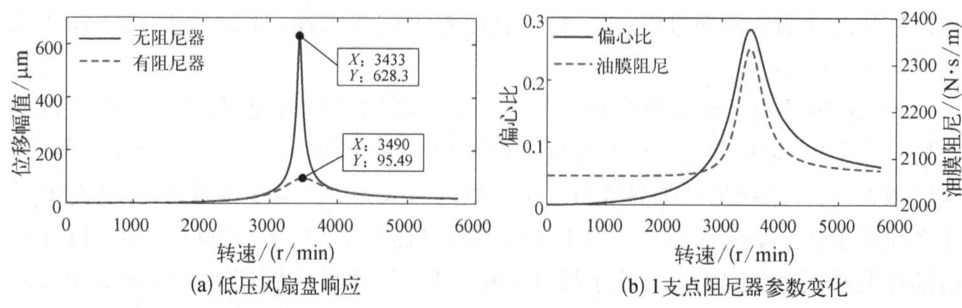

图 16.40　1 支点挤压油膜阻尼器减振效果校核结果

最终得到实验器中挤压油膜阻尼器的设计参数如表 16.16 所示。

表 16.16　挤压油膜阻尼器设计参数

半径/mm	间隙/mm	长度/mm	偏心比	减振比	阻尼比
67.5	0.2	14.1	0.282	84.8%	7.14%

16.5.6　低压转子系统"可容模态"的"可容性"实验验证

按照上述的设计，加工制造了低压转子实验器，实物照片如图 16.41 所示。

图 16.41　低压转子实验器照片

对实验器进行长时间"共振"考核验证实验，以检验经过"可容模态"优化设计后，转子系统"容忍共振"的抗振能力。将转子不平衡量分布调整到与设计条件下的表 16.15 相同，实验测得的实验器转子系统的振动响应如图 16.42 所示。由图 16.42 可见，转子的振动位移峰值未超过设定的振动上限，满足"可容模态"设计要求。需要说明的是,正常情况下,转子的不平衡量会低于表 16.15 所列的设计不平衡量 25 g·cm。因此,转子的振动会远低于振动限值。

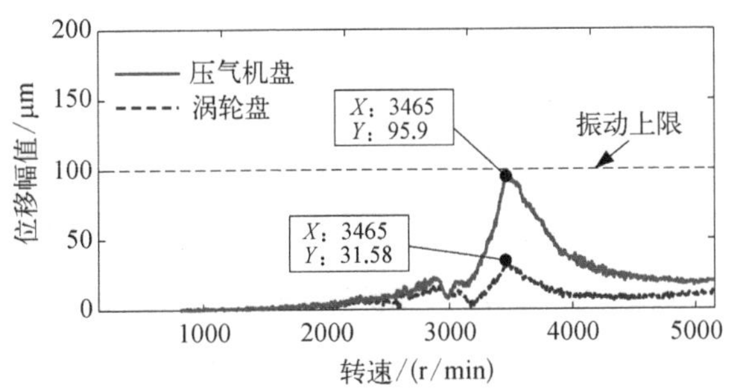

图 16.42　设计不平衡量下转子系统的振动响应

图 16.43 为设计不平衡量下,实验器转子在临界转速处长时间"共振"的实验结果。其中,图 16.43(a)为长时间"共振"转速随时间的变化,图 16.43(b)为转子系统的振动响应峰值随时间的变化。结果表明,即使转子系统在临界转速处运行约 10 000 s,转子系统的振动始终没有超过"可容模态"设定的上限,持续"共振"过程中转子振动维持稳定,不恶化。

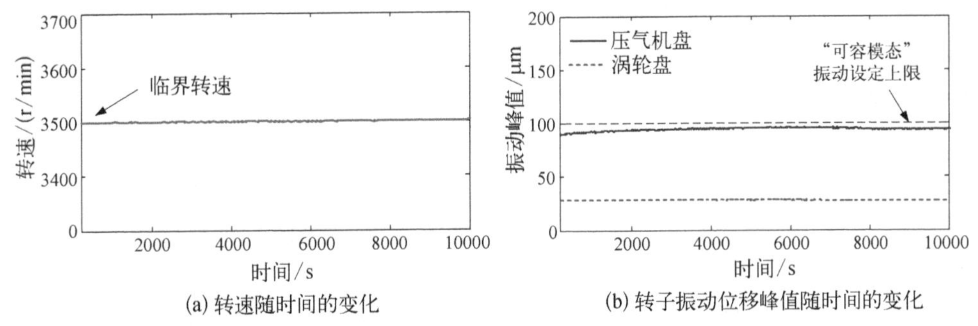

图 16.43　临界转速下转子长时间"共振"实验

图 16.44 为设计不平衡量下转子变转速实验结果。转子转速台阶增加,在转速范围 2 800~4 600 r/min 内,共分 6 个台阶,每个转速台阶,转子运行不少于 500 s。然后,连续 6 次穿越临界转速,每次穿越时间不少于 180 s。这是较为苛刻的运行条件。结果表明,即使转子系统频繁穿越临界转速,转子系统振动始终没有超过"可容模态"设定的上限。

上述实验验证表明,按照"可容模态"设计方法所设计的转子系统具备良好的抗振性能,能够在设计范围内任意转速持续工作,且振动水平不超限。所设计的挤压油膜阻尼器在"可容模态"下具备良好的减振性能。

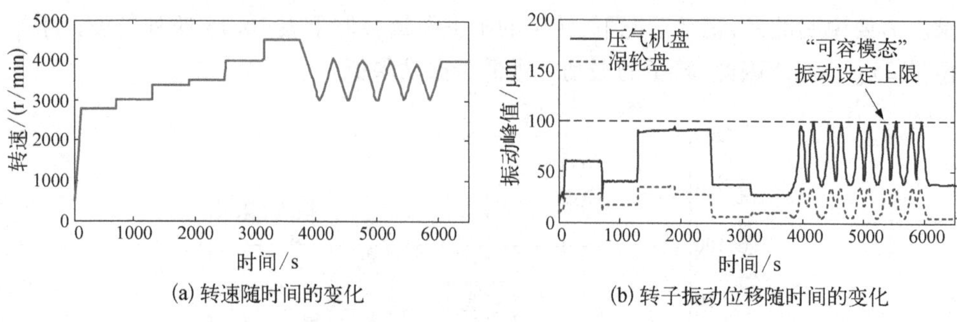

(a) 转速随时间的变化　　(b) 转子振动位移随时间的变化

图 16.44　设计不平衡量下转子变转速实验结果

综上所述,本章所建立的低压转子系统"可容模态"理论和优化设计方法是行之有效的。

本章小结

本章建立了低压转子"可容模态"理论和优化设计方法,从理论分析、设计示例以及实验验证三个方面进行了论述。总结如下:

(1) 当转子弹性支承条件下的临界转速与刚性支承条件下的临界转速相等时,转子振动对不平衡量非常敏感。"可容模态"设计时,转子弹性支承条件下的临界转速应当避开刚性支承条件下的临界转速,设计裕度至少为 10%,由此可降低转子振动响应对模态不平衡的敏感程度。

(2) 当盘的极转动惯量 I_p 与直径转动惯量 I_d 相等时,转子会表现出"临界跟随"特征。转子"临界跟随"的特征是,当转子转速达到一定值后,始终存在一阶自振频率"跟随"转子转速,转子无法穿越该阶自振频率,始终处于"共振"状态。"临界跟随"条件下,转子振动响应对转子不平衡很敏感。

(3) 转子"可容模态"的可容度评价函数考虑了各阶模态下转子振动对不平衡量的敏感程度和阻尼器的减振效果,包含了转子"可容模态"设计的核心要素,可作为转子"可容模态"优化设计的目标函数。可容度评价函数值越大,则模态的"可容度"越高,转子振动越容易得到控制。

(4) 实验验证了本章建立的低压转子"可容模态"优化设计流程和方法。通过"可容模态"优化设计,转子实验器具备"容忍共振"的抗振能力,在临界转速处,转子持续"共振"超过 10 000 s,振动水平维持稳定,始终不超过设定的"可容模态"振动上限。

参考文献

[1]　张洪飚, 李志广. 航空发动机设计手册 转子动力学及整机振动[M]. 北京: 航空工业出

版社, 2000.
[2] GUNTER E J. Optimum bearing and support damping for unbalance response and stability of rotating machinery[J]. Journal of Engineering for Power, 1978, 100(1): 1-6.
[3] VANCE J M. Rotordynamics of turbomachinery[M]. New York: Wiley, 1987.
[4] VANCE J M, ZEIDAN F, MURPHY B. Machinery vibration and rotordynamics[M]. New York: John Wiley & Sons, 2010.
[5] 刘永泉,王德友,洪杰,等. 航空发动机整机振动控制技术分析[J]. 航空发动机,2013,39(5): 1-8,13.
[6] 廖明夫. 航空发动机转子动力学[M]. 西安: 西北工业大学出版社,2015.
[7] 廖明夫,丛佩红,王娟,等. 航空发动机转子振动的“热模态”与减振设计[J]. 航空动力学报,2015,30(5): 1125-1140.
[8] 刘展翅. 弹支挤压油膜阻尼器设计与特殊工况下阻尼器减振特性研究[D]. 西安: 西北工业大学,2016.
[9] 李岩. 航空发动机转子系统可容模态优化设计方法与实验研究[D]. 西安: 西北工业大学,2020.
[10] 黄江博,廖明夫,雷新亮,等. 航空发动机低压转子系统的“可容模态”设计及实验验证[J]. 航空动力学报,2022,37(5): 964-979.

第 17 章
航空发动机双转子系统的振动

现代涡喷或者涡扇发动机都采用双转子甚至三转子结构。为提高推重比，常将高压转子的后支点设计成轴间轴承形式，或称中介轴承，即高压转子前端通过前轴承支承在与机匣连接的固定支承结构上，而后端通过中介轴承支承在低压涡轮轴上。CFM－56 就采用了这种结构形式[1]，如图 17.1 所示。

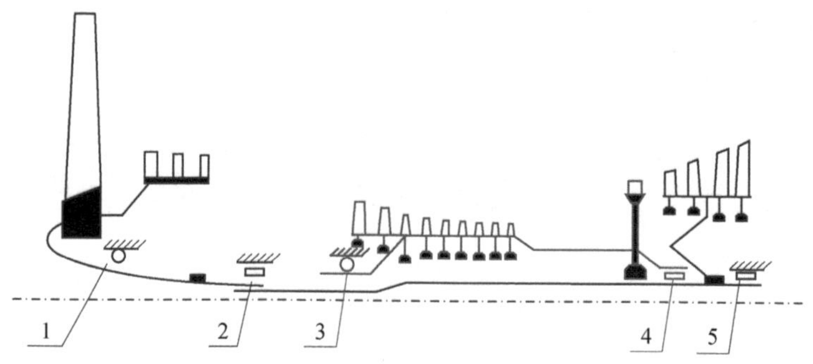

图 17.1　CFM－56 发动机的转子结构[1]

1. 为风扇前支点； 2. 为风扇后支点； 3. 为高压转子前支点；
4. 为高压转子后支点，即中介轴承； 5. 为低压涡轮后支点

除此之外，为进一步提高推重比，将转子设计成柔性转子，即在工作范围内，转子要越过若干阶临界转速，甚至可能会在临界转速或其邻域持续运行。这就使得发动机转子成为耦合很强的双转子系统，传统的单转子理论不能完全描述其振动特性[2-7]。

如本书第 14 章所述，研究者利用传递矩阵法或有限元法对发动机双转子系统的振动进行了诸多研究，部分成果已应用于航空发动机转子的设计[2-10]。但由于模型复杂、计算规模大、算法不透明等因素的影响，使得大规模的数值计算在揭示规律、分析机理和建立准则等方面凸显局限性。

本章建立双转子模型，考虑转子惯量参数、几何参数、支承刚度和阻尼以及中介轴承等因素的影响，运用解析方法分析双转子的振动特性，以揭示双转子的耦合

振动规律，解释实际运行中出现的现象，得到转子动力学设计的一般性指导准则和普适性结论。在上述的双转子结构中，中介轴承是双转子系统动力学耦合的关键部件，也是薄弱部件。因此，本章对其进行重点分析。所得结论对中介轴承及其固定、装配的设计有重要的指导意义。

17.1　简支对称双转子模型和运动方程

为了揭示发动机双转子系统动力学的基本特征，建立如图 17.2 所示的简支对称双转子模型。基于这一模型，可分析双转子的不平衡响应、进动特征、拍振现象，以及基本的参数影响规律，对双转子的振动获得初步的认识和理解。

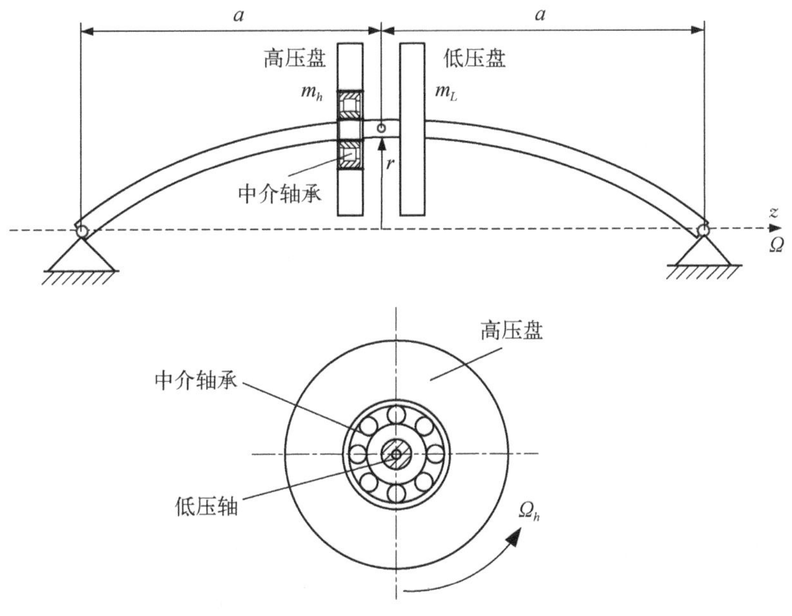

图 17.2　简支对称双转子模型[11-14]

如图 17.2 所示，轴长度为 $L = 2a$，高压盘通过中介轴承安装在轴的中间位置，低压盘与轴固连。高、低压盘分别代表高压转子和低压转子，两个盘的质量分别为 m_h 和 m_L，质心偏移分别为 ε_h 和 ε_L。高压盘可绕轴旋转，转速为 Ω_h，模拟高压转子的运转；低压盘与轴一起旋转，转速为 Ω_L，模拟低压转子的运转。置盘处轴的刚度为 s，中介轴承刚度设为无穷大。

设盘的几何中心坐标为$(x,\ y)$；质心坐标分别为 $(x_{hG},\ y_{hG})$ 和 $(x_{LG},\ y_{LG})$，如图 17.3 和 17.4 所示。

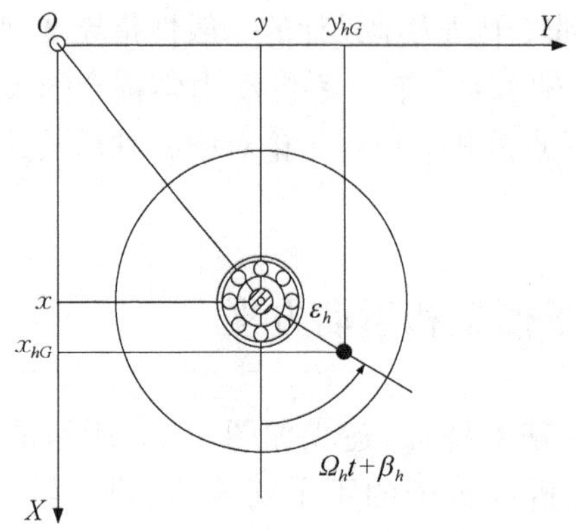

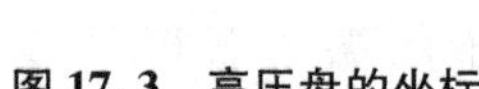
图 17.3 高压盘的坐标

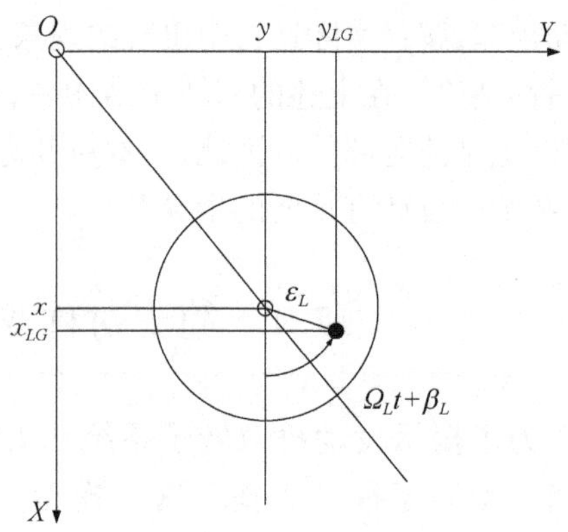

图 17.4 低压盘的坐标

转子的力平衡条件为

$$
\begin{aligned}
m_h \ddot{x}_{hG} + m_L \ddot{x}_{LG} + sx = 0 \\
m_h \ddot{y}_{hG} + m_L \ddot{y}_{LG} + sy = 0
\end{aligned}
\tag{17.1}
$$

盘的质心坐标和几何中心坐标有如下关系：

$$
\begin{aligned}
x_{hG} &= x + \varepsilon_h \cos(\Omega_h t + \beta_h) \\
y_{hG} &= y + \varepsilon_h \sin(\Omega_h t + \beta_h)
\end{aligned}
\tag{17.2}
$$

$$
\begin{aligned}
x_{LG} &= x + \varepsilon_L \cos(\Omega_L t + \beta_L) \\
y_{LG} &= y + \varepsilon_L \sin(\Omega_L t + \beta_L)
\end{aligned}
\tag{17.3}
$$

把式(17.2)和式(17.3)代入式(17.1)，得

$$
\begin{aligned}
(m_h + m_L)\ddot{x} + sx = m_h \varepsilon_h \Omega_h^2 \cos(\Omega_h t + \beta_h) + m_L \varepsilon_L \Omega_L^2 \cos(\Omega_L t + \beta_L) \\
(m_h + m_L)\ddot{y} + sy = m_h \varepsilon_h \Omega_h^2 \sin(\Omega_h t + \beta_h) + m_L \varepsilon_L \Omega_L^2 \sin(\Omega_L t + \beta_L)
\end{aligned}
\tag{17.4}
$$

式中，m_h 和 m_L 分别为高压盘和低压盘的质量；ε_h、ε_L、β_h 和 β_L 分别为高、低压盘质心偏移量和相位。

方程(17.4)两端同除 $(m_h + m_L)$，并设：

$$
\omega = \sqrt{\frac{s}{m_h + m_L}}
\tag{17.5}
$$

于是得

$$
\ddot{x} + \omega^2 x = \frac{m_h}{(m_h + m_L)} \varepsilon_h \Omega_h^2 \cos(\Omega_h t + \beta_h) + \frac{m_L}{(m_h + m_L)} \varepsilon_L \Omega_L^2 \cos(\Omega_L t + \beta_L)
$$

$$\ddot{y}+\omega^2 y=\frac{m_h}{(m_h+m_L)}\varepsilon_h\Omega_h^2\sin(\Omega_h t+\beta_h)+\frac{m_L}{(m_h+m_L)}\varepsilon_L\Omega_L^2\sin(\Omega_L t+\beta_L)$$
(17.6)

式中，ω 为转子的临界转速，$\omega=\sqrt{\dfrac{s}{m_h+m_L}}$。若高压盘通过中介轴承支承在低压轴上，转子系统的临界转速取决于 2 个盘的质量和轴的刚度。

17.2　双转子的不平衡响应

应用线性叠加原理，可求得转子的稳态响应为

$$x=\frac{m_h}{(m_h+m_L)}\frac{\varepsilon_h\Omega_h^2}{\omega^2-\Omega_h^2}\cos(\Omega_h t+\beta_h)+\frac{m_L}{(m_h+m_L)}\frac{\varepsilon_L\Omega_L^2}{\omega^2-\Omega_L^2}\cos(\Omega_L t+\beta_L)$$
$$y=\frac{m_h}{(m_h+m_L)}\frac{\varepsilon_h\Omega_h^2}{\omega^2-\Omega_h^2}\sin(\Omega_h t+\beta_h)+\frac{m_L}{(m_h+m_L)}\frac{\varepsilon_L\Omega_L^2}{\omega^2-\Omega_L^2}\sin(\Omega_L t+\beta_L)$$
(17.7)

由式(17.7)可见，转子的响应中既包含高压盘不平衡响应，也包含低压盘不平衡响应。若要使转子在亚临界条件下运转，则须满足：

$$\Omega_h<\omega=\sqrt{\frac{s}{m_h+m_L}} \tag{17.8}$$

由于转子质量为高压盘和低压盘质量之和，轴的刚度 s 须足够大，才能满足条件(17.8)。这样，最终导致转子尺寸和重量都会很大。这与提高发动机推重比的设计目标不一致，因此，式(17.8)所示的亚临界设计是一种不可取的设计原则。

若按如下的原则设计：

$$\Omega_L<\omega=\sqrt{\frac{s}{m_h+m_L}}<\Omega_h \tag{17.9}$$

即低压转速 Ω_L 在转子临界转速之下，高压转速 Ω_h 在临界转速之上，在达到设计转速前，高压盘的转速会通过临界转速，将会激起转子的共振，即 $\Omega_h=\omega$ 时，振动量 x 和 y 会很大，并以高压转速分量绝对占优。

不妨对式(17.7)两边关于 ε_h 求导数，可得

$$\frac{\mathrm{d}x}{\mathrm{d}\varepsilon_h}=\frac{m_h}{(m_h+m_L)}\frac{\Omega_h^2}{\omega^2-\Omega_h^2}\cos(\Omega_h t+\beta_h)$$

$$\frac{\mathrm{d}y}{\mathrm{d}\varepsilon_h}=\frac{m_h}{(m_h+m_L)}\frac{\Omega_h^2}{\omega^2-\Omega_h^2}\sin(\Omega_h t+\beta_h) \tag{17.10}$$

式(17.10)反映了转子振动响应对高压盘不平衡的敏感度。在临界转速附近，敏感度接近于无穷大。这时，转子的振动响应对高压盘的不平衡会特别敏感。针对这种情况，一是需要在转子系统中增加阻尼器；二是需要保证高压盘的动平衡精度。

若进一步提高转子的柔性，使得

$$\omega=\sqrt{\frac{s}{m_h+m_L}}<\Omega_L \tag{17.11}$$

高、低压转子都需要通过临界转速，都将激起转子的共振。因此，对于全柔性转子，阻尼减振和高精度动平衡非常重要。

引入复向量 $\boldsymbol{r}=x+\mathrm{j}y$，则式(17.7)可变为

$$\boldsymbol{r}=\frac{m_h}{(m_h+m_L)}\frac{\Omega_h^2}{\omega^2-\Omega_h^2}\varepsilon_h\boldsymbol{e}^{\mathrm{j}\beta_h}\boldsymbol{e}^{\mathrm{j}\Omega_h t}+\frac{m_L}{(m_h+m_L)}\frac{\Omega_L^2}{\omega^2-\Omega_L^2}\varepsilon_L\boldsymbol{e}^{\mathrm{j}\beta_L}\boldsymbol{e}^{\mathrm{j}\Omega_L t} \tag{17.12}$$

式(17.12)说明，高压盘和低压盘的不平衡均使转子产生以高、低压转速旋转的正进动，如图 17.5 和图 17.6 所示。

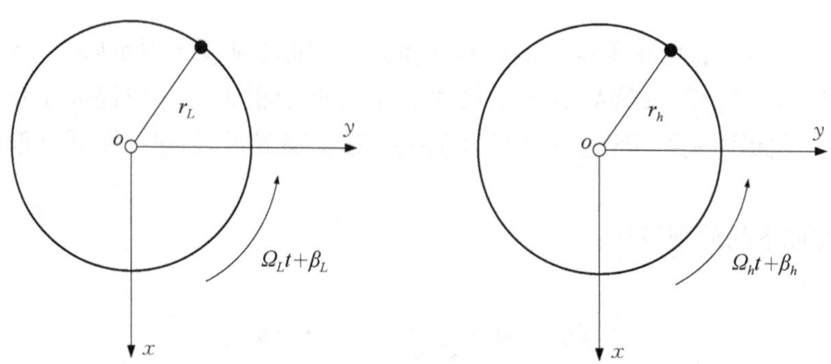

图 17.5　低压盘不平衡激起的正进动　　图 17.6　高压盘不平衡激起的正进动

但需要注意，当高压转子和低压转子旋转方向相反时，高压转子不平衡激起的转子进动与低压转子不平衡所激起的转子进动方向相反。对于实际发动机转子，当转子升速时，高压转速可能先通过临界转速，此时，高压转子以高压转速正进动，

低压转子自转速度方向与进动方向相反,故发生非协调反进动。高压转速越过临界转速之后,高压转速进动分量逐渐减小,然后,低压转速通过临界转速,低压转子以低压转速进动,进动方向与高压转速相反。此时,高压转子进动会以低压转速反进动为主(设高压转速方向为正),但也包含高压转速正进动分量,其大小取决于转速和高压盘不平衡量。

假设高压转子转速与低压转子转速符合如下的关系,即转速控制律,或称共同工作线:

$$\Omega_h = \eta\Omega_L \tag{17.13}$$

当高压转子和低压转子旋转方向相同时, $\eta > 0$; 当高压转子和低压转子旋转方向相反时, $\eta < 0$。

将转速控制律式(17.13)代入式(17.12),可得

$$\boldsymbol{r} = \frac{m_h}{(m_h + m_L)} \frac{(\eta\Omega_L)^2}{\omega^2 - (\eta\Omega_L)^2} \varepsilon_h \boldsymbol{e}^{\mathrm{j}\beta_h} \boldsymbol{e}^{\mathrm{j}\eta\Omega_L t} + \frac{m_L}{(m_h + m_L)} \frac{\Omega_L^2}{\omega^2 - \Omega_L^2} \varepsilon_L \boldsymbol{e}^{\mathrm{j}\beta_L} \boldsymbol{e}^{\mathrm{j}\Omega_L t} \tag{17.14}$$

当 $\eta = \pm 2$ 时,转子的振动为

$$\boldsymbol{r} = \frac{m_h}{(m_h + m_L)} \frac{(2\Omega_L)^2}{\omega^2 - (2\Omega_L)^2} \varepsilon_h \boldsymbol{e}^{\mathrm{j}\beta_h} \boldsymbol{e}^{\pm \mathrm{j}2\Omega_L t} + \frac{m_L}{(m_h + m_L)} \frac{\Omega_L^2}{\omega^2 - \Omega_L^2} \varepsilon_L \boldsymbol{e}^{\mathrm{j}\beta_L} \boldsymbol{e}^{\mathrm{j}\Omega_L t} \tag{17.15}$$

在转子上可观察到低压转速分量和 2 倍低压转速分量的进动,高、低压转子同转时,即 $\eta = +2$, 两个进动分量同向;对转时, $\eta = -2$, 两个进动分量反向。

图 17.7(a)表示高、低压转子同转时, $\eta = 2$, 两个同向的进动分量及合成的进动轨迹。图 17.7(b)表示高、低压转子反转时, $\eta = -2$, 两个反向的进动分量及合成的进动轨迹。图中, $\varepsilon_h = \varepsilon_L = 0.01$, $\dfrac{m_h}{(m_h + m_L)} = \dfrac{1}{2}$, $\dfrac{\Omega_L}{\omega} = 0.75$。

由图可见,尽管参数都相同,但转向不同(高、低压转子同转与反转)会使转子的进动轨迹差异很大。

图 17.8 给出双转子振动的三维表达形式。在两个立面上分别表示在某一测点测到的转子振动信号中,高压频率分量和低压频率分量随转速的变化,水平面上则表示转速控制律,即共同工作线。这样的表达形式,便于将双转子的振动与转速、转向和转速控制律关联在一起。发动机上任一测点的振动均可如此表达。

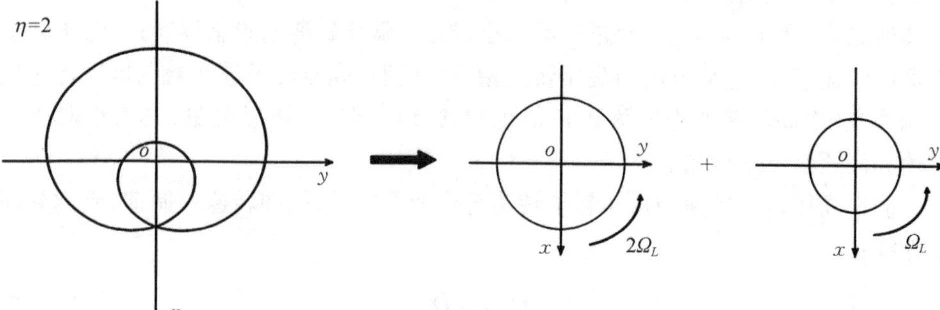

(a) 高、低压转子同转，η=2

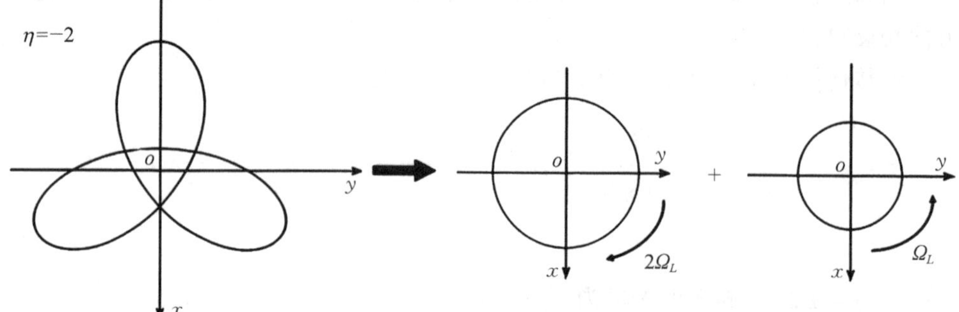

(b) 高、低压转子对转，η=−2

图 17.7　$\eta = \pm 2$ 时，转子的轴心进动轨迹、低压 1 倍频和 2 倍频进动分量

$$\varepsilon_h = \varepsilon_L = 0.01,\ \frac{m_h}{(m_h + m_L)} = \frac{1}{2},\ \frac{\Omega_L}{\omega} = 0.75$$

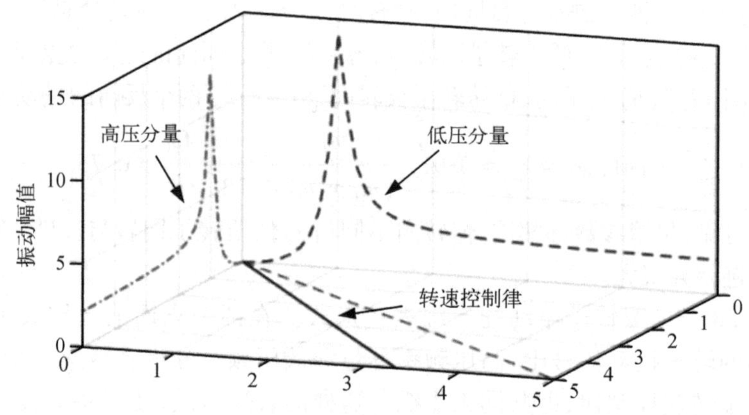

图 17.8　双转子的振动随转速控制律的变化

图 17.8 示例表示，当 $\eta=-2$ 时，即高压转子和低压转子旋转方向相反时，高压转子的不平衡响应。其中高压转子不平衡响应表示，只跟踪高压转子不平衡时，高压转子的响应；低压转子不平衡响应表示，只跟踪低压转子不平衡时，高压转子的响应。同样，也可画出针对低压转子这样的响应图。

由图 17.8 可见，不论是高压转子响应，还是低压转子响应，总同时包含着高压转子不平衡响应和低压转子不平衡响应。因为在实际中，高压转子和低压转子都会存在不平衡量。

当高压转子转速越过转子以高压转子不平衡为主激励时的临界转速时，高压转子凸显以高压转子自转方向相同的进动，即同步正进动。当低压转子转速越过转子以低压转子不平衡为主激励时的临界转速时，高压转子可能会出现以低压转子自转方向相同的进动，即异步反进动（对转双转子）。由此可见，当高压转子由慢车向最大工作转速运行时，将会发生同步正进动和异步反进动的交替变化。变化的规律取决于转子系统的模态特征。

17.3　双转子的拍振

设高压和低压转子转差率为

$$\delta_n=\frac{\Omega_h-\Omega_L}{\Omega_h} \tag{17.16}$$

当转差率很小时，转子会出现拍振，载波频率为 Ω_h，调制频率为 $\Omega_h\delta_n$。把式(17.16)代入式(17.7)，可得

$$x=\sqrt{A^2+B^2+2AB\cos(-\beta_h+\beta_L-\delta_n\Omega_h t)}\cos(\Omega_h t+\varphi) \tag{17.17}$$

$$y=\sqrt{A^2+B^2+2AB\cos(-\beta_h+\beta_L-\delta_n\Omega_h t)}\sin(\Omega_h t+\varphi) \tag{17.18}$$

式中，$A=\dfrac{m_h}{(m_h+m_L)}\dfrac{\varepsilon_h\Omega_h^2}{\omega^2-\Omega_h^2}$，为高压不平衡响应幅值；$B=\dfrac{m_L}{(m_h+m_L)}\dfrac{\varepsilon_L\Omega_L^2}{\omega^2-\Omega_L^2}$，为低压不平衡响应幅值；$\tan\varphi=\dfrac{A\sin\beta_h+B\sin(\beta_L-\Omega_h\delta_n t)}{A\cos\beta_h+B\cos(\beta_L-\Omega_h\delta_n t)}$，为相位。

式(17.17)和式(17.18)是描述拍振的波形函数，其波形如图 17.9 和图 17.10 所示。

由图 17.9、图 17.10、式(17.17)和式(17.18)可见，若监测高压一倍频分量，不仅其幅值以 $\Omega_h\delta_n$ 波动，而且其相位也以 $\Omega_h\delta_n$ 波动。拍振的周期为 $T=\dfrac{2\pi}{\Omega_h\delta_n}$，最大

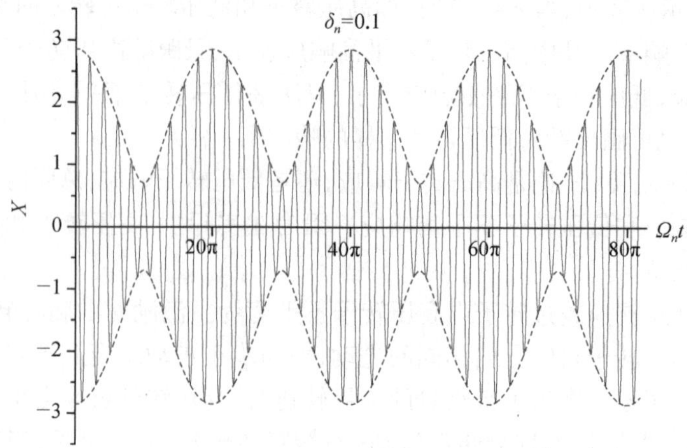

图 17.9 *x* 方向转子的拍振

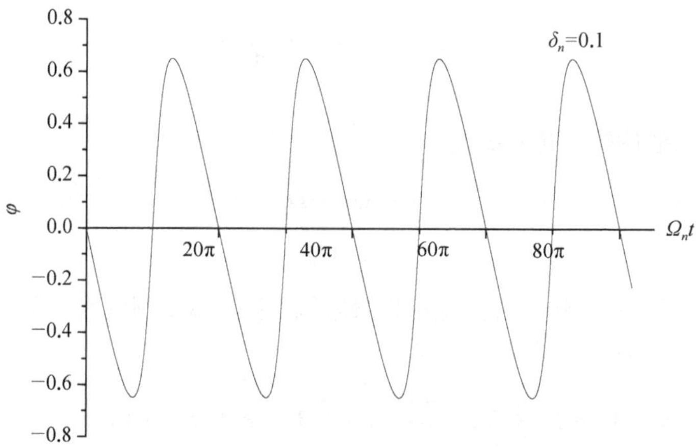

图 17.10 *x* 方向转子拍振的相位

幅值可达到 $A+B$。因此,高、低压转子转速不宜靠得太近。

把式(17.17)和式(17.18)代入式(17.12),可以得到转子的进动:

$$\boldsymbol{r}=(A\boldsymbol{e}^{\mathrm{j}\beta_h}+B\boldsymbol{e}^{\mathrm{j}\beta_L}\boldsymbol{e}^{-\mathrm{j}\Omega_h\delta_n t})\boldsymbol{e}^{\mathrm{j}\Omega_h t} \tag{17.19}$$

转子以高压转速正进动,但进动的幅值以调制频率随时间变化,周期为 $T=\dfrac{2\pi}{\Omega_h\delta_n}$,如图 17.11 所示。一般情况下,分别单独平衡高压盘和低压盘,均会使转子振动减小。但高、低压转子转速差很小时,高、低压盘不平衡的相互影响增大。

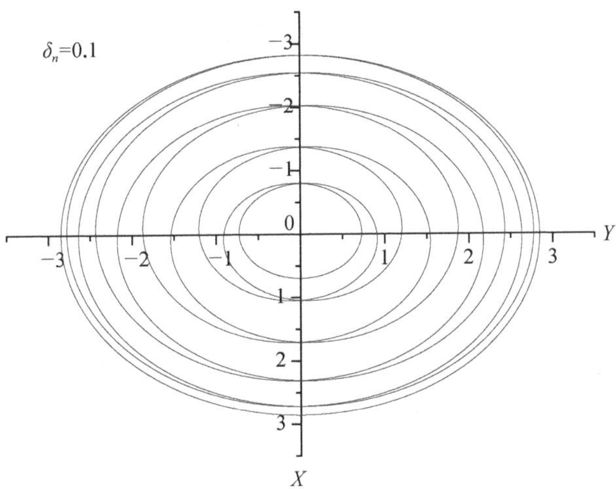

图 17.11　转子的轴心进动轨迹

17.4　带弹支和阻尼器的双转子振动

转子支承与机匣连接,机匣一般为薄壁结构,柔性比较大。另外,要加装阻尼器。因此,发动机转子的支承应视为弹性支承,如图 17.12 所示。假设两个支承的刚度和阻尼系数分别为 s_{b1}、d_{b1}、s_{b2} 和 d_{b2}。

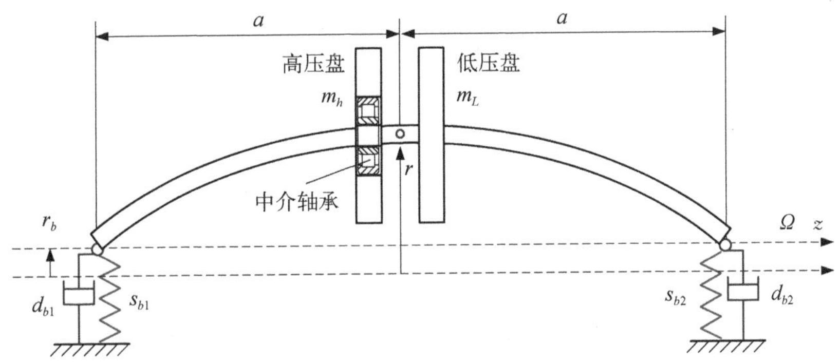

图 17.12　带弹支和阻尼器的双转子

为简单起见,假设 $s_{b1}=s_{b2}=s_b$，$d_{b1}=d_{b2}=d_b$。

设轴端的位移为 (x_b, y_b),转子的运动方程为

$$
\begin{aligned}
(m_h+m_L)\ddot{x}+s(x-x_b)&=m_h\varepsilon_h\Omega_h^2\cos(\Omega_h t+\beta_h)+m_L\varepsilon_L\Omega_L^2\cos(\Omega_L t+\beta_L)\\
(m_h+m_L)\ddot{y}+s(y-y_b)&=m_h\varepsilon_h\Omega_h^2\sin(\Omega_h t+\beta_h)+m_L\varepsilon_L\Omega_L^2\sin(\Omega_L t+\beta_L)
\end{aligned}
\tag{17.20}
$$

支承弹性力和阻尼力与转子弹性力的平衡条件为

$$s(x - x_b) = 2s_b x_b + 2d_b \dot{x}_b$$
$$s(y - y_b) = 2s_b y_b + 2d_b \dot{y}_b \tag{17.21}$$

引入复向量:

$$\boldsymbol{r} = x + \mathrm{j}y$$
$$\boldsymbol{r}_b = x_b + \mathrm{j}y_b \tag{17.22}$$

代入方程(17.20)和方程(17.21),则可得

$$(m_h + m_L)\ddot{\boldsymbol{r}} + s\boldsymbol{r} - s\boldsymbol{r}_b = m_h\varepsilon_h\Omega_h^2\boldsymbol{e}^{\mathrm{j}(\Omega_h t+\beta_h)} + m_L\varepsilon_L\Omega_L^2\boldsymbol{e}^{\mathrm{j}(\Omega_L t+\beta_L)} \tag{17.23}$$

$$s(\boldsymbol{r} - \boldsymbol{r}_b) = 2s_b\boldsymbol{r}_b + 2d_b\dot{\boldsymbol{r}}_b \tag{17.24}$$

将方程(17.23)和方程(17.24)合写成矩阵形式,即

$$\begin{bmatrix} m_h + m_L & 0 \\ 0 & 0 \end{bmatrix}\begin{Bmatrix} \ddot{\boldsymbol{r}} \\ \ddot{\boldsymbol{r}}_b \end{Bmatrix} + \begin{bmatrix} 0 & 0 \\ 0 & -2d_b \end{bmatrix}\begin{Bmatrix} \dot{\boldsymbol{r}} \\ \dot{\boldsymbol{r}}_b \end{Bmatrix} + \begin{bmatrix} s & -s \\ s & -2s_b - s \end{bmatrix}\begin{Bmatrix} \boldsymbol{r} \\ \boldsymbol{r}_b \end{Bmatrix}$$
$$= \begin{Bmatrix} m_h\varepsilon_h\Omega_h^2\boldsymbol{e}^{\mathrm{j}(\Omega_h t+\beta_h)} + m_L\varepsilon_L\Omega_L^2\boldsymbol{e}^{\mathrm{j}(\Omega_L t+\beta_L)} \\ 0 \end{Bmatrix} \tag{17.25}$$

对应齐次方程的特征方程为

$$(m_h + m_L)(2s_b + s)\omega_b^2 - 2ss_b - 2\mathrm{j}d_b\omega_b[s - (m_h + m_L)\omega_b^2] = 0 \tag{17.26}$$

无阻尼时,即 $d_b = 0$, 可解得转子的临界转速为

$$\omega_b = \sqrt{\frac{2ss_b}{(m_h + m_L)(2s_b + s)}} \tag{17.27}$$

对式(17.27)变形后,可以看出:

$$\omega_b = \sqrt{\frac{s}{(m_L + m_h)\left(1 + \dfrac{s}{2s_b}\right)}} < \sqrt{\frac{s}{m_L + m_h}} = \omega \tag{17.28}$$

这说明支承弹性降低了转子临界转速。在实际发动机设计中,也常用弹支来下调转子临界转速。

17.4.1 转子的高压不平衡响应

根据线性叠加理论,可求出转子高压不平衡响应。

仅有高压转子不平衡时,转子的振动方程为

$$\begin{bmatrix} m_h + m_L & 0 \\ 0 & 0 \end{bmatrix} \begin{Bmatrix} \ddot{\boldsymbol{r}} \\ \ddot{\boldsymbol{r}}_b \end{Bmatrix} + \begin{bmatrix} 0 & 0 \\ 0 & -2d_b \end{bmatrix} \begin{Bmatrix} \dot{\boldsymbol{r}} \\ \dot{\boldsymbol{r}}_b \end{Bmatrix} + \begin{bmatrix} s & -s \\ s & -2s_b - s \end{bmatrix} \begin{Bmatrix} \boldsymbol{r} \\ \boldsymbol{r}_b \end{Bmatrix} = \begin{Bmatrix} m_h \varepsilon_h \Omega_h^2 \boldsymbol{e}^{\mathrm{j}(\Omega_h t + \beta_h)} \\ 0 \end{Bmatrix} \tag{17.29}$$

设转子的高压不平衡响应为

$$\begin{aligned} \boldsymbol{r} &= \boldsymbol{r}_h \boldsymbol{e}^{\mathrm{j}\Omega_h t} \\ \boldsymbol{r}_b &= \boldsymbol{r}_{bh} \boldsymbol{e}^{\mathrm{j}\Omega_h t} \end{aligned} \tag{17.30}$$

式中，$\boldsymbol{r}_{bh}$ 为高压转子不平衡激励下轴端的振动位移幅值；$\boldsymbol{r}_h$ 为高压转子不平衡激励下转子的振动位移幅值。

代入方程(17.29)，可解得

$$\begin{Bmatrix} \boldsymbol{r}_h \\ \boldsymbol{r}_{bh} \end{Bmatrix} = \frac{1}{\Delta} \begin{bmatrix} -2s_b - s - 2\mathrm{j}d_b\Omega_h & s \\ -s & s - (m_h + m_L)\Omega_h^2 \end{bmatrix} \begin{Bmatrix} m_h \varepsilon_h \Omega_h^2 \boldsymbol{e}^{\mathrm{j}\beta_h} \\ 0 \end{Bmatrix} \tag{17.31}$$

式中，

$$\Delta = (m_h + m_L)(2s_b + s)\Omega_h^2 - 2ss_b - 2\mathrm{j}d_b\Omega_h[s - (m_h + m_L)\Omega_h^2] \tag{17.32}$$

取阻尼比为

$$D_b = \frac{d_b}{\sqrt{(m_h + m_L)\dfrac{2ss_b}{2s_b + s}}} \tag{17.33}$$

将行列式 Δ 化为如下的表达式：

$$\Delta = -2ss_b\left(1 - \frac{\Omega_h^2}{\omega_b^2}\right) - 2\mathrm{j}D_b\left(\frac{2ss_b}{2s_b + s}\right)^2 \frac{\Omega_h}{\omega_b}\left(\frac{2s_b + s}{2s_b} - \frac{\Omega_h^2}{\omega_b^2}\right) \tag{17.34}$$

由此可解得转子和轴端的高压不平衡响应幅值分别为

$$\boldsymbol{r}_h = \frac{\dfrac{m_h}{m_h + m_L}\left[1 + 2\mathrm{j}D_b \dfrac{2ss_b}{(2s_b + s)^2} \dfrac{\Omega_h}{\omega_b}\right] \dfrac{\Omega_h^2}{\omega_b^2} \varepsilon_h \boldsymbol{e}^{\mathrm{j}\beta_h}}{\left(1 - \dfrac{\Omega_h^2}{\omega_b^2}\right) + 2\mathrm{j}D_b \dfrac{2ss_b}{(2s_b + s)^2} \dfrac{\Omega_h}{\omega_b}\left(\dfrac{2s_b + s}{2s_b} - \dfrac{\Omega_h^2}{\omega_b^2}\right)} \tag{17.35}$$

$$\boldsymbol{r}_{bh} = \frac{\dfrac{m_h}{m_h + m_L} \dfrac{s}{(2s_b + s)} \dfrac{\Omega_h^2}{\omega_b^2} \varepsilon_h \boldsymbol{e}^{\mathrm{j}\beta_h}}{\left(1 - \dfrac{\Omega_h^2}{\omega_b^2}\right) + 2\mathrm{j}D_b \dfrac{2ss_b}{(2s_b + s)^2} \dfrac{\Omega_h}{\omega_b}\left(\dfrac{2s_b + s}{2s_b} - \dfrac{\Omega_h^2}{\omega_b^2}\right)} \tag{17.36}$$

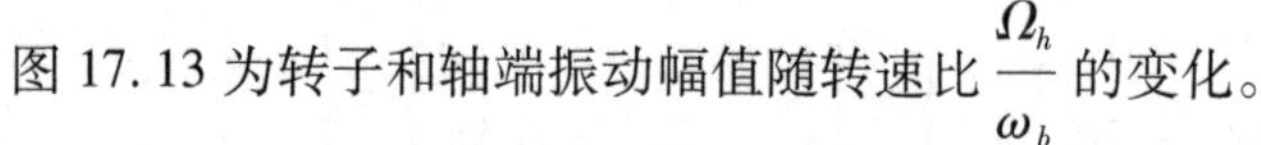

图 17.13 为转子和轴端振动幅值随转速比 $\dfrac{\Omega_h}{\omega_b}$ 的变化。

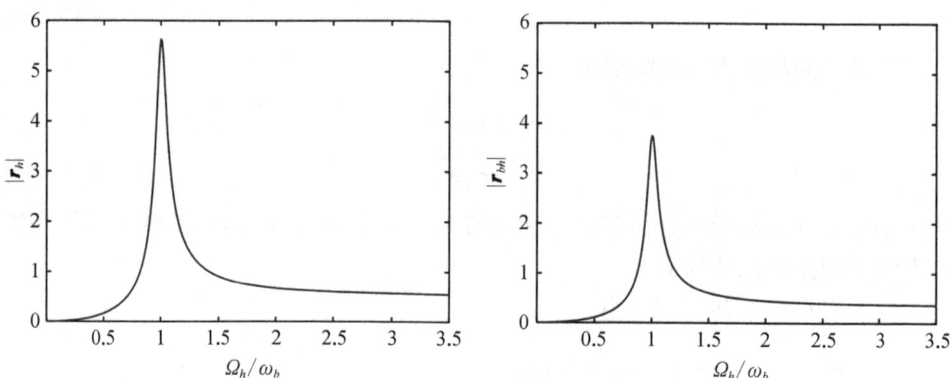

图 17.13 转子和轴端振动幅值随转速比 $\dfrac{\Omega_h}{\omega_b}$ 的变化

$\dfrac{s_b}{s} = 0.25$, $D_b = 0.1$

17.4.2 转子的低压不平衡响应

利用上一节相同的求解方法可得到转子的低压不平衡响应：

$$\boldsymbol{r}_L = \frac{\dfrac{m_L}{m_h + m_L}\left[1 + 2\mathrm{j}D_b \dfrac{2ss_b}{(2s_b + s)^2}\dfrac{\Omega_L}{\omega_b}\right]\dfrac{\Omega_L^2}{\omega_b^2}\varepsilon_L \boldsymbol{e}^{\mathrm{j}\beta_L}}{\left(1 - \dfrac{\Omega_L^2}{\omega_b^2}\right) + 2\mathrm{j}D_b \dfrac{2ss_b}{(2s_b + s)^2}\dfrac{\Omega_L}{\omega_b}\left(\dfrac{2s_b + s}{2s_b} - \dfrac{\Omega_L^2}{\omega_b^2}\right)} \tag{17.37}$$

$$\boldsymbol{r}_{bL} = \frac{\dfrac{m_L}{m_h + m_L}\dfrac{s}{(2s_b + s)}\dfrac{\Omega_L^2}{\omega_b^2}\varepsilon_L \boldsymbol{e}^{\mathrm{j}\beta_L}}{\left(1 - \dfrac{\Omega_L^2}{\omega_b^2}\right) + 2\mathrm{j}D_b \dfrac{2ss_b}{(2s_b + s)^2}\dfrac{\Omega_L}{\omega_b}\left(\dfrac{2s_b + s}{2s_b} - \dfrac{\Omega_L^2}{\omega_b^2}\right)} \tag{17.38}$$

17.5 刚性转子

对于刚性转子设计方案，即轴的刚度远远大于支承的刚度，$s \gg s_b$，转子的临界转速满足：

$$\omega_b = \sqrt{\frac{2s_b}{(m_L + m_h)\left(1 + \frac{2s_b}{s}\right)}} \ll \sqrt{\frac{s}{m_L + m_h}} = \omega \tag{17.39}$$

且有

$$\boldsymbol{r}_i \approx \boldsymbol{r}_{bi}, \quad i = L,\ h \tag{17.40}$$

这时,转子的振动主要表现为:转子作为刚体在弹支上进动。

不论何种情况,若无阻尼,转子在临界转速处,振动都将无穷大。故增设阻尼器是应对转子通过临界转速时共振的最有效减振措施。

在临界转速 ω_b 处,由式(17.35)、式(17.36)、式(17.37)和式(17.38)可分别得到轴端和转子的振动幅值为

$$\boldsymbol{r}_{bi} = \frac{\frac{m_i}{m_h + m_L}(2s_b + s)\varepsilon_i \boldsymbol{e}^{\mathrm{j}\beta_i}}{2\mathrm{j}D_b s}, \quad i = L,\ h \tag{17.41}$$

$$\boldsymbol{r}_i = \frac{\frac{m_i}{m_h + m_L}(2s_b + s)^2\left[1 + 2\mathrm{j}D_b\frac{2ss_b}{(2s_b + s)^2}\right]\varepsilon_i \boldsymbol{e}^{\mathrm{j}\beta_i}}{2\mathrm{j}D_b s^2}, \quad i = L,\ h \tag{17.42}$$

由上式可以看出,在临界转速下,阻尼使得转子和轴端的振动为有界值,且阻尼越大,振动越小。仅从减振的角度出发,采用刚性转子设计,即 $s \gg s_b$ 时,减振效果最好。此时

$$\boldsymbol{r}_i \approx \boldsymbol{r}_{bi} = \frac{\frac{m_i}{m_h + m_L}\varepsilon_i \boldsymbol{e}^{\mathrm{j}\beta_i}}{2\mathrm{j}D_b}, \quad i = L,\ h \tag{17.43}$$

因此,对于刚性转子,采用弹支挤压油膜阻尼器来减振,效果最好。但这要求转子的刚度很大。特别是对于低压轴,增大刚度将会大幅度增加发动机的重量。这与提高推重比是矛盾的。因此,对于高推重比发动机,完全采用刚性转子设计是很困难的。

17.6　柔 性 转 子

假设转子的刚度与支座刚度相当,即 $s = 2s_b$,阻尼器阻尼不变。代入式

(17.35)、式(17.36)、式(17.37)和式(17.38)，可得到在临界转速处轴端和转子的振动峰值：

$$\boldsymbol{r}_{bi}=\frac{\dfrac{m_i}{m_h+m_L}\varepsilon_i \boldsymbol{e}^{\mathrm{j}\beta_i}}{\mathrm{j}D_b},\quad i=L,\ h \tag{17.44}$$

$$\boldsymbol{r}_{i}=\frac{\dfrac{m_i}{m_h+m_L}2\left(1+\dfrac{1}{2}\mathrm{j}D_b\right)\varepsilon_i \boldsymbol{e}^{\mathrm{j}\beta_i}}{\mathrm{j}D_b},\quad i=L,\ h \tag{17.45}$$

与式(17.43)相比，轴端振动增大 2 倍，转子振动增大 4 倍。

图 17.14 表示转子和轴端不平衡响应幅值随刚度比 $\dfrac{s_b}{s}$ 的变化。图中，$\bar{\boldsymbol{r}}_i=\left|\dfrac{\boldsymbol{r}_i}{\varepsilon_i}\right|$，$\bar{\boldsymbol{r}}_{bi}=\left|\dfrac{\boldsymbol{r}_{bi}}{\varepsilon_i}\right|$。由图可见，随着刚度比增大(转子刚度减小)，转子和轴端不平衡响应幅值均显著增大。此时，要使振动减小，只有通过提高转子动平衡的精度才能达到。柔性转子的振动对转子不平衡非常敏感，故对转子动平衡的精度要求比刚性转子高。

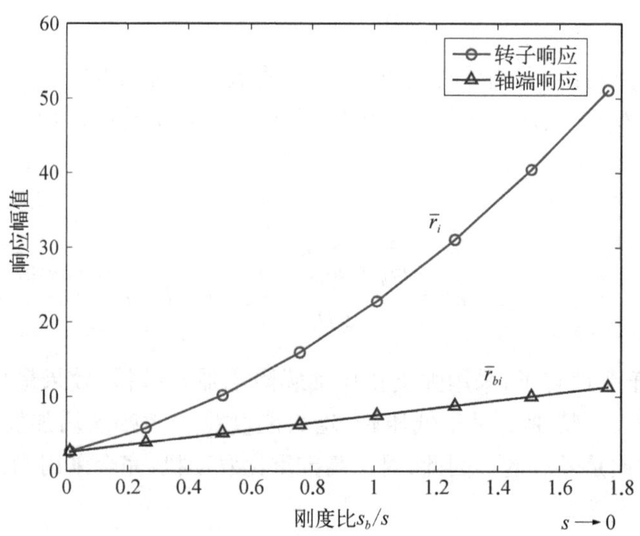

图 17.14　转子和轴端不平衡响应幅值随刚度比 $\dfrac{s_b}{s}$ 的变化

图 17.15 和图 17.16 分别为转子和轴端振动幅值随转速比的变化。由图可见，轴端和转子的临界峰值随着刚度比增大(转子刚度减小)明显增大。

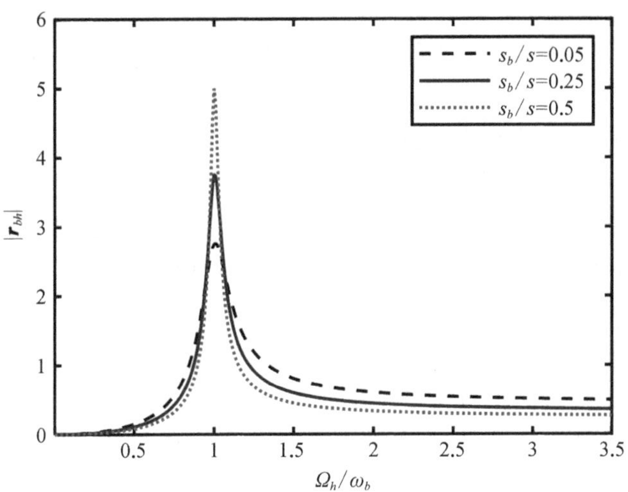

图 17.15　轴端振动幅值随转速比的变化

s_b/s = 0.05, 0.25, 0.5

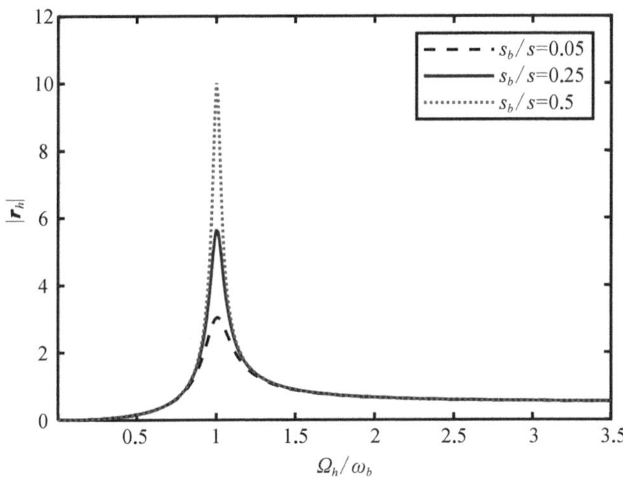

图 17.16　转子的振动幅值随转速比的变化

s_b/s = 0.05, 0.25, 0.5

综上所述,对于图 17.12 所示的双转子模型,引入弹性支承后,转子的临界转速会降低,高、低压转子的不平衡均会在临界转速处引起转子共振。共振峰值与不平衡量成正比,而与阻尼成反比。除此之外,还与支承与转子刚度比 $\frac{s_b}{s}$ 有关。刚度比越小,转子振动峰值越低。

17.7 考虑中介轴承均匀刚度时刚支转子的振动

如前面所述，为提高推重比，现代涡喷或涡扇发动机常在双转子系统中采用中介轴承的设计方案，即高压转子的后支点支承在低压转子上，例如，图 17.1 所示的 4 支点。中介轴承包含了轴承本身及轴承座和轴颈等配装件和连接结构，具有一定的柔性，是高、低压转子动力学耦合的关键环节，前面曾假设其刚度无穷大。但这一假设与实际情况并不完全相符。事实上，中介轴承的刚度可能与其他支承的刚度相当，其特性对双转子动力学特性有着显著的影响。

本节考虑理想的情况，即中介轴承的刚度均匀一致，其值为 s_{in}。在此条件下，分析中介轴承的刚度对转子振动特性的影响。为简单起见，假设转子的支承为刚性支承，如图 17.17 和图 17.18 所示。

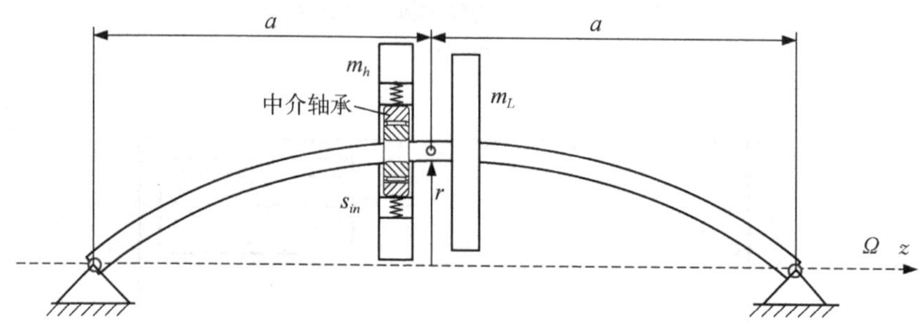

图 17.17 刚性支承的无阻尼转子，中介轴承的刚度为 s_{in} [14]

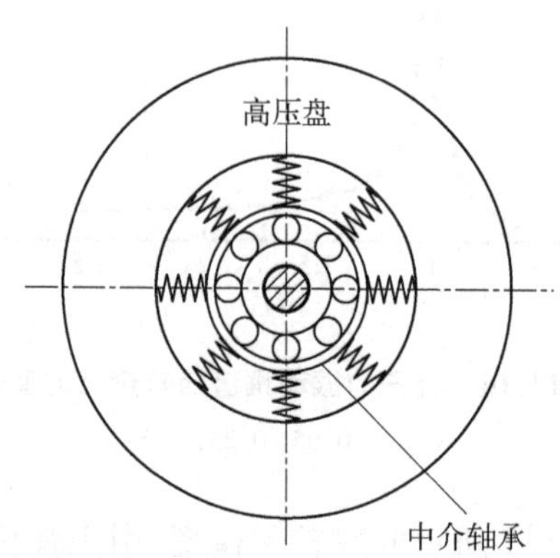

图 17.18 刚度均匀的双转子中介轴承

17.7.1 临界转速和不平衡响应

如图 17.17 和图 17.18 所示，暂不考虑支承弹性和阻尼。设高压盘盘心的坐

标为 (x_h, y_h)，低压盘盘心坐标为 (x_L, y_L)，则转子的运动方程为

$$
\begin{aligned}
m_h\ddot{x}_h + s_{in}(x_h - x_L) &= m_h\Omega_h^2\varepsilon_h\cos(\Omega_h t + \beta_h) \\
m_h\ddot{y}_h + s_{in}(y_h - y_L) &= m_h\Omega_h^2\varepsilon_h\sin(\Omega_h t + \beta_h)
\end{aligned} \tag{17.46}
$$

$$
\begin{aligned}
m_L\ddot{x}_L - s_{in}(x_h - x_L) + sx_L &= m_L\Omega_L^2\varepsilon_L\cos(\Omega_L t + \beta_L) \\
m_L\ddot{y}_L - s_{in}(y_h - y_L) + sy_L &= m_L\Omega_L^2\varepsilon_L\sin(\Omega_L t + \beta_L)
\end{aligned} \tag{17.47}
$$

改写成复向量形式：

$$
\begin{aligned}
m_h\ddot{\boldsymbol{r}}_h + s_{in}\boldsymbol{r}_h - s_{in}\boldsymbol{r}_L &= m_h\Omega_h^2\varepsilon_h\boldsymbol{e}^{\mathrm{j}(\Omega_h t+\beta_h)} \\
m_L\ddot{\boldsymbol{r}}_L - s_{in}\boldsymbol{r}_h + (s + s_{in})\boldsymbol{r}_L &= m_L\Omega_L^2\varepsilon_L\boldsymbol{e}^{\mathrm{j}(\Omega_L t+\beta_L)}
\end{aligned} \tag{17.48}
$$

式中，$\boldsymbol{r}_h = x_h + \mathrm{j}y_h$ 为高压转子的响应；$\boldsymbol{r}_L = x_L + \mathrm{j}y_L$ 为低压转子的响应。

设高压转子的不平衡响应为

$$
\boldsymbol{r}_h = \boldsymbol{r}_{hh}\boldsymbol{e}^{\mathrm{j}\Omega_h t} + \boldsymbol{r}_{hL}\boldsymbol{e}^{\mathrm{j}\Omega_L t} \tag{17.49}
$$

式中，$\boldsymbol{r}_{hh}$ 为高压转子对高压转子不平衡响应的幅值；$\boldsymbol{r}_{hL}$ 为高压转子对低压转子不平衡响应的幅值。

低压转子的不平衡响应为

$$
\boldsymbol{r}_L = \boldsymbol{r}_{Lh}\boldsymbol{e}^{\mathrm{j}\Omega_h t} + \boldsymbol{r}_{LL}\boldsymbol{e}^{\mathrm{j}\Omega_L t} \tag{17.50}
$$

式中，$\boldsymbol{r}_{Lh}$ 为低压转子对高压转子不平衡响应的幅值；$\boldsymbol{r}_{LL}$ 为低压转子对低压转子不平衡响应的幅值。

代入方程(17.48)，可得转子的高压不平衡响应幅值为

$$
\boldsymbol{r}_{hh} = \frac{(s + s_{in} - m_L\Omega_h^2)m_h\Omega_h^2\varepsilon_h\boldsymbol{e}^{\mathrm{j}\beta_h}}{(s_{in} - m_h\Omega_h^2)(s + s_{in} - m_L\Omega_h^2) - s_{in}^2} \tag{17.51}
$$

$$
\boldsymbol{r}_{Lh} = \frac{m_h\Omega_h^2 s_{in}\varepsilon_h\boldsymbol{e}^{\mathrm{j}\beta_h}}{(s_{in} - m_h\Omega_h^2)(s + s_{in} - m_L\Omega_h^2) - s_{in}^2} \tag{17.52}
$$

转子的低压不平衡响应幅值为

$$
\boldsymbol{r}_{hL} = \frac{m_L s_{in}\Omega_L^2\varepsilon_L\boldsymbol{e}^{\mathrm{j}\beta_L}}{(s_{in} - m_h\Omega_L^2)(s + s_{in} - m_L\Omega_L^2) - s_{in}^2} \tag{17.53}
$$

$$
\boldsymbol{r}_{LL} = \frac{(s_{in} - m_h\Omega_L^2)m_L\Omega_L^2\varepsilon_L\boldsymbol{e}^{\mathrm{j}\beta_L}}{(s_{in} - m_h\Omega_L^2)(s + s_{in} - m_L\Omega_L^2) - s_{in}^2} \tag{17.54}
$$

中介轴承的弹性使转子自由度增加 2 个。令转子响应表达式的分母为 0,同时令 $\Omega_h = \Omega_L = \omega$,就可求得转子的临界转速,即

$$(s_{in} - m_h\omega^2)(s + s_{in} - m_L\omega^2) - s_{in}^2 = 0 \tag{17.55}$$

解得转子的 2 个临界转速如下:

$$\omega_{1,2}^2 = \frac{s + s_{in}}{2m_L} + \frac{s_{in}}{2m_h} \pm \sqrt{\left(\frac{s + s_{in}}{2m_L}\right)^2 + \left(\frac{s_{in}}{2m_h}\right)^2 + \frac{s_{in}(s_{in} - s)}{2m_L m_h}} \tag{17.56}$$

式(17.56)看似很复杂,但它满足:

$$\omega_1^2 < \omega^2 = \frac{s}{m_L + m_h} < \omega_2^2 \tag{17.57}$$

且当 $s_{in} \to \infty$ 时,$\omega_1 \to \omega$。式(17.57)说明,中介轴承的弹性使转子的第一阶临界转速降低。

不妨予以证明:

$$\omega_1^2 = \frac{s + s_{in}}{2m_L} + \frac{s_{in}}{2m_h} - \sqrt{\left(\frac{s + s_{in}}{2m_L}\right)^2 + \left(\frac{s_{in}}{2m_h}\right)^2 + \frac{s_{in}(s_{in} - s)}{2m_L m_h}} \tag{17.58}$$

分子和分母同乘 $\frac{s + s_{in}}{2m_L} + \frac{s_{in}}{2m_h} + \sqrt{\left(\frac{s + s_{in}}{2m_L}\right)^2 + \left(\frac{s_{in}}{2m_h}\right)^2 + \frac{s_{in}(s_{in} - s)}{2m_L m_h}}$,可得

$$\omega_1^2 = \frac{\dfrac{ss_{in}}{m_L m_h}}{\dfrac{s + s_{in}}{2m_L} + \dfrac{s_{in}}{2m_h} + \sqrt{\left(\dfrac{s + s_{in}}{2m_L}\right)^2 + \left(\dfrac{s_{in}}{2m_h}\right)^2 + \dfrac{s_{in}(s_{in} - s)}{2m_L m_h}}} \tag{17.59}$$

分子和分母同除 s_{in},并令 $s_{in} \to \infty$,于是

$$\lim_{s_{in}\to\infty} \omega_1^2 = \frac{\dfrac{s}{m_L m_h}}{\dfrac{1}{2m_L} + \dfrac{1}{2m_h} + \sqrt{\left(\dfrac{1}{2m_L}\right)^2 + \left(\dfrac{1}{2m_h}\right)^2 + \dfrac{1}{2m_L m_h}}} = \frac{\dfrac{s}{m_L m_h}}{\dfrac{1}{m_L} + \dfrac{1}{m_h}} = \frac{s}{m_L + m_h} = \omega^2 \tag{17.60}$$

证毕。

由式(17.51)至式(17.54)可见,由于无阻尼,在临界转速处,转子的振动趋于无穷大。

17.7.2 "动力吸振"

由以上转子不平衡响应表达式(17.51)可以看出,当

$$\Omega_h = \sqrt{\frac{s + s_{in}}{m_L}} \tag{17.61}$$

时,高压转子的不平衡不会激起高压转子的振动,即 $\boldsymbol{r}_{hh} = 0$,而它通过中介轴承激起低压转子振动。这一现象称为对高压转子的"动力吸振"。式(17.61)即为"动力吸振"的条件。此时,低压转子对高压转子不平衡的响应为

$$\boldsymbol{r}_{Lh} = -\frac{m_h \Omega_h^2 \varepsilon_h \boldsymbol{e}^{\mathrm{j}\beta_h}}{s_{in}} \tag{17.62}$$

将上式化为无量纲响应幅值,即

$$\left|\frac{\boldsymbol{r}_{Lh}}{\varepsilon_h}\right| = \frac{\Omega_h^2}{s_{in}/m_h} \tag{17.63}$$

式(17.63)表示对高压转子动力吸振时的传递率。将动力吸振条件式(17.61)代入式(17.63)可得

$$\left|\frac{\boldsymbol{r}_{Lh}}{\varepsilon_h}\right| = \left(1 + \frac{s}{s_{in}}\right)\frac{m_h}{m_L} \tag{17.64}$$

上式表明,中介支承刚度越小,对高压转子"动力吸振"时的传递率越高,但它总是有界值。

由式(17.54)可得到对低压转子"动力吸振"的条件,即

$$\Omega_L = \sqrt{\frac{s_{in}}{m_h}} \tag{17.65}$$

当 $\Omega_L = \sqrt{\dfrac{s_{in}}{m_h}}$ 时,低压转子的不平衡将不会激起低压转子的振动,而引起高压转子振动,振动幅值为

$$\boldsymbol{r}_{hL} = -\frac{m_L \Omega_L^2 \varepsilon_L \boldsymbol{e}^{\mathrm{j}\beta_L}}{s_{in}} = -\frac{m_L}{m_h}\varepsilon_L \boldsymbol{e}^{\mathrm{j}\beta_L} \tag{17.66}$$

同样可得到低压转子不平衡力向高压转子传递的传递率为

$$\left|\frac{\boldsymbol{r}_{hL}}{\varepsilon_L}\right| = \frac{m_L}{m_h} \tag{17.67}$$

此时,传递率与中介轴承刚度无关,而只取决于高、低压转子的质量比。

图 17.19 和图 17.20 分别表示高压和低压转子不平衡激励下双转子的幅频特性。由图可见,由于无阻尼,在临界转速处,转子的振动峰值很大。图 17.21 表示不平衡激励下高压和低压转子的动力吸振特性。图示结果表明,对低压转子"动力

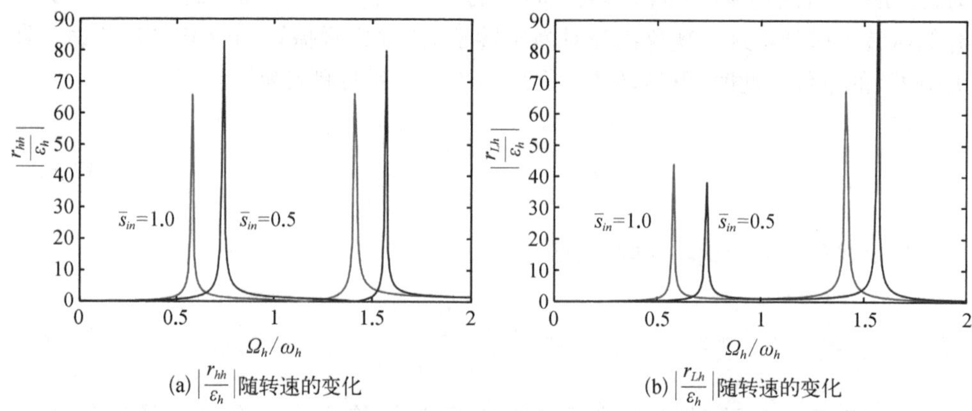

(a) $\left|\frac{r_{hh}}{\varepsilon_h}\right|$随转速的变化　　(b) $\left|\frac{r_{Lh}}{\varepsilon_h}\right|$随转速的变化

图 17.19　高压转子不平衡激励下转子响应的相对幅值随转速比的变化

$$\frac{m_L}{m_h} = 1.5;\ \omega_h = \sqrt{\frac{s_{in}}{m_h}};\ \bar{s}_{in} = \frac{s_{in}}{s} = 0.5,\ 1.0$$

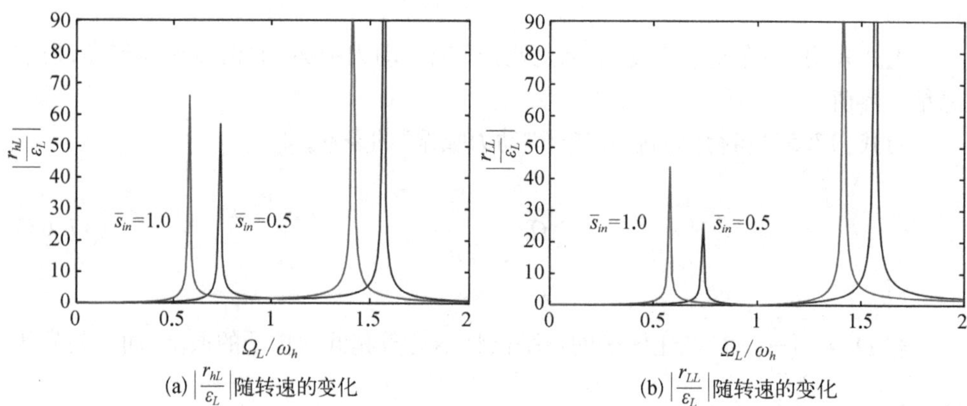

(a) $\left|\frac{r_{hL}}{\varepsilon_L}\right|$随转速的变化　　(b) $\left|\frac{r_{LL}}{\varepsilon_L}\right|$随转速的变化

图 17.20　低压转子不平衡激励下转子响应的相对幅值随转速比的变化

$$\frac{m_L}{m_h} = 1.5;\ \omega_h = \sqrt{\frac{s_{in}}{m_h}};\ \bar{s}_{in} = \frac{s_{in}}{s} = 0.5,\ 1.0$$

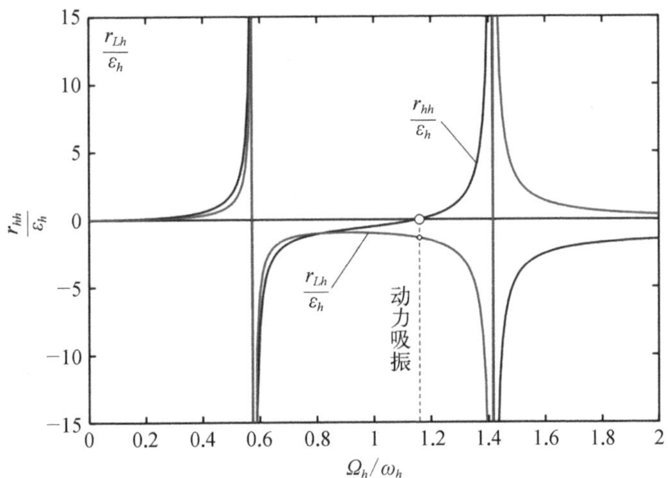

(a) 高压转子不平衡激励下对高压转子的动力吸振

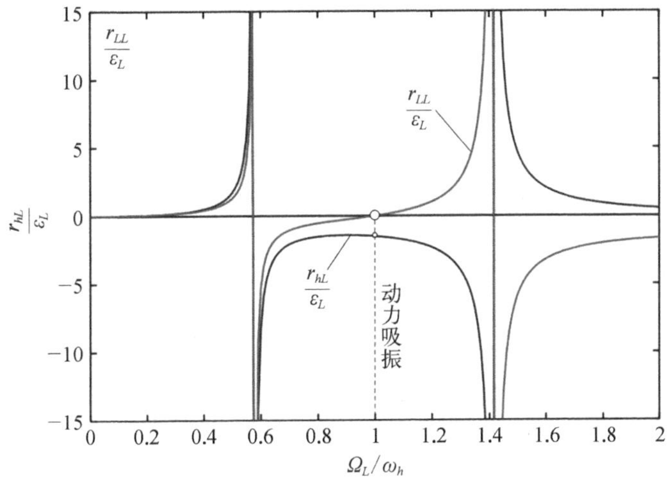

(b) 低压转子不平衡激励下对低压转子的动力吸振

图 17.21　不平衡激励下转子的动力吸振特性

$$\frac{m_L}{m_h} = 1.5;\ \omega_h = \sqrt{\frac{s_{in}}{m_h}};\ \bar{s}_{in} = \frac{s_{in}}{s} = 1.0$$

吸振”对应的转速要低于对高压转子“动力吸振”发生的转速。转子第一阶临界转速对应的是高、低压转子同相振动，即第一阶模态为同相位模态；第二阶临界转速对应的是高、低压转子反相振动，即第二阶模态为反相位模态。转子转速在“动力吸振”对应的转速以下，为高、低压转子同相振动区域；而“动力吸振”对应的转速之上，属高、低压转子反相振动区域。“动力吸振”条件式(17.61)和式(17.65)正好是高、低压转子同相振动区域向反相振动区域过渡的分界点。

17.8 考虑中介轴承均匀刚度时带阻尼弹支双转子的振动

17.8.1 双转子模型与振动微分方程

考虑支承弹性和阻尼时,双转子模型如图 17.22 所示。为简单起见,假设两个支承刚度相同,即 $s_{b1} = s_{b2} = s_b$,阻尼也相同,即 $d_{b1} = d_{b2} = d_b$。高压转子的质量为 m_h,质量偏心为 $\varepsilon_h \boldsymbol{e}^{j\beta_h}$,低压转子的质量 m_L,质量偏心为 $\varepsilon_L \boldsymbol{e}^{j\beta_L}$。

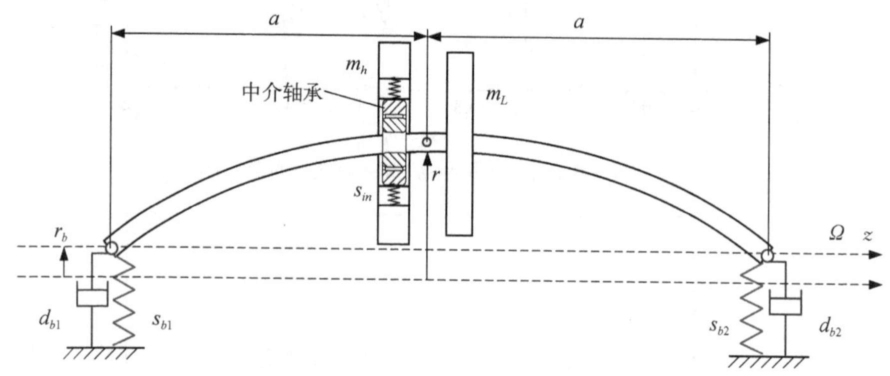

图 17.22 考虑中介轴承刚度时带阻尼弹支的双转子模型[14]

转子的振动微分方程为

$$m_h \ddot{\boldsymbol{r}}_h + s_{in}\boldsymbol{r}_h - s_{in}\boldsymbol{r}_L = m_h \Omega_h^2 \varepsilon_h \boldsymbol{e}^{j(\Omega_h t+\beta_h)}$$

$$m_L \ddot{\boldsymbol{r}}_L - s_{in}(\boldsymbol{r}_h - \boldsymbol{r}_L) + s(\boldsymbol{r}_L - \boldsymbol{r}_b) = m_L \Omega_L^2 \varepsilon_L \boldsymbol{e}^{j(\Omega_L t+\beta_L)} \tag{17.68}$$

$$s(\boldsymbol{r}_L - \boldsymbol{r}_b) = 2s_b \boldsymbol{r}_b + 2d_b \dot{\boldsymbol{r}}_b \tag{17.69}$$

式中,s_b 为支承刚度;d_b 为支承阻尼系数。

由方程(17.68)和方程(17.69)就可求解转子的高压转子不平衡响应和低压转子不平衡响应,并可进一步揭示带阻尼弹性支承双转子系统的动力吸振现象。

17.8.2 高压转子不平衡激励下的响应和对高压转子的动力吸振

1. 高压转子不平衡激励下的响应

假设只有高压转子上存在不平衡 $\varepsilon_h \boldsymbol{e}^{j\beta_h}$,而低压转子不平衡 $\varepsilon_L \boldsymbol{e}^{j\beta_L} = 0$。设在高压转子不平衡的激励下,高压转子、低压转子和轴端的响应分别为

$$\boldsymbol{r}_h = \boldsymbol{r}_{hh} \boldsymbol{e}^{j\Omega_h t} \tag{17.70}$$

$$\boldsymbol{r}_L = \boldsymbol{r}_{Lh}\boldsymbol{e}^{\mathrm{j}\Omega_h t} \tag{17.71}$$

$$\boldsymbol{r}_b = \boldsymbol{r}_{bh}\boldsymbol{e}^{\mathrm{j}\Omega_h t} \tag{17.72}$$

代入方程(17.68)和方程(17.69),得

$$\begin{bmatrix} s_{in} - m_h\Omega_h^2 & -s_{in} & 0 \\ -s_{in} & s + s_{in} - m_L\Omega_h^2 & -s \\ 0 & -s & s + 2s_b + 2\mathrm{j}d_b\Omega_h \end{bmatrix} \begin{Bmatrix} \boldsymbol{r}_{hh} \\ \boldsymbol{r}_{Lh} \\ \boldsymbol{r}_{bh} \end{Bmatrix} = \begin{Bmatrix} m_h\Omega_h^2\varepsilon_h\boldsymbol{e}^{\mathrm{j}\beta_h} \\ 0 \\ 0 \end{Bmatrix} \tag{17.73}$$

系数行列式为

$$\begin{aligned}\Delta_h = & [(s_{in} - m_h\Omega_h^2)(s + s_{in} - m_L\Omega_h^2) - s_{in}^2](s + 2s_b) - s^2(s_{in} - m_h\Omega_h^2) \\ & + 2\mathrm{j}d_b\Omega_h[(s_{in} - m_h\Omega_h^2)(s + s_{in} - m_L\Omega_h^2) - s_{in}^2]\end{aligned} \tag{17.74}$$

为书写简单起见,令

$$A_h = s_{in} - m_h\Omega_h^2 \tag{17.75}$$

$$B_h = s + s_{in} - m_L\Omega_h^2 \tag{17.76}$$

$$C_h = s + 2s_b + 2\mathrm{j}d_b\Omega_h \tag{17.77}$$

于是,系数行列式可写为

$$\Delta_h = (A_hB_h - s_{in}^2)(s + 2s_b) - s^2A_h + 2\mathrm{j}d_b\Omega_h(A_hB_h - s_{in}^2) \tag{17.78}$$

为便于书写和比较,表 17.1 列出无量纲参数及参数间的关系。

表 17.1　无量纲参数

参数名称	参数符号	表达式	相互关系
支承相对刚度	$\bar{s}_b$	$\bar{s}_b = \dfrac{2s_b}{s}$	$s_b = \dfrac{s\bar{s}_b}{2}$
中介支承相对刚度	$\bar{s}_{in}$	$\bar{s}_{in} = \dfrac{s_{in}}{s}$	$s_{in} = s\bar{s}_{in}$
高、低压转子质量比	$\bar{m}$	$\bar{m} = \dfrac{m_L}{m_h}$	$m_L = m_h\bar{m}$
高压转子当量临界转速	ω_h	$\omega_h = \sqrt{\dfrac{s_{in}}{m_h}}$	$\omega_h = \sqrt{\bar{m}\bar{s}_{in}}\,\omega_L$

续 表

参数名称	参数符号	表达式	相互关系
低压转子当量临界转速	ω_L	$\omega_L = \sqrt{\frac{s}{m_L}}$	$\omega_L = \frac{\omega_h}{\sqrt{\bar{m}\bar{s}_{in}}}$
当量阻尼比	D_L	$D_L = \frac{2d_b}{2\sqrt{m_L s}}$	$d_b = D_L\sqrt{m_L s}$

若不考虑阻尼,即 $d_b = 0$ 时,令系数矩阵行列式 $\Delta_h = 0$, 即可求得转子的临界转速:

$$\omega_{1,2}^2 = \frac{1}{2}\omega_L^2\left[\frac{\bar{s}_b}{1+\bar{s}_b} + (1+\bar{m})\bar{s}_{in} \pm \sqrt{\left(\frac{\bar{s}_b}{1+\bar{s}_b} + (1+\bar{m})\bar{s}_{in}\right)^2 - 4\bar{m}\frac{\bar{s}_b\bar{s}_{in}}{1+\bar{s}_b}}\right] \tag{17.79}$$

由式(17.73)解得转子的高压不平衡响应为

$$\begin{Bmatrix} \boldsymbol{r}_{hh} \\ \boldsymbol{r}_{Lh} \\ \boldsymbol{r}_{bh} \end{Bmatrix} = \frac{1}{\Delta_h}\begin{bmatrix} B_hC_h - s^2 & C_hs_{in} & ss_{in} \\ C_hs_{in} & A_hC_h & A_hs \\ ss_{in} & A_hs & A_hB_h - s_{in}^2 \end{bmatrix}\begin{Bmatrix} m_h\Omega_h^2\varepsilon_h\boldsymbol{e}^{\mathrm{j}\beta_h} \\ 0 \\ 0 \end{Bmatrix} \tag{17.80}$$

将无量纲参数代入式(17.80),可求得高压转子不平衡激励下转子和轴端的响应幅值分别为

$$\begin{aligned} \boldsymbol{r}_{hh} &= [(s + s_{in} - m_L\Omega_h^2)(s + 2s_b + 2\mathrm{j}d_b\Omega_h) - s^2]\frac{m_h\Omega_h^2\varepsilon_h\boldsymbol{e}^{\mathrm{j}\beta_h}}{\Delta_h} \\ &= \frac{\left[\left(\bar{s}_{in} - \left(\frac{\Omega_h}{\omega_L}\right)^2\right)(1+\bar{s}_b) + \bar{s}_b + 2\mathrm{j}D_L\frac{\Omega_h}{\omega_L}\left(1 + \bar{s}_{in} - \left(\frac{\Omega_h}{\omega_L}\right)^2\right)\right]\frac{\Omega_h^2}{\omega_h^2}\varepsilon_h\boldsymbol{e}^{\mathrm{j}\beta_h}}{\mathrm{Re}(\bar{\Delta}_h) + \mathrm{jIm}(\bar{\Delta}_h)} \end{aligned} \tag{17.81}$$

$$\boldsymbol{r}_{Lh} = \frac{1}{\Delta_h}[(s + 2s_b + 2\mathrm{j}d_b\Omega_h)s_{in}m_h\Omega_h^2\varepsilon_h\boldsymbol{e}^{\mathrm{j}\beta_h}] = \frac{\left(1+\bar{s}_b + 2\mathrm{j}D_L\frac{\Omega_h}{\omega_L}\right)\bar{s}_{in}\frac{\Omega_h^2}{\omega_h^2}\varepsilon_h\boldsymbol{e}^{\mathrm{j}\beta_h}}{\mathrm{Re}(\bar{\Delta}_h) + \mathrm{jIm}(\bar{\Delta}_h)} \tag{17.82}$$

$$\boldsymbol{r}_{bh}=\frac{ss_{in}m_h\Omega_h^2\varepsilon_h\boldsymbol{e}^{\mathrm{j}\beta_h}}{\Delta_h}=\frac{\bar{s}_{in}\dfrac{\Omega_h^2}{\omega_h^2}\varepsilon_h\boldsymbol{e}^{\mathrm{j}\beta_h}}{\mathrm{Re}(\bar{\Delta}_h)+\mathrm{jIm}(\bar{\Delta}_h)} \tag{17.83}$$

式中，

$$\bar{\Delta}_h=\mathrm{Re}(\bar{\Delta}_h)+\mathrm{jIm}(\bar{\Delta}_h)$$

$$\mathrm{Re}(\bar{\Delta}_h)=\left[\left(\frac{\Omega_h^2}{\omega_h^2}-1\right)\frac{\Omega_h^2}{\omega_L^2}-\frac{\Omega_h^2}{\omega_h^2}\bar{s}_{in}\right](1+\bar{s}_b)+\bar{s}_b\left(1-\frac{\Omega_h^2}{\omega_h^2}\right)$$

$$\mathrm{Im}(\bar{\Delta}_h)=2D_L\frac{\Omega_h}{\omega_L}\left[1+\left(\frac{\Omega_h^2}{\omega_h^2}-1\right)\frac{\Omega_h^2}{\omega_L^2}-\frac{\Omega_h^2}{\omega_h^2}(1+\bar{s}_{in})\right]$$

图 17.23 表示在高压转子不平衡激励下高、低压转子的响应幅值随转速的变化。由图可见，阻尼增大，转子临界峰值显著降低。在高压转子相对转速 $\dfrac{\Omega_h}{\omega_h}\approx 1.05$ 处，

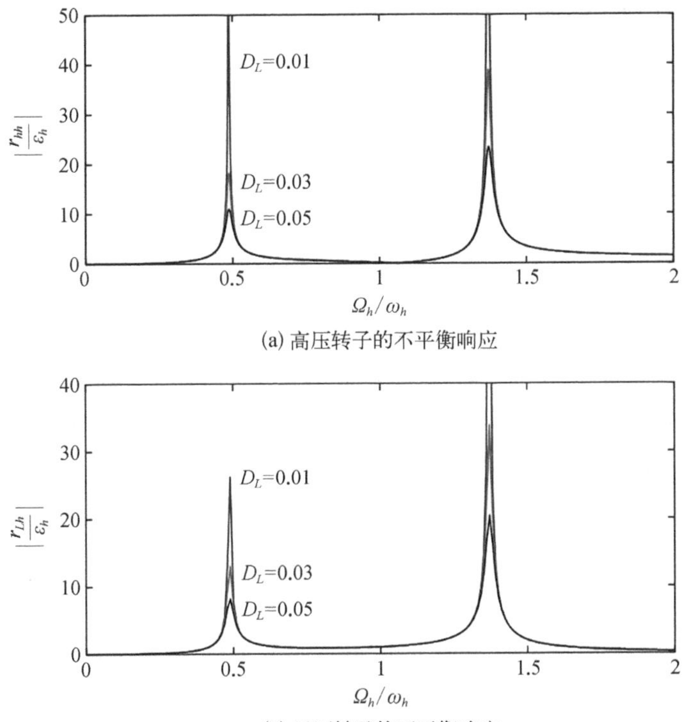

(a) 高压转子的不平衡响应

(b) 低压转子的不平衡响应

图 17.23　高压转子不平衡激励下双转子的响应相对幅值随转速的变化

$\dfrac{m_L}{m_h}=1.5$；$\omega_h=\sqrt{\dfrac{s_{in}}{m_h}}$；$\bar{s}_{in}=\dfrac{s_{in}}{s}=0.5$；$\bar{s}_b=\dfrac{2s_b}{s}=0.5$；$D_L=0.01, 0.03, 0.05$

高压转子的响应幅值约为0,而此处低压转子的响应并不大。以下将分析这一现象。

2. 对高压转子的“动力吸振”

令高压转子响应幅值表达式(17.81)分子的实部为0,即

$$\left[\bar{s}_{in}-\left(\frac{\Omega_h}{\omega_L}\right)^2\right](1+\bar{s}_b)+\bar{s}_b=0 \tag{17.84}$$

由此解得

$$\frac{\Omega_h}{\omega_L}=\sqrt{\bar{s}_{in}+\frac{\bar{s}_b}{1+\bar{s}_b}} \tag{17.85}$$

或

$$\Omega_h=\sqrt{\frac{1}{m_L}\left(s_{in}+\frac{2ss_b}{s+2s_b}\right)} \tag{17.86}$$

此时,高压转子的振动幅值为

$$\boldsymbol{r}_{hh}=\frac{2\mathrm{j}D_L\left(\bar{s}_{in}+\dfrac{\bar{s}_b}{1+\bar{s}_b}\right)^{3/2}\varepsilon_h\boldsymbol{e}^{\mathrm{j}\beta_h}}{-\bar{s}_{in}(1+\bar{s}_b)\bar{m}+2\mathrm{j}D_L\sqrt{\bar{s}_{in}+\dfrac{\bar{s}_b}{1+\bar{s}_b}}\left\{\bar{m}\bar{s}_{in}(1+\bar{s}_b)-\left(\bar{s}_{in}+\dfrac{\bar{s}_b}{1+\bar{s}_b}\right)[\bar{m}\bar{s}_{in}(1+\bar{s}_b)+1]\right\}} \tag{17.87}$$

由于阻尼比 D_L 很小,故高压转子的振动也会很小,正如图 17.23 所示的结果。当阻尼比 $D_L=0$ 时,高压转子的振动为0。高压转子的振动能量由低压转子所吸收。与第 17.7.2 节所述的动力吸振对应,式(17.86)为带弹支双转子的动力吸振条件。

比较式(17.86)与式(17.61),可得

$$\text{式(17.86)}=\Omega_h=\sqrt{\frac{1}{m_L}\left(s_{in}+\frac{2ss_b}{s+2s_b}\right)}$$

$$=\sqrt{\frac{1}{m_L}\left(s_{in}+\frac{s}{1+\dfrac{s}{2s_b}}\right)}<\sqrt{\frac{s_{in}+s}{m_L}}=\text{式(17.61)}$$

由此可见,考虑支承弹性之后,低压转子对高压转子“动力吸振”时所对应的高压转速有所降低。

在式(17.86)所示的动力吸振条件下,低压转子的振动为

$$
\boldsymbol{r}_{Lh}=\frac{1}{\Delta_h}[(s+2s_b+2\mathrm{j}d_b\Omega_h)s_{in}m_h\Omega_h^2\varepsilon_h\boldsymbol{e}^{\mathrm{j}\beta_h}]
$$

$$
=\frac{\left(1+\bar{s}_b+2\mathrm{j}D_L\sqrt{\bar{s}_{in}+\frac{\bar{s}_b}{1+\bar{s}_b}}\right)\left(\bar{s}_{in}+\frac{\bar{s}_b}{1+\bar{s}_b}\right)\varepsilon_h\boldsymbol{e}^{\mathrm{j}\beta_h}}{-\bar{m}\bar{s}_{in}(1+\bar{s}_b)+2\mathrm{j}\bar{D}_L\sqrt{\bar{s}_{in}+\frac{\bar{s}_b}{1+\bar{s}_b}}\left[\bar{m}-\left(\bar{s}_{in}+\frac{\bar{s}_b}{1+\bar{s}_b}\right)\left(\frac{\bar{m}\bar{s}_{in}(1+\bar{s}_b)+1}{\bar{s}_{in}(1+\bar{s}_b)}\right)\right]}
\tag{17.88}
$$

轴端的振动为

$$
\boldsymbol{r}_{bh}=\frac{ss_{in}m_h\Omega_h^2\varepsilon_h\boldsymbol{e}^{\mathrm{j}\beta_h}}{\Delta_h}
$$

$$
=\frac{\left(\bar{s}_{in}+\frac{\bar{s}_b}{1+\bar{s}_b}\right)\varepsilon_h\boldsymbol{e}^{\mathrm{j}\beta_h}}{-\bar{m}\bar{s}_{in}(1+\bar{s}_b)+2\mathrm{j}\bar{D}_L\sqrt{\bar{s}_{in}+\frac{\bar{s}_b}{1+\bar{s}_b}}\left[\bar{m}-\left(\bar{s}_{in}+\frac{\bar{s}_b}{1+\bar{s}_b}\right)\frac{\bar{m}\bar{s}_{in}(1+\bar{s}_b)+1}{\bar{s}_{in}(1+\bar{s}_b)}\right]}
\tag{17.89}
$$

由式(17.87)、式(17.88)和式(17.89)可见,当高压转子转速满足动力吸振条件时,高压转子的不平衡响应变得很小,而低压转子和轴端(支承)的振动也在可控范围,如图 17.24 所示。与第 17.7.2 节相比,即使考虑了转子支承的刚度和阻

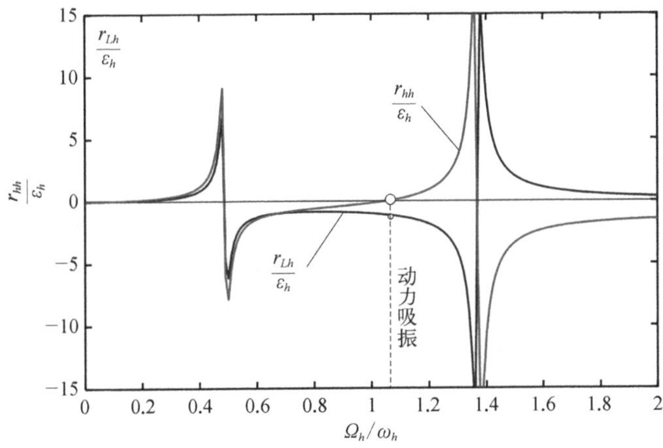

图 17.24　高压转子不平衡激励下对高压转子响应的动力吸振

$\frac{m_L}{m_h}=1.5$, $\omega_h=\sqrt{\frac{s_{in}}{m_h}}$, $\bar{s}_{in}=\frac{s_{in}}{s}=0.5$, $\bar{s}_b=\frac{2s_b}{s}=0.5$, $D_L=0.03$

尼，如前面所述，“动力吸振”仍然发生在高、低压转子同相振动区域向反相振动区域过渡的分界点。在对双转子系统进行动力学设计时，可对这一特性加以利用。例如，在某一转速处，须对高压转子加以保护，则可通过式(17.86)给出的参数关系，对动力吸振条件进行设计和优化，使高压转子振动大幅减小。

17.8.3 低压转子不平衡激励下的响应和对低压转子的动力吸振

1. 低压转子不平衡激励下的响应

当高压转子上的不平衡 $\varepsilon_h \boldsymbol{e}^{j\beta_h}=0$，仅有低压转子上存在不平衡 $\varepsilon_L \boldsymbol{e}^{j\beta_L}$ 时，在低压转子不平衡激励下，转子的不平衡响应为

$$\begin{Bmatrix} \boldsymbol{r}_{hL} \\ \boldsymbol{r}_{LL} \\ \boldsymbol{r}_{bL} \end{Bmatrix} = \frac{1}{\Delta_L}\begin{bmatrix} B_L C_L - s^2 & C_L s_{in} & s s_{in} \\ C_L s_{in} & A_L C_L & A_L s \\ s s_{in} & A_L s & A_L B_L - s_{in}^2 \end{bmatrix} \begin{Bmatrix} 0 \\ m_L \Omega_L^2 \varepsilon_L \boldsymbol{e}^{j\beta_L} \\ 0 \end{Bmatrix} \tag{17.90}$$

式中，

$$A_L = s_{in} - m_h \Omega_L^2 \tag{17.91}$$

$$B_L = s + s_{in} - m_L \Omega_L^2 \tag{17.92}$$

$$C_L = s + 2s_b + 2jd_b\Omega_L \tag{17.93}$$

系数行列式为

$$\begin{aligned} \Delta_L &= (A_L B_L - s_{in}^2)(s + 2s_b) - s^2 A_L + 2jd_b\Omega_L(A_L B_L - s_{in}^2) \\ &= m_h s^2 \omega_h^2 \left\{ \left[\left(\frac{\Omega_L^2}{\omega_h^2} - 1 \right) \frac{\Omega_L^2}{\omega_L^2} - \frac{\Omega_L^2}{\omega_h^2} \bar{s}_{in} \right] (1 + \bar{s}_b) + \bar{s}_b \left(1 - \frac{\Omega_L^2}{\omega_h^2} \right) \right\} \\ &\quad + 2jD_L \frac{\Omega_L}{\omega_L} m_h s^2 \omega_h^2 \left[1 + \left(\frac{\Omega_L^2}{\omega_h^2} - 1 \right) \frac{\Omega_L^2}{\omega_L^2} - \frac{\Omega_L^2}{\omega_h^2}(1 + \bar{s}_{in}) \right] \end{aligned} \tag{17.94}$$

低压转子不平衡激励下高压转子、低压转子和轴端的响应幅值分别为

$$\boldsymbol{r}_{hL} = \frac{1}{\Delta_L}[(s + 2s_b + 2jd_b\Omega_L) s_{in} m_L \Omega_L^2 \varepsilon_L \boldsymbol{e}^{j\beta_L}] = \frac{\dfrac{\Omega_L^2}{\omega_h^2}\left(1 + \bar{s}_b + \dfrac{2jD_L\Omega_L}{\omega_L}\right) \bar{s}_{in} \bar{m} \varepsilon_L \boldsymbol{e}^{j\beta_L}}{\mathrm{Re}(\bar{\Delta}_L) + j\mathrm{Im}(\bar{\Delta}_L)} \tag{17.95}$$

$$\boldsymbol{r}_{LL} = [(s_{in} - m_h \Omega_L^2)(s + 2s_b + 2jd_b\Omega_L)] \frac{m_L \Omega_L^2 \varepsilon_L \boldsymbol{e}^{j\beta_L}}{\Delta_L}$$

$$= \frac{\frac{\Omega_L^2}{\omega_h^2}\left\{\left[1 - \left(\frac{\Omega_L}{\omega_h}\right)^2\right]\left(1 + \bar{s}_b + \frac{2\mathrm{j}D_L\Omega_L}{\omega_L}\right)\right\}\bar{s}_{in}\bar{m}\varepsilon_L e^{\mathrm{j}\beta_L}}{\mathrm{Re}(\bar{\Delta}_L) + \mathrm{jIm}(\bar{\Delta}_L)} \tag{17.96}$$

$$\boldsymbol{r}_{bL} = \frac{1}{\boldsymbol{\Delta}_L}[(s_{in} - m_h\Omega_L^2)sm_L\Omega_L^2\varepsilon_L e^{\mathrm{j}\beta_L}] = \frac{\frac{\Omega_L^2}{\omega_h^2}\left[1 - \left(\frac{\Omega_L}{\omega_h}\right)^2\right]\bar{s}_{in}\bar{m}\varepsilon_L e^{\mathrm{j}\beta_L}}{\mathrm{Re}(\bar{\Delta}_L) + \mathrm{jIm}(\bar{\Delta}_L)} \tag{17.97}$$

式中，

$$\bar{\Delta}_L = \mathrm{Re}(\bar{\Delta}_L) + \mathrm{jIm}(\bar{\Delta}_L)$$

$$\mathrm{Re}(\bar{\Delta}_L) = \left[\left(\frac{\Omega_L^2}{\omega_h^2} - 1\right)\frac{\Omega_L^2}{\omega_L^2} - \frac{\Omega_L^2}{\omega_h^2}\bar{s}_{in}\right](1 + \bar{s}_b) + \bar{s}_b\left(1 - \frac{\Omega_L^2}{\omega_h^2}\right)$$

$$\mathrm{Im}(\bar{\Delta}_L) = 2D_L\frac{\Omega_L}{\omega_L}\left[1 + \left(\frac{\Omega_L^2}{\omega_h^2} - 1\right)\frac{\Omega_L^2}{\omega_L^2} - \frac{\Omega_L^2}{\omega_h^2}(1 + \bar{s}_{in})\right]$$

图 17.25 表示在低压转子不平衡激励下高压和低压转子的响应幅值随转速的变化。变化规律与高压转子不平衡激励下转子的响应相似，同样存在对低压转子的动力吸振现象。

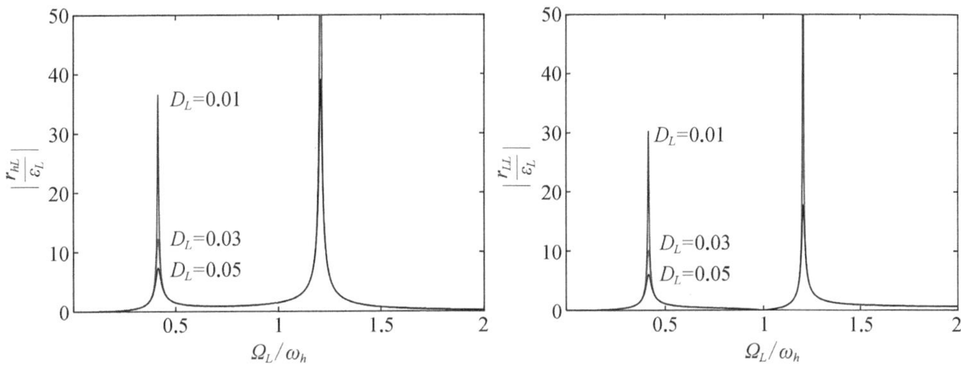

(a) 低压转子不平衡激励下高压转子的不平衡响应　(b) 低压转子不平衡激励下低压转子的不平衡响应

图 17.25　低压转子不平衡激励下双转子的响应相对幅值随转速比的变化

$\frac{m_L}{m_h} = 1.5$; $\omega_h = \sqrt{\frac{s_{in}}{m_h}}$; $\bar{s}_{in} = \frac{s_{in}}{s} = 0.5$; $\bar{s}_b = \frac{2s_b}{s} = 0.5$; $D_L = 0.01, 0.03, 0.05$

2. 对低压转子的动力吸振

令低压转子不平衡响应表达式(17.96)分子为 0，即

$$(s_{in} - m_h\Omega_L^2)(s + 2s_b + 2\mathrm{j}d_b\Omega_L) = 0 \tag{17.98}$$

由此解得对低压转子动力吸振的条件：

$$\Omega_L = \sqrt{\frac{s_{in}}{m_h}} = \omega_h \tag{17.99}$$

上式与式(17.65)是相同的。由此可以看出，高压转子对低压转子的动力吸振条件与支承的弹性无关，而只取决于中介轴承的刚度和高压转子的质量。

如图 17.26 所示，当低压转子转速 Ω_L 满足对低压转子动力吸振条件式(17.99)时，低压转子上的不平衡不会引起低压转子的振动，轴端的振动也为 0。而不平衡力产生的能量全部由高压转子吸收。此时高压转子的振动幅值为

$$\boldsymbol{r}_{hL} = -\bar{m}\varepsilon_L \boldsymbol{e}^{\mathrm{j}\beta_L} \tag{17.100}$$

与第 17.7.2 节中式(17.66)完全相同。由此说明，高压转子吸取低压转子的振动能量只与高、低压转子质量比和低压转子不平衡量相关。动力吸振也同样是发生在高、低压转子同相振动区域向反相振动区域过渡的分界点。

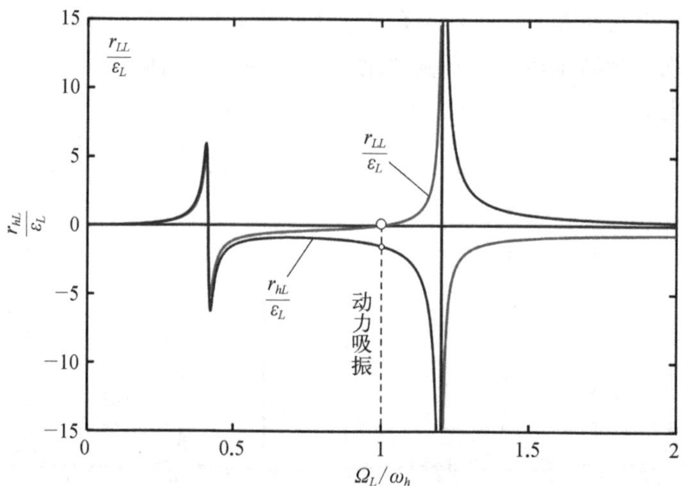

图 17.26 低压转子不平衡激励下对低压转子响应的动力吸振

$\frac{m_L}{m_h} = 1.5$；$\omega_h = \sqrt{\frac{s_{in}}{m_h}}$；$\bar{s}_{in} = \frac{s_{in}}{s} = 0.5$；$\bar{s}_b = \frac{2s_b}{s} = 0.5$；$D_L = 0.03$

17.8.4 高压转子不平衡激励下的临界峰值

现代发动机的转子系统可能会在临界转速下运行，即可能在“共振”条件下工作，从“避开共振”达到“容忍共振”将可能成为例行的设计方法，本书第 15 章和第 16 章曾分别以高压转子和低压转子为对象，引入了“可容模态”理论，为转子“容忍

共振”提供了设计方法。本节分析在高压转子不平衡激励下，双转子系统的临界峰值与转子参数间的关系，为双转子“可容模态”设计提供指导。

假设高压转子存在不平衡 $\varepsilon_h e^{j\beta_h}$，而低压转子不平衡 $\varepsilon_L e^{j\beta_L}=0$，当高压转子转速达到临界转速时，即 $\Omega_h=\omega_i(i=1,\ 2)$ 时，转子的高压不平衡响应峰值为

$$\boldsymbol{r}_{hhcri}=\frac{\left\{\left[\bar{s}_{in}-\left(\dfrac{\omega_i}{\omega_L}\right)^2\right](1+\bar{s}_b)+\bar{s}_b+2\mathrm{j}D_L\dfrac{\omega_i}{\omega_L}\left[1+\bar{s}_{in}-\left(\dfrac{\omega_i}{\omega_L}\right)^2\right]\right\}\dfrac{\omega_i^2}{\omega_h^2}\varepsilon_h\boldsymbol{e}^{\mathrm{j}\beta_h}}{2\mathrm{j}D_L\dfrac{\omega_i}{\omega_L}\left[1+\left(\dfrac{\omega_i^2}{\omega_h^2}-1\right)\dfrac{\omega_i^2}{\omega_L^2}-\dfrac{\omega_i^2}{\omega_h^2}(1+\bar{s}_{in})\right]},\quad i=1,\ 2 \tag{17.101}$$

高压转子不平衡作用下，低压转子的临界峰值为

$$\boldsymbol{r}_{Lhcri}=\frac{\left(1+\bar{s}_b+2\mathrm{j}D_L\dfrac{\omega_i}{\omega_L}\right)\bar{s}_{in}\dfrac{\omega_i^2}{\omega_h^2}\varepsilon_h\boldsymbol{e}^{\mathrm{j}\beta_h}}{2\mathrm{j}D_L\dfrac{\omega_i}{\omega_L}\left[1+\left(\dfrac{\omega_i^2}{\omega_h^2}-1\right)\dfrac{\omega_i^2}{\omega_L^2}-\dfrac{\omega_i^2}{\omega_h^2}(1+\bar{s}_{in})\right]},\quad i=1,\ 2 \tag{17.102}$$

支承的临界峰值为

$$\boldsymbol{r}_{bhcri}=\frac{\bar{s}_{in}\dfrac{\omega_i^2}{\omega_h^2}\varepsilon_h\boldsymbol{e}^{\mathrm{j}\beta_h}}{2\mathrm{j}D_L\dfrac{\omega_i}{\omega_L}\left[1+\left(\dfrac{\omega_i^2}{\omega_h^2}-1\right)\dfrac{\omega_i^2}{\omega_L^2}-\dfrac{\omega_i^2}{\omega_h^2}(1+\bar{s}_{in})\right]},\quad i=1,\ 2 \tag{17.103}$$

式中，下标 $hhcri$、$Lhcri$ 和 $bhcri$ 分别表示高压转子不平衡引起的高压转子、低压转子和轴端振动幅值在第 i 阶临界转速处的峰值。

由式(17.101)、式(17.102)和式(17.103)可见，阻尼比增大，转子和支承的临界峰值均会减小。但阻尼效果还取决于峰值表达式的分母中与阻尼比相乘的系数项。

若设计的转子参数满足如下的条件：

$$2D_L\frac{\omega_i}{\omega_L}\left[1+\left(\frac{\omega_i^2}{\omega_h^2}-1\right)\frac{\omega_i^2}{\omega_L^2}-\frac{\omega_i^2}{\omega_h^2}(1+\bar{s}_{in})\right]=0 \tag{17.104}$$

则阻尼器无效，转子与支承振动临界峰值将会无穷大。

事实上，式(17.104)的左端为行列式 Δ_h 的虚部。式(17.104)成立的条件是，在临界转速处，即 $\Omega_h=\omega_i(i=1,\ 2)$ 时，转子振动微分方程系数行列式 Δ_h 的实部和虚部同时为 0。

由式(17.104)可解得

$$\omega_{1,2}^2 = \frac{1}{2}[\omega_h^2 + \omega_L^2(1+\bar{s}_{in})] \pm \frac{1}{2}\sqrt{[\omega_h^2 + \omega_L^2(1+\bar{s}_{in})]^2 - 4\omega_h^2\omega_L^2} \quad (17.105)$$

将表 17.1 中的无量纲参数代入式(17.105),可得

$$\omega_{1,2}^2 = \frac{1}{2}\omega_L^2[1+(1+\bar{m})\bar{s}_{in}] \pm \frac{1}{2}\sqrt{[1+(1+\bar{m})\bar{s}_{in}]^2 - 4\bar{m}\bar{s}_{in}} \quad (17.106)$$

而由 Δ_h 实部为 0 解得的临界转速为

$$\omega_{1,2}^2 = \frac{1}{2}\omega_L^2\left[\frac{\bar{s}_b}{1+\bar{s}_b} + (1+\bar{m})\bar{s}_{in} \pm \sqrt{\left(\frac{\bar{s}_b}{1+\bar{s}_b} + (1+\bar{m})\bar{s}_{in}\right)^2 - 4\bar{m}\frac{\bar{s}_b\bar{s}_{in}}{1+\bar{s}_b}}\right] \quad (17.107)$$

比较式(17.106)和式(17.107)可知,只有当 $\bar{s}_b = \dfrac{2s_b}{s} \gg 1$ 时,即刚性支承条件下,由 Δ_h 实部为 0 解得的临界转速与 Δ_h 虚部为 0 解得的结果才会相等,即当转子支承刚度无穷大时,在临界转速处,$\Omega_h = \omega_i(i=1,\ 2)$,$\Delta_h$ 的实部和虚部均为 0,转子的振动峰值趋于无穷大。这再次说明,降低支承刚度的重要性。

分别对式(17.101)、式(17.102)和式(17.103)进行无量纲处理,得到高压转子、低压转子和轴端的无量纲临界峰值表达式分别为

$$\bar{r}_{hhcri} = \left|\frac{\boldsymbol{r}_{hhcri}}{\varepsilon_h \boldsymbol{e}^{\mathrm{j}\beta_h}}\right| = \left|\frac{\left\{\left[\bar{s}_{in} - \left(\dfrac{\omega_i}{\omega_L}\right)^2\right](1+\bar{s}_b) + \bar{s}_b + 2\mathrm{j}D_L\dfrac{\omega_i}{\omega_L}\left[1+\bar{s}_{in} - \left(\dfrac{\omega_i}{\omega_L}\right)^2\right]\right\}\dfrac{\omega_i^2}{\omega_h^2}}{2\mathrm{j}D_L\dfrac{\omega_i}{\omega_L}\left[1+\left(\dfrac{\omega_i^2}{\omega_h^2}-1\right)\dfrac{\omega_i^2}{\omega_L^2} - \dfrac{\omega_i^2}{\omega_h^2}(1+\bar{s}_{in})\right]}\right| \quad (17.108)$$

$$\bar{r}_{Lhcri} = \left|\frac{\boldsymbol{r}_{Lhcri}}{\varepsilon_h \boldsymbol{e}^{\mathrm{j}\beta_h}}\right| = \left|\frac{\left(1+\bar{s}_b + 2\mathrm{j}D_L\dfrac{\omega_i}{\omega_L}\right)\bar{s}_{in}\dfrac{\omega_i^2}{\omega_h^2}}{2\mathrm{j}D_L\dfrac{\omega_i}{\omega_L}\left[1+\left(\dfrac{\omega_i^2}{\omega_h^2}-1\right)\dfrac{\omega_i^2}{\omega_L^2} - \dfrac{\omega_i^2}{\omega_h^2}(1+\bar{s}_{in})\right]}\right| \quad (17.109)$$

$$\bar{r}_{bhcri} = \left|\frac{\boldsymbol{r}_{bhcri}}{\varepsilon_h \boldsymbol{e}^{\mathrm{j}\beta_h}}\right| = \left|\frac{\bar{s}_{in}\dfrac{\omega_i^2}{\omega_h^2}}{2\mathrm{j}D_L\dfrac{\omega_i}{\omega_L}\left[1+\left(\dfrac{\omega_i^2}{\omega_h^2}-1\right)\dfrac{\omega_i^2}{\omega_L^2} - \dfrac{\omega_i^2}{\omega_h^2}(1+\bar{s}_{in})\right]}\right| \quad (17.110)$$

图 17.27(a)为高压转子第一阶临界峰值随中介轴承刚度比 $\frac{s_{in}}{s}$ 的变化，$\Omega_h = \omega_1$；

图 17.27(b)为高压转子第二阶临界峰值随中介轴承刚度比 $\frac{s_{in}}{s}$ 的变化，$\Omega_h = \omega_2$；

图 17.28(a)为低压转子第一阶临界峰值随中介轴承刚度比 $\frac{s_{in}}{s}$ 的变化，$\Omega_h = \omega_1$；

图 17.28(b)为低压转子第二阶临界峰值随中介轴承刚度比 $\frac{s_{in}}{s}$ 的变化，$\Omega_h = \omega_2$。

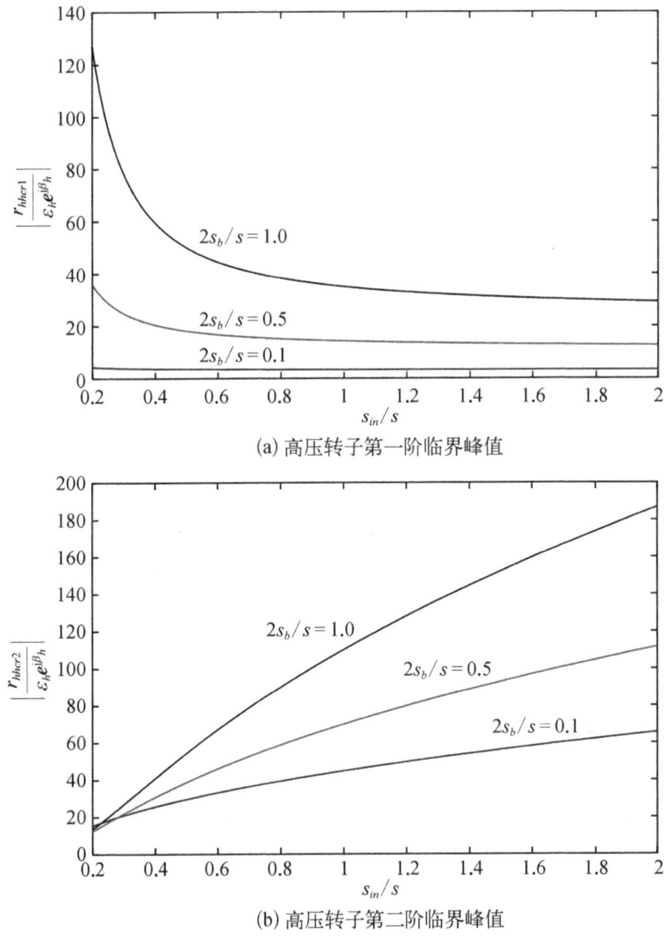

(a) 高压转子第一阶临界峰值

(b) 高压转子第二阶临界峰值

图 17.27　高压转子的不平衡响应峰值随中介轴承刚度比 $\frac{s_{in}}{s}$ 的变化

纵坐标为 $\bar{r}_{hhcri} = | r_{hhcri}/\varepsilon_h e^{j\beta_h} |$；$\frac{m_L}{m_h} = 1.5$；$D_L = 0.03$

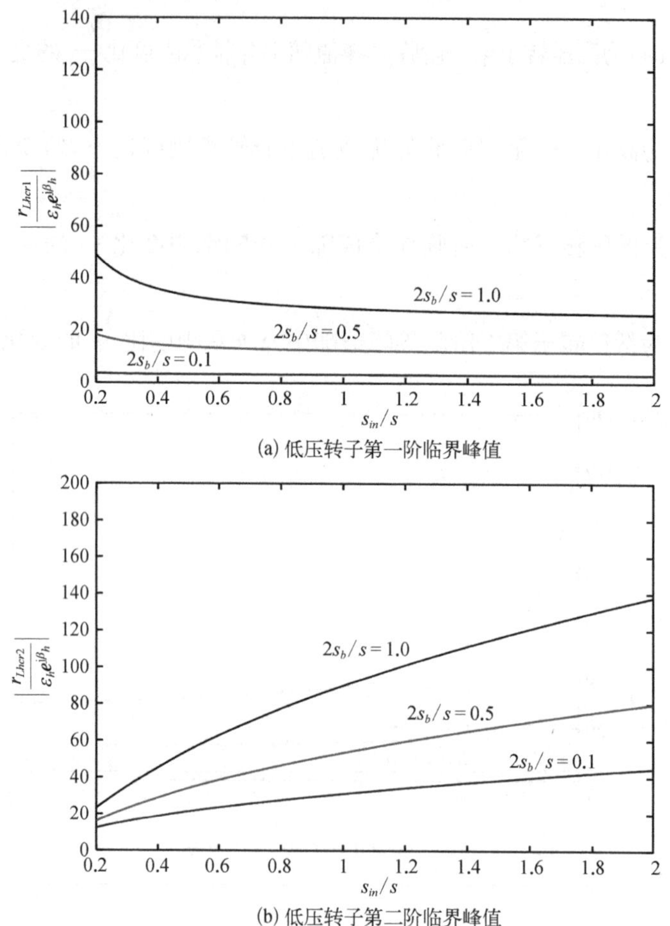

(a) 低压转子第一阶临界峰值

(b) 低压转子第二阶临界峰值

图 17.28 高压转子不平衡激励下低压转子的响应峰值随中介轴承刚度比 $\frac{s_{in}}{s}$ 的变化

纵坐标为 $\bar{r}_{Lhcri} = |r_{Lhcri}/\varepsilon_h e^{j\beta_h}|$; $\Omega_h = \omega_2$; $\frac{m_L}{m_h} = 1.5$; $D_L = 0.03$

由图 17.27 和图 17.28 可见,对于固定的中介轴承刚度比 $\frac{s_{in}}{s}$,转子支座刚度比 $\frac{2s_b}{s}$ 增大,高、低压转子的第一阶和第二阶振动峰值均增大,由此说明,阻尼弹支对减振的重要性。对于任意支座刚度比 $\frac{2s_b}{s}$,随着中介轴承刚度比 $\frac{s_{in}}{s}$ 的增大,高、低压转子的第一阶振动峰值减小,但中介轴承刚度比增大到 $\frac{s_{in}}{s} > \frac{1}{2}$ 后,第一阶振动峰值的变化均趋于平缓，接近定值。高、低压转子的第二阶振动峰值均随着中介轴承刚度比 $\frac{s_{in}}{s}$ 的增大而增大。这是由于在中介支承处难以设置阻尼器所致。另从图 17.24 和图 17.26 可见，在第二阶临界转速处，高压转子和低压转子反相振动，这会对中介轴承产生很大的动载荷。因此，综合考虑转子第一阶和第二阶振动峰值的变化规律，中介支承的刚度比应取在[0.5, 1.0]之间为宜。

图 17.29 表示高压转子不平衡激励下，高、低压转子质量比 $\frac{m_L}{m_h}$ 对高、低压转子

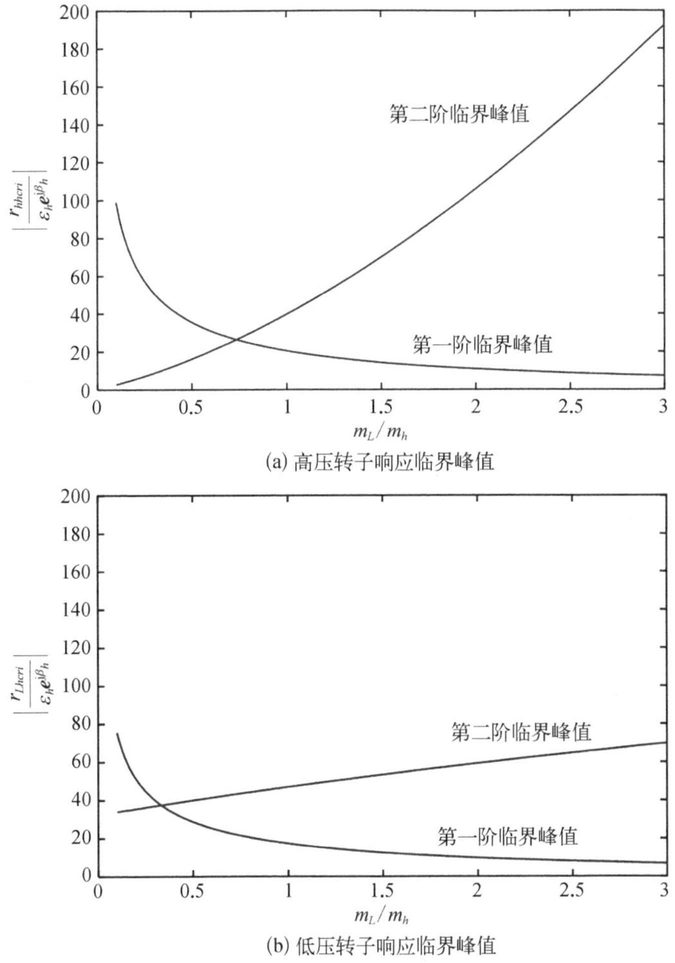

(a) 高压转子响应临界峰值

(b) 低压转子响应临界峰值

图 17.29　高压转子不平衡激励下，高、低压转子响应峰值随高、低压转子质量比 $\frac{m_L}{m_h}$ 的变化

$$\frac{s_{in}}{s}=1;\ D_L=0.03;\ \bar{s}_b=\frac{2s_b}{s}=0.5$$

响应峰值的影响。图 17.29(a)为高压转子响应峰值随高、低压转子质量比 $\frac{m_L}{m_h}$ 的变化，纵坐标为 $\bar{\boldsymbol{r}}_{hhcri}=|\boldsymbol{r}_{hhcri}/\varepsilon_h\boldsymbol{e}^{\mathrm{j}\beta_h}|$；图 17.29(b)为低压转子响应峰值随高、低压转子质量比 $\frac{m_L}{m_h}$ 的变化，纵坐标为 $\bar{\boldsymbol{r}}_{Lhcri}=|\boldsymbol{r}_{Lhcri}/\varepsilon_h\boldsymbol{e}^{\mathrm{j}\beta_h}|$。由图可见，随着质量比 $\frac{m_L}{m_h}$ 增加，第一阶临界峰值减小，第二阶临界峰值增加。在发动机设计中，质量比 $\frac{m_L}{m_h}$ 主要由气动性能和强度要求决定的。本节图 17.22 所示的模型仅简单地考虑转子的集总质量，未考虑质量分布的影响，因此，图 17.29 的结果仅供参考。

17.8.5 低压转子不平衡激励下的临界峰值

采用同样的无量纲化处理，可得到在低压转子不平衡激励下，转子和支承的不平衡响应临界峰值。

低压转子不平衡激励下，高压转子的临界峰值为

$$\bar{\boldsymbol{r}}_{hLcri}=\left|\frac{\boldsymbol{r}_{hLcri}}{\varepsilon_L\boldsymbol{e}^{\mathrm{j}\beta_L}}\right|=\left|\frac{\bar{s}_{in}\bar{m}\dfrac{\omega_i^2}{\omega_h^2}\left(1+\bar{s}_b+\dfrac{2\mathrm{j}D_L\omega_i}{\omega_L}\right)}{2\mathrm{j}D_L\dfrac{\omega_i}{\omega_L}\left[1+\left(\dfrac{\omega_i^2}{\omega_h^2}-1\right)\dfrac{\omega_i^2}{\omega_L^2}-\dfrac{\omega_i^2}{\omega_h^2}(1+\bar{s}_{in})\right]}\right|,\quad i=1,2 \tag{17.111}$$

低压转子的临界峰值为

$$\bar{\boldsymbol{r}}_{LLcri}=\left|\frac{\boldsymbol{r}_{LLcri}}{\varepsilon_L\boldsymbol{e}^{\mathrm{j}\beta_L}}\right|=\left|\frac{\bar{s}_{in}\bar{m}\dfrac{\omega_i^2}{\omega_h^2}\left\{\left[1-\left(\dfrac{\omega_i}{\omega_h}\right)^2\right]\left(1+\bar{s}_b+\dfrac{2\mathrm{j}D_L\omega_i}{\bar{\omega}_L}\right)\right\}}{2\mathrm{j}D_L\dfrac{\omega_i}{\omega_L}\left[1+\left(\dfrac{\omega_i^2}{\omega_h^2}-1\right)\dfrac{\omega_i^2}{\omega_L^2}-\dfrac{\omega_i^2}{\omega_h^2}(1+\bar{s}_{in})\right]}\right|,\quad i=1,2 \tag{17.112}$$

轴端的临界峰值为

$$\bar{\boldsymbol{r}}_{bLcri}=\left|\frac{\boldsymbol{r}_{bLcri}}{\varepsilon_L\boldsymbol{e}^{\mathrm{j}\beta_L}}\right|=\left|\frac{\bar{s}_{in}\bar{m}\dfrac{\omega_i^2}{\omega_h^2}\left[1-\left(\dfrac{\omega_i}{\omega_h}\right)^2\right]}{2\mathrm{j}D_L\dfrac{\omega_i}{\omega_L}\left[1+\left(\dfrac{\omega_i^2}{\omega_h^2}-1\right)\dfrac{\omega_i^2}{\omega_L^2}-\dfrac{\omega_i^2}{\omega_h^2}(1+\bar{s}_{in})\right]}\right|,\quad i=1,2 \tag{17.113}$$

图 17.30(a)为高压转子第一阶临界峰值随中介轴承刚度比 $\frac{s_{in}}{s}$ 的变化，$\Omega_L = \omega_1$；

图 17.30(b)为高压转子第二阶临界峰值随中介轴承刚度比 $\frac{s_{in}}{s}$ 的变化，$\Omega_L = \omega_2$；

图 17.31(a)为低压转子第一阶临界峰值随中介轴承刚度比 $\frac{s_{in}}{s}$ 的变化，$\Omega_L = \omega_1$；

图 17.31(b)为低压转子第二阶临界峰值随中介轴承刚度比 $\frac{s_{in}}{s}$ 的变化，$\Omega_L = \omega_2$。

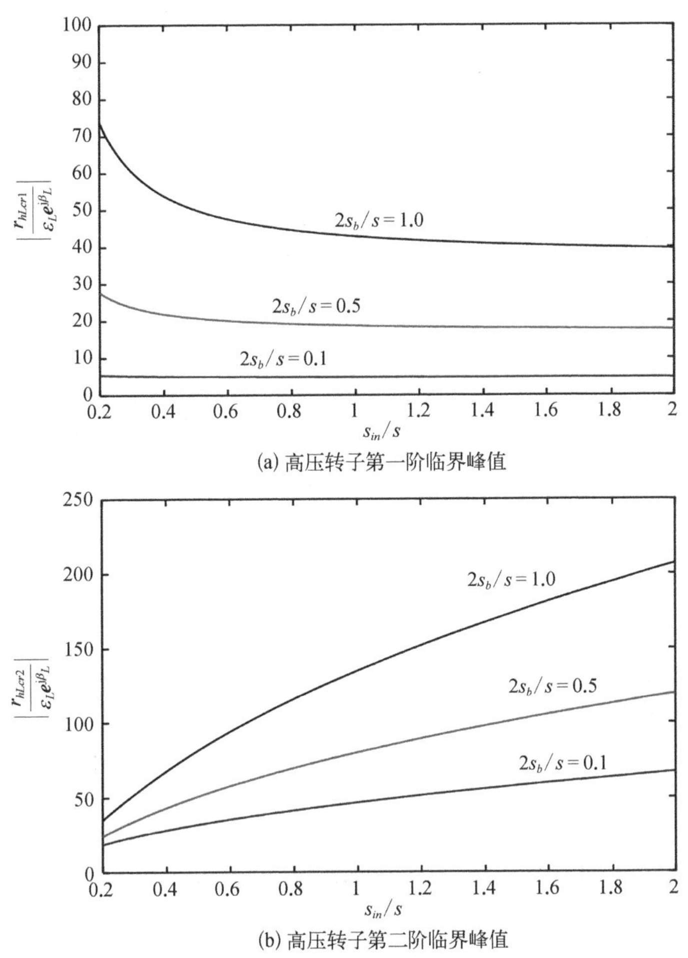

(a) 高压转子第一阶临界峰值

(b) 高压转子第二阶临界峰值

图 17.30　低压转子不平衡激励下高压转子的响应峰值随中介轴承刚度比 $\frac{s_{in}}{s}$ 的变化

纵坐标为 $\bar{r}_{hLcri} = |r_{hLcri}/\varepsilon_L e^{j\beta_L}|$；$\frac{m_L}{m_h} = 1.5$；$D_L = 0.03$

由图 17.30 可以看出,低压转子不平衡激励下,高压转子的响应峰值随中介轴承刚度比 $\dfrac{s_{in}}{s}$ 的变化规律与高压转子不平衡激励下的响应峰值变化规律相似,刚度比 $\dfrac{s_{in}}{s}$ 增加,第一阶响应峰值降低,而第二阶响应峰值增加。

图 17.31 的结果表明,低压转子不平衡激励下,低压转子的第一阶响应峰值随中介轴承刚度比 $\dfrac{s_{in}}{s}$ 的变化先增大,然后达到定值,与图 17.28 所示的高压转子不平衡激励下的低压转子响应峰值变化规律有所不同。但第二阶响应峰值变化规律与图 17.28 所示的结果相似。

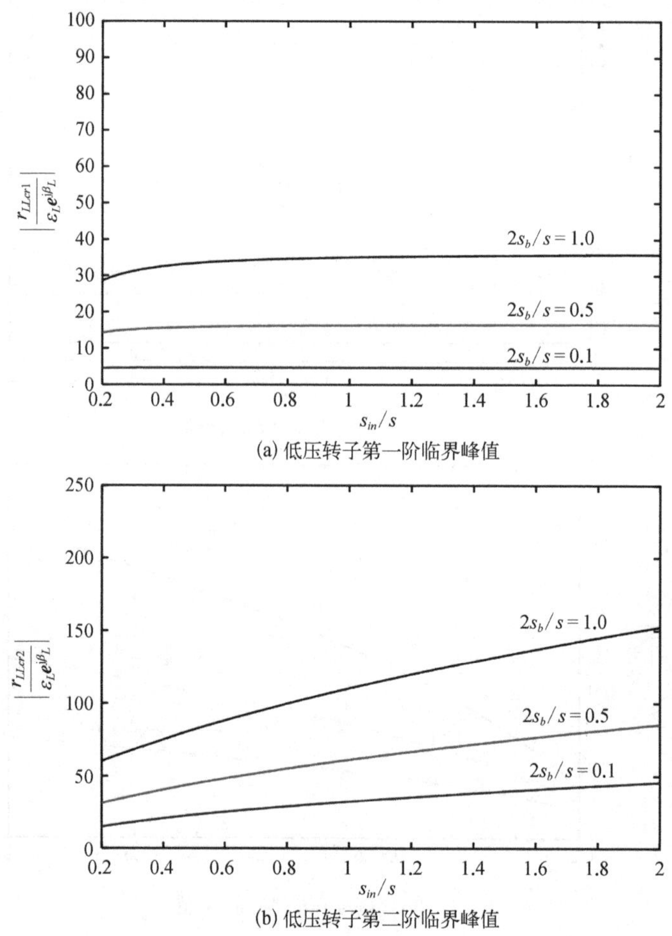

(a) 低压转子第一阶临界峰值

(b) 低压转子第二阶临界峰值

图 17.31　低压转子不平衡激励下低压转子的响应峰值随中介轴承刚度比 $\dfrac{s_{in}}{s}$ 的变化

纵坐标为 $\bar{r}_{LLcri}=|r_{LLcri}/\varepsilon_L e^{j\beta_L}|$; $\dfrac{m_L}{m_h}=1.5$; $D_L=0.03$

在低压转子不平衡激励下,转子支座刚度比 $\frac{2s_b}{s}$ 增大,高、低压转子的第一阶和第二阶振动峰值均同样增大。再次说明,阻尼弹支对减振的重要性。

17.9　考虑中介轴承刚度各向异性时双转子的振动特性

由于设计不当、工艺误差或装配偏差等因素的影响,中介轴承的刚度可能会周向不均匀,表现出各向异性。本节分析中介轴承刚度的各向异性对双转子振动特性的影响。

17.9.1　双转子模型与振动微分方程

所取模型与 17.7 节图 17.17 所示的模型相似,但中介轴承的刚度各向异性。如图 17.32 所示,设中介支承沿 ς 方向的刚度为 $s_{in\varsigma}$,沿 ξ 方向的刚度为 $s_{in\xi}$。不考虑支座的弹性和阻尼。取坐标系 (o, ς, ξ) 为随高压转子一起旋转的坐标系,旋转

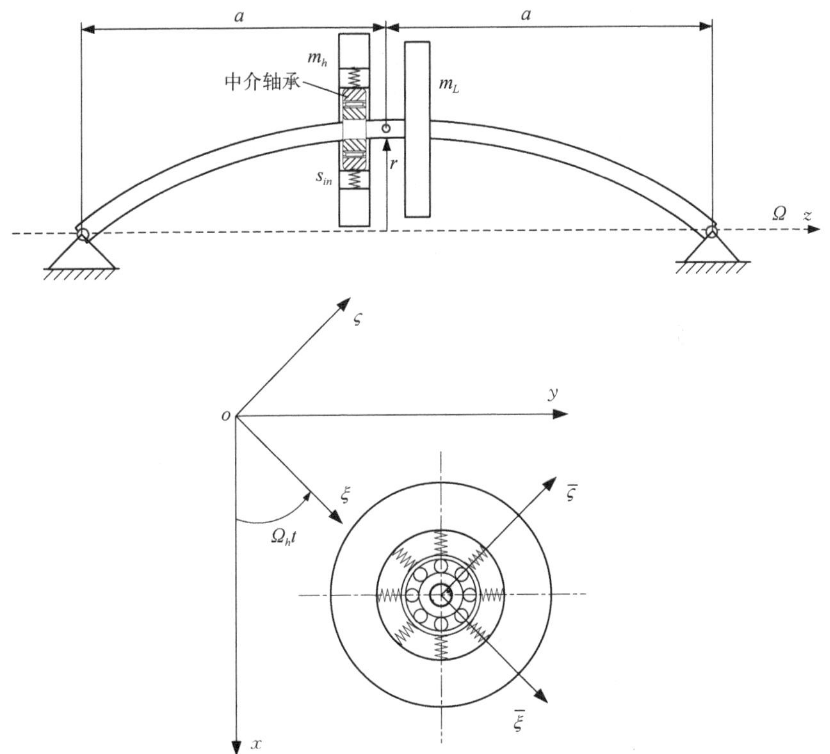

图 17.32　转子模型和刚度各向异性的中介轴承[14]

固定坐标系 (o, x, y) 和旋转坐标系 (o, ς, ξ)

角速度为 Ω_h。

在旋转坐标系中列出转子的运动方程。

高压盘的运动方程为

$$\begin{aligned}
m_h(\ddot{\xi}_h - \Omega_h^2\xi_h - 2\Omega_h\dot{\varsigma}_h) + s_{in\xi}(\xi_h - \xi_L) &= m_h\Omega_h^2\varepsilon_h\cos\beta_h + m_h g\cos\Omega_h t \\
m_h(\ddot{\varsigma}_h - \Omega_h^2\varsigma_h + 2\Omega_h\dot{\xi}_h) + s_{in\varsigma}(\varsigma_h - \varsigma_L) &= m_h\Omega_h^2\varepsilon_h\sin\beta_h - m_h g\sin\Omega_h t
\end{aligned} \tag{17.114}$$

低压盘的运动方程为

$$\begin{aligned}
m_L(\ddot{\xi}_L - \Omega_h^2\xi_L - 2\Omega_h\dot{\varsigma}_L) - s_{in\xi}(\xi_h - \xi_L) + s\xi_L &= m_L\Omega_L^2\varepsilon_L\cos[(\Omega_h - \Omega_L)t + \beta_L] \\
m_L(\ddot{\varsigma}_L - \Omega_h^2\varsigma_L + 2\Omega_h\dot{\xi}_L) - s_{in\varsigma}(\varsigma_h - \varsigma_L) + s\varsigma_L &= - m_L\Omega_L^2\varepsilon_L\sin[(\Omega_h - \Omega_L)t + \beta_L]
\end{aligned} \tag{17.115}$$

式中,ξ_h 和 ς_h 为高压盘在旋转坐标系中的位移;ξ_L 和 ς_L 为低压盘在旋转坐标系中的位移。其余参数与前面的定义相同。

需注意,低压转子的自重不会激起转子的振动。这是因为,对于低压转子而言,中介支承只是与高压转子耦合的弹性单元,并不是低压转子的支承。低压转子的重力由低压转子的两个支承承担,并不作用在中介轴承上,故在方程(17.115)中不包含低压转子的重力。但中介支承是高压转子的后支承,高压转子的重力是其须承担的载荷,作用在中介轴承上。因此,在方程(17.114)中包含高压转子重力的作用。

17.9.2 高压盘不平衡激励下转子的响应

假设只有高压盘存在不平衡 $\varepsilon_h e^{j\beta_h}$,低压盘不平衡 $\varepsilon_L e^{j\beta_L} = 0$。

设高压盘不平衡作用下转子的响应为

$$\begin{aligned}
\xi_{hh} &= A_{hh}\cos\varphi_{hh} \\
\varsigma_{hh} &= A_{hh}\sin\varphi_{hh}
\end{aligned} \tag{17.116}$$

$$\begin{aligned}
\xi_{Lh} &= A_{Lh}\cos\varphi_{Lh} \\
\varsigma_{Lh} &= A_{Lh}\sin\varphi_{Lh}
\end{aligned} \tag{17.117}$$

代入方程(17.114)和方程(17.115)后,得

$$\begin{bmatrix}
s_{in\xi} - m_h\Omega_h^2 & 0 & -s_{in\xi} & 0 \\
0 & s_{in\varsigma} - m_h\Omega_h^2 & 0 & -s_{in\varsigma} \\
-s_{in\xi} & 0 & s + s_{in\xi} - m_L\Omega_h^2 & 0 \\
0 & -s_{in\varsigma} & 0 & s + s_{in\varsigma} - m_L\Omega_h^2
\end{bmatrix}
\begin{Bmatrix} \xi_{hh} \\ \varsigma_{hh} \\ \xi_{Lh} \\ \varsigma_{Lh} \end{Bmatrix}
=
\begin{Bmatrix} m_h\Omega_h^2\varepsilon_h\cos\beta_h \\ m_h\Omega_h^2\varepsilon_h\sin\beta_h \\ 0 \\ 0 \end{Bmatrix} \tag{17.118}$$

系数矩阵的行列式为

$$\Delta_h = [(s_{in\xi} - m_h\Omega_h^2)(s + s_{in\xi} - m_L\Omega_h^2) - s_{in\xi}^2][(s_{in\varsigma} - m_h\Omega_h^2)(s + s_{in\varsigma} - m_L\Omega_h^2) - s_{in\varsigma}^2] \tag{17.119}$$

令式(17.119)等于 0,就可解出 4 个临界转速。

设 $\Omega_h = \omega$ 时,行列式 $\Delta_h = 0$, 即

$$[(s_{in\xi} - m_h\omega^2)(s + s_{in\xi} - m_L\omega^2) - s_{in\xi}^2][(s_{in\varsigma} - m_h\omega^2)(s + s_{in\varsigma} - m_L\omega^2) - s_{in\varsigma}^2] = 0 \tag{17.120}$$

由第一项为 0,即

$$(s_{in\xi} - m_h\Omega_h^2)(s + s_{in\xi} - m_L\Omega_h^2) - s_{in\xi}^2 = 0 \tag{17.121}$$

解得

$$\omega_{1,2}^2 = \frac{m_h s_{in\xi} + m_h s + s_{in\xi} m_L}{2m_h m_L} \pm \frac{1}{2m_h m_L}\sqrt{(m_h s_{in\xi} + m_h s + m_L s_{in\xi})^2 - 4m_h m_L s s_{in\xi}} \tag{17.122}$$

而由第二项为 0,即

$$(s_{in\varsigma} - m_h\omega^2)(s + s_{in\varsigma} - m_L\omega^2) - s_{in\varsigma}^2 = 0 \tag{17.123}$$

得

$$\omega_{3,4}^2 = \frac{m_h s_{in\varsigma} + m_h s + s_{in\varsigma} m_L}{2m_h m_L} \pm \frac{1}{2m_h m_L}\sqrt{(m_h s_{in\varsigma} + m_h s + m_L s_{in\varsigma})^2 - 4m_h m_L s s_{in\varsigma}} \tag{17.124}$$

由此可见,中介轴承的刚度各向异性使得转子的临界转速增加为 4 个。实际上,$s_{in\xi}$ 与 $s_{in\varsigma}$差别不会太大,两两相近的临界转速差别也不会太大,这样就相当于把临界转速的区域扩大了。

转子在旋转坐标系的不平衡响应为

$$\xi_{hh} = \frac{s_{in\xi} m_h \Omega_h^2 \varepsilon_h \cos\beta_h}{(s_{in\xi} - m_h\Omega_h^2)(s + s_{in\xi} - m_L\Omega_h^2) - s_{in\xi}^2} \tag{17.125}$$

$$\varsigma_{hh} = \frac{s_{in\varsigma} m_h \Omega_h^2 \varepsilon_h \sin\beta_h}{(s_{in\varsigma} - m_h\Omega_h^2)(s + s_{in\varsigma} - m_L\Omega_h^2) - s_{in\varsigma}^2} \tag{17.126}$$

$$\xi_{Lh} = \frac{(s + s_{in\xi} - m_L\Omega_h^2) m_h \Omega_h^2 \varepsilon_h \cos\beta_h}{(s_{in\xi} - m_h\Omega_h^2)(s + s_{in\xi} - m_L\Omega_h^2) - s_{in\xi}^2} \tag{17.127}$$

$$\varsigma_{Lh} = \frac{(s + s_{in\varsigma} - m_L\Omega_h^2)m_h\Omega_h^2\varepsilon_h\sin\beta_h}{(s_{in\varsigma} - m_h\Omega_h^2)(s + s_{in\varsigma} - m_L\Omega_h^2) - s_{in\varsigma}^2} \tag{17.128}$$

取如下复向量:

$$\begin{aligned}\boldsymbol{\rho}_{hh} &= \xi_{hh} + \mathrm{j}\,\varsigma_{hh} \\ \boldsymbol{\rho}_{Lh} &= \xi_{Lh} + \mathrm{j}\,\varsigma_{Lh}\end{aligned} \tag{17.129}$$

式中,$\boldsymbol{\rho}_{hh}$ 和 $\boldsymbol{\rho}_{Lh}$ 分别为旋转坐标系中高压盘和低压盘的响应向量。

将式(17.125)至式(17.128)分别代入式(17.129)就可求得高压盘和低压盘的振动幅值:

$$|\boldsymbol{\rho}_{hh}| = \sqrt{\xi_{hh}^2 + \varsigma_{hh}^2} \tag{17.130}$$

$$|\boldsymbol{\rho}_{Lh}| = \sqrt{\xi_{Lh}^2 + \varsigma_{Lh}^2} \tag{17.131}$$

取固定坐标系中的复向量:

$$\boldsymbol{r} = x + \mathrm{j}y \tag{17.132}$$

固定坐标系和旋转坐标系中向量间的变换关系为

$$\boldsymbol{r} = \boldsymbol{\rho}\boldsymbol{e}^{\mathrm{j}\Omega_h t} \tag{17.133}$$

对式(17.129)进行上述的变换之后,就可得到固定坐标系中,在高压盘不平衡作用下转子的振动:

$$\boldsymbol{r}_{hh} = \boldsymbol{\rho}_{hh}\boldsymbol{e}^{\mathrm{j}\Omega_h t} \tag{17.134}$$

$$\boldsymbol{r}_{Lh} = \boldsymbol{\rho}_{Lh}\boldsymbol{e}^{\mathrm{j}\Omega_h t} \tag{17.135}$$

为便于把表达式无量纲化,引入如下的平均刚度和刚度差:

$$s_{ina} = \frac{1}{2}(s_{in\xi} + s_{in\varsigma}) \tag{17.136}$$

$$\Delta s_a = \frac{1}{2}(s_{in\xi} - s_{in\varsigma}) \tag{17.137}$$

由图 17.33 可见,当中介轴承刚度各向异性为 $\dfrac{\Delta s_a}{s_{ina}} = 10\%$ 时,高压盘和低压盘的高压不平衡响应出现 4 个峰值,分别对应式(17.122)和式(17.124)所表示的临界转速。其中,ω_1 和 ω_3 相差很小,而 ω_2 和 ω_4 差别明显。另由图可见,当 $\Omega_h =$

$\sqrt{\dfrac{s+s_{in\varsigma}}{m_L}}$ 或 $\Omega_h=\sqrt{\dfrac{s+s_{in\xi}}{m_L}}$ 时,低压盘的高压不平衡响应接近于零。

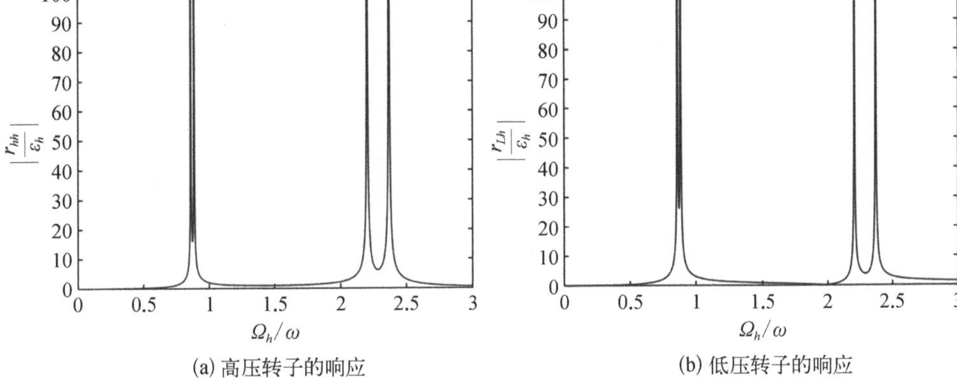

(a) 高压转子的响应　　(b) 低压转子的响应

图 17.33　高压转子不平衡作用下高压盘和低压盘的响应幅频特性

纵坐标为相对幅值 $\dfrac{|\boldsymbol{r}_{hh}|}{\varepsilon_h}$ 和 $\dfrac{|\boldsymbol{r}_{Lh}|}{\varepsilon_h}$;横坐标为相对转速 $\dfrac{\Omega_h}{\omega}$;

$\omega=\sqrt{\dfrac{s}{m_h+m_L}}$;$\dfrac{\Delta s_a}{s_{ina}}=10\%$;$\dfrac{s_{ina}}{s}=1.0$;$\dfrac{m_L}{m_h}=1$;$\beta_h=\dfrac{\pi}{4}$

17.9.3　低压盘不平衡激励下转子的响应

为便于求解,把方程(17.114)和方程(17.115)写成复向量形式,引入式(17.136)和式(17.137)所表示的平均刚度和刚度差,于是得

$$m_h\ddot{\boldsymbol{\rho}}_h+2\mathrm{j}m_h\Omega_h\dot{\boldsymbol{\rho}}_h-m_h\Omega_h^2\boldsymbol{\rho}_h+s_{ina}\boldsymbol{\rho}_h-s_{ina}\boldsymbol{\rho}_L+\Delta s_a\boldsymbol{\rho}_h^*-\Delta s_a\boldsymbol{\rho}_L^*=m_h\Omega_h^2\varepsilon_h\boldsymbol{e}^{\mathrm{j}\beta_h}+m_hg\boldsymbol{e}^{-\mathrm{j}\Omega_h t} \tag{17.138}$$

$$m_L\ddot{\boldsymbol{\rho}}_L+2\mathrm{j}\Omega_h m_L\dot{\boldsymbol{\rho}}_L-m_L\Omega_h^2\boldsymbol{\rho}_L+s\boldsymbol{\rho}_L-s_{ina}\boldsymbol{\rho}_h+s_{ina}\boldsymbol{\rho}_L-\Delta s_a\boldsymbol{\rho}_h^*+\Delta s_a\boldsymbol{\rho}_L^*=m_L\Omega_L^2\varepsilon_L\boldsymbol{e}^{-\mathrm{j}\beta_L}\boldsymbol{e}^{-\mathrm{j}(\Omega_h-\Omega_L)t} \tag{17.139}$$

式中,$\boldsymbol{\rho}_h=\xi_h+\mathrm{j}\varsigma_h$,$\boldsymbol{\rho}_L=\xi_L+\mathrm{j}\varsigma_L$,$\boldsymbol{\rho}_h^*$ 和 $\boldsymbol{\rho}_L^*$ 分别为 $\boldsymbol{\rho}_h$ 和 $\boldsymbol{\rho}_L$ 的共轭复向量。

仅考虑低压盘上存在不平衡 $\varepsilon_L\boldsymbol{e}^{\mathrm{j}\beta_L}$,而高压盘不平衡 $\varepsilon_h\boldsymbol{e}^{\mathrm{j}\beta_h}=0$ 时,转子的运动方程为

$$m_h\ddot{\boldsymbol{\rho}}_h+2\mathrm{j}m_h\Omega_h\dot{\boldsymbol{\rho}}_h-m_h\Omega_h^2\boldsymbol{\rho}_h+s_{ina}\boldsymbol{\rho}_h-s_{ina}\boldsymbol{\rho}_L+\Delta s_a\boldsymbol{\rho}_h^*-\Delta s_a\boldsymbol{\rho}_L^*=0 \tag{17.140}$$

$$m_L\ddot{\boldsymbol{\rho}}_L+2\mathrm{j}\Omega_h m_L\dot{\boldsymbol{\rho}}_L-m_L\Omega_h^2\boldsymbol{\rho}_L+s\boldsymbol{\rho}_L-s_{ina}\boldsymbol{\rho}_h+s_{ina}\boldsymbol{\rho}_L-\Delta s_a\boldsymbol{\rho}_h^*+\Delta s_a\boldsymbol{\rho}_L^*=m_L\Omega_L^2\varepsilon_L\boldsymbol{e}^{-\mathrm{j}\beta_L}\boldsymbol{e}^{-\mathrm{j}(\Omega_h-\Omega_L)t} \tag{17.141}$$

设方程的解为

$$
\begin{aligned}
\boldsymbol{\rho}_{hL} &= \boldsymbol{\rho}_{hL+}\,\boldsymbol{e}^{\mathrm{j}(\Omega_h-\Omega_L)t} + \boldsymbol{\rho}_{hL-}\,\boldsymbol{e}^{-\mathrm{j}(\Omega_h-\Omega_L)t} \\
\boldsymbol{\rho}_{LL} &= \boldsymbol{\rho}_{LL+}\,\boldsymbol{e}^{\mathrm{j}(\Omega_h-\Omega_L)t} + \boldsymbol{\rho}_{LL-}\,\boldsymbol{e}^{-\mathrm{j}(\Omega_h-\Omega_L)t}
\end{aligned}
\tag{17.142}
$$

代入方程(17.140)和方程(17.141),可得

$$A\boldsymbol{\rho}_{hL+} - s_{ina}\boldsymbol{\rho}_{LL+} + \Delta s_a\boldsymbol{\rho}_{hL-}^{*} - \Delta s_a\boldsymbol{\rho}_{LL-}^{*} = 0 \tag{17.143}$$

$$B\boldsymbol{\rho}_{hL-} - s_{ina}\boldsymbol{\rho}_{LL-} + \Delta s_a\boldsymbol{\rho}_{hL+}^{*} - \Delta s_a\boldsymbol{\rho}_{LL+}^{*} = 0 \tag{17.144}$$

$$C\boldsymbol{\rho}_{LL+} - s_{ina}\boldsymbol{\rho}_{hL+} - \Delta s_a\boldsymbol{\rho}_{hL-}^{*} + \Delta s_a\boldsymbol{\rho}_{LL-}^{*} = 0 \tag{17.145}$$

$$D\boldsymbol{\rho}_{LL-} - s_{ina}\boldsymbol{\rho}_{hL-} - \Delta s_a\boldsymbol{\rho}_{hL+}^{*} + \Delta s_a\boldsymbol{\rho}_{LL+}^{*} = \boldsymbol{F}_L \tag{17.146}$$

式中,

$$\boldsymbol{F}_L = m_L\Omega_L^2\varepsilon_L\boldsymbol{e}^{-\mathrm{j}\beta_L} \tag{17.147}$$

$$A = s_{ina} - m_h(2\Omega_h - \Omega_L)^2 \tag{17.148}$$

$$B = s_{ina} - m_h\Omega_L^2 \tag{17.149}$$

$$C = s + s_{ina} - m_L(2\Omega_h - \Omega_L)^2 \tag{17.150}$$

$$D = s + s_{ina} - m_L\Omega_L^2 \tag{17.151}$$

将方程(17.143)至方程(17.146)写成如下的矩阵形式:

$$\boldsymbol{\Lambda}_{ina}\begin{Bmatrix}\boldsymbol{\rho}_{hL+}\\ \boldsymbol{\rho}_{hL-}\\ \boldsymbol{\rho}_{LL+}\\ \boldsymbol{\rho}_{LL-}\end{Bmatrix} + \boldsymbol{\Lambda}_{\delta}\begin{Bmatrix}\boldsymbol{\rho}_{hL+}^{*}\\ \boldsymbol{\rho}_{hL-}^{*}\\ \boldsymbol{\rho}_{LL+}^{*}\\ \boldsymbol{\rho}_{LL-}^{*}\end{Bmatrix} = \begin{Bmatrix}0\\ 0\\ 0\\ \boldsymbol{F}_L\end{Bmatrix} \tag{17.152}$$

式中,

$$\boldsymbol{\Lambda}_{ina} = \begin{bmatrix} A & 0 & -s_{ina} & 0 \\ 0 & B & 0 & -s_{ina} \\ -s_{ina} & 0 & C & 0 \\ 0 & -s_{ina} & 0 & D \end{bmatrix}$$

$$\boldsymbol{\Lambda}_{\delta} = \begin{bmatrix} 0 & \Delta s_a & 0 & -\Delta s_a \\ \Delta s_a & 0 & -\Delta s_a & 0 \\ 0 & -\Delta s_a & 0 & \Delta s_a \\ -\Delta s_a & 0 & \Delta s_a & 0 \end{bmatrix}$$

对方程(17.152)两边取复共轭,可得

$$\boldsymbol{\Lambda}_{ina}\begin{Bmatrix}\boldsymbol{\rho}_{hL+}^{*}\\ \boldsymbol{\rho}_{hL-}^{*}\\ \boldsymbol{\rho}_{LL+}^{*}\\ \boldsymbol{\rho}_{LL-}^{*}\end{Bmatrix}+\boldsymbol{\Lambda}_{\delta}\begin{Bmatrix}\boldsymbol{\rho}_{hL+}\\ \boldsymbol{\rho}_{hL-}\\ \boldsymbol{\rho}_{LL+}\\ \boldsymbol{\rho}_{LL-}\end{Bmatrix}=\begin{Bmatrix}0\\ 0\\ 0\\ \boldsymbol{F}_{L}^{*}\end{Bmatrix} \tag{17.153}$$

将方程(17.152)与方程(17.153)分别相减和相加,得

$$[\boldsymbol{\Lambda}_{ina}-\boldsymbol{\Lambda}_{\delta}]\left[\begin{Bmatrix}\boldsymbol{\rho}_{hL+}\\ \boldsymbol{\rho}_{hL-}\\ \boldsymbol{\rho}_{LL+}\\ \boldsymbol{\rho}_{LL-}\end{Bmatrix}-\begin{Bmatrix}\boldsymbol{\rho}_{hL+}^{*}\\ \boldsymbol{\rho}_{hL-}^{*}\\ \boldsymbol{\rho}_{LL+}^{*}\\ \boldsymbol{\rho}_{LL-}^{*}\end{Bmatrix}\right]=\begin{Bmatrix}0\\ 0\\ 0\\ \boldsymbol{F}_{L}-\boldsymbol{F}_{L}^{*}\end{Bmatrix}$$

$$\begin{bmatrix}A & -\Delta s_{a} & -s_{ina} & \Delta s_{a}\\ -\Delta s_{a} & B & \Delta s_{a} & -s_{ina}\\ -s_{ina} & \Delta s_{a} & C & -\Delta s_{a}\\ \Delta s_{a} & -s_{ina} & -\Delta s_{a} & D\end{bmatrix}\left[\begin{Bmatrix}\boldsymbol{\rho}_{hL+}\\ \boldsymbol{\rho}_{hL-}\\ \boldsymbol{\rho}_{LL+}\\ \boldsymbol{\rho}_{LL-}\end{Bmatrix}-\begin{Bmatrix}\boldsymbol{\rho}_{hL+}^{*}\\ \boldsymbol{\rho}_{hL-}^{*}\\ \boldsymbol{\rho}_{LL+}^{*}\\ \boldsymbol{\rho}_{LL-}^{*}\end{Bmatrix}\right]=\begin{Bmatrix}0\\ 0\\ 0\\ \boldsymbol{F}_{L}-\boldsymbol{F}_{L}^{*}\end{Bmatrix} \tag{17.154}$$

或

$$[\boldsymbol{\Lambda}_{ina}+\boldsymbol{\Lambda}_{\delta}]\left[\begin{Bmatrix}\boldsymbol{\rho}_{hL+}\\ \boldsymbol{\rho}_{hL-}\\ \boldsymbol{\rho}_{LL+}\\ \boldsymbol{\rho}_{LL-}\end{Bmatrix}+\begin{Bmatrix}\boldsymbol{\rho}_{hL+}^{*}\\ \boldsymbol{\rho}_{hL-}^{*}\\ \boldsymbol{\rho}_{LL+}^{*}\\ \boldsymbol{\rho}_{LL-}^{*}\end{Bmatrix}\right]=\begin{Bmatrix}0\\ 0\\ 0\\ \boldsymbol{F}_{L}+\boldsymbol{F}_{L}^{*}\end{Bmatrix}$$

$$\begin{bmatrix}A & \Delta s_{a} & -s_{ina} & -\Delta s_{a}\\ \Delta s_{a} & B & -\Delta s_{a} & -s_{ina}\\ -s_{ina} & -\Delta s_{a} & C & \Delta s_{a}\\ -\Delta s_{a} & -s_{ina} & \Delta s_{a} & D\end{bmatrix}\left[\begin{Bmatrix}\boldsymbol{\rho}_{hL+}\\ \boldsymbol{\rho}_{hL-}\\ \boldsymbol{\rho}_{LL+}\\ \boldsymbol{\rho}_{LL-}\end{Bmatrix}+\begin{Bmatrix}\boldsymbol{\rho}_{hL+}^{*}\\ \boldsymbol{\rho}_{hL-}^{*}\\ \boldsymbol{\rho}_{LL+}^{*}\\ \boldsymbol{\rho}_{LL-}^{*}\end{Bmatrix}\right]=\begin{Bmatrix}0\\ 0\\ 0\\ \boldsymbol{F}_{L}+\boldsymbol{F}_{L}^{*}\end{Bmatrix} \tag{17.155}$$

由方程(17.154)和方程(17.155)可分别解得

$$\left[\begin{Bmatrix}\boldsymbol{\rho}_{hL+}\\ \boldsymbol{\rho}_{hL-}\\ \boldsymbol{\rho}_{LL+}\\ \boldsymbol{\rho}_{LL-}\end{Bmatrix}-\begin{Bmatrix}\boldsymbol{\rho}_{hL+}^{*}\\ \boldsymbol{\rho}_{hL-}^{*}\\ \boldsymbol{\rho}_{LL+}^{*}\\ \boldsymbol{\rho}_{LL-}^{*}\end{Bmatrix}\right]=\begin{bmatrix}A & -\Delta s_{a} & -s_{ina} & \Delta s_{a}\\ -\Delta s_{a} & B & \Delta s_{a} & -s_{ina}\\ -s_{ina} & \Delta s_{a} & C & -\Delta s_{a}\\ \Delta s_{a} & -s_{ina} & -\Delta s_{a} & D\end{bmatrix}^{-1}\begin{Bmatrix}0\\ 0\\ 0\\ \boldsymbol{F}_{L}-\boldsymbol{F}_{L}^{*}\end{Bmatrix} \tag{17.156}$$

$$\left[\begin{Bmatrix}\boldsymbol{\rho}_{hL+}\\\boldsymbol{\rho}_{hL-}\\\boldsymbol{\rho}_{LL+}\\\boldsymbol{\rho}_{LL-}\end{Bmatrix}+\begin{Bmatrix}\boldsymbol{\rho}^*_{hL+}\\\boldsymbol{\rho}^*_{hL-}\\\boldsymbol{\rho}^*_{LL+}\\\boldsymbol{\rho}^*_{LL-}\end{Bmatrix}\right]=\begin{bmatrix}A & \Delta s_a & -s_{ina} & -\Delta s_a\\\Delta s_a & B & -\Delta s_a & -s_{ina}\\-s_{ina} & -\Delta s_a & C & \Delta s_a\\-\Delta s_a & -s_{ina} & \Delta s_a & D\end{bmatrix}^{-1}\begin{Bmatrix}0\\0\\0\\\boldsymbol{F}_L+\boldsymbol{F}_L^*\end{Bmatrix}\tag{17.157}$$

方程(17.156)与方程(17.157)相加,得到在低压盘不平衡的激励下转子的响应幅值如下:

$$\begin{aligned}\begin{Bmatrix}\boldsymbol{\rho}_{hL+}\\\boldsymbol{\rho}_{hL-}\\\boldsymbol{\rho}_{LL+}\\\boldsymbol{\rho}_{LL-}\end{Bmatrix}=&\frac{1}{2}\left\{\begin{bmatrix}A & -\Delta s_a & -s_{ina} & \Delta s_a\\-\Delta s_a & B & \Delta s_a & -s_{ina}\\-s_{ina} & \Delta s_a & C & -\Delta s_a\\\Delta s_a & -s_{ina} & -\Delta s_a & D\end{bmatrix}^{-1}+\begin{bmatrix}A & \Delta s_a & -s_{ina} & -\Delta s_a\\\Delta s_a & B & -\Delta s_a & -s_{ina}\\-s_{ina} & -\Delta s_a & C & \Delta s_a\\-\Delta s_a & -s_{ina} & \Delta s_a & D\end{bmatrix}^{-1}\right\}\begin{Bmatrix}0\\0\\0\\\boldsymbol{F}_L\end{Bmatrix}+\\&\frac{1}{2}\left\{-\begin{bmatrix}A & -\Delta s_a & -s_{ina} & \Delta s_a\\-\Delta s_a & B & \Delta s_a & -s_{ina}\\-s_{ina} & \Delta s_a & C & -\Delta s_a\\\Delta s_a & -s_{ina} & -\Delta s_a & D\end{bmatrix}^{-1}+\begin{bmatrix}A & \Delta s_a & -s_{ina} & -\Delta s_a\\\Delta s_a & B & -\Delta s_a & -s_{ina}\\-s_{ina} & -\Delta s_a & C & \Delta s_a\\-\Delta s_a & -s_{ina} & \Delta s_a & D\end{bmatrix}^{-1}\right\}\begin{Bmatrix}0\\0\\0\\\boldsymbol{F}_L^*\end{Bmatrix}\end{aligned}\tag{17.158}$$

式中,$\boldsymbol{F}_L^*=m_L\Omega_L^2\varepsilon_L\boldsymbol{e}^{\mathrm{j}\beta_L}$。

为书写简便起见,令

$$\boldsymbol{T}_1=\begin{bmatrix}A & -\Delta s_a & -s_{ina} & \Delta s_a\\-\Delta s_a & B & \Delta s_a & -s_{ina}\\-s_{ina} & \Delta s_a & C & -\Delta s_a\\\Delta s_a & -s_{ina} & -\Delta s_a & D\end{bmatrix}\tag{17.159}$$

$$\boldsymbol{T}_2=\begin{bmatrix}A & \Delta s_a & -s_{ina} & -\Delta s_a\\\Delta s_a & B & -\Delta s_a & -s_{ina}\\-s_{ina} & -\Delta s_a & C & \Delta s_a\\-\Delta s_a & -s_{ina} & \Delta s_a & D\end{bmatrix}\tag{17.160}$$

可以证明,矩阵 $\boldsymbol{T}_1$ 和 $\boldsymbol{T}_2$ 的行列式是相等的,即

$$\begin{aligned}\Delta_1=\Delta_2=\Delta&=ABCD-s_{ina}^2(AC+BD-s_{ina}^2)-(\Delta s_a)^2(A+C-2s_{ina})(B+D-2s_{ina})\\&=(AC-s_{ina}^2)(BD-s_{ina}^2)-(\Delta s_a)^2(A+C-2s_{ina})(B+D-2s_{ina})\\&=\{[m_hm_L(2\Omega_h-\Omega_L)^2-s_{ina}m_L-(s+s_{ina})m_h](2\Omega_h-\Omega_L)^2+ss_{ina}\}\end{aligned}$$

$$\times\{[m_h m_L \Omega_L^2 - s_{ina} m_L - (s + s_{ina}) m_h] \Omega_L^2 + s s_{ina}\}$$
$$- (\Delta s_a)^2 ((m_h + m_L)\{(2\Omega_h - \Omega_L)^2 [(m_h + m_L)\Omega_L^2 - s] - s\Omega_L^2\} + s^2) \tag{17.161}$$

上述矩阵 $\boldsymbol{T}_1$ 的逆矩阵为

$$\boldsymbol{T}_1^{-1} = \begin{bmatrix} t_{11} & t_{12} & t_{13} & t_{14} \\ t_{21} & t_{22} & t_{23} & t_{24} \\ t_{31} & t_{32} & t_{33} & t_{34} \\ t_{41} & t_{42} & t_{43} & t_{44} \end{bmatrix} \tag{17.162}$$

经推演得

$$\boldsymbol{T}_2^{-1} = \begin{bmatrix} t_{11} & -t_{12} & t_{13} & -t_{14} \\ -t_{21} & t_{22} & -t_{23} & t_{24} \\ t_{31} & -t_{32} & t_{33} & -t_{34} \\ -t_{41} & t_{42} & -t_{43} & t_{44} \end{bmatrix} \tag{17.163}$$

代入方程(17.158),可得

$$\begin{Bmatrix} \boldsymbol{\rho}_{hL+} \\ \boldsymbol{\rho}_{hL-} \\ \boldsymbol{\rho}_{LL+} \\ \boldsymbol{\rho}_{LL-} \end{Bmatrix} = \frac{1}{2}\{\boldsymbol{T}_1^{-1} + \boldsymbol{T}_2^{-1}\}\begin{Bmatrix} 0 \\ 0 \\ 0 \\ \boldsymbol{F}_L \end{Bmatrix} + \frac{1}{2}\{-\boldsymbol{T}_1^{-1} + \boldsymbol{T}_2^{-1}\}\begin{Bmatrix} 0 \\ 0 \\ 0 \\ \boldsymbol{F}_L^* \end{Bmatrix}$$
$$= \frac{1}{2}\begin{bmatrix} 2t_{11} & 0 & 2t_{13} & 0 \\ 0 & 2t_{22} & 0 & 2t_{24} \\ 2t_{31} & 0 & 2t_{33} & 0 \\ 0 & 2t_{42} & 0 & 2t_{44} \end{bmatrix}\begin{Bmatrix} 0 \\ 0 \\ 0 \\ \boldsymbol{F}_L \end{Bmatrix} + \frac{1}{2}\begin{bmatrix} 0 & -2t_{12} & 0 & -2t_{14} \\ -2t_{21} & 0 & -2t_{23} & 0 \\ 0 & -2t_{32} & 0 & -2t_{34} \\ -2t_{41} & 0 & -2t_{43} & 0 \end{bmatrix}\begin{Bmatrix} 0 \\ 0 \\ 0 \\ \boldsymbol{F}_L^* \end{Bmatrix} \tag{17.164}$$

式中,矩阵的元素如表 17.2 和表 17.3 所列。

表 17.2　逆矩阵 $\boldsymbol{T}_1^{-1}$ 的元素 $t_{ij}(i = 1, 2, 3, 4; j = 1, 2)(1/\Delta)$

行/列号	1	2
1	$BCD - (\Delta s_a)^2(B + D - 2s_{ina}) - Cs_{ina}^2$	$\Delta s_a[s_{ina}(C + D) - (CD + s_{ina}^2)]$
2	$\Delta s_a[s_{ina}(C + D) - (CD + s_{ina}^2)]$	$ACD + (\Delta s_a)^2(2s_{ina} - A - C) - s_{ina}^2 D$

续 表

行/列号	1	2
3	$(\Delta s_a)^2(B+D-2s_{ina})-s_{ina}(BD-s_{ina}^2)$	$\Delta s_a[s_{ina}(A+D)-(AD+s_{ina}^2)]$
4	$\Delta s_a[s_{ina}(B+C)-(BC+s_{ina}^2)]$	$(\Delta s_a)^2(A+C-2s_{ina})+s_{ina}(s_{ina}^2-AC)$
行列式 Δ	$\{[m_h m_L(2\Omega_h-\Omega_L)^2-s_{ina}m_L-(s+s_{ina})m_h](2\Omega_h-\Omega_L)^2+ss_{ina}\}\{[m_h m_L\Omega_L^2-s_{ina}m_L-(s+s_{ina})m_h]\Omega_L^2+ss_{ina}\}-(\Delta s_a)^2((m_h+m_L)\{(2\Omega_h-\Omega_L)^2[(m_h+m_L)\Omega_L^2-s]-s\Omega_L^2\}+s^2)$	

表 17.3 逆矩阵 T_1^{-1} 的元素 $t_{ij}(i=1,2,3,4;j=3,4)(1/\Delta)$

行/列号	3	4
1	$(\Delta s_a)^2(B+D-2s_{ina})-s_{ina}(BD-s_{ina}^2)$	$\Delta s_a[s_{ina}(B+C)-(BC+s_{ina}^2)]$
2	$(\Delta s_a)^2[s_{ina}(A+D)-(AD+s_{ina}^2)]$	$(\Delta s_a)^2(A+C-2s_{ina})+s_{ina}(s_{ina}^2-AC)$
3	$ABD+(\Delta s_a)^2(2s_{ina}-B-D)-s_{ina}^2A$	$\Delta s_a[s_{ina}(A+B)-(AB+s_{ina}^2)]$
4	$\Delta s_a[s_{ina}(A+B)-(AB+s_{ina}^2)]$	$ABC-s_{ina}^2B+(\Delta s_a)^2(2s_{ina}-A-C)$
行列式 Δ	$\{[m_h m_L(2\Omega_h-\Omega_L)^2-s_{ina}m_L-(s+s_{ina})m_h](2\Omega_h-\Omega_L)^2+ss_{ina}\}\{[m_h m_L\Omega_L^2-s_{ina}m_L-(s+s_{ina})m_h]\Omega_L^2+ss_{ina}\}-(\Delta s_a)^2((m_h+m_L)\{(2\Omega_h-\Omega_L)^2[(m_h+m_L)\Omega_L^2-s]-s\Omega_L^2\}+s^2)$	

注：表中只列出了元素的分子，均需除以行列式 Δ。

由方程(17.164)解出转子的振动幅值为

$$\boldsymbol{\rho}_{hL+}=-t_{14}\boldsymbol{F}_L^*=-\frac{\Delta s_a[s_{ina}(B+C)-(BC+s_{ina}^2)]m_L\varepsilon_L\Omega_L^2\boldsymbol{e}^{\mathrm{j}\beta_L}}{\Delta}\tag{17.165}$$

$$\boldsymbol{\rho}_{hL-}=t_{24}\boldsymbol{F}_L=\frac{(\Delta s_a)^2(A+C-2s_{ina})+s_{ina}(s_{ina}^2-AC)}{\Delta}m_L\varepsilon_L\Omega_L^2\boldsymbol{e}^{-\mathrm{j}\beta_L}\tag{17.166}$$

$$\boldsymbol{\rho}_{LL+}=-t_{34}\boldsymbol{F}_L^*=-\frac{\Delta s_a[s_{ina}(A+B)-(AB+s_{ina}^2)]m_L\varepsilon_L\Omega_L^2\boldsymbol{e}^{\mathrm{j}\beta_L}}{\Delta}\tag{17.167}$$

$$\boldsymbol{\rho}_{LL-}=t_{44}\boldsymbol{F}_L=\frac{ABC-s_{ina}^2B+(\Delta s_a)^2(2s_{ina}-A-C)}{\Delta}m_L\varepsilon_L\Omega_L^2\boldsymbol{e}^{-\mathrm{j}\beta_L}\tag{17.168}$$

把上述求得的幅值代入式(17.142)，并利用式(17.133)的变换关系，得到固定坐标系中转子的振动为

$$\boldsymbol{r}_{hL} = \boldsymbol{\rho}_{hL+}\boldsymbol{e}^{\mathrm{j}(2\Omega_h - \Omega_L)t} + \boldsymbol{\rho}_{hL-}\boldsymbol{e}^{\mathrm{j}\Omega_L t}$$
$$\boldsymbol{r}_{LL} = \boldsymbol{\rho}_{LL+}\boldsymbol{e}^{\mathrm{j}(2\Omega_h - \Omega_L)t} + \boldsymbol{\rho}_{LL-}\boldsymbol{e}^{\mathrm{j}\Omega_L t} \tag{17.169}$$

低压盘的不平衡使得转子以低压 1 倍频 Ω_L 正进动，在使 $\Delta = 0$ 时的转速处，转子发生共振。事实上，Δs_a 很小。因此，确定此时转子的临界转速 $\Omega_L = \omega$，只需满足行列式(17.161)Δ 中第 2 个乘积项为零即可，即

$$[m_h m_L \omega^2 - s_{ina} m_L - (s + s_{ina}) m_h]\omega^2 + s s_{ina} = 0 \tag{17.170}$$

由此解得

$$\omega_{1,2}^2 = \frac{s + s_{in}}{2m_L} + \frac{s_{in}}{2m_h} \pm \sqrt{\left(\frac{s + s_{in}}{2m_L}\right)^2 + \left(\frac{s_{in}}{2m_h}\right)^2 + \frac{s_{in}(s_{in} - s)}{2m_L m_h}} \tag{17.171}$$

这一结果与式(17.56)相同。

另由式(17.169)可见，低压盘的不平衡还会激起转子以组合频率 $(2\Omega_h - \Omega_L)$ 正进动。

将式(17.148)至式(17.151)表示的 A、B、C 和 D 的表达式分别代入式(17.165)和式(17.167)，可得到组合频率 $(2\Omega_h - \Omega_L)$ 成分的幅值：

$$\boldsymbol{\rho}_{hL+} = \frac{\Delta s_a m_L m_h \Omega_L^2[(2\Omega_h - \Omega_L)^2 - \omega_L^2] m_L \varepsilon_L \Omega_L^2 \boldsymbol{e}^{\mathrm{j}\beta_L}}{\Delta} \tag{17.172}$$

$$\boldsymbol{\rho}_{LL+} = \frac{\Delta s_a m_h^2 \Omega_L^2 (2\Omega_h - \Omega_L)^2 m_L \varepsilon_L \Omega_L^2 \boldsymbol{e}^{\mathrm{j}\beta_L}}{\Delta} \tag{17.173}$$

当 $(2\Omega_h - \Omega_L) = \omega_{1,2}$，或 $\Omega_L = \omega_{1,2}$ 时，组合频率 $(2\Omega_h - \Omega_L)$ 成分出现共振峰值。事实上，令行列式(17.161)Δ 中第 1 个乘积项为零，即可求得组合频率 $(2\Omega_h - \Omega_L)$ 成分引起的共振频率。

$$[m_h m_L (2\Omega_h - \Omega_L)^2 - s_{ina} m_L - (s + s_{ina}) m_h](2\Omega_h - \Omega_L)^2 + s s_{ina} = 0 \tag{17.174}$$

令 $\lambda = 2\Omega_h - \Omega_L$，代入式(17.174)得

$$m_L m_h \lambda^4 - [m_L s_{ina} + (s + s_{ina}) m_h]\lambda^2 + s s_{ina} = 0 \tag{17.175}$$

解得的结果与式(17.171)相同。可见 $\lambda = 2\Omega_h - \Omega_L = \omega_{1,2}$ 时，转子共振。

而当 $\Omega_L = \omega_{1,2}$ 时，行列式 Δ(17.161)中第 2 个乘积项为零，即式(17.170)成立，组合频率 $(2\Omega_h - \Omega_L)$ 成分的幅值 $\boldsymbol{\rho}_{hL+}$ 和 $\boldsymbol{\rho}_{LL+}$ 亦出现共振峰值。

将表 17.1 中的无量纲参数代入式(17.172)和式(17.173)，可将其化为如下

无量纲形式：

$$\boldsymbol{\rho}_{hL+}=\frac{\Delta s_a}{s_{ina}}\frac{\left(\dfrac{\Omega_L}{\omega_L}\right)^4\left[\left(\dfrac{2\Omega_h-\Omega_L}{\omega_L}\right)^2-1\right]\bar{m}\varepsilon_L\boldsymbol{e}^{j\beta_L}}{\bar{\Delta}} \tag{17.176}$$

$$\boldsymbol{\rho}_{LL+}=\frac{\Delta s_a}{s_{ina}}\frac{\left(\dfrac{\Omega_L}{\omega_L}\right)^4\left(\dfrac{2\Omega_h-\Omega_L}{\omega_L}\right)^2\varepsilon_L\boldsymbol{e}^{j\beta_L}}{\bar{\Delta}} \tag{17.177}$$

式中，

$$\begin{aligned}\bar{\Delta}=&\frac{1}{\bar{s}_{ina}}\left\{\left[\left(\frac{2\Omega_h-\Omega_L}{\omega_L}\right)^2-1-(1+\bar{m})\bar{s}_{ina}\right]\left(\frac{2\Omega_h-\Omega_L}{\omega_L}\right)^2+\bar{s}_{ina}\bar{m}\right\}\\&\times\left\{\left[\left(\frac{\Omega_L}{\omega_L}\right)^2-1-(1+\bar{m})\bar{s}_{ina}\right]\left(\frac{\Omega_L}{\omega_L}\right)^2+\bar{s}_{ina}\bar{m}\right\}\\&-\left(\frac{\Delta s_a}{s_{ina}}\right)^2\bar{s}_{ina}\bar{m}\left((1+\bar{m})\left\{\left(\frac{2\Omega_h-\Omega_L}{\omega_L}\right)^2\left[\left(1+\frac{1}{\bar{m}}\right)\left(\frac{\Omega_L}{\omega_L}\right)^2-1\right]-\left(\frac{\Omega_L}{\omega_L}\right)^2\right\}+\bar{m}\right)\end{aligned} \tag{17.178}$$

以上两式表明，组合频率（$2\Omega_h-\Omega_L$）成分的幅值与中介轴承刚度差 $\Delta s_a/s_{ina}$ 成正比，即中介轴承刚度各向异性越突出，组合频率成分幅值越大。当高压转子与低压转子反方向旋转时，组合频率为（$2\Omega_h+\Omega_L$）。

另外，组合频率成分还与高、低压转子转速比相关。设转速比为

$$a=\frac{\Omega_h}{\Omega_L} \tag{17.179}$$

式(17.176)和式(17.177)则变为

$$\boldsymbol{\rho}_{hL+}=\frac{\Delta s_a}{s_{ina}}\frac{\left(\dfrac{\Omega_L}{\omega_L}\right)^4\left\{\left[\dfrac{\Omega_L(2a-1)}{\omega_L}\right]^2-1\right\}\bar{m}\varepsilon_L\boldsymbol{e}^{j\beta_L}}{\bar{\Delta}} \tag{17.180}$$

$$\boldsymbol{\rho}_{LL+}=\frac{\Delta s_a}{s_{ina}}\frac{\left(\dfrac{\Omega_L}{\omega_L}\right)^4\left[\dfrac{\Omega_L(2a-1)}{\omega_L}\right]^2\varepsilon_L\boldsymbol{e}^{j\beta_L}}{\bar{\Delta}} \tag{17.181}$$

图 17.34、图 17.35、图 17.36 和图 17.37 为低压盘不平衡激励下，转子的振动

幅频特性。纵坐标分别为相对幅值 $\frac{|\boldsymbol{\rho}_{hL+}|}{\varepsilon_L}$，$\frac{|\boldsymbol{\rho}_{LL+}|}{\varepsilon_L}$，$\frac{|\boldsymbol{\rho}_{hL-}|}{\varepsilon_L}$ 和 $\frac{|\boldsymbol{\rho}_{LL-}|}{\varepsilon_L}$；横坐标为相对转速 $\frac{\Omega_L}{\omega_L}$，$\omega_L=\sqrt{\frac{s}{m_L}}$。由图 17.34 和图 17.35 可见，高压盘和低压盘都会出现

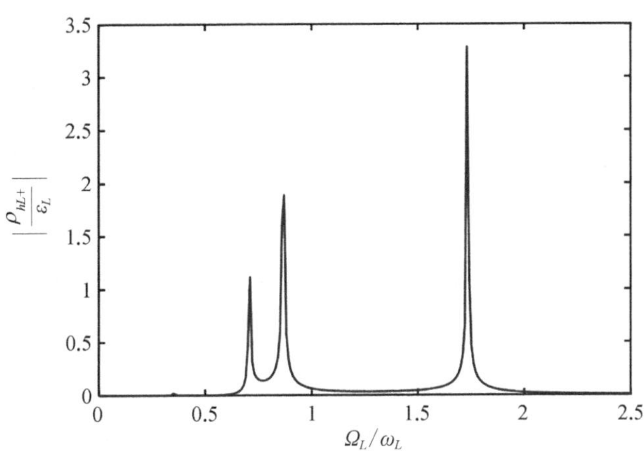

图 17.34　高压盘组合频率（$2\Omega_h+\Omega_L$）成分的幅值 $\frac{|\boldsymbol{\rho}_{hL+}|}{\varepsilon_L}$ 随低压相对转速的变化

横坐标为相对转速 $\frac{\Omega_L}{\omega_L}$；$\omega_L=\sqrt{\frac{s}{m_L}}$；$\frac{\Delta s_a}{s_{ina}}=5\%$；$\frac{s_{ina}}{s}=1.0$；$a=\frac{\Omega_h}{\Omega_L}=1.5$；$\frac{m_L}{m_h}=1.5$

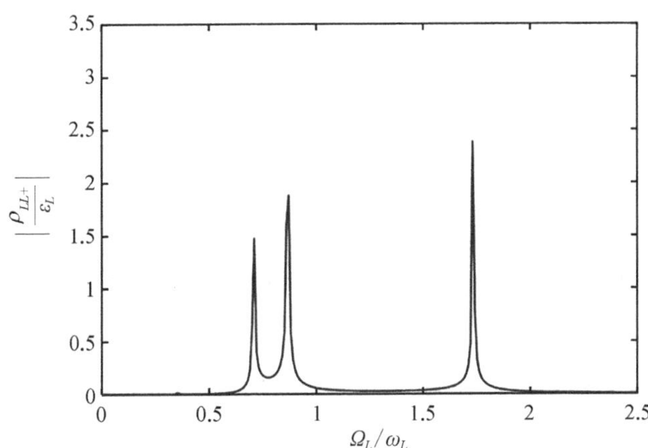

图 17.35　低压盘组合频率（$2\Omega_h+\Omega_L$）成分的幅值 $\frac{|\boldsymbol{\rho}_{LL+}|}{\varepsilon_L}$ 随低压相对转速的变化

横坐标为相对转速 $\frac{\Omega_L}{\omega_L}$；$\omega_L=\sqrt{\frac{s}{m_L}}$；$\frac{\Delta s_a}{s_{ina}}=5\%$；$\frac{s_{ina}}{s}=1.0$；$a=\frac{\Omega_h}{\Omega_L}=1.5$；$\frac{m_L}{m_h}=1.5$

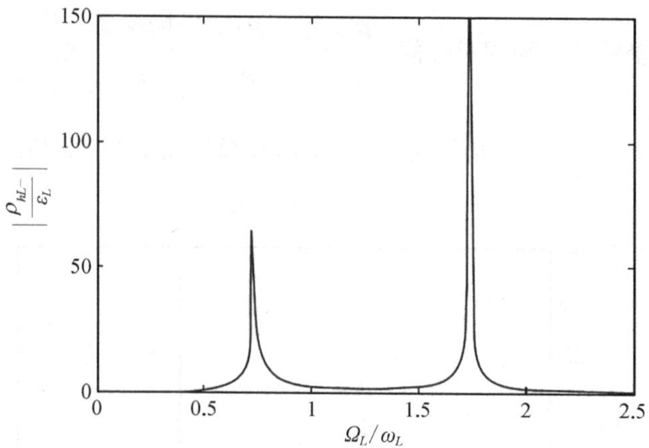

图 17.36　低压转子不平衡激励下，高压盘的响应幅值 $\frac{|\boldsymbol{\rho}_{hL-}|}{\varepsilon_L}$ 随低压相对转速的变化

横坐标为相对转速 $\frac{\Omega_L}{\omega_L}$; $\omega_L = \sqrt{\frac{s}{m_L}}$; $\frac{\Delta s_a}{s_{ina}} = 5\%$; $\frac{s_{ina}}{s} = 1.0$; $a = \frac{\Omega_h}{\Omega_L} = 1.5$; $\frac{m_L}{m_h} = 1.5$

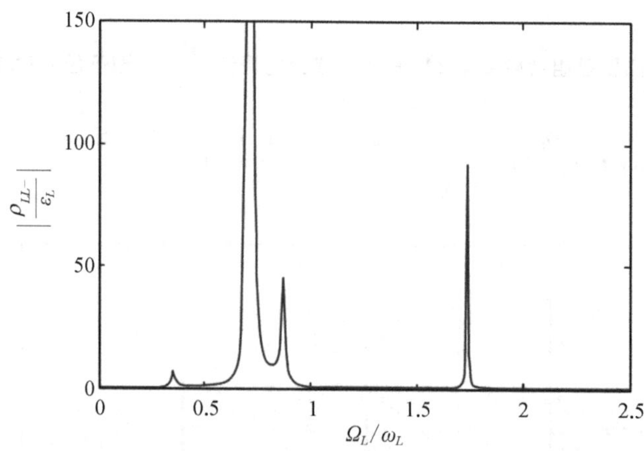

图 17.37　低压转子不平衡激励下，低压盘的响应幅值 $\frac{|\boldsymbol{\rho}_{LL-}|}{\varepsilon_L}$ 随低压相对转速的变化

横坐标为相对转速 $\frac{\Omega_L}{\omega_L}$; $\omega_L = \sqrt{\frac{s}{m_L}}$; $\frac{\Delta s_a}{s_{ina}} = 5\%$; $\frac{s_{ina}}{s} = 1.0$; $a = \frac{\Omega_h}{\Omega_L} = 1.5$; $\frac{m_L}{m_h} = 1.5$

组合频率成分。它们由中介轴承刚度各向异性所引起。这说明，保证中介轴承刚度均匀性很重要。当中介轴承刚度各向异性很小时，组合频率成分要比低压一倍频成分小得多。在图中 $\frac{\Delta s_a}{s_{ina}} = 5\%$。

17.9.4　重力响应

再回到方程(17.138)和方程(17.139),只考虑重力 $m_h\boldsymbol{g}$ 的作用,此时方程为

$$m_h\ddot{\boldsymbol{\rho}}_h + 2\mathrm{j}m_h\Omega_h\dot{\boldsymbol{\rho}}_h - m_h\Omega_h^2\boldsymbol{\rho}_h + s_{ina}\boldsymbol{\rho}_h - s_{ina}\boldsymbol{\rho}_L + \Delta s_a\boldsymbol{\rho}_h^* - \Delta s_a\boldsymbol{\rho}_L^* = m_h\boldsymbol{g}\boldsymbol{e}^{-\mathrm{j}\Omega_h t} \tag{17.182}$$

$$m_L\ddot{\boldsymbol{\rho}}_L + 2\mathrm{j}\Omega_h m_L\dot{\boldsymbol{\rho}}_L - m_L\Omega_h^2\boldsymbol{\rho}_L + s\boldsymbol{\rho}_L - s_{ina}\boldsymbol{\rho}_h + s_{ina}\boldsymbol{\rho}_L - \Delta s_a\boldsymbol{\rho}_h^* + \Delta s_a\boldsymbol{\rho}_L^* = 0 \tag{17.183}$$

式中,$\boldsymbol{\rho}_h$ 和 $\boldsymbol{\rho}_L$ 分别为高、低压转子在旋转坐标系的重力响应;$\boldsymbol{\rho}_h^*$ 和 $\boldsymbol{\rho}_L^*$ 分别为 $\boldsymbol{\rho}_h$ 和 $\boldsymbol{\rho}_L$ 的共轭复向量。

设方程的解为

$$\begin{aligned}\boldsymbol{\rho}_h &= \boldsymbol{\rho}_{h+}\boldsymbol{e}^{\mathrm{j}\Omega_h t} + \boldsymbol{\rho}_{h-}\boldsymbol{e}^{-\mathrm{j}\Omega_h t}\\ \boldsymbol{\rho}_L &= \boldsymbol{\rho}_{L+}\boldsymbol{e}^{\mathrm{j}\Omega_h t} + \boldsymbol{\rho}_{L-}\boldsymbol{e}^{-\mathrm{j}\Omega_h t}\end{aligned} \tag{17.184}$$

代入方程(17.182)和方程(17.183),并整理,可得

$$(s_{ina} - 4m_h\Omega_h^2)\boldsymbol{\rho}_{h+} - s_{ina}\boldsymbol{\rho}_{L+} + \Delta s_a\boldsymbol{\rho}_{h-}^* - \Delta s_a\boldsymbol{\rho}_{L-}^* = 0 \tag{17.185}$$

$$s_{ina}\boldsymbol{\rho}_{h-} - s_{ina}\boldsymbol{\rho}_{L-} + \Delta s_a\boldsymbol{\rho}_{h+}^* - \Delta s_a\boldsymbol{\rho}_{L+}^* = m_h\boldsymbol{g} \tag{17.186}$$

$$(s + s_{ina} - 4m_L\Omega_h^2)\boldsymbol{\rho}_{L+} - s_{ina}\boldsymbol{\rho}_{h+} - \Delta s_a\boldsymbol{\rho}_{h-}^* + \Delta s_a\boldsymbol{\rho}_{L-}^* = 0 \tag{17.187}$$

$$-s_{ina}\boldsymbol{\rho}_{h-} + (s + s_{ina})\boldsymbol{\rho}_{L-} - \Delta s_a\boldsymbol{\rho}_{h+}^* + \Delta s_a\boldsymbol{\rho}_{L+}^* = 0 \tag{17.188}$$

利用上一节的求解方法,可直接求得方程的解。将式(17.148)至式(17.151)所示的系数 A, B, C 和 D 中的 Ω_L 置为 0,为示区别,记为

$$A_g = s_{ina} - 4m_h\Omega_h^2 \tag{17.189}$$

$$B_g = s_{ina} \tag{17.190}$$

$$C_g = s + s_{ina} - 4m_L\Omega_h^2 \tag{17.191}$$

$$D_g = s + s_{ina} \tag{17.192}$$

代入方程(17.185)至方程(17.188),并将方程写成如下的矩阵形式:

$$\begin{bmatrix} A_g & 0 & -s_{ina} & 0\\ 0 & B_g & 0 & -s_{ina}\\ -s_{ina} & 0 & C_g & 0\\ 0 & -s_{ina} & 0 & D_g \end{bmatrix}\begin{Bmatrix}\boldsymbol{\rho}_{h+}\\ \boldsymbol{\rho}_{h-}\\ \boldsymbol{\rho}_{L+}\\ \boldsymbol{\rho}_{L-}\end{Bmatrix} + \begin{bmatrix} 0 & \Delta s_a & 0 & -\Delta s_a\\ \Delta s_a & 0 & -\Delta s_a & 0\\ 0 & -\Delta s_a & 0 & \Delta s_a\\ -\Delta s_a & 0 & \Delta s_a & 0 \end{bmatrix}\begin{Bmatrix}\boldsymbol{\rho}_{h+}^*\\ \boldsymbol{\rho}_{h-}^*\\ \boldsymbol{\rho}_{L+}^*\\ \boldsymbol{\rho}_{L-}^*\end{Bmatrix} = \begin{Bmatrix}0\\ m\boldsymbol{g}\\ 0\\ 0\end{Bmatrix}$$

此方程的形式与方程(17.152)完全相同。用 A_g, B_g, C_g 和 D_g 替代 A, B, C 和 D,直接套用表 17.2 和表 17.3 所列出的元素,就可得到转子的重力响应:

$$\boldsymbol{\rho}_{h+}=-\frac{\Delta s_a[s_{ina}(C_g+D_g)-(C_gD_g+s_{ina}^2)]m_h\boldsymbol{g}}{\Delta_g}=\frac{\Delta s_a}{s_{ina}}\frac{m_h\boldsymbol{g}}{s_{ina}}\frac{\left[1-\left(\dfrac{2\Omega_h}{\omega_h}\right)^2\bar{s}_{ina}\bar{m}\right]}{\bar{\Delta}_g} \tag{17.193}$$

$$\begin{aligned}\boldsymbol{\rho}_{h-}&=\frac{[D_g(A_gC_g-s_{ina}^2)+(\Delta s_a)^2(2s_{ina}-A_g-C_g)]m_h\boldsymbol{g}}{\Delta_g}\\&=\frac{m_h\boldsymbol{g}}{s_{ina}}\frac{\left\{\left[1-\bar{s}_{ina}\bar{m}\left(\dfrac{2\Omega_h}{\omega_h}\right)^2\right]\left[1-\left(\dfrac{2\Omega_h}{\omega_h}\right)^2\right]-\bar{s}_{ina}\left(\dfrac{2\Omega_h}{\omega_h}\right)^2\right\}}{\bar{\Delta}_g}+\frac{m_h\boldsymbol{g}}{s}\end{aligned} \tag{17.194}$$

$$\boldsymbol{\rho}_{L+}=-\frac{\Delta s_am_hg[s_{ina}(A_g+D_g)-(A_gD_g+s_{ina}^2)]}{\Delta_g}=-\frac{\Delta s_a}{s_{ina}}\frac{m_h\boldsymbol{g}}{s_{ina}}\frac{\left(\dfrac{2\Omega_h}{\omega_h}\right)^2}{\bar{\Delta}_g} \tag{17.195}$$

$$\boldsymbol{\rho}_{L-}=\frac{[s_{ina}(s_{ina}^2-A_gC_g)+(\Delta s_a)^2(A_g+C_g-2s_{ina})]m_h\boldsymbol{g}}{\Delta_g}=-\frac{m_h\boldsymbol{g}}{s} \tag{17.196}$$

式中,

$$\begin{aligned}\Delta_g&=ss_{ina}\{[4m_hm_L\Omega_h^2-s_{ina}m_L-(s+s_{ina})m_h]4\Omega_h^2+ss_{ina}\}\\&\quad-(\Delta s_a)^2[s^2-4s(m_h+m_L)\Omega_h^2]\end{aligned}$$

$$\begin{aligned}\bar{\Delta}_g&=\left[1-\bar{s}_{ina}\bar{m}\left(\frac{2\Omega_h}{\omega_h}\right)^2\right]\left[1-\left(\frac{2\Omega_h}{\omega_h}\right)^2\right]-\bar{s}_{ina}\left(\frac{2\Omega_h}{\omega_h}\right)^2\\&\quad-\left(\frac{\Delta s_a}{s_{ina}}\right)^2\bar{s}_{ina}\left[1/\bar{s}_{ina}-(1-\bar{m})\left(\frac{2\Omega_h}{\omega_h}\right)^2\right]\end{aligned}$$

根据式(17.133)的变换关系,可得到固定坐标系中转子的振动:

$$\begin{aligned}\boldsymbol{r}_h&=\boldsymbol{\rho}_{h+}\boldsymbol{e}^{\mathrm{j}2\Omega_ht}+\boldsymbol{\rho}_{h-}\\\boldsymbol{r}_L&=\boldsymbol{\rho}_{L+}\boldsymbol{e}^{\mathrm{j}2\Omega_ht}+\boldsymbol{\rho}_{L-}\end{aligned} \tag{17.197}$$

由此可见，中介轴承刚度出现各向异性时，转子的自重会激起转子以高压 2 倍频正进动。刚度各向异性越显著，振动越大，而且这种振动通过转子对中和转子动平衡无法消除。同时还可以看出，高压转子自重将激起转子两倍频共振，即产生“副临界”现象。

事实上，令式(17.193)和式(17.195)分母中的 $2\Omega_h = \lambda$，并使分母为零，即 $\Delta_g = 0$，得

$$s_{ina}m_h\lambda^2 - (s - m_L\lambda^2)(s_{ina} - m_h\lambda^2) + \frac{(\Delta s_a)^2}{s_{ina}}[s - (m_L + m_h)\lambda^2] = 0 \tag{17.198}$$

展开之后得

$$m_L m_h\lambda^4 - \left[m_h s + (m_L + m_h)\frac{s_{ina}^2 - (\Delta s_a)^2}{s_{ina}}\right]\lambda^2 + \frac{s[s_{ina}^2 - (\Delta s_a)^2]}{s_{ina}} = 0 \tag{17.199}$$

其解为

$$\begin{aligned}\lambda_{1,2}^2 = &\frac{1}{2m_L m_h}\left[m_h s + (m_L + m_h)\frac{s_{ina}^2 - (\Delta s_a)^2}{s_{ina}}\right] \\ &\pm\frac{1}{2m_L m_h}\sqrt{\left[m_h s + (m_L + m_h)\frac{s_{ina}^2 - (\Delta s_a)^2}{s_{ina}}\right]^2 - 4m_L m_h\frac{s[s_{ina}^2 - (\Delta s_a)^2]}{s_{ina}}}\end{aligned} \tag{17.200}$$

由于 $\Delta s_a \ll s_{ina}$，故上式近似为

$$\lambda_{1,2}^2 \approx \frac{s + s_{ina}}{2m_L} + \frac{s_{ina}}{2m_h} \pm\sqrt{\left(\frac{s + s_{ina}}{2m_L}\right)^2 + \left(\frac{s_{ina}}{2m_h}\right)^2 + \frac{s_{ina}(s_{ina} - s)}{2m_L m_h}} \tag{17.201}$$

式(17.201)与式(17.56)和式(17.171)相同。由此解得，当 $\lambda = \omega_i$；$i = 1, 2$ 时，即 $\Omega_h = \frac{1}{2}\omega_i$ 时，式(17.193)和式(17.195)的分母接近于 0，转子发生共振。这一结果使得原本最大工作转速在临界转速以下的转子，在正常工作转速范围之内有可能发生共振。

在飞机机动飞行中，惯性力会发生很大变化，相当于转子自重发生变化，转子的两倍频振动还会加剧。

假设飞机俯冲拉起，半径为 R，瞬时角速度为 Ω_F，则作用在高压盘上的瞬时惯

性力为

$$F_{hf} = m_h R\Omega_F^2 \tag{17.202}$$

由于飞机机动飞行的角速度 Ω_F 远远小于转子转动角速度，即 $\Omega_F \ll \Omega_L < \Omega_h$，故机动飞行的惯性力可近似地视作静态载荷。对于俯冲拉起的机动动作，最大惯性力的方向与重力方向相同，大小叠加，只需在方程(17.182)右端的自重中加上惯性力，即可求得机动飞行惯性力的影响：

$$m_h\ddot{\rho}_h + 2m_h\Omega_h j\dot{\rho}_h - m_h\Omega_h^2\rho_h + s_{ina}\rho_h - s_{ina}\rho_L + \Delta s_a\rho_h^* - \Delta s_a\rho_L^* = m_h(R\Omega_F^2 + g)\boldsymbol{e}^{-j\Omega_h t} \tag{17.203}$$

由上述方程可见，实际上，只需将式(17.193)、式(17.194)、式(17.195)和(17.196)中的重力加速度 g 代换为 $R\Omega_F^2 + g$ 就可得到机动飞行惯性力作用下转子的响应。对于其他动作的机动飞行，只要把机动惯性力考虑为复向量即可，即

$$F_{hf} = m_h R\Omega_F^2\boldsymbol{e}^{j\beta_F} \tag{17.204}$$

所得结果形式完全相同。

对于某些机型来说，最大过载系数可能达到 8~9，即 $R\Omega_F^2 = 8g \sim 9g$。这就使得在机动飞行时，中介轴承刚度各向异性产生的两倍频重力响应大幅增加，这是很危险的。

取转子的静态变形为

$$x_{hs} = \frac{m_h g}{s_{ina}} \tag{17.205}$$

x_{hs} 表示在高压盘重力作用下，高压转子的静态变形量。

利用式(17.205)对式(17.193)和式(17.195)进行无量纲化处理，得

$$\bar{\boldsymbol{\rho}}_{h+} = \left|\frac{\boldsymbol{\rho}_{h+}}{x_{hs}}\right| = \frac{\left[1 - \left(\dfrac{2\Omega_h}{\omega_h}\right)^2 \bar{s}_{ina}\bar{m}\right]\dfrac{\Delta s_a}{s_{ina}}}{\bar{\Delta}_g} \tag{17.206}$$

$$\bar{\boldsymbol{\rho}}_{L+} = \left|\frac{\boldsymbol{\rho}_{L+}}{x_{hs}}\right| = \frac{\left(\dfrac{2\Omega_h}{\omega_h}\right)^2 \dfrac{\Delta s_a}{s_{ina}}}{\bar{\Delta}_g} \tag{17.207}$$

图 17.38 和图 17.39 表示高压盘和低压盘的重力响应相对幅值 $\bar{\rho}_{h+}$ 和 $\bar{\rho}_{L+}$ 随

高压相对转速的变化。由图可见，当 $\Omega_h = \dfrac{1}{2}\omega_1$ 或 $\Omega_h = \dfrac{1}{2}\omega_2$ 时，转子发生共振。即使中介轴承刚度出现 $\dfrac{\Delta s_a}{s_{ina}} = 1\%$ 的各向异性，转子在“副临界”时的重力响应也会很大。表 17.4 列出了图中的相对幅值峰值数据。

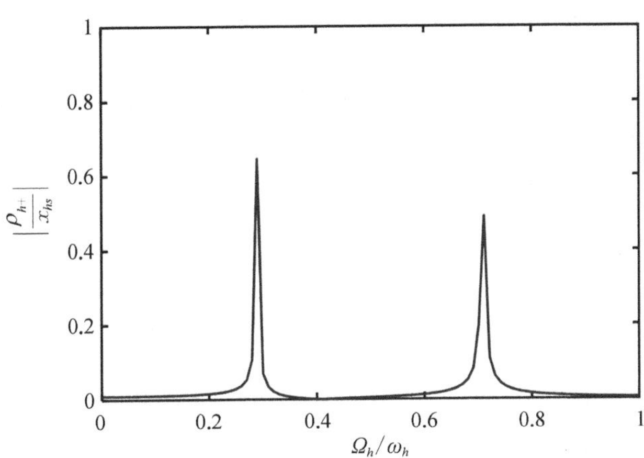

图 17.38　高压转子的“重力响应”相对幅值 $\bar{\rho}_{h+}$ 随高压相对转速的变化

横坐标为相对转速 $\dfrac{\Omega_h}{\omega_h}$; $\omega_h = \sqrt{\dfrac{s_{ina}}{m_h}}$; $\dfrac{\Delta s_a}{s_{ina}} = 1\%$; $\dfrac{s_{ina}}{s} = 1.0$; $\dfrac{m_L}{m_h} = 1.5$

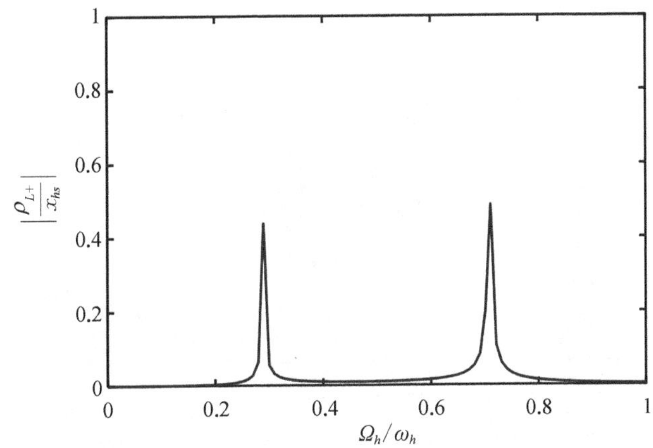

图 17.39　低压转子的“重力响应”相对幅值 $\bar{\rho}_{L+}$ 随高压相对转速的变化

横坐标为相对转速 $\dfrac{\Omega_h}{\omega_h}$; $\omega_h = \sqrt{\dfrac{s_{ina}}{m_h}}$; $\dfrac{\Delta s_a}{s_{ina}} = 1\%$; $\dfrac{s_{ina}}{s} = 1.0$; $\dfrac{m_L}{m_h} = 1.5$

表 17.4 高压盘和低压盘重力响应相对幅值 $\bar{\rho}_{h+}$ 和 $\bar{\rho}_{L+}$ 的峰值

"副临界"响应峰值	$\Omega_h=\dfrac{1}{2}\omega_1$	$\Omega_h=\dfrac{1}{2}\omega_2$
$\bar{\rho}_{h+}$	0.638	0.491
$\bar{\rho}_{L+}$	0.433	0.489

注：计算时，相对转速增速步长为 0.01。若步长更小，峰值将会更大。

假设最大过载系数达到 9，重力和机动飞行产生的惯性力为 $10m_hg$。再设高压转子的总质量为 200 kg，中介轴承的刚度为 1×10^8 N/m，则转子静态位移为

$$x_{hs}=\frac{m_hg}{s_{ina}}=\frac{9.81\times10\times200}{1\times10^8}=0.1962\ \text{mm}$$

在上述的过载系数下，高、低压转子的重力响应最大峰值分别为

$$\rho_{h+}=\bar{\rho}_{h+}x_{hs}\approx0.638\times0.1962=0.125\ \text{mm}$$
$$\rho_{L+}=\bar{\rho}_{L+}x_{hs}\approx0.489\times0.1962=0.0959\ \text{mm}$$

由此可见，在重力"副临界转速"处，转子振动会非常大。因此，在发动机设计时，须采取非常精密的结构和工艺措施，保证中介轴承刚度的均匀性。例如，CFM56 发动机中介轴承座与高压涡轮盘用 42 个 M8 的精密螺栓连接，如图 17.40 所示。

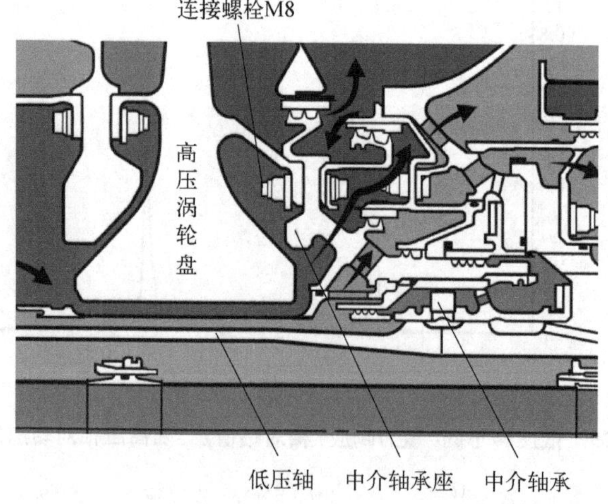

图 17.40 CFM56 发动机中介轴承座与高压涡轮盘的连接[1]

17.10　带中介轴承的对转双转子的振动特性

有的发动机采用高、低压转子对转的工作方式。中介轴承的外环支承在低压转子上，内环支承在高压转子上，如图 17.41 所示。设外环支承座刚度为 s_{ino}，内环支承座刚度为 s_{ini}。当内、外环支承座刚度各向均匀时，由串联关系可得到中介轴承的等效刚度：

$$s_{ine} = \frac{s_{ino}s_{ini}}{s_{ino} + s_{ini}} \tag{17.208}$$

用此等效刚度替代本章第 17.7 和第 17.8 节中的 s_{in}，则第 17.7 节和第 17.8 节的所有理论均适合于图 17.41 所示的对转双转子。只是此时中介轴承的刚度要比不考虑轴承内环和外环支承座刚度时低得多。

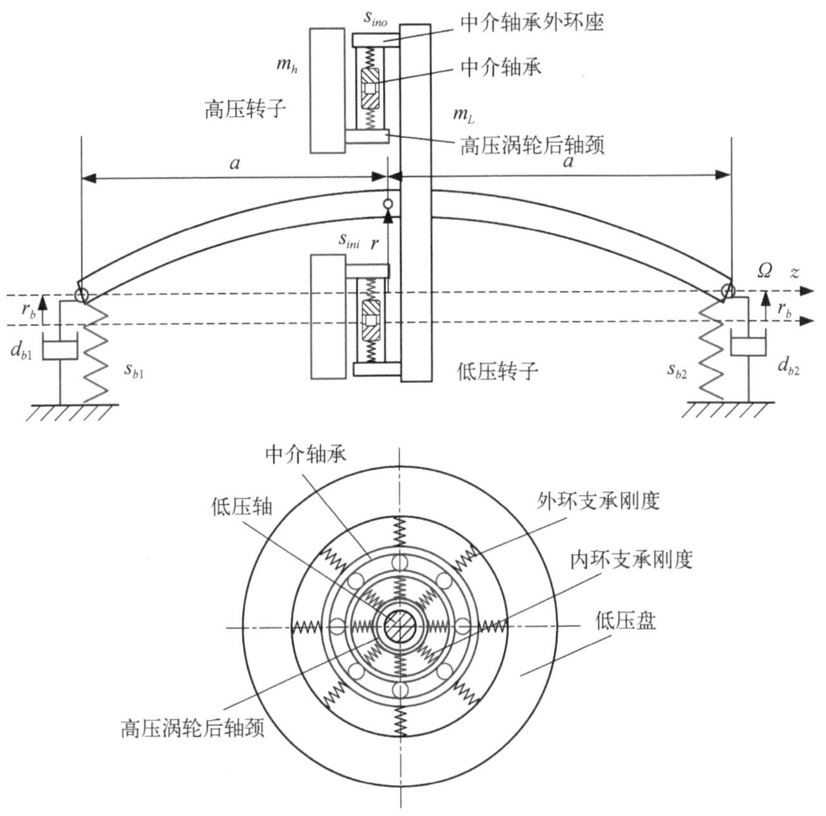

图 17.41　带中介轴承的对转双转子模型

中介轴承外环固定在低压转子上，内环固定在高压转子上

17.10.1 中介轴承内环支承座刚度各向异性

如上所述，某些发动机对转双转子的中介轴承内环安装在高压涡轮后轴颈上，后轴颈通过一个锥形筒安装在高压涡轮盘端面上，由一组螺栓固定。实际中，中介轴承座的连接结构都为复杂的薄壁件。因此，内、外环支承都存在弹性，由于连接件的不均匀以及装配误差等原因，内、外环支承座刚度都可能存在各向异性。

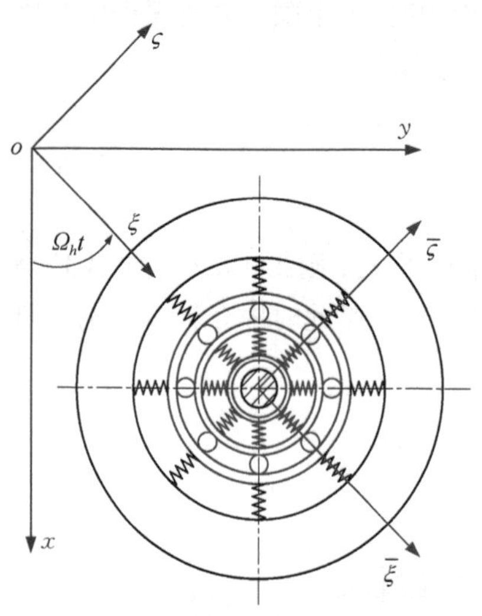

图 17.42 随高压转子一起旋转的坐标系及中介轴承内环、外环弹性支承

现考虑中介轴承内环安装在高压涡轮后轴颈上，后轴颈通过螺栓与高压涡轮盘连接。假设连接结构导致轴承内环刚度周向不均匀，而外环刚度周向均匀。建立随高压转子一起旋转的旋转坐标系（o, ς, ξ），如图 17.42 所示。坐标原点为不考虑重力时，高压盘的静态中心。由于内环支承刚度周向不均匀，设 $s_{ini\varsigma}$ 为内环支承沿 ς 方向的刚度，$s_{ini\xi}$ 为内环支承沿 ξ 方向的刚度，外环支承刚度 s_{ino} 是各向同性的，于是，可得到中介轴承两个方向的等效刚度 $s_{in\varsigma}$ 和 $s_{in\xi}$ 分别为

$$s_{in\varsigma} = \frac{s_{ini\varsigma}\, s_{ino}}{s_{ini\varsigma} + s_{ino}} \tag{17.209}$$

$$s_{in\xi} = \frac{s_{ini\xi} s_{ino}}{s_{ini\xi} + s_{ino}} \tag{17.210}$$

把式(17.209)和式(17.210)所表示的中介轴承的等效刚度 $s_{in\varsigma}$ 和 $s_{in\xi}$ 代入本章第 17.9 节的方程，则所有结论对于对转双转子均是成立的，但低压转子不平衡所激起的组合频率振动成分频率为 $(2\Omega_h + \Omega_L)$。

17.10.2 中介轴承外环支承刚度各向异性

现考虑中介轴承内环支承刚度周向均匀，而外环支承刚度周向不均匀的情况。轴承外环支承安装在低压涡轮转子上。建立随低压转子一起旋转的旋转坐标系（o, υ, ζ），如图 17.43 所示。由于外环支承刚度周向不均匀，设 $s_{ino\upsilon}$ 为外环支承沿 υ 方向的刚度，$s_{ino\zeta}$ 为外环支承沿 ζ 方向的刚度，内环支承刚度 s_{ini} 是各向同性的。于是，可得到中介轴承在 υ 和 ζ 两个方向的等效刚度 $s_{in\upsilon}$ 和 $s_{in\zeta}$ 分别为

$$s_{in\upsilon} = \frac{s_{ino\upsilon} s_{ini}}{s_{ino\upsilon} + s_{ini}} \tag{17.211}$$

$$s_{in\zeta} = \frac{s_{ino\zeta} s_{ini}}{s_{ino\zeta} + s_{ini}} \tag{17.212}$$

在随低压转子旋转的坐标系中，转子的运动方程为

$$\begin{aligned}
& m_h(\ddot{\zeta}_h - \Omega_L^2 \zeta_h - 2\Omega_L \dot{v}_h) + s_{in\zeta}(\zeta_h - \zeta_L) \\
&= m_h \Omega_h^2 \varepsilon_h \cos[(\Omega_L + \Omega_h)t + \beta_h] + m_h g \cos \Omega_L t \\
& m_h(\ddot{v}_h - \Omega_L^2 v_h + 2\Omega_L \dot{\zeta}_h) + s_{inv}(v_h - v_L) \\
&= - m_h \Omega_h^2 \varepsilon_h \sin[(\Omega_L + \Omega_h)t + \beta_h] - m_h g \sin \Omega_L t
\end{aligned} \tag{17.213}$$

$$\begin{aligned}
& m_L(\ddot{\zeta}_L - \Omega_L^2 \zeta_L - 2\Omega_L \dot{v}_L) - s_{in\zeta}(\zeta_h - \zeta_L) + s\zeta_L \\
&= m_L \Omega_L^2 \varepsilon_L \cos \beta_L \\
& m_L(\ddot{v}_L - \Omega_L^2 v_L + 2\Omega_L \dot{\zeta}_L) - s_{inv}(v_h - v_L) + s v_L \\
&= m_L \Omega_L^2 \varepsilon_L \sin \beta_L
\end{aligned} \tag{17.214}$$

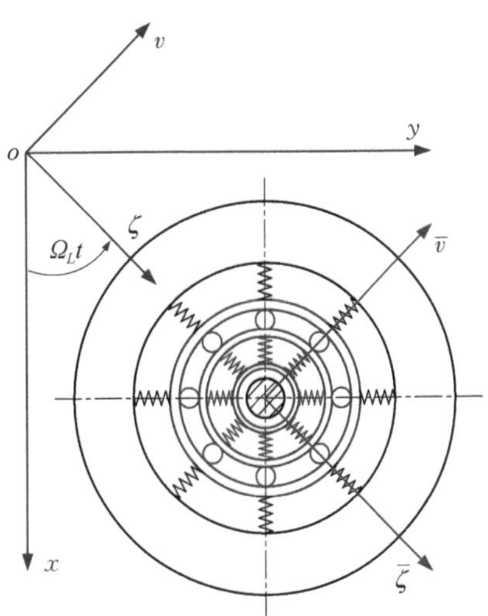

图 17.43　随低压转子一起旋转的坐标系及中介轴承内环、外环弹性支承

采用与本章第 17.9 节类似的求解方法，求解上述方程可以得到高压转子不平衡、低压转子不平衡及高压转子重力所激起的振动。结果与第 17.9 节的结论相似：

（1）高压转子不平衡除激起转子高压转频振动外，还将引起转子的组合频率 $(2\Omega_L + \Omega_h)$ 振动，并在 $2\Omega_L + \Omega_h = \omega_{1,2}$ 时共振。

（2）低压转子不平衡将激起转子低压转频振动。

（3）高压转子重力会激起转子 2 倍低压转频的正进动，并出现“副临界”现象，即 $\Omega_L = \dfrac{\omega_{1,2}}{2}$ 时，转子发生共振。

表 17.5 概括性地列出了中介支承刚度各向异性时转子振动的频率成分。中介轴承外环支承在低压转子上，外环支承刚度各向异性是指外环支承结构的刚度各向异性；而内环则支承在高压转子上，内环支承刚度各向异性是指与内环配合的高压后轴颈及其连接结构的刚度各向异性。

表 17.5　中介支承刚度各向异性时转子振动的频率成分

<table>
<tr><th>激振力</th><th>支承刚度各向同性</th><th>外环支承刚度各向异性</th><th>内环支承刚度各向异性</th></tr>
<tr><td rowspan="2">高压不平衡</td><td rowspan="2">Ω_h</td><td>Ω_h</td><td rowspan="2">Ω_h</td></tr>
<tr><td>$\Omega_h + 2\Omega_L$</td></tr>
</table>

续 表

激振力	支承刚度各向同性	外环支承刚度各向异性	内环支承刚度各向异性
低压不平衡	Ω_L	Ω_L	Ω_L
			$\Omega_L + 2\Omega_h$
重力	0	$2\Omega_L$	$2\Omega_h$
总和	Ω_h；Ω_L	Ω_h；Ω_L；$2\Omega_L$；$2\Omega_h$；$\Omega_h + 2\Omega_L$；$\Omega_L + 2\Omega_h$	
备注	中介轴承外环支承在低压转子上；内环支承在高压转子上		

17.11 中介轴承存在静态偏心时对转双转子的振动

如图 17.44 所示，在某些发动机中，中介轴承的外环安装在低压涡轮转子上的轴承座中，内环安装在高压涡轮转子的后轴颈上。由于加工和装配等原因，使得低压转子上的轴承外环安装座与低压转子不同心。这种不同心称为中介轴承的静态偏心。本节分析中介轴承静态偏心对双转子振动的影响。

17.11.1 转子模型和运动微分方程

为分析中介轴承静态偏心量对双转子振动的影响，对图 17.41 所示的模型进行了简化，即不考虑两个主支承的弹性，如图 17.44 所示。

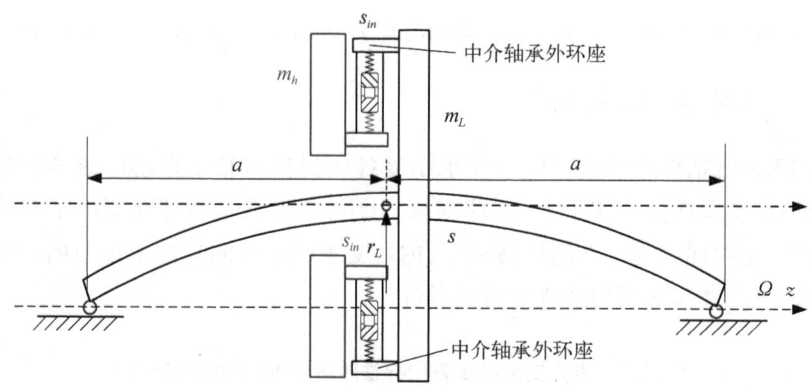

图 17.44 带中介轴承的对转双转子模型

中介轴承外环固定在低压转子上，内环固定在高压转子上；两个主支承为绝对刚性支承

图 17.45 表示中介轴承外环座相对低压转子轴心的静态偏心量 $\boldsymbol{r}_{Lo}$ 和外环座的振动 $\boldsymbol{r}_{Lb}$。

设低压盘的振动为 $\boldsymbol{r}_L$，中介轴承外环座的振动则为

$$\boldsymbol{r}_{Lb} = \boldsymbol{r}_{Lo} + \boldsymbol{r}_L \tag{17.215}$$

式中，$\boldsymbol{r}_{Lo}$ 为外环座相对低压转子轴心的静态偏心量。

高压盘的振动为 $\boldsymbol{r}_{hb}$，则有

$$\boldsymbol{r}_{hb} = \boldsymbol{r}_{Lo} + \boldsymbol{r}_h \tag{17.216}$$

式中，$\boldsymbol{r}_h$ 为高压盘绕自转中心线的进动，如图 17.46 所示。

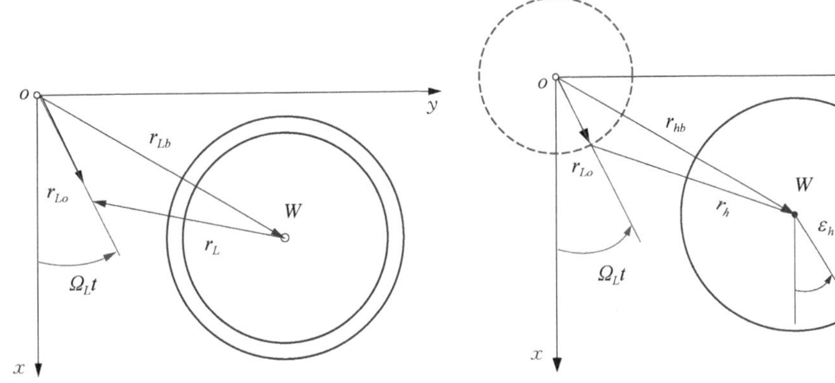

图 17.45　中介轴承外环座相对低压转子轴心的静态偏心量 $\boldsymbol{r}_{Lo}$ 和外环座的振动 $\boldsymbol{r}_{Lb}$

图 17.46　高压盘的振动

高压盘和低压盘的运动微分方程为

$$m_h \ddot{\boldsymbol{r}}_{hb} - s_{in}(\boldsymbol{r}_{Lb} - \boldsymbol{r}_{hb}) = m_h \varepsilon_h \Omega_h^2 \boldsymbol{e}^{\mathrm{j}(\Omega_h t + \beta_h)} \tag{17.217}$$

$$m_L \ddot{\boldsymbol{r}}_L + s\boldsymbol{r}_L + s_{in}(\boldsymbol{r}_{Lb} - \boldsymbol{r}_{hb}) = m_L \varepsilon_L \Omega_L^2 \boldsymbol{e}^{\mathrm{j}(\Omega_L t + \beta_L)} \tag{17.218}$$

将轴承外环座的运动式(17.215)和高压盘的运动式(17.216)代入方程(17.217)和方程(17.218)可得

$$m_h \ddot{\boldsymbol{r}}_h + s_{in}\boldsymbol{r}_h - s_{in}\boldsymbol{r}_L = - m_h \ddot{\boldsymbol{r}}_{Lo} + m_h \varepsilon_h \Omega_h^2 \boldsymbol{e}^{\mathrm{j}(\Omega_h t + \beta_h)} \tag{17.219}$$

$$m_L \ddot{\boldsymbol{r}}_L + (s + s_{in})\boldsymbol{r}_L - s_{in}\boldsymbol{r}_h = m_L \varepsilon_L \Omega_L^2 \boldsymbol{e}^{\mathrm{j}(\Omega_L t + \beta_L)} \tag{17.220}$$

式中，m_h 为高压盘的质量，ε_h 为高压盘的质量偏心，β_h 为高压盘质量偏心的相位；m_L 为低压盘的质量，ε_L 为低压盘的质量偏心，β_L 为低压盘质量偏心的相位；s_{in} 为中介支承的刚度，s 为置盘处低压转轴的刚度，Ω_h 为高压转子的转速，Ω_L 为低压转子的转速。

17.11.2 中介轴承静态偏心引起的振动

假设 $\boldsymbol{r}_{Lo}=R_{Lo}\boldsymbol{e}^{\mathrm{j}\Omega_L t}$（$R_{Lo}$ 为静态偏心的幅值），$\varepsilon_h=\varepsilon_L=0$，方程(17.219)和方程(17.220)变为

$$m_h\ddot{\boldsymbol{r}}_h+s_{in}\boldsymbol{r}_h-s_{in}\boldsymbol{r}_L=m_h\Omega_L^2R_{Lo}\boldsymbol{e}^{\mathrm{j}\Omega_L t} \tag{17.221}$$

$$m_L\ddot{\boldsymbol{r}}_L+(s+s_{in})\boldsymbol{r}_L-s_{in}\boldsymbol{r}_h=0 \tag{17.222}$$

写成矩阵形式：

$$\begin{bmatrix} m_h & 0 \\ 0 & m_L \end{bmatrix}\begin{Bmatrix} \ddot{\boldsymbol{r}}_h \\ \ddot{\boldsymbol{r}}_L \end{Bmatrix}+\begin{bmatrix} s_{in} & -s_{in} \\ -s_{in} & s_{in}+s \end{bmatrix}\begin{Bmatrix} \boldsymbol{r}_h \\ \boldsymbol{r}_L \end{Bmatrix}=\begin{Bmatrix} 1 \\ 0 \end{Bmatrix}m_h\Omega_L^2R_{Lo}\boldsymbol{e}^{\mathrm{j}\Omega_L t} \tag{17.223}$$

设高、低压转子的响应分别为

$$\boldsymbol{r}_h=R_h\boldsymbol{e}^{\mathrm{j}\Omega_L t} \tag{17.224}$$

$$\boldsymbol{r}_L=R_L\boldsymbol{e}^{\mathrm{j}\Omega_L t} \tag{17.225}$$

代入方程(17.223)之后，得

$$\begin{bmatrix} s_{in}-m_h\Omega_L^2 & -s_{in} \\ -s_{in} & s_{in}+s-m_L\Omega_L^2 \end{bmatrix}\begin{Bmatrix} R_h \\ R_L \end{Bmatrix}=\begin{Bmatrix} 1 \\ 0 \end{Bmatrix}m_h\Omega_L^2R_{Lo} \tag{17.226}$$

方程左端系数矩阵的行列式为

$$\Delta_s=(s_{in}-m_h\Omega_L^2)(s_{in}+s-m_L\Omega_L^2)-s_{in}^2 \tag{17.227}$$

由此可解得转子的两个临界转速：

$$\omega_{1,2}^2=\frac{s+s_{in}}{2m_L}+\frac{s_{in}}{2m_h}\pm\sqrt{\left(\frac{s+s_{in}}{2m_L}\right)^2+\left(\frac{s_{in}}{2m_h}\right)^2+\frac{s_{in}(s_{in}-s)}{2m_Lm_h}} \tag{17.228}$$

与式(17.56)相同，且有

$$\omega_1^2<\frac{s_{in}}{m_h}, \text{且 } \omega_1^2<\frac{s}{m_L};\ \omega_2^2>\frac{s+s_{in}}{m_L}。$$

由方程(17.226)解得

$$\begin{Bmatrix} R_h \\ R_L \end{Bmatrix}=\frac{1}{\Delta_s}\begin{bmatrix} s_{in}+s-m_L\Omega_L^2 & s_{in} \\ s_{in} & s_{in}-m_h\Omega_L^2 \end{bmatrix}\begin{Bmatrix} 1 \\ 0 \end{Bmatrix}m_h\Omega_L^2R_{Lo} \tag{17.229}$$

$$R_h = \frac{1}{\Delta_s}(s + s_{in} - m_L\Omega_L^2) m_h \Omega_L^2 R_{Lo} \tag{17.230}$$

$$R_L = \frac{1}{\Delta_s} m_h \Omega_L^2 s_{in} R_{Lo} \tag{17.231}$$

式(17.230)和式(17.231)表明,中介轴承外环座的静态偏心会同时激起高压和低压转子的振动,静态偏心越大,转子振动越大,与转子的低压不平衡响应相似,振动频率为低压转子转频。从监测角度看,易于与低压转子不平衡响应混淆。但无法利用转子动平衡予以消除。因此,在转子结构和工艺设计及装配时,应力求避免这种现象的出现。

对式(17.230)和式(17.231)进行无量纲化处理,得到高、低压转子的相对振动幅值:

$$\bar{R}_h = \frac{R_h}{R_{Lo}} = \frac{\left(\dfrac{\Omega_L}{\omega_L}\right)^2\left[1 + \bar{s}_{in} - \left(\dfrac{\Omega_L}{\omega_L}\right)^2\right]}{\bar{m}\bar{s}_{in}\left[1 - \left(\dfrac{\Omega_L}{\omega_L}\right)^2\right] - \left(\dfrac{\Omega_L}{\omega_L}\right)^2\left[1 + \bar{s}_{in} - \left(\dfrac{\Omega_L}{\omega_L}\right)^2\right]} \tag{17.232}$$

$$\bar{R}_L = \frac{R_L}{R_{Lo}} = \frac{\bar{s}_{in}\left(\dfrac{\Omega_L}{\omega_L}\right)^2}{\bar{m}\bar{s}_{in}\left[1 - \left(\dfrac{\Omega_L}{\omega_L}\right)^2\right] - \left(\dfrac{\Omega_L}{\omega_L}\right)^2\left[1 + \bar{s}_{in} - \left(\dfrac{\Omega_L}{\omega_L}\right)^2\right]} \tag{17.233}$$

式中, $\bar{R}_h$ 和 $\bar{R}_L$ 为高压盘和低压盘相对于静态偏心 R_{Lo} 的振动幅值; $\bar{s}_{in} = \dfrac{s_{in}}{s}$; $\bar{m} = \dfrac{m_L}{m_h}$; $\omega_L^2 = \dfrac{s}{m_L}$。

图 17.47 和图 17.48 分别表示高压盘和低压盘相对于静态偏心 R_{Lo} 的振动幅值随低压转速的变化。由图可见,在两阶临界转速处,高压和低压盘的振动幅值均达到峰值。越过临界转速之后,高压盘的振动幅值趋近于中介支承的静态偏心量 R_{Lo},但相位相反;而低压盘的振动幅值趋近于 0。

由式(17.232)和式(17.233)可知,当 $\Omega_L = \omega_L = \sqrt{\dfrac{s}{m_L}}$ 时,有如下的关系:

$$\bar{R}_h = \frac{R_h}{R_{Lo}} = \frac{R_L}{R_{Lo}} = \bar{R}_L = -1,\ R_L = -R_{Lo},\ R_h = -R_{Lo},\ R_{hb} = R_{Lo} + R_h = 0$$

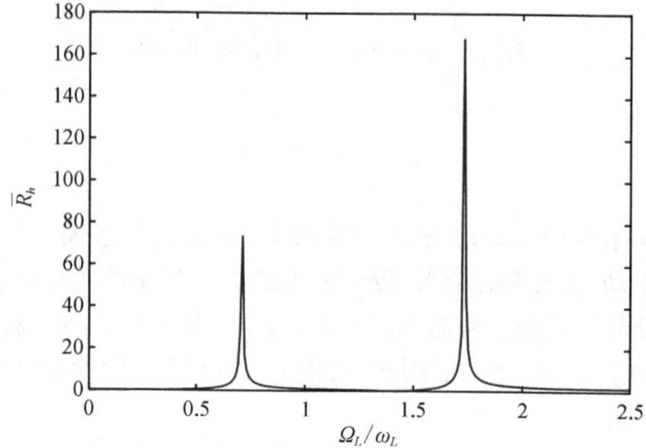

图 17.47　高压盘相对于静态偏心 R_{Lo} 的振动幅值 $\bar{R}_h$ 随低压相对转速的变化

横坐标为相对转速 $\dfrac{\Omega_L}{\omega_L}$; $\omega_L = \sqrt{\dfrac{s}{m_L}}$; $\dfrac{s_{in}}{s} = 1.0$; $\dfrac{m_L}{m_h} = 1.5$

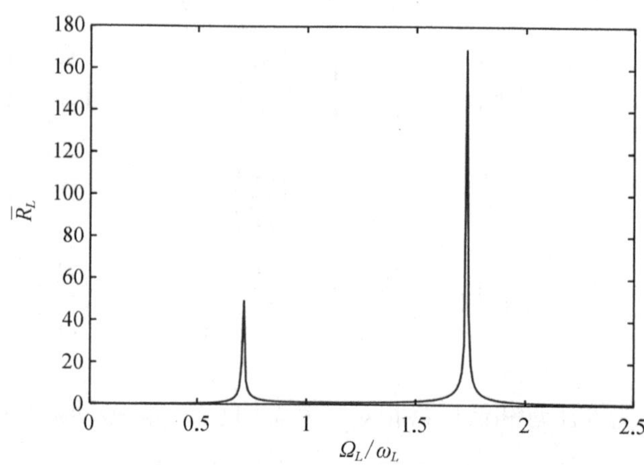

图 17.48　低压盘相对于静态偏心 R_{Lo} 的振动幅值 $\bar{R}_L$ 随低压相对转速的变化

横坐标为相对转速 $\dfrac{\Omega_L}{\omega_L}$; $\omega_L = \sqrt{\dfrac{s}{m_L}}$; $\dfrac{s_{in}}{s} = 1.0$; $\dfrac{m_L}{m_h} = 1.5$

这说明，低压转子的响应完全补偿了外环座的静态偏心 R_{Lo}，高压转子的振动消除。但低压转子上的载荷仍然存在。它作用在低压转子的两个轴承上，即 $F_L = |sR_{Lo}|$，静态偏心越大，载荷也越大。

由式(17.230)和式(17.231)可得

$$R_L - R_h = \frac{1}{\Delta_s}(m_L\Omega_L^2 - s)m_h\Omega_L^2 R_{Lo} \tag{17.234}$$

$$R_L - R_h = \frac{\Omega_L^2\left(\Omega_L^2 - \dfrac{s}{m_L}\right)R_{Lo}}{\left(\dfrac{s_{in}}{m_h} - \Omega_L^2\right)\left(\dfrac{s_{in}}{m_L} + \dfrac{s}{m_L} - \Omega_L^2\right) - \dfrac{s_{in}^2}{m_h m_L}} \tag{17.235}$$

当 $\Omega_L \to \infty$ 时, $R_L - R_h \approx R_{Lo}$。

作用在中介轴承上的动载荷幅值为

$$\begin{aligned} F_{in} = (R_L - R_h)s_{in} &= \frac{\Omega_L^2\left(\Omega_L^2 - \dfrac{s}{m_L}\right)R_{Lo}s_{in}}{\left(\dfrac{s_{in}}{m_h} - \Omega_L^2\right)\left(\dfrac{s_{in}}{m_L} + \dfrac{s}{m_L} - \Omega_L^2\right) - \dfrac{s_{in}^2}{m_h m_L}} \\ &= \frac{\Omega_L^2\left(\Omega_L^2 - \dfrac{s}{m_L}\right)R_{Lo}s_{in}}{\dfrac{s_{in}}{m_h}\left(\dfrac{s}{m_L} - \Omega_L^2\right) - \Omega_L^2\left(\dfrac{s_{in}}{m_L} + \dfrac{s}{m_L} - \Omega_L^2\right)} \end{aligned} \tag{17.236}$$

$$\begin{aligned} \bar{F}_{in} = \frac{(R_L - R_h)s_{in}}{R_{Lo}s_{in}} = \frac{(R_L - R_h)}{R_{Lo}} &= \frac{m_h}{m_L}\frac{\Omega_L^2(\Omega_L^2 - \omega_L^2)}{\bar{s}_{in}\omega_L^2(\omega_L^2 - \Omega_L^2) - \Omega_L^2[(1+\bar{s}_{in})\omega_L^2 - \Omega_L^2]} \\ &= \frac{\left(\dfrac{\Omega_L}{\omega_L}\right)^2\left[\left(\dfrac{\Omega_L}{\omega_L}\right)^2 - 1\right]}{\bar{m}\bar{s}_{in}\left[1 - \left(\dfrac{\Omega_L}{\omega_L}\right)^2\right] - \left(\dfrac{\Omega_L}{\omega_L}\right)^2\left[1 + \bar{s}_{in} - \left(\dfrac{\Omega_L}{\omega_L}\right)^2\right]} \end{aligned} \tag{17.237}$$

式中, $\bar{F}_{in}$ 为作用在中介轴承上的相对动载荷。

由式(17.237)可见,高压转子的质量相对低压转子的质量越大,中介轴承所承受的动载荷越大。当低压转速为转子的临界转速时,即 $\Omega_L = \omega_i (i = 1, 2)$ 时, $\bar{F}_{in} \to \infty$, 静态偏心会在中介轴承上产生剧烈的动载荷。但当 $\Omega_L = \omega_L = \sqrt{\dfrac{s}{m_L}}$ 时, $\bar{F}_{in} = 0$, 低压转子的响应补偿了静态偏心,使得中介轴承上的载荷消除。但如前面所述,这时低压转子的两个主轴承上承受动载荷。

图 17.49 表示中介轴承上的相对动载荷幅值随低压转速的变化。由图可见,在转子的临界转速处,动载荷的幅值很大,变化规律与转子的低压不平衡响应相似。当 $\Omega_L \to \infty$ 时, $\bar{F}_{in} = 1$, 此时,中介轴承上的动载荷幅值为 $F_{in} = s_{in}R_{Lo}$。例如,取 $s_{in} = 1 \times 10^7$, $R_{Lo} = 0.025$ mm, 则 $F_{in} = s_{in}R_{Lo} = 250$ N。假设临界转速处, $\bar{F}_{in} =$

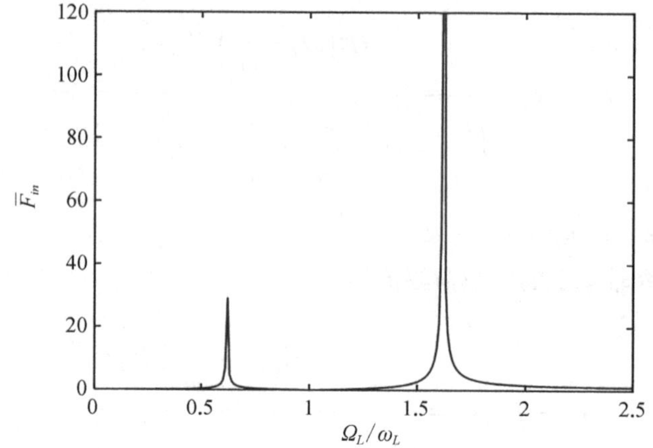

图 17.49 中介轴承上的相对动载荷幅值 $\bar{F}_{in}$ 随低压相对转速的变化

横坐标为相对转速 $\dfrac{\Omega_L}{\omega_L}$; $\omega_L = \sqrt{\dfrac{s}{m_L}}$; $\dfrac{s_{in}}{s} = 1.0$; $\dfrac{m_L}{m_h} = 1.5$

10,则临界转速处,中介轴承的动载荷达到 $F_{in} = 10s_{in}R_{Lo} = 2\,500$ N。

综上所述,中介支承的静态偏心会引起高、低压转子的振动,振动频率为低压转子转频 Ω_L,静态偏心越大,高、低压转子振动越大,中介轴承上的载荷也越大,在临界转速处出现很大的峰值。振动特征与转子的低压不平衡响应相似,但不能通过动平衡予以消除,易于造成与低压转子不平衡响应的混淆。因此,在中介支承装配时,应严格控制中介支承的静态偏心,例如,$R_{Lo} < 0.015$ mm。

17.11.3 静态偏心与低压转子不平衡的共同作用

当低压转子上存在不平衡量 $m_L\varepsilon_L\boldsymbol{e}^{\mathrm{j}\beta_L}$ 时,方程(17.226)变为

$$\begin{bmatrix} s_{in} - m_h\Omega_L^2 & -s_{in} \\ -s_{in} & s_{in} + s - m_L\Omega_L^2 \end{bmatrix} \begin{Bmatrix} \boldsymbol{R}_h \\ \boldsymbol{R}_L \end{Bmatrix} = \Omega_L^2 \begin{Bmatrix} m_h R_{Lo} \\ m_L\varepsilon_L\boldsymbol{e}^{\mathrm{j}\beta_L} \end{Bmatrix} \tag{17.238}$$

解得

$$\begin{Bmatrix} \boldsymbol{R}_h \\ \boldsymbol{R}_L \end{Bmatrix} = \frac{\Omega_L^2}{\Delta_s} \begin{bmatrix} s_{in} + s - m_L\Omega_L^2 & s_{in} \\ s_{in} & s_{in} - m_h\Omega_L^2 \end{bmatrix} \begin{Bmatrix} m_h R_{Lo} \\ m_L\varepsilon_L\boldsymbol{e}^{\mathrm{j}\beta_L} \end{Bmatrix} \tag{17.239}$$

$$\boldsymbol{R}_h = \left(\frac{\Omega_L}{\omega_L}\right)^2 \frac{\left[1 + \bar{s}_{in} - \left(\dfrac{\Omega_L}{\omega_L}\right)^2\right] R_{Lo} + \bar{s}_{in}\bar{m}\varepsilon_L\boldsymbol{e}^{\mathrm{j}\beta_L}}{\bar{m}\bar{s}_{in}\left[1 - \left(\dfrac{\Omega_L}{\omega_L}\right)^2\right] - \left(\dfrac{\Omega_L}{\omega_L}\right)^2\left[1 + \bar{s}_{in} - \left(\dfrac{\Omega_L}{\omega_L}\right)^2\right]} \tag{17.240}$$

$$\boldsymbol{R}_L = \left(\frac{\Omega_L}{\omega_L}\right)^2 \frac{\bar{s}_{in}R_{Lo} + \left[\bar{m}\bar{s}_{in} - \left(\frac{\Omega_L}{\omega_L}\right)^2\right]\varepsilon_L \boldsymbol{e}^{j\beta_L}}{\bar{m}\bar{s}_{in}\left[1 - \left(\frac{\Omega_L}{\omega_L}\right)^2\right] - \left(\frac{\Omega_L}{\omega_L}\right)^2\left[1 + \bar{s}_{in} - \left(\frac{\Omega_L}{\omega_L}\right)^2\right]} \tag{17.241}$$

由式(17.240)和式(17.241)可见,静态偏心与低压转子不平衡的作用相互叠加,可能会使转子振动增大,取决于静态偏心与低压转子不平衡的相位,以及低压转子的转速。在临界转速处,转子振动剧烈。

假设低压转子的不平衡量 $m_L\varepsilon_L\boldsymbol{e}^{j\beta_L}$ 与静态偏心同相位,即 $\beta_L=0$, 高、低压转子的振动幅值则为

$$\boldsymbol{R}_h = \left(\frac{\Omega_L}{\omega_L}\right)^2 \frac{\left[1 + \bar{s}_{in} - \left(\frac{\Omega_L}{\omega_L}\right)^2\right]R_{Lo} + \bar{s}_{in}\bar{m}\varepsilon_L}{\bar{m}\bar{s}_{in}\left[1 - \left(\frac{\Omega_L}{\omega_L}\right)^2\right] - \left(\frac{\Omega_L}{\omega_L}\right)^2\left[1 + \bar{s}_{in} - \left(\frac{\Omega_L}{\omega_L}\right)^2\right]} \tag{17.242}$$

$$\boldsymbol{R}_L = \left(\frac{\Omega_L}{\omega_L}\right)^2 \frac{\bar{s}_{in}R_{Lo} + \left[\bar{m}\bar{s}_{in} - \left(\frac{\Omega_L}{\omega_L}\right)^2\right]\varepsilon_L}{\bar{m}\bar{s}_{in}\left[1 - \left(\frac{\Omega_L}{\omega_L}\right)^2\right] - \left(\frac{\Omega_L}{\omega_L}\right)^2\left[1 + \bar{s}_{in} - \left(\frac{\Omega_L}{\omega_L}\right)^2\right]} \tag{17.243}$$

此时,低压转子的不平衡量与静态偏心对高、低压转子振动的影响是相互增强,还是相互削弱,取决于转子参数和低压转子的转速。

本 章 小 结

本章建立了双转子模型,运用解析方法分析了双转子的振动特征,揭示了双转子的振动规律,解释了实际运行中出现的现象,针对中介轴承进行了重点分析,得到如下结论:

(1) 所建立的双转子模型,可考虑转子的关键参数,包括支承刚度和阻尼及中介轴承的影响,适用于利用解析方法分析转子的动力学特性,明晰地揭示了双转子动力学耦合机理和运动规律,所得结论具有指导性和普适性。

(2) 挤压油膜阻尼器对刚性转子的阻尼效果最好。对于柔性双转子,要达到同样的减振效果,需提高转子动平衡的精度。

(3) 采用中介轴承结构,双转子系统耦合性加强。高、低压转子转速接近时,会出现拍振,振动幅值可能会成为高压不平衡响应幅值和低压不平衡响应幅值的

叠加。为避免出现拍振,高、低压转子转速差不应小于10%。

(4) 考虑中介轴承刚度时,双转子系统会出现动力吸振现象。

(5) 中介轴承刚度的取值范围应为 $\frac{s_{in}}{s}=\left(\frac{1}{2}\sim 1\right)$ (s 为轴的刚度)。

(6) 由于工艺和装配误差,可能会使中介轴承及轴承座刚度周向不均匀,造成中介轴承刚度各向异性。中介轴承刚度各向异性时,重力激起转子两倍频正进动,出现"副临界"现象;飞机机动飞行会加剧转子的重力响应。由于发动机是变转速运行的机器,重力会使原本高于最大工作转速的自振频率成为"副临界"转速。

(7) 中介轴承刚度各向异性时,高、低压转子不平衡都会激起转子的组合频率振动。高、低压转子同转时,组合频率为 $(2\Omega_h-\Omega_L)$ 或 $(2\Omega_L-\Omega_h)$,并在 $2\Omega_h-\Omega_L=\omega_{1,2}$ 或 $2\Omega_L-\Omega_h=\omega_{1,2}$ 时共振。当高压转子与低压转子反方向旋转时,组合频率为 $(2\Omega_h+\Omega_L)$ 或 $(2\Omega_L+\Omega_h)$,并在 $2\Omega_h+\Omega_L=\omega_{1,2}$ 或 $2\Omega_L+\Omega_h=\omega_{1,2}$ 时共振。转子振动的频率成分增多,共振点增多,这对转子的安全稳定运行是非常不利的。因此,在发动机设计时,须采取非常精密的结构和工艺措施,保证中介轴承刚度的均匀性。

(8) 在某些发动机中,中介轴承的外环安装在低压转子上的轴承座中,内环安装在高压涡轮转子的后轴颈上。由于加工和装配等原因,使得低压转子上的轴承外环安装座与低压转子不同心。这种不同心称为中介轴承的静态偏心。中介轴承的静态偏心会引起高压和低压转子的振动,静态偏心越大,转子振动越大,振动特征与低压转子不平衡响应相似,会在中介轴承上产生动载荷,并在临界转速处动载荷出现峰值。因此,在中介支承装配时,应严格保证轴承外环安装座与低压转子的同心度。

参考文献

[1] 陈光. 航空发动机结构设计分析: 第2版[M]. 北京: 北京航空航天大学出版社,2014.

[2] HUANG T P. The transfer matrix impedance coupling method for the eigensolutions of multi-spool rotor systems[J]. Transactions of ASME, 1988, 110: 468-472.

[3] SCHOBEIRI T, LIPPKE C, ABOUELKHEIR M, et al. Nonlinear dynamic simulation of single- and multi-spool core engines[R]. AIAA 93-2580, 1993.

[4] 闻邦椿,顾家柳,夏松波,等. 高等转子动力学[M]. 北京: 机械工业出版社,2000.

[5] CHIANG H W D, HSU C N, JENG W, et al. Turbo machinery dual rotor-bearing system analysis[R]. ASME GT-2002-30315, 2002.

[6] RAO J S, SREENIVAS R. Dynamics of a three level rotor system using solid elements[R]. ASME GT-2003-38783, 2003.

[7] CHIANG H W D, HSU C N. Rotor-Bearing analysis for turbo machinery single- and dual-rotor systems[J]. Journal of Propulsion and Power, 2004, 20(6): 1096-1104.

[8]　CHAI S, GANG X Y, QU Q W. A whole transfer matrix method for the eigensolutions of multi-rotor system[C]. Chicago: Proceedings of PWR2005, 2005.

[9]　胡绚,罗贵火,高德平. 反向旋转双转子稳态响应计算分析与试验[J]. 航空动力学报, 2007,22(7): 1044 - 1049.

[10]　柴山,刚宪约,姚福生,等. 计算多转子系统临界转速的整体传递矩阵法[J]. 上海理工大学学报,2002,24(1): 8 - 12.

[11]　廖明夫,于潇,王四季,等. 双转子系统的振动[J]. 机械科学与技术,2013,32(4): 475 - 480.

[12]　廖明夫,刘永泉,王四季,等. 中介轴承对双转子振动的影响[J]. 机械科学与技术,2013, 32(5): 641 - 646.

[13]　蒋云帆,廖明夫,刘永泉,等. 同转/对转双转子系统的动力学特性[J]. 航空动力学报, 2013,28(12): 2771 - 2780.

[14]　廖明夫. 航空发动机转子动力学[M]. 西安: 西北工业大学出版社,2015.

第 18 章
发动机双转子系统模态动平衡理论与方法

第 12 章系统地介绍了单转子的模态动平衡方法。但绝大多数的涡喷和涡扇发动机均采用双转子结构布局,如图 18.1 所示。

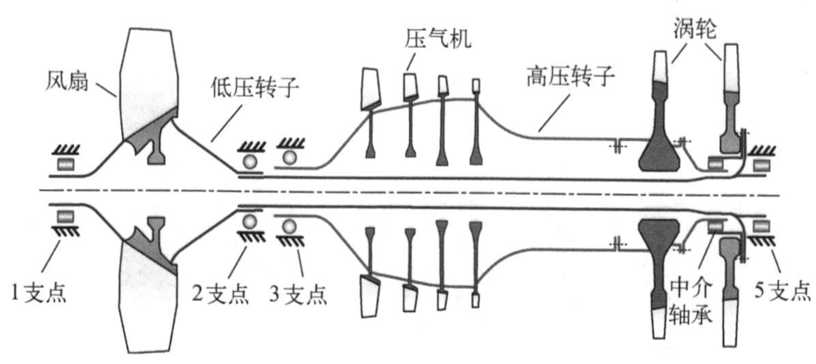

图 18.1　涡扇发动机双转子结构示意图

虽然在整机组装前会对高、低压转子分别进行精度较高的动平衡，但在高转速、高负荷、高温度和耦合振动的实际工作状态下，组成整机后双转子的平衡状态会发生变化，常常导致发动机振动超限。另外,航空发动机转子的设计正在从“避开共振”向“容忍共振”的方向发展,即“可容模态”的设计理论将成为转子系统设计的基础。双转子系统的动平衡是“可容模态”设计的关键要素,因为“可容模态”下,若设计不当,转子的响应可能会对不平衡的变化非常敏感。

第 12 章所阐述的单转子系统模态动平衡理论,没有考虑到双转子系统的耦合振动特性和双源激励问题。如第 14 章和第 17 章所述,双转子系统的高、低压转子分别以不同的转速旋转,并且转动方向还可能不同,有的发动机高、低压转子同转(旋转方向相同),有的对转(旋转方向相反)。双转子系统始终存在着高压转子不平衡和低压转子不平衡双源激励,而高、低压转子的共同工作线(高、低压转子转速控制律)会导致复杂的惯性耦合,影响转子系统的模态特征。因此,双转子系统的模态动平衡理论与单转子系统相差较大,现有的单转子模态动平衡方法不能完全适用双转子系统的动平衡[1-23]。为此,本章论述发动机双转子系统的模态动平衡理论与方法,为双转子系统动力学设计和动平衡提供理论基础。

18.1　双转子系统模态的正交性

如第 12 章所述,转子在某阶临界转速附近运转时,转子的振动响应主要表现为该阶模态的主振型,在其他非临界转速处的振动响应则是各阶主振型分量的叠加。此外,按某一阶主振型函数分布的外力,只能激起该阶主振型的振动,对于按照该阶主振型分布的力,改变其幅值大小,对其他各阶主振型振动并无影响(模态振型正交性)。基于这一特点,若使转子依次在各阶临界转速附近运行,在转子上施加与相应阶振型相似,且成正比的分布平衡校正质量,即可逐一消除各阶不平衡分量。这种方法就是单转子的模态平衡法。模态平衡法的理论基础是转子系统的模态正交性,只有转子系统的各阶模态振型正交,才能保证平衡某一阶模态不平衡时对其他阶模态振动不会产生影响。因此,本节重点分析双转子系统模态的正交特性,为双转子模态动平衡奠定基础。

航空发动机双转子系统比单转子系统复杂得多,存在较多特殊结构,包括分叉结构、中介支承等,并且高、低压转子存在着转速和转向等差异,不能再简单地套用单转子系统的模态理论。在分析双转子系统模态特性时,必须要考虑到这些因素的影响。

18.1.1　双转子系统稳态运动微分方程与模态

如第 14 章所述,对双转子系统建立有限元模型,可得到双转子系统的运动微分方程,即

$$\boldsymbol{M}^s\ddot{\boldsymbol{q}}^s + (\boldsymbol{C}^s - \Omega_L\boldsymbol{G}_L - \Omega_h\boldsymbol{G}_h)\dot{\boldsymbol{q}}^s + \boldsymbol{K}^s\boldsymbol{q}^s = \boldsymbol{Q}^s \tag{18.1}$$

式中, $\boldsymbol{M}^s$ 为转子系统质量矩阵; $\boldsymbol{C}^s$ 为系统阻尼矩阵; $\boldsymbol{G}_L$ 为低压转子系统陀螺力矩矩阵; $\boldsymbol{G}_h$ 为高压转子系统陀螺力矩矩阵; $\boldsymbol{K}^s$ 为系统刚度矩阵, 包含了分叉结构和中介轴承的刚度; Ω_L 为低压转子转速, Ω_h 为高压转子转速; $\boldsymbol{Q}^s$ 为转子系统外力向量; $\boldsymbol{q}^s$ 为转子系统广义位移向量,表示为

$$\boldsymbol{q}^s = [\boldsymbol{q}_1 \quad \boldsymbol{q}_2 \quad \cdots \quad \boldsymbol{q}_N]^{\mathrm{T}} \tag{18.2}$$

式中,上标 s 表示系统;下标为节点编号;N 表示节点总数。

忽略阻尼和右端外力项,可以得到如下齐次方程,用以计算双转子系统的模态:

$$\boldsymbol{M}^s\ddot{\boldsymbol{q}}^s - (\Omega_L\boldsymbol{G}_L + \Omega_h\boldsymbol{G}_h)\dot{\boldsymbol{q}}^s + \boldsymbol{K}^s\boldsymbol{q}^s = 0 \tag{18.3}$$

由式(18.3)对应的特征方程可得到转子系统的模态。如第14章所述,双转子系统具有高压不平衡和低压不平衡激励的两组模态,如图18.2所示。其中,转子共同工作线与各阶共振转速线的交点 *abcde* 对应的就是转子各阶临界转速,*a*、*b* 和 *d* 为高压激励临界转速,*c* 和 *e* 为低压激励临界转速,各个交点对应的特征向量即为双转子系统的振型向量。

需要探明组内各阶模态的正交性和正交条件,即高压激励下各阶模态之间的正交特性及低压激励下各阶模态之间的正交特性。例如,图18.2中,*a*、*b* 和 *d* 三点对应的三阶高压激励模态是否相互正交? *c* 和 *e* 两点对应的两阶低压激励模态是否正交?

除此之外,还需论证组间各阶模态的正交性和正交条件,即高压激励下各阶模态与低压激励下各阶模态之间的正交特性,仍以图18.2为例,需要证明 *a*、*b* 和 *d* 三点对应的三阶高压激励模态与 *c* 和 *e* 两点对应的两阶低压激励模态是否相互正交。

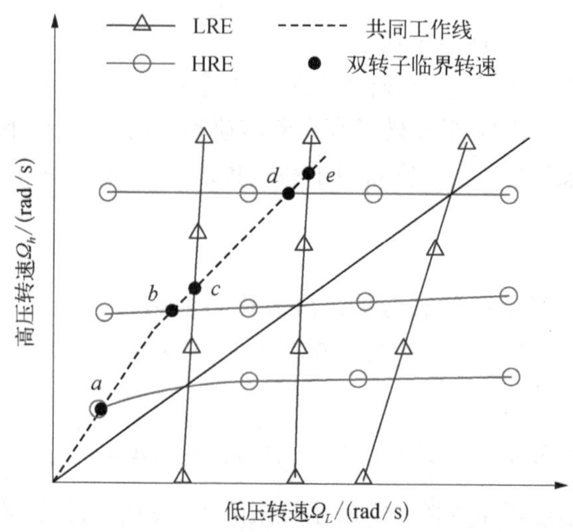

图18.2 双转子临界转速图谱

18.1.2 双转子系统刚度矩阵的复共轭对称性

为证明航空发动机双转子系统模态的正交性,须先证明方程(18.3)所含的转子系统刚度矩阵的复共轭对称性。

对于双转子系统中的低压转子和高压转子的主干结构,其刚度矩阵均是共轭对称的,如第14章第14.2.3所述。为易于理解刚度矩阵的共轭对称性,不妨用简单转子的刚度矩阵予以说明。第6章在分析带偏置盘转子的振动时,得到转子的刚度矩阵如下:

$$\boldsymbol{S}=\begin{bmatrix} s_{11} & -\mathrm{j}s_{12} \\ \mathrm{j}s_{12} & s_{22} \end{bmatrix} \tag{18.4}$$

刚度矩阵 $\boldsymbol{S}$ 的复共轭矩阵为

$$\boldsymbol{S}^{*}=\begin{bmatrix} s_{11} & \mathrm{j}s_{12} \\ -\mathrm{j}s_{12} & s_{22} \end{bmatrix} \tag{18.5}$$

比较式(18.4)和式(18.5)可见，刚度矩阵是复共轭对称的，即下式成立：

$$\boldsymbol{S}=\boldsymbol{S}^{*\mathrm{T}} \tag{18.6}$$

式中，$\boldsymbol{S}^{*\mathrm{T}}$ 是刚度矩阵复共轭矩阵的转置矩阵。这一结论对一般转子系统均是成立的。

但需要特别证明的是双转子系统中 2 种特殊结构刚度矩阵的复共轭对称性：一是分叉结构；二是中介支承。

1. 分叉结构刚度矩阵的复共轭对称性[20,23]

分叉结构在航空发动机转子轴系中比较常见，与传统直线的链式结构不同，图 18.3 表示了典型的分叉结构简图，(Ⅰ)、(Ⅱ)、(Ⅲ)表示 3 个轴段，a、b、c 和 o 表示 4 个节点。$\boldsymbol{O}$ 点为三个轴段的交点，即分叉点。第 14 章得到分叉结构的刚度矩阵为

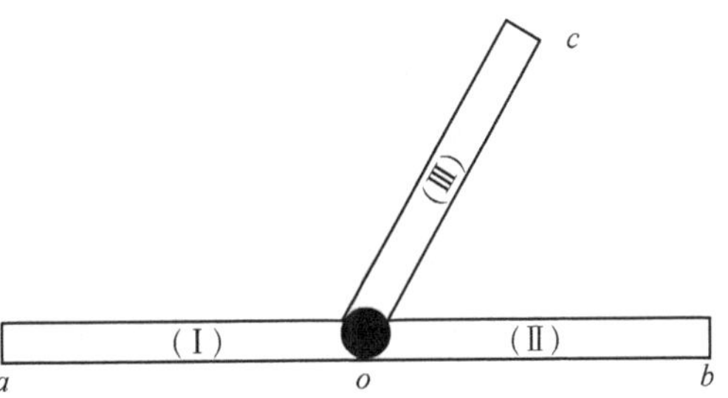

图 18.3　典型的分叉结构

$$\boldsymbol{K}^{br}=\begin{bmatrix} \boldsymbol{K}_a^{\mathrm{I}} & & & \\ & \boldsymbol{K}_o^{\mathrm{I}}+\boldsymbol{K}_o^{\mathrm{II}}+\boldsymbol{K}_o^{\mathrm{III}} & & \\ & & \boldsymbol{K}_b^{\mathrm{II}} & \\ & & & \boldsymbol{K}_c^{\mathrm{III}} \end{bmatrix} \tag{18.7}$$

显见，式(18.7)是复共轭对称的。将 $\boldsymbol{K}^{br}$ 矩阵组装到转子系统的刚度矩阵后，并不改变其复共轭对称性。

2. 中介轴承刚度矩阵的复共轭对称性[20,23]

在双转子涡喷或涡扇发动机中，常在高压转子的后支点处采用中介轴承的设计方案。假设中介轴承具有线性刚度，不计阻尼，其运动方程为

$$-\boldsymbol{K}^{in}\boldsymbol{q}^{in}=\boldsymbol{Q}^{in\_ex} \tag{18.8}$$

式中，上标 in 表示中介轴承元素；$\boldsymbol{q}^{in}$ 为中介轴承处转子的广义位移向量；$\boldsymbol{K}^{in}$ 为中

介轴承总刚度矩阵; $\boldsymbol{Q}^{in\_ex}$ 为中介轴承处所受外载荷。

双转子中介轴承的受力如图 18.4 所示。

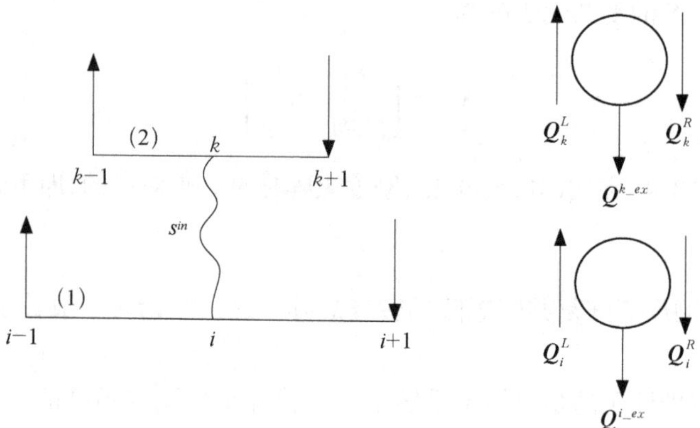

图 18.4 双转子中介轴承受力

图中,(1)表示低压转子,(2)表示高压转子, i 和 k 分别表示中介轴承在低压转子和高压转子上的节点编号。在组成系统运动方程时,低、高压转子在中介轴承处所受左、右两端剪力 $\boldsymbol{Q}_i^L$、$\boldsymbol{Q}_i^R$ 和 $\boldsymbol{Q}_k^L$、$\boldsymbol{Q}_k^R$ 与相邻轴段的剪力相平衡。$\boldsymbol{s}^{in}$ 表示中介轴承的刚度矩阵, $\boldsymbol{Q}^{i\_ex}$ 和 $\boldsymbol{Q}^{k\_ex}$ 表示高压转子和低压转子之间的相互作用力,它们满足 $\boldsymbol{Q}^{i\_ex}+\boldsymbol{Q}^{k\_ex}=0$。由于在建立系统运动方程时,高、低压转子在中介轴承处的节点不相邻,故不能相互抵消,而应该分别按外力计算。$\boldsymbol{Q}^{i\_ex}$ 可表示为

$$\boldsymbol{Q}^{i\_ex}=\boldsymbol{s}^{in}\begin{bmatrix}\boldsymbol{r}_{sk}-\boldsymbol{r}_{si}\\ \boldsymbol{\varphi}_{sk}-\boldsymbol{\varphi}_{si}\end{bmatrix} \tag{18.9}$$

式中, $\boldsymbol{Q}^{i\_ex}=\begin{Bmatrix}\boldsymbol{Q}_r^{i\_ex}\\ \boldsymbol{Q}_\varphi^{i\_ex}\end{Bmatrix}$; $\boldsymbol{s}^{in}=\begin{bmatrix}s_{ii} & -\mathrm{j}s_{ik}\\ \mathrm{j}s_{ik} & s_{kk}\end{bmatrix}$。

由此可以得

$$\begin{Bmatrix}\boldsymbol{Q}^{i\_ex}\\ \boldsymbol{Q}^{k\_ex}\end{Bmatrix}=\begin{bmatrix}-\boldsymbol{s}^{in} & \boldsymbol{s}^{in}\\ \boldsymbol{s}^{in} & -\boldsymbol{s}^{in}\end{bmatrix}\begin{bmatrix}\boldsymbol{r}_{si}\\ \boldsymbol{\varphi}_{si}\\ \boldsymbol{r}_{sk}\\ \boldsymbol{\varphi}_{sk}\end{bmatrix} \tag{18.10}$$

由于高、低压转子在中介轴承处的节点不相邻,将式(18.10)代入式(18.8),可得到中介轴承总刚度矩阵 $\boldsymbol{K}^{in}$ 为

$$
\begin{array}{c} \\ \boldsymbol{K}^{in} = \end{array}
\begin{array}{c}
\begin{array}{cccc} 2i-1 & 2i & 2k-1 & 2k \end{array} \\
\left[\begin{array}{cc|cc}
s_{ii} & \mathrm{j}s_{ik} & -s_{ii} & -\mathrm{j}s_{ik} \\
-\mathrm{j}s_{ik} & s_{kk} & \mathrm{j}s_{ik} & -s_{kk} \\
\hline
-s_{ii} & -\mathrm{j}s_{ik} & s_{ii} & \mathrm{j}s_{ik} \\
\mathrm{j}s_{ik} & -s_{kk} & -\mathrm{j}s_{ik} & s_{kk}
\end{array}\right]
\begin{array}{c} 2i-1 \\ 2i \\ 2k-1 \\ 2k \end{array}
\end{array}
\tag{18.11}
$$

式中，$2i-1$、$2i$、$2k-1$ 和 $2k$ 均表示 $\boldsymbol{K}^{in}$ 在转子系统刚度矩阵 $\boldsymbol{K}$ 中的位置。

刚度矩阵 $\boldsymbol{K}^{in}$ 的复共轭矩阵为

$$
\boldsymbol{K}^{in*} = \left[\begin{array}{cc|cc}
s_{ii} & -\mathrm{j}s_{ik} & -s_{ii} & \mathrm{j}s_{ik} \\
\mathrm{j}s_{ik} & s_{kk} & -\mathrm{j}s_{ik} & -s_{kk} \\
\hline
-s_{ii} & \mathrm{j}s_{ik} & s_{ii} & -\mathrm{j}s_{ik} \\
-\mathrm{j}s_{ik} & -s_{kk} & \mathrm{j}s_{ik} & s_{kk}
\end{array}\right]
\tag{18.12}
$$

从式(18.11)和式(18.12)可以得

$$
\boldsymbol{K}^{in} = \boldsymbol{K}^{in*\mathrm{T}}
\tag{18.13}
$$

式中，$\boldsymbol{K}^{in*\mathrm{T}}$ 为 $\boldsymbol{K}^{in*}$ 的转置矩阵。由此可见，考虑中介轴承后转子系统刚度矩阵同样为复共轭对称矩阵。

18.1.3 双转子系统模态的正交性

根据 18.1.1 节可知，在特定转速比（$a=\Omega_h/\Omega_L$，$a\neq 0$，共同工作线）下，双转子系统具有高压不平衡和低压不平衡激励的两组模态。下面将从不同的模态激励方式出发，讨论双转子系统模态的正交性。

在此，首先引入模态广义正交性的概念。所谓模态广义正交性是指模态之间的正交性与转子转速无关。对于双转子系统，模态广义正交性是指模态之间的正交性与转子转速以及转速比无关。

在以下的分析中，下标 L 表示与低压转子相关的变量或参数，下标 h 表示与高压转子相关的变量或参数。

1. 低压转子激励下双转子系统模态的正交性

本节分析低压转子激励模态之间的正交性。考虑高、低压转速比恒定和变化两种情况。

1）转速比 $a=\Omega_h/\Omega_L$ 恒定

首先分析转速比 $a=\Omega_h/\Omega_L$ 恒定的情况。

低压转子为主激励源时，转子公转转速，即低压激励的临界转速为低压转子转速，$\Omega_L=\omega_L$，$\Omega_h=a\omega_L$。把第 Li 阶模态对应的解 ω_{Li} 和 $\boldsymbol{q}_{Li}$（为简便计，省去上标 s）

代入式(18.3) 中,约去时间项后得

$$-\omega_{Li}^{2}\begin{bmatrix}\boldsymbol{m}_L & & & \\ & \boldsymbol{I}_{dL}+\boldsymbol{I}_{pL} & & \\ & & \boldsymbol{m}_h & \\ & & & \boldsymbol{I}_{dh}+a\boldsymbol{I}_{ph}\end{bmatrix}\begin{bmatrix}\boldsymbol{r}_{iL}\\ \boldsymbol{\varphi}_{iL}\\ \boldsymbol{r}_{ih}\\ \boldsymbol{\varphi}_{ih}\end{bmatrix}_{Li}+\boldsymbol{K}\begin{bmatrix}\boldsymbol{r}_{iL}\\ \boldsymbol{\varphi}_{iL}\\ \boldsymbol{r}_{ih}\\ \boldsymbol{\varphi}_{ih}\end{bmatrix}_{Li}=0 \quad (18.14)$$

式中, $\boldsymbol{q}_{Li}=[\boldsymbol{r}_{iL}\quad \boldsymbol{\varphi}_{iL}\quad \boldsymbol{r}_{ih}\quad \boldsymbol{\varphi}_{ih}]_{Li}^{\mathrm{T}}$, 为第 Li 阶振型向量,下标取 Li。$\boldsymbol{I}_{dL}$ 和 $\boldsymbol{I}_{pL}$ 为低压转子的转动惯量矩阵; $\boldsymbol{I}_{dh}$ 和 $\boldsymbol{I}_{ph}$ 为高压转子的转动惯量矩阵; $\boldsymbol{m}_L$ 为低压转子的质量矩阵, $\boldsymbol{m}_h$ 为高压转子的质量矩阵; $\boldsymbol{K}$ 为转子刚度矩阵; a 为转速比, $a=\Omega_h/\Omega_L$。

对于第 Lk 阶模态 ($\omega_{Li}\neq\omega_{Lk}$), 同样有

$$-\omega_{Lk}^{2}\begin{bmatrix}\boldsymbol{m}_L & & & \\ & \boldsymbol{I}_{dL}+\boldsymbol{I}_{pL} & & \\ & & \boldsymbol{m}_h & \\ & & & \boldsymbol{I}_{dh}+a\boldsymbol{I}_{ph}\end{bmatrix}\begin{bmatrix}\boldsymbol{r}_{kL}\\ \boldsymbol{\varphi}_{kL}\\ \boldsymbol{r}_{kh}\\ \boldsymbol{\varphi}_{kh}\end{bmatrix}_{Lk}+\boldsymbol{K}\begin{bmatrix}\boldsymbol{r}_{kL}\\ \boldsymbol{\varphi}_{kL}\\ \boldsymbol{r}_{kh}\\ \boldsymbol{\varphi}_{kh}\end{bmatrix}_{Lk}=0 \quad (18.15)$$

式中, $\boldsymbol{q}_{Lk}=[\boldsymbol{r}_{kL}\quad \boldsymbol{\varphi}_{kL}\quad \boldsymbol{r}_{kh}\quad \boldsymbol{\varphi}_{kh}]_{Lk}^{\mathrm{T}}$。

对式(18.14)两端同时左乘 $\boldsymbol{q}_{Lk}$ 的共轭转置向量 $\boldsymbol{q}_{Lk}^{H}$ (为书写简便, $H={}^{*}\mathrm{T}$, 即复共轭的转置),有

$$-\omega_{Li}^{2}\begin{bmatrix}\boldsymbol{r}_{kL}\\ \boldsymbol{\varphi}_{kL}\\ \boldsymbol{r}_{kh}\\ \boldsymbol{\varphi}_{kh}\end{bmatrix}_{Lk}^{H}\begin{bmatrix}\boldsymbol{m}_L & & & \\ & \boldsymbol{I}_{dL}+\boldsymbol{I}_{pL} & & \\ & & \boldsymbol{m}_h & \\ & & & \boldsymbol{I}_{dh}+a\boldsymbol{I}_{ph}\end{bmatrix}\begin{bmatrix}\boldsymbol{r}_{iL}\\ \boldsymbol{\varphi}_{iL}\\ \boldsymbol{r}_{ih}\\ \boldsymbol{\varphi}_{ih}\end{bmatrix}_{Li}+\begin{bmatrix}\boldsymbol{r}_{kL}\\ \boldsymbol{\varphi}_{kL}\\ \boldsymbol{r}_{kh}\\ \boldsymbol{\varphi}_{kh}\end{bmatrix}_{Lk}^{H}\boldsymbol{K}\begin{bmatrix}\boldsymbol{r}_{iL}\\ \boldsymbol{\varphi}_{iL}\\ \boldsymbol{r}_{ih}\\ \boldsymbol{\varphi}_{ih}\end{bmatrix}_{Li}=0 \quad (18.16)$$

对式(18.15)两端同时左乘 $\boldsymbol{q}_{Li}$ 的共轭转置向量 $\boldsymbol{q}_{Li}^{H}$, 有

$$-\omega_{Lk}^{2}\begin{bmatrix}\boldsymbol{r}_{iL}\\ \boldsymbol{\varphi}_{iL}\\ \boldsymbol{r}_{ih}\\ \boldsymbol{\varphi}_{ih}\end{bmatrix}_{Li}^{H}\begin{bmatrix}\boldsymbol{m}_L & & & \\ & \boldsymbol{I}_{dL}+\boldsymbol{I}_{pL} & & \\ & & \boldsymbol{m}_h & \\ & & & \boldsymbol{I}_{dh}+a\boldsymbol{I}_{ph}\end{bmatrix}\begin{bmatrix}\boldsymbol{r}_{kL}\\ \boldsymbol{\varphi}_{kL}\\ \boldsymbol{r}_{kh}\\ \boldsymbol{\varphi}_{kh}\end{bmatrix}_{Lk}+\begin{bmatrix}\boldsymbol{r}_{iL}\\ \boldsymbol{\varphi}_{iL}\\ \boldsymbol{r}_{ih}\\ \boldsymbol{\varphi}_{ih}\end{bmatrix}_{Li}^{H}\boldsymbol{K}\begin{bmatrix}\boldsymbol{r}_{kL}\\ \boldsymbol{\varphi}_{kL}\\ \boldsymbol{r}_{kh}\\ \boldsymbol{\varphi}_{kh}\end{bmatrix}_{Lk}=0 \quad (18.17)$$

由第 18.1.2 节知,双转子系统惯量矩阵和刚度矩阵皆为复共轭对称阵,则以下两式成立:

$$\begin{bmatrix} \boldsymbol{r}_{kL} \\ \boldsymbol{\varphi}_{kL} \\ \boldsymbol{r}_{kh} \\ \boldsymbol{\varphi}_{kh} \end{bmatrix}_{Lk}^{H} \begin{bmatrix} \boldsymbol{m}_L & & & \\ & \boldsymbol{I}_{dL} + \boldsymbol{I}_{pL} & & \\ & & \boldsymbol{m}_h & \\ & & & \boldsymbol{I}_{dh} + a\boldsymbol{I}_{ph} \end{bmatrix} \begin{bmatrix} \boldsymbol{r}_{iL} \\ \boldsymbol{\varphi}_{iL} \\ \boldsymbol{r}_{ih} \\ \boldsymbol{\varphi}_{ih} \end{bmatrix}_{Li}$$

$$= \left(\begin{bmatrix} \boldsymbol{r}_{iL} \\ \boldsymbol{\varphi}_{iL} \\ \boldsymbol{r}_{ih} \\ \boldsymbol{\varphi}_{ih} \end{bmatrix}_{Li}^{H} \begin{bmatrix} \boldsymbol{m}_L & & & \\ & \boldsymbol{I}_{dL} + \boldsymbol{I}_{pL} & & \\ & & \boldsymbol{m}_h & \\ & & & \boldsymbol{I}_{dh} + a\boldsymbol{I}_{ph} \end{bmatrix} \begin{bmatrix} \boldsymbol{r}_{kL} \\ \boldsymbol{\varphi}_{kL} \\ \boldsymbol{r}_{kh} \\ \boldsymbol{\varphi}_{kh} \end{bmatrix}_{Lk} \right)^{H} \tag{18.18}$$

$$\begin{bmatrix} \boldsymbol{r}_{kL} \\ \boldsymbol{\varphi}_{kL} \\ \boldsymbol{r}_{kh} \\ \boldsymbol{\varphi}_{kh} \end{bmatrix}_{Lk}^{H} \boldsymbol{K} \begin{bmatrix} \boldsymbol{r}_{iL} \\ \boldsymbol{\varphi}_{iL} \\ \boldsymbol{r}_{ih} \\ \boldsymbol{\varphi}_{ih} \end{bmatrix}_{Li} = \left(\begin{bmatrix} \boldsymbol{r}_{iL} \\ \boldsymbol{\varphi}_{iL} \\ \boldsymbol{r}_{ih} \\ \boldsymbol{\varphi}_{ih} \end{bmatrix}_{Li}^{H} \boldsymbol{K} \begin{bmatrix} \boldsymbol{r}_{kL} \\ \boldsymbol{\varphi}_{kL} \\ \boldsymbol{r}_{kh} \\ \boldsymbol{\varphi}_{kh} \end{bmatrix}_{Lk} \right)^{H} \tag{18.19}$$

式中,上标 H 表示复共轭转置运算。

对式(18.17)两边进行复共轭转置运算,并考虑式(18.18)和式(18.19)的关系,得

$$-\omega_{Lk}^2 \begin{bmatrix} \boldsymbol{r}_{kL} \\ \boldsymbol{\varphi}_{kL} \\ \boldsymbol{r}_{kh} \\ \boldsymbol{\varphi}_{kh} \end{bmatrix}_{Lk}^{H} \begin{bmatrix} \boldsymbol{m}_L & & & \\ & \boldsymbol{I}_{dL} + \boldsymbol{I}_{pL} & & \\ & & \boldsymbol{m}_h & \\ & & & \boldsymbol{I}_{dh} + a\boldsymbol{I}_{ph} \end{bmatrix} \begin{bmatrix} \boldsymbol{r}_{iL} \\ \boldsymbol{\varphi}_{iL} \\ \boldsymbol{r}_{ih} \\ \boldsymbol{\varphi}_{ih} \end{bmatrix}_{Li} + \begin{bmatrix} \boldsymbol{r}_{kL} \\ \boldsymbol{\varphi}_{kL} \\ \boldsymbol{r}_{kh} \\ \boldsymbol{\varphi}_{kh} \end{bmatrix}_{Lk}^{H} \boldsymbol{K} \begin{bmatrix} \boldsymbol{r}_{iL} \\ \boldsymbol{\varphi}_{iL} \\ \boldsymbol{r}_{ih} \\ \boldsymbol{\varphi}_{ih} \end{bmatrix}_{Li} = 0 \tag{18.20}$$

将式(18.20)与式(18.16)相减,可得

$$(\omega_{Li}^2 - \omega_{Lk}^2) \begin{bmatrix} \boldsymbol{r}_{kL} \\ \boldsymbol{\varphi}_{kL} \\ \boldsymbol{r}_{kh} \\ \boldsymbol{\varphi}_{kh} \end{bmatrix}_{Lk}^{H} \begin{bmatrix} \boldsymbol{m}_L & & & \\ & \boldsymbol{I}_{dL} + \boldsymbol{I}_{pL} & & \\ & & \boldsymbol{m}_h & \\ & & & \boldsymbol{I}_{dh} + a\boldsymbol{I}_{ph} \end{bmatrix} \begin{bmatrix} \boldsymbol{r}_{iL} \\ \boldsymbol{\varphi}_{iL} \\ \boldsymbol{r}_{ih} \\ \boldsymbol{\varphi}_{ih} \end{bmatrix}_{Li} = 0 \tag{18.21}$$

由于 $(\omega_{Li}^2 - \omega_{Lk}^2) \neq 0$, 故有

$$\begin{bmatrix} \boldsymbol{r}_{kL} \\ \boldsymbol{\varphi}_{kL} \\ \boldsymbol{r}_{kh} \\ \boldsymbol{\varphi}_{kh} \end{bmatrix}_{Lk}^{H} \begin{bmatrix} \boldsymbol{m}_L & & & \\ & \boldsymbol{I}_{dL} + \boldsymbol{I}_{pL} & & \\ & & \boldsymbol{m}_h & \\ & & & \boldsymbol{I}_{dh} + a\boldsymbol{I}_{ph} \end{bmatrix} \begin{bmatrix} \boldsymbol{r}_{iL} \\ \boldsymbol{\varphi}_{iL} \\ \boldsymbol{r}_{ih} \\ \boldsymbol{\varphi}_{ih} \end{bmatrix}_{Li} = 0 \tag{18.22}$$

$$\begin{bmatrix} \boldsymbol{r}_{kL} \\ \boldsymbol{\varphi}_{kL} \\ \boldsymbol{r}_{kh} \\ \boldsymbol{\varphi}_{kh} \end{bmatrix}_{Lk}^{H} \boldsymbol{K} \begin{bmatrix} \boldsymbol{r}_{iL} \\ \boldsymbol{\varphi}_{iL} \\ \boldsymbol{r}_{ih} \\ \boldsymbol{\varphi}_{ih} \end{bmatrix}_{Li} = 0 \tag{18.23}$$

式(18.22)和式(18.23)为双转子系统低压转子主激励时的模态正交条件。由于存在陀螺力矩效应,振型向量为复向量。因此,不同阶的振型向量关于惯量矩阵和刚度矩阵复共轭正交。

特别值得注意的是,惯量矩阵中包含转速比 a。a 发生变化,模态也随之改变。在上述的推导中,假设 a 为常数。在这种情况下,所有低压转子激励的模态相互之间都是正交的,即对于振型向量 $\boldsymbol{q}_{Li}$ 和 $\boldsymbol{q}_{Lk}$($i = 1, 2, \cdots, N$; $k = 1, 2, \cdots, N$),式(18.22)和式(18.23)均成立。对于对转双转子,转速比 a 取负值,式(18.22)和式(18.23)仍然成立。

当 $Li = Lk$ 时,式(18.22)为

$$\begin{bmatrix} \boldsymbol{r}_{iL} \\ \boldsymbol{\varphi}_{iL} \\ \boldsymbol{r}_{ih} \\ \boldsymbol{\varphi}_{ih} \end{bmatrix}_{Li}^{H} \begin{bmatrix} \boldsymbol{m}_L & & & \\ & \boldsymbol{I}_{dL} + \boldsymbol{I}_{pL} & & \\ & & \boldsymbol{m}_h & \\ & & & \boldsymbol{I}_{dh} + a\boldsymbol{I}_{ph} \end{bmatrix} \begin{bmatrix} \boldsymbol{r}_{iL} \\ \boldsymbol{\varphi}_{iL} \\ \boldsymbol{r}_{ih} \\ \boldsymbol{\varphi}_{ih} \end{bmatrix}_{Li} = M_{Li} \tag{18.24}$$

M_{Li} 为低压转子激励下的第 Li 阶模态质量。

由式(18.23)得

$$\begin{bmatrix} \boldsymbol{r}_{iL} \\ \boldsymbol{\varphi}_{iL} \\ \boldsymbol{r}_{ih} \\ \boldsymbol{\varphi}_{ih} \end{bmatrix}_{Li}^{H} \boldsymbol{K} \begin{bmatrix} \boldsymbol{r}_{iL} \\ \boldsymbol{\varphi}_{iL} \\ \boldsymbol{r}_{ih} \\ \boldsymbol{\varphi}_{ih} \end{bmatrix}_{Li} = K_{Li} \tag{18.25}$$

K_{Li} 为低压转子激励下的第 Li 阶模态刚度。

低压转子激励下的第 Li 阶临界转速为

$$\omega_{Li} = \sqrt{\frac{K_{Li}}{M_{Li}}} \tag{18.26}$$

2) 转速比 $a = \Omega_h/\Omega_L$ 变化

如第 14 章所述,双转子系统的每一阶模态均与高、低压转子的共同工作线,即转速比 a 有关。当转速比 a 变化时,式(18.22)和式(18.23)不再对所有低压转子

激励的模态都成立。不妨取表 18.1 所列的转速和转速比 a_{Li}、a_{Lk}($i=1, 2, \cdots, N$; $k=1, 2, \cdots, N$)。

表 18.1 低压转子激励下不同模态所对应的转速和转速比

低压激励模态阶数	低压转速 Ω_L	高压转速 Ω_h	转速比 $a=\Omega_h/\Omega_L$
Li	ω_{Li}	$a_{Li}\omega_{Li}$	a_{Li}
Lk	ω_{Lk}	$a_{Lk}\omega_{Lk}$	a_{Lk}

第 Li 阶模态方程为

$$-\omega_{Li}^2\begin{bmatrix}\boldsymbol{m}_L & & & \\ & \boldsymbol{I}_{dL}+\boldsymbol{I}_{pL} & & \\ & & \boldsymbol{m}_h & \\ & & & \boldsymbol{I}_{dh}+a_{Li}\boldsymbol{I}_{ph}\end{bmatrix}\begin{bmatrix}\boldsymbol{r}_{iL}\\ \boldsymbol{\varphi}_{iL}\\ \boldsymbol{r}_{ih}\\ \boldsymbol{\varphi}_{ih}\end{bmatrix}_{Li}+\boldsymbol{K}\begin{bmatrix}\boldsymbol{r}_{iL}\\ \boldsymbol{\varphi}_{iL}\\ \boldsymbol{r}_{ih}\\ \boldsymbol{\varphi}_{ih}\end{bmatrix}_{Li}=0 \quad (18.27)$$

式中,参数和变量的定义与式(18.14)相同,对应于低压转子激励下的第 Li 阶模态,转速比 $a=a_{Li}$。

对于第 Lk 阶模态($\omega_{Li}\neq\omega_{Lk}$),同样有

$$-\omega_{Lk}^2\begin{bmatrix}\boldsymbol{m}_L & & & \\ & \boldsymbol{I}_{dL}+\boldsymbol{I}_{pL} & & \\ & & \boldsymbol{m}_h & \\ & & & \boldsymbol{I}_{dh}+a_{Lk}\boldsymbol{I}_{ph}\end{bmatrix}\begin{bmatrix}\boldsymbol{r}_{kL}\\ \boldsymbol{\varphi}_{kL}\\ \boldsymbol{r}_{kh}\\ \boldsymbol{\varphi}_{kh}\end{bmatrix}_{Lk}+\boldsymbol{K}\begin{bmatrix}\boldsymbol{r}_{kL}\\ \boldsymbol{\varphi}_{kL}\\ \boldsymbol{r}_{kh}\\ \boldsymbol{\varphi}_{kh}\end{bmatrix}_{Lk}=0 \quad (18.28)$$

对应于低压转子激励下的第 Lk 阶模态,转速比 $a=a_{Lk}$。

对式(18.27)两端同时左乘 $\boldsymbol{q}_{Lk}$ 的共轭转置向量 $\boldsymbol{q}_{Lk}^H$,有

$$-\omega_{Li}^2\begin{bmatrix}\boldsymbol{r}_{kL}\\ \boldsymbol{\varphi}_{kL}\\ \boldsymbol{r}_{kh}\\ \boldsymbol{\varphi}_{kh}\end{bmatrix}_{Lk}^H\begin{bmatrix}\boldsymbol{m}_L & & & \\ & \boldsymbol{I}_{dL}+\boldsymbol{I}_{pL} & & \\ & & \boldsymbol{m}_h & \\ & & & \boldsymbol{I}_{dh}+a_{Li}\boldsymbol{I}_{ph}\end{bmatrix}\begin{bmatrix}\boldsymbol{r}_{iL}\\ \boldsymbol{\varphi}_{iL}\\ \boldsymbol{r}_{ih}\\ \boldsymbol{\varphi}_{ih}\end{bmatrix}_{Li}+\begin{bmatrix}\boldsymbol{r}_{kL}\\ \boldsymbol{\varphi}_{kL}\\ \boldsymbol{r}_{kh}\\ \boldsymbol{\varphi}_{kh}\end{bmatrix}_{Lk}^H\boldsymbol{K}\begin{bmatrix}\boldsymbol{r}_{iL}\\ \boldsymbol{\varphi}_{iL}\\ \boldsymbol{r}_{ih}\\ \boldsymbol{\varphi}_{ih}\end{bmatrix}_{Li}=0 \quad (18.29)$$

对式(18.28)两端同时左乘 $\boldsymbol{q}_{Li}$ 的共轭转置向量 $\boldsymbol{q}_{Li}^H$,有

$$-\omega_{Lk}^2\begin{bmatrix}\boldsymbol{r}_{iL}\\\boldsymbol{\varphi}_{iL}\\\boldsymbol{r}_{ih}\\\boldsymbol{\varphi}_{ih}\end{bmatrix}_{Li}^H\begin{bmatrix}\boldsymbol{m}_L&&&\\&\boldsymbol{I}_{dL}+\boldsymbol{I}_{pL}&&\\&&\boldsymbol{m}_h&\\&&&\boldsymbol{I}_{dh}+a_{Lk}\boldsymbol{I}_{ph}\end{bmatrix}\begin{bmatrix}\boldsymbol{r}_{kL}\\\boldsymbol{\varphi}_{kL}\\\boldsymbol{r}_{kh}\\\boldsymbol{\varphi}_{kh}\end{bmatrix}_{Lk}+\begin{bmatrix}\boldsymbol{r}_{iL}\\\boldsymbol{\varphi}_{iL}\\\boldsymbol{r}_{ih}\\\boldsymbol{\varphi}_{ih}\end{bmatrix}_{Li}^H\boldsymbol{K}\begin{bmatrix}\boldsymbol{r}_{kL}\\\boldsymbol{\varphi}_{kL}\\\boldsymbol{r}_{kh}\\\boldsymbol{\varphi}_{kh}\end{bmatrix}_{Lk}=0 \tag{18.30}$$

同样由于惯量矩阵和刚度矩阵的复共轭对称性，有以下两式成立：

$$\begin{bmatrix}\boldsymbol{r}_{kL}\\\boldsymbol{\varphi}_{kL}\\\boldsymbol{r}_{kh}\\\boldsymbol{\varphi}_{kh}\end{bmatrix}_{Lk}^H\begin{bmatrix}\boldsymbol{m}_L&&&\\&\boldsymbol{I}_{dL}+\boldsymbol{I}_{pL}&&\\&&\boldsymbol{m}_h&\\&&&\boldsymbol{I}_{dh}+a_{Li}\boldsymbol{I}_{ph}\end{bmatrix}\begin{bmatrix}\boldsymbol{r}_{iL}\\\boldsymbol{\varphi}_{iL}\\\boldsymbol{r}_{ih}\\\boldsymbol{\varphi}_{ih}\end{bmatrix}_{Li}$$

$$=\left(\begin{bmatrix}\boldsymbol{r}_{iL}\\\boldsymbol{\varphi}_{iL}\\\boldsymbol{r}_{ih}\\\boldsymbol{\varphi}_{ih}\end{bmatrix}_{Li}^H\begin{bmatrix}\boldsymbol{m}_L&&&\\&\boldsymbol{I}_{dL}+\boldsymbol{I}_{pL}&&\\&&\boldsymbol{m}_h&\\&&&\boldsymbol{I}_{dh}+a_{Li}\boldsymbol{I}_{ph}\end{bmatrix}\begin{bmatrix}\boldsymbol{r}_{kL}\\\boldsymbol{\varphi}_{kL}\\\boldsymbol{r}_{kh}\\\boldsymbol{\varphi}_{kh}\end{bmatrix}_{Lk}\right)^H \tag{18.31}$$

$$\begin{bmatrix}\boldsymbol{r}_{kL}\\\boldsymbol{\varphi}_{kL}\\\boldsymbol{r}_{kh}\\\boldsymbol{\varphi}_{kh}\end{bmatrix}_{Lk}^H\boldsymbol{K}\begin{bmatrix}\boldsymbol{r}_{iL}\\\boldsymbol{\varphi}_{iL}\\\boldsymbol{r}_{ih}\\\boldsymbol{\varphi}_{ih}\end{bmatrix}_{Li}=\left(\begin{bmatrix}\boldsymbol{r}_{iL}\\\boldsymbol{\varphi}_{iL}\\\boldsymbol{r}_{ih}\\\boldsymbol{\varphi}_{ih}\end{bmatrix}_{Li}^H\boldsymbol{K}\begin{bmatrix}\boldsymbol{r}_{kL}\\\boldsymbol{\varphi}_{kL}\\\boldsymbol{r}_{kh}\\\boldsymbol{\varphi}_{kh}\end{bmatrix}_{Lk}\right)^H \tag{18.32}$$

对式(18.30)两边进行复共轭转置运算，得

$$-\omega_{Lk}^2\begin{bmatrix}\boldsymbol{r}_{kL}\\\boldsymbol{\varphi}_{kL}\\\boldsymbol{r}_{kh}\\\boldsymbol{\varphi}_{kh}\end{bmatrix}_{Lk}^H\begin{bmatrix}\boldsymbol{m}_L&&&\\&\boldsymbol{I}_{dL}+\boldsymbol{I}_{pL}&&\\&&\boldsymbol{m}_h&\\&&&\boldsymbol{I}_{dh}+a_{Lk}\boldsymbol{I}_{ph}\end{bmatrix}\begin{bmatrix}\boldsymbol{r}_{iL}\\\boldsymbol{\varphi}_{iL}\\\boldsymbol{r}_{ih}\\\boldsymbol{\varphi}_{ih}\end{bmatrix}_{Li}+\begin{bmatrix}\boldsymbol{r}_{kL}\\\boldsymbol{\varphi}_{kL}\\\boldsymbol{r}_{kh}\\\boldsymbol{\varphi}_{kh}\end{bmatrix}_{Lk}^H\boldsymbol{K}\begin{bmatrix}\boldsymbol{r}_{iL}\\\boldsymbol{\varphi}_{iL}\\\boldsymbol{r}_{ih}\\\boldsymbol{\varphi}_{ih}\end{bmatrix}_{Li}=0 \tag{18.33}$$

将式(18.33)与式(18.29)相减，可得

$$\begin{bmatrix}\boldsymbol{r}_{kL}\\\boldsymbol{\varphi}_{kL}\\\boldsymbol{r}_{kh}\\\boldsymbol{\varphi}_{kh}\end{bmatrix}_{Lk}^H\begin{bmatrix}\boldsymbol{m}_L&&&\\&\boldsymbol{I}_{dL}+\boldsymbol{I}_{pL}&&\\&&\boldsymbol{m}_h&\\&&&\boldsymbol{I}_{dh}+\dfrac{a_{Li}\omega_{Li}^2-a_{Lk}\omega_{Lk}^2}{\omega_{Li}^2-\omega_{Lk}^2}\boldsymbol{I}_{ph}\end{bmatrix}\begin{bmatrix}\boldsymbol{r}_{iL}\\\boldsymbol{\varphi}_{iL}\\\boldsymbol{r}_{ih}\\\boldsymbol{\varphi}_{ih}\end{bmatrix}_{Li}=0 \tag{18.34}$$

显见，当转速比 $a_{Li}=a_{Lk}=a$ 时，式(18.34)与式(18.22)相同。在式(18.34)中，当转速比 a 变化时，惯量矩阵中包含了临界转速 ω_{Li} 和 ω_{Lk}，以及对应的转速比 a_{Li} 和 a_{Lk}。这表明，式(18.34)仅对第 Li 阶模态和第 Lk 阶模态成立。除此之外的任一阶模态，例如，第 Lh 阶模态，与第 Li 阶模态，或与第 Lk 阶模态，则不会关于相同的惯量矩阵正交。由此可见，当转速比 a 变化时，低压转子激励下的模态之间不存在广义的正交性。

2. 高压激励下双转子系统模态的正交性

在高压转子主激励时，转子公转转速为高压转子转速，$\Omega_h=\omega_h$，$\Omega_L=\omega_h/a$ $(a\neq 0)$。表 18.2 列出高压转子激励下不同模态所对应的转速和转速比 a_{hi} 和 a_{hk} $(i=1,\ 2,\ \cdots,\ N;\ k=1,\ 2,\ \cdots,\ N)$。

表 18.2　高压转子激励下不同模态所对应的转速和转速比

高压激励模态阶数	低压转速 Ω_L	高压转速 Ω_h	转速比 $a=\Omega_h/\Omega_L$
hi	ω_{hi}/a_{hi}	ω_{hi}	a_{hi}
hk	ω_{hk}/a_{hk}	ω_{hk}	a_{hk}

与式(18.27)和式(18.28)类似，第 hi 阶和第 hk 阶模态须分别满足如下的方程：

$$-\omega_{hi}^2\begin{bmatrix}\boldsymbol{m}_L & & & \\ & \boldsymbol{I}_{dL}+\dfrac{1}{a_{hi}}\boldsymbol{I}_{pL} & & \\ & & \boldsymbol{m}_h & \\ & & & \boldsymbol{I}_{dh}+\boldsymbol{I}_{ph}\end{bmatrix}\begin{bmatrix}\boldsymbol{r}_{iL}\\ \boldsymbol{\varphi}_{iL}\\ \boldsymbol{r}_{ih}\\ \boldsymbol{\varphi}_{ih}\end{bmatrix}_{hi}+\boldsymbol{K}\begin{bmatrix}\boldsymbol{r}_{iL}\\ \boldsymbol{\varphi}_{iL}\\ \boldsymbol{r}_{ih}\\ \boldsymbol{\varphi}_{ih}\end{bmatrix}_{hi}=0 \tag{18.35}$$

$$-\omega_{hk}^2\begin{bmatrix}\boldsymbol{m}_L & & & \\ & \boldsymbol{I}_{dL}+\dfrac{1}{a_{hk}}\boldsymbol{I}_{pL} & & \\ & & \boldsymbol{m}_h & \\ & & & \boldsymbol{I}_{dh}+\boldsymbol{I}_{ph}\end{bmatrix}\begin{bmatrix}\boldsymbol{r}_{kL}\\ \boldsymbol{\varphi}_{kL}\\ \boldsymbol{r}_{kh}\\ \boldsymbol{\varphi}_{kh}\end{bmatrix}_{hk}+\boldsymbol{K}\begin{bmatrix}\boldsymbol{r}_{kL}\\ \boldsymbol{\varphi}_{kL}\\ \boldsymbol{r}_{kh}\\ \boldsymbol{\varphi}_{kh}\end{bmatrix}_{hk}=0 \tag{18.36}$$

式中，参数和变量的定义与式(18.14)相同，对应于高压转子激励下的第 hi 阶模态，转速比 $a=a_{hi}$；第 hk 阶模态，转速比 $a=a_{hk}$。$\boldsymbol{q}_{hi}=[\boldsymbol{r}_{iL}\quad \boldsymbol{\varphi}_{iL}\quad \boldsymbol{r}_{ih}\quad \boldsymbol{\varphi}_{ih}]_{hi}^{\mathrm{T}}$ 和 $\boldsymbol{q}_{hk}=[\boldsymbol{r}_{kL}\quad \boldsymbol{\varphi}_{kL}\quad \boldsymbol{r}_{kh}\quad \boldsymbol{\varphi}_{kh}]_{hk}^{\mathrm{T}}$ 分别为第 hi 阶和 hk 阶振型向量，下标分别取 hi 和 hk。

对式(18.35)和式(18.36)两式分别左乘 $\boldsymbol{q}_{hk}^{H}$ 和 $\boldsymbol{q}_{hi}^{H}$，得

$$-\omega_{hi}^2\begin{bmatrix}\boldsymbol{r}_{kL}\\\boldsymbol{\varphi}_{kL}\\\boldsymbol{r}_{kh}\\\boldsymbol{\varphi}_{kh}\end{bmatrix}_{hk}^H\begin{bmatrix}\boldsymbol{m}_L&&&\\&\boldsymbol{I}_{dL}+\dfrac{1}{a_{hi}}\boldsymbol{I}_{pL}&&\\&&\boldsymbol{m}_h&\\&&&\boldsymbol{I}_{dh}+\boldsymbol{I}_{ph}\end{bmatrix}\begin{bmatrix}\boldsymbol{r}_{iL}\\\boldsymbol{\varphi}_{iL}\\\boldsymbol{r}_{ih}\\\boldsymbol{\varphi}_{ih}\end{bmatrix}_{hi}+\begin{bmatrix}\boldsymbol{r}_{kL}\\\boldsymbol{\varphi}_{kL}\\\boldsymbol{r}_{kh}\\\boldsymbol{\varphi}_{kh}\end{bmatrix}_{hk}^H\boldsymbol{K}\begin{bmatrix}\boldsymbol{r}_{iL}\\\boldsymbol{\varphi}_{iL}\\\boldsymbol{r}_{ih}\\\boldsymbol{\varphi}_{ih}\end{bmatrix}_{hi}=0 \tag{18.37}$$

$$-\omega_{hk}^2\begin{bmatrix}\boldsymbol{r}_{iL}\\\boldsymbol{\varphi}_{iL}\\\boldsymbol{r}_{ih}\\\boldsymbol{\varphi}_{ih}\end{bmatrix}_{hi}^H\begin{bmatrix}\boldsymbol{m}_L&&&\\&\boldsymbol{I}_{dL}+\dfrac{1}{a_{hk}}\boldsymbol{I}_{pL}&&\\&&\boldsymbol{m}_h&\\&&&\boldsymbol{I}_{dh}+\boldsymbol{I}_{ph}\end{bmatrix}\begin{bmatrix}\boldsymbol{r}_{kL}\\\boldsymbol{\varphi}_{kL}\\\boldsymbol{r}_{kh}\\\boldsymbol{\varphi}_{kh}\end{bmatrix}_{hk}+\begin{bmatrix}\boldsymbol{r}_{iL}\\\boldsymbol{\varphi}_{iL}\\\boldsymbol{r}_{ih}\\\boldsymbol{\varphi}_{ih}\end{bmatrix}_{hi}^H\boldsymbol{K}\begin{bmatrix}\boldsymbol{r}_{kL}\\\boldsymbol{\varphi}_{kL}\\\boldsymbol{r}_{kh}\\\boldsymbol{\varphi}_{kh}\end{bmatrix}_{hk}=0 \tag{18.38}$$

同样,根据双转子系统惯量矩阵和刚度矩阵的共轭对称性,最后得

$$\begin{bmatrix}\boldsymbol{r}_{iL}\\\boldsymbol{\varphi}_{iL}\\\boldsymbol{r}_{ih}\\\boldsymbol{\varphi}_{ih}\end{bmatrix}_{hi}^H\begin{bmatrix}\boldsymbol{m}_L&&&\\&\boldsymbol{I}_{dL}+\dfrac{a_{hk}\omega_{hi}^2-a_{hi}\omega_{hk}^2}{a_{hi}a_{hk}(\omega_{hi}^2-\omega_{hk}^2)}\boldsymbol{I}_{pL}&&\\&&\boldsymbol{m}_h&\\&&&\boldsymbol{I}_{dh}+\boldsymbol{I}_{ph}\end{bmatrix}\begin{bmatrix}\boldsymbol{r}_{kL}\\\boldsymbol{\varphi}_{kL}\\\boldsymbol{r}_{kh}\\\boldsymbol{\varphi}_{kh}\end{bmatrix}_{hk}=0 \tag{18.39}$$

式(18.39)即为双转子系统高压转子激励下的模态正交条件。与低压转子激励下的模态正交条件式(18.34)相比,系统广义惯量矩阵发生了变化。低压转子主激励时,转速比 a 的影响出现在高压转子广义惯量矩阵中;而高压转子主激励时,转速比 a 的影响出现在低压转子广义惯量矩阵中。这体现出双转子系统的惯性耦合特征。

式(18.39)表明,双转子系统高压激励模态的正交性同样与临界转速 ω_{hi} 和 ω_{hk},以及对应的转速比 a_{hi} 和 a_{hk} 有关。当转速比变化时,双转子系统的振型和临界转速会发生变化。第 hi 阶模态和第 hk 阶模态关于式(18.39)中的惯量矩阵正交,但除此之外的任一阶模态,例如,第 hn 阶模态,与第 hi 阶模态,或与第 hk 阶模态,则不会关于相同的惯量矩阵正交,即高压转子激励下的所有模态不会全部相互正交。

只有当转速比恒定时,即 $a_{hi}=a_{hk}=a$ 时,式(18.39)中的惯量矩阵为常数,高压

转子激励下的所有模态才会全部相互正交。

当 $hi = hk$ 时，得到如下的模态参数：

$$\begin{bmatrix} \boldsymbol{r}_{iL} \\ \boldsymbol{\varphi}_{iL} \\ \boldsymbol{r}_{ih} \\ \boldsymbol{\varphi}_{ih} \end{bmatrix}_{hi}^{H} \begin{bmatrix} \boldsymbol{m}_L & & & \\ & \boldsymbol{I}_{dL} + \dfrac{1}{a_{hi}}\boldsymbol{I}_{pL} & & \\ & & \boldsymbol{m}_h & \\ & & & \boldsymbol{I}_{dh} + \boldsymbol{I}_{ph} \end{bmatrix} \begin{bmatrix} \boldsymbol{r}_{iL} \\ \boldsymbol{\varphi}_{iL} \\ \boldsymbol{r}_{ih} \\ \boldsymbol{\varphi}_{ih} \end{bmatrix}_{hi} = M_{hi} \tag{18.40}$$

M_{hi} 为高压转子激励下的第 hi 阶模态质量。

$$\begin{bmatrix} \boldsymbol{r}_{iL} \\ \boldsymbol{\varphi}_{iL} \\ \boldsymbol{r}_{ih} \\ \boldsymbol{\varphi}_{ih} \end{bmatrix}_{hi}^{H} \boldsymbol{K} \begin{bmatrix} \boldsymbol{r}_{iL} \\ \boldsymbol{\varphi}_{iL} \\ \boldsymbol{r}_{ih} \\ \boldsymbol{\varphi}_{ih} \end{bmatrix}_{hi} = K_{hi} \tag{18.41}$$

K_{hi} 为高压转子激励下的第 hi 阶模态刚度。

高压转子激励下的第 hi 阶临界转速则为

$$\omega_{hi} = \sqrt{\frac{K_{hi}}{M_{hi}}} \tag{18.42}$$

3. 不同激励下双转子系统模态的正交性

本节将分析低压转子激励下的模态与高压转子激励下的模态之间的正交性。表 18.3 列出了所取的模态阶数、转速和转速比。

表 18.3　高压转子和低压转子激励下不同模态所对应的转速和转速比

激　励	模态阶数	低压转速 Ω_L	高压转速 Ω_h	转速比 $a = \dfrac{\Omega_h}{\Omega_L}$
低压　激励	Li	ω_{Li}	$a_{Li}\omega_{Li}$	a_{Li}
高压　激励	hk	ω_{hk}/a_{hk}	ω_{hk}	a_{hk}

低压转子激励的第 Li 阶和高压转子激励的第 hk 阶模态分别满足如下的方程：

$$-\omega_{Li}^2 \begin{bmatrix} \boldsymbol{m}_L & & & \\ & \boldsymbol{I}_{dL} + \boldsymbol{I}_{pL} & & \\ & & \boldsymbol{m}_h & \\ & & & \boldsymbol{I}_{dh} + a_{Li}\boldsymbol{I}_{ph} \end{bmatrix} \begin{bmatrix} \boldsymbol{r}_{iL} \\ \boldsymbol{\varphi}_{iL} \\ \boldsymbol{r}_{ih} \\ \boldsymbol{\varphi}_{ih} \end{bmatrix}_{Li} + \boldsymbol{K} \begin{bmatrix} \boldsymbol{r}_{iL} \\ \boldsymbol{\varphi}_{iL} \\ \boldsymbol{r}_{ih} \\ \boldsymbol{\varphi}_{ih} \end{bmatrix}_{Li} = 0 \tag{18.43}$$

$$-\omega_{hk}^2\begin{bmatrix} \boldsymbol{m}_L & & & \\ & \boldsymbol{I}_{dL}+\dfrac{1}{a_{hk}}\boldsymbol{I}_{pL} & & \\ & & \boldsymbol{m}_h & \\ & & & \boldsymbol{I}_{dh}+\boldsymbol{I}_{ph} \end{bmatrix}\begin{bmatrix} \boldsymbol{r}_{kL} \\ \boldsymbol{\varphi}_{kL} \\ \boldsymbol{r}_{kh} \\ \boldsymbol{\varphi}_{kh} \end{bmatrix}_{hk}+\boldsymbol{K}\begin{bmatrix} \boldsymbol{r}_{kL} \\ \boldsymbol{\varphi}_{kL} \\ \boldsymbol{r}_{kh} \\ \boldsymbol{\varphi}_{kh} \end{bmatrix}_{hk}=0 \quad (18.44)$$

采用前述的推导方法,最后得到如下的正交条件:

$$\begin{bmatrix} \boldsymbol{r}_{kL} \\ \boldsymbol{\varphi}_{kL} \\ \boldsymbol{r}_{kh} \\ \boldsymbol{\varphi}_{kh} \end{bmatrix}_{hk}^{H}\begin{bmatrix} \boldsymbol{m}_L & & & \\ & \boldsymbol{I}_{dL}+\dfrac{(a_{hk}\omega_{Li}^2-\omega_{hk}^2)}{a_{hk}(\omega_{Li}^2-\omega_{hk}^2)}\boldsymbol{I}_{pL} & & \\ & & \boldsymbol{m}_h & \\ & & & \boldsymbol{I}_{dh}+\dfrac{(a_{Li}\omega_{Li}^2-\omega_{hk}^2)}{\omega_{Li}^2-\omega_{hk}^2}\boldsymbol{I}_{ph} \end{bmatrix}\begin{bmatrix} \boldsymbol{r}_{iL} \\ \boldsymbol{\varphi}_{iL} \\ \boldsymbol{r}_{ih} \\ \boldsymbol{\varphi}_{ih} \end{bmatrix}_{Li}=0$$

(18.45)

式(18.45)就是不同激励下双转子系统模态正交的条件。由此可以看出,两阶振型关于惯量矩阵正交的条件与此时的转速比和两阶临界转速有关。特别地,当转速比为1时,即高、低压转子转速相同时,惯量矩阵为常数,转子所有模态关于惯量矩阵都是正交的。

一般情况下,转速比不会为1。不论是转速比恒定时,即 $a_{hk}=a_{Li}=a$, 还是变化时,式(18.45)的惯量矩阵中总包含临界转速 ω_{hk} 和 ω_{Li}。因此,低压转子激励的模态与高压转子激励的模态只有在式(18.45)给出的条件下正交,不存在广义的正交性。

18.1.4 双转子系统模态正交性验证

利用一个双转子实验器模型,对上述的双转子系统模态正交性条件进行仿真验证。

1. 双转子实验器模型和模型参数

为了验证双转子系统模态的正交性,选取一双转子实验器模型作为研究对象,如图18.5所示。图中的双转子系统包含了中介轴承、多级轮盘等发动机常见的典型结构。图中 L 表示转子系统轴向长度,m、I_P、I_d 分别表示盘的质量、极转动惯量和直径转动惯量,s 和 d 分别表示各支点处的支承刚度和阻尼。E 为转子材料的弹性模量,ρ 为材料密度,模型的参数数值如表18.4所示。采用离散有限元与状态向量相结合的方法,计算转子系统的模态。

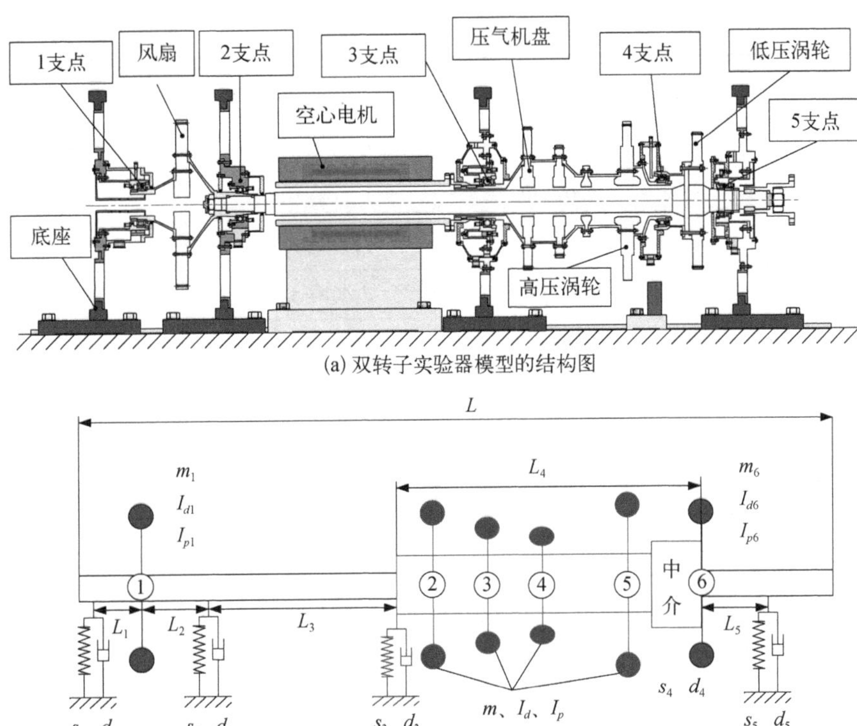

(a) 双转子实验器模型的结构图

(b) 双转子实验器模型参数示意图

图 18.5　双转子实验器结构图

表 18.4　双转子系统的参数

参　数	数　值	参　数	数　值
L/m	1.8	I_{d1}/(kg·m^2)	1.63
L_2/m	0.17	I_{d3}/(kg·m^2)	0.89
L_4/m	0.51	I_{d5}/(kg·m^2)	1.63
ρ/(kg/m^3)	7 870	d_1/(N·s/m)	200
m_1/kg	59.7	d_3/(N·s/m)	200
m_3/kg	32.8	d_5/(N·s/m)	200
m_5/kg	55.4	s_2/(N/m)	3.0×10^8
I_{p1}/(kg·m^2)	0.83	s_4/(N/m)	3.0×10^8
I_{p3}/(kg·m^2)	0.45	L_1/m	0.11
I_{p5}/(kg·m^2)	0.83	L_3/m	0.7

续 表

参 数	数 值	参 数	数 值
L_5/m	0.15	I_{d2}/(kg · m²)	0.68
E/Pa	2.09×10^{11}	I_{d4}/(kg · m²)	0.12
m_2/kg	26.7	I_{d6}/(kg · m²)	1.36
m_4/kg	9.33	d_2/(N · s/m)	200
m_6/kg	46.6	d_4/(N · s/m)	200
I_{p2}/(kg · m²)	0.34	s_1/(N/m)	6.0×10^6
I_{p4}/(kg · m²)	0.61	s_3/(N/m)	7.8×10^6
I_{p6}/(kg · m²)	0.68	s_5/(N/m)	6.25×10^6

2. 双转子实验器模态计算

如前面所述，双转子系统为双源激励，当转速比发生变化时，转子的模态也随之发生变化。因此，在计算双转子模态时，需事先确定高压转子与低压转子的转速控制律。它分为定转速比与变转速比两种控制律。转速控制律也称为高、低压转子共同工作线。本节计算双转子模态时，采用如图 18.6 所示的转子转速控制律。图中，定转速比控制律由式(18.46)表示，变转速比控制律则由式(18.47)表示的分段函数来表达。

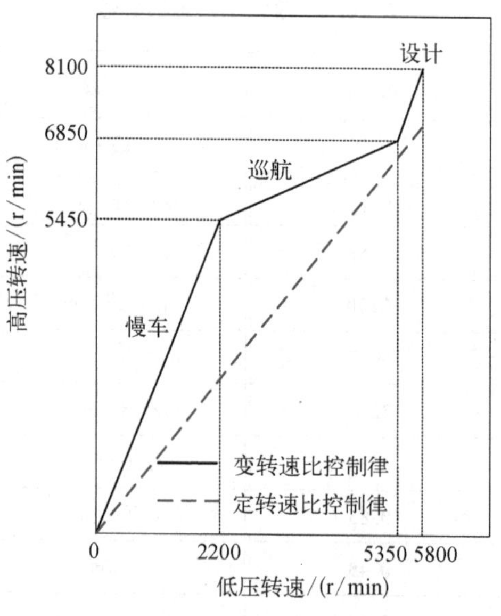

图 18.6 双转子系统转速控制律

$$\Omega_h = 1.3\Omega_L \tag{18.46}$$

$$\Omega_h = \begin{cases} 2.478\Omega_L, & \Omega_L \leqslant 2\,200 \\ 5\,450 + 0.444(\Omega_L - 2\,200), & 2\,200 < \Omega_L \leqslant 5\,350 \\ 6\,850 + 2.778(\Omega_L - 5\,350), & 5\,350 < \Omega_L \leqslant 5\,800 \end{cases} \tag{18.47}$$

在定转速比条件下(转速比=1.3),高、低压转子对转,计算得到的高、低压激励前三阶临界转速如表 18.5 所列,对应的振型如图 18.7 和图 18.8 所示。

表 18.5　定转速比下双转子系统的临界转速(转速比=1.3,高、低压对转)

激励源	模态阶数	高压转速/(r/min)	低压转速/(r/min)
高压激励	一阶	2 044	1 572
	二阶	3 431	2 639
	三阶	4 403	3 387
低压激励	一阶	2 513	1 933
	二阶	3 972	3 056
	三阶	7 091	5 455

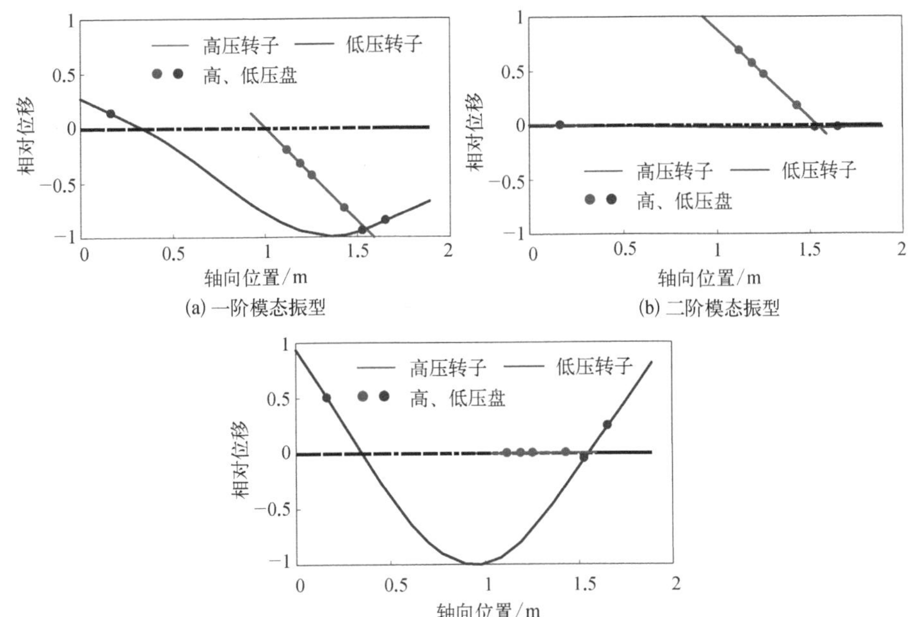

图 18.7　定转速比下低压激励前三阶模态振型

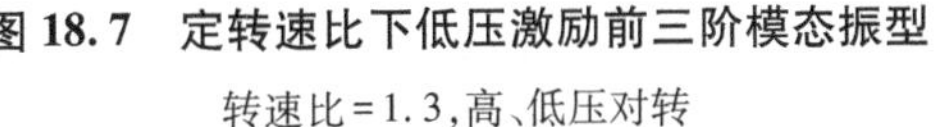
转速比=1.3,高、低压对转

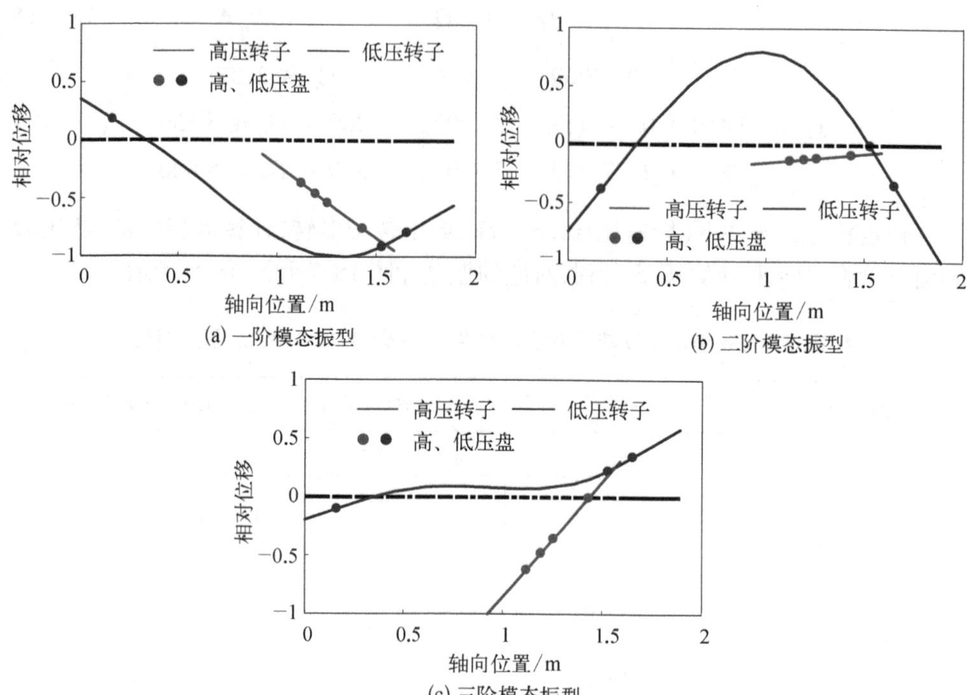

(a) 一阶模态振型
(b) 二阶模态振型
(c) 三阶模态振型

图 18.8 定转速比下高压激励前三阶模态振型

转速比=1.3,高、低压对转

为了验证变转速比条件下双转子系统模态之间的关系,选取图 18.6 所示的变转速控制律,同样,假设高、低压转子对转。计算得到的双转子系统高、低压激励前三阶临界转速如表 18.6 所示,模态振型如图 18.9 和图 18.10 所示。

表 18.6 变转速比下双转子系统的临界转速

激励源	模态阶数	高压转速/(r/min)	低压转速/(r/min)
高压激励	一阶	2 055	829
	二阶	3 674	1 483
	三阶	4 440	1 793
低压激励	一阶	4 536	1 831
	二阶	5 758	2 894
	三阶	7 140	5 455

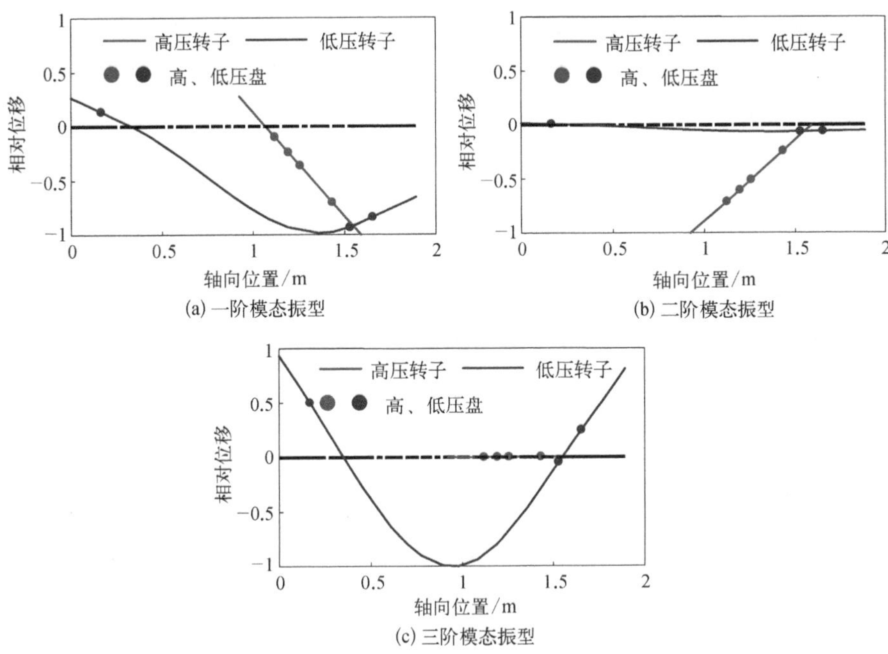

(a) 一阶模态振型　(b) 二阶模态振型　(c) 三阶模态振型

图 18.9　变转速比下低压激励前三阶模态振型

高、低压对转

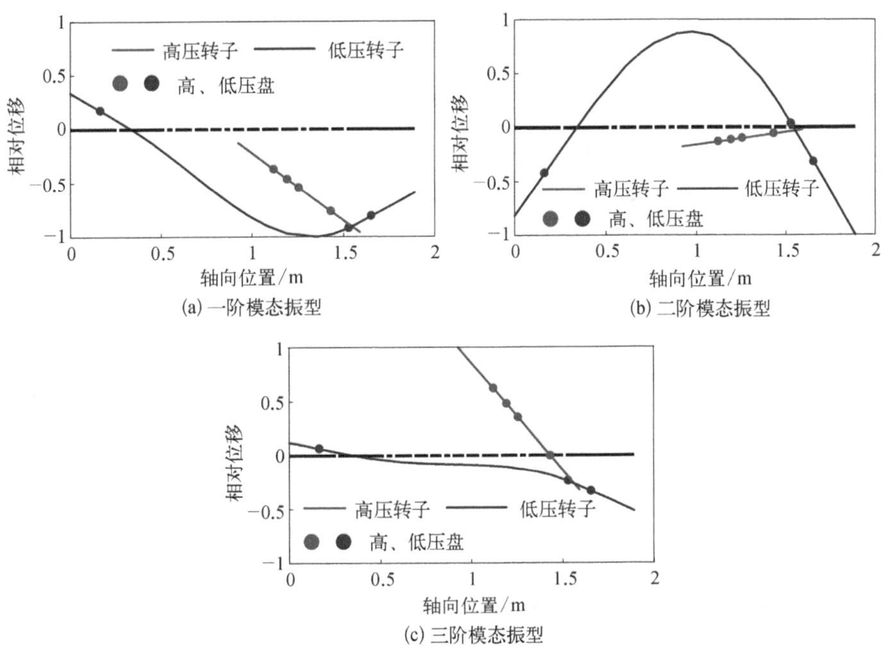

(a) 一阶模态振型　(b) 二阶模态振型　(c) 三阶模态振型

图 18.10　变转速比下高压激励前三阶模态振型

高、低压对转

3. 双转子系统模态正交性验证

在获得双转子系统的模态之后,对转子的振型向量进行无量纲处理,得到无量纲化的振型向量:

$$\bar{\boldsymbol{q}}_k = \frac{\boldsymbol{q}_k}{\sqrt{\boldsymbol{q}_k^{\mathrm{T}}\boldsymbol{H}\boldsymbol{q}_k}}, \quad k = 1, 2, \cdots, n \tag{18.48}$$

式中, $\boldsymbol{q}_k$ 为转子系统的第 k 阶模态振型; $\boldsymbol{H}$ 为刚度矩阵 $\boldsymbol{K}$ 或者惯量矩阵 $\boldsymbol{M}$。

模态的正交性可用如下的无量纲函数 λ 来检验:

$$\lambda = \frac{\boldsymbol{q}_i^{\mathrm{T}}\boldsymbol{H}\boldsymbol{q}_k}{\sqrt{\boldsymbol{q}_i^{\mathrm{T}}\boldsymbol{H}\boldsymbol{q}_i \cdot \boldsymbol{q}_k^{\mathrm{T}}\boldsymbol{H}\boldsymbol{q}_k}} \tag{18.49}$$

当第 i 阶模态振型 $\boldsymbol{q}_i$ 与第 k 阶模态振型 $\boldsymbol{q}_k$ 完全相似时, $\lambda = 1$; 当第 i 阶模态振型 $\boldsymbol{q}_i$ 与第 k 阶模态振型 $\boldsymbol{q}_k$ 正交时, $\lambda = 0$。但在建模和数值计算中存在误差, $\boldsymbol{q}_i$ 与 $\boldsymbol{q}_k$ 正交时, λ 值会远小于1,但一般不会为0; $\boldsymbol{q}_i$ 与 $\boldsymbol{q}_k$ 完全相似时, λ 接近于1。因此, λ 值应在[0, 1]之间, λ 值越小,表明正交性越强,值越大表明正交性越差。

当双转子系统转速控制律为定转速比且反转运行时,计算的 λ 值如表18.7所示。同时,计算了高压转子与低压转子同转时转子的模态,对应的 λ 值如表18.8所示。表中, $\boldsymbol{q}_{L1}$、$\boldsymbol{q}_{L2}$、$\boldsymbol{q}_{L3}$ 表示低压激励的前三阶振型, $\boldsymbol{q}_{h1}$、$\boldsymbol{q}_{h2}$、$\boldsymbol{q}_{h3}$ 表示高压激励的前三阶振型。

表 18.7　定转速比对转时模态正交性检验

激励方式	模　态	$\lambda(\boldsymbol{H}=\boldsymbol{K})$	$\lambda(\boldsymbol{H}=\boldsymbol{M})$
高压激励	$\boldsymbol{q}_{h1}$ 与 $\boldsymbol{q}_{h2}$	0.010 1	0.009 9
	$\boldsymbol{q}_{h1}$ 与 $\boldsymbol{q}_{h3}$	0.005 7	0.005 1
	$\boldsymbol{q}_{h2}$ 与 $\boldsymbol{q}_{h3}$	0.009 3	0.009 4
低压激励	$\boldsymbol{q}_{L1}$ 与 $\boldsymbol{q}_{L2}$	0.002 7	0.003 0
	$\boldsymbol{q}_{L1}$ 与 $\boldsymbol{q}_{L3}$	0.004 7	0.005 1
	$\boldsymbol{q}_{L2}$ 与 $\boldsymbol{q}_{L3}$	0.000 3	0.000 3

表18.7和表18.8中, $\boldsymbol{H}=\boldsymbol{K}$ 表示检验振型关于刚度矩阵的正交性; $\boldsymbol{H}=\boldsymbol{M}$ 表示检验振型关于质量矩阵的正交性。从表18.7和表18.8中的检验结果可以看

表 18.8　定转速比同转时模态正交性检验

激励方式	模　态	$\lambda(H = \boldsymbol{K})$	$\lambda(H = \boldsymbol{M})$
高压激励	$\boldsymbol{q}_{h1}$ 与 $\boldsymbol{q}_{h2}$	0.002 8	0.002 2
	$\boldsymbol{q}_{h1}$ 与 $\boldsymbol{q}_{h3}$	0.006 1	0.006 3
	$\boldsymbol{q}_{h2}$ 与 $\boldsymbol{q}_{h3}$	0.024 5	0.024 5
低压激励	$\boldsymbol{q}_{L1}$ 与 $\boldsymbol{q}_{L2}$	0.003 1	0.002 3
	$\boldsymbol{q}_{L1}$ 与 $\boldsymbol{q}_{L3}$	0.005 3	0.005 6
	$\boldsymbol{q}_{L2}$ 与 $\boldsymbol{q}_{L3}$	0.030 4	0.030 4

到，当双转子系统的转速比为一恒定值时，转子系统高压激励的三阶振型关于刚度矩阵与质量矩阵的正交性检验数值都接近于 0；低压激励的三阶振型关于刚度矩阵与质量矩阵的正交性检验数值也都接近于 0。这表明，在转速比保持为一恒定值时，双转子系统高压激励的模态之间是正交的；低压激励的模态之间也是正交的。这就验证了 18.1.3 节中的正交性结论。

对比表 18.7 和表 18.8 的模态正交性检验数值可见，双转子的相对转向对定转速比下的模态正交性无影响。

为了验证双转子系统不同激励下模态的正交性，计算不同激励下对转时模态的正交性检验值 λ，如表 18.9 所示。同转时，正交性检验结果如表 18.10 所示。

表 18.9　不同激励下对转时模态正交性检验

类　别			低压激励模态		
			$\boldsymbol{q}_{L1}$	$\boldsymbol{q}_{L2}$	$\boldsymbol{q}_{L3}$
高压激励模态	刚度矩阵 $\boldsymbol{K}$	$\boldsymbol{q}_{h1}$	0.956 8	0.089 5	0.240 6
		$\boldsymbol{q}_{h2}$	0.260 9	0.144 5	0.868 6
		$\boldsymbol{q}_{h3}$	0.118 4	0.922 7	0.008 1
	惯量矩阵 $\boldsymbol{M}$	$\boldsymbol{q}_{h1}$	0.987 3	0.119 6	0.265 8
		$\boldsymbol{q}_{h2}$	0.335 7	0.191 7	0.861 7
		$\boldsymbol{q}_{h3}$	0.148 0	0.956 0	0.005 6

表 18.10 不同激励下同转时模态正交性检验

类别			低压激励模态		
			q_{L1}	q_{L2}	q_{L3}
高压激励模态	刚度矩阵 $\boldsymbol{K}$	q_{h1}	0.999 4	0.030 1	0.012 4
		q_{h2}	0.029 1	0.996 5	0.041 9
		q_{h3}	0.012 7	0.038 9	0.996 1
	惯量矩阵 $\boldsymbol{M}$	q_{h1}	0.999 8	0.117 4	0.054 1
		q_{h2}	0.180 2	0.998 1	0.032 2
		q_{h3}	0.083 3	0.051 5	0.998 9

由表 18.9 和表 18.10 可见,即使双转子系统的转速比保持为恒定值,不同激励下的模态振型之间关于刚度矩阵或者质量矩阵的正交性也不成立,即高压激励模态与低压激励模态是不正交的。这与第 18.1.3 节中的结论是一致的。

表 18.11 和表 18.12 分别为变转速比条件下,高、低压转子对转和同转时模态正交性的检验结果。

表 18.11 变转速比对转时模态正交性检验

激励方式	模态	$\lambda(\boldsymbol{H}=\boldsymbol{K})$
高压激励	q_{h1} 与 q_{h2}	0.009 0
	q_{h1} 与 q_{h3}	0.005 0
	q_{h2} 与 q_{h3}	0.012 9
低压激励	q_{L1} 与 q_{L2}	0.058 8
	q_{L1} 与 q_{L3}	0.004 5
	q_{L2} 与 q_{L3}	0.000 8

表 18.12 变转速比同转时模态正交性检验

激励方式	模态	$\lambda(\boldsymbol{H}=\boldsymbol{K})$
高压激励	q_{h1} 与 q_{h2}	0.002 4
	q_{h1} 与 q_{h3}	0.007 4
	q_{h2} 与 q_{h3}	0.034 6

续 表

激励方式	模 态	$\lambda(H=K)$
低压激励	$\boldsymbol{q}_{L1}$ 与 $\boldsymbol{q}_{L2}$	0.086 5
	$\boldsymbol{q}_{L1}$ 与 $\boldsymbol{q}_{L3}$	0.005 1
	$\boldsymbol{q}_{L2}$ 与 $\boldsymbol{q}_{L3}$	0.034 0

对比表 18.11 与表 18.7、表 18.12 与表 18.8 可看出，当高、低压转子的转速控制律为变转速比时，双转子系统的模态关于刚度矩阵的正交性检验值 λ 与定转速比时的值相比有所变化。这表明，转速控制律对双转子系统的模态正交性是有影响的，验证了第 18.1.3 节中的结论。但也应注意到，对于本仿真检验所用的双转子实验器模型，变转速比时，高、低压激励模态的正交性检验值 λ 远小于 1，动平衡时，可按照定转速比运行转子。转子模态的正交性与转子结构参数和工作转速范围有关。对于新设计的双转子系统，需要对转子所有模态进行检验。若正交性检验值 λ 远小于 1，则可以定转速比运行转子，进行动平衡。

18.2 双转子系统的不平衡响应

本节以转子系统模态正交特性为基础，分析双转子系统的不平衡响应，建立不平衡响应的模态分解方法，得到转子达到临界峰值的条件，以及消除某阶模态响应的条件。分别假设只有低压转子存在不平衡和只有高压转子存在不平衡时，推导出转子的响应表达式，最后得到描述双转子不平衡响应的统一表达式，为建立双转子系统模态动平衡方法奠定基础。

18.2.1 低压转子单独存在质量不平衡

先以低压转子单独存在质量不平衡量为例，假设转速比 a_L 为常数。不考虑盘的初始斜度，取不平衡分布为 $[\boldsymbol{U}_L,\ 0,\ 0,\ 0]^{\mathrm{T}}$（$\boldsymbol{U}_L$ 为低压转子不平衡质量矩的分布），并假设转子系统为经典带阻尼系统，即阻尼矩阵关于振型向量正交。代入方程(18.1)，可得

$$\begin{bmatrix} \boldsymbol{M}_L & 0 \\ 0 & \boldsymbol{M}_h \end{bmatrix} \ddot{\boldsymbol{q}} + \begin{bmatrix} \boldsymbol{C}_L - \Omega_L \boldsymbol{G}_L & 0 \\ 0 & \boldsymbol{C}_h - \Omega_h \boldsymbol{G}_h \end{bmatrix} \dot{\boldsymbol{q}} + \boldsymbol{K}\boldsymbol{q} = \begin{Bmatrix} \boldsymbol{U}_L \Omega_L^2 \\ 0 \end{Bmatrix} \boldsymbol{e}^{\mathrm{j}\Omega_L t} \tag{18.50}$$

式中，$\boldsymbol{C}_L$ 为低压转子阻尼矩阵；$\boldsymbol{C}_h$ 为高压转子阻尼矩阵。为简便计，省去上标 s。

利用振型向量将转子不平衡响应展开，即

$$\boldsymbol{q}_L = \left(\sum_{Li=1}^{\infty} \alpha_{Li} \boldsymbol{q}_{Li} \right) \boldsymbol{e}^{j\Omega_L t} \tag{18.51}$$

式中，$\boldsymbol{q}_L$ 表示低压转子不平衡所激起的振动；$\boldsymbol{q}_{Li}$ 表示低压转子激励下的第 Li 阶振型向量；α_{Li} 表示在低压转子不平衡作用下的响应中，转子系统第 Li 阶振型所占的比例。

将式(18.51)代入式(18.50)中，化简后可得

$$-\Omega_L^2 \begin{bmatrix} \boldsymbol{m}_L & & & \\ & \boldsymbol{I}_{dL} + \boldsymbol{I}_{pL} & & \\ & & \boldsymbol{m}_h & \\ & & & \boldsymbol{I}_{dh} + a_L \boldsymbol{I}_{ph} \end{bmatrix} \sum_{Li=1}^{\infty} \alpha_{Li} \boldsymbol{q}_{Li} + j\Omega_L \begin{bmatrix} \boldsymbol{C}_L & \\ & \boldsymbol{C}_h \end{bmatrix} \sum_{Li=1}^{\infty} \alpha_{Li} \boldsymbol{q}_{Li}$$

$$+ \boldsymbol{K} \sum_{Li=1}^{\infty} \alpha_{Li} \boldsymbol{q}_{Li} = \begin{Bmatrix} \boldsymbol{U}_L \Omega_L^2 \\ 0 \end{Bmatrix} \tag{18.52}$$

对方程(18.52)两边同时左乘 $\boldsymbol{q}_{Li}^H$($H = {}^*\mathrm{T}$，表示复共轭转置)，可得

$$-\Omega_L^2 \alpha_{Li} \boldsymbol{q}_{Li}^H \begin{bmatrix} \boldsymbol{m}_L & & & \\ & \boldsymbol{I}_{dL} + \boldsymbol{I}_{pL} & & \\ & & \boldsymbol{m}_h & \\ & & & \boldsymbol{I}_{dh} + a_L \boldsymbol{I}_{ph} \end{bmatrix} \boldsymbol{q}_{Li} + j\Omega_L \alpha_{Li} \boldsymbol{q}_{Li}^H \begin{bmatrix} \boldsymbol{C}_L & \\ & \boldsymbol{C}_h \end{bmatrix} \boldsymbol{q}_{Li}$$

$$+ \alpha_{Li} \boldsymbol{q}_{Li}^H \boldsymbol{K} \boldsymbol{q}_{Li} = \boldsymbol{q}_{Li}^H \begin{Bmatrix} \boldsymbol{U}_L \Omega_L^2 \\ 0 \end{Bmatrix} \tag{18.53}$$

由式(18.24)和式(18.25)知，低压转子激励下的第 Li 阶模态质量和模态刚度分别为

$$M_{Li} = \boldsymbol{q}_{Li}^H \begin{bmatrix} \boldsymbol{m}_L & & & \\ & \boldsymbol{I}_{dL} + \boldsymbol{I}_{pL} & & \\ & & \boldsymbol{m}_h & \\ & & & \boldsymbol{I}_{dh} + a_L \boldsymbol{I}_{ph} \end{bmatrix} \boldsymbol{q}_{Li} \tag{18.54}$$

$$K_{Li} = \boldsymbol{q}_{Li}^H \boldsymbol{K} \boldsymbol{q}_{Li} \tag{18.55}$$

低压转子激励下的第 Li 阶临界转速为

$$\omega_{Li} = \sqrt{\frac{K_{Li}}{M_{Li}}} \tag{18.56}$$

引入第 Li 阶模态阻尼如下：

$$C_{Li} = \boldsymbol{q}_{Li}^{H}\begin{bmatrix} \boldsymbol{C}_L & \\ & \boldsymbol{C}_h \end{bmatrix}\boldsymbol{q}_{Li} \tag{18.57}$$

则式(18.53)可化简为

$$\alpha_{Li}(K_{Li} + \mathrm{j}\Omega_L C_{Li} - \Omega_L^2 M_{Li}) = \boldsymbol{q}_{Li}^{H}\begin{Bmatrix} \boldsymbol{U}_L \Omega_L^2 \\ 0 \end{Bmatrix} \tag{18.58}$$

由上式解得

$$\alpha_{Li} = \frac{\Omega_L^2 \hat{U}_{Li}}{K_{Li} + \mathrm{j}\Omega_L C_{Li} - \Omega_L^2 M_{Li}} \tag{18.59}$$

式中，

$$\hat{U}_{Li} = \boldsymbol{q}_{Li}^{H}\begin{Bmatrix} \boldsymbol{U}_L \\ 0 \end{Bmatrix} = \begin{bmatrix} \boldsymbol{r}_{iL} \\ \boldsymbol{\varphi}_{iL} \\ \boldsymbol{r}_{ih} \\ \boldsymbol{\varphi}_{ih} \end{bmatrix}_{Li}^{H} \begin{Bmatrix} \boldsymbol{U}_L \\ 0 \\ 0 \\ 0 \end{Bmatrix} = \sum_{\text{低压}iL=1}^{P_L} \bar{r}_{iL} U_{iL} \tag{18.60}$$

式中，$\hat{U}_{Li}$ 表示低压转子第 Li 阶模态不平衡量；$\bar{r}_{iL}$ 为振型 $\boldsymbol{r}_{iL}$ 中的元素；P_L 为第 Li 阶模态振型中，低压转子振型向量的维数；$\boldsymbol{U}_L = [U_{1L} \quad U_{2L} \quad \cdots \quad U_{P_L L}]^{\mathrm{T}}$。

式(18.60)表明，当低压转子的不平衡分布 $\boldsymbol{U}_L$ 与低压转子激励下第 Li 阶振型中的低压转子振型正交时，即 $\boldsymbol{r}_{iL}^{H}\boldsymbol{U}_L = \hat{U}_{Li} = 0$，进而，$\alpha_{Li} = 0$。这表明，不平衡分布 $\boldsymbol{U}_L$ 不会激起低压转子第 Li 阶模态的振动。

将式(18.59)表示的 α_{Li} 代入式(18.51)，转子的不平衡响应则可表示为

$$\boldsymbol{q}_L = \boldsymbol{e}^{\mathrm{j}\Omega_L t}\sum_{Li=1}^{N_L} q_{Li}\frac{\eta_{Li}^2 \hat{U}_{Li}}{M_{Li}(1 - \eta_{Li}^2 + \mathrm{j}2\eta_{Li}D_{Li})} \tag{18.61}$$

式中，N_L 为所考虑的低压转子激励模态的最高阶数；$D_{Li} = \dfrac{C_{Li}}{2\sqrt{M_{Li}K_{Li}}}$；$\eta_{Li} = \dfrac{\Omega_L}{\omega_{Li}}$，$\omega_{Li} = \sqrt{\dfrac{K_{Li}}{M_{Li}}}$。

式(18.61)即为模态基下双转子对低压转子不平衡的响应。形式上与单转子的振动表达式相似，但本质上存在较大差异，主要体现在模态的正交条件上。

上述结果概括如下：

(1) 假设转速比 a_L 为常数。在实际发动机中，转速比变化不大，或者转速控

制律为分段线性函数，每段转速比近似为常数。可按照转速控制律，分段进行上述的分析和求解。

（2）在低压转子不平衡激励下，对双转子系统不平衡响应的模态分解只需要考虑低压转子激励下的模态，而在计算模态不平衡量时，只计及模态振型中低压转子的振型。

（3）当低压转子转速 $\Omega_L \approx \omega_{Li}$，且高压转子转速 $\Omega_h \approx a_L\omega_{Li}$ 时，双转子对低压转子不平衡的响应中，第 Li 阶模态响应才占优，即出现第 Li 阶临界峰值。

（4）某一阶模态响应还取决于低压转子上的不平衡分布与该阶模态振型的正交性。若低压转子上的不平衡分布与第 Li 阶振型正交，即 $\hat{U}_{Li} = 0$，则第 Li 阶模态响应为 0。

18.2.2 高压转子单独存在质量不平衡

当仅有高压转子不平衡激励时，采取类似的求解方法，同样可得到双转子系统对高压转子不平衡的响应：

$$\boldsymbol{q}_h = \boldsymbol{e}^{\mathrm{j}\Omega_h t}\sum_{hi=1}^{N_h}\boldsymbol{q}_{hi}\frac{\eta_{hi}^2\hat{U}_{hi}}{M_{hi}(1-\eta_{hi}^2+\mathrm{j}2\eta_{hi}D_{hi})} \tag{18.62}$$

式中，N_h 为所考虑的高压转子激励模态的最高阶数；$D_{hi} = \dfrac{C_{hi}}{2\sqrt{M_{hi}K_{hi}}}$；$\eta_{hi} = \dfrac{\Omega_h}{\omega_{hi}}$，$\omega_{hi} = \sqrt{\dfrac{K_{hi}}{M_{hi}}}$。

高压转子激励第 hi 阶模态质量：

$$M_{hi} = \boldsymbol{q}_{hi}^H\begin{bmatrix}\boldsymbol{m}_L & & & \\ & \boldsymbol{I}_{dL}+\dfrac{1}{a_h}\boldsymbol{I}_{pL} & & \\ & & \boldsymbol{m}_h & \\ & & & \boldsymbol{I}_{dh}+\boldsymbol{I}_{ph}\end{bmatrix}\boldsymbol{q}_{hi} \tag{18.63}$$

高压转子激励第 hi 阶模态刚度：

$$K_{hi} = \boldsymbol{q}_{hi}^H\boldsymbol{K}\boldsymbol{q}_{hi} \tag{18.64}$$

高压转子激励第 hi 阶模态阻尼：

$$C_{hi} = \boldsymbol{q}_{hi}^H\begin{bmatrix}\boldsymbol{C}_L & \\ & \boldsymbol{C}_h\end{bmatrix}\boldsymbol{q}_{hi} \tag{18.65}$$

高压转子激励第 hi 阶模态不平衡量：

$$\hat{U}_{hi}=\boldsymbol{q}_{hi}^{H}\begin{Bmatrix}0\\ \boldsymbol{U}_h\end{Bmatrix}=\begin{bmatrix}\boldsymbol{r}_{iL}\\ \boldsymbol{\varphi}_{iL}\\ \boldsymbol{r}_{ih}\\ \boldsymbol{\varphi}_{ih}\end{bmatrix}_{hi}^{H}\begin{Bmatrix}0\\ 0\\ \boldsymbol{U}_h\\ 0\end{Bmatrix}=\sum_{\text{高压}ih=1}^{P_h}\bar{r}_{ih}U_{ih} \tag{18.66}$$

式中，$\boldsymbol{U}_h=[U_{1h}\quad U_{2h}\quad\cdots\quad U_{P_hh}]^{\mathrm{T}}$ 为高压转子不平衡质量的分布；P_h 为第 hi 阶模态振型中，高压振型向量的维数；$\bar{r}_{ih}$ 为高压振型 $\boldsymbol{r}_{ih}$ 中的元素。

与低压转子不平衡响应的规律相似，当高压转子转速 $\Omega_h\approx\omega_{hi}$，且低压转子转速为 $\Omega_L\approx\omega_{hi}/a_h$ 时，双转子对高压转子不平衡的响应中，第 hi 阶模态响应才占优，才会出现第 hi 阶临界峰值。同理，任一阶模态响应取决于高压转子上的不平衡分布与该阶模态振型的正交性。例如，高压转子上的不平衡分布与高压激励下的第 hk 阶振型正交，即 $\hat{U}_{hk}=0$，则第 hk 阶模态响应为 0。

值得注意的是，低压转子上的不平衡分布不会激起高压转子主激励下的模态振动；反之亦然，即高压转子上的不平衡分布不会激起低压转子主激励下的模态振动。

18.2.3　双转子系统不平衡响应的统一表达式

一般情况下，高、低压转子均会存在质量不平衡。如上所述，高压转子的不平衡只会引起高压转子激励下模态的振动，而不会引起低压转子激励下模态的振动。同样的规律也适用于低压转子不平衡的激励作用。

在双转子系统各阶模态正交的情况下，转子的不平衡响应可以按照高、低压转子激励模态展开成如下统一表达式：

$$\boldsymbol{q}(t)=\boldsymbol{e}^{\mathrm{j}\Omega_Lt}\sum_{Li=1}^{N_L}\boldsymbol{q}_{Li}\frac{\eta_{Li}^2\hat{U}_{Li}}{M_{Li}(1-\eta_{Li}^2+\mathrm{j}2\eta_{Li}D_{Li})}+\boldsymbol{e}^{\mathrm{j}\Omega_ht}\sum_{hk=1}^{N_h}\boldsymbol{q}_{hk}\frac{\eta_{hk}^2\hat{U}_{hk}}{M_{hk}(1-\eta_{hk}^2+\mathrm{j}2\eta_{hk}D_{hk})} \tag{18.67}$$

第 18.1.3 节证明，双转子系统低压转子主激励下的模态与高压转子主激励下的模态不正交，但对于转子不平衡的响应却是正交的。可由式(18.67)看到，低压转子上的不平衡量分布只会激起双转子系统低压转子主激励下模态的振动。同样，高压转子上的不平衡量分布只会激起双转子系统高压转子主激励下模态的振动。

另外，如前面所述，要同时满足如下 3 个条件，双转子才会在某一阶临界转速处发生“共振”：

（1）转速与该阶临界转速相同，例如，$\Omega_h \approx \omega_{hk}$；

（2）转速比与该阶模态对应的转速比相同，例如，$\Omega_L \approx \omega_{hk}/a_{hk}$；

（3）转子不平衡量分布与该阶模态不正交，例如，$\hat{U}_{hk} \neq 0$。

18.3 双转子系统模态动平衡方法

与单转子模态动平衡理论相似，双转子系统模态动平衡也要以双转子系统模态正交性理论为基础。本节提出不同平衡要求下双转子系统模态动平衡条件，建立双转子系统模态动平衡方法，包括 $N_1 + N_2$ 平面法和 $N_1 + N_2 + 4$ 平面法，以及实际平衡过程中向后正交法和全正交法的过程与步骤。

18.3.1 双转子模态平衡的 N_1+N_2 平面法

如图 18.11 所示，在高、低压转子上均存在空间分布的不平衡量。假设低压转子上的平衡校正面数量为 N_1，高压转子上平衡校正面数量为 N_2。根据双转子系统模态正交条件提出适用于双转子系统的 $N_1 + N_2$ 平面模态平衡法，目标是消除或减小双转子前 $N_1 + N_2$ 阶不平衡模态响应，其中包含低压转子前 N_1 阶和高压转子前 N_2 阶不平衡模态响应。为达到此目标，要在 $N_1 + N_2$ 个平面上加校正质量。

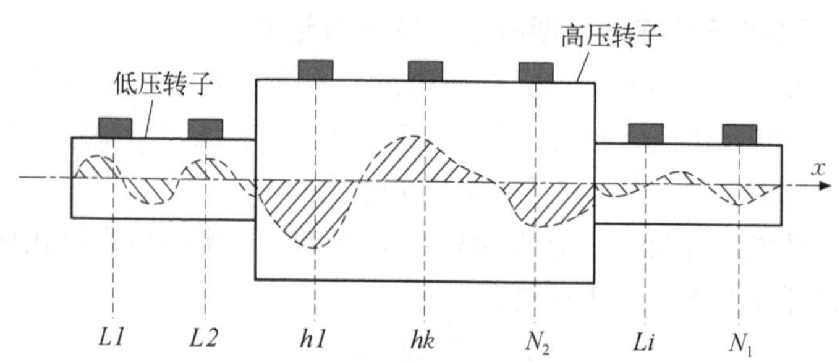

图 18.11 双转子不平衡分布及平衡校正面

x 为轴向坐标

低压转子平衡校正面 Li 的轴向坐标为 $x_{Li}(Li = 1, 2, \cdots, N_1)$；高压转子平衡校正面 hk 的轴向坐标为 $x_{hk}(hk = 1, 2, \cdots, N_2)$。

在低压转子平面 Li 上距轴心 e_{Li}、相位 β_{Li} 处加一配重 Δm_{Li}；在高压转子平面 hk 上距轴心 e_{hk}、相位 β_{hk} 处加一配重 Δm_{hk}，所产生的不平衡量分别为

$$u_{Li} = e_{Li}\Delta m_{Li}\mathrm{e}^{\mathrm{j}\beta_{Li}},\ u_{hk} = e_{hk}\Delta m_{hk}\mathrm{e}^{\mathrm{j}\beta_{hk}} \tag{18.68}$$

在所有 $N_1 + N_2$ 个平面上加完配重后，所产生的总不平衡分布为

$$\begin{aligned} u(x) &= \sum_{Li=1}^{N_1} \delta(x_{Li}) e_{Li} \Delta m_{Li} \mathrm{e}^{\mathrm{j}\beta_{Li}} + \sum_{hk=1}^{N_2} \delta(x_{hk}) e_{hk} \Delta m_{hk} \mathrm{e}^{\mathrm{j}\beta_{hk}} \\ &= \sum_{Li=1}^{N_1} \delta(x_{Li}) u_{Li} + \sum_{hk=1}^{N_2} \delta(x_{hk}) u_{hk} \end{aligned} \tag{18.69}$$

式中，$\delta(x_{Li}) = \begin{cases} 1, & x = x_{Li} \\ 0, & x \neq x_{Li} \end{cases}$；$\delta(x_{hk}) = \begin{cases} 1, & x = x_{hk} \\ 0, & x \neq x_{hk} \end{cases}$；$u_{Li} = e_{Li} \Delta m_{Li} \mathrm{e}^{\mathrm{j}\beta_{Li}}$；$u_{hk} = e_{hk} \Delta m_{hk} \mathrm{e}^{\mathrm{j}\beta_{hk}}$。

在初始不平衡 ε 和所加的配重 $\boldsymbol{u}(x)$ 共同作用下，由式(18.67)可知，双转子系统的不平衡响应为

$$\boldsymbol{q} = \boldsymbol{e}^{\mathrm{j}\Omega_L t} \sum_{Li=1}^{\infty} \boldsymbol{q}_{Li} \frac{\eta_{Li}^2 \left(\hat{U}_{Li} + \sum_{Lk=1}^{N_1} \bar{r}_{LiLk} u_{Lk} \right)}{M_{Li}(1 - \eta_{Li}^2 + \mathrm{j}2\eta_{Li} D_{Li})} + \boldsymbol{e}^{\mathrm{j}\Omega_h t} \sum_{hk=1}^{\infty} \boldsymbol{q}_{hk} \frac{\eta_{hk}^2 \left(\hat{U}_{hk} + \sum_{hi=1}^{N_2} \bar{r}_{hkhi} u_{hi} \right)}{M_{hk}(1 - \eta_{hk}^2 + \mathrm{j}2\eta_{hk} D_{hk})} \tag{18.70}$$

式中，下标 $LiLk$，Li 表示第 Li 阶低压激励模态，Lk 表示第 Lk 个低压校正面；下标 $hkhi$，hk 表示第 hk 阶高压激励模态，hi 表示第 hi 个高压校正面。

分析式(18.70)可以得到，转子低压激励 Li 阶模态和高压激励 hk 阶模态的平衡条件分别为

$$\hat{U}_{Li} + \sum_{Lk=1}^{N_1} \bar{r}_{LiLk} u_{Lk} = 0, \quad \hat{U}_{hk} + \sum_{hi=1}^{N_2} \bar{r}_{hkhi} u_{hi} = 0 \tag{18.71}$$

将式(18.71)写成矩阵形式：

$$\begin{bmatrix} \bar{r}_{L1L1} & \bar{r}_{L1L2} & \cdots & \bar{r}_{L1N_1} \\ \bar{r}_{L2L1} & \bar{r}_{L2L2} & \cdots & \bar{r}_{L2N_1} \\ \vdots & \vdots & \ddots & \vdots \\ \bar{r}_{LpL1} & \bar{r}_{LpL2} & \cdots & \bar{r}_{LpN_1} \end{bmatrix} \begin{bmatrix} u_{L1} \\ u_{L2} \\ \vdots \\ u_{N_1} \end{bmatrix} = - \begin{bmatrix} \hat{U}_{L1} \\ \hat{U}_{L2} \\ \vdots \\ \hat{U}_{Lp} \end{bmatrix} \tag{18.72}$$

$$\begin{bmatrix} \bar{r}_{h1h1} & \bar{r}_{h1h2} & \cdots & \bar{r}_{h1N_2} \\ \bar{r}_{h2h1} & \bar{r}_{h2h2} & \cdots & \bar{r}_{h2N_2} \\ \vdots & \vdots & \ddots & \vdots \\ \bar{r}_{hph1} & \bar{r}_{hph2} & \cdots & \bar{r}_{hpN_2} \end{bmatrix} \begin{bmatrix} u_{h1} \\ u_{h2} \\ \vdots \\ u_{N_2} \end{bmatrix} = - \begin{bmatrix} \hat{U}_{h1} \\ \hat{U}_{h2} \\ \vdots \\ \hat{U}_{hp} \end{bmatrix} \tag{18.73}$$

低压转子激励的第 Li 阶振型：

$$\boldsymbol{r}_{Li}=[\bar{r}_{LiL1}\quad \bar{r}_{LiL2}\quad \cdots\quad \bar{r}_{LiN_1}]^{\mathrm{T}},\ Li=1,\ 2,\ \cdots,\ Lp;$$

高压转子激励的第 hi 阶振型：

$$\boldsymbol{r}_{hi}=[\bar{r}_{hih1}\quad \bar{r}_{hih2}\quad \cdots\quad \bar{r}_{hiN_2}]^{\mathrm{T}},\ hi=1,\ 2,\ \cdots,\ hp。$$

要平衡低压转子激励的模态不平衡分布 $\hat{U}_{L1}$，$\hat{U}_{L2}$，…，$\hat{U}_{Lp}$，须满足式(18.72)，当 $N_1=Lp$ 时，可由式(18.72)解出唯一的一组平衡校正量 $\boldsymbol{u}_L=[u_{L1}\quad u_{L2}\quad \cdots\quad u_{N_1}]^{\mathrm{T}}$。而要平衡高压转子激励的模态不平衡分布 $\hat{U}_{h1}$，$\hat{U}_{h2}$，…，$\hat{U}_{hp}$，则须满足平衡条件式(18.73)，当 $N_2=hp$ 时，式(18.73)有唯一解 $\boldsymbol{u}_h=[u_{h1}\quad u_{h2}\quad \cdots\quad u_{N_2}]^{\mathrm{T}}$。

综上所述，为平衡低压转子激励的前 N_1 阶模态和高压转子激励的前 N_2 阶模态不平衡，总共需要 N_1+N_2 个校正面，即在低压转子上设置 N_1 个校正面，在高压转子上设置 N_2 个校正面。此即为适用于双转子系统模态动平衡的 N_1+N_2 平面法。

为求得平衡校正量 $\boldsymbol{u}$，需要知道转子前 N_1 阶低压转子激励模态振型、前 N_2 阶高压转子激励模态振型及初始模态不平衡量 $\hat{U}_{Li}$ 和 $\hat{U}_{hi}$。模态振型可以通过有限元计算或者测量得到，而初始模态不平衡量 $\hat{U}_{Li}$ 和 $\hat{U}_{hi}$ 则需通过正确的实验过程获得。

18.3.2　初始不平衡量的确定

对转子进行动平衡的最重要步骤是确定转子初始不平衡量的幅值和相位。由上一节可知，转子的不平衡响应与其不平衡量及其分布有着明确的关系。在某一固定的测点，当转速恒定时，不平衡响应只取决于转子不平衡量的大小、相位和分布。

事实上，可通过实验测量分离出每阶模态不平衡量。使转子转速以定转速比 a 接近该阶模态对应的临界转速，即 $\Omega=\omega_i$，则很容易分离出该阶模态不平衡量。

下面以转子转速接近低压转子激励第一阶临界转速 ω_{L1} 为例，来说明初始模态不平衡量的确定方法。

在 $\Omega_{L1}\approx\omega_{L1}$，$\Omega_h\approx a\omega_{L1}$ 时，转子振动响应中，低压转子激励的第一阶模态响应绝对占优，即

$$\begin{aligned}\boldsymbol{r}(x,\ t)&=\boldsymbol{r}_{L1}(x)\boldsymbol{f}(\Omega_{L1})\boldsymbol{e}^{\mathrm{j}\Omega_{L1}t}\\&=\boldsymbol{r}_{L1}(x)\frac{\eta_{L1}^2\hat{U}_{L1}}{M_{L1}[1-\eta_{L1}^2+\mathrm{j}2D_{L1}\eta_{L1}]}\boldsymbol{e}^{\mathrm{j}\Omega_{L1}t}\\&=\boldsymbol{r}_{L1}(x)\hat{\boldsymbol{F}}_{L1}(\Omega_{L1})\hat{U}_{L1}\boldsymbol{e}^{\mathrm{j}\Omega_{L1}t}\end{aligned}\tag{18.74}$$

式中，$r_{L1}(x)$ 为低压转子激励的第一阶振型；$\boldsymbol{f}(\Omega_{L1})=\hat{\boldsymbol{F}}_{L1}(\Omega_{L1})\hat{U}_{L1}$；$\hat{\boldsymbol{F}}_{L1}(\Omega_{L1})=$

$\dfrac{\eta_{L1}^2}{M_{L1}[1-\eta_{L1}^2+\mathrm{j}2D_{L1}\eta_{L1}]}$，为低压转子激励的第一阶模态频响函数，与转子转速有关，在稳态下是定值。

式(18.74)说明，转子的挠度为低压激励第一阶振型，并绕轴承连线以低压转速 $\Omega_{L1}\approx\omega_{L1}$ 正进动。

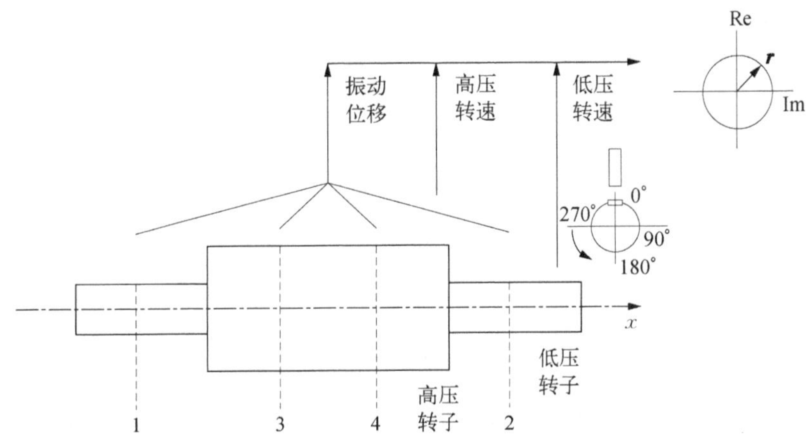

图 18.12　双转子系统振动测点

在转子上标记一个相位基准，就可同时测量到转子振动的幅值和相位，如图 18.12 所示，即

$$\boldsymbol{r}(x_M)=\boldsymbol{r}_{L1}(x_M)\hat{\boldsymbol{F}}_{L1}(\Omega_{L1})\hat{U}_{L1}=\hat{\boldsymbol{Q}}_{L1}\hat{U}_{L1} \tag{18.75}$$

式中，x_M 为测量转子振动的轴向位置；$\hat{\boldsymbol{Q}}_{L1}$ 是在转速 $\Omega_{L1}\approx\omega_{L1}$，$\Omega_h\approx a\omega_{L1}$ 时，频响 $\hat{\boldsymbol{F}}_{L1}(\Omega_{L1})$、第一阶模态振形 $\boldsymbol{r}_{L1}(x_M)$ 和测量系统的标定系数的乘积。

稳态情况下 $\hat{\boldsymbol{Q}}_{L1}$ 保持为常数，则所测到的响应变化就与不平衡成正比，根据此影响系数即可得到该阶模态不平衡。

仍以平衡低压激励第一阶模态为平衡示例。与单转子模态动平衡类似，在低压转子转速 $\Omega_{L1}\approx\omega_{L1}$、高压转子转速 $\Omega_h\approx a\omega_{L1}$ 下，首次运行双转子(带原始不平衡量测试运行)，测得转子振动响应中低压转子转速一倍频量 $\boldsymbol{A}_{L0}$。$\boldsymbol{A}_{L0}=\hat{\boldsymbol{Q}}_{L1}\hat{U}_{L1}$。之后在已知位置，例如，$x=x_{L1}$ 处，加一附加试重：$\boldsymbol{u}_{L1}=e_{L1}\Delta m_{L1}\boldsymbol{e}^{\mathrm{j}\beta_{L1}}$，在同样的转速 $\Omega_{L1}\approx\omega_{L1}$ 和 $\Omega_h\approx a\omega_{L1}$ 下，再次运行双转子。此时，频响函数 $\hat{\boldsymbol{F}}_{L1}$ 保持不变。在所测得的转子振动中，低压转子转速一倍频量 $\boldsymbol{A}_{L1}$ 包含了原始不平衡量和附加试重的共同影响，有以下关系成立：

$$\boldsymbol{A}_{L1}=\hat{\boldsymbol{Q}}_{L1}[\hat{U}_{L1}+\bar{r}_{L1L1}(x_{L1})\boldsymbol{u}_{L1}] \tag{18.76}$$

由两次运行所测得的转子振动可求得所加试重的影响结果：

$$\boldsymbol{A}_{L1} - \boldsymbol{A}_{L0} = \hat{Q}_{L1}\bar{r}_{L1L1}(x_{L1})\boldsymbol{u}_{L1} = \boldsymbol{\alpha}_{L1}\boldsymbol{u}_{L1} \tag{18.77}$$

可解出影响系数：

$$\boldsymbol{\alpha}_{L1} = \frac{\boldsymbol{A}_{L1} - \boldsymbol{A}_{L0}}{\boldsymbol{u}_{L1}} \tag{18.78}$$

利用式(18.78)所确定的影响系数，就可很容易求得为平衡第一阶模态需要在转子校正面 $x = x_{L1}$ 上添加的平衡校正量 $\boldsymbol{u}_{L1}^{B}$。利用此校正量，转子的低压激励第一阶模态不平衡量就可得以校正，平衡条件为

$$\boldsymbol{\alpha}_{L1}\boldsymbol{u}_{L1}^{B} = -\boldsymbol{A}_{L0} \tag{18.79}$$

将式(18.78)代入式(18.79)中，可得

$$\boldsymbol{u}_{L1}^{B} = \frac{-\boldsymbol{A}_{L0}\boldsymbol{u}_{L1}}{\boldsymbol{A}_{L1} - \boldsymbol{A}_{L0}} \tag{18.80}$$

图 18.13 表示上述的平衡步骤。把所得到的校正量 $\boldsymbol{u}_{L1}^{B}$ 加到转子上之后，转子的低压激励第一阶模态不平衡就得以校正。转子可安全地越过低压激励第一阶临界转速。

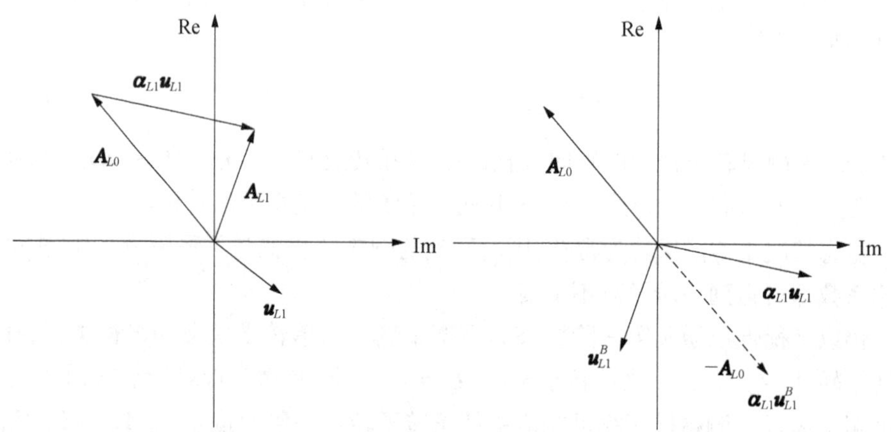

图 18.13　校正低压激励第一阶模态不平衡的步骤

在低压转子激励的第二阶临界转速附近重复上述的平衡过程就可平衡第二阶模态。但平衡第二阶模态的校正质量不能破坏第一阶模态的平衡效果。为此，须保证第二阶平衡校正量与第一阶振形正交。平衡高压转子激励下的模态不平衡时，采取类似的步骤，确定平衡校正量。

上述的平衡步骤和算法与单转子模态动平衡相似，区别在于，要同时运行高、低压转子，并且保证高、低压转子转速比与所要平衡的模态对应的转速比相同。另外，还需同时测量高、低压转子振动的相位。这些要求在一般的动平衡系统上很难满足。因此，本机动平衡是考虑的主要选项，即在发动机台架试车过程中或在机载条件下（例如，地面或飞行中测试，地面加配重）进行动平衡。

18.3.3　正交校正质量组的确定

式(18.72)和式(18.73)给出了双转子 N_1+N_2 平面平衡法的条件，但转子的模态不平衡是未知的。因此，由式(18.72)和式(18.73) 无法解得 N_1+N_2 个平衡校正量。根据式(18.67)知，与振型相似的不平衡分布只影响对应的转子模态振动。因此，可借鉴第 12 章单转子模态动平衡方法，令式(18.72)和式(18.73) 的右端向量中某一振型的不平衡量不为 0，即与该阶振型相似，而其余的全部为 0，即与其余振型正交。不妨令其为 1，就可求出校正质量组 $\boldsymbol{t}$。它只影响对应的振型。例如，对于低压转子激励的第一阶模态，设校正质量组为 $\boldsymbol{t}_{L1}$，则应满足如下的条件：

$$\begin{bmatrix} \bar{r}_{L1L1} & \bar{r}_{L1L2} & \cdots & \bar{r}_{L1N_1} \\ \bar{r}_{L2L1} & \bar{r}_{L2L2} & \cdots & \bar{r}_{L2N_1} \\ \vdots & \vdots & \ddots & \vdots \\ \bar{r}_{N_1L1} & \bar{r}_{N_1L2} & \cdots & \bar{r}_{N_1N_1} \end{bmatrix} \begin{bmatrix} t_{L1L1} \\ t_{L1L2} \\ \vdots \\ t_{L1N_1} \end{bmatrix} = - \begin{bmatrix} 1 \\ 0 \\ \vdots \\ 0 \end{bmatrix} \tag{18.81}$$

式中，$\boldsymbol{t}_{L1}=\{t_{L1L1} \quad t_{L1L2} \quad \cdots \quad t_{L1N_1}\}^{\mathrm{T}}$。

由于实际的第一阶模态不平衡量 $\hat{U}_{L1}$ 并不为 1，故所求的 $\boldsymbol{t}_{L1}$ 需乘以 $\hat{U}_{L1}$。而第一阶模态不平衡量 $\hat{U}_{L1}$ 需通过测量转子加试重组后的响应而求得，其过程将在第 18.3.4 节阐述。

对于所有低压转子激励下的 N_1 阶振型，N_1 个正交校正质量组则可由下列方程组求得

$$\begin{bmatrix} \bar{r}_{L1L1} & \bar{r}_{L1L2} & \cdots & \bar{r}_{L1N_1} \\ \bar{r}_{L2L1} & \bar{r}_{L2L2} & \cdots & \bar{r}_{L2N_1} \\ \vdots & \vdots & \ddots & \vdots \\ \bar{r}_{N_1L1} & \bar{r}_{N_1L2} & \cdots & \bar{r}_{N_1N_1} \end{bmatrix} [t_{L1} \quad t_{L2} \quad \cdots \quad t_{N_1}] = - \begin{bmatrix} 1 & 0 & \cdots & 0 \\ 0 & 1 & \cdots & 0 \\ \vdots & \vdots & \ddots & \vdots \\ 0 & 0 & \cdots & 1 \end{bmatrix} \tag{18.82}$$

对于所有高压转子激励下的 N_2 阶振型，N_2 个正交校正质量组可由下列方程组求得

$$\begin{bmatrix} \bar{r}_{h1h1} & \bar{r}_{h1h2} & \cdots & \bar{r}_{h1N_2} \\ \bar{r}_{h2h1} & \bar{r}_{h2h2} & \cdots & \bar{r}_{h2N_2} \\ \vdots & \vdots & \ddots & \vdots \\ \bar{r}_{N_2h1} & \bar{r}_{N_2h2} & \cdots & \bar{r}_{N_2N_2} \end{bmatrix} \begin{bmatrix} t_{h1} & t_{h2} & \cdots & t_{N_2} \end{bmatrix} = - \begin{bmatrix} 1 & 0 & \cdots & 0 \\ 0 & 1 & \cdots & 0 \\ \vdots & \vdots & \ddots & \vdots \\ 0 & 0 & \cdots & 1 \end{bmatrix} \tag{18.83}$$

18.3.4 向后正交平衡法

本节举例来说明双转子模态动平衡的向后正交平衡方法和步骤。为便于说明,不妨设高、低压转子校正面均为2,即 $N_1=N_2=2$,目标是平衡高、低压转子激励前两阶模态。校正面位置分别在高压转子上 $x=x_{h1}$ 和 $x=x_{h2}$ 处,低压转子上 $x=x_{L1}$ 和 $x=x_{L2}$ 处。高、低压转子对转,转速比为 a。

1. 平衡校正量的确定

假设高压转子激励的第一阶临界转速和第二阶临界转速在转速范围依次出现,而低压转子激励的第一阶临界转速和第二阶临界转速则紧接其后顺序出现。

为平衡高压转子激励的第一阶模态不平衡量,取校正质量为 $\boldsymbol{t}_{h1}=\{t_{h1h1},0\}^{\mathrm{T}}$,即在第一个平衡校正面 $x=x_{h1}$ 上加配重 $t_{h1h1}\hat{m}_{h1}$ 使得

$$\bar{r}_{h1}(x_{h1})t_{h1h1}\hat{m}_{h1}=-\hat{U}_{h1} \tag{18.84}$$

由配重组的计算过程可知,$\bar{r}_{h1}(x_{h1})t_{h1h1}=-1$,于是有

$$\hat{m}_{h1}=\hat{U}_{h1} \tag{18.85}$$

双转子第一阶模态为高压转子激励下的模态,在高压转子第一校正面上加配重 $t_{h1h1}\hat{m}_{h1}$ 就能平衡转子第一阶模态不平衡。由于选择的 t_{h1h1} 仅满足:$\bar{r}_{h1}(x_{h1})t_{h1h1}=-1$,而一般情况下,会有如下的结果:

$$\bar{r}_{h2}(x_{h1})t_{h1h1}\neq 0 \tag{18.86}$$

因此,所加的高压转子平衡配重 $t_{h1h1}\hat{m}_{h1}$ 会影响其余高压转子激励的模态不平衡,也就是双转子的第 $h2$ 阶模态不平衡状态会受到影响。而此配重的激励频率为高压转子转速,与低压转子激励不同,不会影响低压转子激励下的模态不平衡,也就是说,双转子的低压转子激励第 $L1$ 和 $L2$ 阶模态不平衡状态不会受到影响。

接着平衡高压转子激励下的第 $h2$ 阶模态,需要在高压转子上选用两个平衡面施加配重 $\boldsymbol{t}_{h2}\hat{m}_{h2}$,其中 $\boldsymbol{t}_{h2}=\{t_{h2h1},t_{h2h2}\}^{\mathrm{T}}$。为使其不对第 $h1$ 阶模态平衡结果产生影响,$\boldsymbol{t}_{h2}$ 需满足以下条件:

$$\begin{aligned} \bar{r}_{h1}(x_{h1})t_{h2h1}+\bar{r}_{h1}(x_{h2})t_{h2h2}&=0 \\ \bar{r}_{h2}(x_{h1})t_{h2h1}+\bar{r}_{h2}(x_{h2})t_{h2h2}&=-1 \end{aligned} \tag{18.87}$$

由此解得

$$
\begin{aligned}
t_{h2h1} &= \frac{\bar{r}_{h1}(x_{h2})}{\bar{r}_{h1}(x_{h1})\bar{r}_{h2}(x_{h2}) - \bar{r}_{h1}(x_{h2})\bar{r}_{h2}(x_{h1})} \\
t_{h2h2} &= \frac{\bar{r}_{h1}(x_{h1})}{\bar{r}_{h1}(x_{h2})\bar{r}_{h2}(x_{h1}) - \bar{r}_{h1}(x_{h1})\bar{r}_{h2}(x_{h2})}
\end{aligned}
\tag{18.88}
$$

此时,平衡校正量为 $\boldsymbol{t}_{h2}\hat{m}_{h2}$, $\hat{m}_{h2} = \hat{U}_{h2}$, 而此时的 $\hat{U}_{h2}$ 不仅含有初始不平衡量的影响,还含有高压转子激励一阶模态不平衡校正量的影响。注意,要按照式(18.88)确定的比例关系,将平衡校正量 $\hat{m}_{h2} = \hat{U}_{h2}$ 分加在 $x = x_{h1}$ 和 $x = x_{h2}$ 两个平衡面上。

完成高压转子激励第一阶和第二阶模态动平衡之后,顺序进行低压转子激励第一阶和第二阶模态动平衡。平衡过程与上述高压激励模态动平衡相似。

由于低压转子上的配重不影响高压转子激励下的模态不平衡,高压转子上的配重不影响低压转子激励下的模态不平衡,上述的过程可写成如下矩阵形式:

$$
\begin{bmatrix} \bar{r}_{h1}(x_{h1}) & \bar{r}_{h1}(x_{h2}) \\ \bar{r}_{h2}(x_{h1}) & \bar{r}_{h2}(x_{h2}) \end{bmatrix}
\begin{bmatrix} t_{h1h1} & t_{h2h1} \\ 0 & t_{h2h2} \end{bmatrix}
= \begin{bmatrix} -1 & 0 \\ \Delta_h & -1 \end{bmatrix}
\tag{18.89}
$$

$$
\begin{bmatrix} \bar{r}_{L1}(x_{L1}) & \bar{r}_{L1}(x_{L2}) \\ \bar{r}_{L2}(x_{L1}) & \bar{r}_{L2}(x_{L2}) \end{bmatrix}
\begin{bmatrix} t_{L1L1} & t_{L2L1} \\ 0 & t_{L2L2} \end{bmatrix}
= \begin{bmatrix} -1 & 0 \\ \Delta_L & -1 \end{bmatrix}
\tag{18.90}
$$

式中, $\Delta_h = \bar{r}_{h2}(x_{h1})t_{h1h1}$, 表示平衡高压激励第 $h1$ 阶模态不平衡时对高压激励第 $h2$ 阶模态不平衡的影响; $\Delta_L = \bar{r}_{L2}(x_{L1})t_{L1L1}$, 表示平衡低压激励第 $L1$ 阶模态不平衡时对低压激励第 $L2$ 阶模态不平衡的影响。

2. 平衡步骤和实施方法

由上述的平衡过程可见,双转子的模态动平衡方法与单转子相似。但前提条件是高压转子激励下的模态之间须正交,低压转子激励下的模态也须正交,动平衡时,须按照设定的转速控制律,同时运行高、低压转子,而且需同时测量高、低压转子的转速和相位。如本章 18.1.3 节所述,当高、低压转子转速比为常数时,这一条件能够满足。在实际中,高、低压转子转速比按照共同工作线变化,模态间的正交性不再成立。为实现模态动平衡,可采取如下的解决方案:

根据本章 18.1.4 所述的正交性检验结果,对转子所有模态均进行正交性检验。若正交性检验值 λ 远小于 1,则在进行动平衡时,控制高、低压转子转速比为常数。动平衡完成后,在实际的转速控制律下进行检验。

另外,由于高压激励第二阶模态之后,紧接着出现的是,低压激励第一阶模态。因此,在平衡高压激励第二阶模态时,可同时平衡低压激励第一阶模态,即在为平衡高压激励第二阶模态加试重时,同时也在低压转子上为平衡低压激励第一阶模态加试重。一次就可确定平衡高压激励第二阶模态和低压激励第一阶模态所需的校正质量组。而平衡这两阶模态之后的检验也只需一次运行。这是双转子模态动平衡的特点。这样可减少运行次数。

以下概括地描述双转子模态动平衡的步骤和实施过程。以上述平衡高压激励两阶和低压激励两阶模态为例,即 $N_1 = N_2 = 2$。

利用有限元计算或实验测量可得到转子的前四阶振动模态。特别应注意的是,测量面要避开振型节点。

在四个校正面 $x = x_{h1}$, $x = x_{h2}$, $x = x_{L1}$, $x = x_{L2}$ 处,通过实验或计算获得转子前四阶振型的值(包括幅值和相位信息)为

$$\boldsymbol{r} = \begin{bmatrix} r_{h1}(x_{h1}) & r_{h1}(x_{h2}) \\ r_{h2}(x_{h1}) & r_{h2}(x_{h2}) \\ r_{L1}(x_{L1}) & r_{L1}(x_{L2}) \\ r_{L2}(x_{L1}) & r_{L2}(x_{L2}) \end{bmatrix} \tag{18.91}$$

若在双转子动平衡前,难以采集到临界转速处的振型数据,可选用计算值先行进行模态动平衡。再在动平衡过程中和动平衡之后,进行校核和修正。对于真实航空发动机,可采用数据库存储的发动机转子振型数据,来对其进行初步模态平衡。需要注意的是,在动平衡过程中和动平衡之后,将所测得的数据保存到数据库,一是,对已有的振型数据进行验证和修正;二是,增加数据库的样本数量。

1) 平衡高压转子激励下的第一阶模态

此阶模态为双转子的第一阶模态。通过振型数据,选择对高压激励下的第一阶振型不平衡校正作用最显著的高压转子平衡面位置 $x = x_{h1}$, 加试重 $\boldsymbol{u}_{h1} = e_{h1}\Delta m_{h1}\boldsymbol{e}^{\mathrm{j}\theta_{h1}}$, 选择高、低压转子转速比为 a,在双转子第一阶临界转速附近(即 $\Omega_L \approx \omega_{h1}/a$, $\Omega_h \approx \omega_{h1}$), 测得转子的初始不平衡响应 $\boldsymbol{A}_{h10}$(高压转子转速一倍频分量,包含幅值和相位信息)。加试重之后,测得的响应为 $\boldsymbol{A}_{h11}$, 则得影响系数 $\boldsymbol{\alpha}_{h1}$ 为

$$\boldsymbol{\alpha}_{h1} = \frac{\boldsymbol{A}_{h11} - \boldsymbol{A}_{h10}}{e_{h1}\Delta m_{h1}\boldsymbol{e}^{\mathrm{j}\theta_{h1}}} \tag{18.92}$$

式中,下标 $h1$ 表示双转子高压激励的第 1 阶模态;下标 0 表示初始运行状态。

平衡第一阶模态所加的校正质量 $\boldsymbol{u}_{h1}^{B}$ 应满足下列的平衡条件:

$$\boldsymbol{u}_{h1}^{B} = -\frac{\boldsymbol{A}_{h10}}{\boldsymbol{\alpha}_{h1}}(\text{去掉试重}) \tag{18.93}$$

$$\boldsymbol{u}_{h1}^{B} = -\frac{\boldsymbol{A}_{h11}}{\boldsymbol{\alpha}_{h1}}\text{（保留试重）} \tag{18.94}$$

可求得双转子第一阶模态不平衡校正质量的大小分别为

$$\boldsymbol{u}_{h1}^{B} = -\frac{e_{h1}\Delta m_{h1}e^{\mathrm{j}\theta_{h1}}\boldsymbol{A}_{h10}}{\boldsymbol{A}_{h11} - \boldsymbol{A}_{h10}}\text{（去掉试重）；}\ \boldsymbol{u}_{h1}^{B} = -\frac{e_{h1}\Delta m_{h1}e^{\mathrm{j}\theta_{h1}}\boldsymbol{A}_{h11}}{\boldsymbol{A}_{h11} - \boldsymbol{A}_{h10}}\text{（保留试重）} \tag{18.95}$$

由上述步骤可见，平衡第一阶模态的方法与影响系数法相似。

2）同时平衡高压转子激励下的第二阶模态和低压激励的第一阶模态

此二阶模态为双转子的第二阶和第三阶模态。如第 18.2.3 节所述，考虑到激励的正交性，可同时平衡这两阶模态。

选择高、低压转子转速比 a，在高压激励下的第二阶临界转速附近（即 $\Omega_L \approx \omega_{h2}/a$，$\Omega_h \approx \omega_{h2}$），测量转子的初始运行振动响应 $\boldsymbol{A}_{h20}$（高压转速一倍频分量）。如果转子能够越过高压激励下的第二阶临界转速，则使转子运行到低压激励下的第一阶临界转速附近（即 $\Omega_L \approx \omega_{L1}$，$\Omega_h \approx a\omega_{L1}$），测量转子的振动响应 $\boldsymbol{A}_{L10}$（低压转速一倍频分量）。

首先在高压转子平衡面 $x = x_{h1}$ 和 $x = x_{h2}$ 上加试重 $\boldsymbol{u}_{h2} = \hat{m}_{h2}(t_{h2h1},\ t_{h2h2})$，并满足如下条件：

$$\begin{aligned} r_{h1}(x_{h1})t_{h2h1} + r_{h1}(x_{h2})t_{h2h2} &= 0 \\ r_{h2}(x_{h1})t_{h2h1} + r_{h2}(x_{h2})t_{h2h2} &= -1 \end{aligned} \tag{18.96}$$

同时，在低压转子上，选择对低压转子激励的第一阶振型不平衡作用最明显的配重面位置 $x = x_{L1}$，加试重 $\boldsymbol{u}_{L1} = \Delta m_{L1}e_{L1}e^{\mathrm{j}\theta_{L1}}$。

在高压激励下的第二阶临界转速附近（即 $\Omega_L \approx \omega_{h2}/a$，$\Omega_h \approx \omega_{h2}$），测量转子试重运行振动响应 $\boldsymbol{A}_{h21}$。

如果转子可继续升速，则在低压激励下的第一阶临界转速附近（即 $\Omega_L \approx \omega_{L1}$，$\Omega_h \approx a\omega_{L1}$），测量转子试重运行振动响应 $\boldsymbol{A}_{L11}$。

由初始运行和试重运行所测得的振动数据 $\boldsymbol{A}_{h20}$、$\boldsymbol{A}_{L10}$、$\boldsymbol{A}_{h21}$ 和 $\boldsymbol{A}_{L11}$，则可同时确定平衡校正量 $\boldsymbol{u}_{h2}^{B}$ 和 $\boldsymbol{u}_{L1}^{B}$。

先求出 $\boldsymbol{u}_{h2}^{B}$。由第 18.3.2 节可知：

$$\boldsymbol{A}_{h20} = \hat{\boldsymbol{Q}}(\omega_{h2})\hat{U}_{h2} \tag{18.97}$$

$$\boldsymbol{A}_{h21} = \hat{\boldsymbol{Q}}(\omega_{h2})\left(\hat{U}_{h2} + \hat{m}_{h2}\left[r_{h2}(x_{h1})\quad r_{h2}(x_{h2})\right]\begin{Bmatrix} t_{h2h1} \\ t_{h2h2} \end{Bmatrix}\right) \tag{18.98}$$

两式相减可得

$$\boldsymbol{A}_{h21}-\boldsymbol{A}_{h20}=-\hat{\boldsymbol{Q}}(\omega_{h2})\hat{m}_{h2} \tag{18.99}$$

$$\hat{\boldsymbol{Q}}(\omega_{h2})=\frac{\boldsymbol{A}_{h20}-\boldsymbol{A}_{h21}}{\hat{m}_{h2}} \tag{18.100}$$

式中,$\hat{\boldsymbol{Q}}(\omega_{h2})$ 表示此阶临界转速 ω_{h2} 下的频响 $\hat{\boldsymbol{F}}_{h2}(\omega_{h2})$、模态振型 $\boldsymbol{r}_{h2}$ 和测量系统标定系数的乘积,同一转速下为定值。

代入式(18.97)可以求出包含双转子第一阶高压模态配重影响的高压转子第二阶模态不平衡量 $\hat{U}_{h2}$:

$$\hat{U}_{h2}=\frac{\hat{m}_{h2}\boldsymbol{A}_{h20}}{\boldsymbol{A}_{h20}-\boldsymbol{A}_{h21}} \tag{18.101}$$

由本节的算法,可以求出校正量 $\boldsymbol{u}_{h2}^{B}$:

$$\boldsymbol{u}_{h2}^{B}=\frac{\boldsymbol{u}_{h2}\boldsymbol{A}_{h20}}{\boldsymbol{A}_{h20}-\boldsymbol{A}_{h21}}=\frac{\hat{m}_{h2}\boldsymbol{A}_{h20}}{\boldsymbol{A}_{h20}-\boldsymbol{A}_{h21}}(t_{h2h1},\ t_{h2h2}) \tag{18.102}$$

利用类似的方法可求得低压转子激励的第一阶模态不平衡校正量 $\boldsymbol{u}_{L1}^{B}$:

$$\boldsymbol{u}_{L1}^{B}=-\frac{e_{L1}\Delta m_{L1}\boldsymbol{e}^{\mathrm{j}\theta_{L1}}\boldsymbol{A}_{L10}}{\boldsymbol{A}_{L11}-\boldsymbol{A}_{L10}}(\text{去掉试重}),\ \boldsymbol{u}_{L1}^{B}=-\frac{e_{L1}\Delta m_{L1}\boldsymbol{e}^{\mathrm{j}\theta_{L1}}\boldsymbol{A}_{L11}}{\boldsymbol{A}_{L11}-\boldsymbol{A}_{L10}}(\text{保留试重}) \tag{18.103}$$

将平衡校正量 $\boldsymbol{u}_{h2}^{B}$ 和 $\boldsymbol{u}_{L1}^{B}$ 分别施加在高、低压转子相应的平衡面上,则高压激励下的第二阶模态和低压激励下的第一阶模态均得以平衡。

如果在高压激励下的第二阶模态不平衡未校正之前,由于振动超标,转子不能继续升速,则先平衡该阶模态,校正量的确定方法如上所述,$\boldsymbol{u}_{h2}^{B}$ 是相同的。高压激励下的第二阶模态平衡之后,再顺序进行低压转子激励下的第一阶和第二阶模态动平衡。

3) 平衡低压转子激励下的第二阶模态

本例中,双转子的第四阶模态为低压转子激励下的第二阶模态。依照类似的方法,在低压转子配重面 $x=x_{L1}$ 和 $x=x_{L2}$ 上,同时加试重 $\boldsymbol{u}_{L2}=\hat{m}_{L2}(t_{L2L1},\ t_{L2L2})$,在低压转子激励下的二阶临界转速附近(即 $\Omega_L\approx\omega_{L2},\ \Omega_h\approx a\omega_{L2}$),测量转子的初始运行振动响应和加试重之后的振动响应,由此求出低压转子激励下的第二阶模态不平衡校正质量 $\boldsymbol{u}_{L2}^{B}$ 为

$$\boldsymbol{u}_{L2}^{B}=\frac{\hat{m}_{L2}\boldsymbol{A}_{L20}}{\boldsymbol{A}_{L20}-\boldsymbol{A}_{L21}}(t_{L2L1},\ t_{L2L2}) \tag{18.104}$$

至此,共用了 4 个平衡面(高压转子上 2 个;低压转子上 2 个)平衡了双转子的

前四阶模态。按照上述步骤,需要运行双转子系统至少 6 次,加试重和配重至少 3 次,每次运行需要保持相同的高、低压转子转速比。另外,要同时测量高、低压转子的相位。

18.3.5　全正交平衡法

与单转子模态动平衡相似,对双转子也可进行全正交模态动平衡。

为此,参考第 18.3.3 节,得到全正交平衡条件。

对于所有低压转子激励下的 N_1 阶振型,可由下列方程组求得 N_1 个全正交校正质量组:

$$\begin{bmatrix} \bar{r}_{L1L1} & \bar{r}_{L1L2} & \cdots & \bar{r}_{L1N_1} \\ \bar{r}_{L2L1} & \bar{r}_{L2L2} & \cdots & \bar{r}_{L2N_1} \\ \vdots & \vdots & \ddots & \vdots \\ \bar{r}_{N_1L1} & \bar{r}_{N_1L2} & \cdots & \bar{r}_{N_1N_1} \end{bmatrix} \begin{bmatrix} t_{L1} & t_{L2} & \cdots & t_{N_1} \end{bmatrix} = - \begin{bmatrix} 1 & 0 & \cdots & 0 \\ 0 & 1 & \cdots & 0 \\ \vdots & \vdots & \ddots & \vdots \\ 0 & 0 & \cdots & 1 \end{bmatrix} \tag{18.105}$$

对于所有高压转子激励下的 N_2 阶振型, N_2 个全正交校正质量组可由下列方程组求得

$$\begin{bmatrix} \bar{r}_{h1h1} & \bar{r}_{h1h2} & \cdots & \bar{r}_{h1N_2} \\ \bar{r}_{h2h1} & \bar{r}_{h2h2} & \cdots & \bar{r}_{h2N_2} \\ \vdots & \vdots & \ddots & \vdots \\ \bar{r}_{N_2h1} & \bar{r}_{N_2h2} & \cdots & \bar{r}_{N_2N_2} \end{bmatrix} \begin{bmatrix} t_{h1} & t_{h2} & \cdots & t_{N_2} \end{bmatrix} = - \begin{bmatrix} 1 & 0 & \cdots & 0 \\ 0 & 1 & \cdots & 0 \\ \vdots & \vdots & \ddots & \vdots \\ 0 & 0 & \cdots & 1 \end{bmatrix} \tag{18.106}$$

由式(18.105)和式(18.106)得到低压转子和高压转子上的配重组分别为

$$\begin{bmatrix} t_{L1} & t_{L2} & \cdots & t_{N_1} \end{bmatrix} = - \begin{bmatrix} \bar{r}_{L1L1} & \bar{r}_{L1L2} & \cdots & \bar{r}_{L1N_1} \\ \bar{r}_{L2L1} & \bar{r}_{L2L2} & \cdots & \bar{r}_{L2N_1} \\ \vdots & \vdots & \ddots & \vdots \\ \bar{r}_{N_1L1} & \bar{r}_{N_1L2} & \cdots & \bar{r}_{N_1N_1} \end{bmatrix}^{-1} \tag{18.107}$$

$$\begin{bmatrix} t_{h1} & t_{h2} & \cdots & t_{N_2} \end{bmatrix} = - \begin{bmatrix} \bar{r}_{h1h1} & \bar{r}_{h1h2} & \cdots & \bar{r}_{h1N_2} \\ \bar{r}_{h2h1} & \bar{r}_{h2h2} & \cdots & \bar{r}_{h2N_2} \\ \vdots & \vdots & \ddots & \vdots \\ \bar{r}_{N_2h1} & \bar{r}_{N_2h2} & \cdots & \bar{r}_{N_2N_2} \end{bmatrix}^{-1} \tag{18.108}$$

由此可见，平衡每一阶模态都需在对应转子所有平衡面上加配重。这是全正交平衡法的缺点。在实际平衡时，参考单转子平衡方法，可用向后正交法计算试重组，来加试重，而用全正交平衡法计算配重组。这样可适当减少加试重的次数。

18.3.6 双转子模态平衡的 N_1+N_2+4 平面法

与单转子动平衡的要求相同，对于双转子系统的动平衡，也要在控制转子动挠度的同时，减小支承动反力。为此，在高、低压转子上首先各需选择 2 个平衡面进行刚性转子动平衡。此后，再对转子进行模态动平衡，需再选择 N_1+N_2 个平衡面，共计 N_1+N_2+4 个平衡面，故称 N_1+N_2+4 平面法。

1. 力平衡和力矩平衡条件

N_1+N_2 平面法的目标是减小或消除工作转速下双转子系统的弹性变形，而 N_1+N_2+4 平面法的目标是既要减小或消除支承动反力，又要消除双转子系统的弹性变形。根据 N_1+N_2+4 平面法，需首先对转子进行刚性动平衡，以消除支承动反力。此后，在进行模态动平衡时，不能破坏刚性动平衡的结果。

对双转子系统进行了刚性动平衡之后，使双转子增速至第一阶临界转速，开始平衡第一阶模态。其原理和步骤，原则上与 N_1+N_2 平面法相似。所不同的只是不仅要求配重组与已经平衡的模态正交，而且还不能破坏转子刚性动平衡。这些要点和要求与单转子模态动平衡相似。

为保证高、低压转子各自的刚性动平衡，高、低压转子正交配重组 $\{t_{Li}\}$ 和 $\{t_{hk}\}$ 还须满足力平衡和力矩平衡两个平衡条件：

$$\Omega_L^2\left(\sum_{Li=1}^{N_1+2} t_{Li}+\sum_{\text{低压}}\varepsilon_L\right)=0,\ \Omega_h^2\left(\sum_{hk=1}^{N_2+2} t_{hk}+\sum_{\text{高压}}\varepsilon_h\right)=0 \tag{18.109}$$

$$\frac{\Omega_L^2}{l_L}\left(\sum_{Li=1}^{N_1+2} t_{Li}x_{Li}+\sum_{Li=1}^{N_1}\varepsilon_{Li}x_{Li}\right)=0,\ \frac{\Omega_h^2}{l_h}\left(\sum_{hk=1}^{N_2+2} t_{hk}x_{hk}+\sum_{hk=1}^{N_2}\varepsilon_{hk}x_{hk}\right)=0 \tag{18.110}$$

式中，Ω_L 表示低压转子转速；Ω_h 表示高压转子转速；l_L 表示低压转子总长；l_h 表示高压转子总长；ε 表示初始不平衡分布质量；t 表示平衡配重质量；x_{Li} 表示第 Li 个低压转子校正面轴向位置；x_{hk} 表示第 hk 个高压转子校正面轴向位置。

2. N_1+N_2+4 平面法平衡条件

同样以平衡第 18.3.4 节所述双转子前四阶模态为例，说明 N_1+N_2+4 平面法的步骤和算法。

先对高压转子进行刚性动平衡，需要在高压转子激励下的第一阶临界转速以下，即 $\Omega_h<\omega_{h1}$，运行高压转子。在高压转子两个配重面上 $x=x_{h1}$ 和 $x=x_{h2}$ 添加配

重，进行低速动平衡。平衡时，可以固定住低压转子，使其不转。

然后对低压转子进行刚性动平衡。同样，在低压转子激励的转子第一阶临界转速以下运行低压转子，在低压转子配重面 $x = x_{L1}$ 和 $x = x_{L2}$ 上添加配重。平衡低压转子时，也可固定住高压转子，使其不转。也可在低转速下，同时运行高、低压转子，同时进行高、低压转子的刚性动平衡。转子刚性动平衡完成后，再按照定转速比 $a = \Omega_h / \Omega_L$ 运行双转子系统，进行模态动平衡。

平衡双转子第一阶模态（高压转子激励）时，需要三个高压平衡面，所加配重组为 $\boldsymbol{t}_{h1} = \{t_{h1h1}, t_{h1h2}, t_{h1h3}\}^{\mathrm{T}}$，需满足下列平衡条件，即力平衡、力矩平衡和模态平衡条件：

$$\begin{gathered} t_{h1h1} + t_{h1h2} + t_{h1h3} = 0 \\ \frac{x_{h1}}{l_h} t_{h1h1} + \frac{x_{h2}}{l_h} t_{h1h2} + \frac{x_{h3}}{l_h} t_{h1h3} = 0 \\ r_{h1}(x_{h1}) t_{h1h1} + r_{h1}(x_{h2}) t_{h1h2} + r_{h1}(x_{h3}) t_{h1h3} = -1 \end{gathered} \tag{18.111}$$

将式（18.111）写成矩阵形式：

$$\begin{bmatrix} 1 & 1 & 1 \\ \dfrac{x_{h1}}{l_h} & \dfrac{x_{h2}}{l_h} & \dfrac{x_{h3}}{l_h} \\ r_{h1}(x_{h1}) & r_{h1}(x_{h2}) & r_{h1}(x_{h3}) \end{bmatrix} \begin{bmatrix} t_{h1h1} \\ t_{h1h2} \\ t_{h1h3} \end{bmatrix} = \begin{bmatrix} 0 \\ 0 \\ -1 \end{bmatrix} \tag{18.112}$$

由此方程可解出 $\boldsymbol{t}_{h1} = \{t_{h1h1}, t_{h1h2}, t_{h1h3}\}^{\mathrm{T}}$。

同理，可得到平衡双转子第二阶模态（低压转子激励）的平衡条件如下：

$$\begin{bmatrix} 1 & 1 & 1 \\ \dfrac{x_{L1}}{l_L} & \dfrac{x_{L2}}{l_L} & \dfrac{x_{L3}}{l_L} \\ r_{L1}(x_{L1}) & r_{L1}(x_{L2}) & r_{L1}(x_{L3}) \end{bmatrix} \begin{bmatrix} t_{L1L1} \\ t_{L1L2} \\ t_{L1L3} \end{bmatrix} = \begin{bmatrix} 0 \\ 0 \\ -1 \end{bmatrix} \tag{18.113}$$

由此解得 $\boldsymbol{t}_{L1} = \{t_{L1L1}, t_{L1L2}, t_{L1L3}\}^{\mathrm{T}}$。

平衡双转子第三阶模态（高压转子激励）时，需要在高压转子四个平衡面上添加配重组 $\boldsymbol{t}_{h2} = \{t_{h2h1}, t_{h2h2}, t_{h2h3}, t_{h2h4}\}^{\mathrm{T}}$，平衡条件如下：

$$\begin{bmatrix} 1 & 1 & 1 & 1 \\ \dfrac{x_{h1}}{l_h} & \dfrac{x_{h2}}{l_h} & \dfrac{x_{h3}}{l_h} & \dfrac{x_{h4}}{l_h} \\ r_{h1}(x_{h1}) & r_{h1}(x_{h2}) & r_{h1}(x_{h3}) & r_{h1}(x_{h4}) \\ r_{h2}(x_{h1}) & r_{h2}(x_{h2}) & r_{h2}(x_{h3}) & r_{h2}(x_{h4}) \end{bmatrix} \begin{bmatrix} t_{h2h1} \\ t_{h2h2} \\ t_{h2h3} \\ t_{h2h4} \end{bmatrix} = \begin{bmatrix} 0 \\ 0 \\ 0 \\ -1 \end{bmatrix} \tag{18.114}$$

由此可解出 $\boldsymbol{t}_{h2}=\{t_{h2h1},\ t_{h2h2},\ t_{h2h3},\ t_{h2h4}\}^{\mathrm{T}}$。

对于双转子第四阶模态(低压转子激励),在低压转子 4 个平衡面上的配重组 $\boldsymbol{t}_{L2}=\{t_{L2L1},\ t_{L2L2},\ t_{L2L3},\ t_{L2L4}\}^{\mathrm{T}}$ 须满足的平衡条件如下:

$$\begin{bmatrix} 1 & 1 & 1 & 1 \\ \dfrac{x_{L1}}{l_L} & \dfrac{x_{L2}}{l_L} & \dfrac{x_{L3}}{l_L} & \dfrac{x_{L4}}{l_L} \\ r_{L1}(x_{L1}) & r_{L1}(x_{L2}) & r_{L1}(x_{L3}) & r_{L1}(x_{L4}) \\ r_{L2}(x_{L1}) & r_{L2}(x_{L2}) & r_{L2}(x_{L3}) & r_{L2}(x_{L4}) \end{bmatrix} \begin{bmatrix} t_{L2L1} \\ t_{L2L2} \\ t_{L2L3} \\ t_{L2L4} \end{bmatrix} = \begin{bmatrix} 0 \\ 0 \\ 0 \\ -1 \end{bmatrix} \tag{18.115}$$

由此方程可解出 $\boldsymbol{t}_{L2}=\{t_{L2L1},\ t_{L2L2},\ t_{L2L3},\ t_{L2L4}\}^{\mathrm{T}}$。

由上述的平衡条件可看出,要平衡低压转子激励的两阶模态,需在低压转子上设置 4 个平衡面,即 2+2;同样,要平衡高压转子激励的两阶模态,也需在高压转子上设置 4 个平衡面,也是 2+2。平衡的效果是:既消除双转子的变形,又消除双转子的支承动反力。概括而言,就是 N_1+N_2+4 平面法。

18.3.7 全正交平衡法的平衡过程与步骤

由第 18.3.5 节可知,利用全正交平衡法平衡每一阶模态都需要在该阶激励转子上所有的平衡面加配重。以前述的双转子为例,要平衡双转子前四阶模态(高、低压转子激励各两阶),在平衡高、低压转子各自第二阶激励(即双转子第三阶、第四阶模态)时与向后正交法一致,只是需要将高、低压转子各自第一阶激励求得的配重分配到正交校正组上。下面将以平衡高压转子激励下的第一阶模态为例简述这一过程。

全正交平衡法与向后正交平衡法在振动测量、加试重、求配重的步骤及算法上完全一致,由式(18.95)求得配重为 $\boldsymbol{u}_{h1}^{B}$。不过全正交平衡法求解正交校正组的条件发生了变化,如下式所示:

$$\text{高压:}\begin{bmatrix} r_{h1}(x_{h1}) & r_{h1}(x_{h2}) \\ r_{h2}(x_{h1}) & r_{h2}(x_{h2}) \end{bmatrix} \begin{bmatrix} t_{h1h1} & t_{h2h1} \\ t_{h1h2} & t_{h2h2} \end{bmatrix} = \begin{bmatrix} -1 & 0 \\ 0 & -1 \end{bmatrix} \tag{18.116}$$

$$\text{低压:}\begin{bmatrix} r_{L1}(x_{L1}) & r_{L1}(x_{L2}) \\ r_{L2}(x_{L1}) & r_{L2}(x_{L2}) \end{bmatrix} \begin{bmatrix} t_{L1L1} & t_{L2L1} \\ t_{L1L2} & t_{L2L2} \end{bmatrix} = \begin{bmatrix} -1 & 0 \\ 0 & -1 \end{bmatrix} \tag{18.117}$$

式中,第一个下标表示双转子阶次($h1$ 和 $h2$ 为高压转子激励;$L1$ 和 $L2$ 为低压转子激励),第二个下标表示校正面位置(x_{h1} 和 x_{h2} 为高压转子校正面;x_{L1} 和 x_{L2} 为低压转子校正面)。

通过式(18.116)和式(18.117)可以求得平衡所需的正交校正组依次为:高压

转子激励第一阶 $\{t_{h1h1}, t_{h1h2}\}$，低压转子激励第一阶 $\{t_{L1L1}, t_{L1L2}\}$，高压转子激励第二阶 $\{t_{h2h1}, t_{h2h2}\}$ 和低压转子激励二阶 $\{t_{L2L1}, t_{L2L2}\}$。

18.3.8　转速比对双转子模态动平衡的影响

上述双转子模态动平衡理论的前提假设是高、低压转子转速比为常数，即保证高、低压激励的模态是正交的。而实际发动机按照共同工作线运行时，在不同的工作状态下，转速比一般会不同。第 18.1.4 节对双转子模态正交性进行了检验。本节分析转速比的变化对双转子模态动平衡的影响。

1. 转速比对双转子模态振型的影响

在进行双转子模态平衡过程中，为保证双转子各阶模态正交，需要转速比保持为常数。在这种情况下，所完成的模态动平衡在转子按照实际共同工作线运行时是否仍然有效，需要进行分析。

下面以图 18.5 所示的双转子实验器为例，从两种转速比下的模态振型向量相似性出发，依次探讨两种转速比下模态动平衡的平衡效果，分析转速比对双转子模态动平衡的影响。由于双转子实验器高压转速受限，仅比较高压转速 4 500 r/min 之下的模态。

取第 18.1.4 节中的转速控制律作为分析示例，如图 18.14 所示。图中表示双转子实验器运行的两条工作转速线，其中一条为与某型发动机相似的工作线，另一条为模态动平衡时的定转速比工作线，转速比 $a=-1.3$。高、低压转子对转。

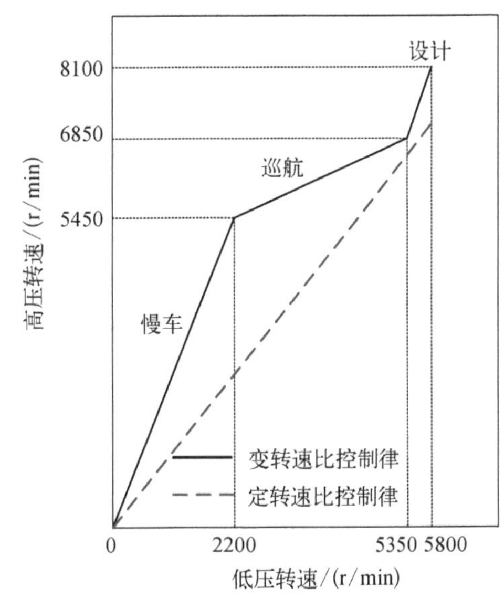

图 18.14　双转子系统转速控制律

将这两条工作线下的转速比以及同转时转速比 $a=1.3$ 的值，代入转子模型，计算在这 3 个不同转速比下转子的模态振型，并进行对比分析。

在转子工作范围内共有 4 阶模态，高、低压转子激励下各两阶，如图 18.15 至图 18.18 所示，从左到右依次为实际工作线下的模态振型 $\boldsymbol{\varphi}_a$、对转转速比 $a=-1.3$ 下的模态振型 $\boldsymbol{\varphi}_b$ 和同转转速比 $a=1.3$ 下的模态振型 $\boldsymbol{\varphi}_c$。图中“三角”表示支点位置，“圆点”表示盘位置。由于双转子实验器高压转速仅能达到 4 500 r/min，因此，只能针对高、低压转子各自激励的前两阶模态进行分析，故只图示出高、低压转子各自激励的前两阶振型。

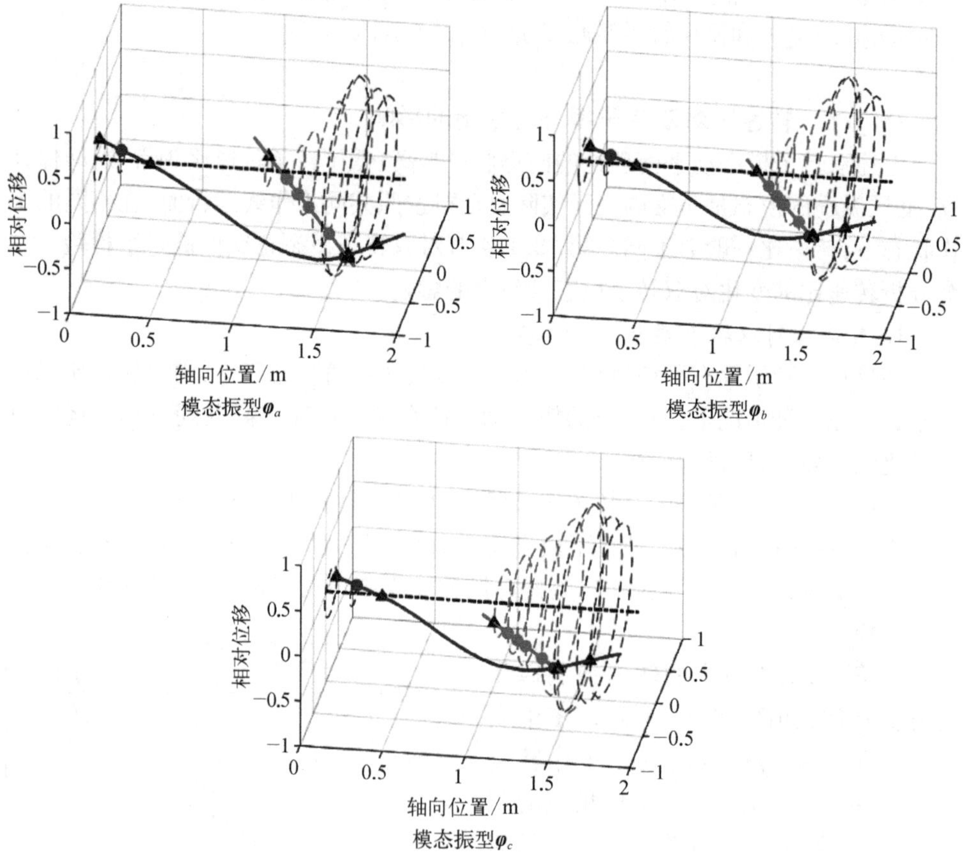

相对位移

轴向位置/m

模态振型$\boldsymbol{\varphi}_a$

相对位移

轴向位置/m

模态振型$\boldsymbol{\varphi}_b$

相对位移

轴向位置/m

模态振型$\boldsymbol{\varphi}_c$

图 18.15　低压转子激励下的一阶振型对比

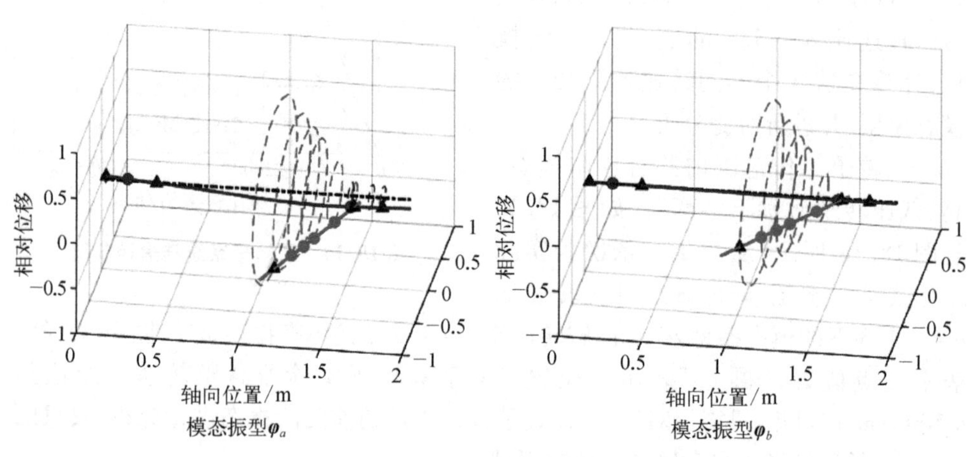

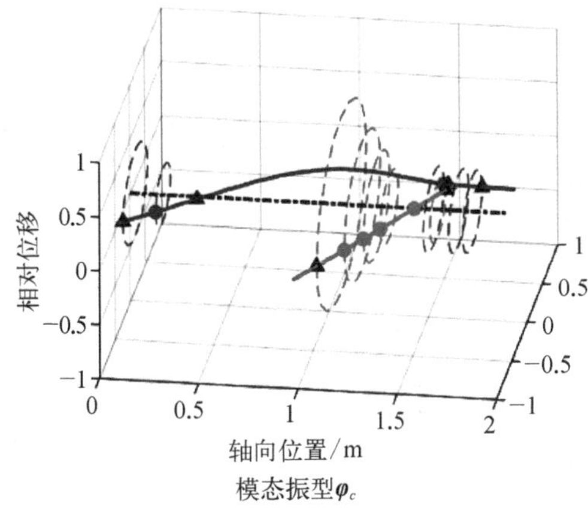

模态振型$\boldsymbol{\varphi}_c$

图 18.16　低压转子激励下的二阶振型对比

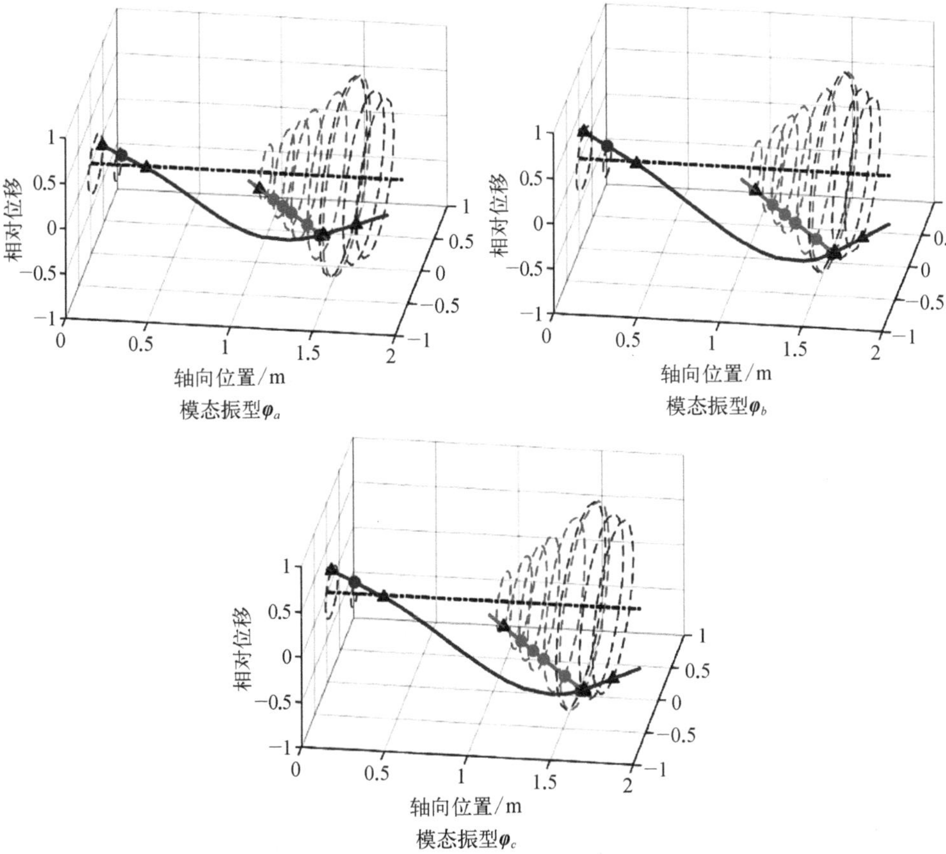

模态振型$\boldsymbol{\varphi}_a$

模态振型$\boldsymbol{\varphi}_b$

模态振型$\boldsymbol{\varphi}_c$

图 18.17　高压转子激励下的一阶振型对比

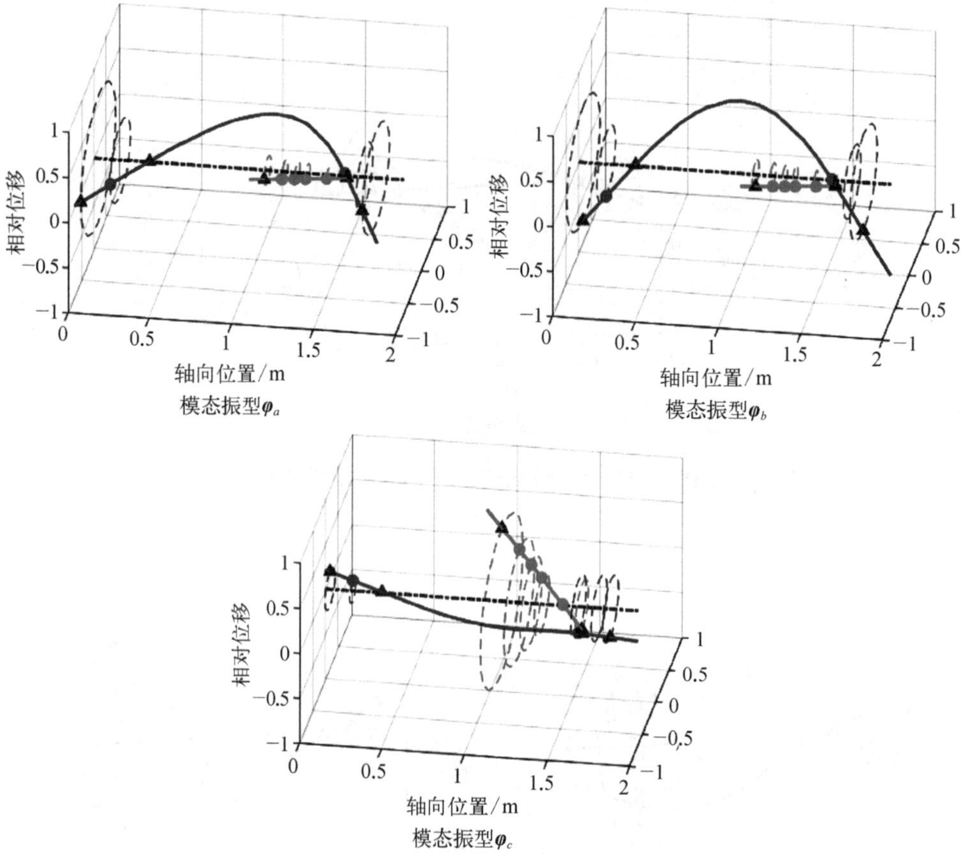

轴向位置/m

模态振型$\boldsymbol{\varphi}_a$

轴向位置/m

模态振型$\boldsymbol{\varphi}_b$

轴向位置/m

模态振型$\boldsymbol{\varphi}_c$

图 18.18　高压转子激励下的二阶振型对比

从图 18.15 至图 18.18 可见，对于高、低压转子对转情况，在实际工作转速线与对转状态 $a=-1.3$ 定转速比下双转子实验器模态振型基本一致，而在同转 $a=1.3$ 的定转速比下，转子振型与对转情况差异较大。下面引入相似度函数 MAC 来检验振型的相似性[22]：

$$\mathrm{MAC}_{cri}=\boldsymbol{\varphi}_1\nabla\boldsymbol{\varphi}_2=\frac{\boldsymbol{r}_1^H\cdot\boldsymbol{r}_2}{\sqrt{\boldsymbol{r}_1^H\boldsymbol{r}_1\cdot\boldsymbol{r}_2^H\boldsymbol{r}_2}}\tag{18.118}$$

式中，∇ 表示内积算子；$\boldsymbol{r}$ 表示转子振型向量；$\boldsymbol{r}^H$ 表示 $\boldsymbol{r}$ 向量的共轭转置向量（$H={}^*\mathrm{T}$）。

若 MAC 值越接近 1，表示两个振型越相似；若 MAC 值越接近于 0，则表示两个振型越接近正交。

将实际工作线下的振型 $\boldsymbol{\varphi}_a$ 作为基准，分别与对转、同转下定转速比对应的振型对比，求出相似度函数 MAC 值，得到如表 18.13 所示的结果。

表 18.13　不同工作转速线下振型的相似度(与实际工作线下的振型 φ_a 比较)

阶　次	MAC	
	对转转速比 $a=-1.3$	同转转速比 $a=1.3$
低压激励一阶	0.997 4	0.963 2
低压激励二阶	0.995 9	0.939 9
高压激励一阶	0.999 4	0.995 3
高压激励二阶	0.999 3	0.158 5

由表 18.13 可见,除定转速比同转下高压激励第二阶振型外,双转子实验器不同工作转速线下的四阶振型均保持较高的相似性,相似度函数 MAC 值均在 0.93 以上。高、低压转子激励各自的一阶振型相似度比二阶振型的相似度高;保持同样转向状态(高、低压转子反向旋转)的模态振型比不同转向状态(高、低压转子同向旋转)的模态振型更加相似,相似度函数 MAC 值均在 0.99 以上。这说明,如果发动机的高、低压转子以对转方式工作,则在进行模态动平衡时,也应对转运行。

根据第 18.2 节和 18.3 节的分析可知,平衡低压转子激励的模态不平衡时,只需要低压转子激励的对应模态振型中,低压转子的振型正交即可。例如,低压激励的第 Li 阶模态振型为 $\boldsymbol{q}_{Li}=[\boldsymbol{r}_{iL}\quad \boldsymbol{\varphi}_{iL}\quad \boldsymbol{r}_{ih}\quad \boldsymbol{\varphi}_{ih}]_{Li}^{\mathrm{T}}$,低压激励的第 Lk 阶模态振型为 $\boldsymbol{q}_{Lk}=[\boldsymbol{r}_{kL}\quad \boldsymbol{\varphi}_{kL}\quad \boldsymbol{r}_{kh}\quad \boldsymbol{\varphi}_{kh}]_{Lk}^{\mathrm{T}}$。当要检验第 Lk 阶模态振型与第 Li 阶模态振型的正交性时,只需要检验其中的低压转子振型 $\boldsymbol{r}_{iL}$ 与 $\boldsymbol{r}_{kL}$ 的正交性,就可评估低压激励模态动平衡的条件。同样,对于高压转子激励的模态动平衡,只要对应的高压激励模态振型中,高压转子振型正交即可满足模态动平衡要求。因此,为评估模态动平衡的条件和效果,比较振型相似度时,对于低压转子激励的模态,只需比较低压转子的振型;而对于高压转子激励的模态,只需比较高压转子的振型。

低压转子振型的相似度为

$$\mathrm{MAC}_{LiLk}=\bar{\boldsymbol{\varphi}}_{Li}\nabla\bar{\boldsymbol{\varphi}}_{Lk}=\frac{\bar{\boldsymbol{r}}_{iL}^{H}\cdot\bar{\boldsymbol{r}}_{kL}}{\sqrt{\bar{\boldsymbol{r}}_{iL}^{H}\bar{\boldsymbol{r}}_{iL}\cdot\bar{\boldsymbol{r}}_{kL}^{H}\bar{\boldsymbol{r}}_{kL}}}\tag{18.119}$$

式中,$\bar{\boldsymbol{\varphi}}_{Li}$ 表示低压转子激励的第 Li 阶振型中的低压转子振型;$\bar{\boldsymbol{\varphi}}_{Lk}$ 表示低压转子激励的第 Lk 阶振型中的低压转子振型;∇ 表示内积算子;$\bar{\boldsymbol{r}}_{iL}$ 表示低压转子激励的第 Li 阶振型中的低压转子振型向量;$\bar{\boldsymbol{r}}_{kL}$ 表示低压转子激励的第 Lk 阶振型中的低压转子振型向量;上标 H 表示对向量共轭转置($H={}^{*}\mathrm{T}$)。

高压转子振型的相似度为

$$\mathrm{MAC}_{hihk}=\bar{\boldsymbol{\varphi}}_{hi}\nabla\bar{\boldsymbol{\varphi}}_{hk}=\frac{\bar{\boldsymbol{r}}_{ih}^{H}\cdot\bar{\boldsymbol{r}}_{kh}}{\sqrt{\bar{\boldsymbol{r}}_{ih}^{H}\bar{\boldsymbol{r}}_{ih}\cdot\bar{\boldsymbol{r}}_{kh}^{H}\bar{\boldsymbol{r}}_{kh}}}\tag{18.120}$$

式中，$\bar{\boldsymbol{\varphi}}_{hi}$ 表示高压转子激励的第 hi 阶振型中的高压转子振型；$\bar{\boldsymbol{\varphi}}_{hk}$ 表示高压转子激励的第 hk 阶振型中的高压转子振型；∇表示内积算子；$\bar{\boldsymbol{r}}_{ih}$ 表示高压转子激励的第 hi 阶振型中的高压转子振型向量；$\bar{\boldsymbol{r}}_{kh}$ 表示高压转子激励的第 hk 阶振型中的高压转子振型向量；上标 H 表示对向量共轭转置（$H={}^{*}\mathrm{T}$）。

对图 18.15 至图 18.18 所示的振型，利用式(18.119)和式(18.120)，分别计算低压转子和高压转子振型的相似度，结果如表 18.14 和表 18.15 所示。

表 18.14　不同工作转速线下低压转子振型的相似度[以实际工作转速线（双转子对转）下的模态振型 φ_a 作为基准]

阶　次	MAC_L	
	对转转速比 $a=-1.3$	同转转速比 $a=1.3$
低压激励一阶	0.999 9	0.999 0
低压激励二阶	0.998 8	0.762 4

表 18.15　不同工作转速线下高压转子振型的相似度[以实际工作转速线（双转子对转）下的模态振型 φ_a 作为基准]

阶　次	MAC_h	
	对转转速比 $a=-1.3$	同转转速比 $a=1.3$
高压激励一阶	1	1
高压激励二阶	0.977 0	0.970 1

由表 18.14 和表 18.15 的结果可以看出，高、低压转子转速比不同时，只要转向状态相同，转子的模态振型相似度很高，一阶振型相似度均达到 0.999，二阶至少达到 0.97。而转向状态不同时，转子的模态振型相似度明显降低。

上述结果为双转子模态动平衡提供了非常重要的支撑。首先，在动平衡时，保证高、低压转子的转向状态与实际发动机相同。例如，实际发动机高、低压转子对转，在动平衡时，双转子也对转运行。在平衡高压转子激励的模态不平衡时，根据该阶模态在实际共同工作线上的位置，选择一个定转速比，对高压转子进行模态动平衡。同样，选择定转速比平衡低压转子。平衡高压转子的转速比与平衡低压转子的转速比可选不同的值。在定转速比下达到的动平衡效果，在实际工作下，不会因为转速比的变化明显恶化。

2. 转速比对双转子模态平衡效果的影响

由表 18.14 和 18.15 可见,转速比 $a=-1.3$ 时,不论是高压转子振型,还是低压转子振型,相似度都很高。再回到式(18.67),即

$$\boldsymbol{q}(t)=e^{j\Omega_L t}\sum_{Li=1}^{N_L}\boldsymbol{q}_{Li}\frac{\eta_{Li}^2\hat{U}_{Li}}{M_{Li}(1-\eta_{Li}^2+j2\eta_{Li}D_{Li})}+e^{j\Omega_h t}\sum_{hk=1}^{N_h}\boldsymbol{q}_{hk}\frac{\eta_{hk}^2\hat{U}_{hk}}{M_{hk}(1-\eta_{hk}^2+j2\eta_{hk}D_{hk})} \tag{18.121}$$

转子振型的高相似度可保证不平衡响应表达式(18.121)中的 $\hat{U}_{Li}$ 或 $\hat{U}_{hk}$ 在两个不同转速比下相同。但从式(18.121)可见,转子的不平衡响应还与模态质量和模态阻尼相关。而这两个参数由转子质量和阻尼以及模态振型决定,故与转速比有关,如 18.2.1 节和 18.2.2 节所述。

理论上,双转子模态动平衡的效果会受到利用转子模态振型确定校正质量的误差影响。再回到第 18.3.1 节表示施加平衡校正量之后转子响应的公式(18.70),即

$$\boldsymbol{q}=e^{j\Omega_L t}\sum_{Li=1}^{\infty}\boldsymbol{q}_{Li}\frac{\eta_{Li}^2(\hat{U}_{Li}+\bar{\boldsymbol{r}}_{Lix}^H\cdot\bar{\boldsymbol{u}}_{Lix})}{M_{Li}(1-\eta_{Li}^2+j2\eta_{Li}D_{Li})}+e^{j\Omega_h t}\sum_{hk=1}^{\infty}\boldsymbol{q}_{hk}\frac{\eta_{hk}^2(\hat{U}_{hk}+\bar{\boldsymbol{r}}_{hkx}^H\cdot\bar{\boldsymbol{u}}_{hkx})}{M_{hk}(1-\eta_{hk}^2+j2\eta_{hk}D_{hk})} \tag{18.122}$$

式中,下标 Li 表示第 Li 阶低压激励模态;下标 hk 表示第 hk 阶高压激励模态;$\bar{\boldsymbol{r}}_{Lix}=[\bar{r}_{Li}(x_{L1})\quad \bar{r}_{Li}(x_{L2})\quad \cdots\quad \bar{r}_{Li}(x_{N1})]^{\mathrm{T}}$,即第 Li 阶低压激励模态振型中,低压转子振型在低压转子校正面处的值构成的子振型;$\bar{\boldsymbol{r}}_{hkx}=[\bar{r}_{hk}(x_{h1})\quad \bar{r}_{hk}(x_{h2})\quad \cdots\quad \bar{r}_{hk}(x_{N2})]^{\mathrm{T}}$,第 hk 阶高压激励模态振型中,高压转子振型在高压转子校正面处的值构成的子振型;$\bar{\boldsymbol{u}}_{Lix}=[\bar{u}_{Li}(x_{L1})\quad \bar{u}_{Li}(x_{L2})\quad \cdots\quad \bar{u}_{Li}(x_{N1})]^{\mathrm{T}}$,表示在低压转子 $N1$ 个校正平面上施加的校正质量;$\bar{\boldsymbol{u}}_{hkx}=[\bar{u}_{hk}(x_{h1})\quad \bar{u}_{hk}(x_{h2})\quad \cdots\quad \bar{u}_{hk}(x_{N2})]^{\mathrm{T}}$,表示在高压转子 $N2$ 个校正平面上施加的校正质量;上标 H 表示对向量共轭转置 $(H={}^*\mathrm{T})$。

如第 18.3.1 节所述,针对第 Li 阶低压激励模态和第 hk 阶高压激励模态的平衡条件分别为

$$\hat{U}_{Li}+\bar{\boldsymbol{r}}_{Lix}^H\cdot\bar{\boldsymbol{u}}_{Lix}=0 \tag{18.123}$$

$$\hat{U}_{hk}+\bar{\boldsymbol{r}}_{hkx}^H\cdot\bar{\boldsymbol{u}}_{hkx}=0 \tag{18.124}$$

如果模态动平衡时所用的转子模态振型与转子在实际共同工作线下的振型完全相似,则上述平衡条件始终成立。

假设按照定转速比运行高、低压转子,进行模态动平衡。动平衡之后,校正质

量添加在高、低压转子上。转子按照实际共同工作线运行。此时,转子的模态振型与定转速比下的振型并不完全相似。因此,转子在实际共同工作线下运行,式(18.123)和式(18.124)将不成立。

不妨以第 Li 阶低压激励模态平衡状态的变化为例来说明。

设实际共同工作线下的低压转子子振型为

$$\bar{\boldsymbol{r}}_{Lix}^{变} = [\bar{r}_{Li}^{变}(x_{L1}) \quad \bar{r}_{Li}^{变}(x_{L2}) \quad \cdots \quad \bar{r}_{Li}^{变}(x_{N1})]^{\mathrm{T}}$$

分别对低压转子子振型 $\bar{\boldsymbol{r}}_{Lix}$ 和 $\bar{\boldsymbol{r}}_{Lix}^{变}$ 进行标一化处理:

$$\hat{\bar{\boldsymbol{r}}}_{Lix} = \frac{\bar{\boldsymbol{r}}_{Lix}}{\sqrt{\bar{\boldsymbol{r}}_{Lix}^{H} \cdot \bar{\boldsymbol{r}}_{Lix}}}; \ \hat{\bar{\boldsymbol{r}}}_{Lix}^{变} = \frac{\bar{\boldsymbol{r}}_{Lix}^{变}}{\sqrt{\bar{\boldsymbol{r}}_{Lix}^{变H} \cdot \bar{\boldsymbol{r}}_{Lix}^{变}}}$$

定转速比下的低压转子子振型 $\hat{\bar{\boldsymbol{r}}}_{Lix}$ 可分解为

$$\hat{\bar{\boldsymbol{r}}}_{Lix} = \beta_{Li}\hat{\bar{\boldsymbol{r}}}_{Lix}^{变} - \Delta\hat{\bar{\boldsymbol{r}}}_{Lix} \tag{18.125}$$

$$\beta_{Li} = \frac{\hat{\bar{\boldsymbol{r}}}_{Lix}^{变H} \cdot \hat{\bar{\boldsymbol{r}}}_{Lix}}{\hat{\bar{\boldsymbol{r}}}_{Lix}^{变H} \cdot \hat{\bar{\boldsymbol{r}}}_{Lix}^{变}} \tag{18.126}$$

实际上,β_{Li} 代表了共同工作线下的低压转子子振型 $\hat{\bar{\boldsymbol{r}}}_{Lix}^{变}$ 与定转速比下的子振型 $\hat{\bar{\boldsymbol{r}}}_{Lix}$ 的相似程度。$\hat{\bar{\boldsymbol{r}}}_{Lix}^{变}$ 与 $\hat{\bar{\boldsymbol{r}}}_{Lix}$ 正交,$\beta_{Li}=0$;$\hat{\bar{\boldsymbol{r}}}_{Lix}^{变}$ 与 $\hat{\bar{\boldsymbol{r}}}_{Lix}$ 完全相似,$\beta_{Li}=1$。因此,β_{Li} 取值范围为[0, 1]。

经过定转速比模态动平衡,校正质量可表示为

$$\bar{\boldsymbol{u}}_{Lix} = \alpha_{Li}\hat{\bar{\boldsymbol{r}}}_{Lix} \tag{18.127}$$

式中,α_{Li} 为系数。

将式(18.125)和式(18.126)代入式(18.127),可得

$$\bar{\boldsymbol{u}}_{Lix} = \alpha_{Li}\hat{\bar{\boldsymbol{r}}}_{Lix} = \alpha_{Li}\left(\frac{\hat{\bar{\boldsymbol{r}}}_{Lix}^{变H} \cdot \hat{\bar{\boldsymbol{r}}}_{Lix}}{\hat{\bar{\boldsymbol{r}}}_{Lix}^{变H} \cdot \hat{\bar{\boldsymbol{r}}}_{Lix}^{变}}\hat{\bar{\boldsymbol{r}}}_{Lix}^{变} - \Delta\hat{\bar{\boldsymbol{r}}}_{Lix}\right) \tag{18.128}$$

所加的平衡校正向量 $\bar{\boldsymbol{u}}_{Lix}$ 中,只有第一项 $\alpha_{Li}\beta_{Li}\hat{\bar{\boldsymbol{r}}}_{Lix}^{变}$ 在实际共同工作线下对低压转子具有校正作用,且 β_{Li} 值越大,即共同工作线下的低压转子子振型 $\hat{\bar{\boldsymbol{r}}}_{Lix}^{变}$ 与定转速比下的子振型 $\hat{\bar{\boldsymbol{r}}}_{Lix}$ 相似性越高,平衡效果越接近于定转速比下的平衡效果。而第二项 $-\alpha_{Li}\Delta\hat{\bar{\boldsymbol{r}}}_{Lix}$ 虽对第 Li 阶低压激励模态振动无影响,但会影响低压激励其他阶次的模态平衡状态,且其绝对值越大,影响越突出。

对式(18.125)两边同时取共轭转置,并右乘低压转子初始不平衡量 $\boldsymbol{U}_L$ 可得

$$\hat{\bar{\boldsymbol{r}}}_{Lix}^{H}\boldsymbol{U}_L = \beta_{Li}\hat{\bar{\boldsymbol{r}}}_{Lix}^{变H}\boldsymbol{U}_L - \Delta\hat{\bar{\boldsymbol{r}}}_{Lix}^{H}\boldsymbol{U}_L \tag{18.129}$$

由式(18.60)知

$$\hat{\boldsymbol{r}}_{Lix}^{H}\boldsymbol{U}_L=\hat{\boldsymbol{U}}_{Li} \tag{18.130}$$

$$\hat{\boldsymbol{r}}_{Lix}^{变H}\boldsymbol{U}_L=\hat{\boldsymbol{U}}_{Li}^{变} \tag{18.131}$$

将式(18.130)和式(18.131)代入式(18.129)可得

$$\hat{\boldsymbol{U}}_{Li}=\beta_{Li}\hat{\boldsymbol{U}}_{Lix}^{变}-\Delta\hat{\boldsymbol{r}}_{Lix}^{H}\boldsymbol{U}_L \tag{18.132}$$

上式表明,在定转速比条件下,对低压激励第 Li 阶模态的动平衡在变转速情况下,对第 Li 阶模态的不平衡仅消除了 β_{Li} 倍。如上所述,式(18.132)右端的第二项 $-\Delta\hat{\boldsymbol{r}}_{Lix}^{H}\boldsymbol{U}_L$ 对变转速情况下的第 Li 阶模态平衡无影响,但会影响低压激励其他阶次的模态平衡状态。

不妨定义如下的模态平衡折扣系数:

$$\delta_{Li}=(1-\beta_{Li})\times 100\% \tag{18.133}$$

它描述了定转速比条件下的第 Li 阶模态动平衡效果在变转速比情况下的劣化程度。δ_{Li} 越大,劣化越严重,效果越差。

在双转子动平衡之前,可针对每阶模态计算折扣系数,以评估是否可在定转速比条件下进行模态动平衡,并确定定转速比的值。

以18.1.4节中的双转子系统为例,选取图18.14所示的共同工作线,高、低压转子对转,确定其高压转子与低压转子各自激励的前两阶模态,与定转速比对转和同转下的模态动平衡进行对比,计算折扣系数。计算结果如表18.16和表18.17所示。

表18.16 平衡低压转子激励模态时的折扣系数

阶　次	$\delta_{Li}/\%$	
	对转转速比 $a=-1.3$	同转转速比 $a=1.3$
低压激励一阶	0.013 0	0.103 0
低压激励二阶	0.116 6	23.762 3

表18.17 平衡高压转子激励模态时的折扣系数

阶　次	$\delta_{hi}/\%$	
	对转转速比 $a=-1.3$	同转转速比 $a=1.3$
高压激励一阶	0.000 5	0.003 5
高压激励二阶	2.305 0	2.985 0

由表可见，二阶模态动平衡折扣系数大于一阶；同转下的折扣系数大于对转下的折扣系数。这说明，若进行定转速比模态动平衡，转子的转向应与实际转子相同。

本 章 小 结

本章首先对航空发动机双转子系统模态的正交性进行了理论分析和证明，利用模态的正交性推导出双转子系统不平衡响应的统一表达式，并以双转子模型为例，对其正交性进行了验证。在此基础上，建立了双转子系统模态动平衡方法。本章总结如下：

（1）转子系统惯量矩阵和刚度矩阵的复共轭对称性是转子系统模态正交的必要条件。

（2）在高压转子与低压转子转速比恒定的情况下，低压转子主激励的模态具有广义正交性，高压转子主激励下的模态也是广义正交的。但不论高压转子与低压转子转速比是否恒定，低压转子主激励下的模态与高压转子主激励下的模态相互之间都不具有正交性。

（3）双转子系统对低压转子或高压转子上不平衡的响应均可利用模态正交性进行模态分解。对低压转子不平衡响应的分解，只需要考虑低压转子主激励下的模态中低压转子的振型向量，对高压转子亦然。低压转子主激励下的模态与高压转子主激励下的模态对不平衡的响应具有正交性，即低压转子上的不平衡量只会激起低压转子主激励下的模态振动；高压转子上的不平衡量只会激起高压转子主激励下的模态振动。

（4）转子在某一阶临界转速处发生“共振”的 3 个必要条件是：转速与该阶临界转速相同；转速比与该阶模态对应的转速比相同；转子不平衡量分布与该阶模态不正交。

（5）发动机高压转子与低压转子的相对转向对其模态正交性无影响，即当高、低压转子对转时，模态是正交的；同转时，模态也是正交的。但对转条件下的模态与同转下的模态一般不正交。

（6）提出了适用于双转子系统的模态平衡理论与方法，包括 N_1+N_2 平面模态平衡法、N_1+N_2+4 平面模态平衡法、全正交模态平衡法及模态不平衡量的确定方法，以双转子实验器模型为例给出了详细的向后正交平衡法和全正交平衡法的校正量计算方法与具体实施步骤。

（7）按照高、低压转子实际的旋转方向，定转速比运行双转子，进行高、低压转子模态动平衡。在实际共同工作线下运行时，转子的模态动平衡效果取决于共同工作线下转子的模态振型与定转速比下转子模态振型的相似性。一般情况下，相似性会达到 0.9 以上。但要注意，动平衡时，高、低压转子的旋转方向要与转子实际的旋转方向相同。否则，转子实际工作时，平衡效果会劣化。

（8）推导出了计算模态动平衡效果折扣系数的公式。在双转子动平衡之前，可针对每阶模态计算折扣系数,以评估是否可在定转速比条件下进行模态动平衡,并确定定转速比的取值范围。

参考文献

[1] 罗立,唐庆如. 航空发动机振动与平衡研究[J]. 中国民航飞行学院学报,2014,2: 57-60.

[2] 廖明夫. 航空发动机转子动力学[M]. 西安: 西北工业大学出版社,2015.

[3] LITTLE R M, PILKEY W D. A linear programming approach for balancing flexible rotors[J]. Journal of Engineering for Industry, 1976, 98(3): 1030-1035.

[4] PILKEY W D, BAILEY J T. Constrained balancing techniques for flexible rotors[J]. ASME Journal of Mechanical Design, 1979, 101(2): 304-308.

[5] PILKEY W D, BAILEY J T, SMITH P D. A computational technique for optimizing correction weights and axial location of balance planes of rotating shafts[J]. ASME Journal of Vibration, Acoustics, Stress, and Reliability in Design,1983, 105(1): 90-93.

[6] DARLOW M S. Balancing of high-speed machinery[M]. Berlin: Spring-Verlag, 1989.

[7] GASCH R, DRECHSLER J. Modales auswuchtenelastischer laeufer ohne testgewichtssetzungen[J]. VDI-Bericht,1978,320: 45-54.

[8] PARKINSON A G, DARLOW M S, SMALLEY A J. A theoretical introduction to the development of a unified approach to flexible rotor balancing[J]. Journal of Sound and Vibration, 1980, 68(4): 489-506.

[9] GNIELKA P. Modal balancing of flexible rotors without test runs: An experimental investigation[J]. Journal of Sound and Vibration, 1983, 90(2): 157-172.

[10] MEACHAM W L, TALBERT P B, NELSON H D, et al. Complex modal balancing of flexible rotors including residual bow[J]. Journal of Propulsion and Power, 1988, 4(3): 245-251.

[11] HAN D J. Generalized modal balancing for non-isotropic rotor systems[J]. Mechanical Systems and Signal Processing, 2007, 21(5): 2137-2160.

[12] 顾家柳. 转子动力学[M]. 北京: 国防工业出版社,1982.

[13] 黄金平,任兴民,邓旺群. 混合平衡法的改进及其在柔性转子平衡中的应用[J]. 振动与冲击,2008,12: 47-51.

[14] 全勇,杨海. 双转子航空发动机高速动平衡技术试验研究[J]. 湖南理工学院学报,2018,31(2): 43-47.

[15] 王四季,廖明夫. 转子现场动平衡技术研究[J]. 机械科学与技术,2005,12: 1510-1514.

[16] 王四季. 发动机转子高速动平衡系统的设计与实现[D]. 西安: 西北工业大学,2005.

[17] 王四季,廖明夫. 航空发动机柔性转子动平衡方法[J]. 噪声与振动控制,2011,6: 91-94.

[18] 张霞妹. 大涵道比涡扇发动机风扇转子本机平衡研究[D]. 西安: 西北工业大学,2018.

[19] 金路. 航空发动机转子系统动力学优化设计方法研究[D]. 西安: 西北工业大学,2013.

[20] 杨淋智. 航空发动机双转子系统模态平衡理论与方法研究[D]. 西安: 西北工业大学,2020.

[21] 王四季,廖明夫. 转子现场动平衡技术研究[J]. 机械科学与技术,2005,24(12): 1510-1514.

[22] HARRIS C M. The shock and vibration handbook[M]. New York: McGraw-Hill, 1995.

[23] 黄江博,廖明夫,程荣辉,等. 航空发动机转子系统模态正交性和不平衡响应[J]. 振动与冲击,2022,41(21): 176-189.

第 19 章 双转子系统"临界跟随"特征和参数影响规律

本书第 6 章和第 16 章分析带偏置盘单转子系统的陀螺效应时,发现当转子转速增加逐步接近转子第二阶自振频率,第二阶自振频率随着转子转速增加而线性增加,转子始终无法穿越二阶自振频率,即使转速持续增加,二阶自振频率也随着持续增加,转子还是一直在二阶自振频率邻近运行,振动会居高不下,这种现象称为"临界跟随"现象,在转子设计时须予以避免。"临界跟随"现象的本质是转子的陀螺效应[1,2]。第 6 章得到了单转子系统"临界跟随"现象出现的条件,即转子的极转动惯量等于直径转动惯量,$I_p = I_d$。其物理意义是,从一定的转速开始,转子上盘的陀螺力矩与盘的摆动惯性力矩相等。但在实际中,这种条件出现的可能性并不大。

作者在进行某预研发动机转子动力学设计时,发现双转子系统在若干个转速范围都有可能出现"临界跟随"现象。这可能是因为:第一,新一代发动机工作转速范围内存在若干阶模态,而影响模态的参数较多,可能会使某一阶模态出现"临界跟随"现象;第二,双转子系统存在高压转子不平衡激起的模态和低压转子不平衡激起的模态,而高、低压转子转速须按照转速控制律变化,即沿共同工作线运行。其中每一个转子都发生非协调涡动,陀螺效应与转速控制律相关;第三,对于对转发动机,由于高、低压转子反转,对转的双转子系统出现"临界跟随"现象的可能性更大。一旦出现"临界跟随"现象,转子系统会在这阶模态邻近很宽的转速范围内,剧烈振动。因此,具有"临界跟随"特性的模态是"危险模态",在转子动力学设计时,须予以排除。

本章建立一双转子模型,其中高压转子为一偏置盘带刚性轴,支承在一弹性支承和中介支承上;低压转子为一柔性轴带一偏置盘,支承在两个弹性支承上。利用此模型,揭示双转子"临界跟随"现象的机理及参数影响规律,建立确定双转子"临界跟随"条件的理论方法,分析"临界跟随"条件下双转子系统的响应特征,得到双转子表现出"临界跟随"特征的参数条件。

以上述模型为对象,对双转子在"临界跟随"条件下的动力学特性进行计算和分析，探明同转和对转双转子“临界跟随”的特征，总结出“临界跟随”状态下双转子系统的响应规律，为消除“临界跟随”现象奠定理论基础。

19.1　双转子系统动力学模型

针对双转子系统结构特点，建立如图 19.1 所示的双转子动力学模型，各参数的定义见表 19.1。取低压转子转速 Ω_L 沿 z 方向为正，则高压转子转速 Ω_h 为正时表示高、低压转子系统同转；Ω_h 为负时表示高、低压转子系统对转。

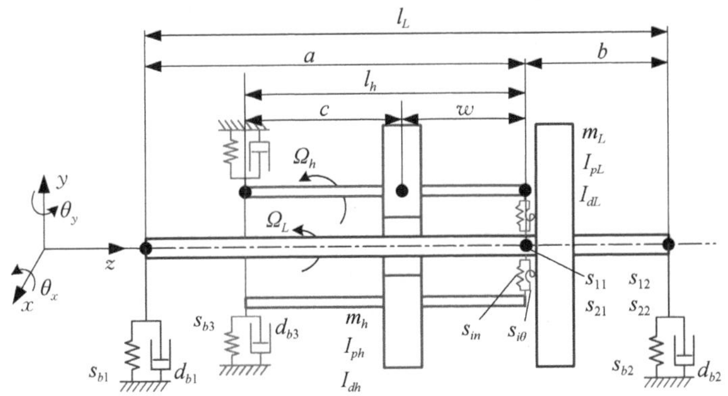

图 19.1　双转子系统动力学模型[3,4]

表 19.1　双转子模型参数定义

参数	含　义	单位	参数	含　义	单位
l_L	低压轴长度	mm	s_{b2}	低压转子后支点刚度	N/m
a	低压盘距低压前支点的距离	mm	d_{b2}	低压转子后支点阻尼	N · s/m
b	低压盘距低压后支点的距离	mm	$s_{ik}(i, k = 1, 2)$	安置低压盘处低压轴的刚度	
l_h	高压轴长度	mm	s_{b3}	高压转子前支点刚度	N/m
c	高压盘距高压前支点的距离	mm	d_{b3}	高压转子前支点阻尼	N · s/m
w	高压盘距中介支点的距离	mm	s_{in}	中介支点径向刚度	N/m
E	轴弹性模量	Pa	$s_{i\theta}$	中介支点角向刚度	N · m/rad
ρ	密度	kg/m^3	m_L	低压盘质量	kg
s_{b1}	低压转子前支点刚度	N/m	I_{dL}	低压盘直径转动惯量	kg · m^2
d_{b1}	低压转子前支点阻尼	N · s/m	I_{pL}	低压盘极转动惯量	kg · m^2

续 表

参数	含　义	单位	参数	含　义	单位
m_h	高压盘质量	kg	Ω_L	低压转子转速	r/min
I_{dh}	高压盘直径转动惯量	$kg \cdot m^2$	Ω_h	高压转子转速	r/min
I_{ph}	高压盘极转动惯量	$kg \cdot m^2$			

实际上，发动机转子系统中，低压转子通常为柔性转子，高压转子一般为刚性转子。因此，在动力学模型中，低压转子设为柔性转子，高压转子视作刚性，即低压轴发生弯曲变形，而高压轴则不发生弯曲变形。

19.2　双转子系统运动微分方程

设 $x-z$ 平面内双转子的振动如图 19.2 所示，根据受力、运动和变形关系，可得到该平面内低压盘的运动方程(19.1)、高压盘的运动方程(19.2)、低压转子力矩平衡方程(19.3)以及高压转子几何方程(19.4)。

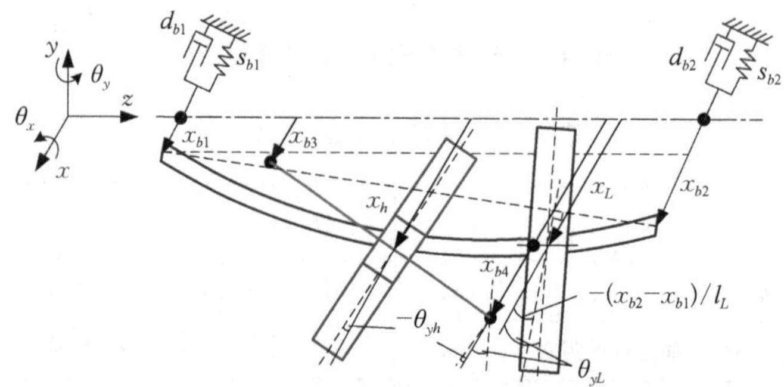

图 19.2　双转子在 $x-z$ 平面内的运动[3,4]

$$
\begin{cases}
m_L\ddot{x}_L + s_{11}\left[x_L - x_{b1} - \dfrac{a(x_{b2} - x_{b1})}{l_L}\right] + s_{12}\left[\theta_{yL} + \dfrac{(x_{b2} - x_{b1})}{l_L}\right] + s_{in}(x_L - x_{b4}) \\
\quad = m_L\Omega_L^2\varepsilon_L\cos(\Omega_L t + \beta_L) \\
I_{dL}\ddot{\theta}_{yL} - I_{pL}\Omega_L\dot{\theta}_{xL} + s_{22}\left[\theta_{yL} + \dfrac{(x_{b2} - x_{b1})}{l_L}\right] + s_{21}\left[x_L - x_{b1} - \dfrac{a(x_{b2} - x_{b1})}{l_L}\right] + \\
\quad s_{i\theta}(\theta_{yL} - \theta_{yh}) = 0
\end{cases}
\tag{19.1}
$$

$$\begin{cases} m_h\ddot{x}_h + d_{b3}\dot{x}_{b3} + s_{b3}x_{b3} + s_{in}(x_{b4} - x_L) = m_h\Omega_h^2\varepsilon_h\cos(\Omega_h t + \beta_h) \\ I_{dh}\ddot{\theta}_{yh} - I_{ph}\Omega_h\dot{\theta}_{xh} + s_{i\theta}(\theta_{yh} - \theta_{yL}) + cs_{b3}x_{b3} + cd_{b3}\dot{x}_{b3} - ws_{in}(x_{b4} - x_L) = 0 \end{cases} \tag{19.2}$$

$$\begin{cases} s_{11}\left[x_L - x_{b1} - \dfrac{a(x_{b2} - x_{b1})}{l_L}\right] + s_{12}\left[\theta_{yL} + \dfrac{x_{b2} - x_{b1}}{l_L}\right] = s_{b1}x_{b1} + d_{b1}\dot{x}_{b1} + s_{b2}x_{b2} + d_{b2}\dot{x}_{b2} \\ s_{21}\left[x_L - x_{b1} - \dfrac{a(x_{b2} - x_{b1})}{l_L}\right] + s_{22}\left[\theta_{yL} + \dfrac{x_{b2} - x_{b1}}{l_L}\right] = -as_{b1}x_{b1} - ad_{b1}\dot{x}_{b1} + bs_{b2}x_{b2} + bd_{b2}\dot{x}_{b2} \end{cases} \tag{19.3}$$

$$\begin{cases} \dfrac{c(x_{b4} - x_{b3})}{l_h} + x_{b3} = x_h \\ \dfrac{x_{b4} - x_{b3}}{l_h} = -\theta_{yh} \end{cases} \tag{19.4}$$

在 $y-z$ 平面内,双转子的振动如图 19.3 所示。同样地,可列出该平面内低压盘的运动方程(19.5)、高压盘的运动方程(19.6)、低压转子力矩平衡方程(19.7)以及高压转子几何方程(19.8)。

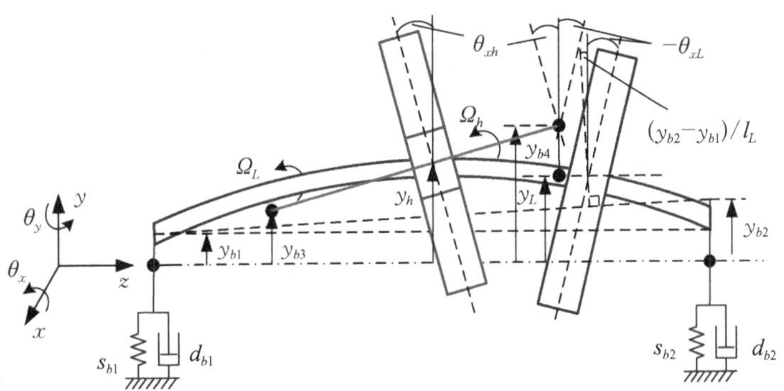

图 19.3　双转子在 $y-z$ 平面内的运动[3,4]

$$\begin{cases} m_L\ddot{y}_L + s_{11}\left[y_L - y_{b1} - \dfrac{a(y_{b2} - y_{b1})}{l_L}\right] - s_{12}\left[\theta_{xL} - \dfrac{y_{b2} - y_{b1}}{l_L}\right] + s_{in}(y_L - y_{b4}) \\ \quad = m_L\Omega_L^2\varepsilon_L\sin(\Omega_L t + \beta_L) \\ I_{dL}\ddot{\theta}_{xL} + I_{pL}\Omega_L\dot{\theta}_{yL} + s_{22}\left[\theta_{xL} - \dfrac{y_{b2} - y_{b1}}{l_L}\right] - s_{21}\left[y_L - y_{b1} - \dfrac{a(y_{b2} - y_{b1})}{l_L}\right] + \\ \quad s_{i\theta}(\theta_{xL} - \theta_{xh}) = 0 \end{cases} \tag{19.5}$$

$$\begin{cases} m_h\ddot{y}_h + s_{b3}y_{b3} + d_{b3}\dot{y}_{b3} + s_{in}(y_{b4} - y_L) = m_h\Omega_h^2\varepsilon_h\sin(\Omega_h t + \beta_h) \\ I_{dh}\ddot{\theta}_{xh} + I_{ph}\Omega_h\dot{\theta}_{yh} + s_{i\theta}(\theta_{xh} - \theta_{xL}) - cs_{b3}y_{b3} - cd_{b3}\dot{y}_{b3} + ws_{in}(y_{b4} - y_L) = 0 \end{cases} \tag{19.6}$$

$$\begin{cases} s_{11}\left[y_L - y_{b1} - \dfrac{a(y_{b2} - y_{b1})}{l_L}\right] - s_{12}\left(\theta_{xL} - \dfrac{y_{b2} - y_{b1}}{l_L}\right) \\ \quad = s_{b1}y_{b1} + d_{b1}\dot{y}_{b1} + s_{b2}y_{b2} + d_{b2}\dot{y}_{b2} \\ -s_{21}\left[y_L - y_{b1} - \dfrac{a(y_{b2} - y_{b1})}{l_L}\right] + s_{22}\left(\theta_{xL} - \dfrac{y_{b2} - y_{b1}}{l_L}\right) \\ \quad = as_{b1}y_{b1} + ad_{b1}\dot{y}_{b1} - bs_{b2}y_{b2} - bd_{b2}\dot{y}_{b2} \end{cases} \tag{19.7}$$

$$\begin{cases} \dfrac{c(y_{b4} - y_{b3})}{l_h} + y_{b3} = y_h \\ \dfrac{y_{b4} - y_{b3}}{l_h} = \theta_{xh} \end{cases} \tag{19.8}$$

令 $\boldsymbol{r}_L = x_L + \mathrm{j}y_L$, $\boldsymbol{\theta}_L = \theta_{xL} + \mathrm{j}\theta_{yL}$, $\boldsymbol{r}_h = x_h + \mathrm{j}y_h$, $\boldsymbol{\theta}_h = \theta_{xh} + \mathrm{j}\theta_{yh}$, $\boldsymbol{r}_{b1} = x_{b1} + \mathrm{j}y_{b1}$, $\boldsymbol{r}_{b2} = x_{b2} + \mathrm{j}y_{b2}$, $\boldsymbol{r}_{b3} = x_{b3} + \mathrm{j}y_{b3}$, $\boldsymbol{r}_{b4} = x_{b4} + \mathrm{j}y_{b4}$,其中 $\mathrm{j} = \sqrt{-1}$ 为虚数单位,代入式(19.1)至式(19.8)中,进行合并,则在(o, x, y, z)坐标系内,双转子系统中低压盘的运动微分方程化为式(19.9),高压盘的运动微分方程化为式(19.10),低压转子系统力和力矩平衡方程化为式(19.11),高压转子系统几何方程化为式(19.12)。

$$\begin{cases} m_L\ddot{\boldsymbol{r}}_L + s_{11}\left[\boldsymbol{r}_L - \boldsymbol{r}_{b1} - \dfrac{a(\boldsymbol{r}_{b2} - \boldsymbol{r}_{b1})}{l_L}\right] + \dfrac{s_{12}(\boldsymbol{r}_{b2} - \boldsymbol{r}_{b1})}{l_L} + s_{in}\boldsymbol{r}_L - s_{in}\boldsymbol{r}_{b4} - \mathrm{j}s_{12}\theta_L \\ \quad = m_L\varepsilon_L\Omega_L^2\boldsymbol{e}^{\mathrm{j}(\Omega_L t + \beta_L)} \\ I_{dL}\ddot{\boldsymbol{\theta}}_L - \mathrm{j}I_{pL}\Omega_L\dot{\boldsymbol{\theta}}_L + \mathrm{j}s_{21}\left[\boldsymbol{r}_L - \boldsymbol{r}_{b1} - \dfrac{a(\boldsymbol{r}_{b2} - \boldsymbol{r}_{b1})}{l_L}\right] + \mathrm{j}\dfrac{s_{22}(\boldsymbol{r}_{b2} - \boldsymbol{r}_{b1})}{l_L} + \\ \quad (s_{22} + s_{i\theta})\boldsymbol{\theta}_L - s_{i\theta}\boldsymbol{\theta}_h = 0 \end{cases} \tag{19.9}$$

$$\begin{cases} m_h\ddot{\boldsymbol{r}}_h + s_{in}(\boldsymbol{r}_{b4} - \boldsymbol{r}_L) + s_{b3}\boldsymbol{r}_{b3} + d_{b3}\dot{\boldsymbol{r}}_{b3} = m_h\varepsilon_h\Omega_h^2\boldsymbol{e}^{\mathrm{j}(\Omega_h t + \beta_h)} \\ I_{dh}\ddot{\boldsymbol{\theta}}_h - \mathrm{j}I_{ph}\Omega_h\dot{\boldsymbol{\theta}}_h + s_{i\theta}(\boldsymbol{\theta}_h - \boldsymbol{\theta}_L) + \mathrm{j}cs_{b3}\boldsymbol{r}_{b3} + \mathrm{j}cd_{b3}\dot{\boldsymbol{r}}_{b3} - \mathrm{j}ws_{in}(\boldsymbol{r}_{b4} - \boldsymbol{r}_L) = 0 \end{cases} \tag{19.10}$$

$$\begin{cases} s_{11}\left[\boldsymbol{r}_L - \boldsymbol{r}_{b1} - \dfrac{a(\boldsymbol{r}_{b2} - \boldsymbol{r}_{b1})}{l_L}\right] + \dfrac{s_{12}(\boldsymbol{r}_{b2} - \boldsymbol{r}_{b1})}{l_L} - \mathrm{j}s_{12}\boldsymbol{\theta}_L \\ \quad = s_{b1}\boldsymbol{r}_{b1} + d_{b1}\dot{\boldsymbol{r}}_{b1} + s_{b2}\boldsymbol{r}_{b2} + d_{b2}\dot{\boldsymbol{r}}_{b2} \\ s_{21}\left[\boldsymbol{r}_L - \boldsymbol{r}_{b1} - \dfrac{a(\boldsymbol{r}_{b2} - \boldsymbol{r}_{b1})}{l_L}\right] + \dfrac{s_{22}(\boldsymbol{r}_{b2} - \boldsymbol{r}_{b1})}{l_L} - \mathrm{j}s_{22}\boldsymbol{\theta}_L \\ \quad = - as_{b1}\boldsymbol{r}_{b1} - ad_{b1}\dot{\boldsymbol{r}}_{b1} + bs_{b2}\boldsymbol{r}_{b2} + bd_{b2}\dot{\boldsymbol{r}}_{b2} \end{cases} \tag{19.11}$$

$$\begin{cases} \boldsymbol{r}_h = \dfrac{c(\boldsymbol{r}_{b4} - \boldsymbol{r}_{b3})}{l_h} + \boldsymbol{r}_{b3} \\ \boldsymbol{\theta}_h = - \mathrm{j}\,\dfrac{\boldsymbol{r}_{b4} - \boldsymbol{r}_{b3}}{l_h} \end{cases} \tag{19.12}$$

将式(19.9)至式(19.12)写成如下矩阵形式：

$$\boldsymbol{M\ddot{Q}} + \boldsymbol{D\dot{Q}} + \boldsymbol{SQ} = \boldsymbol{U} \tag{19.13}$$

式中，

$$Q = [\boldsymbol{r}_h \quad \theta_h \quad \boldsymbol{r}_L \quad \theta_L \quad \boldsymbol{r}_{b1} \quad \boldsymbol{r}_{b2} \quad \boldsymbol{r}_{b3} \quad \boldsymbol{r}_{b4}]^{\mathrm{T}}$$

$$\boldsymbol{M} = \begin{bmatrix} m_h & & & & & & & \\ & I_{dh} & & & & & 0 & \\ & & m_L & & & & & \\ & & & I_{dL} & & & & \\ & & & & 0 & & & \\ & & & & & 0 & & \\ & 0 & & & & & 0 & \\ & & & & & & & 0 \end{bmatrix}$$

$$\boldsymbol{D} = \begin{bmatrix} 0 & 0 & 0 & 0 & 0 & 0 & d_{b3} & 0 \\ 0 & -\mathrm{j}I_{ph}\Omega_h & 0 & 0 & 0 & 0 & \mathrm{j}cd_{b3} & 0 \\ 0 & 0 & 0 & 0 & 0 & 0 & 0 & 0 \\ 0 & 0 & 0 & -\mathrm{j}I_{pL}\Omega_L & 0 & 0 & 0 & 0 \\ 0 & 0 & 0 & 0 & -d_{b1} & -d_{b2} & 0 & 0 \\ 0 & 0 & 0 & 0 & ad_{b1} & -bd_{b2} & 0 & 0 \\ 0 & 0 & 0 & 0 & 0 & 0 & 0 & 0 \\ 0 & 0 & 0 & 0 & 0 & 0 & 0 & 0 \end{bmatrix}$$

$$
\boldsymbol{S}=\begin{bmatrix}
0 & 0 & -s_{in} & 0 & 0 & 0 & s_{b3} & s_{in}\\
0 & s_{i\theta} & \mathrm{j}ws_{in} & -s_{i\theta} & 0 & 0 & \mathrm{j}cs_{b3} & -\mathrm{j}ws_{in}\\
0 & 0 & s_{11}+s_{in} & -\mathrm{j}s_{12} & -G_b & G_a & 0 & -s_{in}\\
0 & -s_{i\theta} & \mathrm{j}s_{21} & s_{22}+s_{i\theta} & -\mathrm{j}K_b & \mathrm{j}K_a & 0 & 0\\
0 & 0 & s_{11} & -\mathrm{j}s_{12} & -s_{b1}-G_b & -s_{b2}+G_a & 0 & 0\\
0 & 0 & s_{21} & -\mathrm{j}s_{22} & as_{b1}-K_b & -bs_{b2}+K_a & 0 & 0\\
1 & 0 & 0 & 0 & 0 & 0 & -\dfrac{w}{l_h} & -\dfrac{c}{l_h}\\
0 & 1 & 0 & 0 & 0 & 0 & -\mathrm{j}\dfrac{1}{l_h} & \mathrm{j}\dfrac{1}{l_h}
\end{bmatrix}
$$

$$G_b=\frac{bs_{11}}{l_L}+\frac{s_{12}}{l_L}$$

$$G_a=-\frac{as_{11}}{l_L}+\frac{s_{12}}{l_L}$$

$$K_b=\frac{bs_{21}}{l_L}+\frac{s_{22}}{l_L}$$

$$K_a=-\frac{as_{21}}{l_L}+\frac{s_{22}}{l_L}$$

$$\boldsymbol{U}=\left[m_h\varepsilon_h\Omega_h^2\boldsymbol{e}^{\mathrm{j}(\Omega_h t+\beta_h)}\quad 0\quad m_L\varepsilon_L\Omega_L^2\boldsymbol{e}^{\mathrm{j}(\Omega_L t+\beta_L)}\quad 0\quad 0\quad 0\quad 0\quad 0\right]^{\mathrm{T}}$$

方程(19.13)为八阶微分方程，各项系数较为复杂，不易直接得到双转子系统的临界转速和不平衡响应与参数之间的显性关系。但利用模态特殊的“跟随”条件进行处理，就可得到双转子出现“临界跟随”现象时的参数关系表达式。

19.3 双转子系统表现动力学“临界跟随”特征时的参数关系

设双转子系统运动方程(19.13)对应的齐次方程的解为

$$\boldsymbol{Q}=\boldsymbol{e}^{\mathrm{j}\omega t}\left[A_h\boldsymbol{e}^{\mathrm{j}\beta_h}\quad \varphi_h\boldsymbol{e}^{\mathrm{j}\alpha_h}\quad A_L\boldsymbol{e}^{\mathrm{j}\beta_L}\quad \varphi_L\boldsymbol{e}^{\mathrm{j}\alpha_L}\quad A_{b1}\boldsymbol{e}^{\mathrm{j}\beta_{b1}}\quad A_{b2}\boldsymbol{e}^{\mathrm{j}\beta_{b2}}\quad A_{b3}\boldsymbol{e}^{\mathrm{j}\beta_{b3}}\quad A_{b4}\boldsymbol{e}^{\mathrm{j}\beta_{b4}}\right]^{\mathrm{T}} \tag{19.14}$$

则有

$$\begin{cases}\dot{\boldsymbol{Q}} = \mathrm{j}\omega\boldsymbol{Q} \\ \ddot{\boldsymbol{Q}} = -\omega^2\boldsymbol{Q}\end{cases} \tag{19.15}$$

将式(19.15)代入双转子系统运动方程(19.13)中,得

$$[-\omega^2\boldsymbol{M} + \mathrm{j}\omega\boldsymbol{D} + \boldsymbol{S}]\boldsymbol{Q} = \boldsymbol{0} \tag{19.16}$$

此时,方程(19.16)中等号左端系数矩阵的行列式等于零时,解得 ω 的值便是双转子系统的振动自振频率。特殊地,当 ω 与高压转子转速 Ω_h 相等时,解得的值就是高压转子激励下的临界转速;当 ω 与低压转子转速 Ω_L 相等时,解得的值就是低压转子激励下的临界转速。求解时,需要考虑高、低压转子的共同工作线。

式(19.16)的系数矩阵行列式是关于自振频率 ω 的八次多项式。为了得到双转子系统出现“临界跟随”特征时的参数关系,记式(19.16)对应的特征方程为

$$f(\omega, \Omega_h, \Omega_L, m_h, m_L, I_{ph}, I_{dh}, I_{pL}, I_{dL}, s_{in}, s_{i\theta}, \cdots) = 0 \tag{19.17}$$

转子“临界跟随”特征的表现形式是对应的自振频率随转速变化曲线的斜率趋近于 1,即 $|\mathrm{d}\omega/\mathrm{d}\Omega| = 1$。可对式(19.17)关于 Ω 连续求导,并将 $|\mathrm{d}\omega/\mathrm{d}\Omega| = 1$ 代入求导结果,就可很容易地得到“临界跟随”时的参数条件。

对于高压转子激励下的模态,双转子系统表现出动力学“临界跟随”特征时,$|\mathrm{d}\omega/\mathrm{d}\Omega_h| = 1$。代入高、低压转子转速比 η,则 $\Omega_L = \dfrac{\Omega_h}{\eta}$。在此条件下,对式(19.17)关于 Ω_h 连续求导,最终得到高压转子系统激励下,双转子系统表现出动力学“临界跟随”特征时满足的参数关系式为

$$(I_{dh} - I_{ph})(I_{dL} - I_{pL}/\eta) \times \left[1 + \frac{(s_{22} - as_{12} - as_{21} + a^2 s_{11})s_{b1} + (s_{22} + bs_{21} + bs_{12} + b^2 s_{11})s_{b2} + l_L^2 s_{b1}s_{b2}}{s_{11}s_{22} - s_{12}s_{21}}\right] = 0 \tag{19.18}$$

式中,η 为高、低压转子转速比,即 $\eta = \dfrac{\Omega_h}{\Omega_L}$。它由双转子共同工作线确定。

同理,对于低压转子激励条件,双转子系统表现出动力学“临界跟随”特征时,$|\mathrm{d}\omega/\mathrm{d}\Omega_L| = 1$。对式(19.17)关于 Ω_L 连续求导后,代入 $|\mathrm{d}\omega/\mathrm{d}\Omega_L| = 1$,最终得到低压转子激励下,双转子系统表现出动力学“临界跟随”特征时满足的参数条件为

$$(I_{dh} - \eta I_{ph})(I_{dL} - I_{pL}) \times \left[1 + \frac{(s_{22} - as_{12} - as_{21} + a^2 s_{11})s_{b1} + (s_{22} + bs_{21} + bs_{12} + b^2 s_{11})s_{b2} + l_L^2 s_{b1}s_{b2}}{s_{11}s_{22} - s_{12}s_{21}}\right] = 0 \tag{19.19}$$

式中，η 与式（19.18）中的含义相同，为高、低压转子转速比，$\eta=\dfrac{\Omega_h}{\Omega_L}$。

从式（19.18）和式（19.19）可以看出，无论是低压转子激励条件，还是高压转子激励条件，只要等号左端三项中任意一项值为零，则双转子系统就满足动力学“临界跟随”的条件，将会表现出动力学“临界跟随”特征。而两式左端第三项完全相同，包含了低压转子轴的几何参数和刚度参数，其值一般不等于0。

如第6章和第16章所述，动力学“临界跟随”现象是由转子的陀螺效应引起的。因此，式（19.18）和式（19.19）左端第三项不为0，与“临界跟随”现象产生的机理是相符的。而使第一项和第二项分别为0，就正好给出了“临界跟随”特征出现时的参数条件。

对于低压转子激励的模态，“临界跟随”特征出现的参数条件：

$$I_{dL}=I_{pL} \tag{19.20}$$

$$I_{dh}=\eta I_{ph} \tag{19.21}$$

对于高压转子激励的模态，“临界跟随”特征出现的参数条件：

$$I_{dh}=I_{ph} \tag{19.22}$$

$$I_{dL}=I_{pL}/\eta \tag{19.23}$$

上述的参数条件除与转子的转动惯量有关外，还与高、低压转子转速比相关。“临界跟随”现象是由转子陀螺力矩与转子进动的惯性力矩相平衡所产生的，根本原因是转子自转和公转共存的涡动形式导致的结果，是一种惯性耦合效应。而对于双转子系统中的高压转子或者低压转子，其公转及其引起的陀螺效应皆与转速和转速比相关。因此，在上述的“临界跟随”参数条件中包含转速比。但对于同转双转子和对转双转子，“临界跟随”的特征和影响有所不同。

19.4 双转子在动力学“临界跟随”状态下的动力学特性

为深入揭示“临界跟随”的影响规律，探明“临界跟随”状态下双转子系统的动力学特性，本节以图19.1所示的双转子模型为基础，选取如表19.2所示的模型参数值，进行转子系统的动力学特性计算和分析。其中，D_L 为低压轴直径；D_h 为高压轴外径，d_h 为高压轴内径。在本节的计算中，若无特殊说明，皆用表19.2所列的参数值。

表 19.2　双转子模型基本参数的取值

参　数	数　值	参　数	数　值
l_L/mm	1 000	a/mm	780
l_h/mm	430	c/mm	290
D_L/mm	50	E/Pa	2.09×10^{11}
D_h/mm	90	d_h/mm	78
m_L/kg	130	I_{pL}/(kg · m^2)	4.50
I_{dL}/(kg · m^2)	2.25	m_h/kg	59
I_{ph}/(kg · m^2)	1.30	I_{dh}/(kg · m^2)	0.65
s_{b1}/(N/m)	2×10^7	d_{b1}/(N · s/m)	600
s_{b2}/(N/m)	2×10^7	d_{b2}/(N · s/m)	600
s_{b3}/(N/m)	1×10^7	d_{b3}/(N · s/m)	600
s_{in}/(N/m)	1×10^8	$s_{i\theta}$/(N · m)	1×10^7

为了模拟双转子系统的不平衡分布，在低压转子上设置 4 个不平衡截面 $L1$ 至 $L4$，高压转子上设置 3 个不平衡截面 $h1$ 至 $h3$，如图 19.4 所示。其中，低压轴截面 $L4$ 对应低压盘位置，高压轴截面 $h2$ 对应高压盘位置。

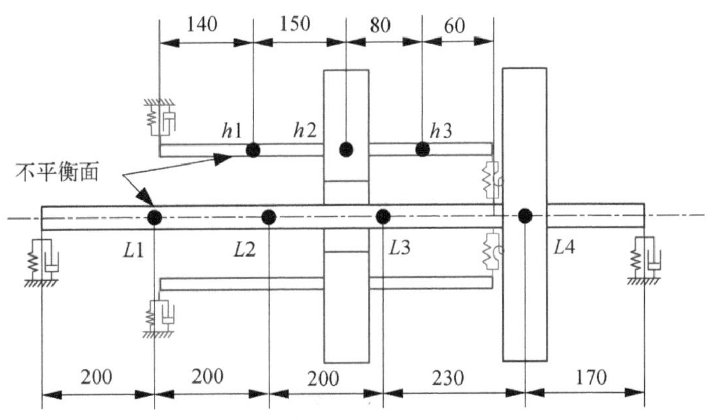

图 19.4　双转子模型的主要尺寸和不平衡截面

长度单位：mm

对于一般的简单盘，其直径转动惯量约为极转动惯量的一半。但在双转子系统中，常存在悬臂盘或多级盘鼓集中的结构，如图 19.5 所示。在动力学计算过程中，这些集中叶盘结构可等效为一个包含集中转动惯量的盘。此时，等效后的直径转动惯量则有可能等于甚至大于极转动惯量。因此,在本节计算过程中,通过改变表 19.2 中盘直径转动惯量来改变相关参数之间的关系。

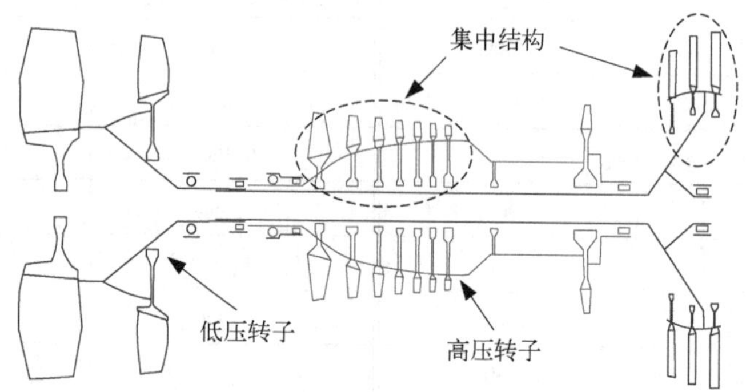

图 19.5　发动机中的叶盘集中结构

计算中,还将考虑的因素如表 19.3 所列。

表 19.3　计算中要考虑的因素

考虑的因素	内容和说明
双转子的运行方式	高、低压转子同转和对转两种运行方式
“临界跟随”对应的模态	高压转子激励和低压转子激励的两种模态
转子不平衡量的分布形式	不平衡总量取为 10 g · cm 沿不平衡面的分布与“临界跟随”对应的模态振型相似
不平衡力矩及其作用位置	不平衡力矩总量取为 1 000 g · cm^2 作用在惯量参数满足“临界跟随”条件的盘上

19.4.1　同转双转子在动力学“临界跟随”状态下的动力学特性

本节计算分析同转双转子的“临界跟随”特性,探明转子参数满足“临界跟随”参数条件时,转子的不平衡响应。针对低压和高压转子激励的两类模态分别进行“临界跟随”特性和转子响应的计算。计算所取的模型、参数和要考虑的因素如上所述。

1. 低压转子激励下低压转子叶盘惯量参数满足 $I_{dL}=I_{pL}$

以表 19.2 所列的参数为基础,将低压盘直径转动惯量 I_{dL} 设置为 4.5 kg · m^2。此时,低压盘惯量参数恰好满足 $I_{dL}=I_{pL}$。转速比设置为 1.2。图 19.6 为低压转子激励条件下双转子系统的坎贝尔图。在低压转子转速增大过程中,第三阶正进动自振频率不断靠近低压转子转速,出现“临界跟随”现象。转速继续增加,转速线与第三阶自振频率曲线相交后,第四阶正进动自振频率又开始“跟随”转速线。第三阶模态振型如图 19.7 所示。该振型以低压转子弯曲为主,低压盘处于节点位置,但摆角不为 0。因此,在低压盘的陀螺效应作用下,双转子表现出动力学"临界跟随"现象。

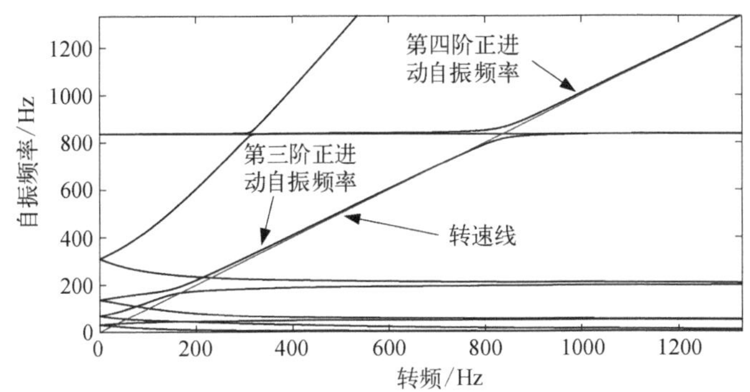

图 19.6　低压转子激励下满足 $I_{dL} = I_{pL}$ 时的坎贝尔图

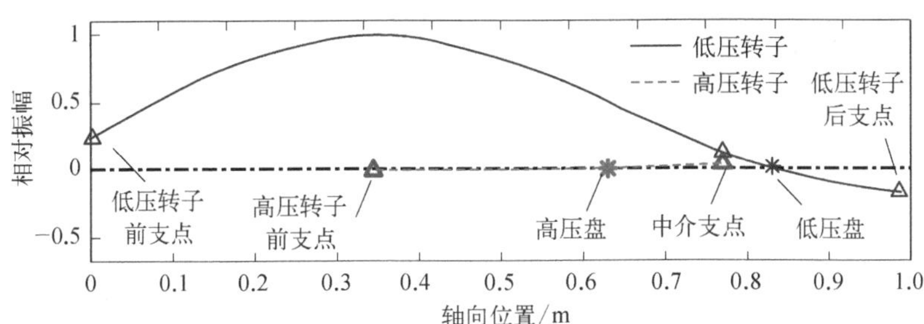

图 19.7　第三阶正进动自振频率对应的振型

表 19.4　低压转子不平衡质量分布

总不平衡量/(g·cm)	截面 L1		截面 L2		截面 L3		截面 L4	
	大小/(g·cm)	相位/(°)	大小/(g·cm)	相位/(°)	大小/(g·cm)	相位/(°)	大小/(g·cm)	相位/(°)
10.0	3.45	0	4.08	0	2.47	0	0	0

为突出转子不平衡对具有"临界跟随"特性模态的激励作用,令低压转子的不平衡质量分布与图 19.7 所示的振型相似,即表 19.4 中所列的数据。在此不平衡条件下,计算双转子的不平衡响应,结果如图 19.8 所示。其中,实线代表 $I_{dL} = I_{pL}$ 条件下的响应曲线,虚线代表 $I_{pL} = 2I_{dL}$ 条件下的响应曲线。对比两种条件下的振动响应可以看出,在超过一定转速后,低压盘的振动位移始终不大。但是,当 $I_{dL} = I_{pL}$ 时,低压盘的振动摆角在第三阶临界转速附近很突出,摆角峰值超过 $I_{pL} = 2I_{dL}$ 条件下峰值的 50 倍。同时,高压盘的振动位移和摆角在 $I_{dL} = I_{pL}$ 条件下也明显增大。

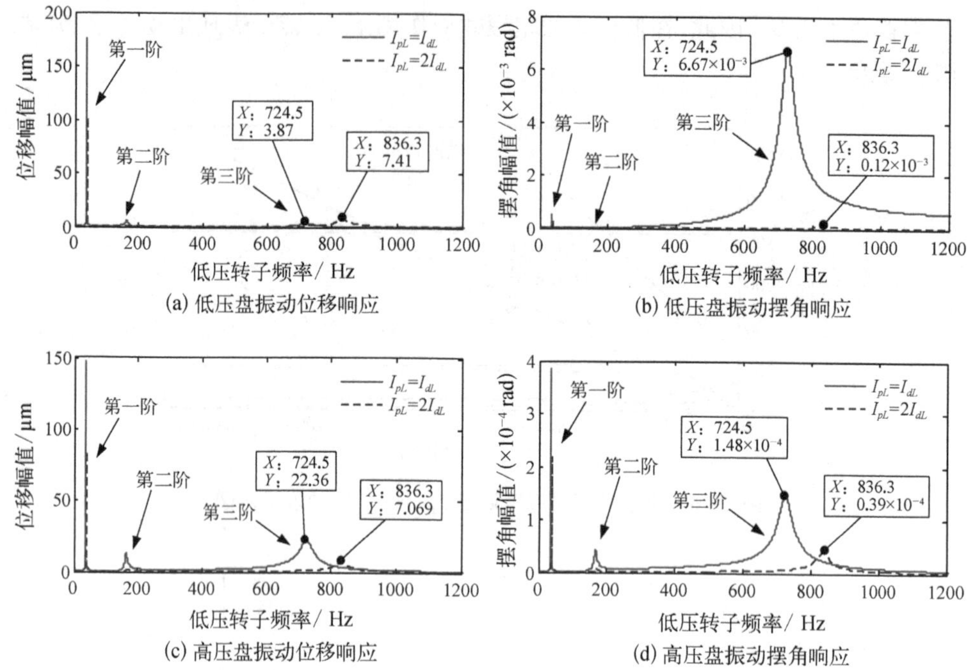

(a) 低压盘振动位移响应

(b) 低压盘振动摆角响应

(c) 高压盘振动位移响应

(d) 高压盘振动摆角响应

图 19.8　低压转子激励下同转双转子系统的不平衡响应

当双转子系统表现出动力学"临界跟随"特征时,其振动响应对转子的不平衡力矩也非常敏感。假设低压盘厚度为 0.1 m,不平衡质量为 10 g,位于盘边缘半径 0.1 m 处,不平衡力矩为 1 000 g · cm^2,则在不平衡力矩作用下,双转子系统振动响应如图 19.9 所示。结果表明,当低压盘参数满足 $I_{pL} = 2I_{dL}$ 时,低压不平衡力矩引起的双转子系统振动响应很小。但是,当低压盘满足 $I_{dL} = I_{pL}$ 时,低压盘的振动摆角在第三阶模态附近很大,且随转速增加而持续增大。高压盘的振动响应也表现出这一规律。

由图 19.9 可见,在"临界跟随"状态下,转子的响应对不平衡力矩很敏感。特别是对于惯量参数满足 $I_{dL} = I_{pL}$ 的低压盘,其上作用的不平衡力矩使摆振响应的"临界跟随"特征表现得非常显著。

考虑到低压转子系统多为柔性转子,一般带有多个叶盘,故在模型中再添加一个叶盘,以检验上述关于"临界跟随"现象的结论在低压转子系统包含多个叶盘时是否适用。

仍以表 19.2 中的参数为基础,将原低压盘记为盘 2,在轴向 0.2 m 处增加一个盘,记为盘 1,如图 19.10 所示。

盘 1 参数与盘 2 相近,质量为 80 kg,极转动惯量为 3 kg · m^2。图 19.11 是低压转子为双盘结构时的坎贝尔图。在图 19.11(a)中,盘 1 的直径转动惯量设置为 3 kg · m^2,即盘 1 满足 $I_{dL} = I_{pL}$,但盘 2 惯量比为 0.5。图 19.11(b)中,盘 2 的直径

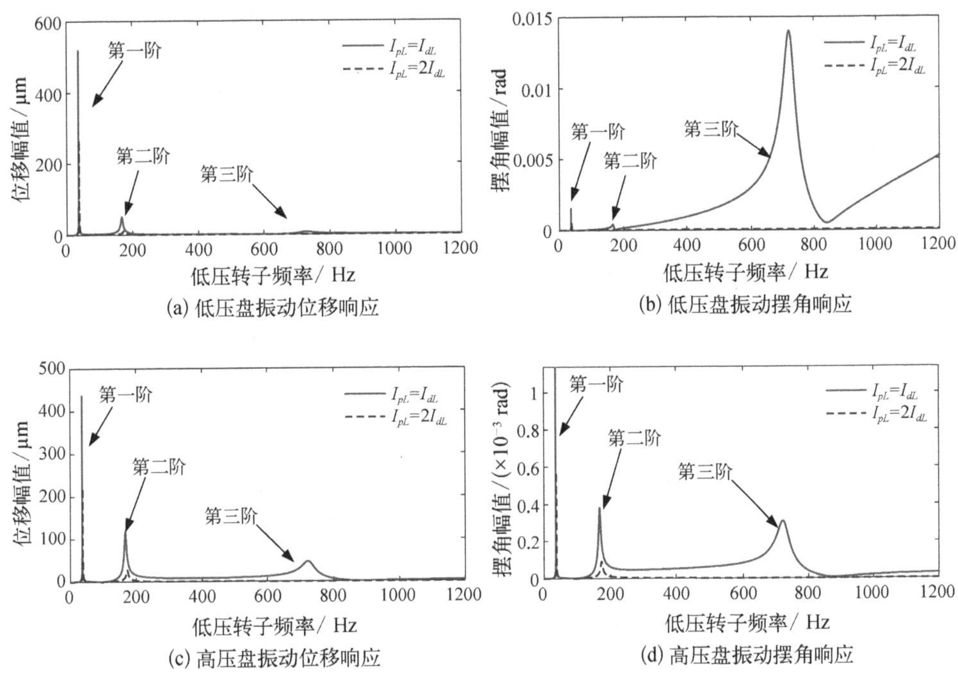

(a) 低压盘振动位移响应

(b) 低压盘振动摆角响应

(c) 高压盘振动位移响应

(d) 高压盘振动摆角响应

图 19.9　低压转子不平衡力矩作用下同转双转子系统振动响应

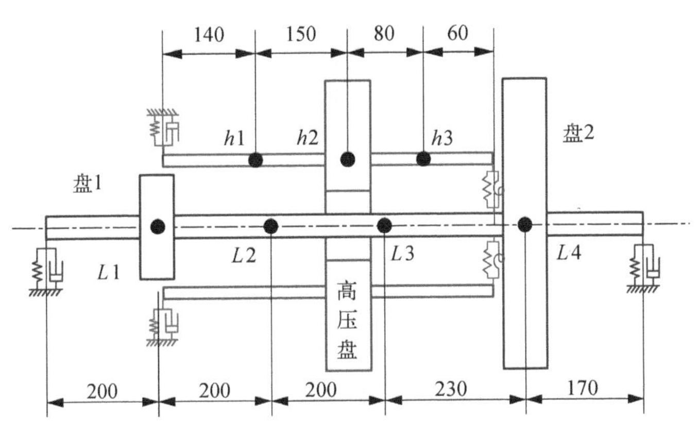

图 19.10　双转子模型

低压转子带两个盘：盘 1 和盘 2

长度单位：mm

转动惯量设置为 4.5 kg · m^2，盘 2 满足 $I_{dL}=I_{pL}$，盘 1 惯量比为 0.5。从图 19.11 所示的坎贝尔图可以看出，当低压转子系统任意一个盘的惯量参数满足 $I_{dL}=I_{pL}$ 时，转子系统都会表现出动力学"临界跟随"特征。图 19.12 为转子系统"临界跟随"状态下自振频率所对应的振型。两种振型结果表明，低压转子系统处于"临界跟随"状态时，振型中惯量 $I_{dL}=I_{pL}$ 的盘始终处于节点位置，但摆角不为 0。

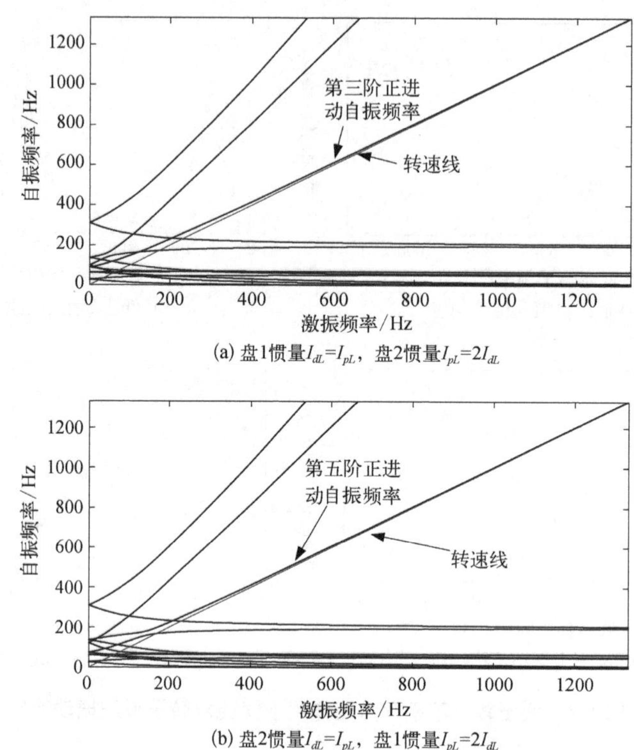

(a) 盘1惯量$I_{dL}=I_{pL}$，盘2惯量$I_{pL}=2I_{dL}$

(b) 盘2惯量$I_{dL}=I_{pL}$，盘1惯量$I_{pL}=2I_{dL}$

图 19.11　双转子系统的坎贝尔图

低压转子带有双盘：盘 1 和盘 2

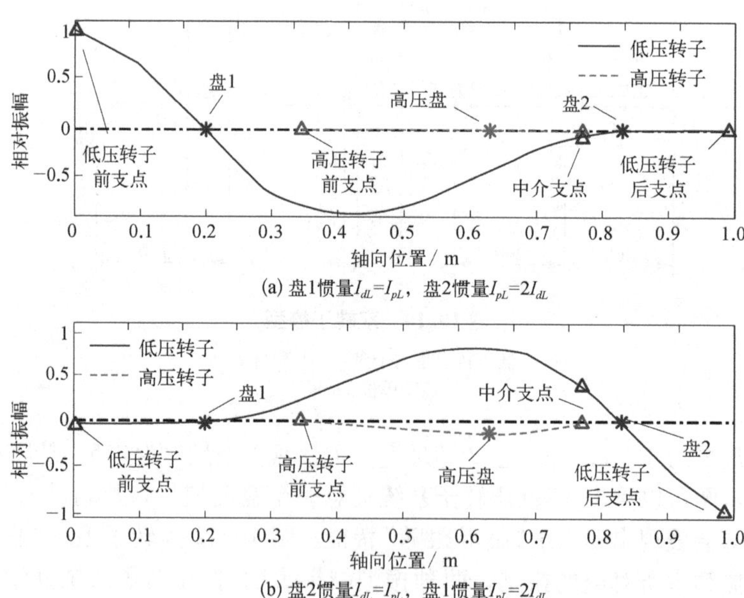

(a) 盘1惯量$I_{dL}=I_{pL}$，盘2惯量$I_{pL}=2I_{dL}$

(b) 盘2惯量$I_{dL}=I_{pL}$，盘1惯量$I_{pL}=2I_{dL}$

图 19.12　第三阶和第五阶自振频率对应的振型

当低压转子两个盘的惯量参数均满足 $I_{dL}=I_{pL}$ 时,双转子系统的坎贝尔图如图 19.13 所示。图 19.14 和图 19.15 则表示第四阶和第五阶正进动自振频率对应的振型。

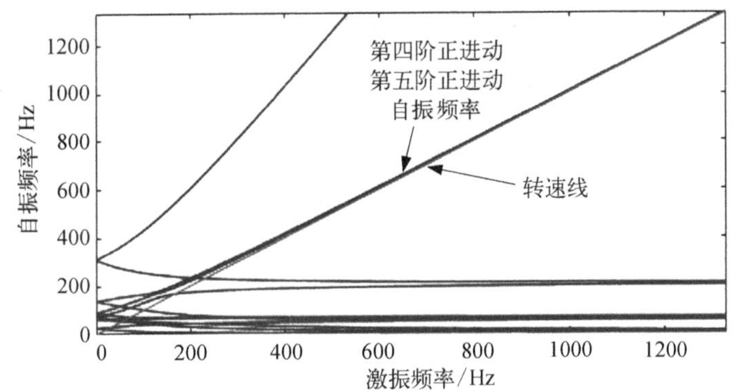

图 19.13　盘 1 和盘 2 惯量均满足 $I_{dL}=I_{pL}$ 时双转子系统的坎贝尔图

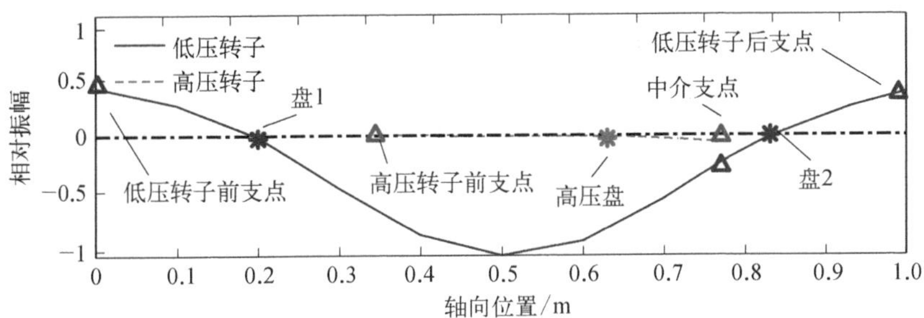

图 19.14　盘 1 与盘 2 惯量均满足 $I_{dL}=I_{pL}$ 时第四阶正进动自振频率对应的振型

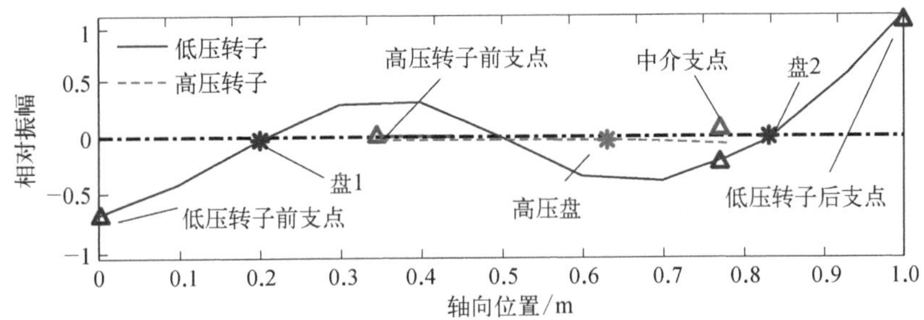

图 19.15　盘 1 与盘 2 惯量均满足 $I_{dL}=I_{pL}$ 时第五阶正进动自振频率对应的振型

由图 19.13 可见,盘 1 与盘 2 惯量均满足 $I_{dL}=I_{pL}$ 时,双转子系统的第四阶和第五阶正进动自振频率表现出“临界跟随”特征。在临界跟随状态下,盘 1 与盘 2 皆处在振型的节点,位移为 0,但摆角很大,如图 19.14 和图 19.15 所示。

表 19.5　低压转子不平衡质量分布

总不平衡量/(g·cm)	截面 $L1$		截面 $L2$		截面 $L3$		截面 $L4$	
	大小/(g·cm)	相位/(°)	大小/(g·cm)	相位/(°)	大小/(g·cm)	相位/(°)	大小/(g·cm)	相位/(°)
10.0	0	0	4.81	0	5.19	0	0	0

为突出转子不平衡对具有“临界跟随”特性模态的激励作用，令低压转子的不平衡质量分布与图 19.14 所示的振型相似，即表 19.5 中所列的数据。在此不平衡条件下，计算双转子的不平衡响应，结果如图 19.16 所示。

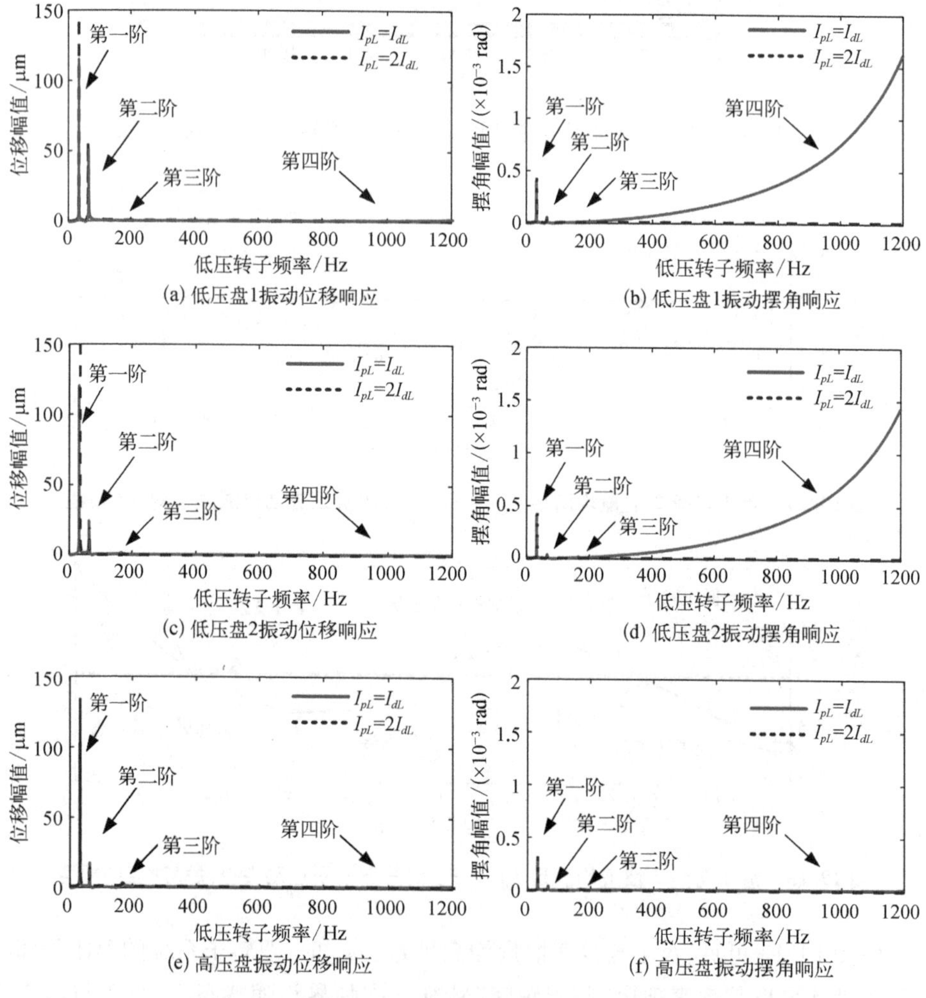

(a) 低压盘1振动位移响应

(b) 低压盘1振动摆角响应

(c) 低压盘2振动位移响应

(d) 低压盘2振动摆角响应

(e) 高压盘振动位移响应

(f) 高压盘振动摆角响应

图 19.16　低压转子激励下同转双转子系统不平衡响应

盘 1 和盘 2 惯量均满足 $I_{dL} = I_{pL}$

假设低压盘 1 厚度为 0.1 m，不平衡质量为 10 g，位于盘边缘半径 0.04 m 处，不平衡力矩为 400 g·cm^2；低压盘 2 厚度为 0.1 m，不平衡质量为 6 g，位于盘边缘半径 0.1 m 处，不平衡力矩为 600 g·cm^2。在不平衡力矩作用下双转子系统振动响应如图 19.17 所示。

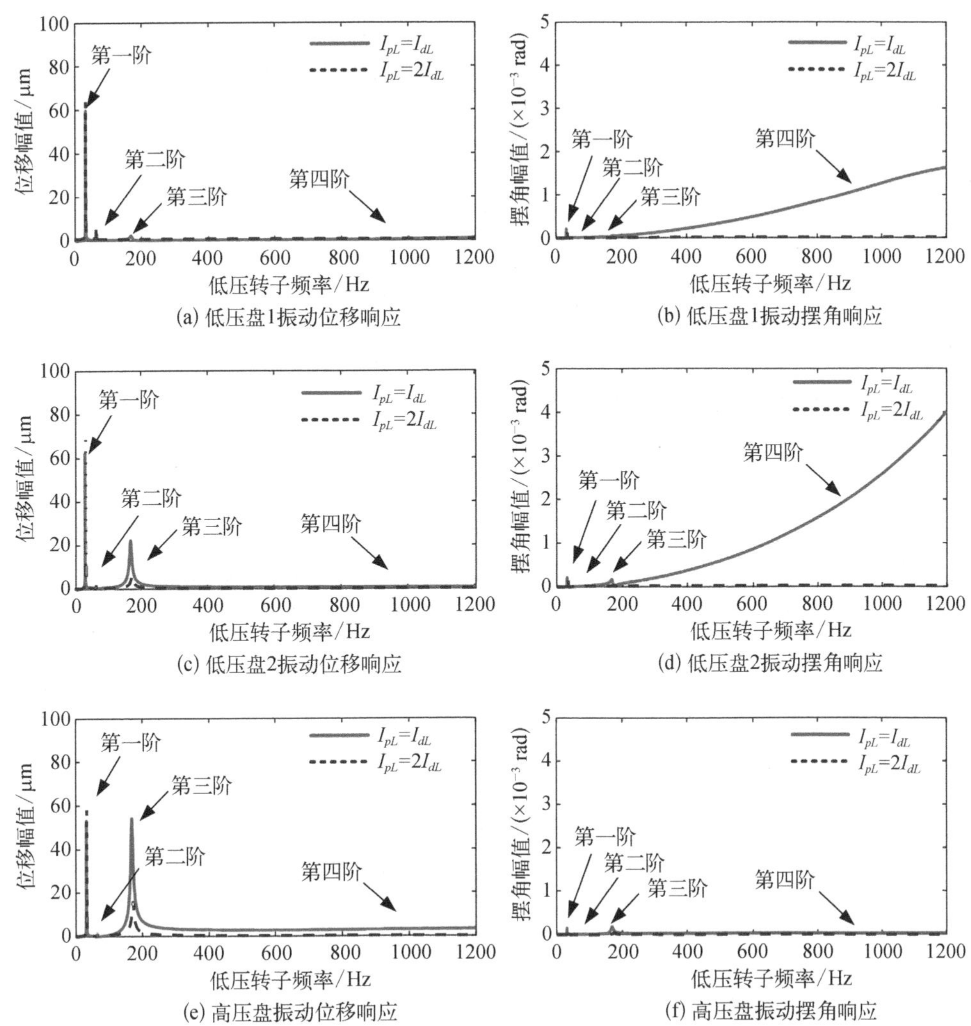

图 19.17　低压转子不平衡力矩作用下同转双转子系统振动响应

盘 1 和盘 2 惯量均满足 $I_{dL} = I_{pL}$

2. 低压转子激励下高压转子叶盘惯量参数满足 $I_{dh} = \eta I_{ph}$

在表 19.2 所列参数的基础之上，将高压叶盘直径转动惯量 I_{dh} 设置为 1.95 kg·m^2，转速比设置为 1.5，则高压盘惯量参数恰好满足 $I_{dh} = \eta I_{ph}$。图 19.18

为高压盘惯量参数满足 $I_{dh} = \eta I_{ph}$ 时双转子系统在低压转子激励条件下的坎贝尔图。可以看出，转子转速升高，第三阶正进动自振频率持续"跟随"转速线，转子转速无法穿越该阶频率。对应的模态振型如图 19.19 所示，其中，高压盘位于振型节点位置，摆角不为 0，低压轴为弯曲振型。

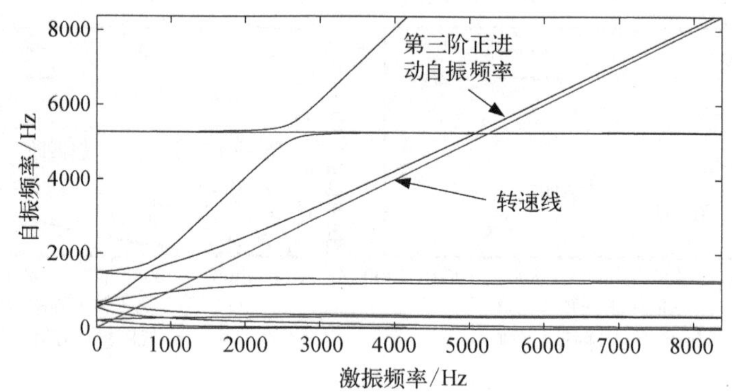

图 19.18 低压转子激励下高压盘惯量参数满足 $I_{dh} = \eta I_{ph}$ 时的坎贝尔图

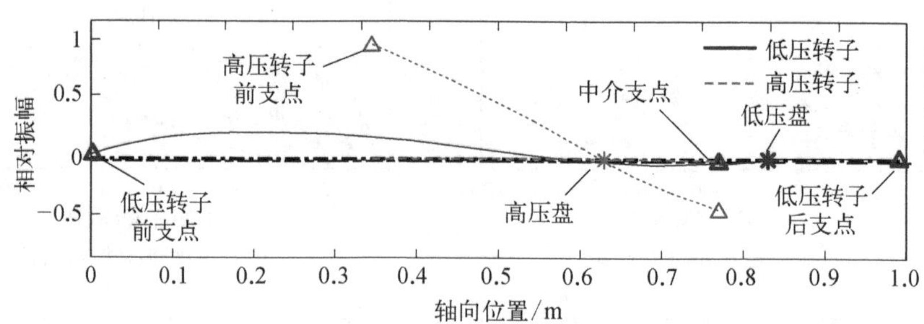

图 19.19 高压盘惯量参数满足 $I_{dh} = \eta I_{ph}$ 时第三阶正进动自振频率对应的振型

为计算"临界跟随"状态下转子的不平衡响应，选取表 19.6 所列的不平衡参数。不平衡参数的分布与图 19.19 所示的低压轴振型相似。

表 19.6 低压转子不平衡质量分布

总不平衡量/(g·cm)	截面 $L1$		截面 $L2$		截面 $L3$		截面 $L4$	
	大小/(g·cm)	相位/(°)	大小/(g·cm)	相位/(°)	大小/(g·cm)	相位/(°)	大小/(g·cm)	相位/(°)
10.0	3.07	0	3.86	0	2.63	0	0.44	19.0

以表 19.6 所列的不平衡分布为计算条件，分别取转速比为 1.5 和 1.8，得到双转子系统的不平衡响应，如图 19.20 所示。从响应结果可以看出，两种转速比条件

下,低压盘振动位移和摆角都几乎重合。但是,高压盘的振动摆角出现明显差异。当转速比等于 1.5 时,高压盘惯量参数满足 $I_{dh}=\eta I_{ph}$。此时,高压盘的振动摆角在第三阶模态附近明显增大,振动摆角峰值要比转速比等于 1.8 时的峰值高近 5 倍。由此可见,在惯量耦合作用下,对于同转双转子,若高压盘满足 $I_{dh}=\eta I_{ph}$ 时,高压转子的振动会对低压转子的不平衡非常敏感。

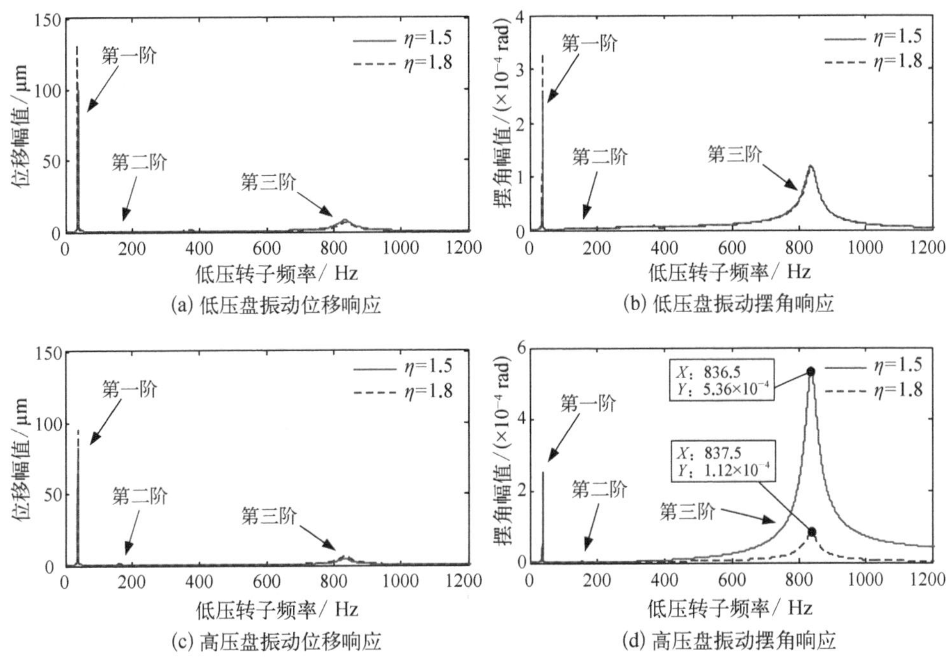

(a) 低压盘振动位移响应　(b) 低压盘振动摆角响应

(c) 高压盘振动位移响应　(d) 高压盘振动摆角响应

图 19.20　低压转子激励下同转双转子系统的不平衡响应

$I_{dh}=\eta I_{ph}$

假设低压盘厚度为 0.1 m,等效不平衡质量为 10 g,位于盘边缘半径 0.1 m 处,即低压盘上存在 1 000 g · cm^2 的不平衡力矩。图 19.21 为低压盘不平衡力矩作用下,双转子系统的振动响应。在响应结果中,转速比分别为 1.5 和 1.8 两种条件下,双转子系统的振动峰值在第一阶模态附近有所不同,但在高转速范围差别甚微。

由此可见,对于同转双转子,当高压盘的惯量参数满足 $I_{dh}=\eta I_{ph}$ 时,假设低压转子激励下的第 i 阶模态具有“临界跟随”特性,只有与第 i 阶振型相似的低压转子不平衡分布才能使这阶“临界跟随”特征表现出来。图 19.20 表明,当转速比为 1.5 时,双转子第三阶模态表现出“临界跟随”特征,而对应的振型中,低压盘位移和摆角均为 0。因此,低压盘上的不平衡力矩不会激起转子的第三阶模态响应,如图 19.21 所示。

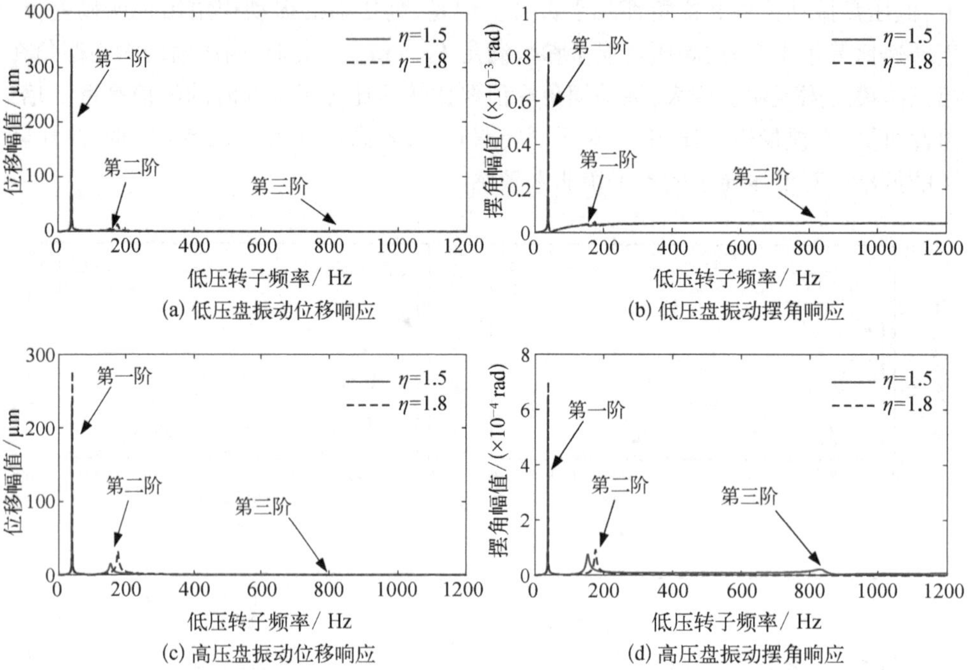

(a) 低压盘振动位移响应

(b) 低压盘振动摆角响应

(c) 高压盘振动位移响应

(d) 高压盘振动摆角响应

图 19.21　低压转子不平衡力矩作用下同转双转子系统振动响应

$I_{dh} = \eta I_{ph}$，低压盘上的不平衡力矩为 1 000 g · cm^2

3. 高压转子激励下低压转子叶盘惯量参数满足 $I_{dL} = I_{pL}/\eta$

仍用表 19.2 所列的结构参数，将转速比设置为 2，则低压盘惯量参数恰好满足 $I_{dL} = I_{pL}/\eta$。图 19.22 为同转双转子系统低压盘惯量参数满足 $I_{dL} = I_{pL}/\eta$ 时的坎贝尔图。其现象与第 19.4.1 节中的图 19.6 相似，表现为在一定区域后，转速始终靠

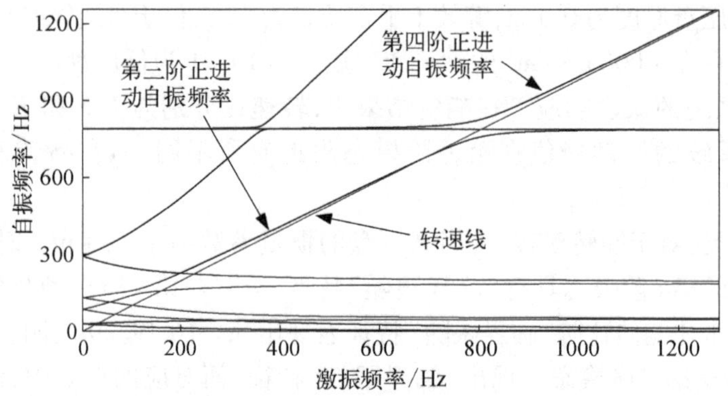

图 19.22　高压激励下低压盘惯量参数满足 $I_{dL} = I_{pL}/\eta$ 时同转双转子的坎贝尔图

近第三阶自振频率或第四阶自振频率，但区别在于图 19. 22 中的激振频率为高压转子转速。第三阶自振频率对应的振型如图 19. 23 所示，振型以低压轴弯曲为主，低压盘靠近节点，摆角不为 0。根据图 19. 23 的模态振型，设置表 19. 7 中与高压轴振型相似的不平衡质量分布，计算转子系统的不平衡响应。

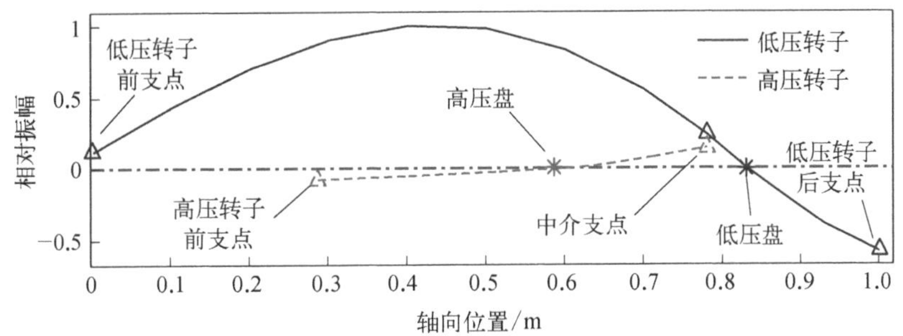

图 19. 23　高压激励下低压盘惯量参数满足 $I_{dL} = I_{pL}/\eta$ 时第三阶正进动自振频率对应的振型

表 19. 7　高压转子不平衡质量分布

总不平衡量/(g·cm)	截面 $h1$		截面 $h2$		截面 $h3$	
	大小/(g·cm)	相位/(°)	大小/(g·cm)	相位/(°)	大小/(g·cm)	相位/(°)
10. 0	3. 95	0	1. 89	0	4. 16	19. 0

取表 19. 7 所列的不平衡质量分布，计算双转子的振动响应，结果如图 19. 24 所示。计算中，转速比分别选为 1. 5 和 2. 0。结果表明，两种转速比条件下，高压转子振动响应几乎重合。但在转速比等于 2 时，低压盘惯量参数满足 $I_{dL} = I_{pL}/\eta$。此时，低压盘的振动摆角在第三阶模态附近出现很高的峰值，并且随转速升高而增大。

可见，当双转子的低压盘惯量参数满足 $I_{dL} = I_{pL}/\eta$ 时，低压转子的振动会对高压转子不平衡非常敏感。现将不平衡质量替换为不平衡力矩，设高压盘厚度为 0. 1 m，等效不平衡量为 10 g，位于高压盘边缘半径 0. 1 m 处，计算得到双转子系统的振动响应，如图 19. 25 所示。对比图 19. 24 的振动响应幅值可以看出，当高压转子存在不平衡力矩时，双转子系统的整体振动幅值明显增大。因此，当参数满足 $I_{dL} = I_{pL}/\eta$ 的"临界跟随"条件时，低压转子对高压转子不平衡力矩很敏感。

因此，若同转双转子系统工作转速较高时，须避免低压盘惯量参数和转速比满足 $I_{dL} = I_{pL}/\eta$ 的情况出现。

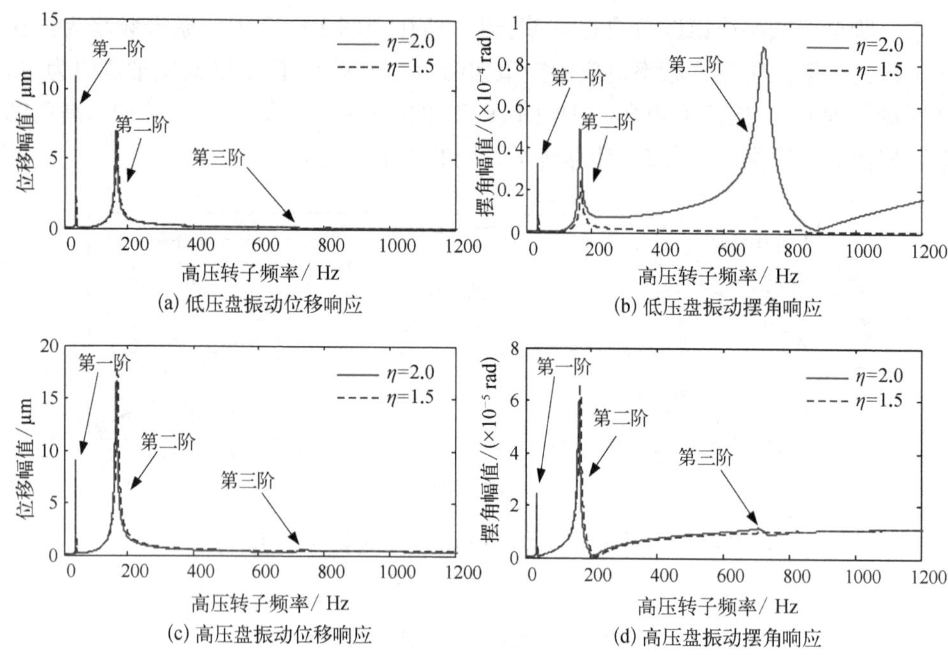

(a) 低压盘振动位移响应
(b) 低压盘振动摆角响应
(c) 高压盘振动位移响应
(d) 高压盘振动摆角响应

图 19.24　高压转子激励下同转双转子系统的不平衡响应

$I_{dL} = I_{pL}/\eta$

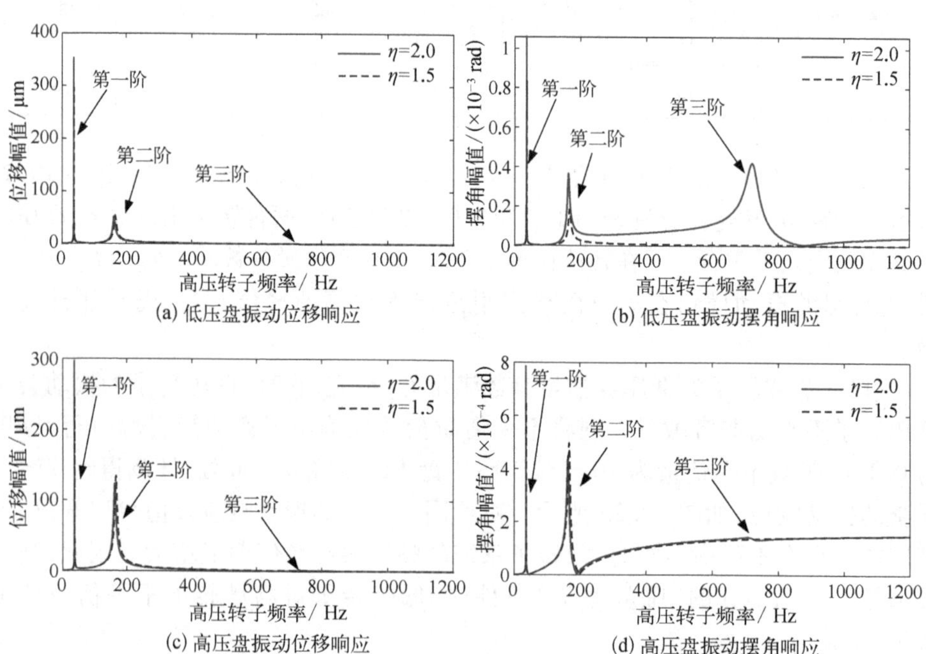

(a) 低压盘振动位移响应
(b) 低压盘振动摆角响应
(c) 高压盘振动位移响应
(d) 高压盘振动摆角响应

图 19.25　高压转子不平衡力矩作用下同转双转子系统振动响应

$I_{dL} = I_{pL}/\eta$

4. 高压转子激励下高压转子叶盘惯量参数满足 $I_{dh}=I_{ph}$

沿用表 19.2 所列的结构参数，转速比选取 1.5，将高压盘的直径转动惯量 I_{dh} 设置为 1.3 kg·m²，则高压盘惯量参数恰好满足 $I_{dh}=I_{ph}$。图 19.26 为高压转子激励条件下同转双转子系统的坎贝尔图。图中第三阶正进动自振频率在一定转速后始终靠近斜率为 1 的转速线，其对应的振型如图 19.27 所示。该阶振型以高压转子振动为主，高压盘处于节点位置，摆角不为 0，且低压转子为弯曲振型。表 19.8 所列的不平衡质量分布为计算转子响应所取的激励条件，它与图 19.27 所示的高压轴振型相似。

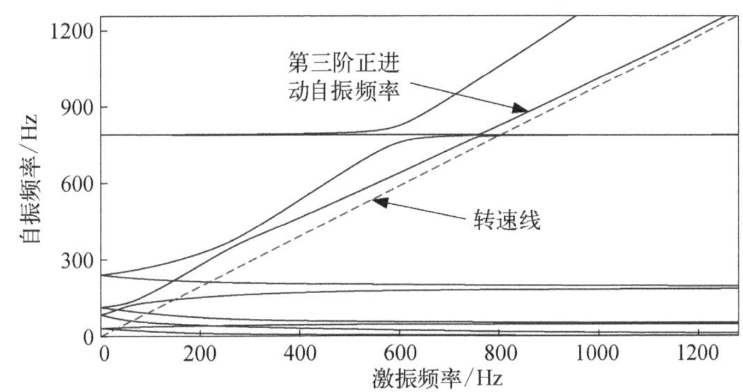

图 19.26　高压转子激励下高压盘惯量参数满足 $I_{dh}=I_{ph}$ 时的坎贝尔图

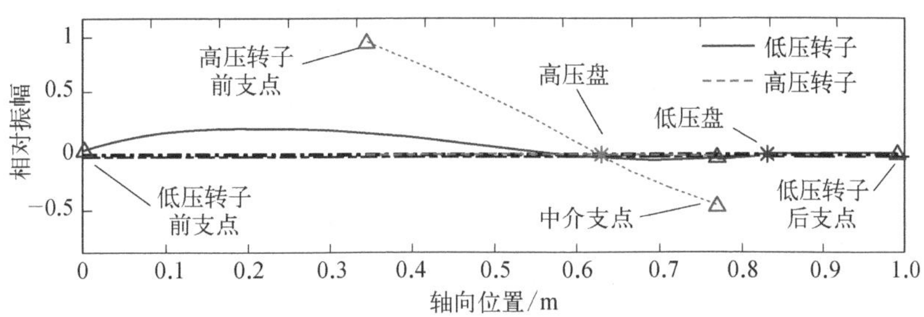

图 19.27　高压盘惯量参数满足 $I_{dh}=I_{ph}$ 时第三阶正进动自振频率对应的振型

表 19.8　高压转子不平衡质量分布

总不平衡量/(g·cm)	截面 H1		截面 H2		截面 H3	
	大小/(g·cm)	相位/(°)	大小/(g·cm)	相位/(°)	大小/(g·cm)	相位/(°)
10.0	6.72	0	0	0	3.28	19.0

取表 19.8 所列的不平衡分布，计算得到图 19.28 所示的双转子系统振动响应。当高压盘惯量参数满足 $I_{dh}=I_{ph}$ 时，在第二阶临界转速之后，高压盘的振动位

移始终很小,但高压盘的振动摆角持续增大,而 $I_{ph}=2I_{dh}$ 时,则不会出现这种现象。可见,当高压盘惯量参数满足 $I_{dh}=I_{ph}$ 时,双转子系统难以越过高压盘偏摆振型的自振频率,并一直处于共振状态,这正是"临界跟随"特征的表现形式。

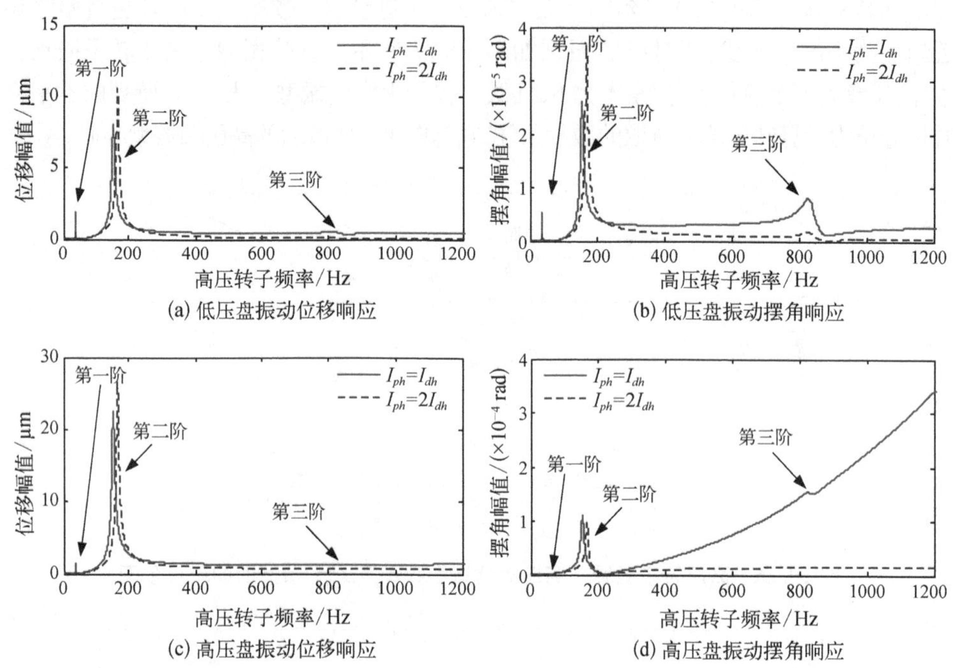

图 19.28 高压转子不平衡激励下同转双转子系统的不平衡响应

$I_{dh}=I_{ph}$

图 19.29 为不平衡力矩作用下的双转子系统振动响应,计算条件与图 19.28 一致。不平衡力矩为 1 000 g · cm^2,施加在高压盘上。响应结果表明,当双转子系统因 $I_{dh}=I_{ph}$ 而出现"临界跟随"现象时,高压转子不平衡力矩不仅会使高压盘的振动摆角持续增大,还会使双转子系统的第一阶振动峰值明显升高,这对双转子的运行十分不利。

上述算例分析表明,当惯量参数和转速比满足 $I_{dL}=I_{pL}$、$I_{dh}=I_{ph}$、$I_{dh}=\eta I_{ph}$ 及 $I_{dL}=I_{pL}/\eta$ 中任意一种情况时,双转子系统都会表现出动力学"临界跟随"特征。在转速增大到一定程度后,始终存在某一阶自振频率"跟随"转速,且接近转速,但转子无法穿越它。在对应这一阶自振频率的振型中,惯量参数满足"临界跟随"条件的盘位于振型的节点,位移为 0,但摆角不为 0。此时,双转子的振动对低压转子或高压转子不平衡力以及不平衡力矩非常敏感。该现象一般出现在低压轴弯曲振型下的较高转速处。因此,若双转子工作转速较高时,在动力学设计中,应检验转子惯量参数和转速比,避免出现 $I_{dL}=I_{pL}$、$I_{dh}=I_{ph}$、$I_{dh}=\eta I_{ph}$ 以及 $I_{dL}=I_{pL}/\eta$ 中任何一种情况。

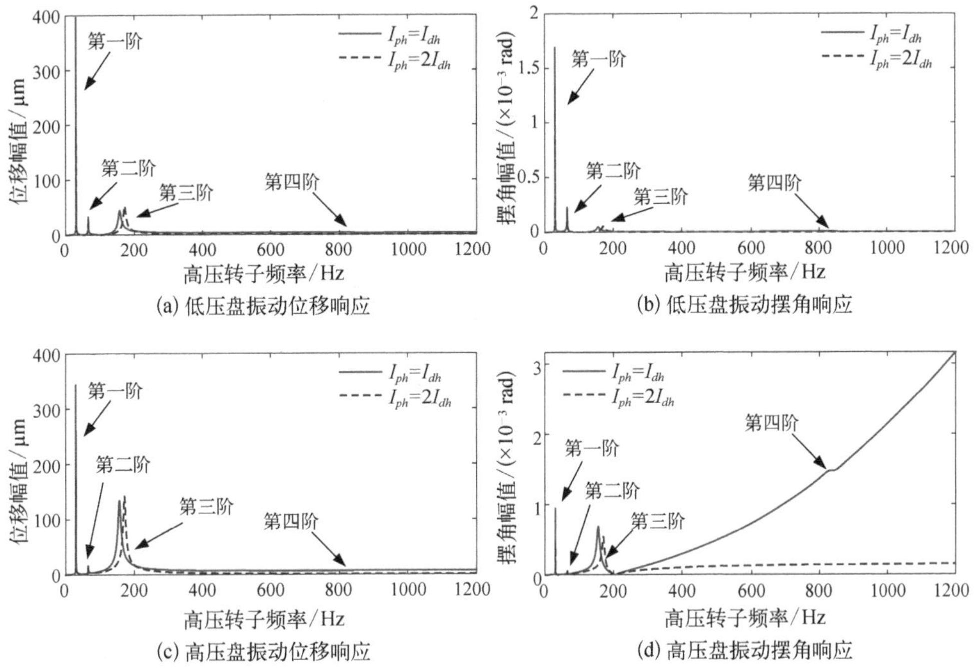

(a) 低压盘振动位移响应　(b) 低压盘振动摆角响应

(c) 高压盘振动位移响应　(d) 高压盘振动摆角响应

图 19.29　高压转子不平衡力矩作用下同转双转子系统振动响应

$I_{dh} = I_{ph}$

19.4.2　对转双转子在动力学“临界跟随”状态下的动力学特性

与同转双转子系统相比,对转双转子系统的动力学特性存在一定差异。本节分析对转双转子系统出现“临界跟随”现象时的动力学特性。在本节计算中,若无特殊说明,所取参数仍与表 19.2 相同。

1. 低压激励下低压转子叶盘惯量参数满足 $I_{dL} = I_{pL}$

将低压盘直径转动惯量 I_{dL} 设置为 4.5 kg · m²,使低压盘惯量参数恰好满足 $I_{dL} = I_{pL}$,转速比设置为 1.2。此时,对转双转子系统的坎贝尔图如图 19.30 所示。在一定转速之后,转速线与第三阶和第四阶自振频率曲线相近,即出现“临界跟随”特征。该现象与同转双转子在相同条件下所得结果一致。但在对转双转子坎贝尔图中,需要判断发生“临界跟随”的自振频率是否为正进动自振频率。图 19.30 中的第三阶自振频率对应的振型如图 19.31 所示,为低压轴弯曲及低压盘偏摆振型,属于低压转子激励下的正进动自振频率。因此,在“临界跟随”发生的转速范围,转子会在低压转子不平衡作用下,持续地发生“共振”。

令低压转子的不平衡质量分布与图 19.31 中的低压轴振型相似,即表 19.9 所列数据。图 19.32 为对转双转子系统的不平衡响应。振动响应结果与 19.4.1 节

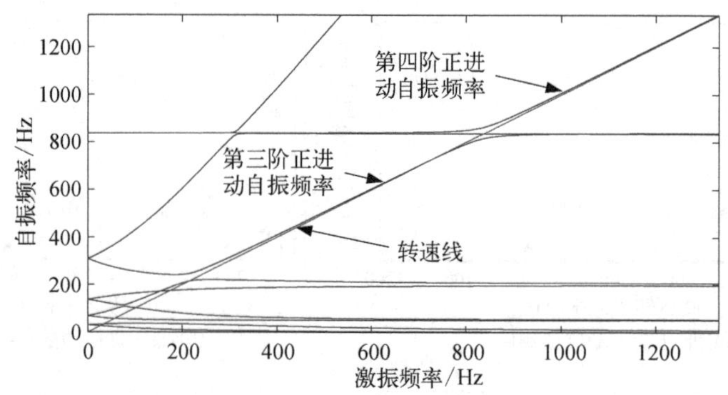

图 19.30　低压转子激励下低压盘惯量参数满足 $I_{dL}=I_{pL}$ 时的坎贝尔图

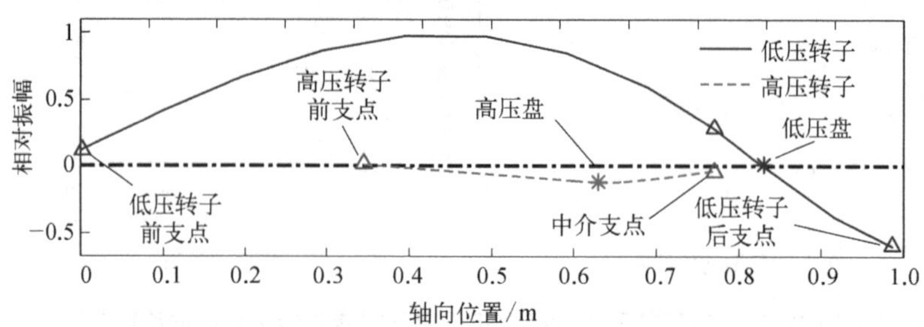

图 19.31　低压盘惯量参数恰好满足 $I_{dL}=I_{pL}$ 时第三阶自振频率对应的振型

中同转条件所得结果规律相同，表现为：当低压盘参数满足 $I_{dL}=I_{pL}$ 时，低压盘的振动摆角对低压转子不平衡非常敏感，并在第三阶临界转速附近出现较大峰值。对比 $I_{dL}=I_{pL}$ 和 $I_{pL}=2I_{dL}$ 两种条件下的振动响应可以看出，当低压盘惯量参数满足 $I_{dL}=I_{pL}$ 时，低压转子的振动对低压转子不平衡更为敏感，振动峰值增大了约 54 倍，而高压转子的振动峰值增大了约 3.87 倍。

表 19.9　低压转子不平衡质量分布

总不平衡量/(g·cm)	截面 L1		截面 L2		截面 L3		截面 L4	
	大小/(g·cm)	相位/(°)	大小/(g·cm)	相位/(°)	大小/(g·cm)	相位/(°)	大小/(g·cm)	相位/(°)
10.0	3.01	0	3.99	0	3.00	0	0	0

图 19.33 为低压盘不平衡力矩作用下对转双转子的振动响应。计算条件为，低压盘厚度 0.1 m，等效不平衡质量为 10 g，位于盘边缘半径 0.1 m 处。计算结果同样与 19.4.1 节中同转双转子的振动响应规律一致，在“临界跟随”状态下，低压盘的振动摆角在第三阶临界转速处出现很高的峰值，且摆角随转速增加不断增大。

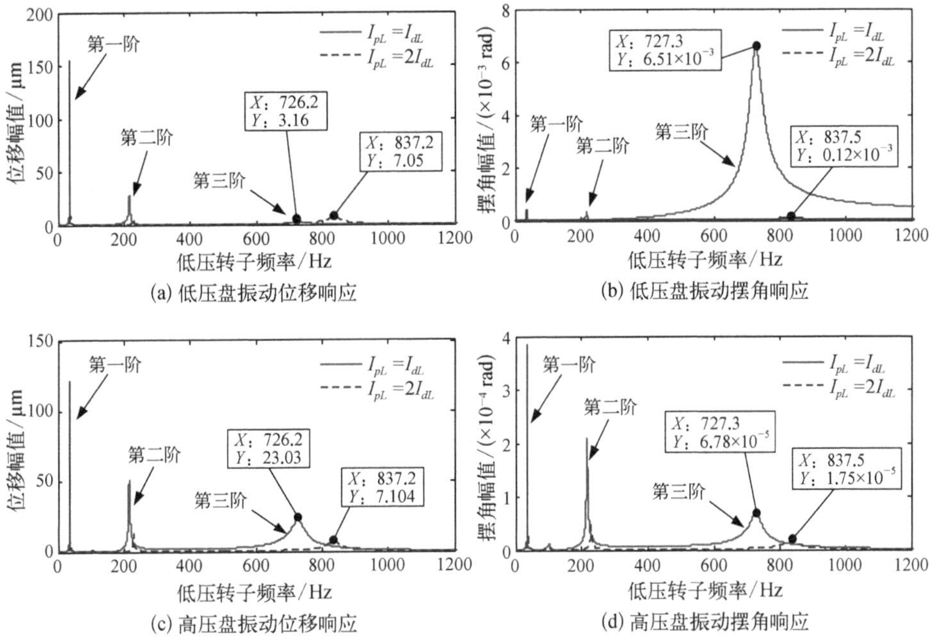

图 19.32　低压转子激励下对转双转子系统的不平衡响应

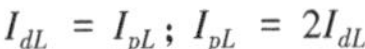

$I_{dL} = I_{pL}$；$I_{pL} = 2I_{dL}$

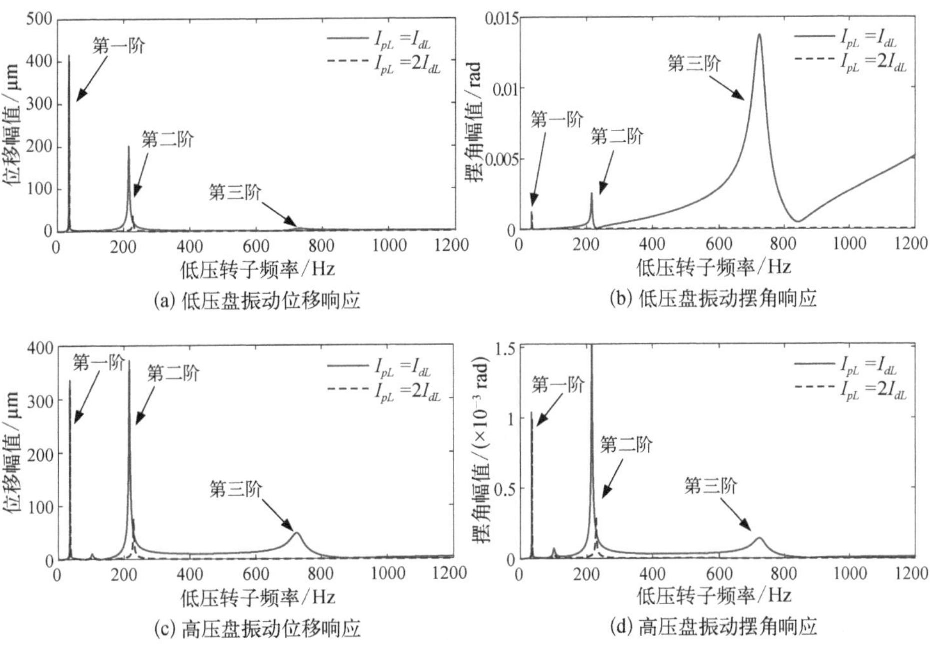

图 19.33　低压转子不平衡力矩作用下对转双转子系统振动响应

$I_{dL} = I_{pL}$；$I_{pL} = 2I_{dL}$

由此可见，当低压转子中的叶盘惯量参数满足 $I_{dL}=I_{pL}$ 时，即在"临界跟随"状态下，无论双转子是同转还是对转运行模式，高、低压转子振动响应对低压转子不平衡都会变得非常敏感。在发动机实际设计过程中，须避免出现这种情况。

类似地，当低压转子存在多个叶盘时，若任意一个叶盘的惯量参数满足 $I_{dL}=I_{pL}$，对转双转子系统也都会表现出"临界跟随"特征。基于表 19.2 所列数据，在低压轴向 0.2 m 处增加一个叶盘（称为盘 1），质量为 80 kg，极转动惯量为 3 kg · m^2，如图 19.10 所示。转速比设置为 1.2。图 19.34(a)是盘 1 的参数恰好满足 $I_{dL}=I_{pL}$ 时的坎贝尔图，图 19.34(b)是盘 2 的参数恰好满足 $I_{dL}=I_{pL}$ 时的坎贝尔图。而图 19.35 为"临界跟随"状态下自振频率对应的模态振型。显然，低压转子中任意盘的惯量参数满足 $I_{dL}=I_{pL}$ 时，都会存在某一阶正进动自振频率呈现出"临界跟随"特征。在该阶模态振型中，惯量参数满足 $I_{dL}=I_{pL}$ 的盘处于节点位置，摆角不等于 0。双转子系统在陀螺效应作用下，始终无法越过该阶振型对应的自振频率线。

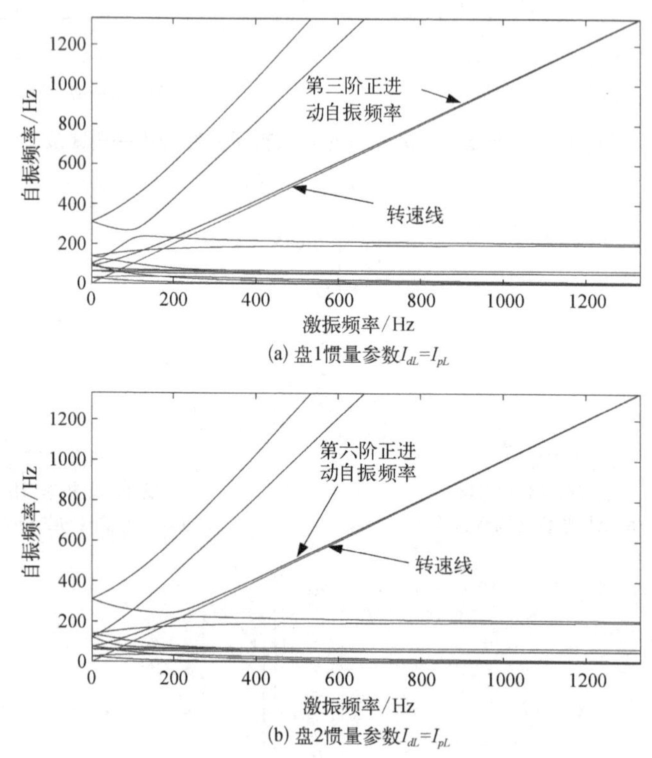

图 19.34　低压转子双盘结构时的坎贝尔图

当低压转子两个盘的惯量参数均满足 $I_{dL}=I_{pL}$ 时，计算得到的坎贝尔图为图 19.36。低压激励第四阶正进动和第六阶反进动模态表现出"临界跟随"特征。第四阶正进动模态振型如图 19.37 所示。盘 1 与盘 2 均在振型的节点。

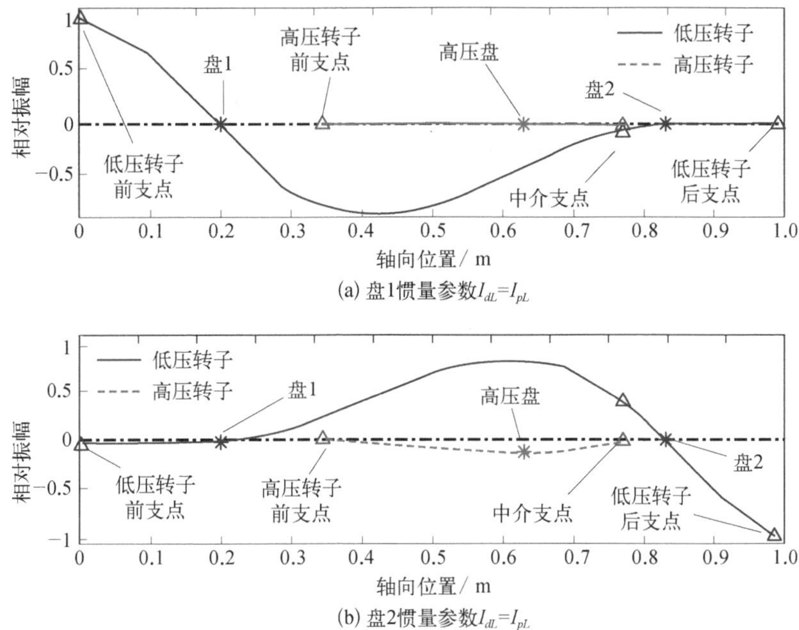

(a) 盘1惯量参数$I_{dL}=I_{pL}$

(b) 盘2惯量参数$I_{dL}=I_{pL}$

图 19.35 “临界跟随”状态下自振频率对应的振型

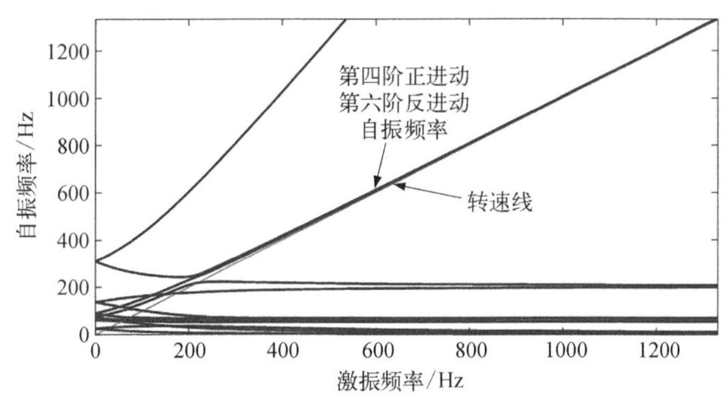

图 19.36 盘 1 与盘 2 惯量参数均满足 $I_{dL}=I_{pL}$ 时对转双转子系统的坎贝尔图

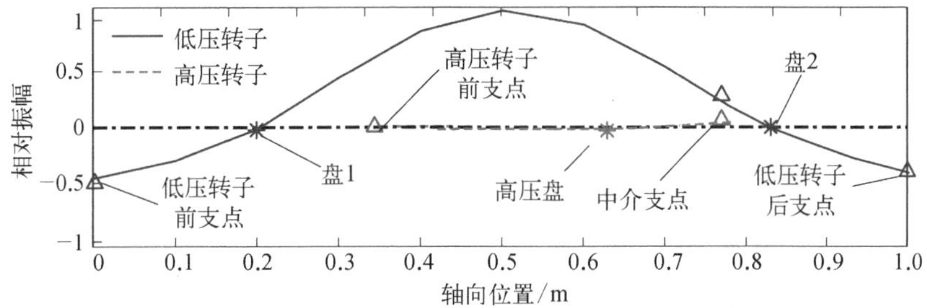

图 19.37 盘 1 与盘 2 惯量参数均满足 $I_{dL}=I_{pL}$ 时低压激励第四阶正进动振型

选取表 19.10 所列的不平衡数据，计算双转子的不平衡响应，结果如图 19.38 所示。

表 19.10　低压转子不平衡质量分布

总不平衡量/(g·cm)	截面 $L1$		截面 $L2$		截面 $L3$		截面 $L4$	
	大小/(g·cm)	相位/(°)	大小/(g·cm)	相位/(°)	大小/(g·cm)	相位/(°)	大小/(g·cm)	相位/(°)
10.0	0	0	4.81	0	5.19	0	0	0

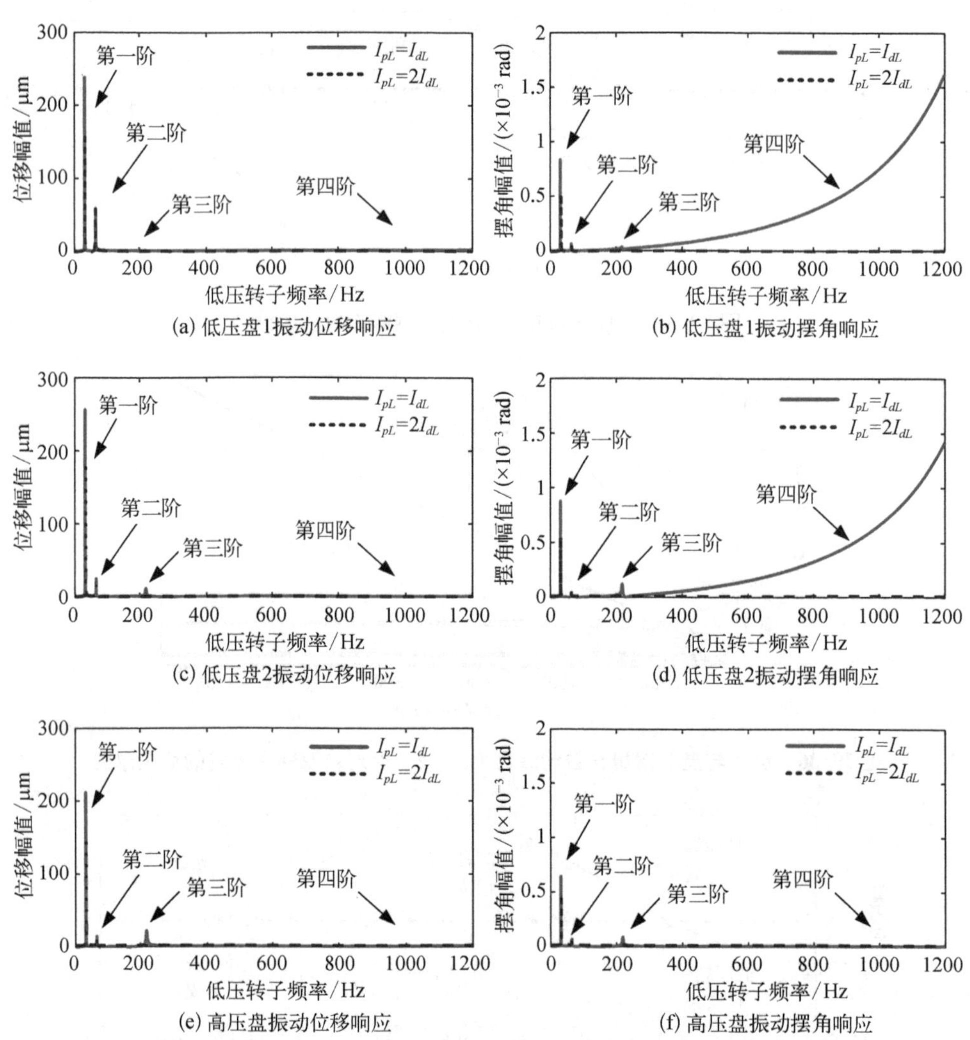

图 19.38　低压转子激励下对转双转子系统的不平衡响应

盘 1 与盘 2 均满足 $I_{dL} = I_{pL}$

由图 19.38 可见，当低压转速越过第三阶临界转速之后，盘 1 和盘 2 的振动摆角随转速增加持续增大。增大律为转速的平方，与图 19.16 所描述的同转条件下的不平衡响应规律相似。因此，不论双转子同转或对转，盘 1 与盘 2 都满足 $I_{dL}=I_{pL}$ 时，与单个盘满足 $I_{dL}=I_{pL}$ 的情况相比，不平衡响应对不平衡激励更为敏感。

2. 低压激励下高压转子叶盘惯量参数满足 $I_{dh}=\eta I_{ph}$

将高压叶盘直径转动惯量 I_{dh} 设置为 1.95 kg · m^2，转速比为 1.5，则高压盘惯量参数恰好满足 $I_{dh}=\eta I_{ph}$。此时，对转双转子系统在低压转子激励条件下的坎贝尔图如图 19.39 所示。由图可见，转子系统第四阶自振频率始终靠近低压转子转速线，表现出“临界跟随”特征。图 19.40 是该自振频率对应的振型，主要为高压转子的俯仰和高压盘的偏摆，属于低压转子激励下的反进动自振频率。虽然该阶自振频率与低压转速“跟随”，但低压转子进动方向与低压转子转速相反。因此，不会与低压转子质量不平衡产生的激振力发生“共振”。

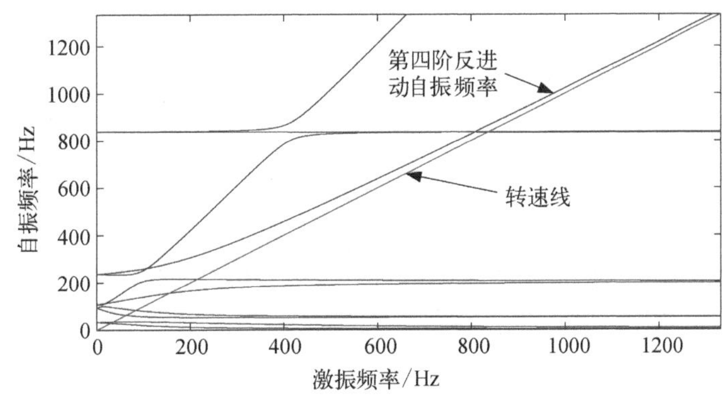

图 19.39　低压转子激励下高压盘惯量参数满足 $I_{dh}=\eta I_{ph}$ 时的坎贝尔图

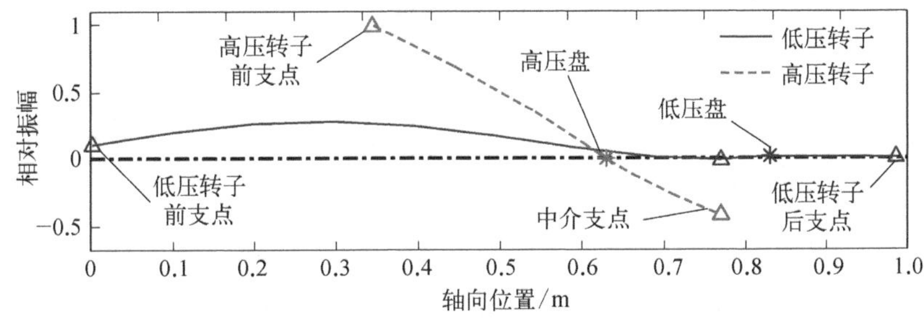

图 19.40　高压盘惯量参数满足 $I_{dh}=\eta I_{ph}$ 时第四阶反进动自振频率对应的振型

此时，即使令低压转子的不平衡质量分布与图 19.40 中的振型相似，如表 19.11 所示，双转子系统的响应也不会出现“临界跟随”现象。图 19.41 为转速比分别等于 1.2 和 1.5 时，对转双转子系统的不平衡响应。其中，当转速比等于 1.5

时，高压盘惯量参数满足 $I_{dh}=\eta I_{ph}$。显然，两种转速比之下，低压转子和高压转子的振动响应仅在第一阶临界转速处存在一定差异，其余转速处几乎重合。而将不平衡激振力替换成不平衡力矩之后，得到图 19.42 所示的对转双转子系统的振动响应。计算结果表明，即使高压盘惯量参数满足 $I_{dh}=\eta I_{ph}$，对转双转子系统的振动响应也不会对低压不平衡力矩过于敏感。

表 19.11　低压转子不平衡质量分布

总不平衡量/(g·cm)	截面 L1		截面 L2		截面 L3		截面 L4	
	大小/(g·cm)	相位/(°)	大小/(g·cm)	相位/(°)	大小/(g·cm)	相位/(°)	大小/(g·cm)	相位/(°)
10.0	3.84	0	4.13	0	2.03	0	0	0

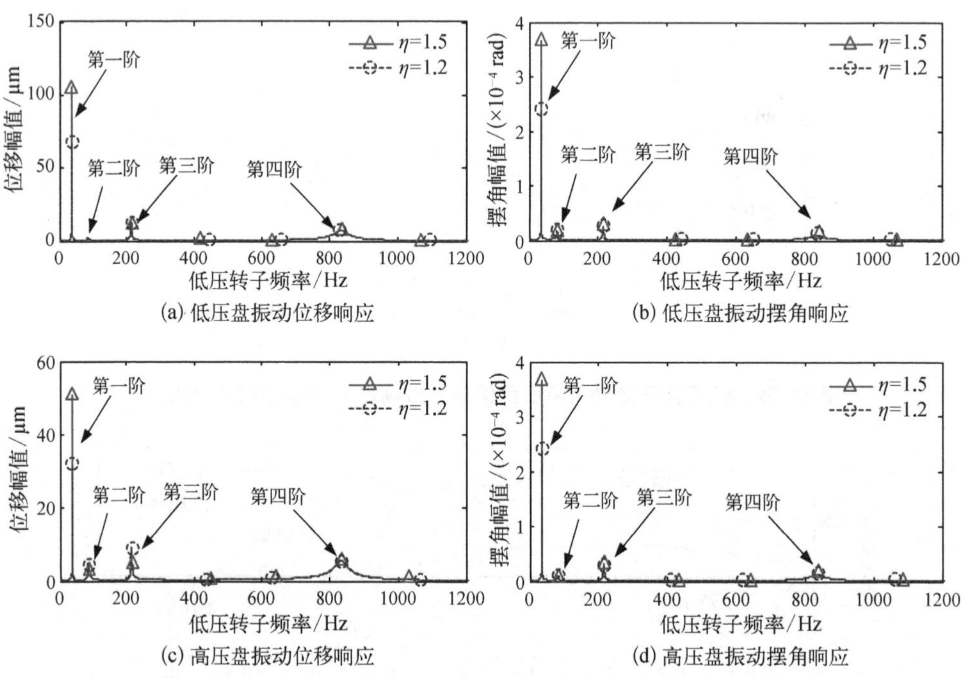

(a) 低压盘振动位移响应　(b) 低压盘振动摆角响应

(c) 高压盘振动位移响应　(d) 高压盘振动摆角响应

图 19.41　低压转子不平衡力激励下对转双转子系统的不平衡响应

$I_{dh}=\eta I_{ph}$

现将与表 19.11 中不平衡质量分布大小相同，但旋转方向相反的反进动激振力代入低压转子，得到双转子系统的振动响应。图 19.43 为低压同步反进动力激励下低压盘及高压盘的振动位移和振动摆角。结果表明，在对转双转子中，当高压

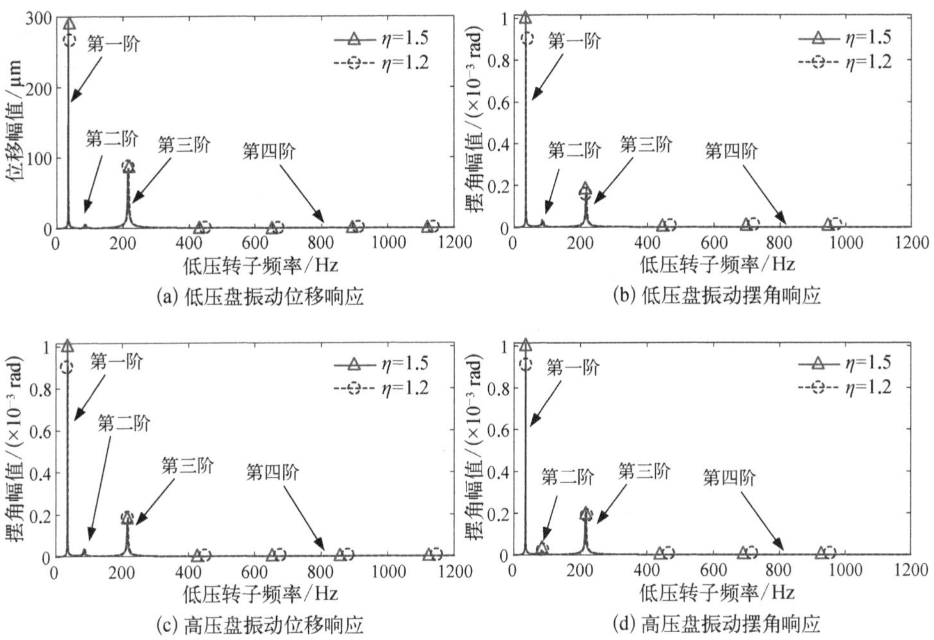

(a) 低压盘振动位移响应　(b) 低压盘振动摆角响应

(c) 高压盘振动位移响应　(d) 高压盘振动摆角响应

图 19.42　低压转子不平衡力矩作用下对转双转子系统振动响应

$I_{dh} = \eta I_{ph}$

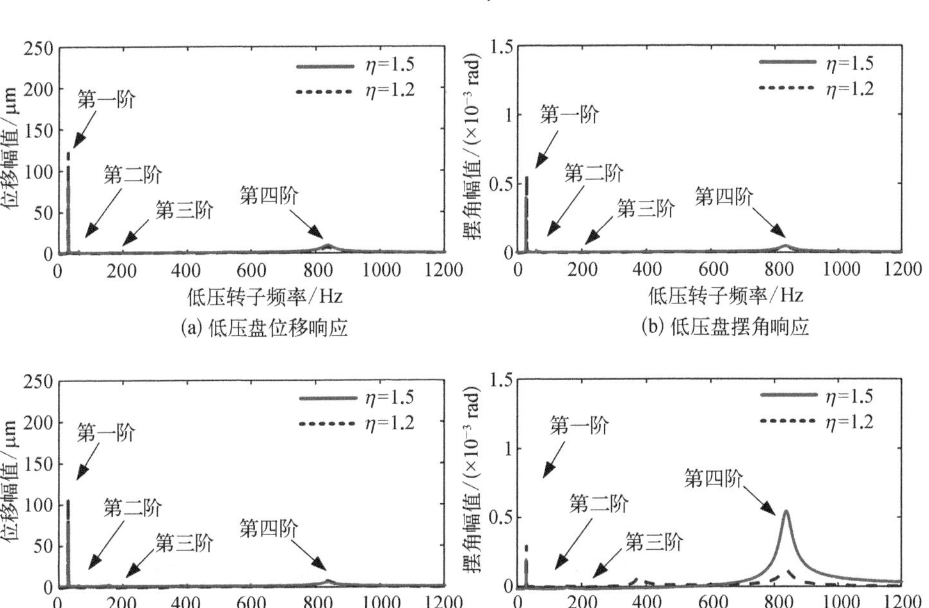

(a) 低压盘位移响应　(b) 低压盘摆角响应

(c) 高压盘位移响应　(d) 高压盘摆角响应

图 19.43　低压同步反进动力激励下对转双转子系统的振动响应

$I_{dh} = \eta I_{ph}$

盘参数满足 $I_{dh}=\eta I_{ph}$ 时，高压转子的振动对低压转子的同步反进动激振力非常敏感，并在反进动激励条件下出现“临界跟随”现象。

3. 高压激励下低压转子叶盘惯量参数满足 $I_{dL}=I_{pL}/\eta$

基于表 19.2 所列的参数，取转速比为 2，则低压盘惯量参数恰好满足 $I_{dL}=I_{pL}/\eta$。图 19.44 为相应的坎贝尔图。其中，第三阶自振频率曲线“跟随”高压转子转速线。该曲线对应的模态振型如图 19.45 所示，为低压轴弯曲及低压盘偏摆振型，属于高压转子激励下的反进动自振频率。因此，高压转子质量不平衡产生的激振力不会引起该阶模态“共振”，仅在高压转子同步反进动激振力作用下才会表现出动力学“临界跟随”特征。

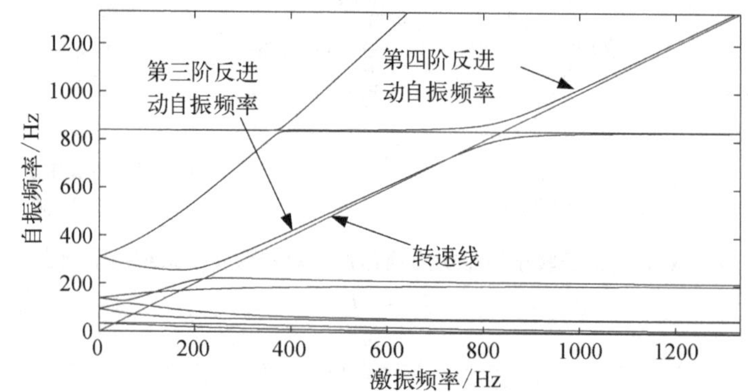

图 19.44　高压转子激励下满足 $I_{dh}-\eta I_{ph}=0$ 时的坎贝尔图

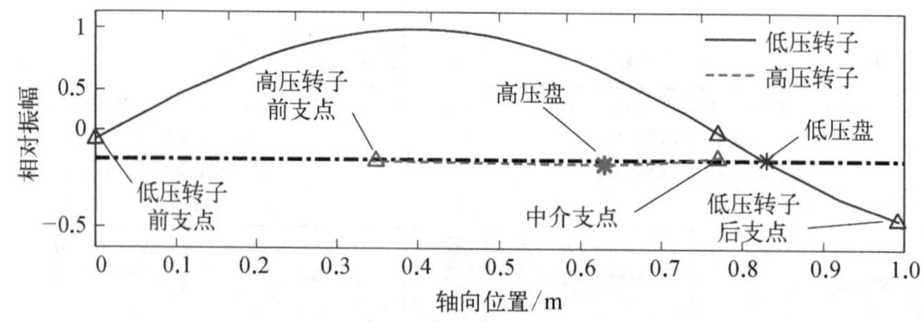

图 19.45　第三阶反进动自振频率对应的振型

表 19.12 中所列不平衡分布与图 19.45 中的高压转子振型相似。在此条件下，对转双转子系统的不平衡响应如图 19.46 所示。其中，实线对应的转速比为 2.0，恰好使低压盘参数满足 $I_{dL}=I_{pL}/\eta$；虚线对应的转速比为 1.5，使低压盘参数避开了 $I_{dL}=I_{pL}/\eta$ 的条件。从计算结果来看，无论是低压转子还是高压转子，除第一阶临界转速外，两种转速比下的振动响应几乎重合。

表 19.12　高压转子不平衡质量分布

总不平衡量/(g·cm)	截面 $h1$		截面 $h2$		截面 $h3$	
	大小/(g·cm)	相位/(°)	大小/(g·cm)	相位/(°)	大小/(g·cm)	相位/(°)
10.0	3.95	0	1.89	0	4.16	19.0

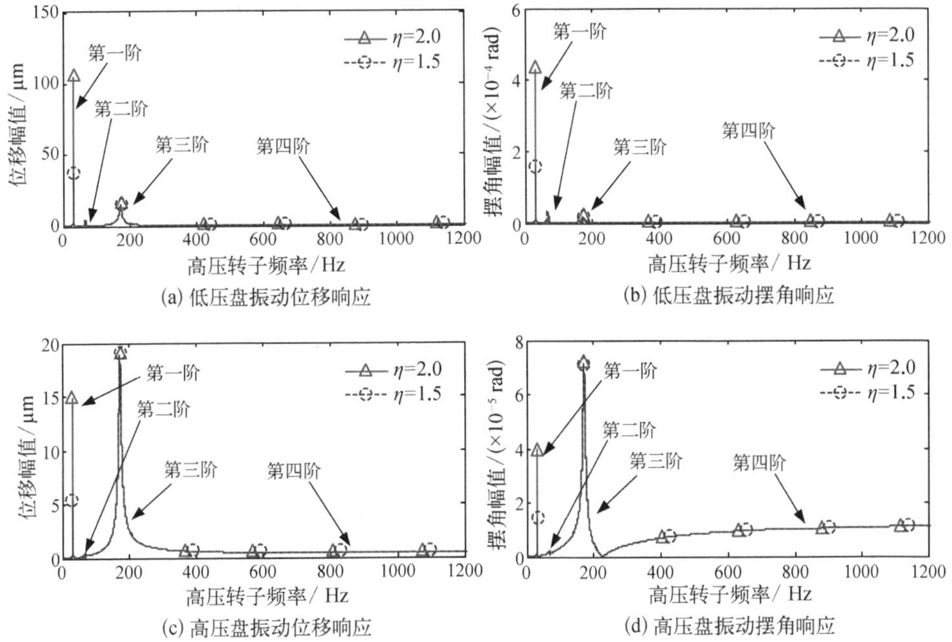

(a) 低压盘振动位移响应

(b) 低压盘振动摆角响应

(c) 高压盘振动位移响应

(d) 高压盘振动摆角响应

图 19.46　高压转子激励下对转双转子系统的不平衡响应

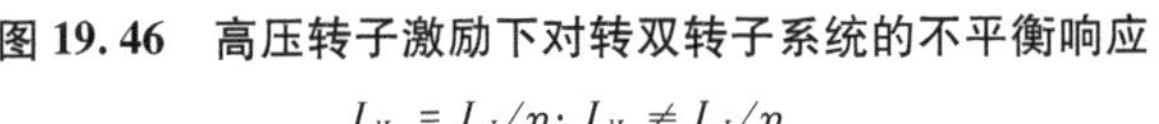

$I_{dL} = I_{pL}/\eta$; $I_{dL} \neq I_{pL}/\eta$

图 19.47 是高压转子不平衡力矩作用下,对转双转子系统的振动响应。计算条件为高压盘厚度等于 0.1 m,等效不平衡量为 10 g,位于高压盘边缘半径 0.1 m 处。同样地,两种转速比下的高、低压转子振动响应仅在第一阶临界转速处存在明显差异。但相比于图 19.46 的不平衡响应而言,图 19.47 中双转子系统在第一阶临界转速处的振动明显增大。由此说明,高压转子的不平衡力矩对双转子系统的振动影响较大。

但将不平衡质量产生的激振力替换为大小相同、方向相反的反进动激振力后,双转子系统便会出现“临界跟随”现象。图 19.48 为高压同步反进动激励下,低压盘的振动位移和摆角响应。显然,当转速比使得 $I_{dL} = I_{pL}/\eta$ 的条件满足时,低压盘的振动摆角对高压同步反进动激振力非常敏感,振动幅值随转速升高持续增大。

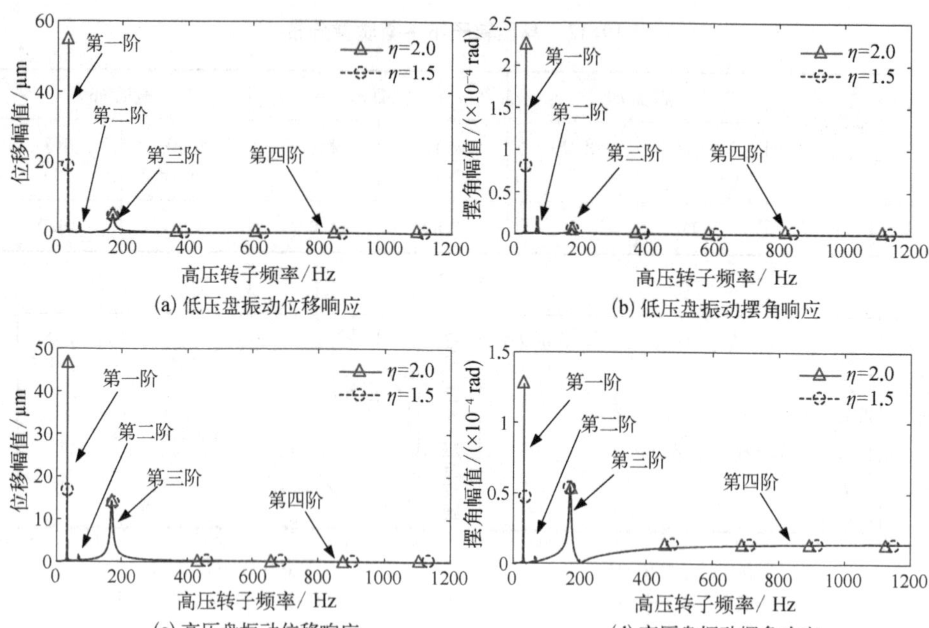

(a) 低压盘振动位移响应　(b) 低压盘振动摆角响应

(c) 高压盘振动位移响应　(d) 高压盘振动摆角响应

图 19.47　高压转子不平衡力矩作用下对转双转子系统振动响应

$I_{dL}=I_{pL}/\eta$；$I_{dL}\neq I_{pL}/\eta$

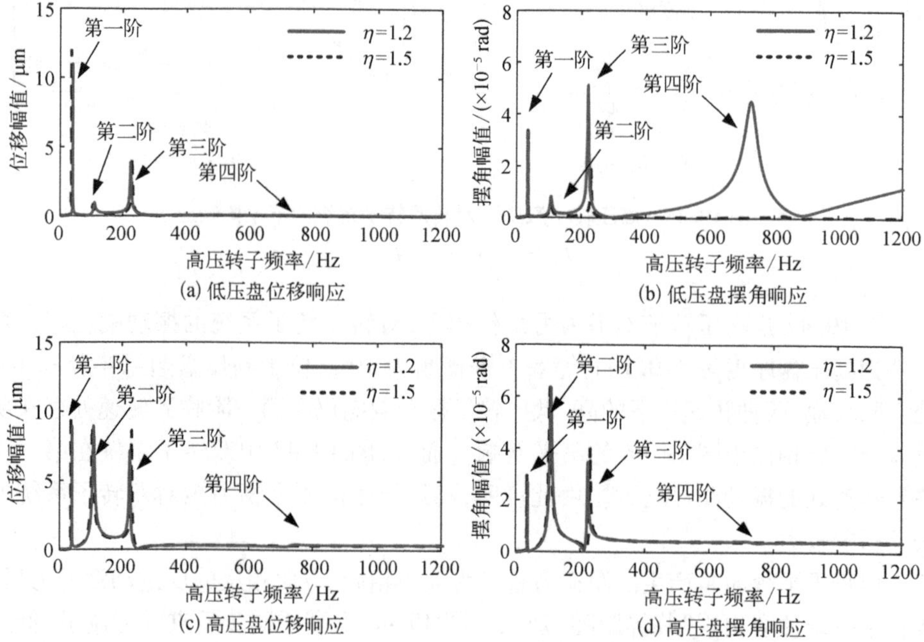

(a) 低压盘位移响应　(b) 低压盘摆角响应

(c) 高压盘位移响应　(d) 高压盘摆角响应

图 19.48　高压同步反进动激励下对转双转子系统的振动响应

$I_{dL}=I_{pL}/\eta$；$I_{dL}\neq I_{pL}/\eta$

4. 高压激励下高压转子叶盘惯量参数满足 $I_{dh}=I_{ph}$

在表19.2所列的参数条件下，将高压盘的直径转动惯量 I_{dh} 设置为1.3 kg·m^2，高压盘惯量参数恰好满足 $I_{dh}=I_{ph}$，转速比设置为1.5。图19.49为高压不平衡激励条件下对转双转子系统坎贝尔图。此时，第四阶自振频率在一定转速后始终"跟随"高压转子转速线。该阶频率对应的振型如图19.50所示，为高压转子俯仰以及高压盘的偏摆振型，属于正进动自振频率，会在不平衡质量作用下表现出动力学"临界跟随"特征。表19.13中所列的不平衡质量分布与图19.50中的高压转子振型相似，用于转子的不平衡响应计算。

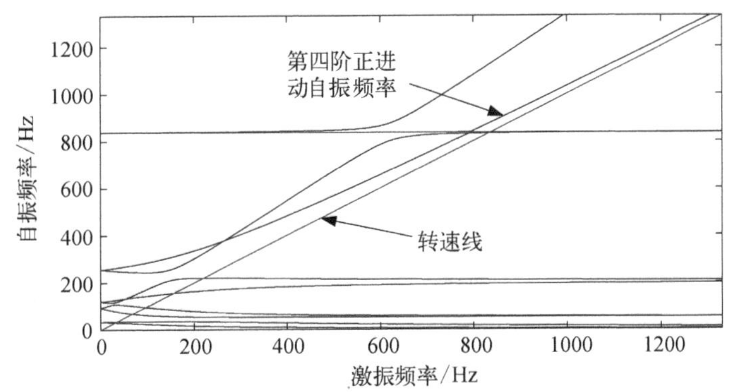

图19.49 高压转子激励下高压盘惯量参数满足 $I_{dh}=I_{ph}$ 时的坎贝尔图

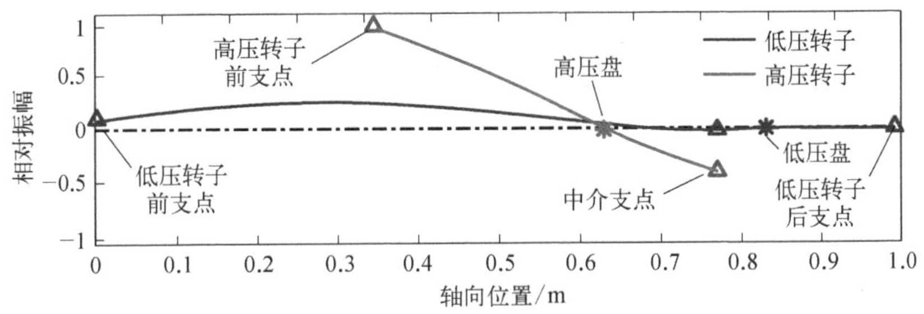

图19.50 高压转子激励下高压盘惯量参数满足 $I_{dh}=I_{ph}$ 时第四阶正进动自振频率对应的振型

表19.13 高压转子不平衡质量分布

总不平衡量/(g·cm)	截面 $h1$		截面 $h2$		截面 $h3$	
	大小/(g·cm)	相位/(°)	大小/(g·cm)	相位/(°)	大小/(g·cm)	相位/(°)
10.0	6.72	0	0	0	3.28	19.0

图 19.51 是 $I_{ph} = I_{dh}$ 和 $I_{ph} = 2I_{dh}$ 两种条件下,对转双转子系统的不平衡响应。计算结果与 19.3.2 节中同转状态下的响应规律一致,在超过一定转速后,高压盘的振动位移几乎为 0,但高压盘的振动摆角不断增大。可见,当高压盘惯量参数满足 $I_{dh} = I_{ph}$ 时,对转双转子系统表现出"临界跟随"特征,高压转子振动对高压不平衡质量分布非常敏感。在不平衡力矩作用下,对转双转子也有同样的规律。图 19.52 为高压不平衡力矩作用下双转子系统的振动响应。其中,$I_{ph} = I_{dh}$ 条件下的高压盘振动摆角随转速升高不断增大。同时,高、低压转子在第一阶临界转速处的振动幅值也明显增大。

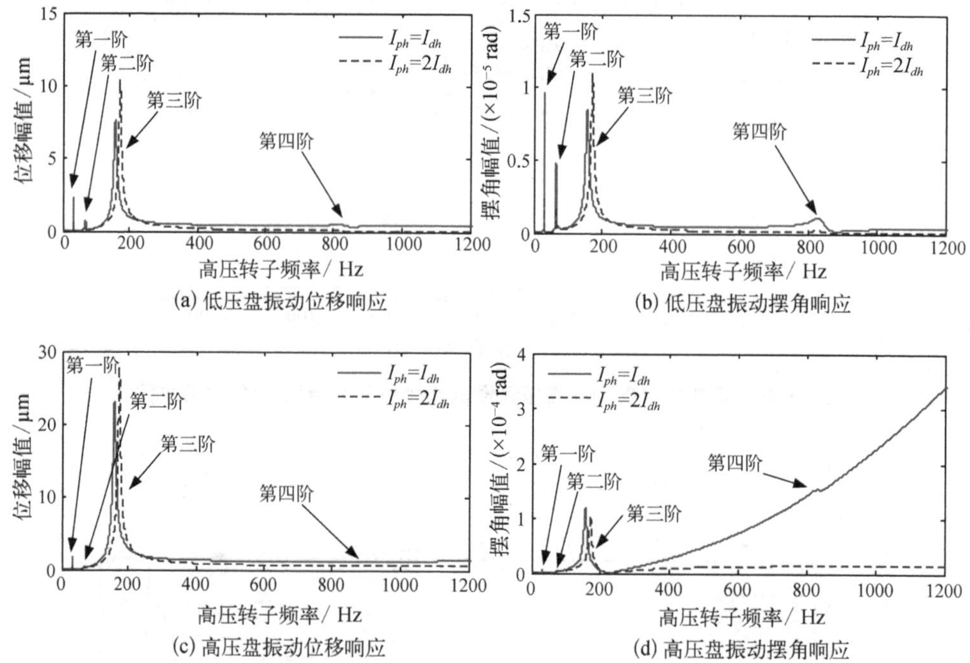

(a) 低压盘振动位移响应

(b) 低压盘振动摆角响应

(c) 高压盘振动位移响应

(d) 高压盘振动摆角响应

图 19.51 高压转子不平衡力激励下对转双转子系统的不平衡响应

$I_{dh} = I_{ph}$; $I_{ph} = 2I_{dh}$

综上所述,在对转双转子系统中,对于转子不平衡质量引起的同步正进动激振力而言,仅当参数满足 $I_{dL} = I_{pL}$ 或 $I_{dh} = I_{ph}$ 时转子系统会表现出动力学"临界跟随"特征。随转速升高,系统会持续处于共振状态,振动响应也会对不平衡质量分布非常敏感。在转子动力学设计过程中应尽量避免这两种情况出现。若对转双转子系统运行过程中,出现同步反进动激振力(例如,转静碰摩),则参数满足 $I_{dh} = \eta I_{ph}$ 或 $I_{dL} = I_{pL}/\eta$ 时,转子系统会表现出反进动"临界跟随"特征。

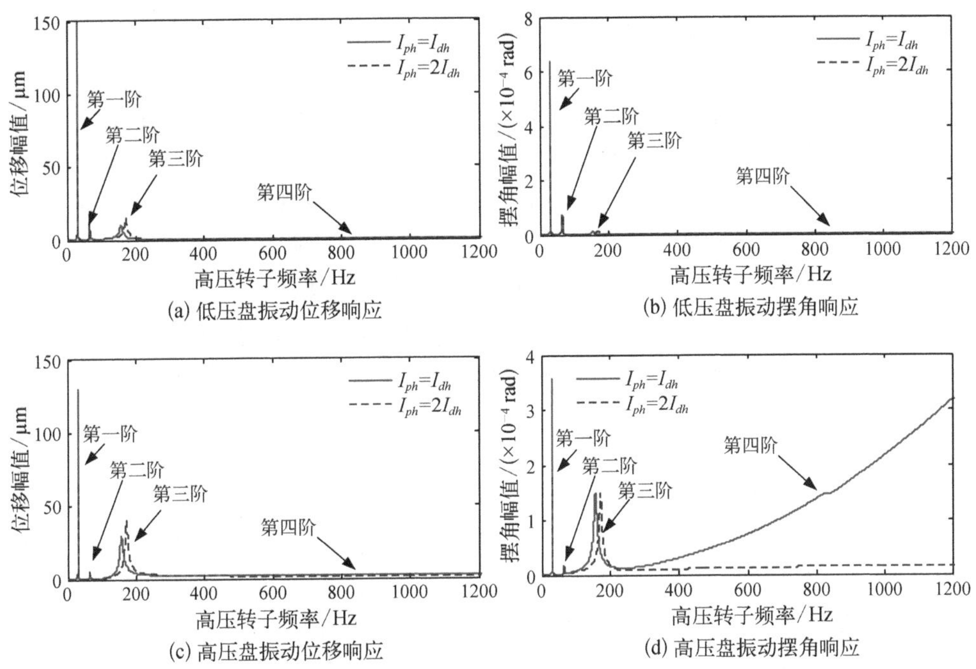

(a) 低压盘振动位移响应

(b) 低压盘振动摆角响应

(c) 高压盘振动位移响应

(d) 高压盘振动摆角响应

图 19.52　高压转子不平衡力矩作用下对转双转子系统振动响应

$I_{dh} = I_{ph}$; $I_{ph} = 2I_{dh}$

19.5　“临界跟随”状态下双转子动力学特性计算结果总结

本章对双转子系统“临界跟随”特性和“临界跟随”状态下双转子的不平衡响应进行了计算和分析,现将结果总结如下。

19.5.1　同转的双转子系统

1. 低压转子为主激励转子

当 $I_{dL}=I_{pL}$ 时,某一阶低压转子激励下的模态会具有“临界跟随”特性。低压转子上的不平衡会使高压转子和低压转子同时表现出“临界跟随”特征,摆振角度在该阶模态下均增大,且随转速增加而持续增大。而惯量参数满足 $I_{dL}=I_{pL}$ 的低压盘上的不平衡力矩作用更加突出。

当 $I_{dh}=\eta I_{ph}$ 时,也会使某一阶低压转子激励下的模态具有“临界跟随”特性。但低压转子上的不平衡激励主要使满足参数条件 $I_{dh}=\eta I_{ph}$ 的高压盘表现出“临界跟随”特征,即该盘振动出现明显的临界峰值。这一条件下的“临界跟随”特征不

如 $I_{dL}=I_{pL}$ 条件下的特征突出。

2. 高压转子为主激励转子

与上述情况类似，当 $I_{dh}=I_{ph}$ 时，某一阶高压转子激励下的模态会具有“临界跟随”特性。高压转子上的不平衡激励会使高压转子和低压转子同时表现出“临界跟随”特征，摆振角度在该阶模态下均增大，且随转速增加而持续增大。而惯量参数满足 $I_{dh}=I_{ph}$ 的高压盘上存在不平衡力矩时，振动峰值更加突出。

当 $I_{dL}=I_{pL}/\eta$ 时，也会使某一阶高压转子激励下的模态具有“临界跟随”特性。高压转子上的不平衡主要使满足参数条件 $I_{dL}=I_{pL}/\eta$ 的低压盘表现出“临界跟随”特征，但响应增加不突出。“临界跟随”特征主要凸显在 $I_{dh}=I_{ph}$ 条件下。

19.5.2 对转的双转子系统

1. 低压转子为主激励转子

与同转双转子类似，当 $I_{dL}=I_{pL}$ 时，某一阶低压转子激励下的模态会具有“临界跟随”特性。低压转子上的不平衡会使高压转子和低压转子同时表现出“临界跟随”特征，摆振角度在该阶模态下均增大，且随转速增加而持续增大。而惯量参数满足 $I_{dL}=I_{pL}$ 的低压盘上的不平衡力矩作用更加突出。另外，当 $I_{dL}=I_{pL}$ 时，各阶模态下转子的振动响应对低压转子不平衡的敏感度要明显高于同转转子。

对于对转双转子系统，由于转速比为负，即 $\eta<0$，故 $I_{dh}=\eta I_{ph}$ 并不成立。因此，参数条件(19.21)和参数条件(19.23)不适用于对转双转子系统。

但须注意，当低压转子上出现同步反进动激振力时，例如，转静碰摩，会使满足参数条件 $I_{dh}=\eta I_{ph}$ 的高压盘表现出反进动“临界跟随”特征。在发动机运行过程中，转静碰摩会经常发生。“临界跟随”可能会使转子的振动对转静碰摩很敏感，从而降低转子系统的抗振特性。

2. 高压转子为主激励转子

当 $I_{dh}=I_{ph}$ 时，某一阶高压转子激励下的模态会具有“临界跟随”特性。高压转子上的不平衡会使高压转子和低压转子表现出“临界跟随”特征。特别是惯量参数满足 $I_{dh}=I_{ph}$ 的高压盘的摆振随转速增加持续显著增大。

对于对转双转子系统，同样由于转速比为负，即 $\eta<0$，故 $I_{dL}=I_{pL}/\eta$ 不成立。

类似地，高压转子上出现的同步反进动激振力会使满足参数条件 $I_{dL}=I_{pL}/\eta$ 的低压盘表现出“临界跟随”特征。如上所述，这可能会降低转子系统的抗振能力。

参考文献

[1] GASCH R, NORDMANN R, PFÜTZNER H. Rotordynamik[M]. Berlin: Springer, 2002.

[2] 廖明夫. 航空发动机转子动力学[M]. 西安：西北工业大学出版社，2015.

[3] 李岩,廖明夫. 航空发动机双转子系统“临界跟随”现象的机理及影响[J]. 航空动力学报,2019,34(11): 2403-2413.
[4] 李岩. 航空发动机转子系统可容模态优化设计方法与实验研究[D]. 西安: 西北工业大学,2020.

第 20 章

航空发动机双转子系统动力学设计

航空发动机双转子-支承系统含有两个转子,即高压转子和低压转子。通常,高、低压转子之间设置有中介轴承,用于支承高压转子的涡轮端,从而形成耦合结构。双转子系统为一多源激励系统。如本书第 14 章、第 18 章和第 19 章所述,由于存在高压激励源和低压激励源,因此,双转子系统的模态分为高压转子激励的模态和低压转子激励的模态两类模态。一个转子的不平衡质量不仅引起该转子的振动,还会引起另一个转子的振动。体现出激励源响应间的耦合。另外,双转子系统的模态和振动响应还与高、低压转子的转速和转速控制律,包括转动方向紧密相关,表现出结构与控制间的耦合。除此之外,双转子还存在流体和热效应与结构间的耦合。概括而言,发动机的双转子系统是一个多因素耦合的复杂动力学系统,其动力学设计难度很高。本章不涉及流体和热效应与结构间的耦合。

正如本书第 15 章和第 16 章所指出的,高性能航空发动机工作转速范围内存在若干阶临界转速,要求在任意转速下均能长时间工作,无法保证工作转速与临界转速之间的裕度要求,转子的动力学设计要从“避开共振”的减振设计向“容忍共振”的抗振设计发展。这对发动机转子动力学设计带来了新的挑战。本章重点论述的“可容模态”设计方法就是与之对应的设计方法。

以前面章节内容为基础,本章系统地描述航空发动机双转子动力学优化设计方法。首先阐述双转子动力学优化设计流程,并给出优化设计的初始模型,进而讨论转子系统不平衡响应关于设计参数的灵敏度,分别介绍以“裕度准则”为基础的优化设计方法和“可容模态”优化设计方法,并给出设计示例。

20.1 双转子动力学优化设计要求和流程

转子动力学优化设计应与气动性能设计和结构设计同步,且需要在模型与设计准则的指导下进行[1,2]。因而,在设计中要受到气动性能设计和结构设计的约束。例如,轮盘的数目、尺寸和质量,受到气动和结构设计的约束,在转子动力学优化设计中认为是固定值,而不作为设计参数;高、低压转速比,即转速控制律,受到气动性能和控制系统的约束，因而在转子动力学优化设计中，其取值范围应按照转速控制律来设置。

对于航空发动机设计来说，转子动力学设计的主要目标在于减振和抗振。所谓减振，就是使转子在发动机工作过程中，振动指标不能超限，且尽量减小，简言之“避开振动”。而抗振性能则指，相同的振动指标下，转子的可靠性高；或在保证相同的可靠性下，所能承受的振动指标更高，简言之“容忍振动”。这是发动机转子动力学设计的两个方面，理想的设计目标是追求二者的统一。正如本章概述所言，在高性能、高推重比和多变工况的要求下，实现二者兼顾的设计目标，非常困难。只能在诸多约束条件下，进行折中和优化。

转子动力学设计需要满足五项主要设计要求[1-3]：

（1）转子临界转速在恰当的转速范围。

（2）转子挠曲应变能应在容许的范围。

（3）动/静件间隙（如工作叶片与机匣间隙）应最小。

（4）支承结构载荷应在容许范围。

（5）转子稳定性储备应足够。

在以往的设计中，临界转速、应变能和稳定性要求是约束条件，要求工作转速避开各阶临界转速（避开共振），并留有±20%的裕度（转速裕度准则），转轴的应变能小于总应变能的 25%，且系统不能出现失稳故障[1]。在满足发动机性能和推重比要求下，如果能够达到这样的设计目标，这将是最有效的减振设计。

但对于新一代发动机，高推重比和高机动性能成为关键指标，现代航空发动机工作转速范围内，会存在若干阶临界转速。采用上述“避开共振”的设计准则，无法设计出发动机的转子系统。如本书第 15 章和第 16 章所述，必须运用“可容模态”设计方法来设计转子系统，以使转子具有“容忍共振”的抗振能力。

本节首先分析转子系统的不平衡响应对转子设计参数的灵敏度；其次，介绍按照“转速裕度准则”进行转子系统动力学优化设计的方法；最后，介绍转子“可容模态”的设计方法。

设计参数设置为转子的尺寸参数以及轴承参数。另外，将转速比也设定为一个设计参数。

双转子动力学优化设计流程如图 20.1 所示。

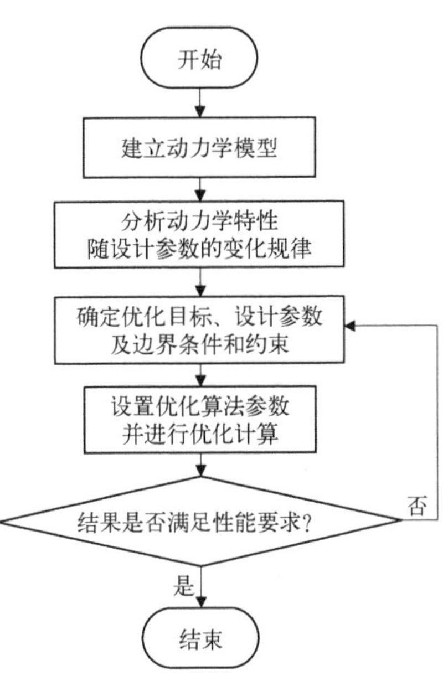

图 20.1　双转子动力学优化设计流程

图中,性能要求包括模型与设计准则的要求、气动性能要求和结构设计要求等。

20.2 双转子动力学优化设计模型和参数

在航空发动机双转子的设计中,经常是在已有模型的基础上进行改进,而非每次都从零开始新的设计。本章的航空发动机双转子优化设计以第 14.2.6 中的双转子为原始模型,在该模型的基础上进行优化设计。

双转子模型如图 20.2 所示。双转子系统的参数如表 20.1 至表 20.3 所示。材料参数为: $E = 2.069 \times 10^{11}\ \mathrm{N/m^2}$, $G = E/2.6$, $\rho = 8\ 304\ \mathrm{kg/m^3}$。

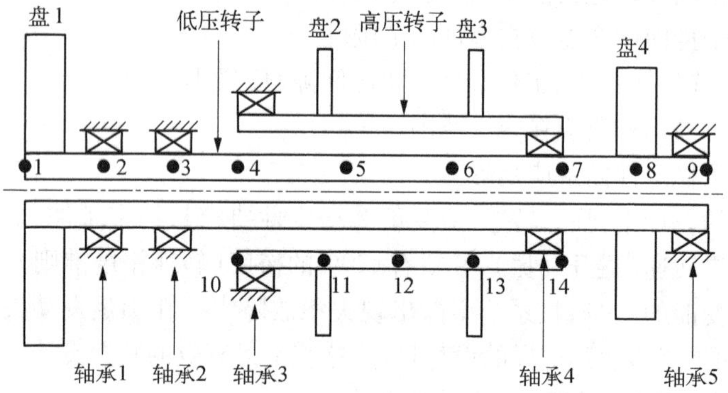

图 20.2 双转子系统模型[3-5]

表 20.1 双转子系统分段尺寸

高压/低压转子	轴段(节点-节点)	长度/($\times 10^{-2}$ m)	内半径/($\times 10^{-2}$ m)	外半径/($\times 10^{-2}$ m)
低压转子	1-2	5.08	0.7	1.524
	2-3	5.08	0.7	1.524
	3-4	5.08	0.7	1.524
	4-5	8.89	0.7	1.524
	5-6	7.62	0.7	1.524
	6-7	7.62	0.7	1.524
	7-8	5.08	0.7	1.524
	8-9	5.08	0.7	1.524
	9	0	0	0

续　表

高压/低压转子	轴段(节点-节点)	长度/($\times10^{-2}$ m)	内半径/($\times10^{-2}$ m)	外半径/($\times10^{-2}$ m)
高压转子	10－11	5.08	1.905	2.54
	11－12	7.62	1.905	2.54
	12－13	7.62	1.905	2.54
	13－14	5.08	1.905	2.54

其中,节点 9 是低压转子的最右端,在计算中,其长度、内径和外径均置为 0。

表 20.2　双转子系统盘的参数

高压/低压转子	节　点	质量/kg	极转动惯量/($\times10^{-4}$ kg·m^2)	直径转动惯量/($\times10^{-4}$ kg·m^2)
低压转子	1	4.904	271.2	135.6
	8	4.203	203.4	101.7
高压转子	11	3.327	146.9	73.4
	13	2.277	97.2	48.6

表 20.3　双转子系统轴承参数

高压/低压转子	节　点	刚度/(N/m)	阻尼/(N·s/m)
低压转子	2	26 279 500	100
	3	26 279 500	100
	7,14	8 759 800	100
	9	17 519 700	100
高压转子	10	17 519 700	100

20.3　转子系统不平衡响应关于设计参数的灵敏度分析[3,4]

在优化设计之前,应首先进行不平衡响应关于设计参数的灵敏度分析,以探明参数变化时,不平衡响应的变化规律。进行灵敏度分析可以得到各个设计参数对不平衡响应的影响程度，从而可以为确定参数优化的优先级和优化方向提供指导。

如前所述，双转子系统的不平衡响应计算公式为

$$\begin{Bmatrix} \boldsymbol{q}_c \\ \boldsymbol{q}_s \end{Bmatrix} = \begin{bmatrix} \boldsymbol{K} - \boldsymbol{M}\Omega^2 & \Omega(\boldsymbol{C} - \Omega_L \boldsymbol{G}_L - \Omega_h \boldsymbol{G}_h) \\ -\Omega(\boldsymbol{C} - \Omega_L \boldsymbol{G}_L - \Omega_h \boldsymbol{G}_h) & \boldsymbol{K} - \boldsymbol{M}\Omega^2 \end{bmatrix}^{-1} \begin{Bmatrix} \boldsymbol{Q}_c \\ \boldsymbol{Q}_s \end{Bmatrix} \tag{20.1}$$

可简化为

$$\boldsymbol{Y} = \boldsymbol{A}^{-1}\boldsymbol{Q} \tag{20.2}$$

式中，$\boldsymbol{Y} = \begin{Bmatrix} \boldsymbol{q}_c \\ \boldsymbol{q}_s \end{Bmatrix}$；$\boldsymbol{A} = \begin{bmatrix} \boldsymbol{K} - \boldsymbol{M}\Omega^2 & \Omega(\boldsymbol{C} - \Omega_L \boldsymbol{G}_L - \Omega_h \boldsymbol{G}_h) \\ -\Omega(\boldsymbol{C} - \Omega_L \boldsymbol{G}_L - \Omega_h \boldsymbol{G}_h) & \boldsymbol{K} - \boldsymbol{M}\Omega^2 \end{bmatrix}$；$\boldsymbol{Q} = \begin{Bmatrix} \boldsymbol{Q}_c \\ \boldsymbol{Q}_s \end{Bmatrix}$。

将不平衡响应按照各个设计参数 $p = p_1, p_2, \cdots, p_m$ 进行泰勒展开，并忽略展开式中参数的二次方和二次方以上的项，得

$$\boldsymbol{Y} = \boldsymbol{Y}_0 + \sum_{i=1}^{m} \left. \frac{\partial \boldsymbol{Y}}{\partial p_i} \right|_0 \Delta p_i \tag{20.3}$$

可以将 $\partial \boldsymbol{Y}/\partial p_i$ 定义为稳态不平衡响应关于设计参数 p_i 的灵敏度。

对式(20.2)关于设计参数 p_i 求导，可得

$$\frac{\partial \boldsymbol{Y}}{\partial p_i} = \frac{\partial \boldsymbol{A}^{-1}}{\partial p_i}\boldsymbol{Q} + \boldsymbol{A}^{-1}\frac{\partial \boldsymbol{Q}}{\partial p_i} \tag{20.4}$$

为便于能够直接求导运算，进行如下的变换：

$$\begin{aligned} \frac{\partial \boldsymbol{A}^{-1}}{\partial p_i} &= \frac{\partial (\boldsymbol{A}^{-1}\boldsymbol{A}\boldsymbol{A}^{-1})}{\partial p_i} \\ &= \frac{\partial (\boldsymbol{A}^{-1}\boldsymbol{A})}{\partial p_i}\boldsymbol{A}^{-1} + \boldsymbol{A}^{-1}\boldsymbol{A}\frac{\partial \boldsymbol{A}^{-1}}{\partial p_i} \\ &= \frac{\partial \boldsymbol{A}^{-1}}{\partial p_i}\boldsymbol{A}\boldsymbol{A}^{-1} + \boldsymbol{A}^{-1}\frac{\partial \boldsymbol{A}}{\partial p_i}\boldsymbol{A}^{-1} + \boldsymbol{A}^{-1}\boldsymbol{A}\frac{\partial \boldsymbol{A}^{-1}}{\partial p_i} \\ &= \frac{\partial \boldsymbol{A}^{-1}}{\partial p_i} + \boldsymbol{A}^{-1}\frac{\partial \boldsymbol{A}}{\partial p_i}\boldsymbol{A}^{-1} + \frac{\partial \boldsymbol{A}^{-1}}{\partial p_i} \end{aligned}$$

$$\frac{\partial \boldsymbol{A}^{-1}}{\partial p_i} = -\boldsymbol{A}^{-1}\frac{\partial \boldsymbol{A}}{\partial p_i}\boldsymbol{A}^{-1} \tag{20.5}$$

代入方程(20.4)，得

$$\frac{\partial \boldsymbol{Y}}{\partial p_i} = -\boldsymbol{A}^{-1}\frac{\partial \boldsymbol{A}}{\partial p_i}\boldsymbol{A}^{-1}\boldsymbol{Q} + \boldsymbol{A}^{-1}\frac{\partial \boldsymbol{Q}}{\partial p_i}$$
$$= -\boldsymbol{A}^{-1}\frac{\partial \boldsymbol{A}}{\partial p_i}\boldsymbol{Y} + \boldsymbol{A}^{-1}\frac{\partial \boldsymbol{Q}}{\partial p_i} \tag{20.6}$$

式中,矩阵 $\boldsymbol{A}$ 包含设计参数,是尺寸、质量、材料、轴承刚度、阻尼等参数的函数; $\boldsymbol{Q}$ 为不平衡量的函数。

单纯改变不平衡量时, $\partial \boldsymbol{A}/\partial p_i = 0$。 如果不平衡量不改变,而只改变其他设计参数,则 $\partial \boldsymbol{Q}/\partial p_i = 0$, 这时,式(20.6)变为

$$\frac{\partial \boldsymbol{Y}}{\partial p_i} = -\boldsymbol{A}^{-1}\frac{\partial \boldsymbol{A}}{\partial p_i}\boldsymbol{Y} \tag{20.7}$$

式中, $\boldsymbol{A}^{-1}$ 和 $\boldsymbol{Y}$ 在不平衡响应中已经求得。因而,灵敏度求解的主要工作是求矩阵 $\boldsymbol{A}$ 对设计参数 p_i 的偏导数,也就是求质量矩阵、刚度矩阵、阻尼矩阵及陀螺效应矩阵对设计参数的偏导数。对于独立的各个设计参数,除了轮盘和支承的位置,很容易求得各自的偏导数。以下分别予以推导。

20.3.1　轮盘元素

轮盘元素的设计参数有三个: 质量、极转动惯量和直径转动惯量。这三个量一般会同时变化。这时,可以分别讨论三个量变化的情况,然后进行线性叠加。在以下讨论中,设定盘在双转子系统中的节点号为 j。

1. 变化盘质量 m_d

变化盘质量 m_d 时,只有盘的质量矩阵 $\boldsymbol{M}_T^d$ 对盘质量的偏导数不为 0,其他矩阵对盘质量的偏导数均为 0。转子系统质量矩阵对盘质量 m_d 的偏导数为

$$\frac{\partial \boldsymbol{M}}{\partial m_d} = \begin{array}{c} \begin{array}{ccc} 4j-3 & & 4j \end{array} \\ \left[\begin{array}{c:c:c} 0 & 0 & 0 \\ \hdashline 0 & \left(\dfrac{(\boldsymbol{M}_T^d)_j}{m_d}\right)_{(4\times4)} & 0 \\ \hdashline 0 & 0 & 0 \end{array}\right]_{(4n\times4n)} \begin{array}{l} 4j-3 \\ \\ 4j \end{array} \end{array} \tag{20.8}$$

在此 $4n \times 4n$ 阶方阵中,只有第 $4j-3$ 行到第 $4j$ 行、第 $4j-3$ 列到第 $4j$ 列组成的 4×4 阶方阵不为 0,其余均为 0。如果该盘在低压轴上,则上式中,转子系统质量矩阵为 $\boldsymbol{M}_L$; 若在高压转子上,则为 $\boldsymbol{M}_h$。

2. 变化盘极转动惯量 I_p

当盘极转动惯量 I_p 变化时,只有盘的陀螺效应矩阵 $\boldsymbol{G}^d$ 随之变化,而其他矩阵

不受影响。故只有盘的陀螺效应矩阵 $\boldsymbol{G}^d$ 对 I_p 的偏导数不为 0,其他矩阵对 I_p 的偏导数均为 0。转子系统陀螺效应矩阵对 I_p 的偏导数为

$$\frac{\partial \boldsymbol{G}}{\partial I_p}=\begin{array}{c} \begin{matrix} \quad 4j-3 & \qquad\qquad 4j \end{matrix} \\ \left[\begin{array}{c:c:c} 0 & 0 & 0 \\ \hdashline 0 & \dfrac{(\boldsymbol{G}^d)_j}{I_p}{}_{(4\times4)} & 0 \\ \hdashline 0 & 0 & 0 \end{array}\right]_{(4n\times4n)} \begin{matrix} 4j-3 \\ \\ 4j \end{matrix} \end{array} \tag{20.9}$$

同样,陀螺效应矩阵的偏导矩阵也为 $4n\times4n$ 阶方阵,只有第 $4j-3$ 行到第 $4j$ 行、第 $4j-3$ 列到第 $4j$ 列组成的 4×4 阶方阵不为 0,其余均为 0。如果该盘在低压轴上,则上式中转子系统陀螺效应矩阵为 $\boldsymbol{G}_L$,反之为 $\boldsymbol{G}_h$。

3. 变化盘直径转动惯量 I_d

变化盘直径转动惯量 I_d 时,只有盘的质量矩阵 $\boldsymbol{M}_R^d$ 对盘直径转动惯量 I_d 的偏导数不为 0,其他矩阵对 I_d 的偏导数均为 0。转子系统质量矩阵对 I_d 的偏导数为

$$\frac{\partial \boldsymbol{M}}{\partial I_d}=\begin{array}{c} \begin{matrix} \quad 4j-3 & \qquad\qquad 4j \end{matrix} \\ \left[\begin{array}{c:c:c} 0 & 0 & 0 \\ \hdashline 0 & \dfrac{(\boldsymbol{M}_R^d)_j}{I_d}{}_{(4\times4)} & 0 \\ \hdashline 0 & 0 & 0 \end{array}\right]_{(4n\times4n)} \begin{matrix} 4j-3 \\ \\ 4j \end{matrix} \end{array} \tag{20.10}$$

在矩阵式(20.10)中,同样只有第 $4j-3$ 行到第 $4j$ 行、第 $4j-3$ 列到第 $4j$ 列组成的 4×4 阶方阵不为 0,其余均为 0。

在航空发动机设计中,叶片和盘的几何尺寸一般按照气动性能、结构强度及重量要求进行设计。在进行转子动力学设计时,可适当调整。但调整后,需进行强度校核。

20.3.2 轴元素

轴元素的设计变量主要分为尺寸和材料两部分。材料部分往往不是转子动力学设计能决定的。因此,本章主要讨论尺寸方面的设计变量,如转轴的内径 r_i、外径 r_o 以及轴段的长度 l。

在考虑剪切变形时,剪切变形系数 φ_s 与以上三个量均有关系,使得偏导数求解比较复杂。本章忽略参数在小范围内变化时 φ_s 的变化。

在以下讨论中,设定在双转子系统中,转轴的左、右端点节点号分别为 j 和 $j+1$。

1. 变化转轴内径 r_i

变化转轴内径 r_i 时,质量矩阵、刚度矩阵及陀螺效应矩阵对其偏导数均不为 0,只有阻尼矩阵的偏导数为 0。转子系统质量矩阵对 r_i 的偏导数为

$$\frac{\partial \boldsymbol{M}}{\partial r_i}=\begin{array}{c} \quad 4j-3 \qquad\qquad\qquad 4j+4 \\ \left[\begin{array}{c:c:c} 0 & 0 & 0 \\ \hdashline 0 & \left.\dfrac{\partial(\boldsymbol{M}_T^e)_j}{\partial r_i}+\dfrac{\partial(\boldsymbol{M}_R^e)_j}{\partial r_i}\right._{(8\times 8)} & 0 \\ \hdashline 0 & 0 & 0 \end{array}\right]_{(4n\times 4n)} \begin{array}{l} 4j-3 \\ \\ 4j+4 \end{array} \end{array} \tag{20.11}$$

在此方阵中，只有第 $4j-3$ 行到第 $4j+4$ 行、第 $4j-3$ 列到第 $4j+4$ 列组成的 8×8 阶方阵不为 0，其余均为 0。其中，

$$\frac{\partial(\boldsymbol{M}_T^e)_j}{\partial r_i}=\frac{-2}{r_i}[(\boldsymbol{M}_T^e)_j]\bigg|_{r_o=0},\quad \frac{\partial(\boldsymbol{M}_R^e)_j}{\partial r_i}=\frac{-4}{r_i}[(\boldsymbol{M}_R^e)_j]\bigg|_{r_o=0}$$

式中，$\boldsymbol{M}_T^e$ 为轴的质量矩阵；$\boldsymbol{M}_R^e$ 为轴的直径转动惯量矩阵。

系统刚度矩阵对 r_i 的偏导数为

$$\frac{\partial \boldsymbol{K}}{\partial r_i}=\begin{array}{c} \quad 4j-3 \qquad\qquad 4j+4 \\ \left[\begin{array}{c:c:c} 0 & 0 & 0 \\ \hdashline 0 & \left.\dfrac{\partial(\boldsymbol{K}_B^e)_j}{\partial r_i}\right._{(8\times 8)} & 0 \\ \hdashline 0 & 0 & 0 \end{array}\right]_{(4n\times 4n)} \begin{array}{l} 4j-3 \\ \\ 4j+4 \end{array} \end{array} \tag{20.12}$$

同样，在式(20.12)所表示的 $4n\times 4n$ 阶方阵中，只有第 $4j-3$ 行到第 $4j+4$ 行、第 $4j-3$ 列到第 $4j+4$ 列组成的 8×8 阶方阵不为 0，其余均为 0。$\boldsymbol{K}_B^e$ 为轴的刚度矩阵。其中，

$$\frac{\partial(\boldsymbol{K}_B^e)_j}{\partial r_i}=\frac{-4}{r_i}[(\boldsymbol{K}_B^e)_j]\bigg|_{r_o=0}$$

系统陀螺效应矩阵对 r_i 的偏导数为

$$\frac{\partial \boldsymbol{G}}{\partial r_i}=\begin{array}{c} \quad 4j-3 \qquad\qquad 4j+4 \\ \left[\begin{array}{c:c:c} 0 & 0 & 0 \\ \hdashline 0 & \left.\dfrac{\partial(\boldsymbol{G}^e)_j}{\partial r_i}\right._{(8\times 8)} & 0 \\ \hdashline 0 & 0 & 0 \end{array}\right]_{(4n\times 4n)} \begin{array}{l} 4j-3 \\ \\ 4j+4 \end{array} \end{array} \tag{20.13}$$

上式中，只有第 $4j-3$ 行到第 $4j+4$ 行、第 $4j-3$ 列到第 $4j+4$ 列组成的 8×8 阶方阵不为 0，其余均为 0。如果该轴段在低压轴上，则上式中转子系统陀螺效应矩阵为 $\boldsymbol{G}_L$，反之为 $\boldsymbol{G}_h$。式中，

$$\frac{\partial (\boldsymbol{G}^e)_j}{\partial r_i} = \frac{-4}{r_i}[(\boldsymbol{G}^e)_j]\bigg|_{r_o=0}$$

将式(20.11)至式(20.13)及 $\partial \boldsymbol{C}/\partial r_i = 0$ 代入式(20.2)的矩阵 $\boldsymbol{A}$ 中，就可以求得 $\boldsymbol{A}$ 对设计参数的 r_i 的偏导数。

以变化低压轴上第六段轴的内径为例，它在各个转速下对第一个盘的不平衡响应的灵敏度如图 20.3 所示。

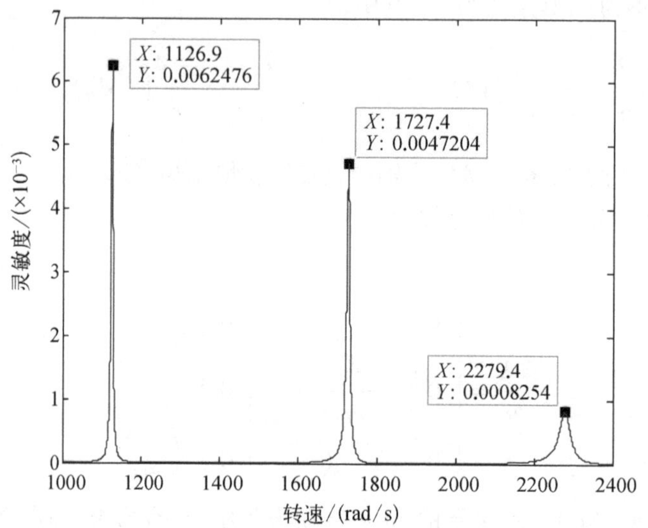

图 20.3　第一个盘的不平衡响应关于低压轴上第六段轴的内径在各个转速下的灵敏度

从图中可以看出，不平衡响应灵敏度随着转速的变化趋势与不平衡响应随着转速的变化趋势保持一致。在临界转速处，不平衡响应的灵敏度也为极大值。

2. 变化转轴外径 r_o

与变化转轴内径相似，变化转轴外径 r_o 时，质量矩阵、刚度矩阵及陀螺效应矩阵对其偏导数均不为 0，只有阻尼矩阵的偏导数为 0。

系统质量矩阵对 r_o 的偏导数为

$$\frac{\partial \boldsymbol{M}}{\partial r_o} = \begin{array}{c} \begin{matrix} 4j-3 & & 4j+4 \end{matrix} \\ \left[\begin{array}{c:c:c} 0 & 0 & 0 \\ \hdashline 0 & \left(\dfrac{\partial (\boldsymbol{M}_T^e)_j}{\partial r_o} + \dfrac{\partial (\boldsymbol{M}_R^e)_j}{\partial r_o}\right)_{(8\times 8)} & 0 \\ \hdashline 0 & 0 & 0 \end{array}\right]_{(4n\times 4n)} \begin{matrix} 4j-3 \\ \\ 4j+4 \end{matrix} \end{array} \tag{20.14}$$

在此矩阵中，只有第 $4j-3$ 行到第 $4j+4$ 行、第 $4j-3$ 列到第 $4j+4$ 列组成的

8×8 阶方阵不为 0,其余均为 0。其中,

$$\frac{\partial(\boldsymbol{M}_T^e)_j}{\partial r_o}=\frac{2}{r_o}[(\boldsymbol{M}_T^e)_j]\bigg|_{r_i=0},\quad \frac{\partial(\boldsymbol{M}_R^e)_j}{\partial r_o}=\frac{4}{r_o}[(\boldsymbol{M}_R^e)_j]\bigg|_{r_i=0}$$

系统刚度矩阵对 r_o 的偏导数为

$$\frac{\partial \boldsymbol{K}}{\partial r_o}=\begin{array}{c} \quad 4j-3 \qquad\qquad 4j+4 \\ \left[\begin{array}{c:c:c} 0 & 0 & 0 \\ \hdashline 0 & \left(\dfrac{\partial(\boldsymbol{K}_B^e)_j}{\partial r_o}\right)_{(8\times8)} & 0 \\ \hdashline 0 & 0 & 0 \end{array}\right]_{(4n\times4n)} \begin{array}{l} 4j-3 \\ \\ 4j+4 \end{array} \end{array} \tag{20.15}$$

同样,只有第 $4j-3$ 行到第 $4j+4$ 行、第 $4j-3$ 列到第 $4j+4$ 列组成的 8×8 阶方阵不为 0,其余均为 0。其中,

$$\frac{\partial(\boldsymbol{K}_B^e)_j}{\partial r_o}=\frac{4}{r_o}[(\boldsymbol{K}_B^e)_j]\bigg|_{r_i=0}$$

系统陀螺效应矩阵对 r_o 的偏导数为

$$\frac{\partial \boldsymbol{G}}{\partial r_o}=\begin{array}{c} \quad 4j-3 \qquad\qquad 4j+4 \\ \left[\begin{array}{c:c:c} 0 & 0 & 0 \\ \hdashline 0 & \left(\dfrac{\partial(\boldsymbol{G}^e)_j}{\partial r_o}\right)_{(8\times8)} & 0 \\ \hdashline 0 & 0 & 0 \end{array}\right]_{(4n\times4n)} \begin{array}{l} 4j-3 \\ \\ 4j+4 \end{array} \end{array} \tag{20.16}$$

与上面结果相似,在该 $4n\times4n$ 阶方阵中,不为 0 的子矩阵只有第 $4j-3$ 行到第 $4j+4$ 行、第 $4j-3$ 列到第 $4j+4$ 列组成的 8×8 阶方阵,其余均为 0。同样,如果该轴段在低压轴上,则上式中转子系统陀螺效应矩阵为 $\boldsymbol{G}_L$, 反之为 $\boldsymbol{G}_h$。其中,

$$\frac{\partial(\boldsymbol{G}^e)_j}{\partial r_o}=\frac{4}{r_o}[(\boldsymbol{G}^e)_j]\bigg|_{r_i=0}$$

将式(20.14)至式(20.16)及 $\dfrac{\partial \boldsymbol{C}}{\partial r_o}=0$ 代入式(20.2)的矩阵 $\boldsymbol{A}$ 中,就可以求得 $\boldsymbol{A}$ 对设计参数 r_o 的偏导数。

3. 变化轴段长度 l

当转轴长度 l 变化时,质量矩阵、刚度矩阵及陀螺效应矩阵将会发生变化。它们对轴长 l 的偏导数均不为 0,只有阻尼矩阵的偏导数为 0。转子系统质量矩阵对 l 的偏导数为

$$\frac{\partial \boldsymbol{M}}{\partial l}=\begin{array}{c}\begin{array}{ccc} 4j-3 & & 4j+4 \end{array}\\ \left[\begin{array}{c:c:c} 0 & 0 & 0 \\ \hdashline 0 & \left(\dfrac{\partial(\boldsymbol{M}_T^e)_j}{\partial l}+\dfrac{\partial(\boldsymbol{M}_R^e)_j}{\partial l}\right)_{(8\times 8)} & 0 \\ \hdashline 0 & 0 & 0 \end{array}\right]\begin{array}{l} 4j-3 \\ \\ 4j+4 \end{array}\end{array}_{(4n\times 4n)} \tag{20.17}$$

式中，只有第 $4j-3$ 行到第 $4j+4$ 行、第 $4j-3$ 列到第 $4j+4$ 列组成的 8×8 阶方阵不为 0，其余均为 0。式中的两项偏导数分别为

$$\frac{\partial(\boldsymbol{M}_T^e)_j}{\partial l}=\frac{\rho_l}{(1+\varphi_s)^2}\begin{bmatrix} M'_{T1} & & & & & & & \\ 0 & M'_{T1} & & & & & & \\ 0 & -M'_{T4} & M'_{T2} & & & & & \\ M'_{T4} & 0 & 0 & M'_{T2} & & & & \\ M'_{T3} & 0 & 0 & M'_{T5} & M'_{T1} & & & \\ 0 & M'_{T3} & -M'_{T5} & 0 & 0 & M'_{T1} & & \\ 0 & M'_{T5} & M'_{T6} & 0 & 0 & M'_{T4} & M'_{T2} & \\ -M'_{T5} & 0 & 0 & M'_{T6} & -M'_{T4} & 0 & 0 & M'_{T2} \end{bmatrix} \tag{20.18}$$

式中，$M'_{T1}=M_{T1}=\dfrac{13}{35}+\dfrac{7}{10}\varphi_s+\dfrac{1}{3}\varphi_s^2$；$M'_{T2}=3M_{T2}=3\left(\dfrac{1}{105}+\dfrac{1}{60}\varphi_s+\dfrac{1}{120}\varphi_s^2\right)l^2$；$M'_{T3}=M_{T3}=\dfrac{9}{70}+\dfrac{3}{10}\varphi_s+\dfrac{1}{6}\varphi_s^2$；$M'_{T4}=2M_{T4}=2\left(\dfrac{11}{210}+\dfrac{11}{120}\varphi_s+\dfrac{1}{24}\varphi_s^2\right)l$；$M'_{T5}=2M_{T5}=2\left(\dfrac{13}{420}+\dfrac{3}{40}\varphi_s+\dfrac{1}{24}\varphi_s^2\right)l$；$M'_{T6}=3M_{T6}=-3\left(\dfrac{1}{140}+\dfrac{1}{60}\varphi_s+\dfrac{1}{120}\varphi_s^2\right)l^2$。

$$\frac{\partial(\boldsymbol{M}_R^e)_j}{\partial l}=\frac{\rho_l I}{(1+\varphi_s)^2 A_r}\begin{bmatrix} M'_{R1} & & & & & & & \\ 0 & M'_{R1} & & & & & & \\ 0 & -M'_{R4} & M'_{R2} & & & & & \\ M'_{R4} & 0 & 0 & M'_{R2} & & & & \\ -M'_{R1} & 0 & 0 & -M'_{R4} & M'_{R1} & & & \\ 0 & -M'_{R1} & M'_{R4} & 0 & 0 & M'_{R1} & & \\ 0 & -M'_{R4} & M'_{R3} & 0 & 0 & M'_{R4} & M'_{R2} & \\ M'_{R4} & 0 & 0 & M'_{R3} & -M'_{R4} & 0 & 0 & M'_{R2} \end{bmatrix} \tag{20.19}$$

式中，$M'_{R1}=M_{R1}\times\dfrac{-1}{l^2}=-\dfrac{6}{5l^2}$；$M'_{R2}=M_{R2}\times\dfrac{1}{l^2}=\dfrac{2}{15}+\dfrac{1}{6}\varphi_s+\dfrac{1}{3}\varphi_s^2$；$M'_{R3}=M_{R3}\times\dfrac{1}{l^2}=-\dfrac{1}{30}-\dfrac{1}{6}\varphi_s+\dfrac{1}{6}\varphi_s^2$；$M'_{R4}=0$。

系统刚度矩阵对 l 的偏导数为

$$\frac{\partial \boldsymbol{K}}{\partial l}=\begin{array}{c} \begin{matrix} 4j-3 & & 4j+4 \end{matrix} \\ \left[\begin{array}{c:c:c} 0 & 0 & 0 \\ \hdashline 0 & \left.\dfrac{\partial(\boldsymbol{K}_B^e)_j}{\partial l}\right._{(8\times8)} & 0 \\ \hdashline 0 & 0 & 0 \end{array}\right]_{(4n\times4n)} \begin{matrix} 4j-3 \\ \\ 4j+4 \end{matrix} \end{array} \tag{20.20}$$

在该 $4n\times4n$ 阶方阵中，只有第 $4j-3$ 行到第 $4j+4$ 行、第 $4j-3$ 列到第 $4j+4$ 列组成的 8×8 阶方阵不为 0，其余均为 0。偏导数项为

$$\frac{\partial(\boldsymbol{K}_B^e)_j}{\partial l}=\frac{EI}{(1+\varphi_s)}\begin{bmatrix} K'_{B1} & & & & & & & \\ 0 & K'_{B1} & & & & & & \\ 0 & -K'_{B4} & K'_{B2} & & & & & \\ K'_{B4} & 0 & 0 & K'_{B2} & & & & \\ -K'_{B1} & 0 & 0 & -K'_{B4} & K'_{B1} & & & \\ 0 & -K'_{B1} & K'_{B4} & 0 & 0 & K'_{B1} & & \\ 0 & -K'_{B4} & K'_{B3} & 0 & 0 & K'_{B4} & K'_{B2} & \\ K'_{B4} & 0 & 0 & K'_{B3} & -K'_{B4} & 0 & 0 & K'_{B2} \end{bmatrix} \tag{20.21}$$

式中，$K'_{B1}=K_{B1}\times\dfrac{-3}{l^4}=\dfrac{-36}{l^4}$；$K'_{B2}=K_{B2}\times\dfrac{-1}{l^4}=\dfrac{-(4+\varphi_s)}{l^2}$；$K'_{B3}=K_{B3}\times\dfrac{-1}{l^4}=\dfrac{-(2-\varphi_s)}{l^2}$；$K'_{B4}=K_{B4}\times\dfrac{-2}{l^4}=\dfrac{-12}{l^3}$。

系统陀螺效应矩阵对 l 的偏导数为

$$\frac{\partial \boldsymbol{G}}{\partial l}=\begin{array}{c} \begin{matrix} 4j-3 & & 4j+4 \end{matrix} \\ \left[\begin{array}{c:c:c} 0 & 0 & 0 \\ \hdashline 0 & \left.\dfrac{\partial(\boldsymbol{G}^e)_j}{\partial l}\right._{(8\times8)} & 0 \\ \hdashline 0 & 0 & 0 \end{array}\right]_{(4n\times4n)} \begin{matrix} 4j-3 \\ \\ 4j+4 \end{matrix} \end{array} \tag{20.22}$$

同样,只有第 $4j-3$ 行到第 $4j+4$ 行、第 $4j-3$ 列到第 $4j+4$ 列组成的 8×8 阶方阵不为 0,其余均为 0。如果该轴段在低压轴上,则上式中转子系统陀螺效应矩阵为 $\boldsymbol{G}_L$, 反之为 $\boldsymbol{G}_h$。 偏导数项为

$$\frac{\partial(\boldsymbol{G}^e)_j}{\partial l}=\frac{\rho_l I}{15(1+\varphi_s)^2A_r}\begin{bmatrix}0 & & & & & & & \\ G_1' & 0 & & & & & & \\ -G_2' & 0 & 0 & & & & & \\ 0 & -G_2' & G_4' & 0 & & & & \\ 0 & G_1' & -G_2' & 0 & 0 & & & \\ -G_1' & 0 & 0 & -G_2' & G_1' & 0 & & \\ -G_2' & 0 & 0 & G_3' & G_2' & 0 & 0 & \\ 0 & -G_2' & -G_3' & 0 & 0 & G_2' & G_4' & 0\end{bmatrix} \tag{20.23}$$

式中, $G_1'=G_1\times\frac{-1}{l^2}=-\frac{36}{l^2}$; $G_2'=0$; $G_3'=G_3\times\frac{1}{l^2}=1+5\varphi_s-5\varphi_s^2$; $G_4'=G_4\times\frac{1}{l^2}=4+5\varphi_s+10\varphi_s^2$。

将式(20.17)至式(20.23)及 $\partial \boldsymbol{C}/\partial l=0$ 代入式(20.2)的矩阵 $\boldsymbol{A}$ 中,就可以求得 $\boldsymbol{A}$ 对设计参数 l 的偏导数。

20.3.3 轴承元素

轴承元素的设计参数主要有两个:轴承刚度和轴承阻尼。在以下讨论中,设定轴承刚度为各向同性,且不考虑交叉刚度和交叉阻尼。设定轴承在双转子系统中的节点号为 j。如果是中介轴承,则其在低压轴上的节点号为 i,高压轴上的节点号为 j。

采用上述针对盘和轴设计参数灵敏度相同的求解方法,可得到轴承参数的灵敏度。

1. 变化普通轴承刚度 k^b

系统刚度矩阵对轴承刚度 k^b 的偏导数为

$$\frac{\partial \boldsymbol{K}}{\partial k^b}=\begin{array}{c} \begin{array}{ccc} 4j-3 & & 4j \end{array} \\ \left[\begin{array}{c:c:c} 0 & 0 & 0 \\ \hdashline 0 & \left(\dfrac{\partial(\boldsymbol{K}^b)_j}{\partial k^b}\right)_{(4\times4)} & 0 \\ \hdashline 0 & 0 & 0 \end{array}\right]_{(4n\times4n)} \begin{array}{l} 4j-3 \\ \\ 4j \end{array} \end{array} \tag{20.24}$$

求偏导后,矩阵中,第 $4j-3$ 行到第 $4j-2$ 行、第 $4j-3$ 列到第 $4j-2$ 列组成的 2×2 阶方阵不为 0,其余元素均为 0。$\boldsymbol{K}^b$ 为轴承刚度矩阵。

2. 变化普通轴承阻尼 c^b

系统阻尼矩阵对轴承阻尼 c^b 的偏导数为

$$\frac{\partial \boldsymbol{C}}{\partial c^b}=\begin{array}{c} \begin{array}{ccc} 4j-3 & & 4j \end{array} \\ \left[\begin{array}{c:c:c} 0 & 0 & 0 \\ \hdashline 0 & \left(\dfrac{\partial(\boldsymbol{C}^b)_j}{\partial c^b}\right)_{(4\times4)} & 0 \\ \hdashline 0 & 0 & 0 \end{array}\right]_{(4n\times4n)} \begin{array}{l} 4j-3 \\ \\ 4j \end{array} \end{array} \tag{20.25}$$

同样,只有第 $4j-3$ 行到第 $4j-2$ 行、第 $4j-3$ 列到第 $4j-2$ 列组成的 2×2 阶方阵不为 0,其余元素均为 0。$\boldsymbol{C}^b$ 为轴承阻尼矩阵。

3. 变化中介轴承刚度 k^{in}

系统刚度矩阵对中介轴承刚度 k^{in} 的偏导数为

$$\frac{\partial \boldsymbol{K}}{\partial k^{in}}=\begin{array}{c} \begin{array}{cccc} 4i-3 & 4i-2 & 4j-3 & 4j-2 \end{array} \\ \left[\begin{array}{cccc} 1 & & -1 & \\ & 1 & & -1 \\ -1 & & 1 & \\ & -1 & & 1 \end{array}\right]_{(4n\times4n)} \begin{array}{l} 4i-3 \\ 4i-2 \\ 4j-3 \\ 4j-2 \end{array} \end{array} \tag{20.26}$$

在此 $4n\times4n$ 阶方阵中,只有标出 1 和−1 的位置不为 0,其余均为 0。

4. 变化中介轴承阻尼 c^{in}

系统阻尼矩阵对中介轴承阻尼 c^{in} 的偏导数为

$$\frac{\partial \boldsymbol{C}}{\partial c^{in}}=\begin{array}{c} \begin{array}{cccc} 4i-3 & 4i-2 & 4j-3 & 4j-2 \end{array} \\ \left[\begin{array}{cccc} 1 & & -1 & \\ & 1 & & -1 \\ -1 & & 1 & \\ & -1 & & 1 \end{array}\right]_{(4n\times4n)} \begin{array}{l} 4i-3 \\ 4i-2 \\ 4j-3 \\ 4j-2 \end{array} \end{array} \tag{20.27}$$

方阵中只有标出 1 和−1 的位置不为 0,其余均为 0。

在上述推导和表达式中所用到的矩阵和变量如下:

$$M_T^e = \frac{\rho_l l}{(1+\varphi_s)^2}\begin{bmatrix} M_{T1} & & & & & & & \text{对称} \\ 0 & M_{T1} & & & & & & \\ 0 & -M_{T4} & M_{T2} & & & & & \\ M_{T4} & 0 & 0 & M_{T2} & & & & \\ M_{T3} & 0 & 0 & M_{T5} & M_{T1} & & & \\ 0 & M_{T3} & -M_{T5} & 0 & 0 & M_{T1} & & \\ 0 & M_{T5} & M_{T6} & 0 & 0 & M_{T4} & M_{T2} & \\ -M_{T5} & 0 & 0 & M_{T6} & -M_{T4} & 0 & 0 & M_{T2} \end{bmatrix}$$

式中，$M_{T1}=\frac{13}{35}+\frac{7}{10}\varphi_s+\frac{1}{3}\varphi_s^2$；$M_{T2}=\left(\frac{1}{105}+\frac{1}{60}\varphi_s+\frac{1}{120}\varphi_s^2\right)l^2$；$M_{T3}=\frac{9}{70}+\frac{3}{10}\varphi_s+\frac{1}{6}\varphi_s^2$；$M_{T4}=\left(\frac{11}{210}+\frac{11}{120}\varphi_s+\frac{1}{24}\varphi_s^2\right)l$；$M_{T5}=\left(\frac{13}{420}+\frac{3}{40}\varphi_s+\frac{1}{24}\varphi_s^2\right)l$；$M_{T6}=-\left(\frac{1}{140}+\frac{1}{60}\varphi_s+\frac{1}{120}\varphi_s^2\right)l^2$。

$$M_R^e = \frac{\rho_l I}{l(1+\varphi_s)^2 A_r}\begin{bmatrix} M_{R1} & & & & & & & \text{对称} \\ 0 & M_{R1} & & & & & & \\ 0 & -M_{R4} & M_{R2} & & & & & \\ M_{R4} & 0 & 0 & M_{R2} & & & & \\ -M_{R1} & 0 & 0 & -M_{R4} & M_{R1} & & & \\ 0 & -M_{R1} & M_{R4} & 0 & 0 & M_{R1} & & \\ 0 & -M_{R4} & M_{R3} & 0 & 0 & M_{R4} & M_{R2} & \\ M_{R4} & 0 & 0 & M_{R3} & -M_{R4} & 0 & 0 & M_{R2} \end{bmatrix}$$

式中，$M_{R1}=\frac{6}{5}$；$M_{R2}=\left(\frac{2}{15}+\frac{1}{6}\varphi_s+\frac{1}{3}\varphi_s^2\right)l^2$；$M_{R3}=\left(-\frac{1}{30}-\frac{1}{6}\varphi_s+\frac{1}{6}\varphi_s^2\right)l^2$；$M_{R4}=\left(\frac{1}{10}-\frac{1}{2}\varphi_s\right)l$。

$$G^e = \frac{\rho_l I}{15l(1+\varphi_s)^2 A_r}\begin{bmatrix} 0 & & & & \text{反对称} & & & \\ G_1 & 0 & & & & & & \\ -G_2 & 0 & 0 & & & & & \\ 0 & -G_2 & G_4 & 0 & & & & \\ 0 & G_1 & -G_2 & 0 & 0 & & & \\ -G_1 & 0 & 0 & -G_2 & G_1 & 0 & & \\ -G_2 & 0 & 0 & G_3 & G_2 & 0 & 0 & \\ 0 & -G_2 & -G_3 & 0 & 0 & G_2 & G_4 & 0 \end{bmatrix}$$

式中，$G_1=36$；$G_2=3l-15l\varphi_s$；$G_3=l^2+5l^2\varphi_s-5l^2\varphi_s^2$；$G_4=4l^2+5l^2\varphi_s+10l^2\varphi_s^2$。

$$K_B^e=\frac{EI}{l^3(1+\varphi_s)}\begin{bmatrix} K_{B1} & & & & & & & \text{对称} \\ 0 & K_{B1} & & & & & & \\ 0 & -K_{B4} & K_{B2} & & & & & \\ K_{B4} & 0 & 0 & K_{B2} & & & & \\ -K_{B1} & 0 & 0 & -K_{B4} & K_{B1} & & & \\ 0 & -K_{B1} & K_{B4} & 0 & 0 & K_{B1} & & \\ 0 & -K_{B4} & K_{B3} & 0 & 0 & K_{B4} & K_{B2} & \\ K_{B4} & 0 & 0 & K_{B3} & -K_{B4} & 0 & 0 & K_{B2} \end{bmatrix}$$

式中，$K_{B1}=12$；$K_{B2}=(4+\varphi_s)l^2$；$K_{B3}=(2-\varphi_s)l^2$；$K_{B4}=6l$。

以上公式中，$\varphi_s=\dfrac{12EI}{G_EA_sl^2}$；$E$为材料弹性模量；$I$为截面惯性矩；$G_E$为剪切弹性模量；$A_s$为有效抗剪面积，其表达式为$A_s=\dfrac{A_r}{\dfrac{7+6\mu}{6(1+\mu)}\left[1+\dfrac{20+12\mu}{7+6\mu}\left(\dfrac{Dd}{D^2+d^2}\right)^2\right]}$；$A_r$为横截面面积；$D$为元素外径；$d$为元素内径；$\mu$为泊松比；$l$为轴段长度；$\rho_l$为单位长度的质量，$\rho_l=\rho A_r$。

灵敏度大的物理意义是，在参数改变相同百分比的情况下，转子不平衡响应的变化很显著。实际上，参数的灵敏度与转子系统的模态紧密相关。不同阶次的模态对参数的灵敏度是不同的。这正是转子动力学优化设计的基础。例如，当需要对某一阶模态进行修正时，根据灵敏度分析的结果可以知道，改变哪些参数最有效。

20.4 临界转速裕度准则下双转子的动力学优化设计

如前面所述，在条件允许的情况下，“临界转速裕度准则”仍然是转子动力学设计的优先准则，即工作转速要避开临界转速15%~20%，将此作为转子动力学优化设计的一个约束条件。

按照如前所提的设计要求，在双转子系统优化设计过程中，将轮盘振幅、支承外传力和轴系总质量最小作为优化目标，将临界转速裕度要求、应变能分布以及稳定性储备作为约束条件。设计参数主要有两种：一种是轴承的参数，包括轴承的位置、刚度、阻尼等；另一种是转子的参数，包括轴内/外径、轴段长度、盘的位置、转速比等。以下分别予以讨论。

20.4.1 设计参数

1. 轴承的参数

轴承的位置可以通过变化其左右两端的轴段长度来进行微调，因而，这里不再重复设置参数。

本节优化设计中，支承（轴承与轴承座串联）的刚度取值范围定为 5×10^5 N/m~1×10^8 N/m。

由于双转子结构复杂，不容易求出阻尼比，因而使用阻尼对临界转速的影响程度确定阻尼的取值范围。工程实际中，转子的阻尼比一般小于 5%。故本节将最大的等效一阶阻尼比定为 5%。以 Jeffcott 转子模型来类比。它的不平衡响应幅值为 $|r|=\dfrac{\varepsilon\Omega^2}{\sqrt{(\omega^2-\Omega^2)^2+(2D\omega\Omega)^2}}$。当 $\Omega_{cr}=\dfrac{\omega}{\sqrt{1-2D^2}}$ 时，$|r|$ 达到峰值。取阻尼比为 5% 时，$\Omega_{cr}=1.0025\omega$。与这一结果类比，当阻尼使得一阶无阻尼临界转速增大 0.25% 时，该阻尼取为最大阻尼。经过计算，得到各个支承的阻尼取值范围，如表 20.4 所示。

表 20.4 双转子系统轴承阻尼参数

高压/低压转子	节　点	阻尼取值范围（N · s/m）
低压转子	2	0~6 600
	3	0~10 600
	7,14	0~1 400
	9	0~2 300
高压转子	10	0~5 700

2. 转子的参数

低压转子轴段内径的取值范围取为初始模型的-20%~+10%，高压转子轴段内径的取值范围取为初始模型的±10%；低压转子和高压转子外径的取值范围取为初始模型的±10%；轴段长度的取值范围取为初始模型的±20%；由于转速比主要是由气动性能确定，因而取值范围窄，这里将其设定为 1.4~1.6。

盘的位置也可以通过变化其左右两端的轴段长度来进行微调，不再重复设置参数。

20.4.2 约束条件

1. 临界转速约束条件

传统的临界转速约束是将低阶临界转速和高阶临界转速分别与临界转速禁忌区的下限和上限进行比较，即低阶临界转速小于临界转速禁忌区下限，而高阶临界转速大于临界转速禁忌区上限。这种处理方法适用于单转子系统，而双转子航空发动机在其工作转速范围内存在多阶临界转速，而临界转速禁忌区更多，这一处理方法已经不能用来设定双转子动力学优化设计时的临界转速约束条件，因为无法保证这些临界转速会出现在哪个区域。

航空发动机的运行状态一般由 5 种转速来定义，即最大状态转速（n_{max}）、中间状态转速（n_{middle}，达到或接近最大转速）、额定状态转速（n_{rated}，转速约为最大状态转速的 95%）、巡航状态转速（$n_{cruising}$，转速为最大转速的 90%）和慢车状态转速（n_{idle}，转速为最大转速的 20%~40%）[5]。根据这 5 种转速与 20%的临界转速裕度要求，可以将临界转速约束条件分为 3 个区域，如图 20.4 所示。

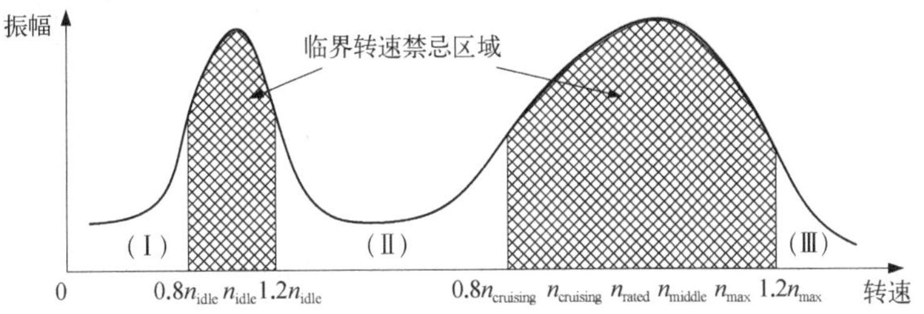

图 20.4　临界转速的取值范围[3,4]

图 20.4 中除（Ⅰ）区、（Ⅱ）区和（Ⅲ）区外的两个区域为临界转速禁忌区域，即图中画网格线的区域。转子的临界转速不能落在这两个区域内。为了统一临界转速约束的两个禁忌区域，现构造一个一元四次多项式，定义为“临界转速裕度约束函数”，即

$$f(\omega_n) = (\omega_n - 0.8n_{idle})(\omega_n - 1.2n_{idle})(\omega_n - 0.8n_{cruising})(\omega_n - 1.2n_{max}) \tag{20.28}$$

式中，ω_n 为计算出的临界转速。

当 $f(\omega_n) > 0$ 时，其表达的含义等效于临界转速满足约束条件；反之，当 $f(\omega_n) \leqslant 0$ 时，临界转速会落在临界转速禁忌区域内。

对于任何工作转速范围及其附近的临界转速，都需要满足 $f(\omega_n) > 0$。满足这个条件的数学表达式可以统一表示为

$$\min[f(\omega_n)] > 0 \tag{20.29}$$

式中，min 函数表达的意义是，取各阶临界转速对应的 $f(\omega_n)$ 函数中的最小值。如果最小值大于 0，则表示每个临界转速对应的 $f(\omega_n)$ 函数都大于 0，即满足约束条件。反之，如果最小值小于 0，则表示这一阶临界转速落在了临界转速禁忌区域，不满足约束条件，需要重新设计。而 $f(\omega_n)$ 越大，临界转速裕度也越大。这样，就把“临界转速裕度准则”表达成了统一的“临界转速裕度约束函数” $f(\omega_n)$，使得双转子系统多模态优化设计目标、判据和算法统一，简捷高效。

由于双转子临界转速分为低压转子主激励临界转速和高压转子主激励临界转速，图 20.4 所示的临界转速禁忌区域对于高压转子和低压转子主激励临界转速分别存在，且两者的禁忌区域并不相同，但存在比例关系，这个比例就是转速比。可以通过转速比的关系计算出高压主激励的临界转速下对应的低压转速，从而统一使用低压转速的临界转速禁忌区域进行约束。

例如将低压转子的最大转速设定为 $n_{max} = 2\,000$ rad/s，则 $n_{cruising} = 1\,800$ rad/s，$n_{idle} = 600$ rad/s（取为最大转速的 30%），则图 20.4 中的两个临界转速禁忌区域为：[480 rad/s，720 rad/s]和[1 440 rad/s，2 400 rad/s]。

2. 应变能分布约束条件

对于在工作转速范围内的临界转速对应的振型，转轴的应变能应小于总应变能的 25%，即每个临界转速下，转子的应变能比例都需要满足 $U_n - 0.25 < 0$。满足这个条件的数学表达式可以统一表示为

$$\max(U_n - 0.25) < 0 \tag{20.30}$$

式中，U_n 表示转子第 n 阶振型转轴应变能与总应变能之比；max 表示取各阶临界转速对应的（$U_n - 0.25$）的最大值。

3. 稳定性约束条件

在工作转速范围内的临界转速所对应的特征值的实部必须满足 $\alpha < 0$。满足这个条件的数学表达式可以统一表示为

$$\max(\alpha) < 0 \tag{20.31}$$

max 表示取各阶临界转速对应的特征值实部 α 的最大值。

本节遵循“临界转速裕度准则”对转子进行动力学优化设计，主要优化转子的模态特性。因此，可先不考虑稳定性约束条件。在优化设计完成之后，再对转子结构和工况中潜在的失稳机制进行分析和评估，确定转子的稳定性参数条件，并进行实验验证。本节不涉及此项内容。

综合上述前两个约束，得到总约束函数为

$$f_{penalty} = (\max\{0, -\min[f(\omega_n)/\omega_n^4]\})^2 + \{\max[0, \max(U_n - 0.25)]\}^2 \tag{20.32}$$

临界转速裕度约束函数 $f(\omega_n)$ 除以 ω_n^4 是为了将该约束的值缩小，以防止它使应变能约束失效。这样处理后并不影响 $f(\omega_n)$ 函数的正负号。而临界转速裕度约束前加负号“-”，是为了将两个约束变化的方向统一起来，即约束函数或约束条件越向负的方向增加，满足对应约束条件的裕度越大。对约束函数取平方后，在参数寻优时，总约束函数 $f_{penalty}$ 单调变化，便于与目标函数统一优化。

20.4.3　优化设计的目标函数

优化设计的目标有三个,轮盘振幅最小、支承外传力最小和轴系总质量最小。可以用三个函数分别进行表达。

$$\begin{cases} f_1 = \max(R) + f_{\text{penalty}} \\ f_2 = \sum_{j=1}^{n-1} \rho\pi(r_{oj}^2 - r_{ij}^2) l_j + f_{\text{penalty}} \\ f_3 = \max(F) + f_{\text{penalty}} \end{cases} \tag{20.33}$$

式中,R 为轮盘振幅; $\max(R)$ 为在整个工作转速范围内各个轮盘振幅的最大值; ρ 为材料密度; r_{oj} 为第 j 个轴段的外径; r_{ij} 为第 j 个轴段的内径; l_j 为第 j 个轴段的长度; $\max(F)$ 为在整个工作转速范围内各个支承外传力的最大值。

支承外传力的表达式为

$$F = |(k + \mathrm{j}\Omega c) R_b| \tag{20.34}$$

式中, k 为支承刚度; c 为支承阻尼系数; R_b 为支承处的振幅; Ω 为主激励转速;绝对值符号表示取其幅值部分。

上述的目标函数中,包含了约束函数。

20.4.4　优化算法和流程

利用本书第 14 章介绍的传递矩阵法或有限元法计算转子临界转速、转轴应变能分布、不平衡响应及支承外传力,运用优化算法进行优化计算。典型的优化算法有遗传算法、粒子群算法、蚁群算法、模拟退火法等。优化设计流程如图 20.5 所示。

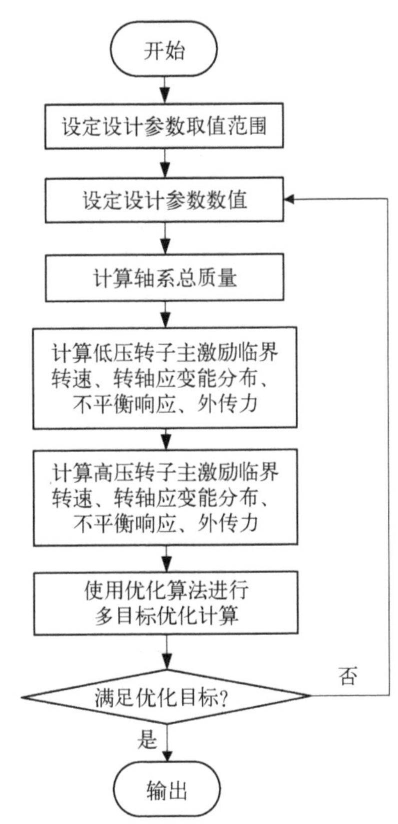

图 20.5　优化设计流程[3-5]

20.4.5　优化设计的结果与分析

经过优化设计后,得到了一组满足约束条件的最优解集,如图 20.6 所示。

最优解集中的各个个体没有优劣的区别。也就是说,理论上,找不到使三个目标函数同时最小化的最优解。

可以根据对各目标函数的重视程度从最优解集当中进行选择。例如,可以选择轮盘最大

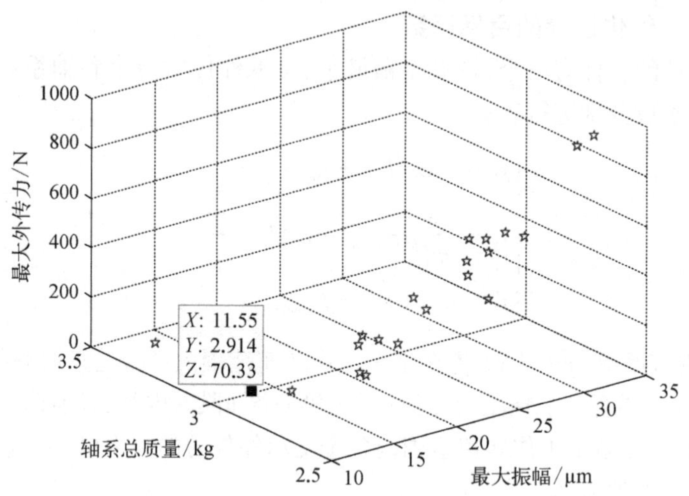

图 20.6 迭代后得到的最优解集

振幅和轴系总质量相对小的点,如图 20.6 中标出的数据。转速比为 1.43,优化后的双转子系统模型如图 20.7 所示。

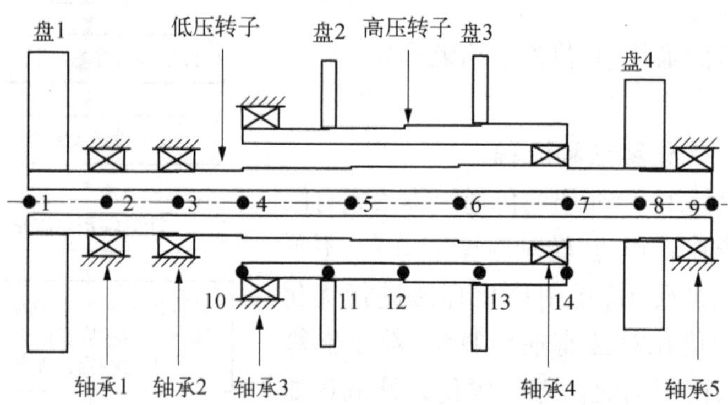

图 20.7 优化后的双转子系统模型

对应的转子系统分段尺寸如表 20.5 所示,对应的轴承参数如表 20.6 所示。

表 20.5 优化后的双转子系统分段尺寸

高压/低压转子	轴段(节点-节点)	长度/($\times10^{-2}$ m)	内径/($\times10^{-2}$ m)	外径/($\times10^{-2}$ m)
低压转子	1-2	4.220 0	0.748 1	1.398 4
	2-3	4.360 4	0.748 1	1.398 4
	3-4	4.116 4	0.748 1	1.400 2

续　表

高压/低压转子	轴段(节点-节点)	长度/($\times10^{-2}$ m)	内径/($\times10^{-2}$ m)	外径/($\times10^{-2}$ m)
低压转子	4-5	7.191 0	0.748 1	1.401 2
	5-6	6.993 7	0.748 1	1.422 9
	6-7	6.171 4	0.748 1	1.427 1
	7-8	4.803 9	0.748 1	1.427 0
	8-9	4.273 1	0.748 1	1.387 2
	9	0	0	0
高压转子	10-11	4.570 2	1.736 0	2.325 1
	11-12	6.349 5	1.736 0	2.327 5
	12-13	6.164 5	1.736 0	2.337 9
	13-14	4.119 6	1.736 0	2.345 7

表20.6　优化后双转子系统轴承的参数

高压/低压转子	节　点	刚度/(N/m)	阻尼/(N·s/m)
低压转子	2	$7.755\,4\times10^{6}$	2 492.6
	3	$2.043\,4\times10^{6}$	99.6
	7,14	$1.770\,6\times10^{6}$	731.2
	9	$7.587\,7\times10^{5}$	665.2
高压转子	10	$2.769\,0\times10^{7}$	1 655.0

工作转速下，低压主激励的临界转速分别为396.5 rad/s、1 075.8 rad/s和1 159.0 rad/s(对应的高压转速分别为567 rad/s、1 538.4 rad/s和1 657.4 rad/s)；高压主激励的临界转速分别为385.5 rad/s、1 035.1 rad/s和1 120.3 rad/s(对应的低压转速分别为269.4 rad/s、723.4 rad/s和782.3 rad/s)。将低压转子的最大转速n_{max} = 2 000 rad/s、巡航转速$n_{cruising}$ = 1 800 rad/s及慢车转速n_{idle} = 600 rad/s代入如图20.4所示的临界转速取值范围，得到低压转速的临界转速取值范围，如图20.8所示。图中，转速的单位为rad/s。

第一阶临界转速在慢车转速以下，第二阶和第三阶临界转速在慢车以上、工作

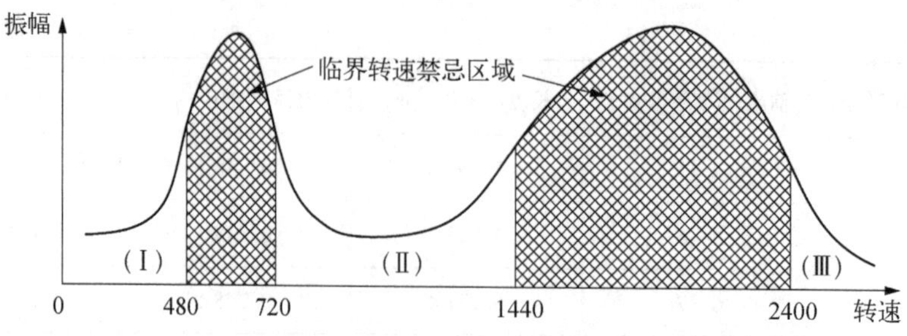

图 20.8　临界转速取值范围。画网格的转速范围及其边界为低压转子工作的转速范围[3-5]

转速以下，且均满足临界转速的约束条件。

最大转轴应变能比例为 12.1%，且没有出现特征值实部大于 0 的情况，即不出现失稳条件。以上数据均满足约束条件。

优化后的模型与初始模型的对比如表 20.7 所示。

表 20.7　优化前后的对比

模　　型	轮盘最大振幅	轴系总质量	支承最大外传力
初始模型	578.1 μm	4.24 kg	7 826 N
优化后的模型	11.55 μm	2.914 kg	70.33 N

由表 20.7 中的数据可以看出，进行优化设计后，轮盘最大振幅、轴系总质量及支承最大外传力均显著减小。

优化设计时，如果只选择转子的支承刚度作为设计参数，而不考虑转子的惯量参数和几何参数，也可对转子进行优化设计计算。结果表明，只有将转子惯量参数、几何参数和支承参数均作为设计参数，才能达到最佳优化设计目标，而仅优选支承刚度，则可能在常规支承刚度取值范围内无法获得符合约束条件的最优结果。

20.5　双转子系统的"可容模态"优化设计

第 20.4 节介绍了转速裕度准则下双转子的动力学优化设计方法，即"避开共振"的优化设计方法。从优化设计的约束图 20.8 可见，低压转子的转速必须避开[720, 1 440] rad/s 的转速范围。它占低压转子最大转速范围[0, 2 000] rad/s 的 36%，占从慢车到最大转速[600, 2 000] rad/s 范围的 51%。对于现代航空发动机来说，这是无法接受的设计结果。因此，为达到发动机高推重比和高机动性能指标,采用上述“避开共振”的设计准则,无法设计出发动机的转子系统。本节介绍双转子“可容模态”设计方法,以使转子系统不再受到临界转速裕度的限制,而具有“容忍共振”的抗振能力。

本节论述双转子系统“可容模态”优化设计的参数选取、约束条件及设计目标,建立“可容模态”优化设计流程,并以一双转子模型为例,阐明“可容模态”优化设计方法,最后对设计结果进行分析和讨论。

20.5.1　优化设计参数的选取

与前面所述的“临界转速裕度”准则下的优化设计类似,双转子系统“可容模态”优化设计的关键结构参数主要包括各支承的刚度、支点之间的跨距、转轴的直径与长度、叶盘的质量与惯量等。在优化设计之前,若不对结构参数及其取值范围进行合理筛选,不仅会大大增加计算量和计算时间,还可能会导致优化结果偏离优化目标的问题。

“可容模态”动力学优化设计的核心是,优化转子系统工作范围内对不平衡分布较为敏感的模态振型,即使其“钝化”(对不平衡不敏感)。因此,选取优化设计参数时,首先要计算初始模型的动力学特性,得到初始的临界转速与模态振型。分析双转子各阶模态振型中弹性支承上的应变能占比,若存在某一阶模态的弹性支承应变能占比过低,或该模态处在转子的主要工作转速范围,则应将该阶模态视为重点优化的模态,使其成为“可容模态”。

其次,针对每一阶临界转速及应变能分布,逐一分析模态振型关于各结构参数的灵敏度。选取对模态振型影响较大的结构参数,根据各阶模态的应变能分布变化情况,并结合实际结构的可调整范围,确定该参数的优化边界。其中,对多阶模态振型影响均较大的参数,可在优先考虑重点优化模态的前提下,对参数的优化边界作适当调整。

20.5.2　优化过程中的约束条件

1. 刚支模态约束

双转子系统由高压转子和低压转子构成,很多情况下,包含中介支承。对于双转子系统,第 16 章所给出的“转子弹支模态要避开刚支模态”的“可容模态”设计准则同样适用。

假设双转子系统的所有支承全部为刚性支承,由此可计算得到高压激励下的刚支模态和低压激励下的刚支模态,对应的刚支临界转速分别为 $\tilde{\omega}_{hcrk}(k=1, 2, \cdots, G)$ 和 $\tilde{\omega}_{Lcr\lambda}(\lambda=1, 2, \cdots, V)$。其中,$G$ 为刚性支承下所计算的高压激励模态最高阶数;V 为刚性支承下所计算的低压激励模态最高阶数。一般情况下,最高阶数均不会超过 2 阶,即 $G \leqslant 2$; $V \leqslant 2$。

借鉴第 16 章的 10%模态裕度约束条件和本章式(20.28),分别构造双转子的模态约束条件如下:

高压激励临界转速的约束条件:

$$f(\omega_{hcri})=(\omega_{hcri}-0.9\tilde{\omega}_{hcr1})(\omega_{hcri}-1.1\tilde{\omega}_{hcr1})(\omega_{hcri}-0.9\tilde{\omega}_{hcr2})(\omega_{hcri}-1.1\tilde{\omega}_{hcr2}) \tag{20.35}$$

低压激励临界转速的约束条件:

$$f(\omega_{Lcri})=(\omega_{Lcri}-0.9\tilde{\omega}_{Lcr1})(\omega_{Lcri}-1.1\tilde{\omega}_{Lcr1})(\omega_{Lcri}-0.9\tilde{\omega}_{Lcr2})(\omega_{Lcri}-1.1\tilde{\omega}_{Lcr2}) \tag{20.36}$$

以上两式中,ω_{hcri} 和 ω_{Lcri} 分别为弹性支承下高压和低压主激励的第 i 阶临界转速。对于刚性支承条件,只考虑了两阶临界转速,即取 $G=2$; $V=2$。一般情况下,在工作转速范围内,航空发动机刚支模态不会超过 2 阶。

根据式(20.35)和式(20.36),当转子的临界转速满足 $f(\omega_{hcri})>0$ 和 $f(\omega_{Lcri})>0$ 时,约束条件成立,即转子的第 i 阶临界转速均避开了刚支条件下的临界转速。对于工作范围内的任一阶临界转速,都需要满足式(20.35)或式(20.36)。不妨取如下的判断条件:

$$\min[f(\omega_{hcri})]>0 \tag{20.37}$$

$$\min[f(\omega_{Lcri})]>0 \tag{20.38}$$

其含义与式(20.29)相同。目的是,在工作范围内,避免出现转子的刚支模态。物理意义很明确,如果支承为刚性,则设置在支承处的阻尼器将会失效,转子的“共振”峰值得不到控制。

2. 叶盘惯量参数约束

如第 19 章所述,当叶盘的惯量参数满足一定条件时,双转子系统表现出动力学“临界跟随”特征,使得转子系统的振动响应对不平衡量非常敏感。

对于同转双转子,参数满足如下条件之一时,表现出“临界跟随”现象:

$$I_{dL}=I_{pL};\ I_{dh}=I_{ph};\ I_{dh}=\eta I_{ph}\text{ 或 }I_{dL}=I_{pL}/\eta\ (\eta=\Omega_h/\Omega_L)$$

对于对转双转子,“临界跟随”的参数条件则为 $I_{dL}=I_{pL}$ 或 $I_{dh}=I_{ph}$。因此,需要对双转子的叶盘惯量参数进行约束。

为了便于表达,引入低压盘惯量比 $\xi_L=I_{pL}/I_{dL}$ 和高压盘惯量比 $\xi_h=I_{ph}/I_{dh}$,则上述“临界跟随”条件中各参数关系变为 $\xi_L=1$ 或 η,以及 $\xi_h=1$ 或 $1/\eta$。沿用第 12.4.3 节中 5%的设计裕度,构造出如下多项式:

$$
\text{同转双转子：}\begin{cases} f(\xi_L) = (\xi_L - 0.95)(\xi_L - 1.05)(\xi_L - 0.95\eta)(\xi_L - 1.05\eta) \\ f(\xi_h) = (\xi_h - 0.95)(\xi_h - 1.05)\left(\xi_h - \dfrac{0.95}{\eta}\right)\left(\xi_h - \dfrac{1.05}{\eta}\right) \end{cases} \tag{20.39}
$$

$$
\text{对转双转子：}\begin{cases} f(\xi_L) = (\xi_L - 0.95)(\xi_L - 1.05) \\ f(\xi_h) = (\xi_h - 0.95)(\xi_h - 1.05) \end{cases} \tag{20.40}
$$

同转双转子适用式(20.39)，对转双转子适用式(20.40)。要使双转子叶盘参数满足约束条件，须同时满足 $f(\xi_L) > 0$ 和 $f(\xi_h) > 0$。

因此，针对双转子系统中的多个叶盘惯量参数，可以将约束条件统一表示为

$$
\min[f(\xi_L), f(\xi_h)] > 0 \tag{20.41}
$$

式(20.41)的含义为，计算每个高压盘和低压盘的惯量参数，当最小值满足 $f(\xi_L) > 0$，且 $f(\xi_h) > 0$ 时，则双转子中所有的叶盘惯量参数均满足约束条件。

将式(20.37)、式(20.38)和式(20.41)综合起来，得到双转子系统的总约束条件为

$$
\begin{aligned} f_{\text{penalty}} = &\max\{0, -\min[f(\omega_{Lcri})]\} + \max\{0, -\min[f(\omega_{hcri})]\} \\ &+ \max\{0, -\min[f(\xi_L), f(\xi_h)]\} \end{aligned} \tag{20.42}
$$

若 f_{penalty} 为 0 则满足约束条件，若不为 0 则须对转子结构重新设计。

20.5.3 “可容模态”优化设计的目标函数

第 16.4.4 节中建立了单转子系统的可容度评价函数式(16.138)，并将其作为“可容模态”优化设计的目标函数。该函数对双转子系统的“可容模态”优化设计具有重要的借鉴意义。

与单转子系统类似，双转子系统的模态振型也是“可容模态”设计的关键。在单转子系统“可容度”评价函数表达式中，主要考虑了两个影响因素：一个是不平衡量及其分布对模态振动的影响程度；另一个是模态振型中弹性支承应变能占比。在构造双转子系统的“可容度”函数时，可予以借鉴。但由于双转子系统结构更加复杂，除考虑双源不平衡激励和阻尼减振等因素之外，往往还要求通过控制应变能分布，对某些关键结构予以保护。例如，部分型号发动机要求中介轴承处的应变能占比不得超过某一数值。

为此，本节综合考虑上述因素，构造双转子系统模态可容度评价函数。

1. 模态不平衡影响因子

首先，与单转子系统不同的是，双转子存在低压转子主激励模态和高压转子主激励模态两种形式的模态，故分别定义双转子系统第 i 阶模态不平衡影响因子：

$$
\begin{cases}
\text{低压激励第 } i \text{ 阶模态不平衡影响因子：} \tilde{U}_i^L = \dfrac{\sum\limits_{k=1}^{M} a_{i,k} r_L^2(i, k)}{\boldsymbol{\Phi}_{Li}^{\mathrm{T}} \boldsymbol{\Phi}_{Li}}, \; i = 1, \cdots, m; \\
\qquad a_{i,k} \in [0, 1], \; \tilde{U}_i^L \in [0, 1] \\
\text{高压激励第 } g \text{ 阶模态不平衡影响因子：} \tilde{U}_g^h = \dfrac{\sum\limits_{k=1}^{N} b_{g,k} r_h^2(g, k)}{\boldsymbol{\Phi}_{hg}^{\mathrm{T}} \boldsymbol{\Phi}_{hg}}, \; g = 1, \cdots, n; \\
\qquad b_{g,k} \in [0, 1], \; \tilde{U}_g^h \in [0, 1]
\end{cases}
\tag{20.43}
$$

式中，$\boldsymbol{\Phi}_{Li}$ 为低压转子主激励第 i 阶模态振型向量；M 为低压转子模型节点总数；$r_L(i, k)$ 表示低压主激励第 i 阶模态振型中，低压转子上第 k 个节点处的归一化位移；$a_{i,k}$ 表示低压转子相应节点的不平衡权重系数，m 为工作范围内低压主激励振型阶数；$\boldsymbol{\Phi}_{hg}$ 为高压转子主激励第 g 阶模态振型向量；N 为高压转子模型节点总数；$r_h(g, k)$ 表示高压主激励第 g 阶模态振型中，高压转子上第 k 个节点处的归一化位移；$b_{g,k}$ 表示高压转子相应节点的不平衡权重系数，n 为工作范围内高压主激励振型阶数。不平衡权重系数的作用在于调整模态不平衡影响因子对不同节点上的不平衡量的敏感程度。

式(20.43)的含义可以通过图 20.9 来表示。其中，对于不考虑不平衡量的节点，不平衡权重系数取值为 0。对于常发不平衡量的节点，不平衡权重系数一般取值为 1，而能够实现高精度动平衡的节点，可以适当降低其取值。

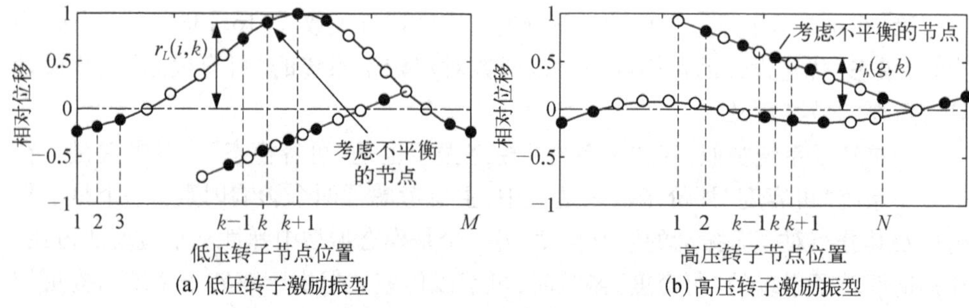

图 20.9　双转子模型中考虑不平衡质量的节点[5]

黑点“●”为考虑不平衡的节点；圈点“○”为不考虑不平衡的节点

另外，要特别注意，高压转子上分布的不平衡量只与高压转子主激励的模态振型相关，只影响 $\tilde{U}_g^h$，故称 $\tilde{U}_g^h$ 为高压主激励模态不平衡影响因子；同样，低压转子上分布的不平衡量只影响低压激励模态不平衡影响因子 $\tilde{U}_i^L$。

由图 20.9 可见，当不平衡权重系数 $a_{i,k}$ 取值为 1 时，不平衡影响因子 $\tilde{U}_i^L$ 代表低压转子上要考虑不平衡质量的节点应变能在第 i 阶低压主激励模态总应变能中的占比，取值范围 $0 \leqslant \tilde{U}_i^L \leqslant 1$。$\tilde{U}_i^L$ 值越大，双转子系统振动响应对低压转子上该阶模态不平衡就越敏感，在对应临界转速处所需要的动平衡精度也就越高，要求阻尼器的阻尼越大，概括而言，这一阶模态的"可容度"就越低。高压主激励模态不平衡影响因子 $\tilde{U}_g^h$ 针对高压转子上的不平衡影响，物理意义、取值范围和变化规律与 $\tilde{U}_i^L$ 相似。因此，利用不平衡影响因子 $\tilde{U}_g^h$ 和 $\tilde{U}_i^L$ 从不平衡激励的角度来评价模态的"可容度"是恰当的。

2. 弹支应变能占比

阻尼减振是提升转子模态"可容度"的核心要素之一。如前面章节所述，在发动机中，一般利用挤压油膜阻尼器为转子提供阻尼。阻尼效果与弹性支承的相对位移紧密关联。因此，利用弹性支承应变能占比来评价模态的"可容度"，目的是从转子模态振型角度出发，为阻尼器发挥阻尼作用提供最佳条件。在高压转子或低压转子激励的第 i 阶模态下，弹性支承总应变能占比的表达式为

$$P_{ki}^{sfd} = \frac{E_{ki}^{sfd}}{E_{ki}^{sfd} + E_{ki}^{hP} + E_{ki}^{LP} + E_{ki}^{in} + E_{ki}^{rb}}, \quad k = L,\ h;\quad P_{ki}^{sfd} \in (0,\ 1) \tag{20.44}$$

$$E_{ki}^{sfd} = \sum_{z=1}^{W} 0.5 s_z r_{ki,\,z}^2, \quad E_{ki}^{rb} = 0.5 s^{rb} r_{ki,\,rb}^2, \quad E_{ki}^{in} = 0.5 s^{in} r_{ki,\,in}^2 \tag{20.45}$$

$$E_{ki}^{hP} = 0.5 \boldsymbol{\Phi}_{ki}^{\mathrm{T}} \boldsymbol{s}^{hP} \boldsymbol{\Phi}_{ki}, \quad E_{ki}^{LP} = 0.5 \boldsymbol{\Phi}_{ki}^{\mathrm{T}} \boldsymbol{s}^{LP} \boldsymbol{\Phi}_{ki} \tag{20.46}$$

式中，下标 $k = L,\ h$，L 代表低压转子，h 代表高压转子；i 为振型阶次；E_{ki}^{sfd} 为第 i 阶模态弹支总应变能；E_{ki}^{rb} 为刚性支承的应变能；E_{ki}^{in} 为中介支承的应变能；s_z 为第 z 个弹性支承的刚度；W 为弹性支承的个数；$r_{ki,\,z}$ 表示第 i 阶模态振型中第 z 个阻尼器处的归一化位移；s^{rb} 为刚性支承的刚度；s^{in} 为中介支承的刚度；E_{ki}^{hP} 和 E_{ki}^{LP} 分别为高压转轴和低压转轴上的应变能；$\boldsymbol{\Phi}_{ki}$ 为转子第 i 阶模态振型向量；$\boldsymbol{s}^{hP}$ 为高压转轴的刚度矩阵；$\boldsymbol{s}^{LP}$ 为低压转轴的刚度矩阵。

弹性支承总应变能占比反映了挤压油膜阻尼器发挥阻尼减振作用的可能效果。其值越大，对阻尼减振越有利。

3. 中介轴承应变能占比

在双转子系统中，为保护部分关键结构，往往要求其应变能占比不允许超过某一给定上限，如中介轴承或局部连接结构等。以中介轴承为例，其应变能占比按照高压转子激励的模态和低压转子激励的模态定义为

高压激励的第 k 阶模态：$P_{hk}^{in} = \dfrac{E_{hk}^{in}}{E_{hk}^{sfd} + E_{hk}^{hP} + E_{hk}^{LP} + E_{hk}^{in} + E_{hk}^{rb}}$；$k = 1,\ \cdots,\ n$

低压激励的第 i 阶模态：$P_{Li}^{in}=\dfrac{E_{Li}^{in}}{E_{Li}^{sfd}+E_{Li}^{hP}+E_{Li}^{LP}+E_{Li}^{in}+E_{Li}^{rb}}$；$i=1,\cdots,m$

(20.47)

以高压激励的模态为例，设某一阶模态下，中介轴承应变能占比的最大允许值为 σ_{hk}^{in}，则须通过优化转子和支承参数，使 $P_{hk}^{in}\leqslant\sigma_{hk}^{in}$。此时，对于中介轴承来说，高压激励的第 k 阶模态是“可容模态”。

因此，可从中介轴承出发，构造高、低压激励模态的可容度函数为

高压激励的第 k 阶模态可容度函数：$\begin{cases}\Psi_{hk}^{in}=1, & P_{hk}^{in}\leqslant\sigma_{hk}^{in}\\ \Psi_{hk}^{in}=0, & P_{hk}^{in}>\sigma_{hk}^{in}\end{cases}$；$k=1,\cdots,n$

低压激励的第 i 阶模态可容度函数：$\begin{cases}\Psi_{Li}^{in}=1, & P_{Li}^{in}\leqslant\sigma_{Li}^{in}\\ \Psi_{Li}^{in}=0, & P_{Li}^{in}>\sigma_{Li}^{in}\end{cases}$；$i=1,\cdots,m$

(20.48)

式中，$\sigma_{gi}^{in}(g=L,h$；h 代表高压转子，L 代表低压转子）为第 i 阶模态下，中介轴承处应变能占比值的上限。可容度函数 $\Psi_{gi}^{in}(g=L,h)$ 是“一票否决制”。只要中介轴承处应变能占比值超限，模态可容度无条件降为 0，须重新优化设计参数。类似地，若双转子系统中还存在其他关键结构处的应变能限制要求，可采用相同的处理方式。

综合考虑式(20.43)、式(20.44)及式(20.48)，构造出双转子系统高压转子激励或低压转子激励某一阶模态的可容度评价函数为

低压转子激励的第 i 阶模态：$f_{Lito}=[1-(1-P_{Li}^{sfd})\tilde{U}_i^L]\Psi_{Li}^{in}$，　$i=1,\cdots,m$

(20.49)

高压转子激励的第 k 阶模态：$f_{hkto}=[1-(1-P_{hk}^{sfd})\tilde{U}_k^h]\Psi_{hk}^{in}$，　$k=1,\cdots,n$

(20.50)

式中，m 为工作范围内低压主激励振型阶数；n 为工作范围内高压主激励振型阶数。

在转子系统“可容模态”优化设计过程中，可按照式(20.49)和式(20.50)对每一阶模态的“可容度”进行评价。当其“可容度”大于一定的下限值时，可判定该阶模态是“可容模态”。若不满足“可容度”要求，则调整参数，重新优化。特别是，当针对某一特定模态进行“可容模态”设计时，式(20.49)或式(20.50)可作为优化设计的目标函数。

逐阶优化，可能会在优化某一阶模态时，造成其他阶模态恶化，很难保证将工作范围内的所有模态都优化成“可容模态”。因此，将式(20.49)和式(20.50)组合在一起，构造出双转子系统“可容模态”可容度的总体评价函数为

$$f_{to} = \left[1 - \frac{\sum_{i=1}^{m} \zeta_{Li}(1 - P_{Li}^{sfd})\tilde{U}_i^L + \sum_{k=1}^{n} \zeta_{hk}(1 - P_{hk}^{sfd})\tilde{U}_k^h}{\sum_{i=1}^{m} \zeta_{Li} + \sum_{k=1}^{n} \zeta_{hk}} \right] \prod_{i=1}^{m}(\Psi_{Li}^{in}) \prod_{k=1}^{n}(\Psi_{hk}^{in}),$$

$$\zeta_{Li} \in [0, 1], \zeta_{hk} \in [0, 1] \tag{20.51}$$

式中,m 为工作范围内低压主激励振型阶数;ζ_{Li} 为第 i 阶低压激励模态振型的优化权重;n 为工作范围内高压激励振型阶数;ζ_{hk} 为第 k 阶高压激励模态振型的优化权重。对于远离设计转速或易于施行振动控制的模态振型,可以适当降低其优化权重,甚至取值为 0。

式(20.51)大括号中的项包含了从不平衡激励和阻尼减振两个方面对转子系统模态"可容度"的评价。其值越大,评价函数 f_{to} 的值也越大,说明该转子系统的振动越容易得到控制,工作范围内的模态越"可容"。可以通过调整模态不平衡影响因子 $\tilde{U}_k^h$ 和 $\tilde{U}_i^L$ 的权重系数,或改变弹性支承应变能占比 P_{Li}^{sfd} 和 P_{hk}^{sfd} 的优化权重 ζ_{Li} 和 ζ_{hk},达到优化可容度评价函数 f_{to} 的效果。

而式(20.51)大括号后的两项乘积项为所有阶次下中介轴承应变能评价函数 Ψ_{Li}^{in} 和 Ψ_{hk}^{in} 的乘积,当所有阶次的中介轴承应变能占比均满足设计要求时,评价函数 f_{to} 的值不受影响。但只要存在某一阶模态不满足设计要求,则可容度评价函数 f_{to} 的值变为 0,此时,必须重新选参数优化设计。

"可容模态"可容度的总体评价函数 f_{to}(下文统称可容度评价函数)是对双转子系统所有模态的综合评价,只要达到某一限值要求,则在工作范围内的所有模态都是"可容"的。

采取与中介轴承应变能限定条件类似的处理方法,根据"可容模态"优化设计的约束条件 f_{penalty},构造约束函数 f_p:

$$\begin{cases} f_p = 1, & f_{\text{penalty}} = 0 \\ f_p = 0, & f_{\text{penalty}} \neq 0 \end{cases} \tag{20.52}$$

综合可容度评价函数与约束函数,双转子系统"可容模态"优化设计的目标函数可以表示为

$$\begin{aligned} f &= \max(f_{to})f_p \\ &= \max\left[1 - \frac{\sum_{i=1}^{m} \zeta_{Li}(1 - P_{Li}^{sfd})\tilde{U}_i^L + \sum_{k=1}^{n} \zeta_{hk}(1 - P_{hk}^{sfd})\tilde{U}_k^h}{\sum_{i=1}^{m} \zeta_{Li} + \sum_{k=1}^{n} \zeta_{hk}} \right] \prod_{i=1}^{m}(\Psi_{Li}^{in}) \prod_{k=1}^{n}(\Psi_{hk}^{in})f_p \end{aligned} \tag{20.53}$$

其含义为,可容模态优化设计的目标是使得可容度评价函数最大,同时满足约束条件。若不满足约束条件则目标函数变为 0,须重新进行参数优化设计。

20.5.4 双转子系统“可容模态”优化设计方法

双转子系统“可容模态”设计方法与单转子设计方法类似,也分为三个阶段,包括双转子系统“可容模态”优化设计、挤压油膜阻尼器设计及模态“可容性”试验验证。由于双转子系统与单转子系统存在差异,现再次详述三个阶段的具体实施步骤。

(1) 双转子系统“可容模态”优化设计阶段,包括如下步骤:

(a) 确定双转子系统的结构、转速控制律、设计模态不平衡量及所允许的振动上限等。

(b) 建立双转子的参数化有限元模型,分别计算低压激励和高压激励条件下的动力学特性,得到相应的临界转速与振型等。

(c) 改变双转子关键结构参数的取值,分析各阶模态振型对不同结构参数的灵敏度,确定优化的设计参数与取值范围,并针对模态振型选择合适的优化权重系数。需要注意的是,双转子工作范围内的模态较多,优化权重系数要侧重于优化可容度评价函数值较低的模态振型。

(d) 基于双转子系统“可容模态”的可容度评价函数,通过优化算法得到设计参数的最优解。

(e) 检验参数优化后双转子的动力学特性。若满足约束条件,则进入下一个阶段,若不满足,可返回步骤(c),调整设计参数的取值范围后重新进行优化,直至所有模态的可容度不低于 0.8 为止。

(2) 双转子系统挤压油膜阻尼器设计阶段,设计步骤如下:

(f) 分别计算在设计模态不平衡量作用下双转子系统低压激励与高压激励模态振动响应。若转子振动峰值未超限,则说明转子系统无需阻尼器就能达到“可容模态”设计要求,可直接进入实验验证阶段。否则,需要针对工作范围内不同阶次的模态,选择弹支应变能最高的支点设置挤压油膜阻尼器。

(g) 在设置了挤压油膜阻尼器的支点,附加额外线性阻尼,使相应模态下的转子振动不超过上限值,以确定挤压油膜阻尼器的结构参数。

(h) 将所有挤压油膜阻尼器的参数代入双转子系统,考虑阻尼器的非线性特性,计算阻尼器作用下转子系统在所有临界转速处的振动响应,评估减振特性,检验是否满足“可容模态”设计要求。此时,若低压激励和高压激励模态下的双转子系统振动响应都满足设计要求,才能进入下一步骤。否则,需要返回步骤(g),改变阻尼器参数重新进行设计。

(i) 针对不同的挤压油膜阻尼器,增大转子系统不平衡质量,使之超过设计值,计算双转子系统表现“双稳态”特征时的不平衡分布条件,得到各个阻尼器的抗振特性,以作为双转子系统在极端工况下安全性的判断依据。

(3) 双转子系统“可容模态”特性的验证阶段,工作步骤如下:

(j) 根据所设计的双转子系统结构参数及挤压油膜阻尼器参数,设计制造实际的模型实验器或样机。

(k) 完成双转子系统“可容模态”特性的实验验证,特别重要的是,要在各阶临界转速下,进行转子长时间持续“共振”实验,以检验所设计的转子是否能够“容忍”较长时间的“共振”。进行“共振”实验时,要在转子上施加与“共振”振型相似的分布不平衡量,总量应超过设计时所选取的最大设计不平衡量。

上述三个阶段各步骤流程如图 20.10 所示。关于双转子系统“可容模态”优化设计方法的实例与验证,后文将详细介绍。

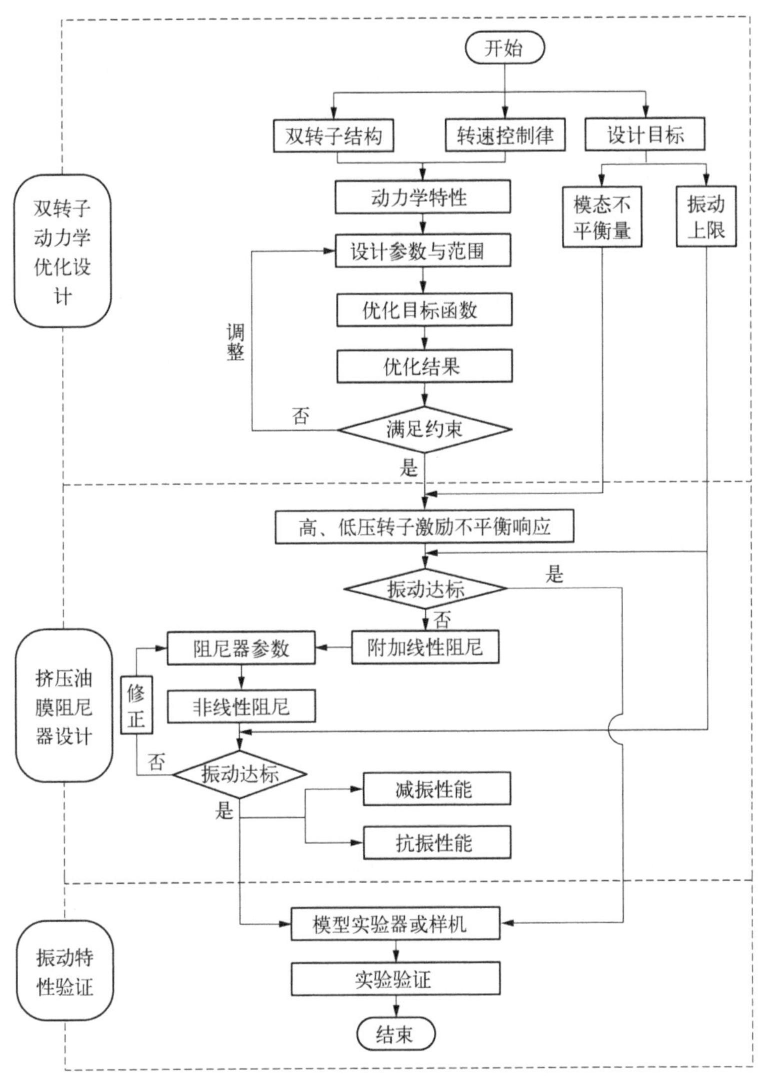

图 20.10　双转子系统“可容模态”设计流程[5]

20.6 双转子系统"可容模态"优化设计实例与实验验证

以设计图 20.11 所示的双转子模拟实验器为实例，来说明双转子"可容模态"优化设计方法的应用和效果。根据设计结果，建造了双转子模拟实验器，对"可容模态"优化设计方法进行实验验证。本节对此进行概要介绍。要了解详细的设计和验证过程，读者可查阅文献[5]。

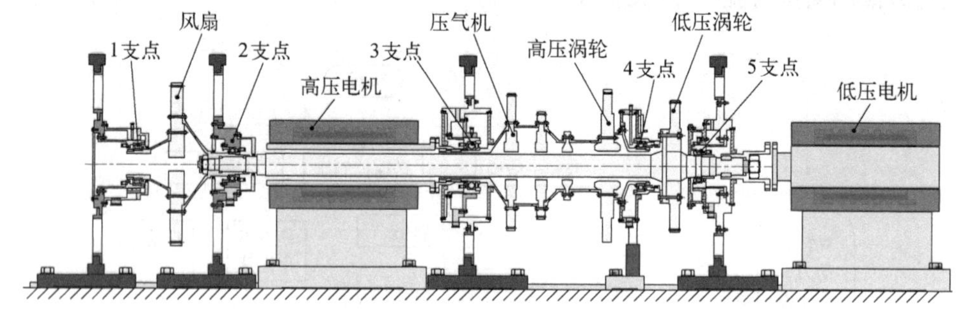

图 20.11 双转子模拟实验器[5]

图 20.11 所示的双转子模拟实验器方案是基于典型的发动机双转子结构而制定的。为保证具有一定的结构和结构动力学相似性，主要零部件的基本尺寸已初步确定。在此基础上，进行"可容模态"优化设计。

20.6.1 实验器初始模型

由于参考原型是典型的对转发动机双转子，故按照结构相近、动力学相似的原则，设计实验器相似模型，后文称为初始模型。结构方案如图 20.11 所示。以实际发动机高、低压转子共同工作线为基准，根据实验器最高转速换算得到相似共同工作线，如图 20.12 所示。实验器初始模型低压转子激励下的前三阶模态振型如图 20.13 所示，图 20.14 则表示高压转子激励下的前四阶模态振型。对应的临界转速和转速比列在表 20.8 中。

表 20.8 实验器初始模型高、低压转子主激励的临界转速和转速比

激励转子	阶 次	高压转速/(r/min)	低压转速/(r/min)	转速比
低压转子	第一阶	4 124.3	1 869	2.21
	第二阶	5 032.9	3 777	1.33
	第三阶	6 950.4	4 688	1.48

续　表

激励转子	阶　次	高压转速/(r/min)	低压转速/(r/min)	转速比
高压转子	第一阶	2 043	838.5	2.44
	第二阶	3 453	1 417.3	2.44
	第三阶	4 503	2 664.3	1.69
	第四阶	6 105	4 351.8	1.40

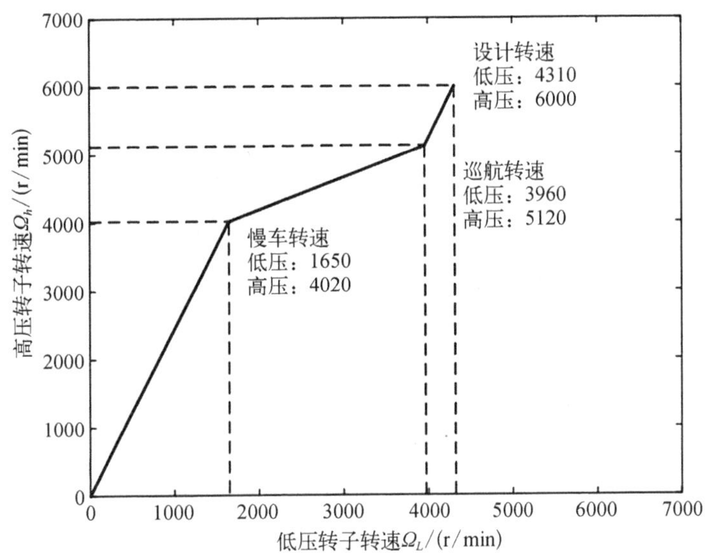

图 20.12　实验器高、低压转子相似共同工作线[5]

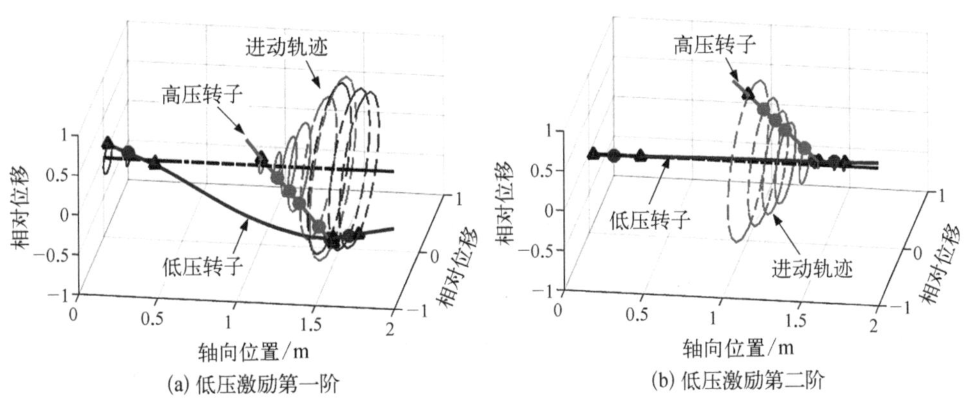

(a) 低压激励第一阶　　(b) 低压激励第二阶

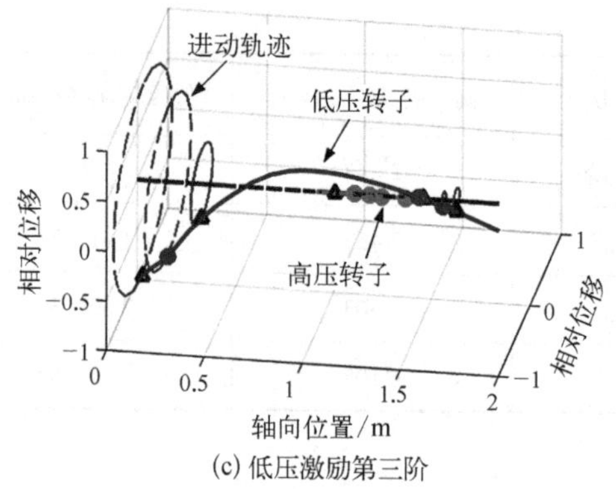

(c) 低压激励第三阶

图 20.13　初始模型低压转子激励的模态振型

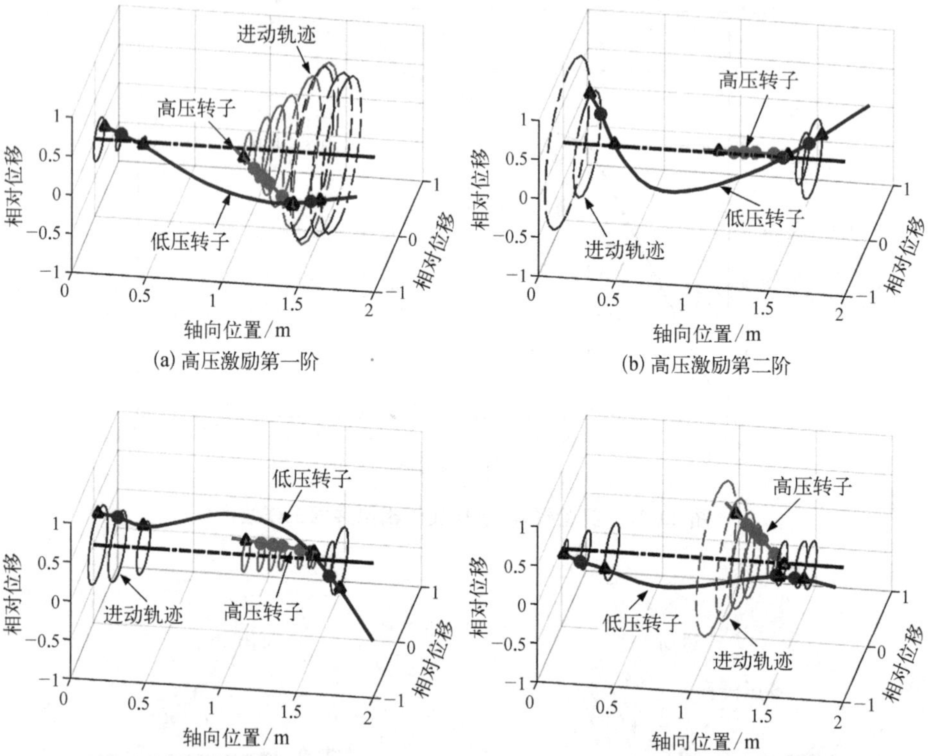

(a) 高压激励第一阶

(b) 高压激励第二阶

(c) 高压激励第三阶

(d) 高压激励第四阶

图 20.14　初始模型高压转子激励的模态振型

初始模型的有限元参数化模型中低压转子共包含 44 个节点、43 个梁单元、2 个刚性盘单元、4 个支承单元及一段分叉轴单元；高压转子包含 27 个节点、26 个梁单元、4 个刚性盘单元及 2 个支承单元。各支点的刚度如表 20.9 所示，其余参数详见附录 A。

表 20.9　初始模型各支点刚度

支点编号	1	2	3	4	5
刚度/(N/m)	5.96×10^{6}	3.35×10^{7}	9.99×10^{6}	5.00×10^{7}	7.04×10^{6}

20.6.2　实验器初始模型模态的"可容度"评价

表 20.10 和表 20.11 分别为实验器初始模型在低压激励和高压激励条件下各阶模态的应变能分布。

表 20.10　低压激励下初始模型前三阶模态应变能分布

轴系/支点	应变能占比/%		
	第一阶	第二阶	第三阶
转子轴系(高压+低压)	13.76	1.77	18.91
低压转子轴系	13.63	0.01	18.91
高压转子轴系	0.13	1.76	0.00
1 支点	2.88	0.01	45.93
2 支点	1.70	0.00	34.44
3 支点	0.14	97.99	0.00
4 支点	3.72	0.03	0.00
5 支点	77.81	0.21	0.71

表 20.11　高压激励下初始模型前四阶模态应变能分布

轴系/支点	应变能占比/%			
	第一阶	第二阶	第三阶	第四阶
转子轴系(高压+低压)	14.00	45.86	46.83	11.35
低压转子轴系	13.83	45.85	46.73	10.20
高压转子轴系	0.17	0.01	0.09	1.14
1 支点	5.52	41.63	10.82	0.36
2 支点	1.98	0.03	31.36	21.46

续 表

轴系/支点	应变能占比/%			
	第一阶	第二阶	第三阶	第四阶
3 支点	3.89	0.16	2.19	47.85
4 支点	2.05	0.08	1.37	15.81
5 支点	72.56	12.24	7.45	3.17

基于表 20.10 和表 20.11 及图 20.13 和图 20.14,计算实验器初始模型各阶模态振型的可容度评价函数值,得到表 20.12 和表 20.13 的结果。由表可见,初始模型在低压激励下的前三阶模态和高压激励条件下的前两阶模态中,弹性支承应变能占比都比较高,对应的可容度评价函数值也相对较大。但对于高压激励下的第三阶模态,弹性支承应变能占比和可容度评价函数值均较低,故这阶模态需要优化。另外,高压激励下第四阶模态中,中介轴承应变能占比达到了 15.8%,远超过了限制值,导致该阶模态的可容度评价函数值为 0,必须重新设计。

表 20.12 低压激励条件下实验器初始模型模态可容度评价函数计算结果

评价参数	模态阶次		
	第一阶	第二阶	第三阶
弹支总应变能占比	0.808	0.982	0.466
模态不平衡影响因子	0.353	0.002	0.247
中介轴承应变能评价函数值	1	1	1
模态可容度评价函数值	0.932	0.999	0.868

表 20.13 高压激励条件下实验器初始模型模态可容度评价函数计算结果

评价参数	模态阶次			
	第一阶	第二阶	第三阶	第四阶
弹支总应变能占比	0.820	0.540	0.205	0.514
模态不平衡影响因子	0.540	0.036	0.289	0.560
中介轴承应变能评价函数值	1	1	1	0
模态可容度评价函数值	0.903	0.983	0.770	0

特别值得关注的是初始模型可容度评价函数值最高的两阶模态：低压转子激励的第二阶模态和高压转子激励的第二阶模态。如图 20.13 和图 20.14 所示，这两阶模态振型的共同特点是，主激励转子的位移几乎为零，使得模态不平衡影响因子很小，高压转子激励的第二阶模态不平衡影响因子为 0.036，低压转子激励的第二阶模态不平衡影响因子仅为 0.002。在高压转子激励的第二阶模态下，弹支应变能占比达到 54%；在低压转子激励的第二阶模态下，弹支应变能占比达到 98.2%。根据可容度评价函数式(20.49)和式(20.50)，算得这两阶模态的可容度分别达到 0.983 和 0.999。这意味着，主激励转子上的不平衡量，不论如何分布，都难以激起转子的振动，类似于第 17 章所述的双转子“动力吸振”现象。另外，被交叉激励的转子虽然看似变形较大(高压转子激励下，低压转子的振型；或低压转子激励下，高压转子的振型)，但阻尼器所在支点的应变能占比却较高，阻尼器将会发挥良好的减振作用。因此，这两阶模态的可容度是最高的。同时也反映出，式(20.49)和式(20.50)所定义的模态可容度评价函数能够准确评估模态的“可容性”。

根据初始模型的动力学特性分析可以看出，按照“可容模态”设计理论，高压激励第三阶模态和第四阶模态都是“不可容”的，必须进行优化设计。但在优化时，不能恶化上述可容度最高的两阶模态。下文以双转子实验器初始模型为基础，详细论述双转子系统“可容模态”优化设计方法。

20.6.3　双转子系统优化设计参数的灵敏度分析

为了完成双转子系统“可容模态”优化设计，必须先分析优化设计参数的灵敏度。其目的是揭示转子系统中结构参数对转子模态的影响程度，并确定参数合理的取值范围，避免优化参数的数目过多或取值范围过大，以减小计算量。同时，还可以避免参数的取值错过最佳设计点。

本节主要分析双转子高压激励条件下的模态关于支承刚度、转轴直径与长度及叶盘惯量等参数的灵敏程度，并根据各关键参数对振型的影响程度确定相应的优化方向与调整范围，为结构参数的优化设计指明方向。对低压激励条件下的模态，可进行同样的灵敏度分析。

1. 支承参数对双转子系统动力学特性的影响

1) 1 支点刚度

图 20.15 描述 1 支点刚度对双转子系统动力学特性的影响，刚度变化范围为 2×10^6 N/m 至 1.5×10^7 N/m。其中，图 20.15(a)为各阶临界转速随刚度的变化；图 20.15(b)为低压轴应变能占比随刚度的变化；图 20.15(c)为中介支点应变能占比随刚度的变化；图 20.15(d)为弹支总应变能占比随刚度的变化。结合各阶临界转速与模态振型可以看出，1 支点刚度主要影响第二阶临界转速。此时，1 支点应

变能占优。当 1 支点刚度超过 8×10^6 N/m 后，第三阶临界转速也表现出增大趋势。在应变能分布方面，第二阶模态下低压轴应变能先降低再升高，弹支总应变能分布先升高后降低，在 5×10^6 N/m 至 8×10^6 N/m 范围内，弹支总应变能占比超过了 50%。第三阶模态下低压轴应变能呈降低趋势，弹支总应变能呈升高趋势，在 5×10^6 N/m 至 1.1×10^7 N/m 范围内变化程度较大，而其余阶模态受 1 支点影响较小。另外，中介支承处各阶模态下的应变能分布几乎不受 1 支点刚度的影响。

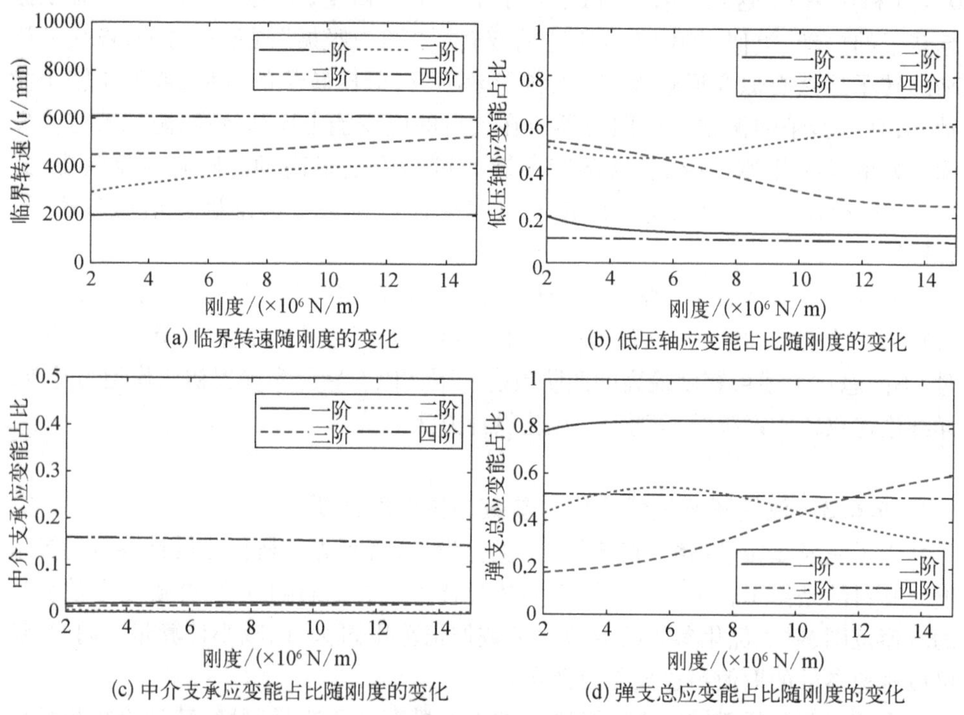

(a) 临界转速随刚度的变化

(b) 低压轴应变能占比随刚度的变化

(c) 中介支承应变能占比随刚度的变化

(d) 弹支总应变能占比随刚度的变化

图 20.15　1 支点刚度对双转子系统动力学特性的影响

由于低压风扇盘质量大，易产生较大的不平衡质量，而 1 支点为弹性支承，可通过挤压油膜阻尼器起到良好减振效果。因此，在优化 1 支点刚度时，应针对低压风扇振动占优的振型，尽量提高弹支总应变能占比。经综合考虑，选取 1 支点刚度的优化取值范围为 5×10^6 N/m 至 8×10^6 N/m。

2）2 支点刚度

图 20.16 表示 2 支点刚度对双转子系统动力学特性的影响，刚度变化范围为 3×10^7 N/m 至 8×10^8 N/m。从临界转速及应变能分布情况可以看出，仅在很小范围内，2 支点刚度对转子系统第三阶和第四阶模态产生一定影响。当 2 支点刚度小于 1.5×10^8 N/m 时，随 2 支点刚度增大，低压轴、中介支承及弹支总应变能的分布

均表现出小幅度增加。当 2 支点刚度大于 1.5×10^8 N/m 后，临界转速及应变能分布几乎保持不变。由于 2 支点位于风扇盘之后，起轴向承力作用，其刚度不宜过低。因此，选取 2 支点刚度的优化取值范围为 2×10^8 N/m 至 8×10^8 N/m。

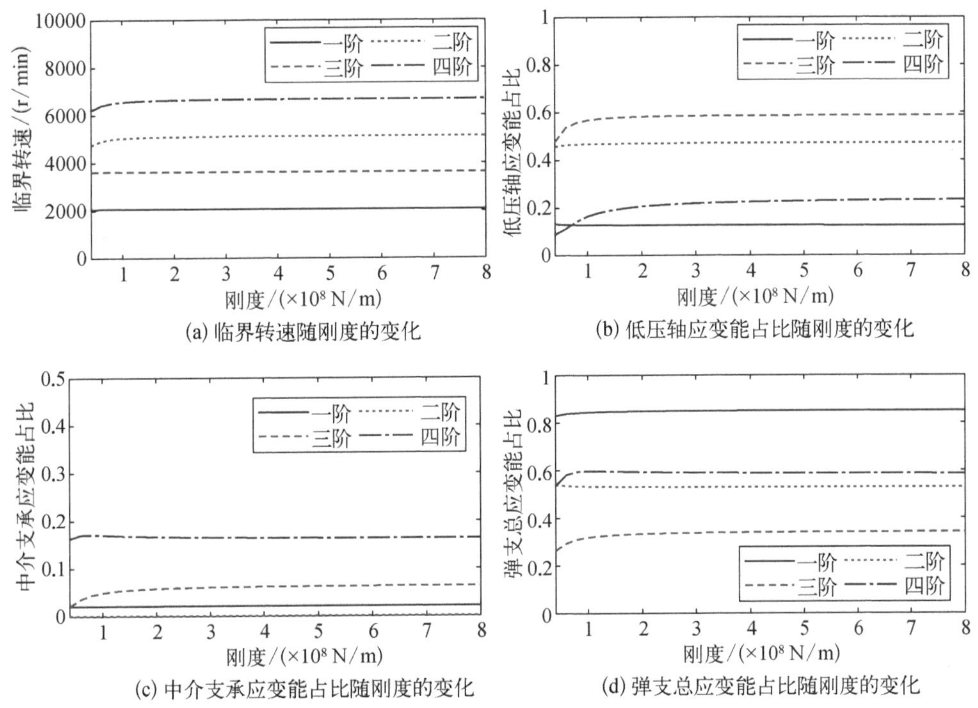

(a) 临界转速随刚度的变化　(b) 低压轴应变能占比随刚度的变化

(c) 中介支承应变能占比随刚度的变化　(d) 弹支总应变能占比随刚度的变化

图 20.16　2 支点刚度对双转子系统动力学特性的影响

3）3 支点刚度

3 支点刚度变化范围为 2×10^6 N/m 至 1.5×10^7 N/m。其对双转子系统动力学特性的影响如图 20.17 所示。当 3 支点刚度小于 5×10^6 N/m 时，第三阶临界转速变化明显；当 3 支点刚度大于 5×10^6 N/m 时，第四阶临界转速变化明显。主要原因是，高压压气机振动占优的振型所对应的临界转速受 3 支点刚度影响程度较大。若 3 支点刚度降低至一定程度，则该阶临界转速会低于低压轴弯曲振型对应的临界转速。在应变能分布方面，当 3 支点刚度在 3×10^6 N/m 以上时，对第一阶和第二阶模态无影响。但 3 支点刚度对第三和第四阶模态的影响较显著。第三阶模态下的低压轴应变能先降低再升高；中介支承应变能和弹支总应变能先升高后降低，变化的极值点约为 3×10^6 N/m，在 3×10^6 N/m 至 7×10^6 N/m 范围内敏感度较高。在 5×10^6 N/m 至 9×10^6 N/m 范围内，第四阶模态弹支总应变能占比超过了 50%。由于 3 支点为弹性支承，可安装挤压油膜阻尼器，能对第四阶模态振动起到良好减振效果。另外，第四阶临界转速相对较高，振动可能更加剧烈。因此，在刚度设计时应侧重于提高第四阶模态下弹支总应变能占比。综合考虑上述变化规律,选取 3 支点刚度的优化取值范围为 5×10^6 N/m 至 9×10^6 N/m。

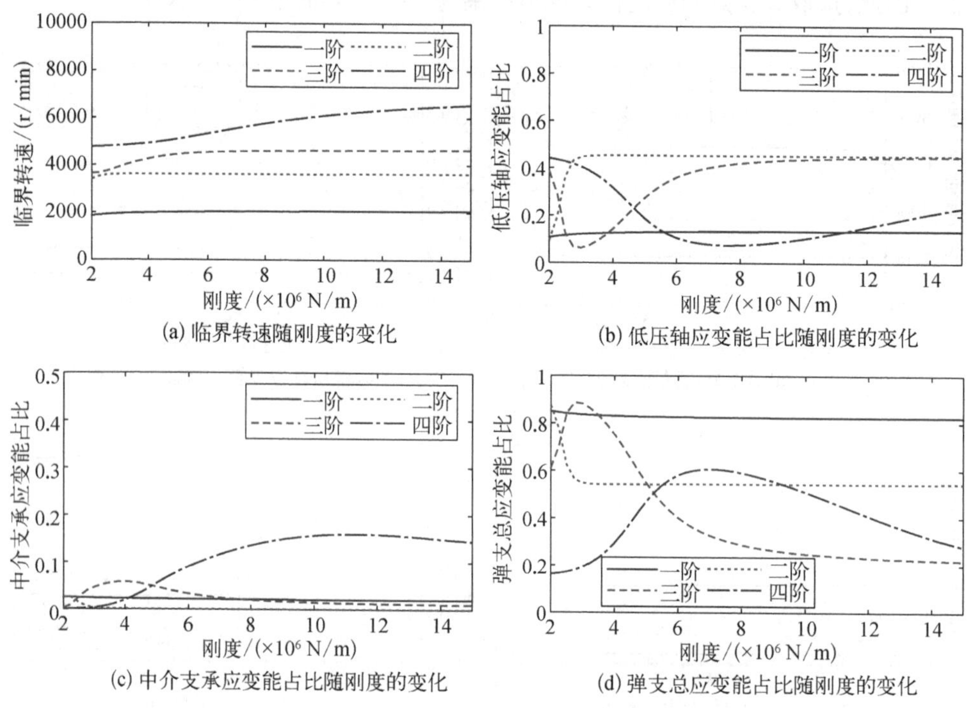

(a) 临界转速随刚度的变化

(b) 低压轴应变能占比随刚度的变化

(c) 中介支承应变能占比随刚度的变化

(d) 弹支总应变能占比随刚度的变化

图 20.17 3 支点刚度对双转子系统动力学特性的影响

4) 4 支点刚度

4 支点为中介支承,刚度变化范围为 3×10^7 N/m 至 8×10^8 N/m。图 20.18 为 4 支点刚度对双转子系统动力学特性的影响。计算结果表明,4 支点的刚度仅在小于 6×10^7 N/m 时对第四阶临界转速有影响,但对前三阶临界转速几乎没有影响。在 3×10^7 N/m 至 2×10^8 N/m 范围内,中介支点的应变能占比迅速降低,第四阶模态下低压轴的应变能有所升高,而弹支总应变能占比先升高后降低,并在 3×10^7 N/m 左右达到极值,但相对降低后的数值差别不大。当 4 支点刚度大于 2×10^8 N/m 后,前四阶临界转速及应变能分布几乎不随 4 支点刚度增大发生变化。由于第四阶临界转速较高,在弹支总应变能变化范围不大的前提下,应优先降低中介轴承的应变能占比。因此,选取 4 支点刚度的优化取值范围为 2×10^8 N/m 至 8×10^8 N/m。

5) 5 支点刚度

图 20.19 表示 5 支点刚度对双转子系统动力学特性的影响,刚度变化范围为 2×10^6 N/m 至 1.5×10^7 N/m。显然,第一阶临界转速关于 5 支点刚度的敏感度最

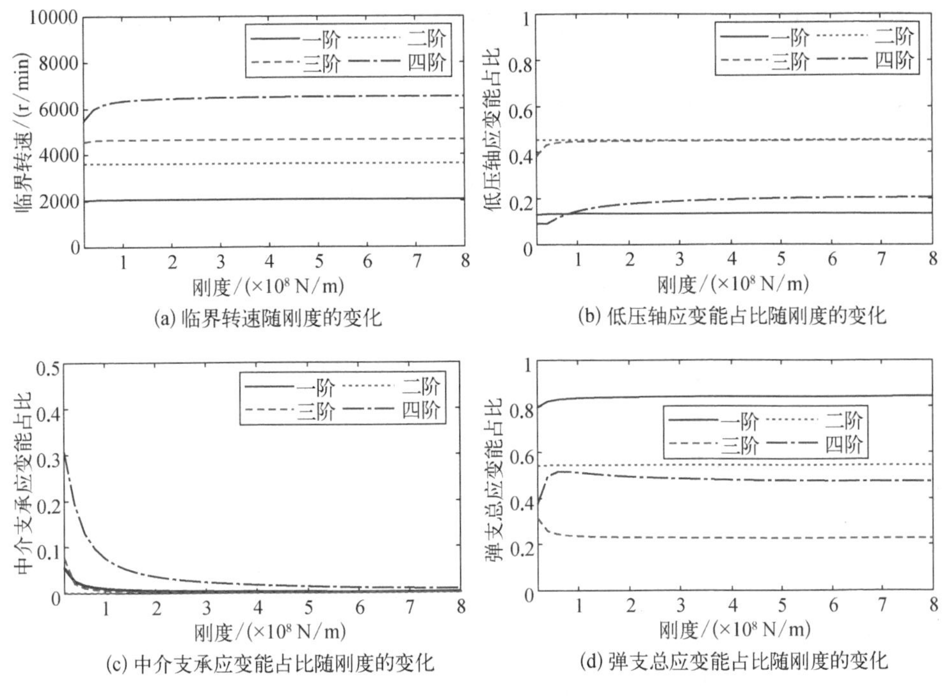

(a) 临界转速随刚度的变化

(b) 低压轴应变能占比随刚度的变化

(c) 中介支承应变能占比随刚度的变化

(d) 弹支总应变能占比随刚度的变化

图 20.18 4 支点刚度对双转子系统动力学特性的影响

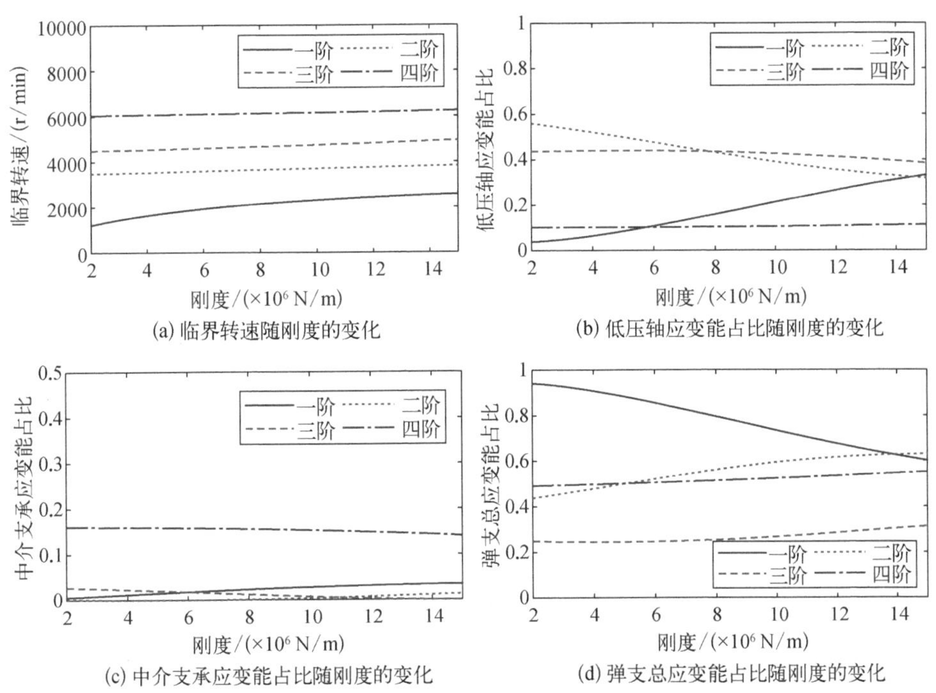

(a) 临界转速随刚度的变化

(b) 低压轴应变能占比随刚度的变化

(c) 中介支承应变能占比随刚度的变化

(d) 弹支总应变能占比随刚度的变化

图 20.19 5 支点刚度对双转子系统动力学特性的影响

高，其对应的振型中 5 支点应变能占优。随 5 支点刚度增大，低压轴应变能在第一阶模态下不断升高，但在第二阶模态下不断降低。与之相反，弹支总应变能占比在第一阶模态下不断降低，在第二阶模态下不断升高。而中介支承应变能占比关于 5 支点的敏感度很低。考虑到第一阶振型中 5 支点振动占优，其余支点相对位移很小，而第二阶振型中 1 支点振动占优，为了使涡轮端阻尼器减振效果达到最佳，选取 5 支点刚度的优化取值范围为 4×10^6 N/m 至 8×10^6 N/m。

2. 轴系结构参数对双转子系统动力学特性的影响

1）1－2 支点跨距

1 支点和 2 支点之间的跨距影响低压转子的长度，其变化范围为－20 mm 至 50 mm，负值表示跨距减小，正值表示跨距增大。图 20.20 表示 1－2 支点跨距对双转子系统动力学特性的影响。由图可见，当 1、2 支点之间的跨距发生变化时，各阶临界转速对其敏感度都不高。在应变能分布方面，随 1－2 支点跨距增大，第三阶模态下低压轴应变能呈下降趋势，而其余应变能几乎不受影响。可见，1 支点和 2 支点之间跨距的小幅调整对双转子系统动力学特性影响程度较小。因此，根据结构空间限制，选取跨距的优化设计变化范围为－20 mm 至 30 mm。若优化参数过多导致计算量过大，也可选择不优化 1－2 支点跨距这一参数。

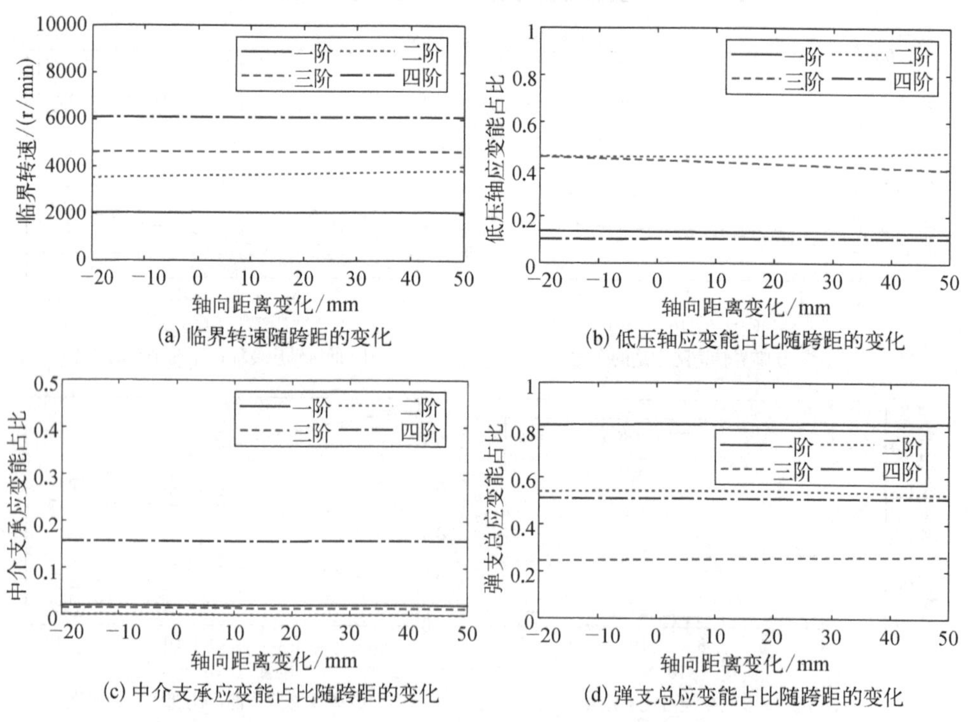

(a) 临界转速随跨距的变化　(b) 低压轴应变能占比随跨距的变化
(c) 中介支承应变能占比随跨距的变化　(d) 弹支总应变能占比随跨距的变化

图 20.20　1－2 支点跨距对双转子系统动力学特性的影响

2）低压轴长度

图 20.21 描述低压轴长度对双转子系统动力学特性的影响。低压轴长度的变化范围为-40 mm 至 80 mm。可以看出，随低压轴长度增加，各阶临界转速均表现出小幅度的降低。其原因是，当低压轴的长度增加时，低压轴的刚度减小，临界转速也相应降低。在应变能分布方面，随低压轴长度增加，各阶应变能变化甚微。由于 2 支点和 4 支点之间存在高压转子，跨距不宜减小过多，因此，选取低压轴长度的设计变化范围为-20 mm 至 80 mm。

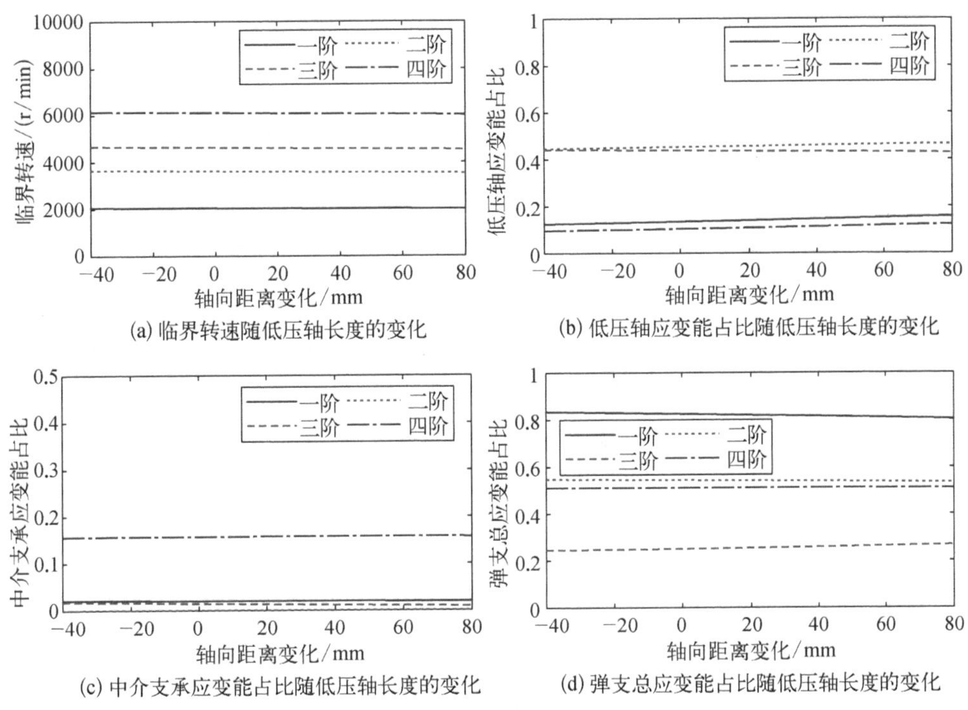

(a) 临界转速随低压轴长度的变化

(b) 低压轴应变能占比随低压轴长度的变化

(c) 中介支承应变能占比随低压轴长度的变化

(d) 弹支总应变能占比随低压轴长度的变化

图 20.21　低压轴长度对双转子系统动力学特性的影响

3）3－4 支点跨距

3 支点和 4 支点之间的跨距决定了高压转子的长度。图 20.22 表示 3－4 支点跨距对双转子系统动力学特性的影响，其变化范围为-20 mm 至 30 mm。结果表明，各阶临界转速对高压轴长度的敏感度较低。随高压转子长度增加，第四阶模态下应变能分布变化较明显，表现为低压轴和中介支承的应变能占比降低，而弹支总应变能占比增加。其余阶模态下的应变能分布受高压转子长度影响较小。可见，增加高压轴长度可使第四阶模态下应变能分布向有利方向发展，但高压转子长度受限于 3－4 支点跨距，不宜过长。因此，选取 3－4 支点跨距的优化设计变化范围为 0 mm 至 30 mm。

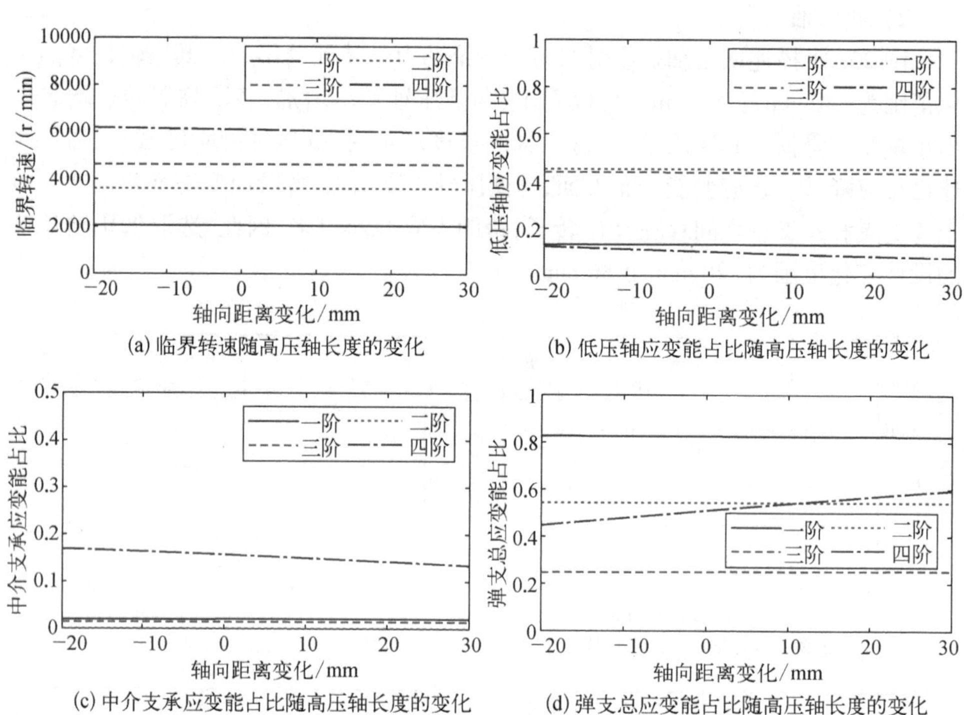

(a) 临界转速随高压轴长度的变化

(b) 低压轴应变能占比随高压轴长度的变化

(c) 中介支承应变能占比随高压轴长度的变化

(d) 弹支总应变能占比随高压轴长度的变化

图 20.22　高压轴长度对双转子系统动力学特性的影响

4）4－5 支点跨距

图 20.23 表示 4 支点和 5 支点之间跨距对双转子系统动力学特性的影响，其变化范围为-10 mm 至 40 mm。从图示结果可以看出，4－5 支点跨距在小范围内变化时，各阶临界转速以及中介支承应变能占比几乎不受影响。随 4－5 支点跨距的增加，第一阶模态下低压轴应变能占比增大，而弹支总应变能占比降低。4－5 支点跨距越短，则越利于控制转子系统第一阶模态振动，但受结构限制不能过短。因此，选取 4－5 支点跨距的优化设计变化范围为-10 mm 至 0 mm。

5）低压轴外径

图 20.24 为低压轴外径对双转子系统动力学特性的影响，其直径变化范围为 55 mm 至 80 mm。当低压轴直径变大时，低压轴刚度增加，而第二阶和第三阶振型均为低压轴弯曲为主的振型，因此，对应的临界转速升高。第四阶振型主要为高压转子俯仰振型，几乎不受低压轴刚度影响。

随低压轴直径增大，第一阶模态下低压轴应变能降低，弹支总应变能占比升高；第二阶模态下低压轴应变能先升高，后降低，而弹支总应变能占比持续降低；第三阶模态下低压轴应变能先降低，后升高，弹支总应变能占比持续降低；第四阶模

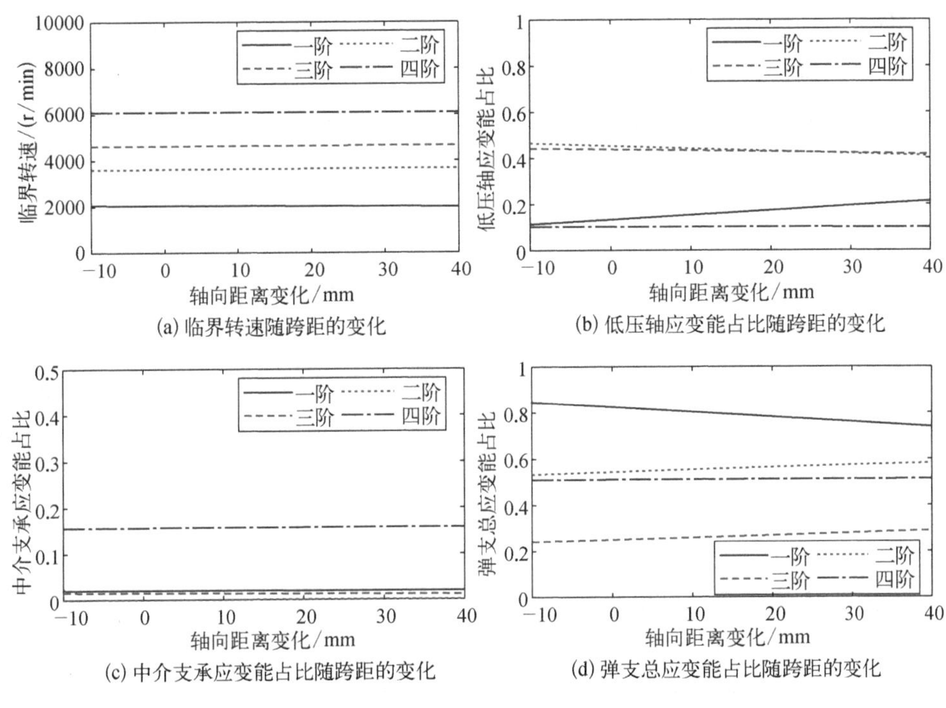

(a) 临界转速随跨距的变化　(b) 低压轴应变能占比随跨距的变化

(c) 中介支承应变能占比随跨距的变化　(d) 弹支总应变能占比随跨距的变化

图 20.23　4－5 支点跨距对双转子系统动力学特性的影响

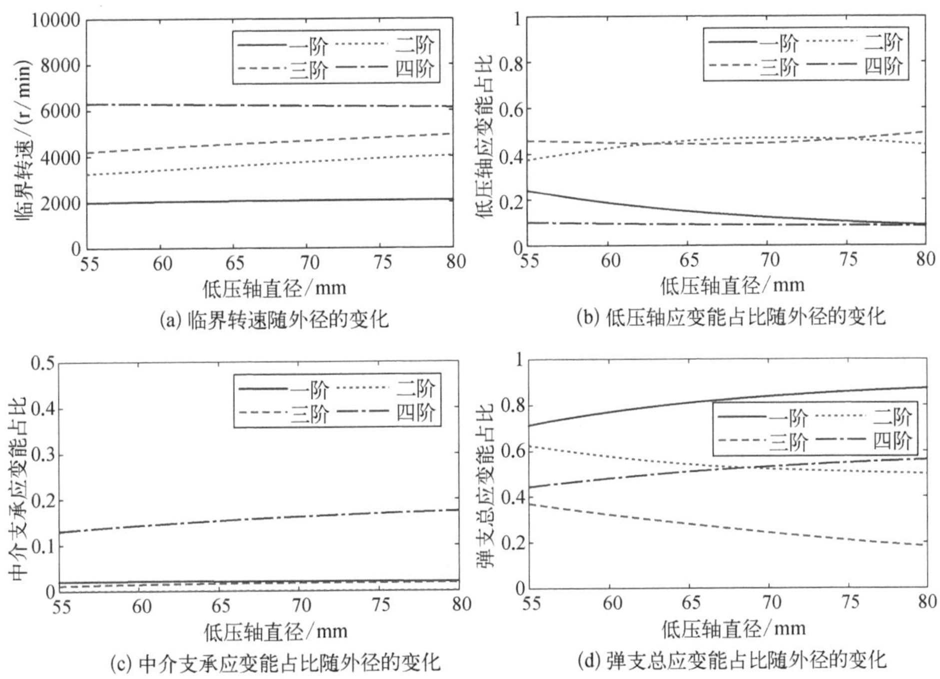

(a) 临界转速随外径的变化　(b) 低压轴应变能占比随外径的变化

(c) 中介支承应变能占比随外径的变化　(d) 弹支总应变能占比随外径的变化

图 20.24　低压轴外径对双转子系统动力学特性的影响

态下低压轴应变能变化不大，但中介支承处应变能占比持续升高，弹支总应变能占比也持续升高。由此可见，低压轴直径这一参数对转子系统的应变能分布非常重要，在设计与优化过程中，可将低压轴分为多段等直径轴，使转子系统的振型向更有利的方向变化。在本书所建立的模型中，将低压轴分为 9 段，每段轴直径的优化设计范围为 55 mm 至 75 mm。

需要说明的是，本模型中高压转子基本可视为刚性，而高压轴直径对系统应变能分布的影响非常小。因此，本节不针对高压轴直径参数进行分析。

3. 盘惯量参数对双转子系统动力学特性的影响

盘惯量参数主要包括质量、极转动惯量及直径转动惯量。本节在改变盘惯量参数过程中作简化处理，以初始数值为基准，将三个参数的初始数值同时与变化系数相乘。变化系数为 1，表示维持初始数值不变。变化系数小于 1，表示三个惯量参数减小；变化系数大于 1，表示三个惯量参数增大。

1）低压风扇盘惯量参数

图 20.25 表示低压风扇盘惯量参数变化系数对双转子系统动力学特性的影响，变化系数范围为 0.5 至 1.5。由图可见，低压风扇盘惯量参数对第一阶模态几乎没有影响。该阶振型中低压风扇盘靠近振型节点位置。随变化系数增大，第二

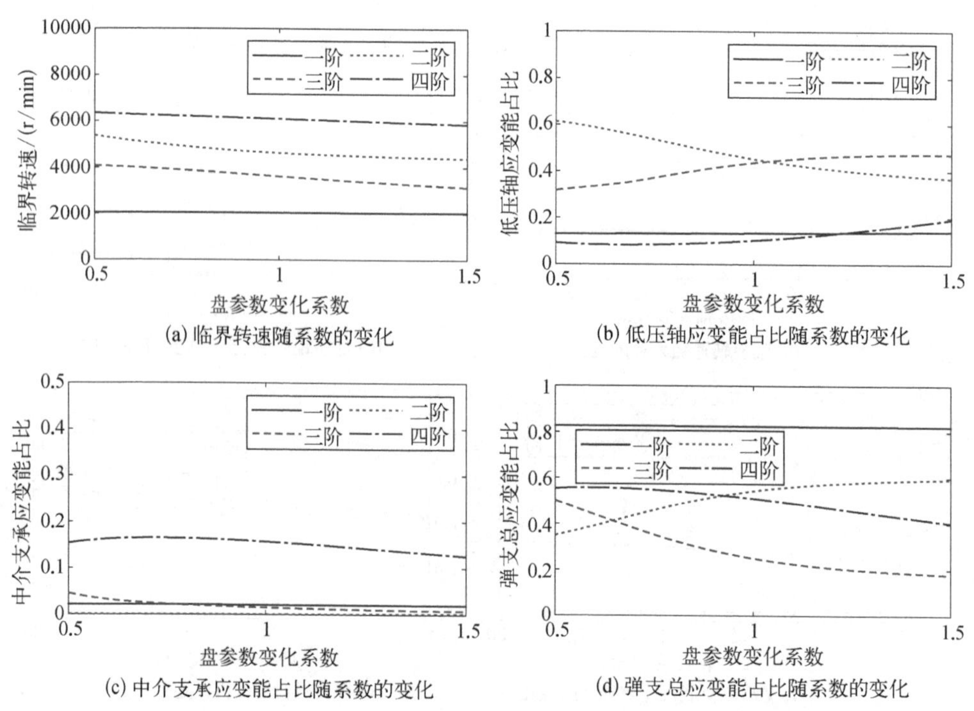

图 20.25　低压风扇盘惯量参数对双转子系统动力学特性的影响

阶至第四阶临界转速有所降低；第二阶模态下低压轴应变能降低，弹支总应变能升高；第三和第四阶模态下应变能分布的变化与第二阶相反，低压轴应变能增加，而弹支总应变能降低。综合考虑图示的变化规律，选取低压风扇盘惯量参数的优化系数范围为 0.8 至 1.2。

2）低压涡轮盘惯量参数

低压涡轮盘惯量参数变化系数的取值范围也定为 0.5 至 1.5。其对双转子系统动力学特性的影响如图 20.26 所示。结果表明，随惯量变化系数增大，各阶临界转速均有所降低。在应变能分布方面，第一阶、第三阶和第四阶模态下低压轴应变能呈下降趋势，中介支承和弹支总应变能占比呈上升趋势；第二阶模态下低压轴应变能占比明显升高，而弹支总应变能占比明显降低。选取低压涡轮盘惯量的优化系数范围为 0.7 至 1.0。

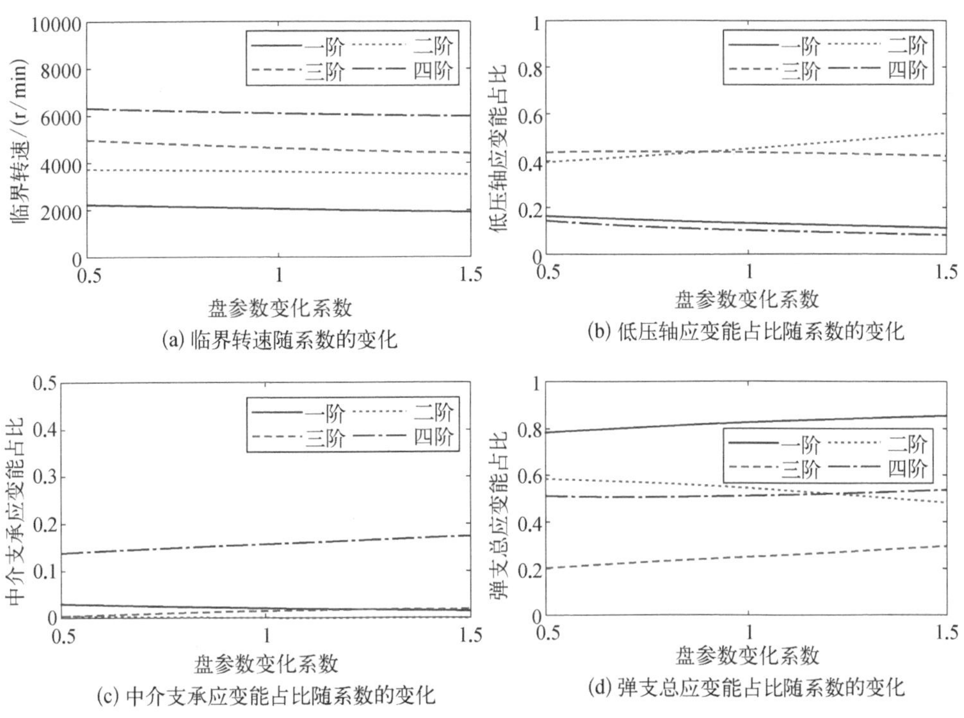

图 20.26　低压涡轮盘惯量参数对双转子系统动力学特性的影响

3）高压一级压气机盘惯量参数

图 20.27 为高压一级压气机盘惯量参数变化系数对双转子系统动力学特性的影响，参数变化系数范围为 0.5 至 1.5。高压一级压气机盘惯量参数变化仅对第四阶模态有明显影响。随变化系数增大，第四阶临界转速降低，低压轴和中介支承的

应变能占比减小，弹支总应变能升高。可见，高压一级压气机盘惯量的变化系数越大，转子应变能分布情况越好。因此，选取高压一级压气机盘惯量的优化系数范围为 1.0 至 1.4。

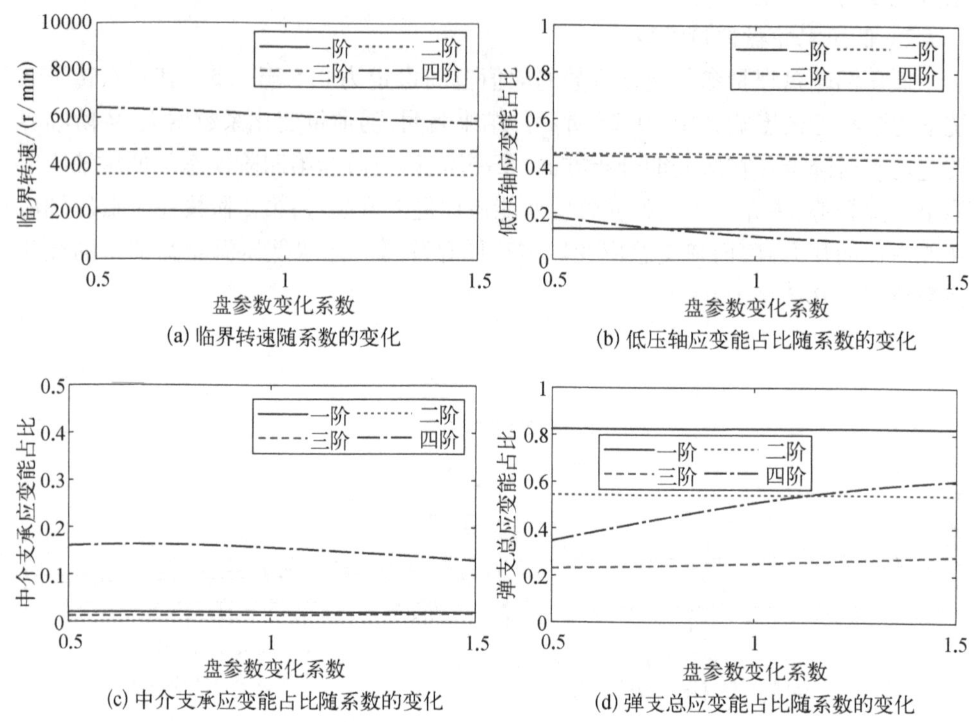

(a) 临界转速随系数的变化

(b) 低压轴应变能占比随系数的变化

(c) 中介支承应变能占比随系数的变化

(d) 弹支总应变能占比随系数的变化

图 20.27　高压一级压气机盘惯量参数对双转子系统动力学特性的影响

4）高压涡轮盘惯量参数

图 20.28 描述了高压涡轮盘惯量变化系数对双转子系统动力学特性的影响规律，惯量变化系数范围为 0.5 至 1.5。随高压涡轮盘惯量变化系数增大，各阶临界转速变化不明显。而对应变能分布的影响主要体现在第四阶模态上。具体表现为，随惯量变化系数增大，低压轴和中介支承的应变能升高，而弹支总应变能降低，即高压涡轮盘惯量的变化系数增大会恶化第四阶模态下转子应变能的分布。因此，选取高压涡轮盘的优化系数范围为 0.7 至 1.0。

至此，完成了双转子实验器动力学特性对支承刚度、支点跨距、转轴直径及盘惯量等参数的敏感度分析，确定了各参数优化设计的取值范围，具备了结构参数优化设计的基本条件。

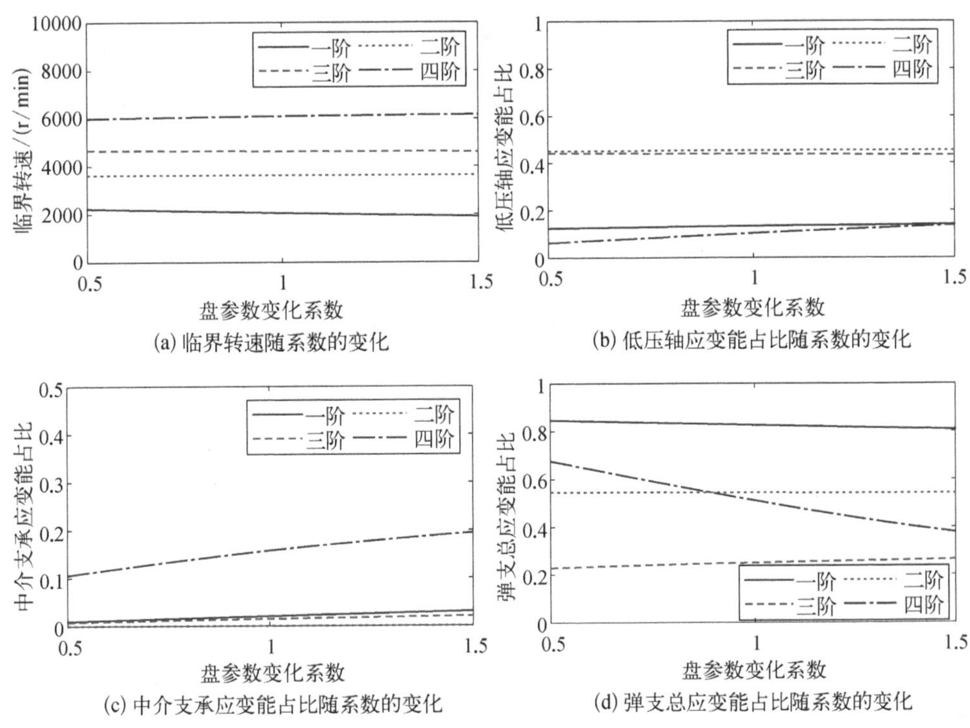

(a) 临界转速随系数的变化　(b) 低压轴应变能占比随系数的变化

(c) 中介支承应变能占比随系数的变化　(d) 弹支总应变能占比随系数的变化

图 20.28　高压涡轮盘惯量参数对双转子系统动力学特性的影响

20.6.4　优化设计参数及其取值范围

基于上一节参数影响的灵敏度分析，将双转子实验器的优化设计参数及其取值范围列于表 20.14 至表 20.16 中。

表 20.14　支点刚度优化范围

支点编号	1	2	3	4	5
优化上界/(N/m)	8×10^6	8×10^8	9×10^6	8×10^8	8×10^6
优化下界/(N/m)	5×10^6	2×10^8	5×10^6	2×10^8	4×10^6

表 20.15　轴系结构参数优化范围

	低压轴长度	3-4 支点跨距	4-5 支点跨距	低压轴外径
优化上界/mm	+80	+30	0	75
优化下界/mm	-20	0	-10	55

表 20.16　盘惯量参数优化范围

	低压风扇盘	低压涡轮盘	高压一级压气机盘	高压涡轮盘
系数优化上界	1.2	1.0	1.4	1.0
系数优化下界	0.8	0.7	1.0	0.7

20.6.5　双转子系统“可容模态”优化设计流程与结果

双转子系统“可容模态”优化设计的关键，是通过模态的可容度评价函数来判断双转子系统动力学特性的优劣程度，基于现有的遗传算法等优化方法对模型参数进行不断筛选，得到特定范围内的最优结果。

将式(20.53)表示的目标函数代入优化程序，输入如图 20.12 所示的高、低压转子转速控制律，即共同工作线，以转子实验器有限元初始模型为基础，进行优化设计。

优化设计分为以下步骤：

(a) 根据初始模型及各参数优化区间，随机生成大量以参数化模型为个体的种群。

(b) 设置关键算法参数值，例如种群中个体的数量、每代种群数量、种群间的个体迁移率、个体之间的代沟、个体之间的交叉概率、个体的变异概率等，算法参数值如表 20.17 所示。

表 20.17　遗传算法关键参数

遗传代数	种群数量	种群个体	迁移率	代沟	交叉概率	变异概率
80	5	50	0.2	0.9	0.7	0.1

(c) 计算同代种群中每个个体的模型动力学特性，并通过模态可容度评价函数得到各个体的评价值。

(d) 对双转子系统各阶模态可容度评价函数值进行判定，保留模态评价函数值较高的个体，淘汰评价函数值过低的个体，并通过交叉、变异等遗传算法得到下一代种群。

(e) 重复进行第(c)步与第(d)步计算，直至遗传代数达到上限，或模态振型可容度评价函数值高于 0.99，则计算结束。

上述“可容模态”优化设计方法的流程如图 20.29 所示。

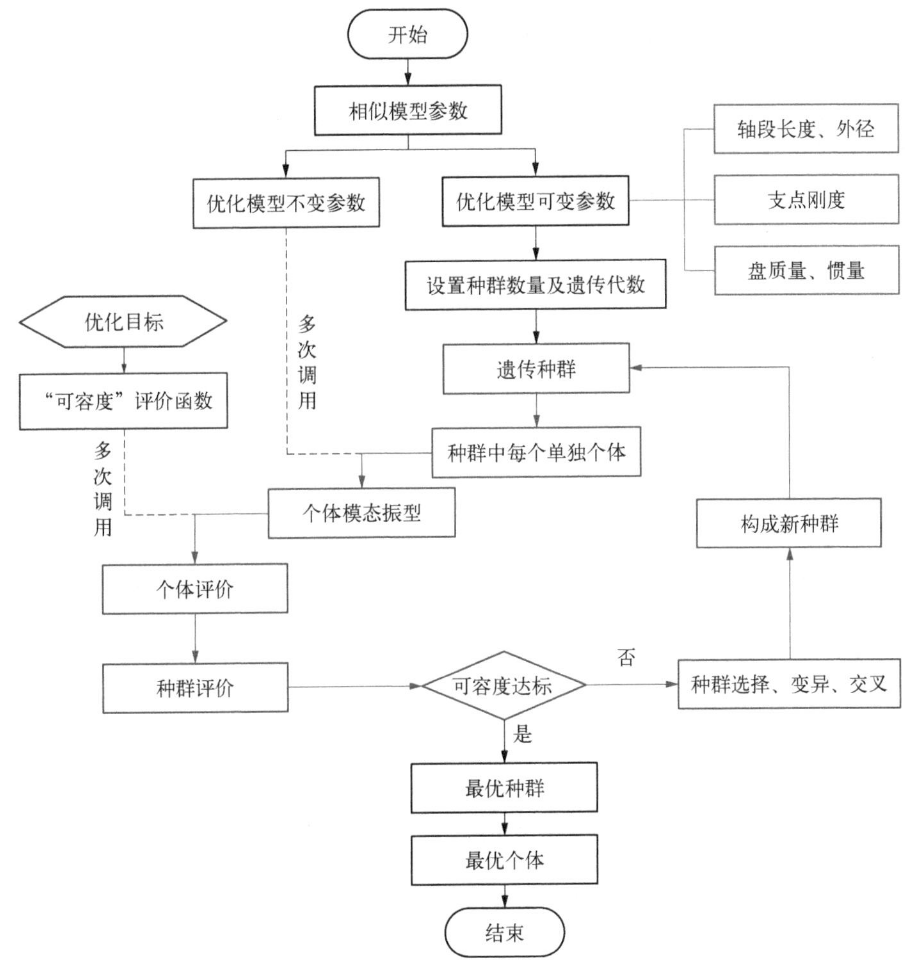

图 20.29　"可容模态"优化设计流程[5]

20.6.6　双转子实验器优化结果与检验

1. 双转子实验器模态"可容度"的检验

图 20.30 为优化后的双转子实验器模型在高压转子激励下的前四阶模态振型，表 20.18 为优化后的各支点刚度，优化模型其余参数详见附录 B。表 20.19 为前七阶高、低压转子主激励模态振型所对应的临界转速和转速比。

在支点刚度方面，2 支点和 4 支点的刚度大幅增加，3 支点和 5 支点刚度有所降低。在模态振型方面，经过参数优化后，高压激励前两阶模态相比初始模型变化不大，但高压主振型模态对应的临界转速降低，而低压轴弯曲临界转速升高，导致初始模型的第四阶模态降为优化模型的第三阶模态。为了便于分析，后文以优化模型中各阶模态振型的阶次为顺序，对比优化结果与初始模型的动力学特性变化。

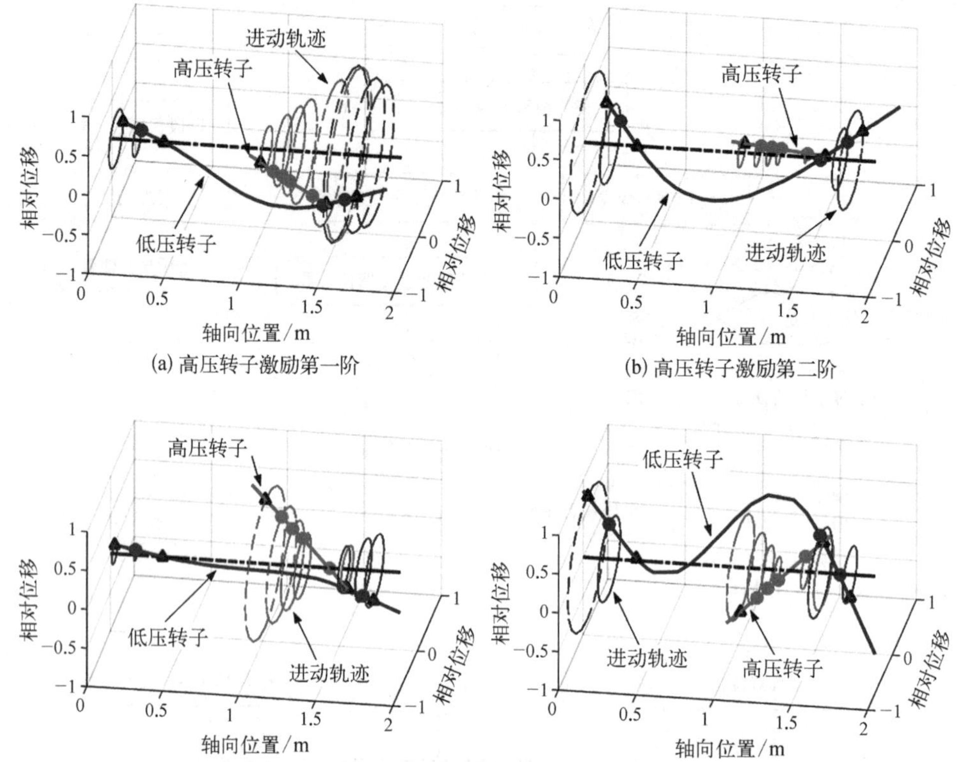

(a) 高压转子激励第一阶

(b) 高压转子激励第二阶

(c) 高压转子激励第三阶

(d) 高压转子激励第四阶

图 20.30　优化模型在高压转子激励下的模态振型

表 20.18　优化模型各支点刚度与初始模型的比较

支点编号	1	2	3	4	5
优化刚度/(N/m)	6.01×10^6	6.03×10^8	7.99×10^6	3.19×10^8	6.52×10^6
初始刚度/(N/m)	5.96×10^6	3.35×10^7	9.99×10^6	5.00×10^7	7.04×10^6
变化量	+0.84%	+1700%	-20.02%	+538%	-7.39%

表 20.19　实验器优化后模型高、低压转子主激励的临界转速和转速比

激励转子	阶　次	高压转速/(r/min)	低压转速/(r/min)	转速比
低压转子	第一阶	4 117.1	1 853.9	2.22
	第二阶	4 657	2 987.8	1.56
	第三阶	8 878	5 454.6	1.63

续　表

激励转子	阶　次	高压转速/(r/min)	低压转速/(r/min)	转速比
高压转子	第一阶	2 054.4	843.2	2.44
	第二阶	3 668.6	1 505.8	2.44
	第三阶	4 426.1	2 502.9	1.77
	第四阶	5 322	4 040.3	1.32

表 20.20 为双转子实验器模型在优化之后主要部件在高压激励模态下应变能的分布情况。表 20.21 表示优化模型应变能分布与初始模型对比。结果表明,优化后第一阶和第二阶模态振型变化程度相对较小。第三阶和第四阶模态振型的弹支总应变能占比大幅提高。虽然第四阶模态的低压轴应变能占比变大,但初始模型中 2 支点(刚性支承)处集中了较大的应变能,造成弹支的绝对位移较小,而优化模型将 2 支点应变能转移至低压轴后,使弹支的绝对位移有所增大,这有利于阻尼器发挥减振作用。同时,优化后,在各阶模态下,中介支承应变能占比均明显下降,尤其第三阶模态振型的中介应变能占比由初始模型的 15.8%降低至 0.6%,降幅显著。总体而言,优化之后,双转子实验器系统的各阶振型能为挤压油膜阻尼器创造更加良好的工作条件,使工作范围内的模态“可容度”得到改善。

表 20.20　优化模型主要部件在高压激励模态下应变能的分布

应变能占比/%	第一阶模态	第二阶模态	第三阶模态	第四阶模态
转子轴系(总)	20.30	41.41	4.69	72.90
低压转子轴系	20.97	41.38	4.26	72.60
高压转子轴系	0.33	0.03	0.43	0.3
1 支点	9.89	37.13	2.58	13.06
2 支点	0.29	0.00	0.05	1.10
3 支点	8.07	2.23	77.66	11.59
4 支点	0.32	0.04	0.59	0.01
5 支点	61.13	20.19	14.43	1.34

表 20.21　优化模型应变能分布与初始模型对比

应变能占比和变化量/%	第一阶	第二阶	第三阶	第四阶
初始模型弹支(总)	82.0	54.0	51.4	20.5
优化模型弹支(总)	79.7	58.6	95.4	27.1
变化量	-2.8	8.5	85.6	32.2
初始模型低压轴	13.8	45.9	10.2	46.7
优化模型低压轴	20.9	41.4	4.0	73.6
变化量	44.2	-9.8	-60.8	57.6
初始模型中介支承	2.1	0.1	15.8	1.4
优化模型中介支承	0.3	0.0	0.6	0.0
变化量	-85.7	-100	-96.2	-100

计算高压激励条件下优化模型的模态参数和可容度评价函数值,并与初始模型比较,得到表 20.22 的结果。其中,第一阶和第三阶模态不平衡影响因子较高,会对高压转子不平衡量分布较为敏感。但第一阶和第三阶模态的弹支总应变能占比很高,阻尼器能够起到很好的减振效果,所得到的模态可容度评价函数值超过了 0.9。

表 20.22　高压激励下优化模型模态参数和可容度评价函数值与初始模型的比较

模态参数和可容度评价函数值	第一阶	第二阶	第三阶	第四阶
初始模型 弹支总应变能占比	0.820	0.540	0.514	0.205
优化模型 弹支总应变能占比	0.797	0.586	0.954	0.271
初始模型 模态不平衡影响因子	0.540	0.036	0.560	0.289
优化模型 模态不平衡影响因子	0.432	0.061	0.546	0.196
初始模型 中介轴承应变能评价函数值	1	1	0	1
优化模型 中介轴承应变能评价函数值	1	1	1	1
初始模型 模态可容度评价函数值	0.903	0.983	0	0.770
优化模型 模态可容度评价函数值	0.912	0.974	0.975	0.857

注：将表 20.13 初始模型的第四阶参数列在了本表的第三阶上;初始模型的第三阶参数列在了本表的第四阶上。

第二阶模态与初始模型的第二阶模态相对应。如前面所述，在初始模型中，该阶模态的可容度评价函数值很高，为 0.983。原因是，模态不平衡影响因子非常小，而弹支总应变能占比较高。在优化过程中，对这一阶模态的“可容度”不能显著恶化。由表 20.22 可见，优化后，模态不平衡影响因子有所增加，但弹支总应变能占比也随之增加，最终使得该阶模态可容度评价函数值达到 0.974，依然维持了高“可容度”。

总体来看，前两阶模态可容度变化不大，第三阶模态下，中介支承应变能评价函数值已经达标，而第四阶模态中的弹支总应变能占比已明显增大，模态不平衡影响因子显著降低，模态可容度评价函数值较初始模型提高了 11.3%。从模态可容度评价函数值来看，高压激励条件下的各阶模态可容度评价函数值都超过了 0.85。由此可见，在初始模型的基础上双转子实验器的模态可容度得到了明显优化。

同时，针对优化模型低压激励的各阶模态也进行检验。图 20.31 为优化模型在低压转子激励下的前三阶模态振型，表 20.23 为双转子实验器优化模型主要部件在低压激励模态下应变能的分布情况，表 20.24 为低压激励模态参数和可容度

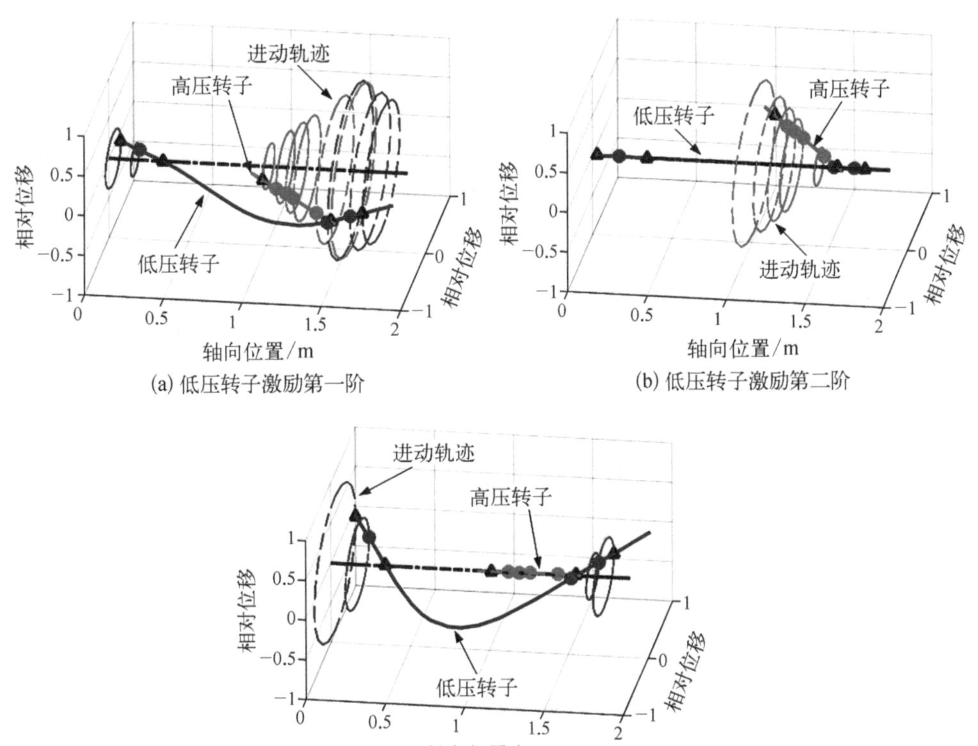

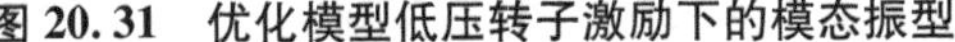
图 20.31　优化模型低压转子激励下的模态振型

评价函数的计算值。结果表明，与初始模型相比，优化模型低压激励的前三阶模态均维持了原有的高可容度。

表 20.23 优化模型主要部件在低压激励模态下应变能的分布

应变能占比/%	第一阶模态	第二阶模态	第三阶模态
转子轴系(总)	20.10	0.85	46.70
低压转子轴系	20.18	0.01	44.79
高压转子轴系	0.92	0.84	1.91
1 支点	6.53	0.01	43.30
2 支点	0.17	0.00	1.07
3 支点	0.91	99.13	0.00
4 支点	0.60	0.00	0.00
5 支点	71.69	0.01	8.93

表 20.24 优化模型低压激励下模态参数和可容度评价函数值与初始模型的比较

模态参数和可容度评价函数值	第一阶	第二阶	第三阶
初始模型 弹支总应变能占比	0.808	0.982	0.466
优化模型 弹支总应变能占比	0.799	0.991	0.533
初始模型 模态不平衡影响因子	0.353	0.002	0.247
优化模型 模态不平衡影响因子	0.487	0.001	0.305
初始模型 中介轴承应变能评价函数值	1	1	1
优化模型 中介轴承应变能评价函数值	1	1	1
初始模型 模态可容度评价函数值	0.932	0.999	0.868
优化模型 模态可容度评价函数值	0.902	0.999	0.858

2. 刚支模态约束条件检验

完成了双转子实验器的参数优化设计和检验之后，对其刚支模态约束条件做进一步检验。检验方法为：首先计算刚性支承条件下双转子实验器的模态，然后与优化设计的结果进行比较。计算时，可设所有支承的刚度为 1×10^9 N/m，并运用相同的高、低压转子共同工作线（图 20.12），来确定高、低压转子的转速比。结果显示，双转子实验器在工作转速范围内不存在刚支模态，扩大转速范围继续计算，可得到高压激励的第一阶刚支模态和低压激励的第一阶刚支模态。图 20.32 为高压激励和低压激励的第一阶刚支模态振型，对应的临界转速和转速比如表 20.25 所示。

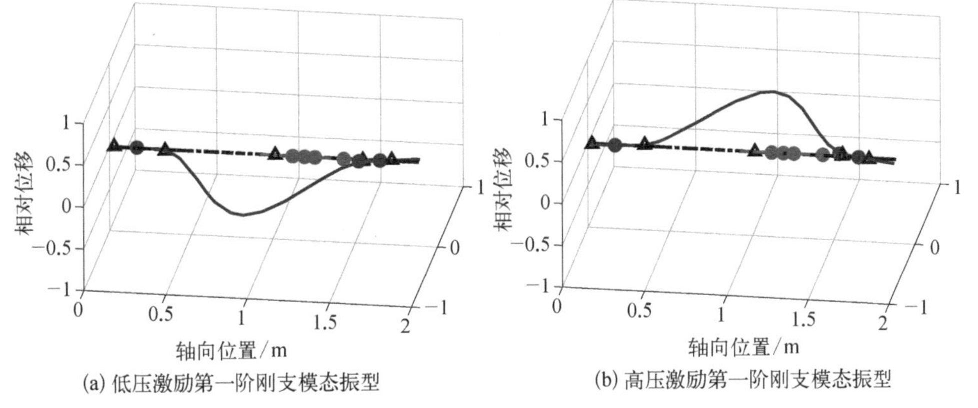

图 20.32　高压激励和低压激励第一阶刚支模态振型

表 20.25　高压激励和低压激励第一阶刚支模态临界转速和转速比

模态(刚支)	低压转速/(r/min)	高压转速/(r/min)	转速比
低压激励第一阶	11 001	22 822	2.07
高压激励第一阶	6 230	10 824	1.74

由上述检验结果可见，在双转子实验器工作范围内不存在转子的刚支模态。

3. 叶盘惯量参数约束条件检验

对于优化后的双转子实验器模型，还需要检验其叶盘惯量参数是否满足约束条件。其中，同转双转子应避开 $I_{dL}=I_{pL}$；$I_{dh}=I_{ph}$；$I_{dh}=\eta I_{ph}$ 或 $I_{dL}=I_{pL}/\eta$ ($\eta=\Omega_h/\Omega_L$) 四种情况；而对转双转子应避开 $I_{dL}=I_{pL}$ 或 $I_{dh}=I_{ph}$ 两种情况。

虽然本章的设计对象为对转双转子，但考虑到上述参数关系中同转状态包含了对转状态下的所有情况，且实验器也可用于同转双转子动力学特性的研究，故本节针对 $I_{dL}=I_{pL}$；$I_{dh}=I_{ph}$；$I_{dh}=\eta I_{ph}$ 以及 $I_{dL}=I_{pL}/\eta$ 四种参数关系均进行检验。

在双转子实验器的转速工作范围内，按照发动机转速控制律等比例原则，设置高、低压转子的慢车转速、巡航转速和设计转速。其中，慢车转速的低压转速为 1 650 r/min、高压转速为 4 020 r/min；巡航转速的低压转速为 3 960 r/min、高压转速为 5 120 r/min；设计转速的低压转速为 4 310 r/min、高压转速为 6 000 r/min（图 20.12）。

由双转子转速控制律可知，发动机工作过程中，高、低压转速比是变化的。其中，慢车转速处转速比 $\eta_1 = 2.44$，巡航转速处转速比 $\eta_2 = 1.29$，设计转速处转速比 $\eta_3 = 1.39$。

将在上述三个转速比下对叶盘惯量参数的关系进行检验。表 20.26 和表 20.27 分别为双转子实验器低压叶盘和高压叶盘惯量参数的检验结果。双转子实验器的叶盘惯量参数满足约束条件。

表 20.26　低压叶盘惯量参数检验结果

低 压 盘	风 扇 盘	涡 轮 盘
$I_{pL}/(\mathrm{kg \cdot m^2})$	2.136	0.991
$I_{dL}/(\mathrm{kg \cdot m^2})$	1.068	0.495
是否避开 $I_{dL} = I_{pL}$	是	是
是否避开 $I_{dL} = I_{pL}/\eta_1$	是	是
是否避开 $I_{dL} = I_{pL}/\eta_2$	是	是
是否避开 $I_{dL} = I_{pL}/\eta_3$	是	是

表 20.27　高压叶盘惯量参数检验结果

高 压 盘	一级盘	二级盘	三级盘	涡轮盘
$I_{ph}/(\mathrm{kg \cdot m^2})$	0.500	0.315	0.041	1.727
$I_{dh}/(\mathrm{kg \cdot m^2})$	0.250	0.157	0.021	0.864
是否避开 $I_{dh} = I_{ph}$	是	是	是	是
是否避开 $I_{dh} = \eta_1 I_{ph}$	是	是	是	是
是否避开 $I_{dh} = \eta_2 I_{ph}$	是	是	是	是
是否避开 $I_{dh} = \eta_3 I_{ph}$	是	是	是	是

20.6.7　双转子实验器的挤压油膜阻尼器设计

双转子系统“可容模态”优化设计的第二阶段，是挤压油膜阻尼器设计。为了使双转子系统工作范围内的振动不超限，达到“可容模态”的设计目标，挤压油膜阻尼器的设计至关重要。双转子系统工作范围内存在多阶模态，振动特性较为复杂，往往需要设置多个挤压油膜阻尼器以达到控制振动的效果。通常,阻尼器安装位置设置在发动机的 1 支点、3 支点和 5 支点。在不同的模态下,各支点处阻尼器的减振效果不同。第一阶段的双转子系统"可容模态"优化设计(第 20.5 节和第 20.6.6 节),通过优化弹支应变能占比为挤压油膜阻尼器能够发挥显著的阻尼作用奠定了基础。

根据 20.6.6 节中双转子实验器的各阶模态应变能分布可知,不同阶次模态下,弹性支承应变能分布不同。例如,在低压激励第一阶和高压激励第一阶模态下,应变能集中于 5 支点;而在高压激励第三阶和低压激励第二阶模态下,应变能集中在 3 支点,如表 20.20 和表 20.23 所示。在不平衡影响因子方面,影响因子较大的模态对不平衡量及其分布更加敏感,如低压激励第三阶模态和高压激励第三阶、第四阶模态。不平衡影响因子较小的模态对不平衡量及其分布的敏感度相对较低,例如,低压激励第二阶和高压激励第二阶模态,如图 20.30 和图 20.31 所示。

由上述的优化设计结果可见,双转子实验器各阶模态之所以都达到了"可容模态"的要求,核心因素之一是将各阶模态下的应变能集中在弹性支承上,为挤压油膜阻尼器发挥良好阻尼效果创造条件。换句话说,若无阻尼器减振,所有模态均达到"可容模态"的要求是难以实现的。

1. 阻尼器位置对双转子实验器各阶模态"可容度"的影响

由表 20.20 和表 20.23 可见,阻尼器所在的支点位置对转子各阶模态"可容度"的影响是不同的。针对各阶模态,以下以表 20.20、表 20.22 和表 20.23,以及图 20.30 和图 20.31 为依据逐阶进行分析。

1) 低压激励模态

低压激励的第一阶振型应变能主要集中在 5 支点和低压轴变形上。5 支点设置挤压油膜阻尼器将会发挥有效的减振作用。另外,不论在双转子实验器中,还是在发动机中,5 支点处具有结构和空间上的便利,易于设置挤压油膜阻尼器。

如前面所述,低压激励的第二阶振型中,低压转子,包括 1 支点、2 支点和 5 支点的位移几乎全为 0,而应变能几乎全部集中在 3 支点上,达到 99.13%。一是,该阶模态将对低压转子不平衡激励近乎无响应;二是,3 支点处设置的阻尼器将会充分发挥减振作用。因此,低压激励第二阶模态的"可容度"是最高的。

低压激励的第三阶振型中,低压轴弯曲变形应变能达到 44.79%。而风扇盘和涡轮盘的不平衡又易于激起该阶模态下的"共振"。保证该阶模态"可容性"的主要措施是:风扇本机动平衡和阻尼器减振。能设置阻尼器控制第三阶模态振动的支点位置主要为 1 支点,其应变能达到 43.3%。3 支点处的阻尼器对该阶模态无效。考虑到 1 支点应变能并非绝对占优,而 5 支点应变能为 8.93%。因此,5 支点处的阻尼器也要加以利用。

2) 高压激励模态

高压激励第一阶模态下,虽然低压轴弯曲应变能占到 20.97%,但 5 支点的应变能占优，达到61.13%，而1支点和3支点的应变能之和达到约18%。因此，三个位置处的阻尼器保证该阶模态的“可容性”是行之有效的。

高压激励第二阶模态是高压激励模态中“可容度”最高的模态。如前面所述，主要体现在，高压转子位移几乎为0，模态不平衡因子仅为0.036。虽然低压轴弯曲应变能占到41.38%，但1支点和5支点的应变能之和达到56.32%，足以控制该阶模态振动。

高压激励第三阶模态是阻尼器易于控制的模态。3支点和5支点的应变能之和达到92%。

高压激励第四阶模态是高、低压转子耦合最强的模态，其特征是，低压轴弯曲应变能占优，达到72.6%。1支点和3支点应变能相当，总和为24%。要使该阶模态成为“可容模态”，高压转子的动平衡至关重要。但由于高压转子应变能很小，仅占0.3%，可视作刚性转子，故动平衡的精度易于保证。另外，1支点和3支点处的阻尼器是不可或缺的。

综上所述，双转子实验器“可容模态”的优化设计结果是可行的，也是合理的。设置阻尼器的三个支点对各阶模态的影响概括地列在表20.28中。影响程度由各个支点应变能占比来衡量。

表20.28　阻尼器所在的三个支点对各阶模态的影响

激励转子	模态阶次	支点和应变能占比/%		
		1支点	3支点	5支点
低压转子	第一阶	6.53	0.91	71.69
	第二阶	0.01	99.13	0.01
	第三阶	43.30	0.00	8.93
高压转子	第一阶	9.89	8.07	61.13
	第二阶	37.13	2.23	20.19
	第三阶	2.58	77.66	14.43
	第四阶	13.06	11.59	1.34

表20.28中的应变能占比数据清晰地反映出三个支点对转子每一阶模态的影响程度。由此可指导对三个阻尼器的优化设计。另外，表中数据表明，三个支点对高压激励第四阶模态的影响不够突出。这是由于优化模型是在初始模型给定的结构和几何尺寸约束范围内优化设计，参数优化范围受到局限，较大幅度地调整参数不可能，因此，“可容模态”的优化只能得到折中的结果。在验证时，需要重点关注。

需要针对不平衡影响因子较高的模态，根据弹支应变能分布情况选择阻尼器的位置，以“可容模态”下的振动响应达标为目标，设计阻尼器的参数。再将多个阻尼器同时代入双转子系统，检验工作范围内所有模态下转子振动响应是否满足设计要求。例如，对于双转子实验器系统而言，针对低压激励的第一阶模态，设计 5 支点阻尼器；针对高压激励的第三阶模态，设计 3 支点阻尼器；针对低压激励的第三阶模态，设计 1 支点阻尼器。最后，将阻尼器参数全部代入双转子模型，并令不平衡分布与各阶模态振型相似，即在最恶劣的状态下，检验转子系统的振动响应，确保各阶模态都满足“可容模态”要求。

2. 阻尼器结构参数设计

“可容模态”下挤压油膜阻尼器设计目标为：在设计模态不平衡质量 U_d 作用下，所设计的挤压油膜阻尼器必须能够保证在整个工作转速范围内转子系统的振动幅值不超过限定值。因此，在设计阻尼器的结构参数之前，首先需要确定转子系统的模态不平衡质量大小及系统能够容忍的振动上限。转子不平衡量的水平受到转子加工、装配及动平衡精度等级等因素的影响，且工作过程中可能因磨损、腐蚀和热变形等原因发生恶化。而振动上限则与转子系统的强度、可靠性和性能等相关。一般情况下，设计模态不平衡质量 U_d 和振动上限应根据实际应用条件和经验综合考虑选取。在本书所建立的双转子实验器中，根据实验条件，在保证实验器不发生碰摩的前提下，取设计模态不平衡质量 U_d 为 30 g · cm，振动位移单峰值 A_{max} 限定为 50 μm。

根据第 13 章中挤压油膜阻尼器的动力学原理可知，影响阻尼器减振性能的参数主要包括系统模态不平衡量大小、油膜间隙、油膜长度及油膜半径。以双转子实验器中的 5 支点阻尼器为例，描述其结构参数的设计步骤[6]。

第一步，确定阻尼器油膜半径。

阻尼器的油膜半径取决于鼠笼式弹性支承的结构和尺寸。双转子实验器中，5 支点的阻尼器结构如图 20.33 所示。其中 5 支点轴承为圆柱滚子轴承，基于轴承尺寸以及鼠笼式弹性支承结构，得到油膜半径 R_1 为 63 mm。

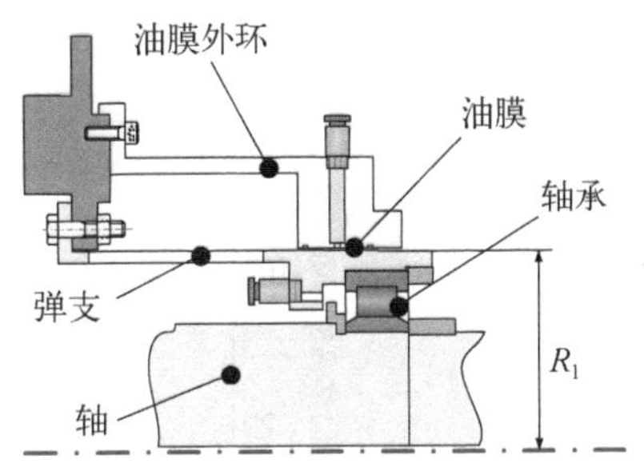

图 20.33　5 支点挤压油膜阻尼器结构

第二步，确定阻尼器的油膜间隙。

在第 13 章中曾指出，油膜间隙宜在油膜半径的 2‰至 4‰之间取值。考虑到低压转子质量大、跨距长的特点，为了便于装配，取油膜间隙 C_1 为 0.235 mm，约为油膜半径的 3.7‰。

第三步，确定转子系统所需的线性阻尼。

不妨以低压激励的第一阶模态所需线性阻尼的设计为例，来说明线性阻尼的确定方法。针对低压激励第一阶模态振型，如图 20.34 所示，低压转子的风扇盘和涡轮盘均发生较大位移，不平衡质量为 U_d = 30 g · cm，按照振型设置不平衡质量的分布，即低压风扇盘 4.3 g · cm，低压涡轮盘 25.7 g · cm，且二者相位相反。该阶模态对应的低压转子转速为 1 854.9 r/min，高压转子转速为 4 117.1 r/min，转速比为 2.22，5 支点应变能占比达到 71.69%。在此条件下，先在 5 支点处施加线性阻尼，计算得到相应条件下双转子系统不平衡响应。调整线性阻尼的值，在设计模态不平衡质量 U_d 激励下，使得双转子系统在临界转速处的振动不超过振动限定值 A_{max}，且阻尼器的最大偏心比 ε 不能进入强非线性区域（小于 0.4）。根据振型可看出，在低压激励第一阶模态"共振"时，低压涡轮盘振动占优，当低压涡轮盘处的振动响应符合限定条件时，该阶模态下双转子系统振动响应一定不会超过限定值。

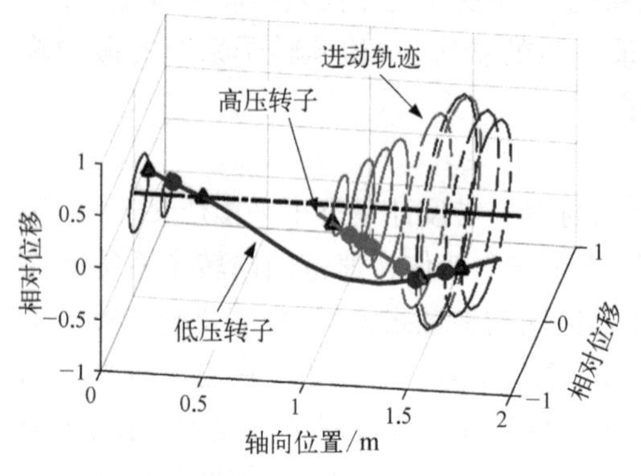

图 20.34　低压转子激励第一阶振型

图 20.35 为在 5 支点处施加不同线性阻尼时低压涡轮盘的不平衡响应。图 20.36 表示转子系统响应特性随 5 支点处线性阻尼的变化情况，包括低压涡轮盘位移峰值变化、最大偏心比变化以及转子系统阻尼比变化。结果表明，随阻尼增大，双转子系统振动临界峰值及最大偏心比明显降低，随后降低趋势变缓，转子系统在低压激励第一阶模态下的阻尼比逐渐增大。其中，当 5 支点的线性阻尼为 900 N · s/m 时，低压涡轮盘的振动峰值为 46.11 μm，小于振动限定值。此时，双转子系统在低压第一阶临界转速处的阻尼比为 1.76%，最大偏心比 ε 为 0.184，满足设计要求。因此，取阻尼 900 N · s/m 作为挤压油膜阻尼器的初始设计值，进行下一步优化设计。

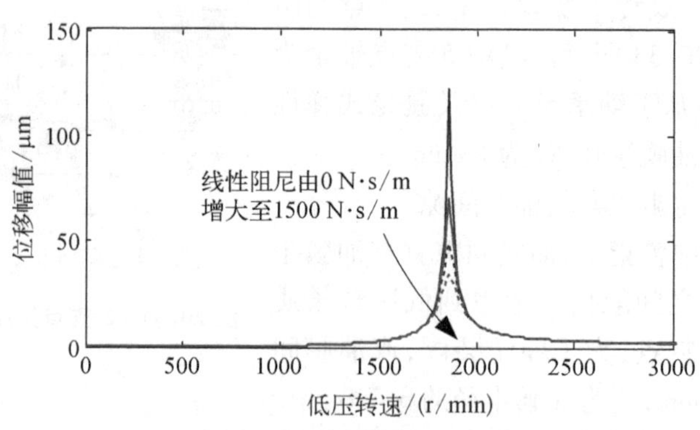

图 20.35　在 5 支点处施加不同线性阻尼时涡轮盘的振动幅值随转速的变化

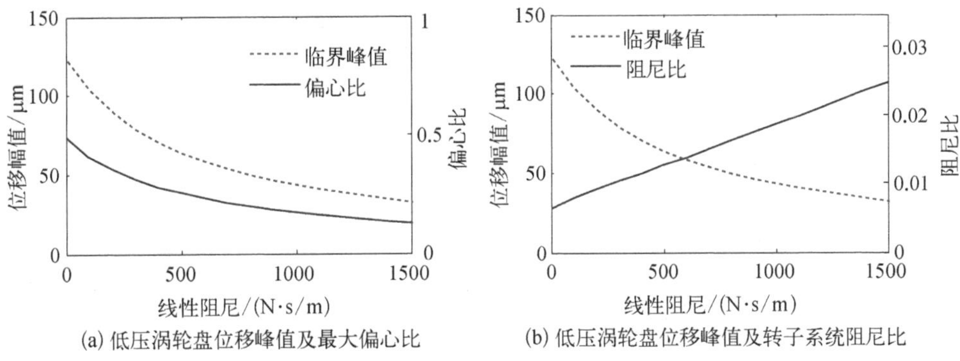

(a) 低压涡轮盘位移峰值及最大偏心比　(b) 低压涡轮盘位移峰值及转子系统阻尼比

图 20.36　双转子系统响应特性随 5 支点线性阻尼的变化

第四步,确定阻尼器的油膜长度。

当阻尼器结构形式以及油膜模型已经确定,可直接得到阻尼器油膜长度的计算公式。例如,5 支点的阻尼器中部有供油槽结构,因此,应视为两段相同的阻尼器并联,则每一段阻尼器的设计阻尼 c_d 为 450 N · s/m。在短轴承、全油膜理论下,阻尼器油膜长度的计算公式为

$$L = \sqrt[3]{\frac{c_d C^3 (1 - \varepsilon^2)^{1.5}}{\pi \mu R}} \tag{20.54}$$

将第三步中选取的计算参数代入式(20.54),得到阻尼器供油槽两侧的油膜长度 L 为 10.9 mm。也就是说,在阻尼器半径和间隙确定的前提下,要使转子系统振动满足设计要求,5 支点阻尼器供油槽两侧的油膜长度至少需要 10.9 mm。

按照这一步骤可确定其余阻尼器的油膜长度。下一步将在非线性特性的基础上,验证挤压油膜阻尼器的减振性能。

第五步,验证阻尼器减振性能。

上述的油膜长度是以线性阻尼条件为基础得到的,而阻尼器的动力学特性为非线性,必须将多个阻尼器同时代入双转子系统,在挤压油膜阻尼器非线性条件下检验工作范围内双转子振动响应是否满足设计要求。

基于第 13 章建立的带阻尼器双转子系统动力学计算方法,将三个支点的阻尼器相关参数代入双转子系统,逐一计算转子在每一阶模态下的“共振”峰值,检验是否达到设计要求。计算时,转子的不平衡量不小于设计不平衡量 U_d,其分布要与所验证的模态振型相似。

仍以 5 支点阻尼器验证为例加以说明。由于 5 支点阻尼器是针对低压激励第一阶模态设计的,因此,应使双转子系统不平衡质量分布与该阶模态振型相似。在此条件下得到 5 支点阻尼器的减振效果及动力学参数变化,如图 20.37 所示。结

果表明，在低压第一阶模态处，设计状态下阻尼器的减振比达到了 62.7%，阻尼器的最大偏心比为 0.182，转子系统最大振动幅值为 45.62 μm。因此，针对该阶模态所设计的 5 支点阻尼器满足设计要求。

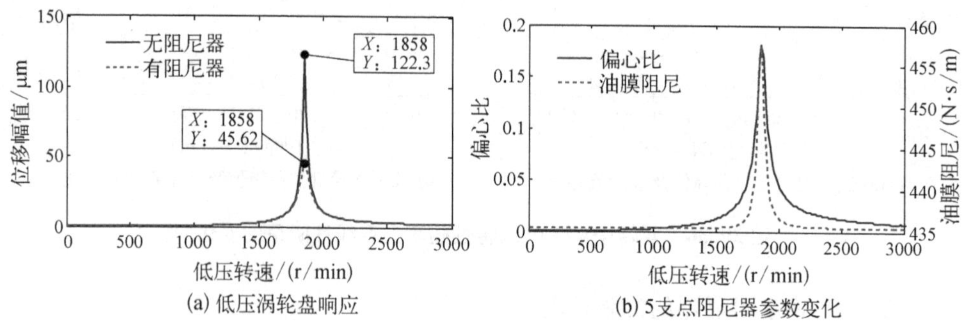

图 20.37　5 支点阻尼器减振性能验证

同理，针对低压激励的第三阶模态，设计 1 支点阻尼器参数；针对高压激励的第三阶模态，设计 3 支点阻尼器参数。图 20.38 为 1 支点阻尼器减振性能的验证结果，图 20.39 为 3 支点阻尼器减振性能的验证结果。

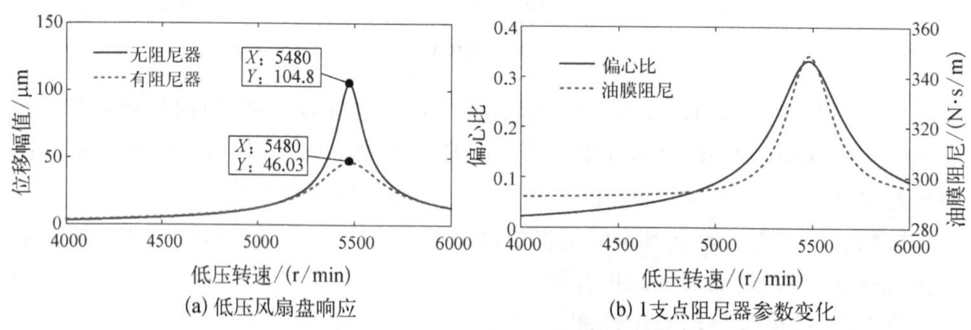

图 20.38　1 支点阻尼器减振性能校核

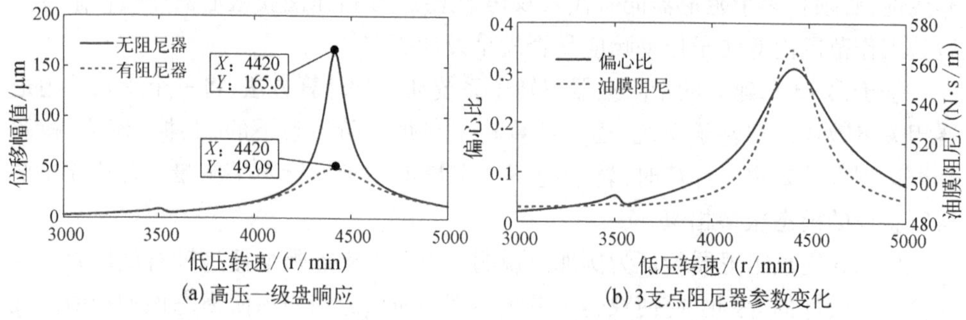

图 20.39　3 支点阻尼器减振性能校核

将三个阻尼器的设计参数汇总,列于表 20.29 中。

表 20.29　双转子阻尼器设计参数

设 计 参 数	SFD1	SFD2	SFD3
位置	1 支点	3 支点	5 支点
油膜半径/mm	62	78.5	63
油膜间隙/mm	0.24	0.21	0.23
油膜长度/mm	9.8×2	9.4×2	10.9×2
设计不平衡量/(g·cm)	30	30	30
设计点偏心比	0.333	0.310	0.182
设计点减振比	56.1%	70.3%	62.7%
设计点阻尼比	3.58%	7.1%	1.8%

3. 双转子阻尼器预置偏心设计

除阻尼器结构参数外,文献[7-12]中指出,阻尼器装配不同心会对转子振动产生影响,使振动周期内幅值不对称性增大,幅值波动性增强,且阻尼器更易进入非线性区域,甚至引发碰摩故障。为了消除转子自重作用下弹支下沉引起的静态不同心,需要在鼠笼式弹性支承上设计预置偏心量。双转子系统中弹性支承的预置偏心设计如下[5,6]。

第一步,确定鼠笼式弹性支承的刚度。

设计时,先建立弹性支承的三维模型,计算弹支的刚度。在弹支实物件上施加静力,实验测试弹支的刚度。对比计算结果与实测结果,修正模型参数,使计算结果与实测值相符。

以 1 支点鼠笼式弹性支承为例加以说明。图 20.40 为 1 支点鼠笼式弹性支承的变形分析结果,图 20.41 为鼠笼式弹性支承实物照片。此时,为了确定弹支的预置偏心量,应注意在弹支与支座的配合面处预留一定尺寸裕度,以备预置偏心量的加工。

经过设计及加工后,弹支的刚度可能存在一定误差,必须通过实验测定弹支的实际刚度。图 20.42 表示 1 支点鼠笼式弹支的刚度测试方法,以重力方式在弹支上施加载荷,并利用位移传感器测量弹支形变,计算得到弹支刚度。表 20.30 为三个鼠笼式弹性支承的刚度计算及测试结果。结果表明,计算得到的弹支刚度误差小于 5%。

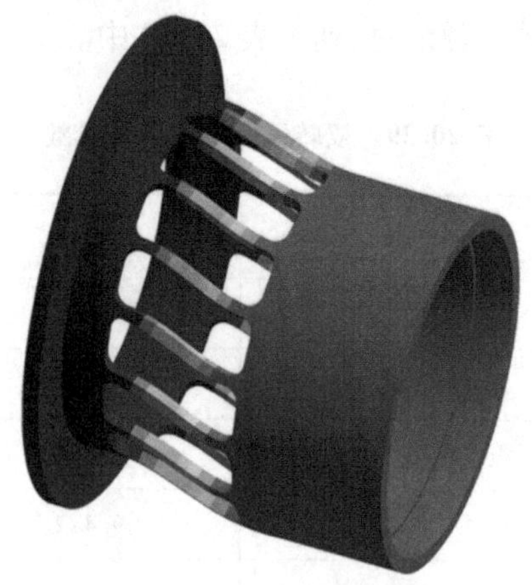

图 20.40 弹性支承变形分析

图 20.41 鼠笼式弹性支承实物

图 20.42 鼠笼式弹支刚度测试

表 20.30 鼠笼式弹性支承刚度

	计算结果/(N/m)	测试结果/(N/m)	误 差
1 支点弹支	6.00×10^6	5.81×10^6	3.17%
3 支点弹支	8.00×10^6	7.88×10^6	1.50%
5 支点弹支	6.55×10^6	6.25×10^6	4.58%

第二步，确定双转子系统中弹性支承的下沉量。

建立双转子系统的整机三维模型，将所得支点的刚度作为边界条件，并在系统中施加重力载荷，则得到各个支点的位移量。图 20.43 为实验器中弹性支承在重力作用下的位移仿真结果，各弹性支承的位移如表 20.31 所示。

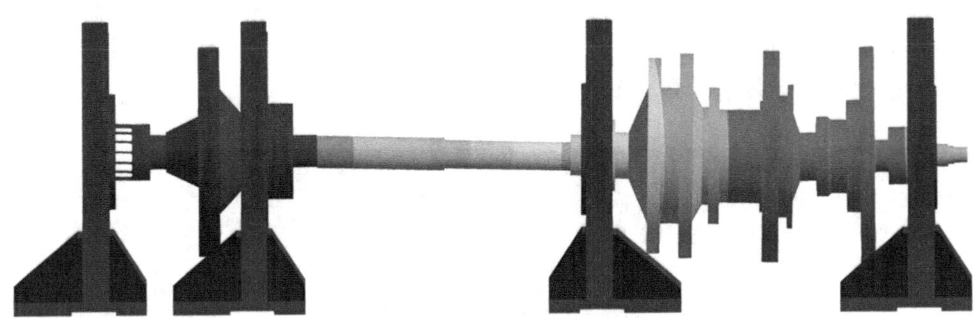

图 20.43　双转子系统弹支下沉量

表 20.31　重力作用下弹性支承的位移

弹性支承	1 支点	3 支点	5 支点
位移量/mm	0.021	0.095	0.185
方向	上移	下沉	下沉

第三步，在鼠笼式弹性支承部件中预置偏心量。

为了抵消弹性支承在重力作用下的位移，需根据各支点位移量的计算结果在鼠笼式弹性支承部件中预置偏心量，如图 20.44 所示。若弹性支承在重力作用下向下位移 0.095 mm，则需使轴承装配面的轴线高于弹支装配面 0.095 mm，以达到装配后同心的效果。另外，应注意在阻尼器外环上预留测量位置，装配完成后，便

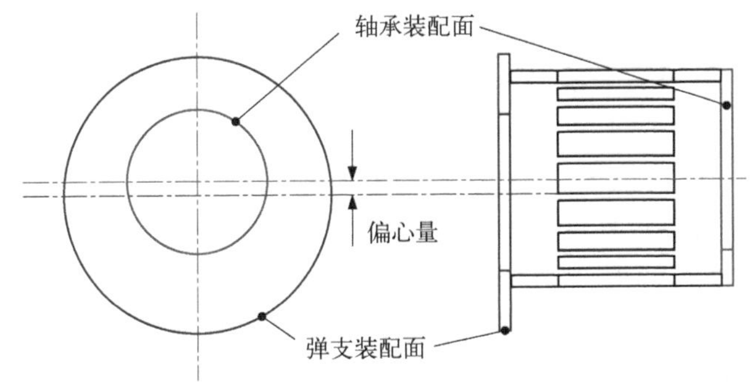

图 20.44　弹性支承预置偏心量和位置

于检测阻尼器的同心度。

第四步，检测阻尼器的装配同心度。

当双转子系统装配完成后，通过预留在阻尼器外环上的测试面，可测得阻尼器的实际装配同心度。以1支点阻尼器为例，图20.45为油膜间隙分布情况的检测，在阻尼器外环上均匀分布了4个间隙检测孔及基准面，利用深度尺依次测量，便可测得油膜间隙分布情况。根据4个间隙检测孔得到的尺寸，便可以计算出安装完成后，阻尼器实际装配的同心度。

(a) 油膜间隙检测面

(b) 油膜间隙检测方法

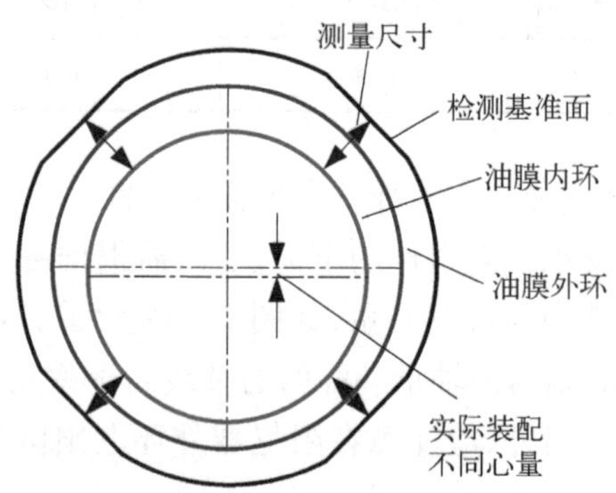

(c) 油膜间隙检测孔与油膜半径的关系

图20.45　油膜间隙分布情况的检测方法

4. 带挤压油膜阻尼器的双转子系统不平衡响应验算

在本节的阻尼器设计过程中，仅考虑了单个阻尼器作用下转子系统的响应特性。当将所设计的三个阻尼器都装入发动机转子系统后，三个阻尼器将会发挥共同作用。本节将三个阻尼器参数同时代入双转子系统，验算双转子系统的不平衡响应，转速控制律与第20.6.1节相同。若双转子系统工作范围内所有模态下的振动响应都不超限，则说明阻尼器参数满足“可容模态”设计要求，否则必须对挤压油膜阻尼器和转子的参数继续进行优化设计。

1）低压转子不平衡激励下双转子的振动特性

双转子实验器的低压转子共包含两个叶盘：低压风扇盘和低压涡轮盘。在低压叶盘上设置 30 g · cm 总不平衡质量，并将不平衡质量的分布向量与各阶低压激励模态振型相似设置，得到表 20.32 的三种分布情况。

表 20.32　按照振型相似的低压转子不平衡质量分布

不平衡质量分布	风扇盘不平衡		涡轮盘不平衡	
	大小/(g · cm)	相位/(°)	大小/(g · cm)	相位/(°)
与第一阶振型相似	4.3	180	25.7	0
与第二阶振型相似	4.6	0	25.4	180
与第三阶振型相似	20.9	0	10.1	0

基于表 20.32 所列的不平衡量分布，计算带挤压油膜阻尼器的双转子系统振动响应，结果如图 20.46 所示。计算结果表明，当不平衡质量分布与某一阶模态振型相似时，在对应临界转速处激起的振动响应幅值最高。从各阶临界转速处的振

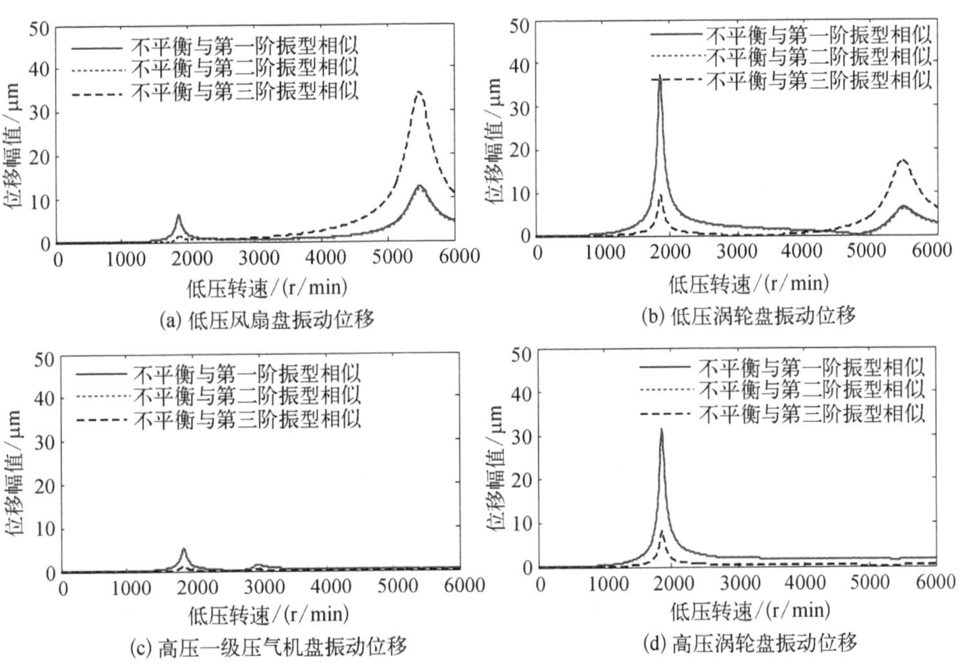

(a) 低压风扇盘振动位移

(b) 低压涡轮盘振动位移

(c) 高压一级压气机盘振动位移

(d) 高压涡轮盘振动位移

图 20.46　低压转子不平衡激励下双转子实验器的振动响应

动幅值来看，当总不平衡质量相同时，低压转子激励的第一阶和第三阶模态下振动响应相对较大，而第二阶模态下振动仅在高压一级压气机盘有所体现，但振动幅值很低，这与表 20. 24 中各阶模态的不平衡影响因子趋势一致。从总体振动幅值来看，三种不平衡分布下的双转子振动响应幅值均小于设计振动上限 50 μm，阻尼器在低压激励条件下满足设计要求。

2）高压转子不平衡激励下双转子的振动特性

双转子实验器的高压转子共包含四个盘：一级压气机盘、二级压气机盘、三级压气机盘和一级高压涡轮盘。同理，在高压转子上设置 30 g · cm 总不平衡质量，并将不平衡质量的分布向量设置得与各阶高压激励模态振型相似，表 20. 33 列出了与高压激励的前四阶振型相似的不平衡量分布。

表 20. 33　高压转子不平衡质量分布情况

不平衡质量分布	一级压气机盘		二级压气机盘		三级压气机盘		高压涡轮盘	
	大小/(g · cm)	相位/(°)	大小/(g · cm)	相位/(°)	大小/(g · cm)	相位/(°)	大小/(g · cm)	相位/(°)
第一阶	5. 22	0	6. 50	0	7. 61	0	10. 67	0
第二阶	9. 66	0	8. 48	0	7. 43	0	4. 43	0
第三阶	12. 80	0	9. 86	0	7. 27	0	0. 07	180
第四阶	12. 05	0	8. 05	0	4. 55	0	5. 34	180

图 20. 47 为高压转子不平衡激励下带阻尼器双转子系统的振动响应，阻尼器参数与表 20. 29 相同。从图 20. 47 可以看出，不同不平衡质量分布下，双转子系统的振动响应与低压激励时表现的规律一致，不平衡影响因子较小的阶次对应的振动响应整体较低。四种不平衡分布条件下，双转子系统振动响应都不超过设计上限，即阻尼器在高压转子不平衡激励条件下也满足设计要求。

3）高、低压转子不平衡共同激励下双转子的振动特性

假设低压涡轮盘和高压涡轮盘的不平衡量为 25 g · cm，低压风扇盘和高压一级压气机盘的不平衡量为 5 g · cm。转速控制律的选择是，高、低压转子对转运行，令设计点 1 的低压转速为 2 600 r/min，高压转速为 4 800 r/min，设计点 2 的低压转速为 4 000 r/min，高压转速为 6 000 r/min。此时，双转子系统的不平衡响应如图 20. 48 所示，阻尼器偏心比变化如图 20. 49 所示。其中，低压涡轮振动响应最为明显的两个峰值分别对应高压激励下的第一阶模态和低压激励下的第一阶模态，低

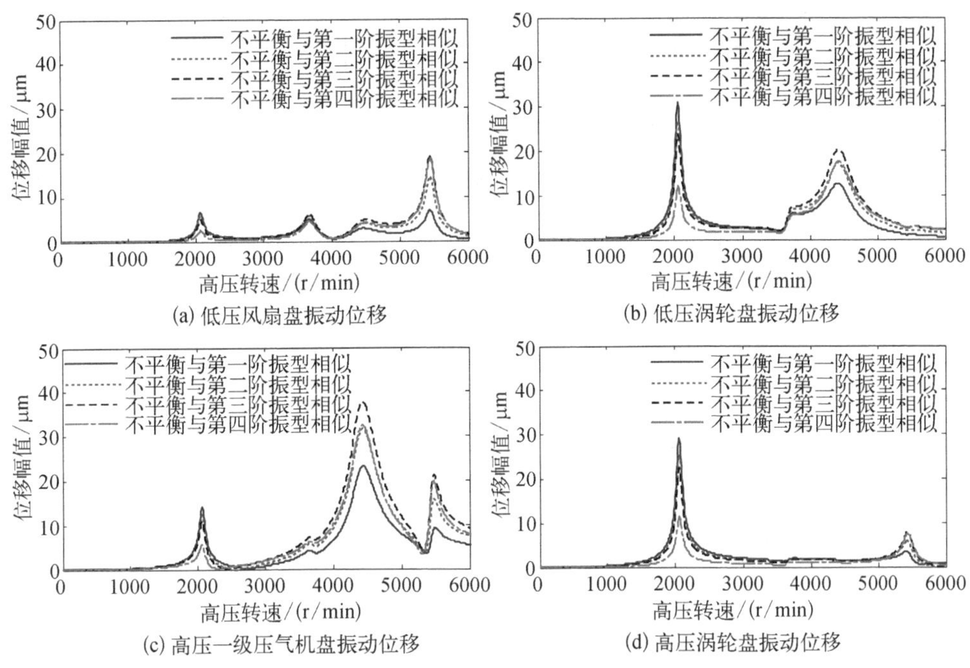

(a) 低压风扇盘振动位移　(b) 低压涡轮盘振动位移

(c) 高压一级压气机盘振动位移　(d) 高压涡轮盘振动位移

图 20.47　高压转子不平衡激励下双转子实验器的振动响应

压风扇及高压一级盘在高压激励第四阶模态处的响应也较为明显。表 20.34 列出了在高、低压转子不平衡共同激励下，临界转速处三个挤压油膜阻尼器的偏心比。表中的每一列数据表示在某阶模态下"共振"时，三个阻尼器的偏心比。将表 20.34 的行数据与表 20.28 所列出的三个支点相应的应变能数据，即列数据进行比较，可以看到，两组数据的分布有较高的相似度，即应变能大的支点，对应的阻尼器偏心比也较大，对转子所提供的阻尼也大。这与"可容模态"设计的目标是一致的。考虑了三个阻尼器之后，减振比至少为 64.3%。在高压转子和低压转子均存在 30 g·cm 总不平衡质量的条件下，全转速范围内，双转子系统振动都不超过 50 μm，满足设计要求。

表 20.34　高、低压转子不平衡共同激励下临界转速处阻尼器的偏心比

阻尼器	低压激励 第一阶	低压激励 第二阶	高压激励 第一阶	高压激励 第二阶	高压激励 第三阶	高压激励 第四阶
SFD1	0.062	0.005	0.064	0.050	0.010	0.045
SFD2	0.053	0.031	0.014	0.013	0.051	0.038
SFD3	0.161	0.007	0.148	0.058	0.023	0.018

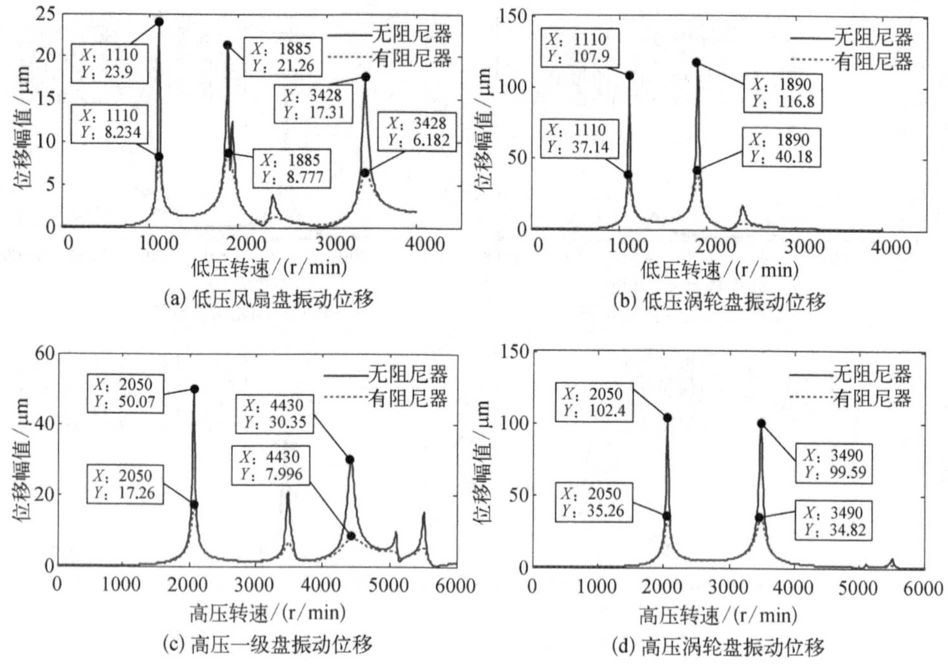

(a) 低压风扇盘振动位移

(b) 低压涡轮盘振动位移

(c) 高压一级盘振动位移

(d) 高压涡轮盘振动位移

图 20.48 高、低压共同激励下双转子系统的响应幅值随转速的变化

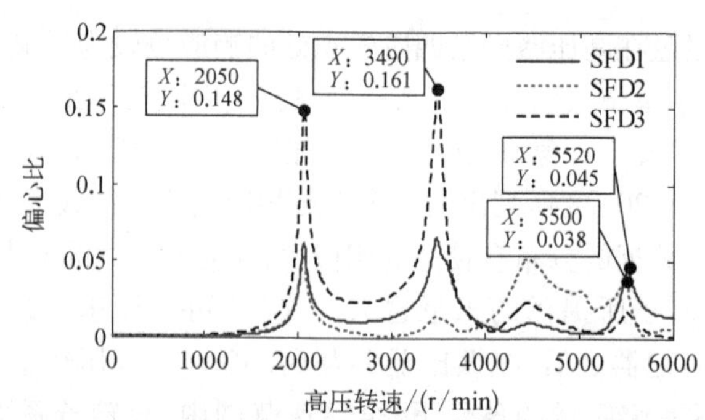

图 20.49 高、低压共同激励下阻尼器偏心比随转速的变化

至此,按照"可容模态"设计流程,以双转子实验器为设计示例,完成了转子系统"可容模态"优化设计,包括挤压油膜阻尼器的设计,达到了设计目标。下一步需要进行实验验证。

20.6.8 双转子实验器结构设计

20.6.6 节和 20.6.7 节阐述了双转子实验器的"可容模态"设计及其仿真结果检验。在此基础上,本节介绍双转子实验器的结构设计。实验器的结构设计是实现"可容模态"实验验证的关键步骤。在实验器设计中,必须遵循双转子系统"可容模态"的设计流程和方法,除充分考虑实验器的功能和实验要求之外,还必须充分考虑双转子实验器在装配、运行、测试和拆解过程中可能存在的问题,并预先设计解决方案,这样才能保证验证实验顺利进行。图 20.50 为双转子实验器结构方案图。

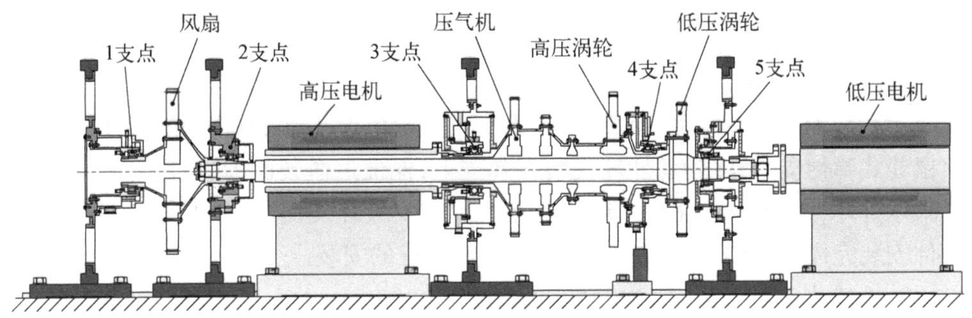

图 20.50　双转子实验器结构方案图

如图 20.50 所示,双转子实验器由低压转子和高压转子构成,其中低压转子采用 1－1－1 支承方案,由低压风扇盘、低压轴以及低压涡轮盘组成。高压转子采用 1－0－1 支承方案,由高压一级压气机盘、二级压气机盘、三级压气机盘、高压轴及高压涡轮盘组成。实验器的低压风扇盘前支点(1 支点)、高压压气机前支点(3 支点)和低压涡轮后支点(5 支点)为鼠笼式弹性支承结构,带有挤压油膜阻尼器。低压风扇后支点(2 支点)为刚性支承结构;高压涡轮后支点(4 支点)为中介支承结构。中介轴承外环安装在低压转子上,内环安装在高压转子上。双转子实验器采用高压电机与低压电机同轴驱动,高压电机为特殊研制的空心电主轴电机,置于低压风扇与高压压气机之间,可保证对柔性低压转子和刚性高压转子的模拟,使得双转子实验器与真实发动机结构之间有较高的相似度。

1. 支承结构设计

支承结构作为整个转子系统承力和传力部件,是实验器设计中最重要的一环。如上所述,双转子实验器方案中,低压转子采用 1－1－1 的支承形式,高压采用 1－0－1 的支承形式,共 5 个支点,其中,1 支点、3 支点和 5 支点为弹性支承带挤压油膜阻尼器结构,挤压油膜阻尼器的参数如表 20.29 所列,弹支刚度见表 20.30。2 支点为刚性支承,4 支点为中介支承。下文将介绍各支点的结构设计和轴承装配工艺。

1) 1 支点设计

1 支点为圆柱滚子轴承,位于风扇前轴颈处,其结构设计如图 20.51 所示。

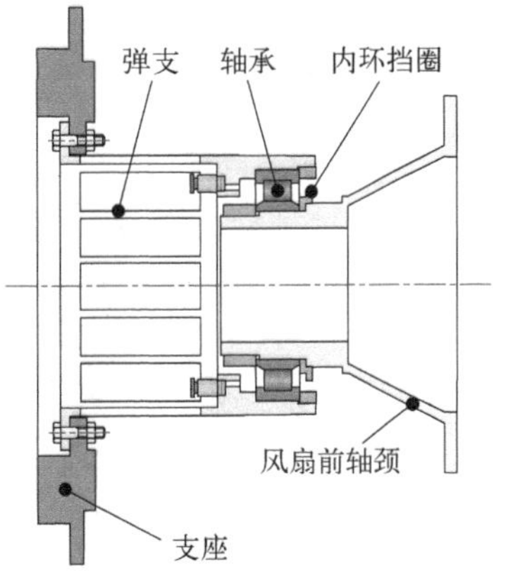

图 20.51　1 支点结构

1 支点设计为弹性支承,通过鼠笼式弹性支承降低支点刚度。在 1 支点结构中,所设计的轴承内环压紧螺母的外径小于轴承保持架及内环外径,可保证外环等部件从左侧顺利安装。轴承通过鼠笼弹支上加工的供油孔供油,保证了轴承的润滑条件。

1 支点轴承在安装时,遵循如下工艺流程: ① 在风扇前轴颈上安装轴承内环挡圈,通过加热轴承内环的方法,将轴承内环安装在风扇前轴颈上,并保证轴承内环为过盈装配;② 安装内环螺母,压紧轴承内环,并通过锁片锁紧内环螺母;③ 加热鼠笼式弹性支承,将轴承外环安装在弹支上,保证过盈装配,并使用外环螺母压紧轴承外环;④ 将带有轴承外环的鼠笼式弹支安装在支座上,待低压一级风扇等部件安装完成后,将支座从左侧推入,完成 1 支点的安装。

2) 2 支点设计

2 支点为深沟球轴承,起定位低压转子及轴向止推作用,位于风扇后轴颈处。其结构设计如图 20.52 所示。

2 支点设计为刚性支承,通过轴承座固定于底座上,轴承座上设置有供油孔为轴承提供润滑。风扇后轴颈与涡轮轴通过套齿连接,2 支点处于套齿配合处。

2 支点轴承在安装时,遵循如下工艺流程: ① 将轴承座加热,然后放入轴承,保证轴承外环与轴承座为过盈配合;② 安装轴承端盖,压紧轴承外环;③ 将轴承挡圈安装在风扇后轴颈上,并将带有轴承的轴承座压入风扇后轴颈,保证轴承内环为过盈配合;④ 锁紧轴承内环螺母。

3) 3 支点设计

3 支点为深沟球轴承,起定位高压转子及止推作用,安装在高压前轴颈上,其结构设计如图 20.53 所示。

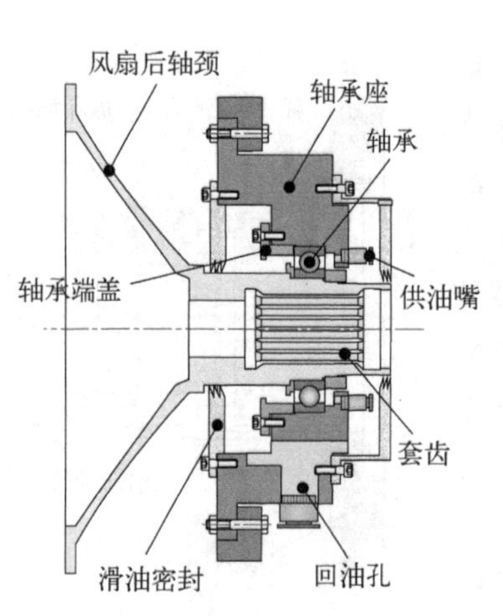

图 20.52　2 支点结构

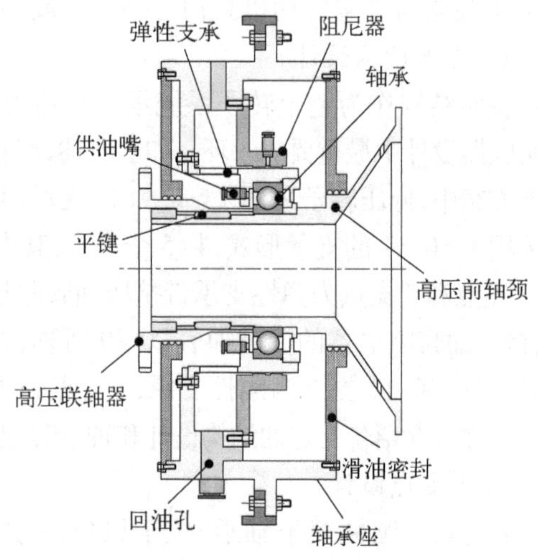

图 20.53　3 三支点结构

3 支点设计为鼠笼式弹性支承带挤压油膜阻尼器。通过弹支上的供油孔向 3# 轴承提供滑油，利用阻尼器外环上安装的喷油嘴为阻尼器供油。为了使结构更加紧凑，使用联轴器压紧轴承内环，同时，连接驱动高压转子的空心电机。

3 支点轴承的装配工艺流程：① 将弹支轴承配合面加热，然后放入轴承，保证轴承外环与弹支内孔为过盈配合；② 安装压紧螺母，压紧轴承外环；③ 将轴承挡圈安装在高压前轴颈上，并将带有轴承的弹支压入前轴颈，保证轴承内环与前轴颈圆柱面为过盈配合；④ 安装支座等部件；⑤ 在前轴颈上安装键，并安装联轴器；⑥ 安装联轴器压紧螺母，并用锁片锁紧。

4）4 支点设计

4 支点为中介支承，采用圆柱滚子轴承，内环安装在高压后轴颈上，外环安装在与低压转子固连的轴承座中，如图 20.54 所示。

由于 4 支点为中介轴承，且高、低压转子对转，轴承内、外环的相对转速很高。因此，中介轴承需选择特殊轴承。本结构选取高速特殊轴承，滚子及保持架在内环上。轴承右侧设计有迷宫封严结构，转子工作时可形成稳定的油腔。

4 轴承的安装工艺流程：① 加热低压中介轴承座，安装外迷宫封严部件及轴承外环，并保证轴承外环过盈安装；② 锁紧轴承外环螺母；③ 安装轴承内环挡圈，并将轴承内环压入高压后轴颈，注意轴承锥度方向，保证轴承内环紧度；④ 锁紧轴承内环螺母；⑤ 待高压转子与低压涡轮转子组装完成后，将高压转子从左侧推入，使轴承外环与内环位置相对应，并使用工装测量剩余量，保证滚子位于外环恰当位置。

5）5 支点设计

5 支点采用圆柱滚子轴承，安装在低压涡轮后轴上，其结构设计如图 20.55 所示。

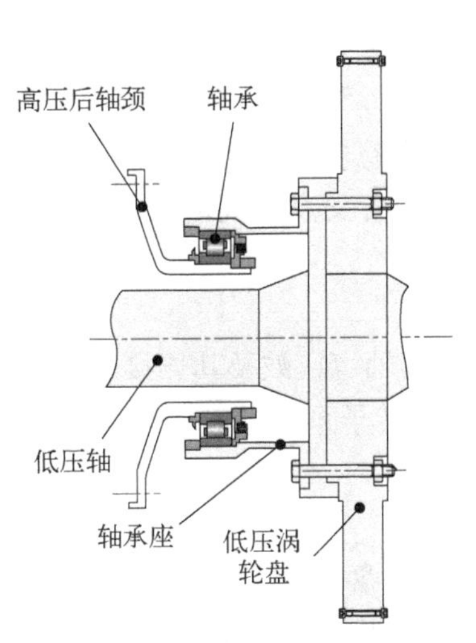

图 20.54　4 支点结构

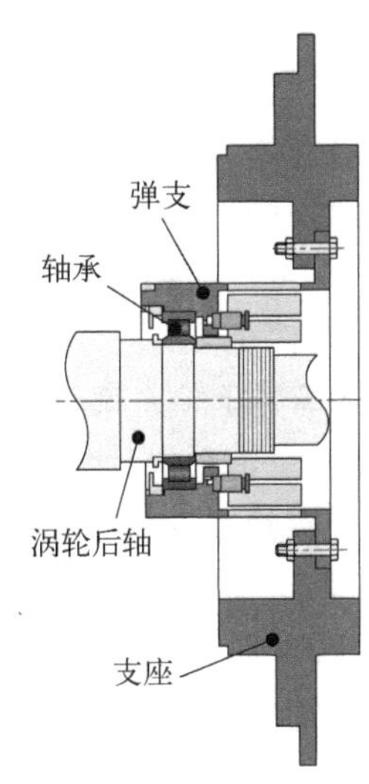

图 20.55　5 支点结构

与1支点类似，5支点也设计为鼠笼式弹性支承带挤压油膜阻尼器。轴承的滚子与保持架在外环上，而轴承内环压紧螺母外径小于保持架与内环外径，可保证轴承外环顺利安装。

5支点轴承装配工艺流程：① 在涡轮后轴上安装轴承内环挡圈，并通过加热轴承内环的方法，将轴承内环安装在涡轮后轴上，并保证轴承内环与涡轮后轴为过盈配合；② 加热鼠笼式弹性支承，将轴承外环安装在弹支中，保证过盈配合，并使用外环螺母压紧轴承外环；③ 将带有轴承外环的鼠笼式弹支安装在支座上，并将其推入涡轮后轴上的轴承内环相对应位置；④ 安装封油环，锁紧轴承内环螺母。

6）支座设计

在轴承座与底座之间，设计有斜辐板结构，用于模拟发动机支承结构的弹性，可以在降低支承结构刚度的同时，提高刚度的均匀性，如图20.56所示。

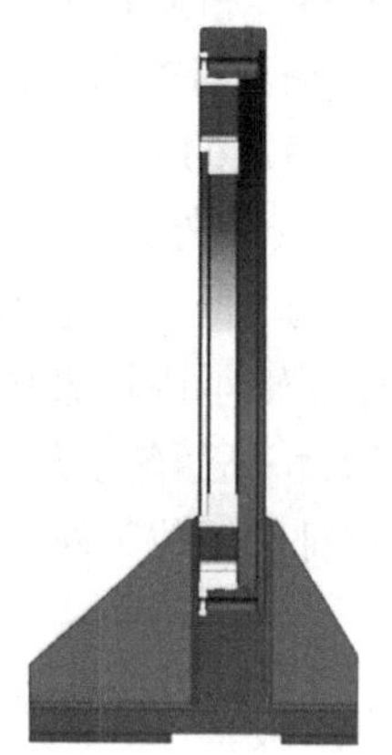
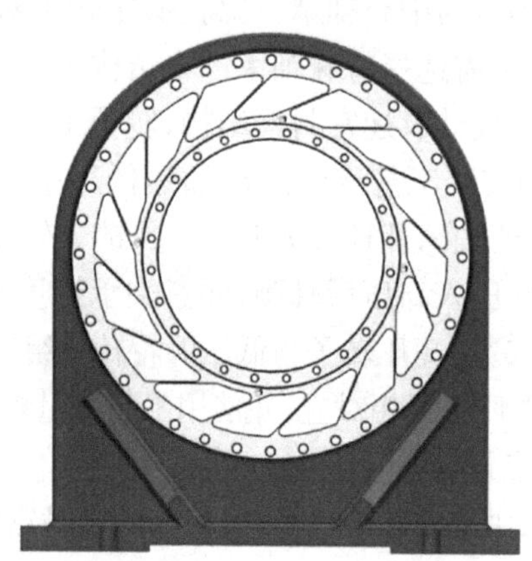

图20.56 斜辐板式支座

除中介轴承外，其余4个支座均采用图20.56所示的斜辐板式结构形式，只是辐板内径有所不同。这种设计使得双转子实验器支承系统结构具有柔性，且刚度均匀。同时，也可在支座上设计测量面，用于各支点之间的对中，使双转子系统同心度可测量、可控制。

2. 高、低压转子轴系设计

高、低压转子轴系设计包括高压轴、低压轴、盘、鼓及其连接结构的设计。这些结构是双转子实验器的核心结构，决定着双转子系统的动力学特性。本节概要地介绍高、低压转子轴系主要结构的设计。

1）高压转子轴系

高压转子轴系由高压前轴颈、一级压气机盘、二级压气机盘、三级压气机盘、鼓筒、高压锥段、高压涡轮盘、高压后轴颈等部件构成。其中，三个压气机盘和涡轮盘上均设计有平衡配重孔。高压转子系统由于其直径较大，且结构紧凑，需要考虑盘与鼓的连接及安装，并计算盘鼓止口配合处因高速旋转产生的离心变形，防止配合面在工作过程中发生松动。高压转子轴系结构如图 20.57 所示。

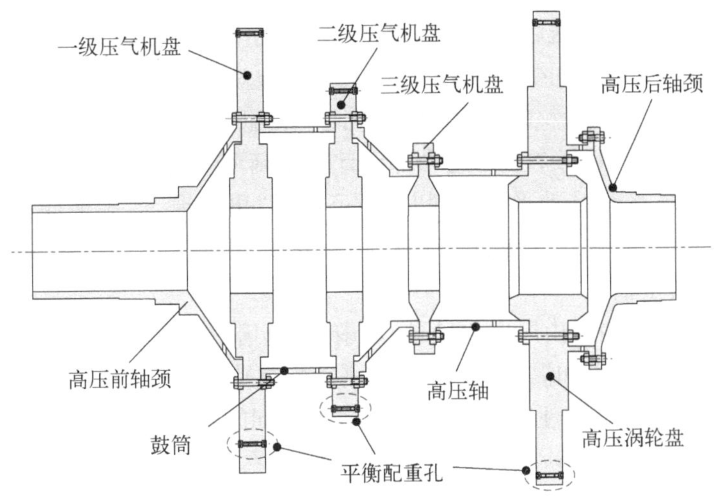

图 20.57　高压转子轴系结构

实验器的盘/轴、盘/鼓之间均采用螺栓止口过盈配合，这样可以保证连接的可靠性，减小连接结构造成的非线性影响。但在离心载荷作用下，旋转部件会产生变形，导致配合部位的尺寸发生变化。转子转速越高，尺寸变化量越大。若转子连接结构设计不合理，当尺寸变化量超过装配过盈量时，可能会导致配合出现间隙，螺栓连接松动。因此，设计盘/轴、盘/鼓之间连接时要考虑离心力作用下部件的变形，根据部件的变形量设计相应的连接结构。

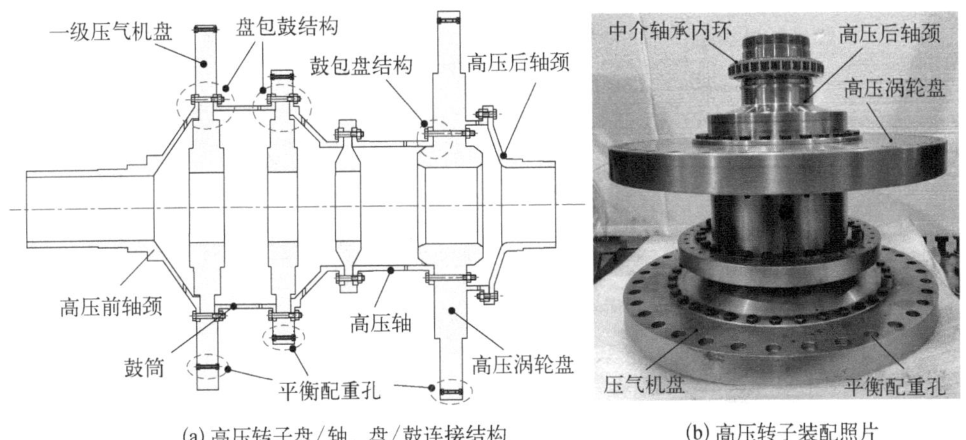

(a) 高压转子盘/轴、盘/鼓连接结构　　(b) 高压转子装配照片

图 20.58　高压转子轴系结构和盘/轴、盘/鼓连接结构

在高压前轴颈与一级压气机盘的配合面处，当高压转子转速升高，高压前轴颈比一级压气机盘的径向变形量大。因此，高压前轴颈与一级压气机盘的止口配合设计为“盘包鼓”结构，保证配合面“越转越紧”。而在高压轴与高压涡轮盘前端面、高压涡轮盘后端面与高压后轴颈止口配合面处，转子高速旋转时，高压轴和高压后轴颈皆比高压涡轮盘的径向变形量小，故设计为“鼓包盘”结构，保证止口配合面不会松动。高压转子的盘/轴、盘/鼓连接结构示意图和装配后的照片如图 20.58 所示。

如图 20.57 所示，每个盘的边缘都设计了平衡配重孔。这些平衡配重孔可方便地用于双转子系统的动平衡。同时，还可按照“可容模态”验证要求，配加特定的不平衡质量分布，提供确切的载荷条件，为完成“可容模态”实验验证提供保障。

2）低压转子轴系

低压转子轴系主要由风扇前轴颈、风扇盘、风扇后轴颈、低压轴及涡轮盘等部件构成。其中，风扇盘和涡轮盘均设计有平衡配重孔，可用于转子的动平衡，同时，为验证转子“可容模态”理论和设计方法，提供不同的不平衡分布条件。

风扇盘前、后分别与风扇前轴颈和后轴颈连接。由于风扇盘质量及转动惯量大，因此，连接结构的强度和可靠性必须得到保证。图 20.59 表示风扇盘与风扇前轴颈和后轴颈的螺栓止口连接结构。该结构将风扇和前轴颈及后轴颈分别连接，避免了螺栓的多层连接，有利于提高连接结构的可靠性和连接刚度的稳定性。在安装时，首先将风扇盘与前轴颈连接安装，当后轴颈及低压轴等安装完成后，再将风扇盘与后轴颈连接在一起。

风扇转子需在后轴颈处通过套齿与涡轮轴连接，如图 20.60 所示。该段套齿位于 2 支点正下方，有两段径向定位面和一个轴向定位面，两段径向定位面均采用

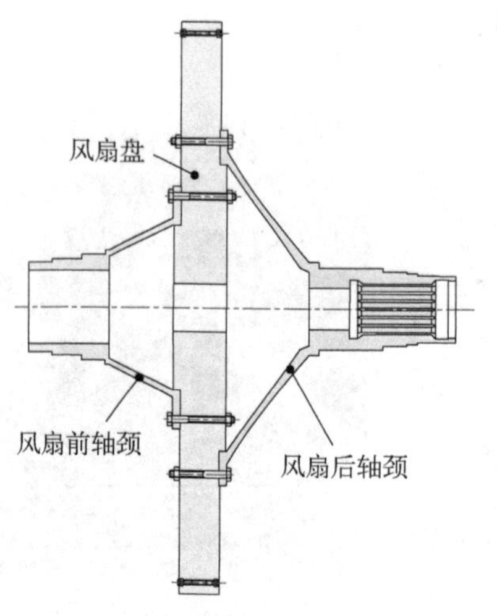

图 20.59　风扇盘与风扇前轴颈和后轴颈的螺栓止口连接结构

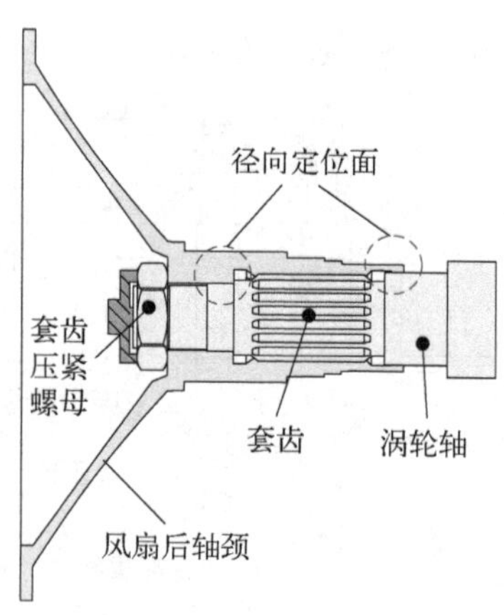

图 20.60　套齿连接结构

小紧度配合,有利于套齿连接结构的定位和稳定性。套齿安装时,先完成高压转子及涡轮转子的组装,然后,完成风扇后轴颈和 2 支点的组装,再将后轴颈与低压轴组装在一起,并锁紧套齿压紧螺母。

低压轴与涡轮盘的连接结构相对较简单,为螺栓止口连接结构,如图 20.61 所示。

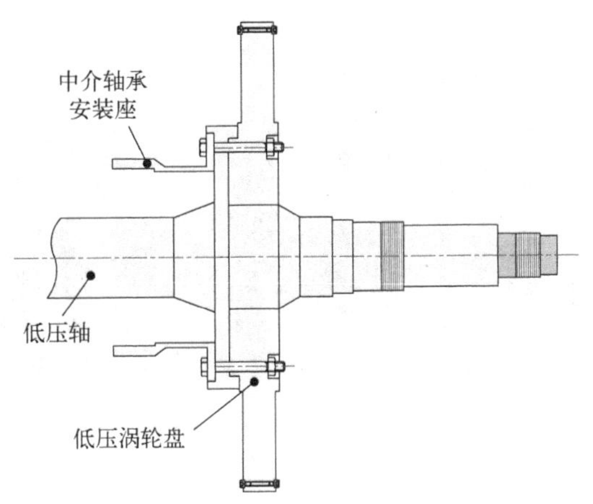

图 20.61　低压轴与低压涡轮盘连接结构

双转子实验器的中介支承外环安装在低压轴上,如图 20.61 所示,中介轴承安装座与低压轴和低压涡轮盘通过螺栓止口配合连接在一起。在装配时,应先将低压轴与低压涡轮盘连接,待 4#轴承在中介轴承座中安装完毕后,再将三者连接在一起。

20.7　双转子系统"可容模态"优化设计方法的实验验证

按照上述的结构和动力学设计结果,建造了一套双转子实验器系统。该系统包括双转子实验器、驱动电机及其控制器、振动测试系统等子系统。利用实验器系统对双转子系统的"可容模态"设计方法进行实验验证,包括双转子系统的模态测试实验、响应测试及在"可容模态"下的长时间"共振"实验,验证双转子"可容模态"设计方法的有效性。本节主要介绍实验验证的过程和结果。

20.7.1　双转子实验器和振动测试系统

1. 双转子实验器系统

根据双转子"可容模态"优化设计的结果,建造了一套双转子实验器系统,如图 20.62 所示。

实验器系统的轴向总长度约 2.6 m(包含驱动电机),轴心高度为 0.36 m,详细尺寸参数见附录 B。低压转子为 1 - 1 - 1 支承方案,由低压风扇盘、低压轴及低压涡轮盘组成;高压转子为 1 - 0 - 1 支承方案,由高压一级压气机盘、二级压气机盘、三级压气机盘、高压轴及高压涡轮盘组成。实验器的 1、3 和 5 支点为鼠笼式弹性支承结构,带有挤压油膜阻尼器。4 支点为中介轴承,其内环安装在高压转子轴上,外环安装在低压转子上。高、低压转子均通过电机同轴直驱,可同转,也可对转,转速调节范围为 0~6 000 r/min。

图 20.62　双转子实验器系统照片

2. 测点布置与振动测试系统

振动测试系统是完成“可容模态”实验验证的保障条件。它包括振动传感器、转速传感器及数据采集与分析系统。振动传感器包括振动速度传感器、振动加速度传感器和振动位移传感器。图 20.63 为双转子实验器的传感器布置方案图与实

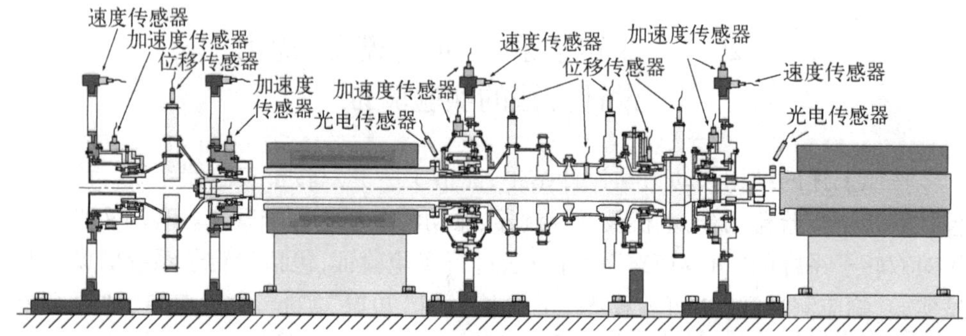

(a) 传感器布置方案

(b) 安装传感器的双转子实验器照片

图 20.63　双转子实验器的传感器布置

物照片。其中，在低压风扇盘、低压涡轮盘、高压压气机盘、高压涡轮盘及中介轴承外环的水平和竖直方向安装了振动位移传感器，在 1、2、3 及 5 支点的轴承座上安装了振动加速度传感器，在四个支座上布置了轴向振动速度传感器。

表 20.35 是双转子实验器振动测试系统的传感器详细参数，包括非接触式的光电传感器和电涡流传感器，以及接触式的速度传感器和加速度传感器。其中，光电传感器用于测量转子转速和振动信号的相位，电涡流传感器用于测量监测面的振动位移。

表 20.35　传感器参数

类　型	型　号	频响范围/Hz	灵敏度	数　量
光电传感器	P－84	/	/	4
电涡流传感器	IN－085	0～10 000	8 mV/μm	12
速度传感器	VS－080	15～2 000	75 mV/mm/s	4
加速度传感器	AS－020	1.5～15 000	100 mV/g	12

传感器测取的振动信号通过信号调理器处理之后，接入振动实时监测和分析系统中。图 20.64 为双转子振动数据采集系统。双转子实验器共使用了两套数据采集系统，每套系统包含 2 个转速信号通道及 16 个振动信号通道。图 20.65 为双转子实验器的控制、监测与振动分析系统，可以实现双转子实验器的转速控制、振动信号的监测与存储，以及振动数据的分析。

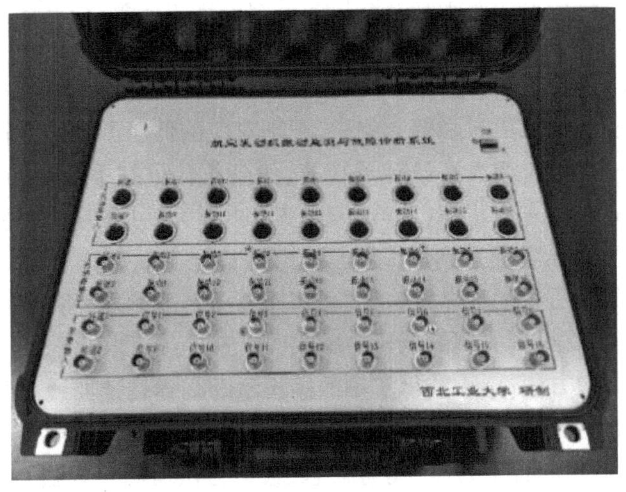

图 20.64　双转子振动数据采集系统

图 20.65　双转子实验器控制、振动监测和分析系统

20.7.2　双转子系统“可容模态”设计方法验证实验

双转子系统“可容模态”设计方法的验证实验主要包括双转子系统的模态测试实验、响应测试实验，以及在“可容模态”下的长时间“共振”实验，验证双转子“可容模态”设计方法的有效性。

1. 双转子系统的模态和响应测试实验

首先，验证“可容模态”设计结果的准确性。开展双转子系统的模态测试实验，包括振型和临界转速测试实验，以及设计条件下的双转子振动响应测试实验。

1）双转子系统临界转速测试

双转子系统临界转速测试实验的流程如图 20.66 所示。

双转子系统的临界转速测试分为低压激励临界转速测试和高压激励临界转速测试两项测试。现以低压激励临界转速测试为例说明实验的具体步骤。

（1）将高压转子设置为定转速运行，例如 800 r/min。

（2）使低压转子缓慢升速，直至最大工作转速，测得一组低压激励幅频响应数据。

（3）根据实测的低压激励幅频响应，识别对应的低压激励临界转速。

（4）根据一定步长增大高压转子转速，使高压转子在下一个转速上定转速运行，例如 1 600 r/min，重复步骤（2）与步骤（3）；再增大高压转速，继续重复步骤（2）与步骤（3），直至高压转速达到最大。

（5）对全部低压激励临界转速汇总，按照高压转速顺序，将各阶低压激励临界转速点依次相连，就得到实测的低压激励临界转速曲线，即 LRE 曲线。

（6）根据类似方法，也可获得实测的高压激励临界转速曲线，即 HRE 曲线。

（7）将实验测得的 LRE 曲线和 HRE 曲线绘制成双转子临界转速图谱，与计算结果进行对比，就可验证双转子“可容模态”设计方法所确定的临界转速的准确性。

图 20.67 为同转双转子系统临界转速图谱实验结果与计算结果的对比。由图

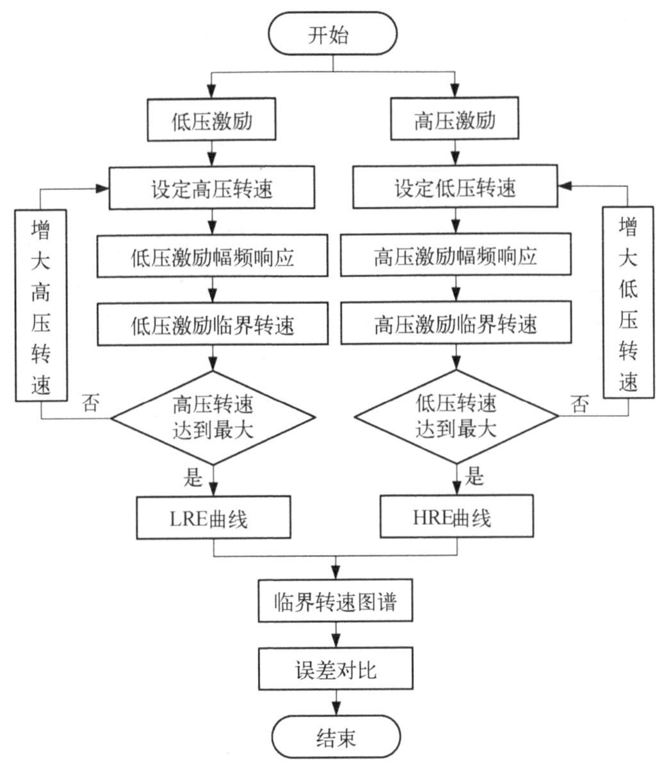

图 20.66　双转子系统临界转速测试实验流程

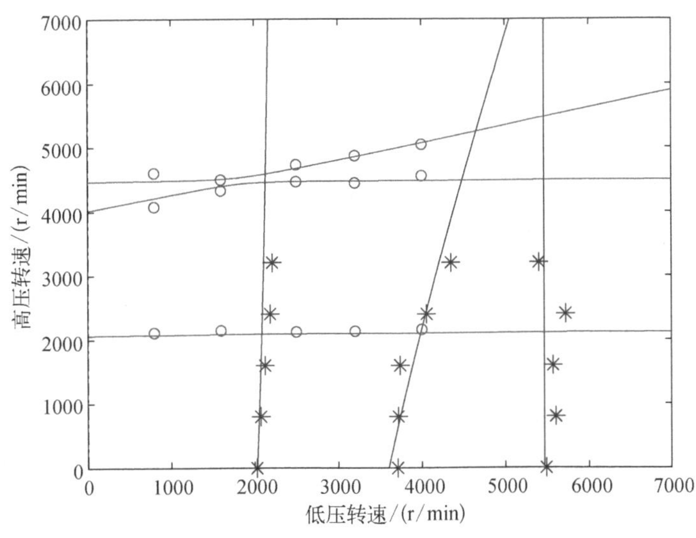

图 20.67　同转双转子系统临界转速图谱实验结果与计算结果的对比

实线为计算结果；圆圈"○"和星号"＊"为实测结果；
横线为高压激励的自振频率；竖线为低压激励的自振频率

可见，实验结果与设计计算结果一致性很高。最大误差不超过4.6%。另外可见，同转情况下，随着低压转速升高，高压激励第二阶和第三阶自振频率有所增加；随着高压转速升高，低压激励第一阶和第二阶自振频率有所增加。这是由于高、低压转子惯量耦合产生的陀螺力矩使转子的刚性增加所致。

图20.68则表示对转双转子系统临界转速图谱实验结果与计算结果的对比。对比结果表明，双转子实验器对转时实测的临界转速图谱与设计的图谱吻合度也很高，最大误差不超过3.7%。在对转情况下，随着低压转速升高，高压激励前四阶自振频率均降低，尤以第二阶和第四自振频率降低较显著；而随着高压转速升高，低压激励第一阶和第二阶自振频率有所减小。原因是，高、低压转子对转时，高、低压转子惯量耦合产生的陀螺力矩使转子的刚性降低。

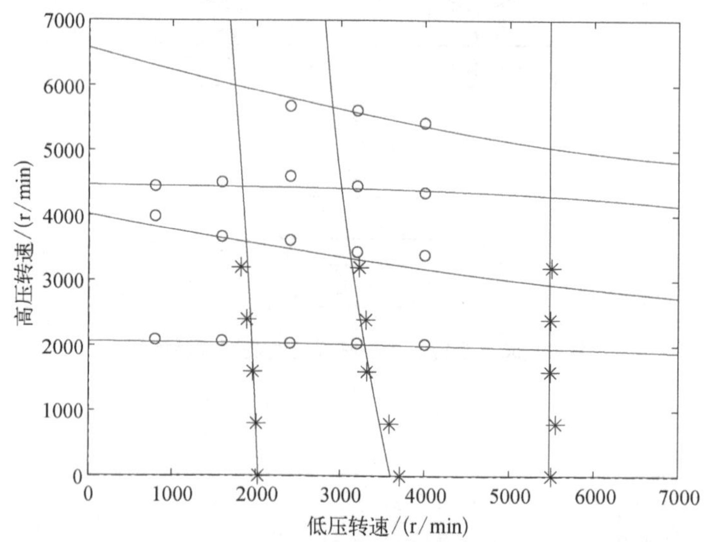

图20.68 对转双转子系统临界转速图谱实验结果与计算结果的对比

实线为计算结果；圆圈“○”和星号“*”为实测结果；
横线为高压激励的自振频率；竖线为低压激励的自振频率

上述临界转速图谱实验结果表明，临界转速图谱的设计结果与实测结果相比，整体误差小于5%，设计计算结果准确可靠。

2）双转子系统振型的测试

低压转子轴要穿过高压转子内腔，实验时，无法测量低压轴的振动，只能测量低压涡轮盘、风扇盘、中介轴承外环座，以及高压压气机盘共计5个截面的振动位移。

实验时，将转子运行在各阶临界转速处，测量转子5个截面的振动响应。按照同一阶设计振型无量纲化处理方法，将测量的振动峰值进行无量纲化，得到这一阶振型上的 5 个振型测点。以对应截面的轴向位置为横坐标，将这 5 个测点画出，就可与设计振型进行比较。

图 20.69 表示低压激励的前三阶振型。

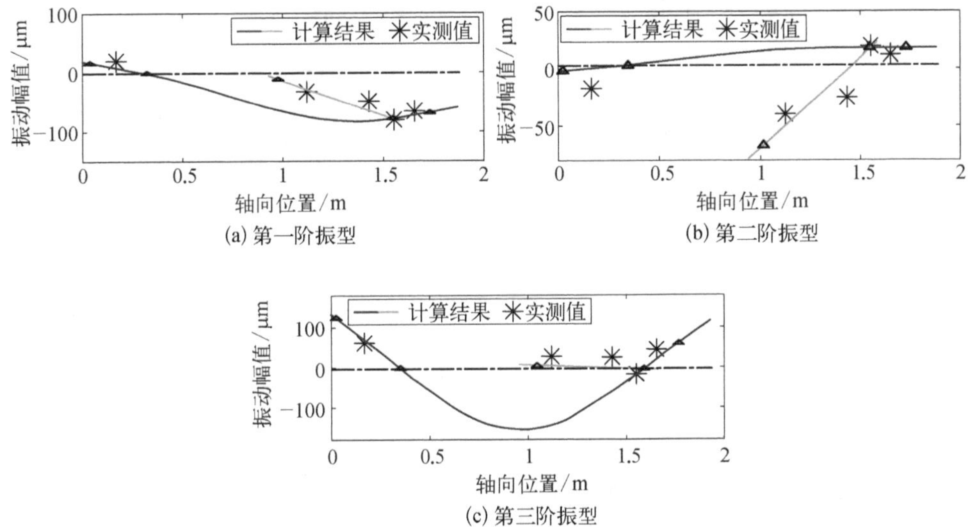

(a) 第一阶振型　(b) 第二阶振型　(c) 第三阶振型

图 20.69　低压激励前三阶振型测试结果与计算结果的对比

高压转子对转，转速 800 r/min

从实测结果与设计结果对比来看，低压激励第一阶和第三阶模态振型实测结果与设计计算结果符合得较好，最大误差约为 7.1%。第二阶振型是低压激励而高压响应为主的振型，由于实验时，振动响应很小，受数据波动影响，误差较大，为 24.5%，但整体在可接受范围之内。

同样，在低压转子定转速、高压转子激励条件下，实测高压激励的前四阶振型，结果如图 20.70 所示。

测试结果表明，高压转子激励下模态振型测试结果与设计计算结果基本一致，第一阶和第三阶模态最大误差为 4.6%。第二阶和第四阶模态的最大误差为 16.7%。原因在于，这两阶模态为高压激起的低压转子弯曲振型，振动幅值小，受数据波动和转子初始弯曲等因素的影响较大。

3）双转子系统的不平衡响应测试

在低压风扇盘和低压涡轮盘上施加不平衡量 30 g · cm；在高压一级压气机盘和高压涡轮盘上施加不平衡量 30 g · cm，总计 60 g · cm，其分布如表 20.36 所示。双转子实验器按照图 20.71 所示的共同工作线增速，设计点 1 的低压转速为 2 600 r/min，高压转速为 4 810 r/min；设计点 2 的低压转速为 4 000 r/min，高压转速为 6 000 r/min。同时测量高、低压转子的振动随转速的变化，将高、低压基频成分

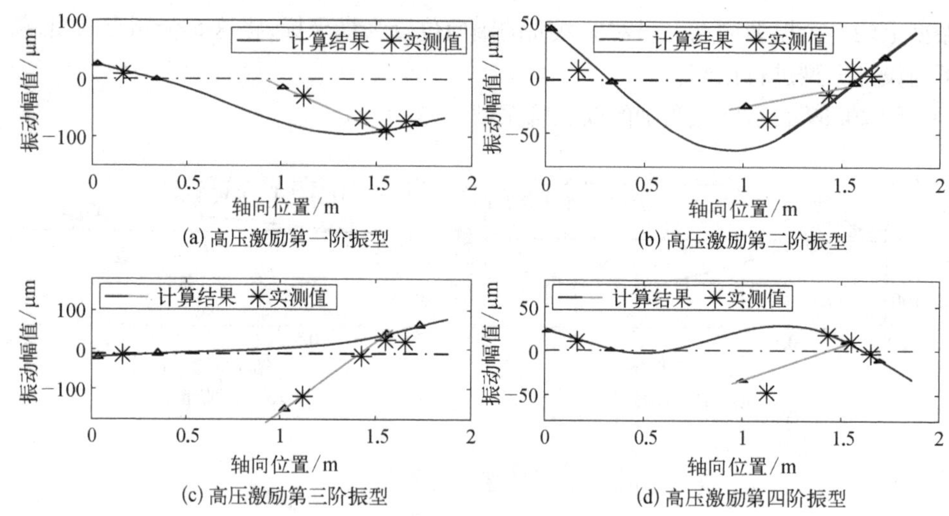

图 20.70　高压激励前四阶振型测试结果与设计计算结果的对比

低压转子对转，转速 3 200 r/min

表 20.36　不平衡响应实验时高、低压转子不平衡质量的分布

不平衡质量分布	实验条件		计算条件	
	大小/(g·cm)	相位/(°)	大小/(g·cm)	相位/(°)
低压风扇盘	4.3	180	5.0	180
低压涡轮盘	25.7	0	25.0	0
高压一级压气机盘	5.22	0	5.0	0
高压涡轮盘	24.78	180	25.0	180

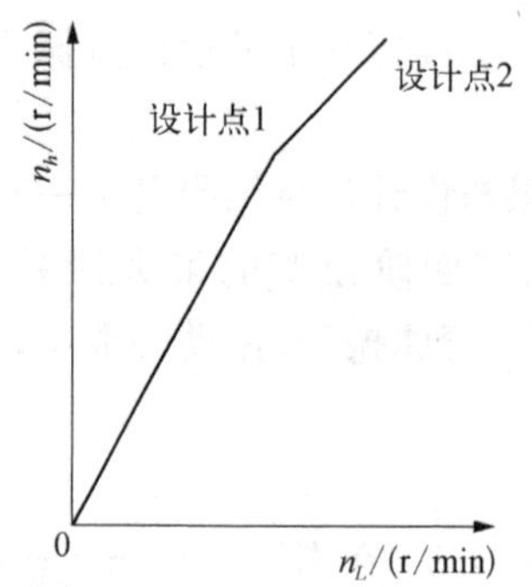

图 20.71　高、低压转子共同工作线

设计点 1：低压转速为 2 600 r/min，高压转速为 4 810 r/min；
设计点 2：低压转速为 4 000 r/min，高压转速为 6 000 r/min

提取出来，并以三维的形式表达，如图 20.72 所示。其中，底部折线表示共同工作线，中部为实测的振动总量，左侧面上为实测的高压转速基频振动分量，右侧面上为实测的低压转速基频振动分量。

由图 20.72 所示的实验结果可见，双转子系统的不平衡响应幅值均不超过 40 μm。

2. 双转子实验器“可容模态”下长时间“共振”实验

按照本章的“可容模态”设计方法设计双转子实验器，核心目标是，使其具有“容忍共振”的抗振能力。为验证“可容模态”设计方法的有效

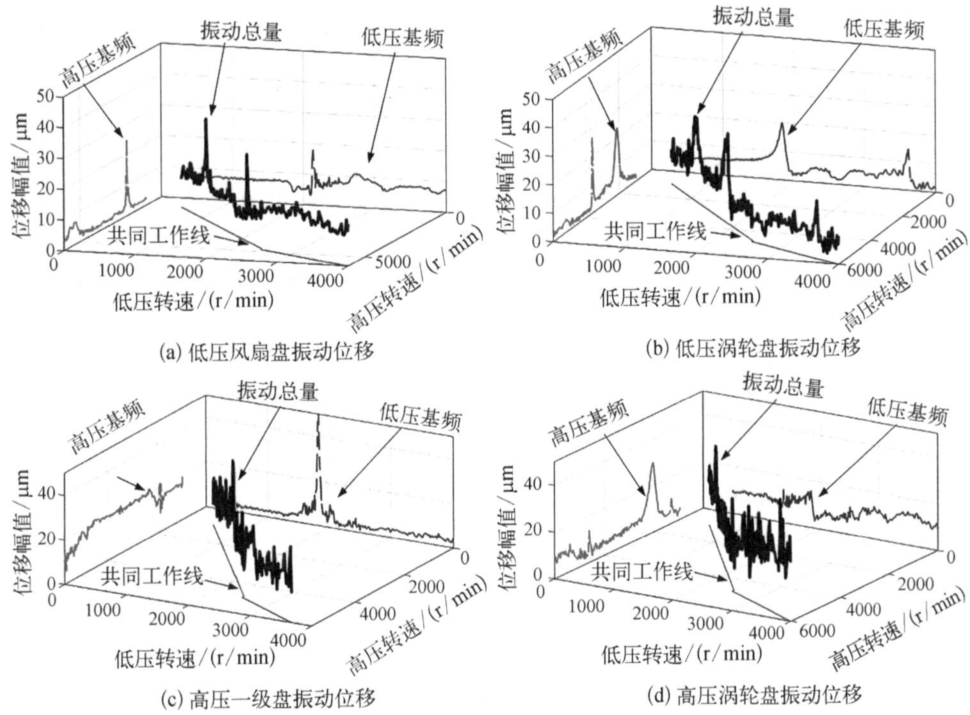

(a) 低压风扇盘振动位移

(b) 低压涡轮盘振动位移

(c) 高压一级盘振动位移

(d) 高压涡轮盘振动位移

图 20.72　高、低压转子的振动响应三维图谱

性,在“可容模态”下对双转子实验器进行长时间“共振”实验,以验证实验器“容忍共振”的抗振能力。

双转子实验器是在对转条件下设计的,在设计转速控制律之下,工作范围内共存在二阶低压激励模态和四阶高压激励模态,每一阶模态下都必须完成长时间“共振”实验。经过这样验证的双转子实验器,才能具备良好的抗振性能,达到工作范围内任意转速下都能长期工作的设计目标。各阶模态下长时间“共振”实验的具体步骤是:

(1) 先对双转子系统进行动平衡,使转子的残余不平衡量相对于设计不平衡量而言可以忽略,将平衡后的转子状态记为初始状态。

(2) 根据模态测试实验,在双转子实验器上添加不小于设计值的不平衡质量,并使不平衡质量的分布与要实验验证的模态振型相似。

(3) 根据临界转速测试结果,将实验器的高、低压转子转速调至临界转速处,连续运行不小于 1 小时,测试双转子实验器的振动响应,验证“可容模态”设计方法的有效性。

对低压激励前两阶模态和高压激励前四阶模态(共计六阶模态)分别进行了长时间(超过 62 分钟)的持续“共振”实验。以下摘要介绍低压激励前两阶模态和高压激励前两阶模态的实验结果。

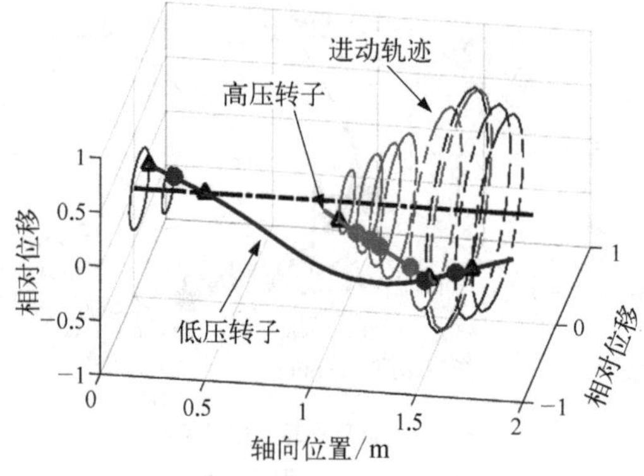

图 20.73 低压激励第一阶设计模态振型

1) 低压激励第一阶模态下的长时间"共振"实验

根据模态测试实验与临界转速测试实验结果可知,在设计转速控制律条件下,低压激励第一阶模态对应的高压转速为 4 074 r/min,低压转速为 1 846 r/min。该阶模态的设计振型如图 20.73 所示。将双转子转速设置到与低压激励第一阶模态对应的转速处,开展长时间"共振"实验。图 20.74 是长时间"共振"实验时,高低压转子转速随时间的变化,持续"共振"时间约 63 分钟。表 20.37 为实验时低压转子不平衡量及其分布。

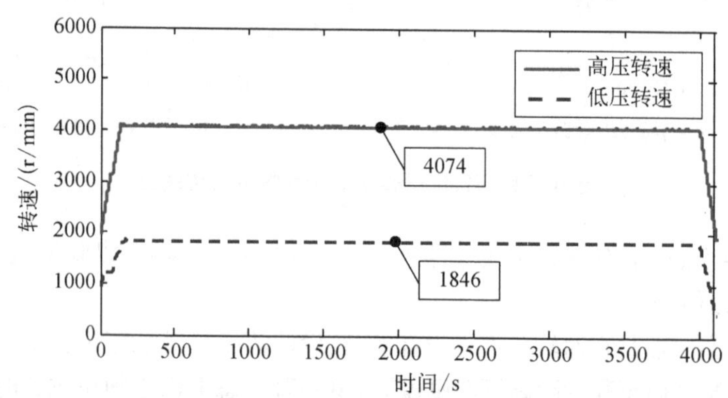

图 20.74 长时间"共振"实验高、低压转子转速随时间的变化

表 20.37 低压转子不平衡质量分布

总不平衡量/(g·cm)	风扇盘		涡轮盘	
	大小/(g·cm)	相位/(°)	大小/(g·cm)	相位/(°)
52.5	7.5	180	45	0

实验时,低压转子不平衡质量约为 52.5 g·cm,超出设计不平衡量 75%,且按照低压转子激励第一阶振型分布。

图 20.75 为双转子系统的实测振动位移随时间的变化。图 20.76 是各测点的低压转速基频振动幅值与设计振型的对比。实验结果表明,在低压转子激起的第一阶临界转速处,虽然低压涡轮盘和中介轴承处的振动幅值已经达到 120 μm 左

右，超过设计中给定的限定值，但双转子实验器在长达 63 分钟的“共振”过程中，振动水平平稳。在低压涡轮盘和中介轴承测点上，经过 63 分钟的“共振”实验，低压基频振动幅值增长约为 6%。其原因是，对转双转子中，中介轴承发热量较大，而实验器的供油系统为循环供油，无冷却装置，导致滑油温度由开始时的 22℃ 上升到结束时的 43℃，造成滑油黏度降低，使阻尼器减振效果有所减弱。但从振动响应来看，即使所施加的不平衡量比设计值大 75%，双转子实验器仍能够正常稳定地持续“共振”63 分钟。可见，在超出了不平衡量设计值范围的情况下，双转子实验器仍具备良好的抗振能力。

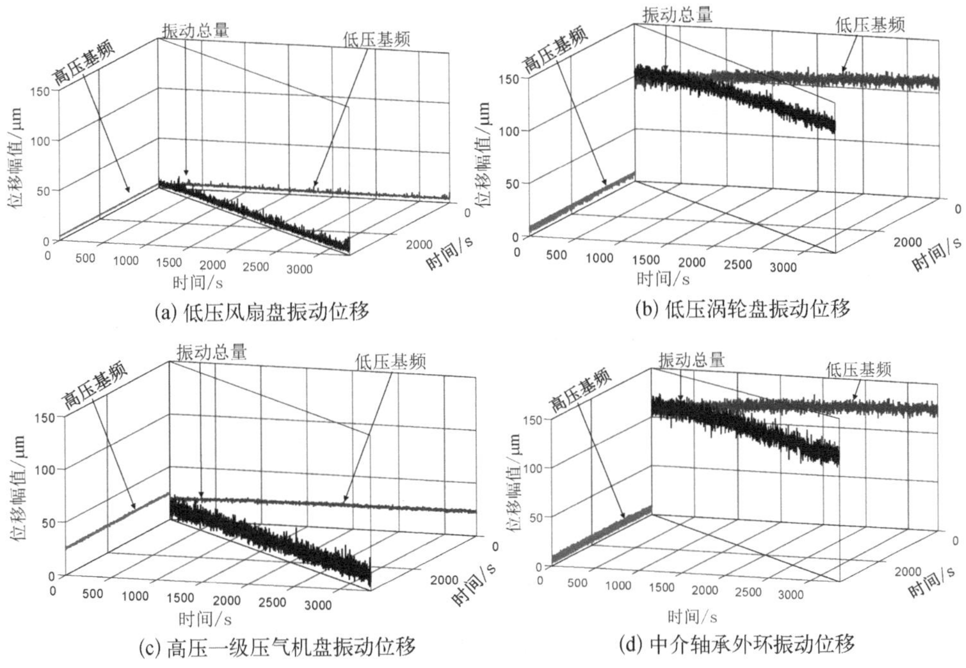

图 20.75　低压激励第一阶模态下长时间“共振”实测振动幅值随时间的变化

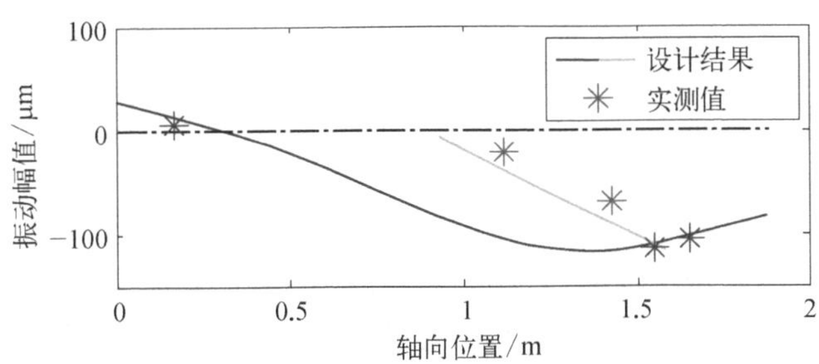

图 20.76　各测点低压基频振动幅值与低压激励第一阶设计模态振型的对比

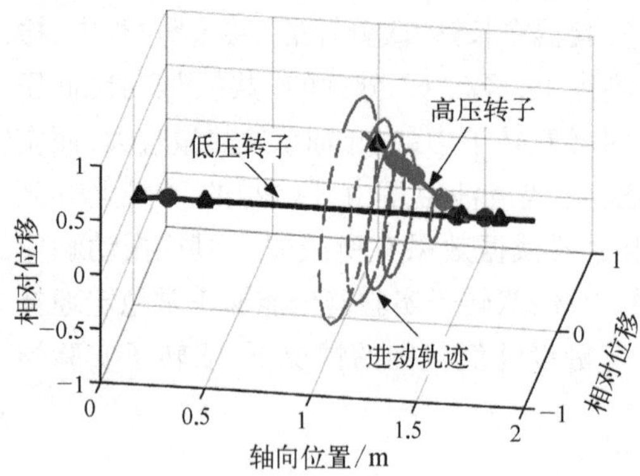

图 20.77　低压激励第二阶设计模态振型

2）低压激励第二阶模态下的长时间“共振”实验

由临界转速测试实验可知，低压激励第二阶临界转速对应的高压转速为 4 919 r/min，低压转速为 3 043 r/min。低压激励第二阶模态振型和长时间“共振”实验时的转速变化曲线如图 20.77 和图 20.78 所示。双转子实验器在低压激励第二阶模态下，持续“共振”约 62 分钟。实验时，低压转子不平衡量分布与低压激励第二阶振型相似，如表 20.38 所示。

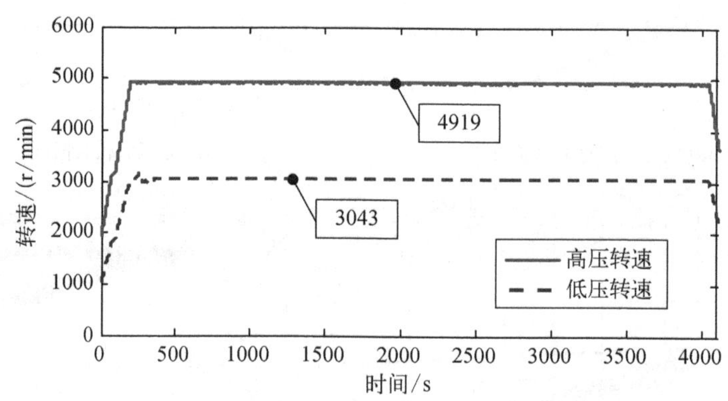

图 20.78　长时间“共振”实验高、低压转子转速随时间的变化

表 20.38　低压转子不平衡质量分布

总不平衡量/(g·cm)	风　扇　盘		涡　轮　盘	
	大小/(g·cm)	相位/(°)	大小/(g·cm)	相位/(°)
76.2	12.5	0	63.7	180

低压激励第二阶模态下双转子系统振动幅值随时间的变化如图 20.79 所示；各测点低压转速基频振动幅值与计算模态振型的对比如图 20.80 所示。此时，低压转子的总不平衡量为 76.2 g·cm，超过设计值 154%。双转子实验器的振动响应峰值非常低，持续“共振”过程中几乎没有变化。图 20.80 的振型对比中，部分测点数据与计算结果存在误差，主要原因是振动幅值过小，数据的波动引起的误差较

大。实验中,即使继续增大低压转子的不平衡质量,该阶模态处的振动响应峰值仍会处于较低水平。从实验结果可以看出,在低压激励第二阶模态下,即使不平衡量超过了设计值的 154%,双转子实验器仍可“容忍共振”。

低压激励第二阶模态的特征是,低压转子作为激励源主要激起高压转子的振动,即所谓的“低压交叉激励模态”。在本章“可容模态”优化设计中,这一阶模态的可容度达到 0.999,如表 20.24 所示。实验结果与设计结果相符,验证了可容度评价函数的适用性。

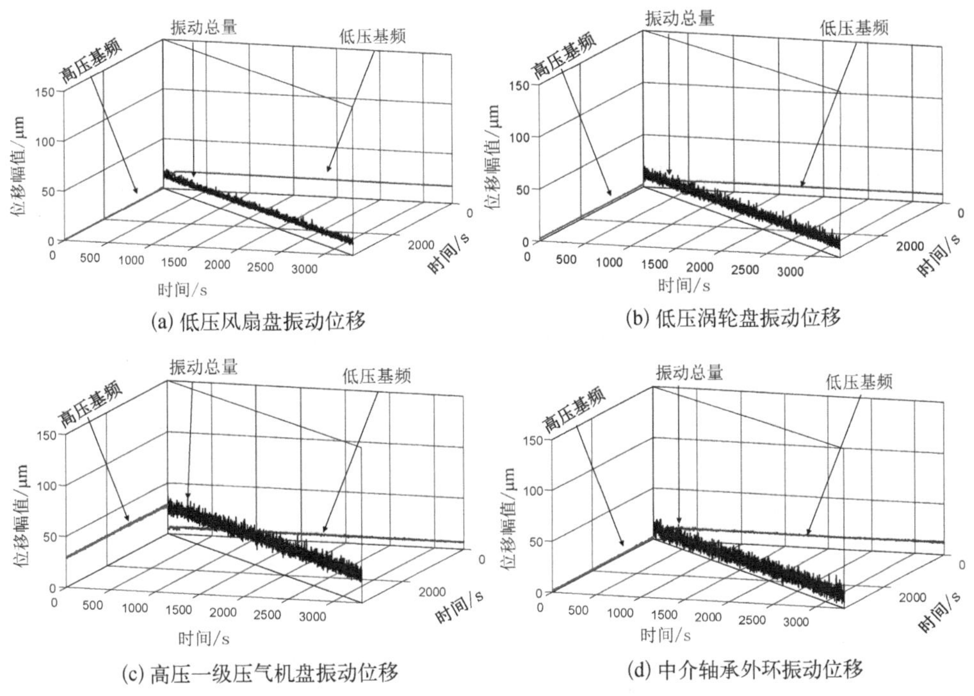

图 20.79　低压激励第二阶模态下长时间“共振”实测振动幅值随时间的变化

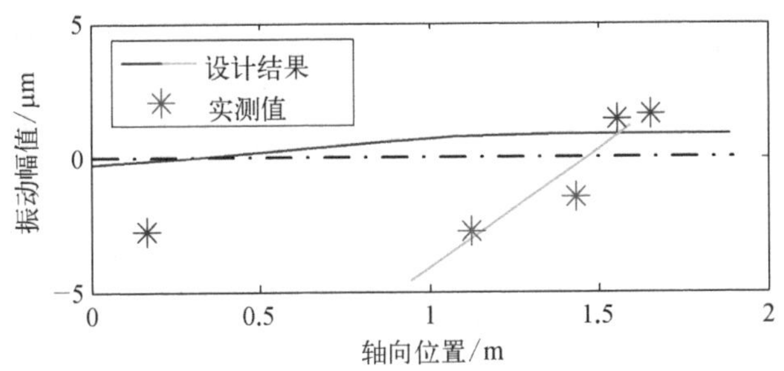

图 20.80　各测点低压基频振动幅值与低压激励第二阶设计模态振型的对比

3) 高压激励第一阶模态下的长时间"共振"实验

表 20.39 列出了高压转子主激励的前四阶临界转速和转速比。

表 20.39 高压转子主激励的前四阶临界转速和转速比

高压激励模态阶数	高压转速/(r/min)	低压转速/(r/min)	转 速 比
第一阶	2 056	886	2.32
第二阶	3 680	1 466	2.51
第三阶	4 525	2 370	1.91
第四阶	5 490	3 650	1.50

高压激励第一阶模态振型与低压激励第一阶相近。在这一阶模态下实验时,设置高压转子上的总不平衡量为 84.4 g·cm,超过设计值 181%,其分布与这一阶模态振型相似,如表 20.40 所示。

表 20.40 高压转子不平衡质量分布

总不平衡量/(g·cm)	一级压气机盘		二级压气机盘		三级压气机盘		高压涡轮盘	
	大小/(g·cm)	相位/(°)	大小/(g·cm)	相位/(°)	大小/(g·cm)	相位/(°)	大小/(g·cm)	相位/(°)
84.4	13.2	0	17.1	0	20.6	0	33.5	0

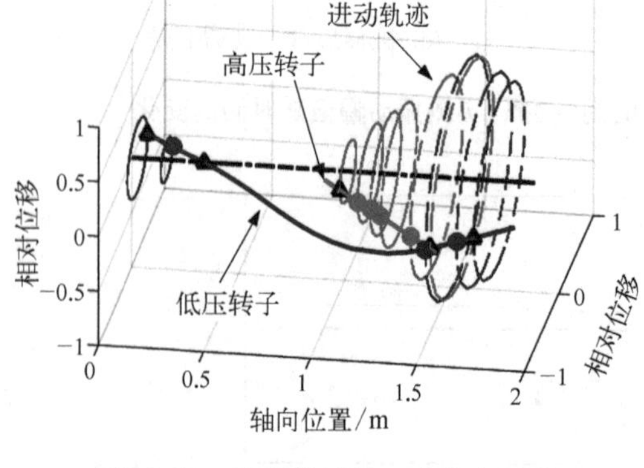

图 20.81 高压激励第一阶模态振型

实验过程中,高压转速设置为 2 056 r/min,低压转速为 886 r/min,"共振"持续 65 分钟。图 20.81 为高压激励第一阶模态振型,图 20.82 为长时间"共振"实验时的转速变化曲线。

图 20.83 是高压激励第一阶模态下长时间"共振"实测振动幅值随时间的变化。在 65 分钟的持续"共振"实验过程中,各测点高压基频振动幅值保持不变。图 20.84 是高压激励第一阶临界转速下,各测点高压转速基频振动幅值与设计振型的对比。实验结果表明,双转子系统在高压激励第一阶临界转速下能够承受长时间"共振",具备良好的减振能力和抗振能力。

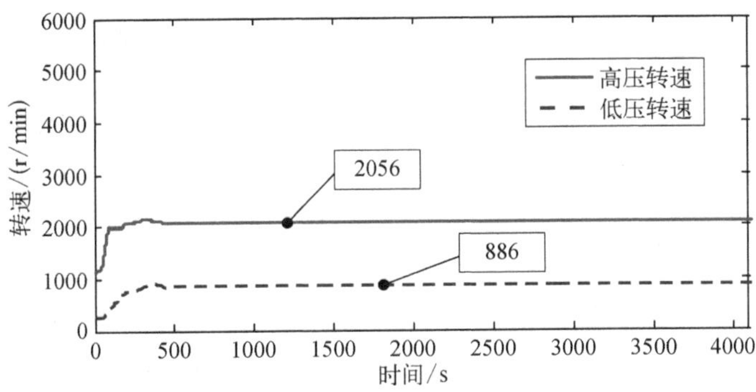

图 20.82　长时间“共振”实验时的转速变化曲线

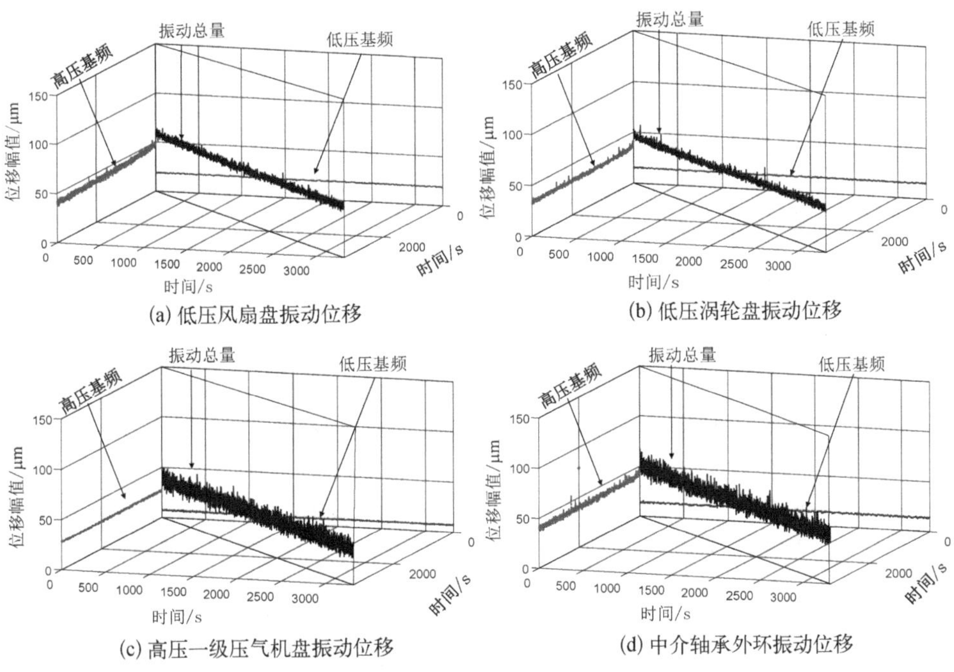

图 20.83　高压激励第一阶模态下长时间“共振”实测振动幅值随时间的变化

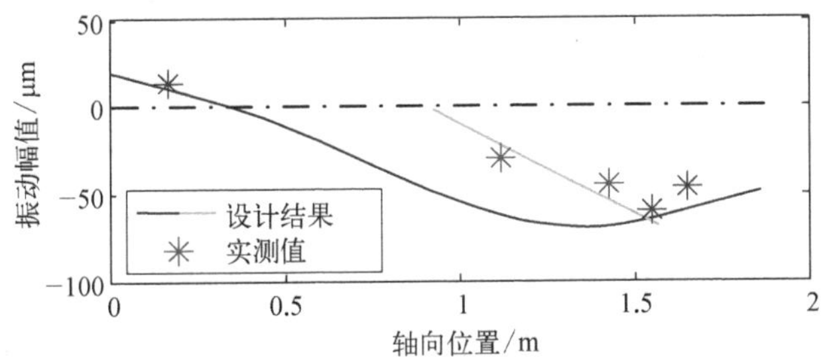

图 20.84　各测点高压基频振动幅值与高压激励第一阶设计模态振型的对比

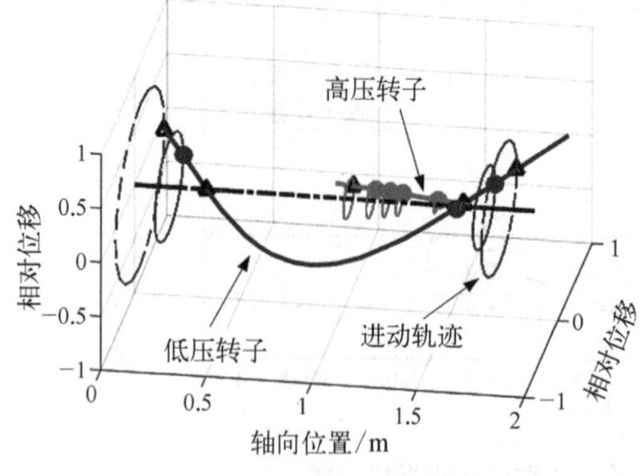

图 20.85　高压激励第二阶模态振型

4）高压激励第二阶模态长时间“共振”实验

高压激励第二阶模态为高压激励下低压转子弯曲为主的模态，其设计振型如图 20.85 所示。对应的临界转速为，高压转速 3 680 r/min，低压转速 1 466 r/min。图 20.86 是高压激励第二阶模态下长时间“共振”实验时的转速变化曲线，双转子实验器在这一阶模态下连续“共振”了 63 分钟。

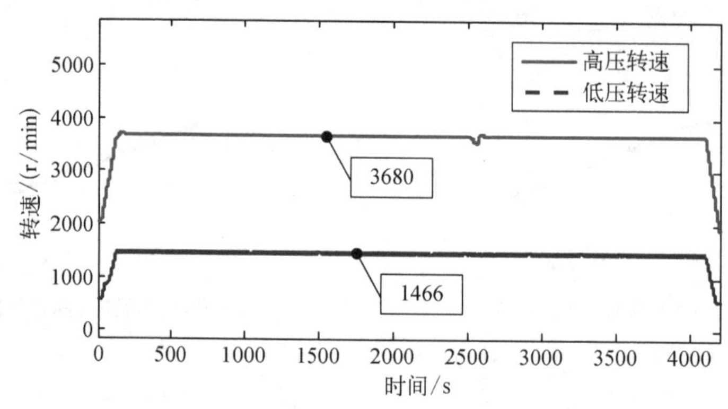

图 20.86　长时间“共振”实验时的转速变化曲线

实验时，高压转子上不平衡量及其分布如表 20.41 所示，与高压激励第二阶模态振型相似，总不平衡量约为 156.1 g · cm，约为设计不平衡量的 5.2 倍。

表 20.41　高压转子不平衡质量分布

总不平衡量/(g · cm)	一级压气机盘		二级压气机盘		三级压气机盘		高压涡轮盘	
	大小/(g · cm)	相位/(°)	大小/(g · cm)	相位/(°)	大小/(g · cm)	相位/(°)	大小/(g · cm)	相位/(°)
156.1	49.2	0	47.0	0	28.6	0	31.3	0

图 20.87 为高压激励第二阶模态下，长时间“共振”实测振动幅值随时间的变化。从各个测点的振动幅值三维图谱可以看出，在 63 分钟的“共振”实验中，高压基频、低压基频及振动总量均保持平稳，幅值不超过 40 μm。实验中，若继续增大不平衡质量，双转子仍能容忍高压激励第二阶模态下的共振。但是，考虑到双转子

需要越过高压激励第一阶临界转速，为避免越过高压激励第一阶临界转速时振动过大，故未继续增大不平衡量。

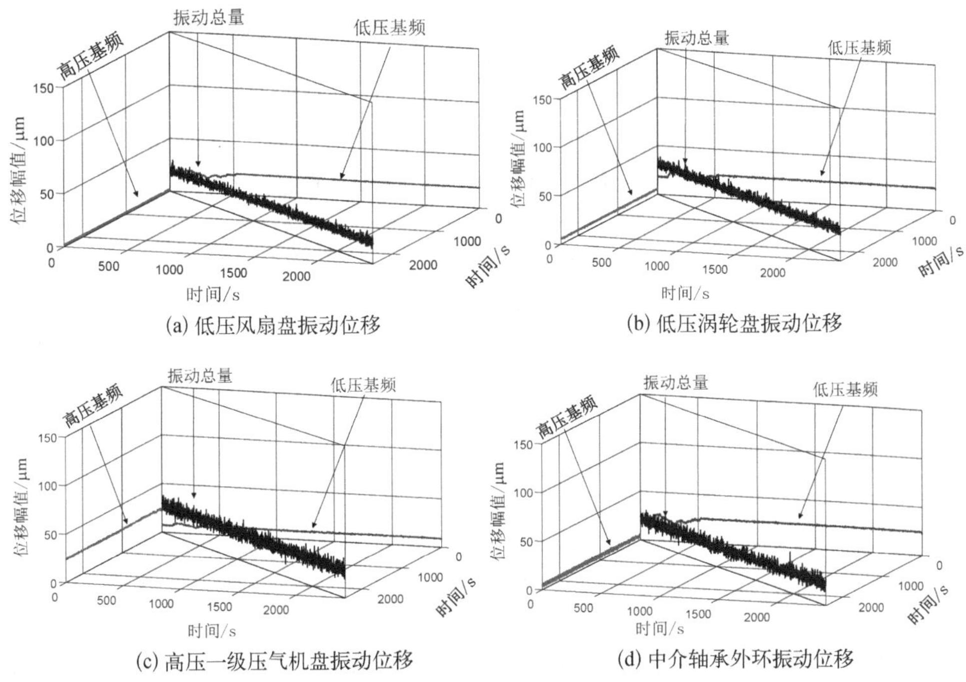

图 20.87　高压激励第二阶模态下长时间"共振"实测振动幅值随时间的变化

图 20.88 为各测点高压转速基频振动幅值与高压激励第二阶设计模态振型的对比。由图可见，各测点高压基频振动幅值点均落在高压激励第二阶设计振型曲线上。实验结果证实，高压激励第二阶模态为高压激励下低压转子弯曲为主的模态，即所谓的"高压交叉激励模态"。如表 20.22 所示，经过本章"可容模态"优化设计，这一阶模态的可容度达到 0.974，表明转子忍受这一阶共振的抗振能力较强。

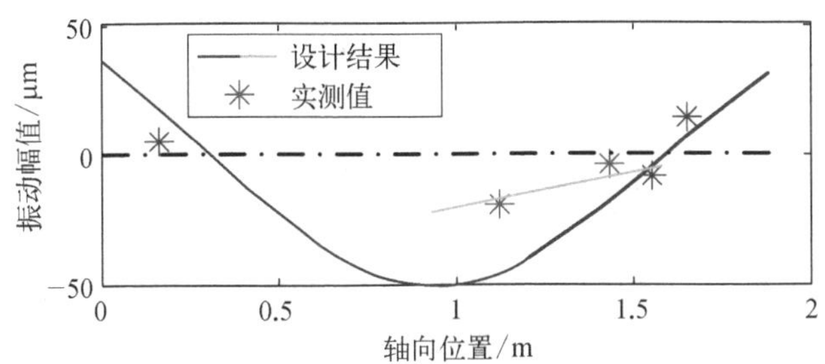

图 20.88　各测点高压基频振动幅值与高压激励第二阶设计模态振型的对比

在大不平衡量下(设计不平衡量的 5.2 倍)的长时“共振”实验结果验证了设计结果和设计方法。

3. 双转子系统长时间“共振”实验结果分析

上一节概括地描述了六阶模态下的长时间“共振”实验,双转子实验器始终表现出了良好的抗振特性。表 20.42 总结六阶模态下长时间“共振”实验结果与设计的模态可容度。

表 20.42 长时间“共振”实验结果与设计的模态可容度

模　态	可容度	总不平衡量/(g · cm)	振动峰值/μm	持续“共振”时间/min
低压激励第一阶	0.902	52.5	118.3	63
低压激励第二阶	0.999	76.2	4.6	62
高压激励第一阶	0.912	84.4	62.0	65
高压激励第二阶	0.974	156.1	40.0	63
高压激励第三阶	0.975	80.1	38.9	62
高压激励第四阶	0.857	46.9	20.9	62

回顾本章 20.6.6 节关于“可容模态”的设计结果,包括表 20.22 和表 20.24 的设计结果,结合实验验证结果,可以将双转子系统的模态分为两大类。一类是主激励模态,包括低压激励第一阶、高压激励第一阶和高压激励第三阶模态,其特点是激励转子在振型中的相对振动能量占比比较高,故模态不平衡影响因子较大;另一类是交叉激励模态,包括低压激励第二阶、高压激励第二阶模态,其特点是激励转子在振型中的相对振动能量占比较低,模态不平衡影响因子也较小。模态不平衡影响因子是模态“可容度”评价函数中的关键参数之一。

综上所述,“可容度”评价函数中不平衡影响因子反映了双转子系统振动响应对不平衡质量分布的敏感程度。不平衡影响因子较大的主激励模态振动对不平衡质量及其分布较敏感;不平衡影响因子较小的交叉激励模态振动对不平衡量及其分布不敏感。长时间“共振”实验验证表明,对于交叉激励模态,即低压转子激励,高压转子振动为主;或高压转子激励,低压转子振动为主,不平衡影响因子很小,这类模态的可容度高,转子在该模态下“容忍共振”的能力就很强。

利用双转子实验器系统对“可容模态”设计方法进行了验证,共进行了六阶模态下的长时间“共振”实验,所加的不平衡量最小是设计不平衡量的 1.56 倍,最大为 5.2 倍,且其分布均与对应的模态相似。每阶模态下,转子均经历了长于 1 小时的持续“共振”,转子振动保持平稳。由此可见,“可容模态”设计方法是行之有效的。

本章小结

本章针对航空发动机双转子系统动力学设计，论述了两种优化设计方法，即基于“临界转速裕度准则”的设计方法和“可容模态”优化设计方法，描述了双转子实验器的设计和实验过程，分析了实验结果。总结如下：

(1) 基于“临界转速裕度准则”的设计方法的目标是，在主要工作转速范围内“避开共振”，例如，“避开裕度”为 20%。如果能够实现这样的设计目标，这将是最有效的减振设计。因此，在双转子系统初始设计时，首先应利用基于“临界转速裕度准则”的设计方法进行设计。本章把“临界转速裕度准则”表达成了统一的“临界转速裕度约束函数” $f(\omega_n)$，使得双转子系统多模态优化设计目标、判据和算法统一，简捷高效。为达到设计目标，需要将结构、几何和惯量等参数作为优化的设计参数，在重量和工艺性等方面须予折中。

(2) 对于目前的先进航空发动机双转子系统，在工作范围内具有若干阶模态，无法完全“避开共振”。为此，本章着重阐述了双转子系统的“可容模态”设计方法，包括优化参数的选取原则、约束条件、“可容模态”优化设计的目标函数、设计流程以及优化算法。核心目标是，保证发动机工作范围内双转子的每一阶模态都是可容的，即转子可“容忍”每一阶模态下的“共振”，具备“容忍共振”的抗振能力。

(3) 为实现“可容模态”优化设计目标，转子结构、阻尼器和动平衡三个要素的综合优化是关键。为此，提出了双转子“可容模态”的可容度评价函数 f_{to}，包含的主要参数是弹支应变能占比和高、低压转子不平衡影响因子。同时，将中介支承的应变能占比作为“一票否决”的参数，以重点保护中介轴承。其中的不平衡影响因子反映了对应的模态对转子不平衡量及其分布的敏感度，其值越小，敏感度越低，“可容模态”的可容度越高。而弹支应变能占比则是衡量挤压油膜阻尼器发挥阻尼减振作用的量化指标，其值越大，阻尼效果越突出，“可容模态”的可容度越高。中介支承的应变能占比主要是限制作用在中介轴承上的动载荷，设计时，给出一个限制值，例如，不超过 1%。

(4) 可容度评价函数 f_{to} 能较充分地反映转子模态的“可容”程度，适合作为双转子“可容模态”优化设计的目标函数。函数值 f_{to} 始终为正，最大值为 1，即 $0 \leqslant f_{to} \leqslant 1$。$f_{to}$ 值越大，转子模态的可容度越高，转子抗振能力越强。转子模态要成为“可容模态”，可容度评价函数值不应小于 0.8。

(5) 建立了双转子“可容模态”优化设计方法与流程，包含三个设计阶段：双转子系统“可容模态”设计、挤压油膜阻尼器设计及实验验证。

(6) 以某型双转子发动机为背景，基于动力学相似原理建立了双转子实验器初始模型。分析了实验器初始模型的各阶模态振型对关键结构参数的敏感度，包括支承参数、轴系参数及盘的质量和惯量参数等,确定了双转子实验器的优化设计参数及其取值范围。

(7) 利用双转子系统“可容模态”设计方法,完成了双转子实验器的结构和动力学优化设计。在工作范围内,设计了低压激励模态三阶、高压激励模态四阶,共计七阶模态。所有模态的可容度评价函数值均大于 0.85,中介支承应变能占比均低于 1%。

(8) 按照上述的设计结果,建造了双转子实验器,对“可容模态”设计方法进行了实验验证。首先对双转子实验器的模态进行了测试,实测结果与设计结果相比,临界转速误差不超过 5%。分别对两阶低压激励模态和四阶高压激励模态进行了长时间持续“共振”实验,以验证转子在总共六阶模态下“容忍共振”的能力,进而验证双转子系统“可容模态”设计方法的有效性。所加的不平衡量最小是设计不平衡量的 1.56 倍,最大为 5.2 倍,且其分布均与对应的模态相似。每阶模态下,转子持续“共振”至少 62 分钟,所有测点的振动峰值均维持稳定,最大变化不超过 9%。长时间持续“共振”之后,实验器仍可继续正常运行。实验验证表明,双转子系统“可容模态”设计方法是行之有效的。

参考文献

[1] 中国航空工业总公司发动机系统工程局. 航空涡喷、涡扇发动机结构设计准则　第六册:转子系统[M]. 北京:中国航空工业总公司发动机系统工程局,1997.

[2] VANCE J, ZEIDAN F, MURPHY B. Machinery vibration and rotordynamics[M]. New York: John Wiley & Sons, 2010.

[3] 廖明夫. 航空发动机转子动力学[M]. 西安:西北工业大学出版社,2015.

[4] 金路. 航空发动机转子系统动力学优化设计方法研究[D]. 西安:西北工业大学,2013.

[5] 李岩. 航空发动机转子系统可容模态优化设计方法与实验研究[D]. 西安:西北工业大学,2020.

[6] 刘展翅. 弹支挤压油膜阻尼器设计与特殊工况下阻尼器减振特性研究[D]. 西安:西北工业大学,2016.

[7] 刘展翅,廖明夫,丛佩红,等. 挤压油膜阻尼器非线性实验特性研究[J]. 机械科学与技术,2016,35(1):23-28.

[8] 刘展翅,廖明夫,丛佩红,等. 静偏心对挤压油膜阻尼器减振特性影响实验研究[J]. 推进技术,2016,37(8):1560-1568.

[9] 刘展翅,廖明夫,丛佩红,等. 静偏心对挤压油膜阻尼器转子抗振性能的影响及控制方法[J]. 机械与电子,2016,34(5):49-54.

[10] 李岩,廖明夫,王四季,等. 挤压油膜阻尼器同心度及碰摩对转子振动特性的影响[J]. 振动与冲击,2020,39(1):150-168.

[11] 王瑞,廖明夫,雷新亮,等. 带中介轴承双转子系统“可容模态”优化设计及实验[J]. 推进技术,2023,44(5):2208091.

[12] 刘准,廖明夫,邓旺群,等. 带有挤压油膜阻尼器的转子系统动力学相似设计[J]. 航空动力学报,2023,38(3):546-557.

附录 A：双转子实验器相似化参数模型

表 A－1　低压轴模型参数

位　置	节点	长度/mm	外直径/mm	内直径/mm
主轴	1~2	16.7	81.5	60.9
	2~3	10.7	69.8	47.7
	3~4	12.1	70.0	38.0
	4~5	17.7	67.4	38.3
	5~6	3.0	91.0	60.9
	6~7	69.0	左 45.7 右 75.7	左 40.9 右 70.0
	7~8	4.7	261.1	137.0
	8~9	23.1	399.6	185.6
	9~10	11.1	246.1	185.6
	10~11	7.6	338.3	185.0
	11~12	83.3	左 135.5 右 130.0	左 45.0 右 39.5
	12~13	11.1	81.7	0.0
	13~14	45.9	109.6	0.0
	14~15	11.2	103.4	0.0
	15~16	11.7	100.0	0.0
	16~17	56.9	75.0	0.0
	17~18	22.1	80.0	0.0
	18~19	20.5	80.0	0.0
	19~20	155.4	80.0	0.0
	20~21	88.8	80.0	0.0
	21~22	74.0	80.0	0.0
	22~23	86.0	80.0	0.0

续 表

位置	节点	长度/mm	外直径/mm	内直径/mm
主轴	23~24	84.0	80.0	0.0
	24~25	83.5	80.0	0.0
	25~26	86.5	80.0	0.0
	26~27	167.0	80.0	0.0
	27~28	83.0	80.0	0.0
	28~29	80.0	80.0	0.0
	29~30	64.0	80.0	0.0
	30~31	32.1	116.5	0.0
	31~32	14.6	268.7	0.0
	32~33	24.0	86.9	0.0
	33~34	14.1	102.8	0.0
	34~35	14.5	71.3	0.0
	35~36	25.6	108.7	0.0
	36~37	8.6	65.0	0.0
	37~38	10.0	60.0	0.0
	38~39	49.1	55.0	0.0
	39~40	15.6	67.1	0.0
	40~41	62.7	80.8	0.0
	41~42	24.8	87.9	0.0
	42~43	46.0	114.3	72.0
	43~44	10.5	175.5	72.0
分叉轴单元	1~2	21.5	92.5·2	85.0·2
	2~3	14.0	92.5·2	85.0·2
	3~4	7.5	92.5·2	82.5·2
	4~5	19.0	86.5·2	82.5·2
	5~6	18.0	86.5·2	68.5·2
	6~7	6.5	120.0·2	82.5·2

表 A－2　高压轴模型参数

位　置	节点	长度/mm	外直径/mm	内直径/mm
主轴	1～2	8.2	180.7	165.4
	2～3	18.0	133.1	117.9
	3～4	12.3	160.8	143.9
	4～5	47.0	110.0	98.0
	5～6	11.9	110.0	98.0
	6～7	19.5	110.0	98.0
	7～8	25.1	136.5	124.3
	8～9	44.0	左 54.0 右 149.0	左 44.0 右 139.0
	9～10	12.0	338.0	303.3
	10～11	10.9	354.7	317.8
	11～12	61.4	302.3	294.9
	12～13	12.1	378.2	242.7
	13～14	24.9	左 145.0 右 109.0	左 137.0 右 101.0
	14～15	18.9	218.0	202.0
	15～16	8.6	263.7	223.7
	16～17	11.3	265.9	227.1
	17～18	88.1	192.4	185.0
	18～19	21.4	234.0	197.2.0
	19～20	15.2	262.8	222.8
	20～21	18.2	256.7	248.2
	21～22	11.3	341.4	303.1
	22～23	14.4	左 97.3 右 59.0	左 86.3 右 44.0
	23～24	19.8	152.3	140.0
	24～25	12.3	110.0	100.0
	25～26	9.0	110.0	100.0
	26～27	15.9	120.0	100.0

表 A-3 双转子轮盘参数

名 称	节点信息	质量/kg	直径转动惯量/(kg·m^2)	极转动惯量/(kg·m^2)
低压风扇	低压主轴第 9 节点	75.69	2.136	1.068
低压涡轮	低压主轴第 33 节点	52.090	0.991	0.495
一级压气机	高压主轴第 10 节点	22.677	0.500	0.250
二级压气机	高压主轴第 12 节点	24.596	0.315	0.157
三级压气机	高压主轴第 16 节点	8.205	0.041	0.021
高压涡轮	高压主轴第 19 节点	65.302	1.727	0.864

表 A-4 双转子支承参数

名 称	节 点 信 息	刚度/(N/m)
风扇前轴承	低压轴第 3 节点	5.96×10^6
风扇后轴承	低压轴第 15 节点	3.35×10^7
高压前轴承	高压轴第 6 节点	9.99×10^6
中介轴承	低压分叉第 2 节点、高压轴第 25 节点	5.00×10^7
涡轮后轴承	低压轴第 37 节点	7.04×10^6

附录 B：双转子实验器优化参数模型

表 B-1 低压轴模型参数

位 置	节点	长度/mm	外直径/mm	内直径/mm
主轴	1~2	16.7	81.5	60.9
	2~3	10.7	69.8	47.7
	3~4	30.0	70.0	45.3
	4~5	12.7	74.0	38.3
	5~6	9.0	90.0	60.9

续　表

位　置	节点	长度/mm	外直径/mm	内直径/mm
主轴	6~7	63.7	左 45.7 右 75.7	左 40.9 右 70.0
	7~8	7.0	261.1	137.0
	8~9	17.1	399.6	185.6
	9~10	17.1	246.1	185.6
	10~11	7.6	338.3	185.0
	11~12	83.3	左 135.5 右 130.0	左 45.0 右 39.5
	12~13	11.1	90.0	50.0
	13~14	49.2	85.0	50.0
	14~15	8.0	72.0	0.0
	15~16	5.0	72.0	0.0
	16~17	63.6	72.0	0.0
	17~18	22.1	72.0	0.0
	18~19	20.5	63.0	0.0
	19~20	155.4	63.0	0.0
	20~21	88.8	63.0	0.0
	21~22	74.0	63.0	0.0
	22~23	123.1	63.0	0.0
	23~24	84.0	63.0	0.0
	24~25	103.5	60.0	0.0
	25~26	106.5	60.0	0.0
	26~27	167.0	60.0	0.0
	27~28	83.0	60.0	0.0
	28~29	80.0	60.0	0.0
	29~30	64.0	82.3	0.0
	30~31	32.0	116.5	0.0

续 表

位 置	节点	长度/mm	外直径/mm	内直径/mm
主轴	31~32	12.6	246.0	0.0
	32~33	25.0	100.0	0.0
	33~34	16.5	100.0	0.0
	34~35	12.8	90.0	0.0
	35~36	28.0	70.0	0.0
	36~37	12.0	65.0	0.0
	37~38	9.0	65.0	0.0
	38~39	35.3	55.0	0.0
	39~40	17.7	50.0	0.0
	40~41	50.0	72.0	0.0
	41~42	15.0	86.0	0.0
	42~43	25.0	86.0	69.0
	43~44	15.0	113.2	69.0
分叉轴单元	1~2	21.5	92.5·2	85.0·2
	2~3	14.0	92.5·2	85.0·2
	3~4	7.5	92.5·2	82.5·2
	4~5	20.0	86.5·2	82.5·2
	5~6	18.0	86.5·2	68.5·2
	6~7	6.5	120.0·2	82.5·2

表 B-2 高压轴模型参数

位 置	节 点	长度/mm	外直径/mm	内直径/mm
主轴	1~2	10.0	160.0	120.0
	2~3	27.0	130.0	120.0
	3~4	11.5	110.0	88.0

续　表

位　置	节　点	长度/mm	外直径/mm	内直径/mm
主轴	4~5	36.0	107.0	88.0
	5~6	6.0	100.0	88.0
	6~7	32.5	107.0	88.0
	7~8	16.9	122.0	88.0
	8~9	41.0	左 54.0 右 149.0	左 44.0 右 139.0
	9~10	14.5	334.0	295.0
	10~11	14.5	334.0	295.0
	11~12	58.3	302.0	295.0
	12~13	15.5	334.0	286.0
	13~14	20.2	左 145.0 右 109.0	左 137.0 右 101.0
	14~15	15.6	218.0	202.0
	15~16	12.0	230.0	200.0
	16~17	12.0	230.0	200.0
	17~18	94.5	200.0	192.0
	18~19	20.6	244.0	192.0
	19~20	20.6	268.0	240.0
	20~21	20.0	268.0	250.0
	21~22	13.0	316.0	250.0
	22~23	12.2	左 97.3 右 59.0	左 86.3 右 44.0
	23~24	35.7	110.0	88.0
	24~25	18.5	100.0	88.0
	25~26	10.0	100.0	88.0
	26~27	28.0	110.0	88.0

表 B-3　双转子轮盘参数

名　称	节点信息	质量/kg	直径转动惯量/(kg·m^2)	极转动惯量/(kg·m^2)
低压风扇	低压主轴第 9 节点	59.717	1.630	0.826
低压涡轮	低压主轴第 33 节点	46.679	1.358	0.684
一级压气机	高压主轴第 10 节点	26.707	0.675	0.339
二级压气机	高压主轴第 12 节点	32.782	0.892	0.449
三级压气机	高压主轴第 16 节点	9.332	0.121	0.608
高压涡轮	高压主轴第 19 节点	55.406	1.631	0.826

表 B-4　双转子支承参数

名　称	节点信息	刚度/(N/m)
风扇前轴承	低压轴第 3 节点	6.01×10^6
风扇后轴承	低压轴第 15 节点	6.03×10^8
高压前轴承	高压轴第 6 节点	7.99×10^6
中介轴承	低压分叉第 2 节点、高压轴第 25 节点	3.19×10^8
涡轮后轴承	低压轴第 37 节点	6.52×10^6

第 21 章
电磁轴承及带电磁轴承转子的振动

轴承是发动机的承力和传力部件,对转子系统的动力学特性和发动机的运行可靠性有着重要影响。由于具有无摩擦、适用高转速范围、可主动控制等优点,从 20 世纪 70 年代开始,人们对电磁轴承进行了大量的研究和研制,目前已在一定程度上获得应用。表 21.1 比较了 3 类轴承的特性。本章介绍电磁轴承的结构、工作原理以及动态特性,分析带电磁轴承转子的振动及主动控制方法,给出带电磁轴承转子系统设计的要点。本章的内容主要参考了文献[1,2]。

表 21.1　轴承特性比较[1]

轴 承 类 型	滑 动 轴 承	滚 动 轴 承	电 磁 轴 承
承载能力(N/cm^2)	≤4 000	≤500	≤60
耐温能力(℃)	120*	150*(200*)	150*
转速范围(r/min)	0~200 000**	0~60 000**	0~200 000
摩擦损失	小	中	很小
寿　命	理论寿命无穷(磨损)	有限,可估计	理论寿命无穷(存在崩溃风险)
费　用	高	低	很高

承载面积=轴承长度×轴承直径×80%。

* 滑动和滚动轴承耐温能力主要受滑油的限制;电磁轴承的耐温能力主要受绝缘材料限制。用于航空发动机的滚动轴承耐温可达到 200℃左右。

** 滑动轴承可在高转速下工作,但工作转速范围受到限制;滚动轴承的转速范围取决于载荷和尺寸,大部分情况下,转速范围不超过 10 000 r/min,但航空发动机所用的轴承除外,主轴承的工作转速一般都在 10 000 r/min 以上。

21.1　概　　述

图 21.1 为苏黎世联邦工学院(ETH)研发的高速工具[1,2],全部使用主动控制的电磁轴承,转速 40 000 r/min,功率 35 kW。

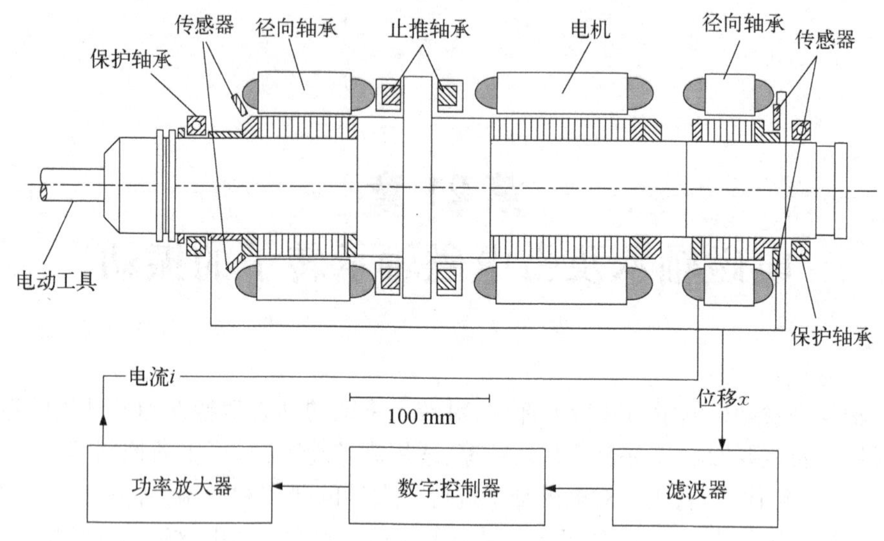

图 21.1　全部使用主动控制电磁轴承的高速工具[1]

与传统轴承相比，主动式电磁轴承的费用要高得多，因为要配备传感器、控制器和功率放大器。另外，重量也要增加很多。主动式电磁轴承的优点是轴承无磨损、工作转速范围宽、可在转子上施加任意可控的力。

主动式电磁轴承不仅用于承载，而且用于镇定转子系统。例如，内阻尼、间隙激振等自激失稳因素时常会使转子失稳，利用电磁轴承可予以控制。另外，它还可对转子不平衡、转子弯曲等因素引起的其他激扰力进行补偿。

主动式电磁轴承的缺点是，电控系统的失效会导致转子系统的破坏。为此，一般配置保护轴承，而在实际中，设计双轴承结构：正常情况下，电磁轴承发挥作用；紧急情况下，使用滚动轴承。但这会增加轴承重量。另外，电磁轴承的使用还会受到温度的限制，如表 21.1 所示。

21.2　主控式磁悬浮轴承的结构

众所周知，根据充磁效应，电磁力与电流的平方成正比，与距离成反比。如图 21.2 所示，若把两个电磁铁成对地构成磁力轴承，会产生如下式表示的电磁力：

$$f_y = \frac{k(i_v + i_s)^2}{(h - v)^2} - \frac{k(i_v - i_s)^2}{(h + v)^2} \tag{21.1}$$

式中，h 为静态间隙；v 为位移。控制电流 $\pm i_s(t)$ 与充磁电流 i_v 叠加，k 是电磁轴承一个重要的特征参数，与线圈匝数的平方、磁极面积及磁强度 μ 成正比。

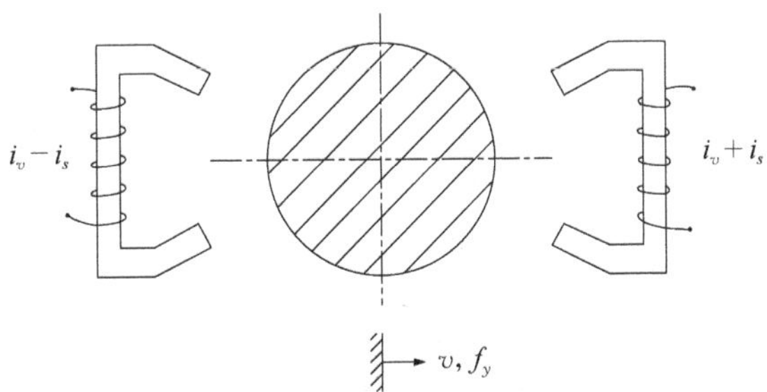

图 21.2　主控式磁悬浮轴承的原理图[1,2]

图 21.3 表示一种磁力轴承的结构，内置传感器 S_1、S_2、S_3 和 S_4，用以测量轴颈的相位、位移和速度。图 21.4 和图 21.5 分别表示轴承力与电流及力和位移的关系。

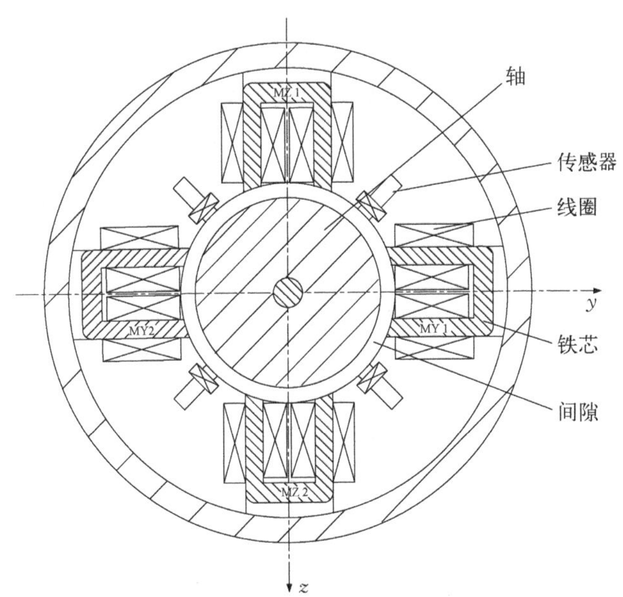

图 21.3　一种磁力轴承的结构[1]

把电磁铁成对地设置成电磁轴承，在静态位置附近轴承表现出线性特性。由图 21.4 和图 21.5 可以看出这一特性。当控制电流 $i_s(t)$ 与充磁电流 i_v 相比很小，且运动位移 v 相对于静态间隙也很小时，由式(21.1)可分析得出磁力轴承的线性关系，即力与电流、力与位移之间的线性关系：

$$f_y = k_i i_s(t) + s_o v(t) \tag{21.2}$$

$$k_i = 4ki_v/h^2,\ s_o = 4ki_v^2/h^3 \tag{21.3}$$

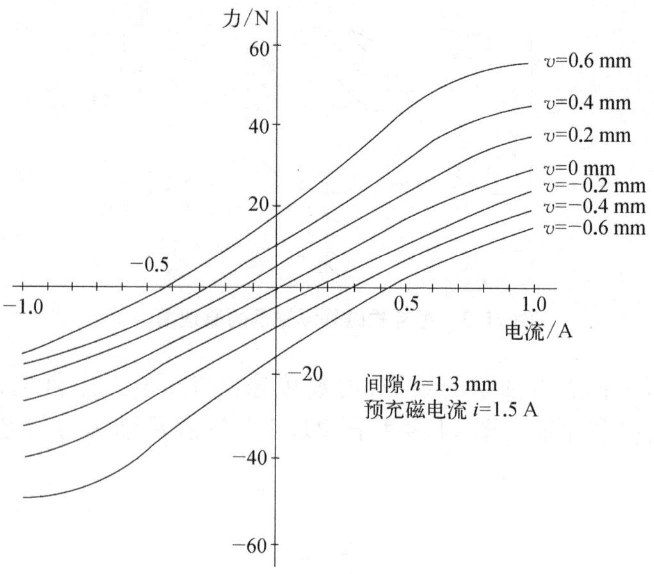

图 21.4 电磁轴承力与电流的关系[1]

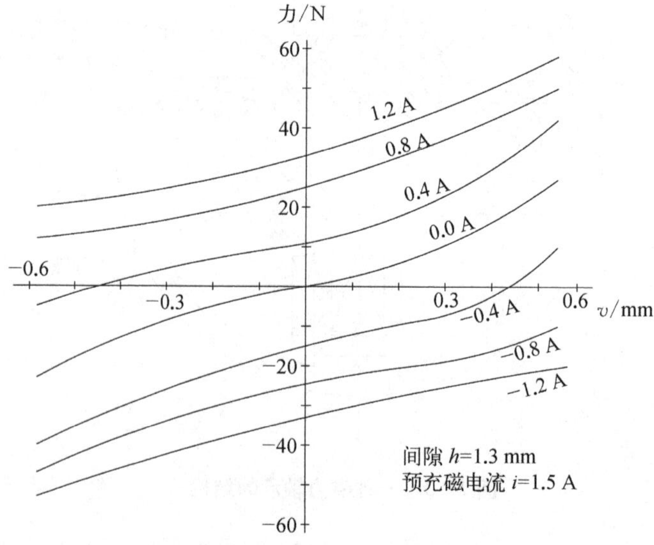

图 21.5 电磁轴承力与位移的关系[1]

考虑 y 和 z 两个方向的力,可得到电磁轴承总的线化特征关系:

$$\begin{Bmatrix} f_z \\ f_y \end{Bmatrix} = \begin{bmatrix} k_i & 0 \\ 0 & k_i \end{bmatrix} \begin{Bmatrix} i_z \\ i_y \end{Bmatrix} + \begin{bmatrix} s_o & 0 \\ 0 & s_o \end{bmatrix} \begin{Bmatrix} w \\ v \end{Bmatrix} \tag{21.4}$$

式中,i_z 和 i_y 分别为 z 和 y 方向的控制电流。

21.3　PD-反馈控制下电磁轴承控制器及转子系统的运动方程

图 21.6 为支承在磁力轴承上刚性转子的控制框图。内置传感器测量轴颈的相位和运动速度。通过换极调整,使位移和速度信号带负号,这在接下来的分析中很有用。控制器对位移信号 $(w_{ref}-w)$、$(v_{ref}-v)$ 和速度信号 $\dot{w}$、$\dot{v}$ 加权,转换成电压信号,输入到电流放大器,如图 21.8 所示。根据外部控制目标信号 w_{ref} 和 v_{ref},在控制电路中输入一个常电压,由此,可使轴颈在间隙范围内任意静态位置保持平衡。

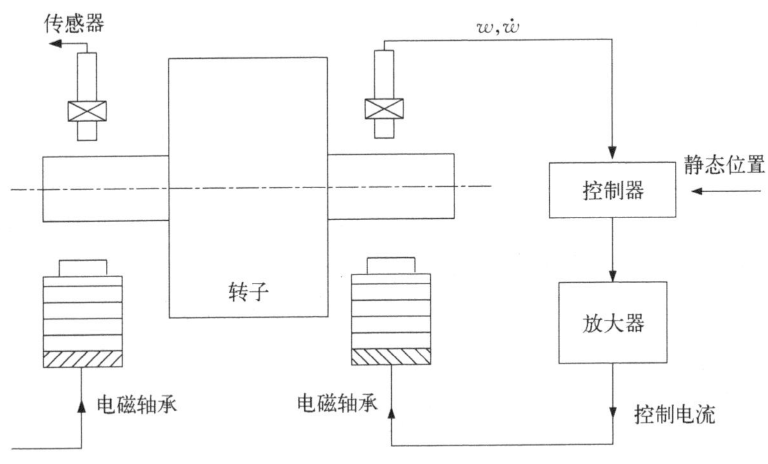

图 21.6　支承在磁力轴承上刚性转子的控制框图[1]

不妨设图 21.6 所示的转子系统完全对称,即两个磁力轴承完全相同。此时,转子偏摆和横向振动可以解耦,先可只考虑横向振动。

由图 21.7 可得到转子的平衡方程:

$$m\ddot{w}_s = mg + 2f_z$$
$$m\ddot{v}_s = zf_y \tag{21.5}$$

而

$$w_s = w(t) + \varepsilon\cos(\Omega t + \beta)$$
$$v_s = v(t) + \varepsilon\sin(\Omega t + \beta) \tag{21.6}$$

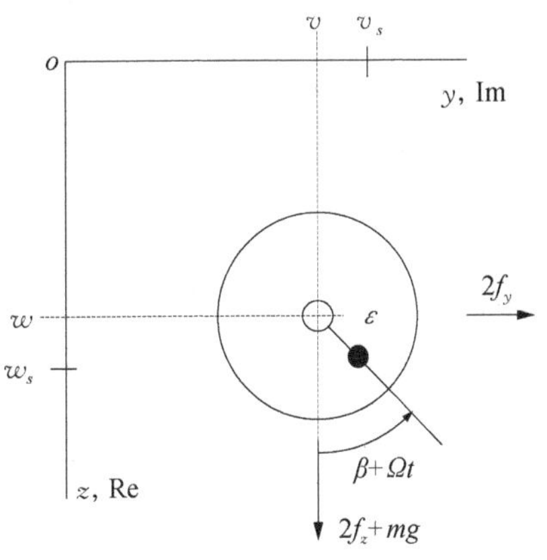

图 21.7　转子运动坐标系及作用在转子上的力[1]

图 21.8 表示对应的控制框图。

如果功率放大器在输入和输出之间无滞

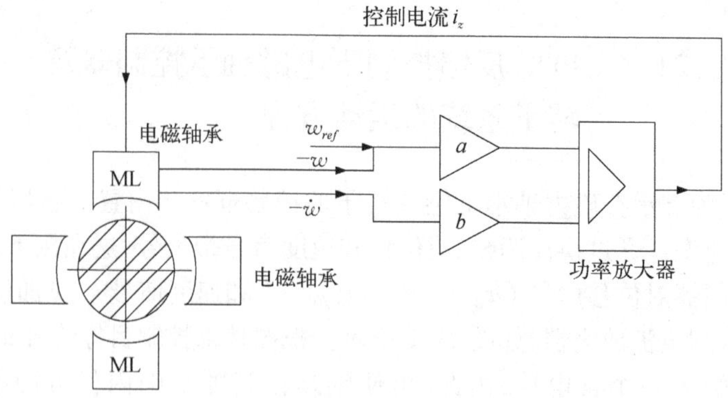

图 21.8　振动位移和速度反馈的 PD 控制框图[1]

后,则控制电流可写成:

$$\begin{Bmatrix} i_z \\ i_y \end{Bmatrix} = \begin{bmatrix} a & 0 \\ 0 & a \end{bmatrix} \begin{Bmatrix} w_{ref} - w \\ v_{ref} - v \end{Bmatrix} + \begin{bmatrix} b & 0 \\ 0 & b \end{bmatrix} \begin{Bmatrix} -\dot{w} \\ -\dot{v} \end{Bmatrix} \tag{21.7}$$

式中,a 和 b 为通过"旋钮"可调节的控制器常数。方程中的振动速度 $\dot{w}$ 和 $\dot{v}$ 可通过控制器中的微分获得,或者可由图 21.3 所示的电磁轴承中的传感器直接测量,在实际中有所区别,但对如下的分析并无影响。

由式(21.4)至式(21.7)可构建如下的转子系统运动方程:

$$\begin{bmatrix} m & 0 & 0 & 0 \\ 0 & m & 0 & 0 \\ 0 & 0 & 0 & 0 \\ 0 & 0 & 0 & 0 \end{bmatrix} \begin{Bmatrix} \ddot{w} \\ \ddot{v} \\ \ddot{i}_z \\ \ddot{i}_y \end{Bmatrix} + \begin{bmatrix} 0 & 0 & 0 & 0 \\ 0 & 0 & 0 & 0 \\ b & 0 & 0 & 0 \\ 0 & b & 0 & 0 \end{bmatrix} \begin{Bmatrix} \dot{w} \\ \dot{v} \\ \dot{i}_z \\ \dot{i}_y \end{Bmatrix} + \begin{bmatrix} -2s_o & 0 & -2k_i & 0 \\ 0 & -2s_o & 0 & -2k_i \\ a & 0 & 1 & 0 \\ 0 & a & 0 & 1 \end{bmatrix} \begin{Bmatrix} w \\ v \\ i_z \\ i_y \end{Bmatrix}$$

$$= \begin{Bmatrix} mg \\ 0 \\ aw_{ref} \\ av_{ref} \end{Bmatrix} + \varepsilon m \Omega^2 \begin{Bmatrix} \cos(\Omega t + \beta) \\ \sin(\Omega t + \beta) \\ 0 \\ 0 \end{Bmatrix} \tag{21.8}$$

方程的上半部分涉及力学和电学,下半部分涉及电学与电子学,相互之间耦合。这样的系统为典型的机电一体化系统。

从控制角度来看,方程(21.8)是一个线性微分系统的控制方程。状态向量中不仅包含振动位移 w 和 v,而且还包含位移的一阶导数 $\dot{w}$ 和 $\dot{v}$。

21.4　PD 控制下转子运动方程的解

为了便于理解,把方程(21.8)中的电流项消去,即用转子运动的位移 w,v 和速

度 $\dot{w}$ 与 $\dot{v}$ 来表示，最后得

$$\begin{bmatrix} m & 0 \\ 0 & m \end{bmatrix} \begin{Bmatrix} \ddot{w} \\ \ddot{v} \end{Bmatrix} + 2\begin{bmatrix} bk_i & 0 \\ 0 & bk_i \end{bmatrix} \begin{Bmatrix} \dot{w} \\ \dot{v} \end{Bmatrix} + 2\begin{bmatrix} (ak_i - s_o) & 0 \\ 0 & (ak_i - s_o) \end{bmatrix} \begin{Bmatrix} w \\ v \end{Bmatrix}$$

$$= \begin{Bmatrix} mg + 2ak_i w_{ref} \\ 2ak_i w_{ref} \end{Bmatrix} + \varepsilon m\Omega^2 \begin{Bmatrix} \cos(\Omega t + \beta) \\ \sin(\Omega t + \beta) \end{Bmatrix} \tag{21.9}$$

上述方程很容易理解。$2bk_i$ 代表了阻尼系数；$2(ak_i - s_o)$ 表示轴承的刚度。把两个方向上的位移和速度作为反馈量调节，就得到一个各向同性的轴承，可用图 21.9 所示的等效机械轴承来表达。当然，一个机电一体化的系统，仅用图 21.9 所示的模型是不能完全描述的。

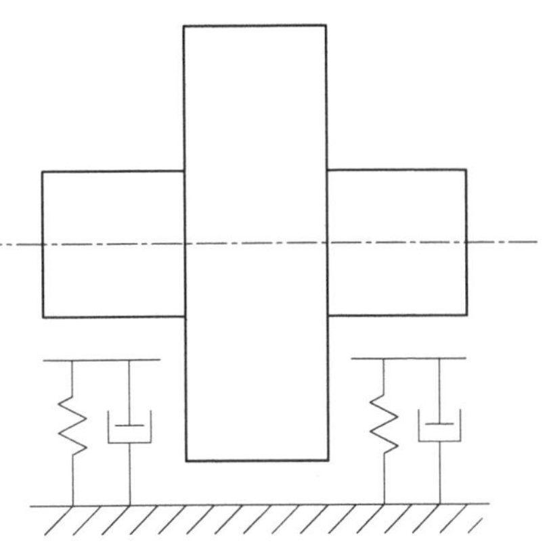

图 21.9　机械等效转子模型[1]

1. 静态位置

若转子完全平衡，$\varepsilon = 0$，转子系统位于其静平衡位置，位移的所有导数都为零。由方程(21.9)可解出：

$$w = w_{stat} = \frac{mg + 2ak_i w_{ref}}{2(ak_i - s_o)}$$

$$v = v_{stat} = \frac{2ak_i v_{ref}}{2(ak_i - s_o)} \tag{21.10}$$

由上式可见，通过调整参考值 w_{ref} 和 v_{ref}，可使轴颈中心位置任意可调。这一特性是图 21.9 所示的机械系统不具备的。同时，由式(21.10)的分母可以看到，位移反馈的放大因子 a 必须足够大，保证 $ak_i > s_o$，否则系统将静态失稳。磁力轴承的“自然”刚度为负。位移产生的力作用在位移方向上，比较图 21.2 和图 21.5 可以看出这一结果。

2. 自由振动与不平衡响应

由于转子各向同性，可将转子位移用复向量来表达，即 $\boldsymbol{r} = w(t) + \mathrm{j}v(t)$。由重力引起的常数项及预设的参考值在静态时平衡，故不予考虑。于是转子的运动为

$$m\ddot{\boldsymbol{r}} + 2bk_i\dot{\boldsymbol{r}} + 2(ak_i - s_o)\boldsymbol{r} = m\varepsilon\Omega^2 \boldsymbol{e}^{\mathrm{j}(\Omega t+\beta)} \tag{21.11}$$

方程的解为

$$\boldsymbol{r}(t) = \boldsymbol{r}_o + \boldsymbol{r}_\varepsilon \tag{21.12}$$

式中,$\boldsymbol{r}_o$ 为方程的齐次解;$\boldsymbol{r}_\varepsilon$ 为转子的不平衡响应。

把式(21.12)代入方程(21.11)后,可求得通解为

$$\boldsymbol{r}(t) = \mathrm{e}^{-\delta t}[\hat{\boldsymbol{r}}_+ \boldsymbol{e}^{\mathrm{j}\gamma t} + \hat{\boldsymbol{r}}_- \boldsymbol{e}^{-\mathrm{j}\gamma t}] + \frac{\eta^2 \varepsilon}{1 - \eta^2 + 2\mathrm{j}D\eta}\boldsymbol{e}^{\mathrm{j}(\Omega t+\beta)} \tag{21.13}$$

$$\boldsymbol{r}_o = \mathrm{e}^{-\delta t}[\hat{\boldsymbol{r}}_+ \boldsymbol{e}^{\mathrm{j}\gamma t} + \hat{\boldsymbol{r}}_- \boldsymbol{e}^{-\mathrm{j}\gamma t}]$$

$$\boldsymbol{r}_\varepsilon = \frac{\eta^2 \varepsilon}{1 - \eta^2 + 2\mathrm{j}D\eta}\boldsymbol{e}^{\mathrm{j}(\Omega t+\beta)}$$

式中的参数为

$$\delta = \frac{bk_i}{m},\ \omega = \sqrt{2(ak_i - s_o)/m},\ \gamma^2 = \omega^2 - \delta^2,\ D = \delta/\omega,\ \eta = \frac{\Omega}{\omega}$$

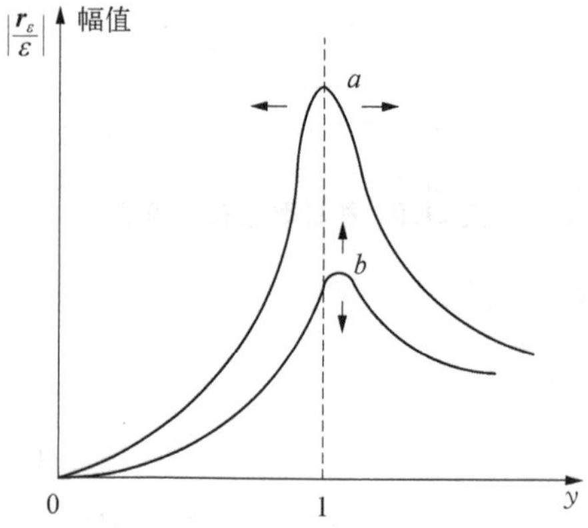

图 21.10 控制常数 *a* 和 *b* 对临界转速和临界转速处响应的影响[1]

其中的齐次解将随时间衰减,而仅存稳态不平衡响应。转子的临界转速位置及临界转速处转子的响应在轴承电磁力调节范围内可任意调节,如图 21.10 所示。

如何选取控制常数 a 和 b 呢?阻尼项 b 的作用是减小转子的临界响应。选值的范围为使 $D = 0.1 \sim 0.3$,$D = bk_i/m\omega = bk_i\Big/\sqrt{2m(ak_i - s_o)}$。阻尼的存在使自由振动受到阻滞而衰减,故无须考虑初始条件以及外部失稳激振力。

而 a 值的选择应保证 $ak_i > s_o$,$ak_i > 4ki_v^2/h^3$,即要保证电磁轴承静态稳定。谨慎起见,一般选取 ak_i 大于 s_o 至少一倍。只有在特殊情况下,才会大于 5 倍。若太大,则电磁轴承的力主要用于增加刚度,失去了电磁轴承的优势。

21.5 PID 控制下转子系统的振动特性

如上所述,通过参考信号 w_{ref} 和 v_{ref} 的调节,总可以把转子调节到零位。

有的机器所受的静态力是变化的,例如砂轮机的砂轮上所受的力总是变化的,如图 21.11 所示,不能靠手动来调节零位。这时,可用图 21.12 所示的积分控制来调节。

砂轮主要的压力作用在水平方向。为方便起见,仅分析水平方向的振动。转

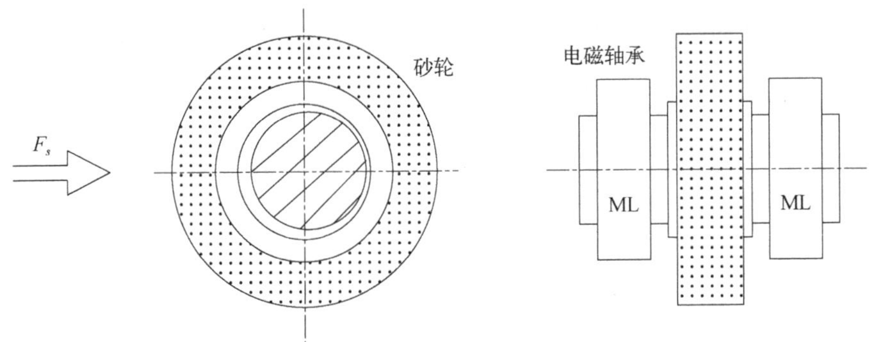

图 21.11　支承在电磁轴承上的砂轮机所受的力[1]

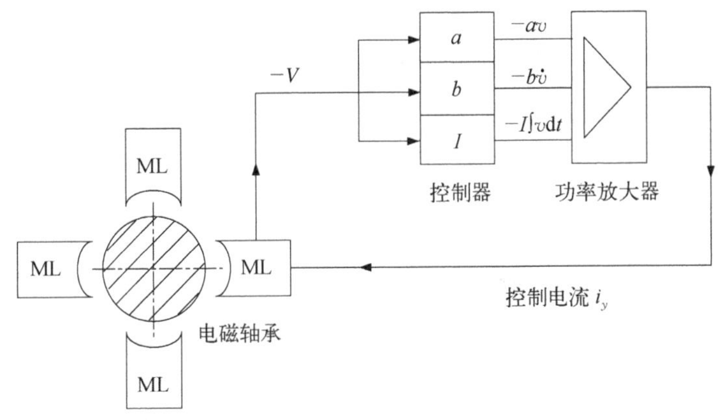

图 21.12　PID 控制的电磁轴承[1]

子的运动方程为

$$m\ddot{v} + 2bk_i\dot{v} + 2(ak_i - s_o)v + 2I\int v\mathrm{d}t = F_s(t) \tag{21.14}$$

方程中出现积分项 $2I\int v\mathrm{d}t$。其中 I 是一个可预设的参数。由于无手动调节,故令 $v_{ref} = 0$,方程中无含 v_{ref} 的项。

磨削时的压力包含常力部分和 1 倍频及高次频率分量。不妨设压力的频率为 Ω^*,$\Omega^* = 0$ 时,代表静力作用条件。

$$F_s = F_o\cos\Omega^* t \tag{21.15}$$

为便于求解,把压力 $F_S(t)$ 表示成复数形式:

$$\boldsymbol{F}_S(t) = F_+\boldsymbol{e}^{\mathrm{j}\Omega^* t} + F_-\boldsymbol{e}^{-\mathrm{j}\Omega^* t} \tag{21.16}$$

式中,$F_+ = F_- = F_o/2$。

把式(21.16)代入方程(21.14),并设解为

$$\boldsymbol{v}(t) = v_+ \boldsymbol{e}^{\mathrm{j}\Omega^* t} + v_- \boldsymbol{e}^{-\mathrm{j}\Omega^* t} \tag{21.17}$$

最后得到转子在水平方向的位移为

$$\boldsymbol{v}(t) = \frac{\frac{1}{2}\mathrm{j}\Omega^* F_o \boldsymbol{e}^{+\mathrm{j}\Omega^* t}}{-\mathrm{j}m\Omega^{*3} - 2bk_i\Omega^{*2} + \mathrm{j}2\Omega^*(ak_i - s_o) + I} + \frac{\frac{1}{2}\mathrm{j}\Omega^* F_o \boldsymbol{e}^{-\mathrm{j}\Omega^* t}}{-\mathrm{j}m\Omega^{*3} + 2bk_i\Omega^{*2} + \mathrm{j}2\Omega^*(ak_i - s_o) - I} \tag{21.18}$$

当静态时,$\Omega^* = 0$,由于积分反馈项的存在,位移总为0。压力频率低时,位移很小。当频率高时,积分反馈项变弱,$I/\mathrm{j}\Omega^* \to 0$。

21.6 电磁轴承的控制目标和设计方案

21.6.1 减小不平衡响应

如何设计电磁轴承的结构,如何施行轴承的控制,主要取决于电磁轴承所承担的任务。但完成同一任务可采取不同的实现方式。首先,讨论控制转子不平衡响应的情况。为此,应用电磁轴承的主要目标是降低转子通过临界转速时的振动峰值。可分别采用如下的三种设计方案:

(1) 通过速度反馈,引入阻尼,使临界响应大幅降低,如图21.10所示。

(2) 在控制系统中设置一陷滤器,使控制系统对转频 Ω 不响应。转子对转频如同无约束系统一样,仅绕其主轴旋转。转速恒定时,这一方案是可行的,但穿越临界转速时会出问题。

(3) 电磁轴承的力不是以阻尼的形式出现在运动方程的左边,而是出现在运动方程的右边,直接补偿激振力。这在控制电路中很容易实现。

在方程的右边除不平衡激振力之外,再作用轴承电磁力:

$$\boldsymbol{R.S} = \varepsilon m\Omega^2 \boldsymbol{e}^{\mathrm{j}(\Omega t+\beta)} + P\boldsymbol{e}^{\mathrm{j}(\Omega t+\theta)} \tag{21.19}$$

式中,$P = \varepsilon m\Omega^2$;$\theta = \beta - 180°$。于是就抵消了不平衡激振力,转子系统不再出现不平衡响应。对于这样一种消除不平衡激振力的控制策略,必须事先或实时辨识不平衡激振力的大小 P 及相位 β。原则上,这并不困难,但保证 P 始终适应 Ω^2 的变化有一定的代价。

实际上,上述的方法可以更简单地实现。使轴承电磁力 P 满足如下条件:

$$P = m\varepsilon\omega^2$$

式中，ω 为无阻尼转子系统的自振频率。

代入到转子运动方程之后，得到转子的不平衡响应为

$$\boldsymbol{r}(t) = \varepsilon\left[\frac{\eta^2}{1 - \eta^2 + 2\mathrm{j}D\eta} - \frac{1}{1 - \eta^2 + 2\mathrm{j}D\eta}\right]\boldsymbol{e}^{\mathrm{j}(\Omega t+\beta)} \tag{21.20}$$

转子临界转速消失，转子振动幅值为$|\varepsilon|$。令阻尼 $D = 0$ 时，立刻可以看出这一结果。但在实际转子系统中要有意引入一定的阻尼，一是衰减自由振动，二是增加系统稳定性。

21.6.2　改善转子系统的稳定性

电磁轴承可用于提高转子系统的稳定性。滑动轴承、间隙激振、密封装置、内摩擦等诸多因素会使转子发生失稳振动。在这种情况下，电磁轴承可用作转子镇定器，防止转子失稳。

不妨以图 21.13 所示的涡轮叶尖间隙不均为例，来说明磁力轴承的镇定作用。叶尖间隙不均时，气流会产生反对称交叉“刚度效应”，使转子失稳。

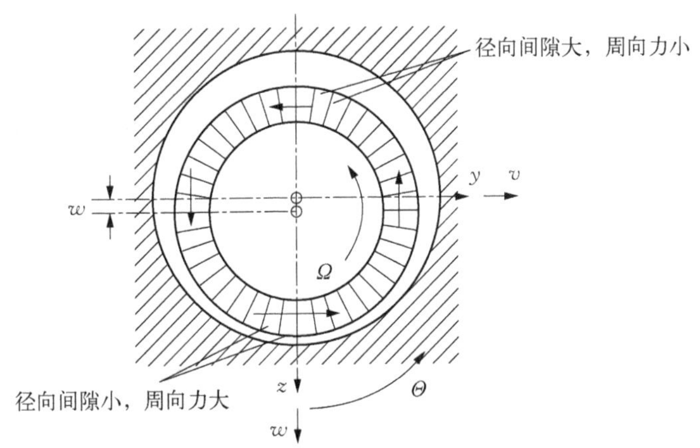

图 21.13　涡轮叶尖间隙不均[1]

在 PD 控制的系统中，转子运动方程为

$$\begin{bmatrix} m & 0 \\ 0 & m \end{bmatrix}\begin{Bmatrix} \ddot{w} \\ \ddot{v} \end{Bmatrix} + 2\begin{bmatrix} bk_i & 0 \\ 0 & bk_i \end{bmatrix}\begin{Bmatrix} \dot{w} \\ \dot{v} \end{Bmatrix} + 2\begin{bmatrix} (ak_i - s_o) & 0 \\ 0 & ak_i - s_o \end{bmatrix}\begin{Bmatrix} w \\ v \end{Bmatrix} +$$

$$\begin{bmatrix} 0 & +S \\ -S & 0 \end{bmatrix}\begin{Bmatrix} w \\ v \end{Bmatrix} = \begin{Bmatrix} 0 \\ 0 \end{Bmatrix} \tag{21.21}$$

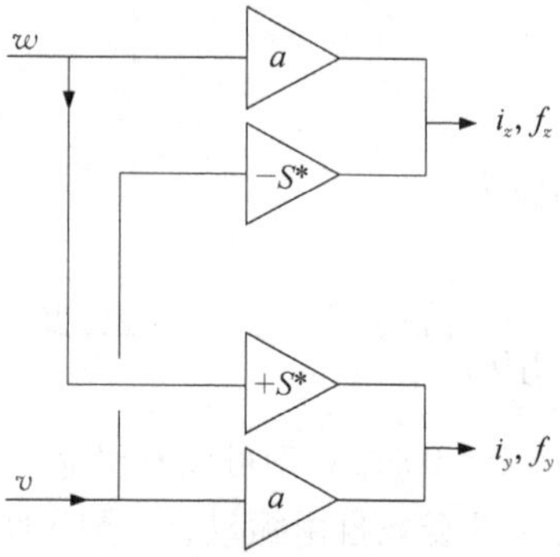

式中，S 为间隙激振力的影响。

根据 Hurwitz 稳定性判据，当 $bk_i\sqrt{\dfrac{2(ak_i - s_o)}{m}} > S$ 时，转子系统保持稳定。可见，速度反馈项 bk_i 是必须要引入的。

另一镇定方法是，通过一交叉电路，直接抵消间隙激振力，使转子稳定。图 21.14 表示放大器的框图，以及由此产生的“刚度矩阵”。通过调节使 $2S^* k_i = S$，则可完全抵消间隙激振力的影响，如下式所示：

图 21.14　补偿反对称交叉刚度的控制回路[1]

$$\left(\begin{bmatrix} 0 & +S \\ -S & 0 \end{bmatrix} + 2\begin{bmatrix} (ak_i - s_o) & -S^* k_i \\ S^* k_i & (ak_i - s_o) \end{bmatrix}\right)\begin{Bmatrix} w \\ v \end{Bmatrix} = 2\begin{bmatrix} (ak_i - s_o) & 0 \\ 0 & (ak_i - s_o) \end{bmatrix}\begin{Bmatrix} w \\ v \end{Bmatrix} \tag{21.22}$$

但这种方法的风险是，当间隙失稳效应消除之后，必须立刻使磁力轴承的 S^* 项置零。否则，磁力轴承将引起转子失稳，并且以反进动失稳。

21.7　转子偏摆的影响

如上所述，对于对称转子，偏摆自由度 φ_z 和 φ_y 与横向振动自由度 w 和 v 是相互独立的。偏摆运动方程为

$$\begin{bmatrix} I_d & 0 \\ 0 & I_d \end{bmatrix}\begin{Bmatrix} \ddot{\varphi}_y \\ \ddot{\varphi}_z \end{Bmatrix} + \left(\begin{bmatrix} 0 & \Omega I_p \\ -\Omega I_p & 0 \end{bmatrix} + 2\begin{bmatrix} L^2 bk_i & 0 \\ 0 & L^2 bk_i \end{bmatrix}\right)\begin{Bmatrix} \dot{\varphi}_y \\ \dot{\varphi}_z \end{Bmatrix} + 2\begin{bmatrix} L^2(ak_i - s_o) & 0 \\ 0 & L^2(ak_i - s_o) \end{bmatrix}\begin{Bmatrix} \varphi_y \\ \varphi_z \end{Bmatrix} = \Omega^2(I_d - I_p)\alpha\begin{Bmatrix} \cos(\Omega t + \delta) \\ \sin(\Omega t + \delta) \end{Bmatrix} \tag{21.23}$$

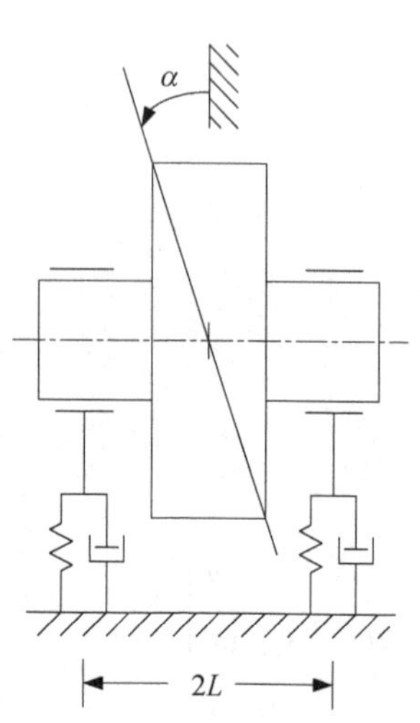

图 21.15　转子偏摆自由度[1]

式中，L 是转子半长度；I_d 和 I_p 分别为转子直径转动惯量和极转动惯量；α 是盘的初始偏角；δ 是其相位，如图 21.15 所示。

由方程可以看出，自由振动将受到抑制。另外，由于陀螺力矩的影响，转子系统的自振频率与转速有关。

21.8　带磁力轴承的柔性转子

对于柔性转子，可以不同的方式应用磁力轴承。一种方式是把磁力轴承用作为转子的辅助支承，以提高转子系统的稳定性，减小转子的不平衡响应，如图 21.16(a)所示。

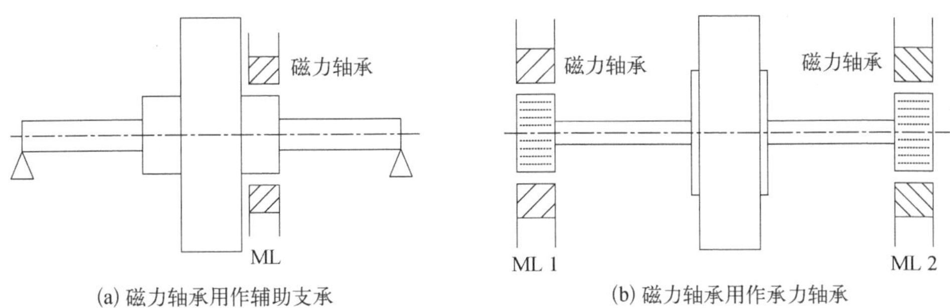

(a) 磁力轴承用作辅助支承　　(b) 磁力轴承用作承力轴承

图 21.16　磁力轴承的应用[1]

另一种用途是完全替代接触式需要润滑的传统轴承，即用磁力轴承承担转子的所有负荷，如图 21.16(b)所示。

21.8.1　辅助支承

最简单的应用可以 Jeffcott 转子为例来说明。如图 21.16(a)所示，辅助支承安置在紧靠转子盘的一侧，转子的运动方程为

$$\begin{bmatrix} m_R & 0 \\ 0 & m_R \end{bmatrix} \begin{Bmatrix} \ddot{w} \\ \ddot{v} \end{Bmatrix} + \begin{bmatrix} bk_i & 0 \\ 0 & bk_i \end{bmatrix} \begin{Bmatrix} \dot{w} \\ \dot{v} \end{Bmatrix} + \left(\begin{bmatrix} (ak_i - s_o) & 0 \\ 0 & (ak_i - s_o) \end{bmatrix} \right.$$

$$\left. + \begin{bmatrix} s_R & 0 \\ 0 & s_R \end{bmatrix} + \begin{bmatrix} 0 & S \\ -S & 0 \end{bmatrix} \right) \begin{Bmatrix} w \\ v \end{Bmatrix} = \varepsilon m_R \Omega^2 \begin{Bmatrix} \cos \Omega t \\ \sin \Omega t \end{Bmatrix} \tag{21.24}$$

式中，m_R 为转子质量；s_R 为轴的刚度；S 为某种失稳因素产生的反对称交叉刚度系数。

第 21.3 节和 21.4 节有关刚性转子涉及的磁力轴承参数的定义也适用于本节的柔性转子。对于柔性转子，轴的刚度 s_R 要迭加到磁力轴承的刚度矩阵中。

磁力轴承实际上用作为镇定器和阻尼器，抑制转子失稳，降低转子临界峰值。

同样可设计一个交叉的控制电路，如图 21.14 所示，直接用电磁轴承的电磁力抵消失稳激振力。原理上与前面讨论的刚性转子镇定是相似的，此处不再赘述。

图 21.17 表示一个用磁力轴承作为辅助支承的实例。图示为一个液体泵，磁

力轴承用于直接抵消失稳激振力。

21.8.2 磁力轴承支承的柔性转子

由于磁力轴承的承载能力小，如表 21.1 所示，轴颈直径要足够大，轴承才能承担所要求的负荷。因此，轴颈直径要比滚动轴承所要求的大得多。图 21.18 所示的模型中，考虑了轴颈的质量 m_L，其位移为 $w_L(t)$ 和 $v_L(t)$。仍取对称转子模型为分析对象，如图 21.18 所示。把转子的运动用复向量表示：

$$\begin{aligned} \boldsymbol{r}_R(t) &= w_R(t) + \mathrm{j}v_R(t) \\ \boldsymbol{r}_L(t) &= w_L(t) + \mathrm{j}v_L(t) \end{aligned} \tag{21.25}$$

图 21.17 电磁轴承用作一个液体泵的辅助轴承[1]

转子的运动方程则为

$$\begin{bmatrix} m_R & 0 \\ 0 & m_L \end{bmatrix} \begin{Bmatrix} \ddot{\boldsymbol{r}}_R \\ \ddot{\boldsymbol{r}}_L \end{Bmatrix} + \begin{bmatrix} 0 & 0 \\ 0 & 2bk_i \end{bmatrix} \begin{Bmatrix} \dot{\boldsymbol{r}}_R \\ \dot{\boldsymbol{r}}_L \end{Bmatrix} + \begin{bmatrix} s_R & -s_R \\ -s_R & s_R + 2(ak_i - s_o) \end{bmatrix} \begin{Bmatrix} \boldsymbol{r}_R \\ \boldsymbol{r}_L \end{Bmatrix} = m_R\varepsilon\Omega^2 \begin{Bmatrix} \boldsymbol{e}^{\mathrm{j}\Omega t} \\ 0 \end{Bmatrix} \tag{21.26}$$

式中，a 和 b 仍沿用第 21.4 节 PD 控制系统中的参数定义。

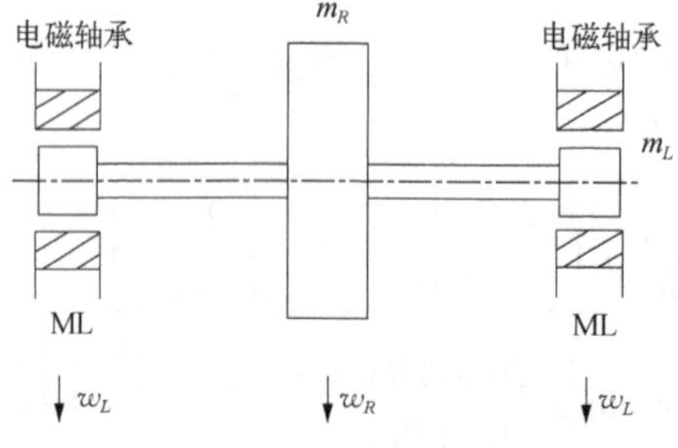

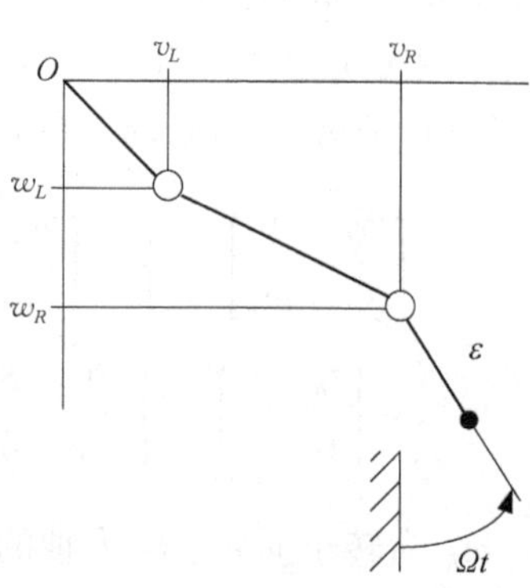

图 21.18 支承在两个电磁轴承上的弹性对称转子以及轴颈和转子的位移[1]

21.8.3 固有特性

假设转子自由振动的解为

$$\begin{Bmatrix} \boldsymbol{r}_R(t) \\ \boldsymbol{r}_L(t) \end{Bmatrix} = \begin{Bmatrix} \bar{r}_R \\ \bar{r}_L \end{Bmatrix} \boldsymbol{e}^{\lambda t} \tag{21.27}$$

代入到微分方程(21.26)对应的齐次方程,可得到转子系统的特征方程:

$$2\bar{\lambda}^4\xi + \bar{\lambda}^3 b^* + \bar{\lambda}^2(1 + a^* + 2\xi) + \bar{\lambda} b^* + a^* = 0 \tag{21.28}$$

式中,$\bar{\lambda} = \lambda/\omega_{Jeff}$,$\omega_{Jeff}$ 为刚性支承时转子的临界转速;$\xi = m_L/m_R$,ξ 为轴承与转子质量比;$a^* = 2(ak_i - s_o)/s_R$,a^* 为轴承与转子刚度比;$b^* = 2bk_i/(m_R\omega_{Jeff})$,$b^*$ 为相对阻尼;$\omega_{Jeff} = \sqrt{\dfrac{s_R}{m_R}}$,$\omega_{Jeff}$ 为支承刚性时转子的临界转速。

设 $\xi = \dfrac{m_L}{m_R} = 0.2$,$b^* = 0.5$,特征根为

$$\begin{aligned}\bar{\lambda}_k &= \bar{\alpha}_k + \mathrm{j}\bar{\omega}_k \\ \bar{D}_k &= -\bar{\alpha}_k/|\lambda_k|\end{aligned} \tag{21.29}$$

它们为刚度比 a^* 的函数,如图 21.19 所示。为使 a^* 从 0 到∞都能清晰地表达,图

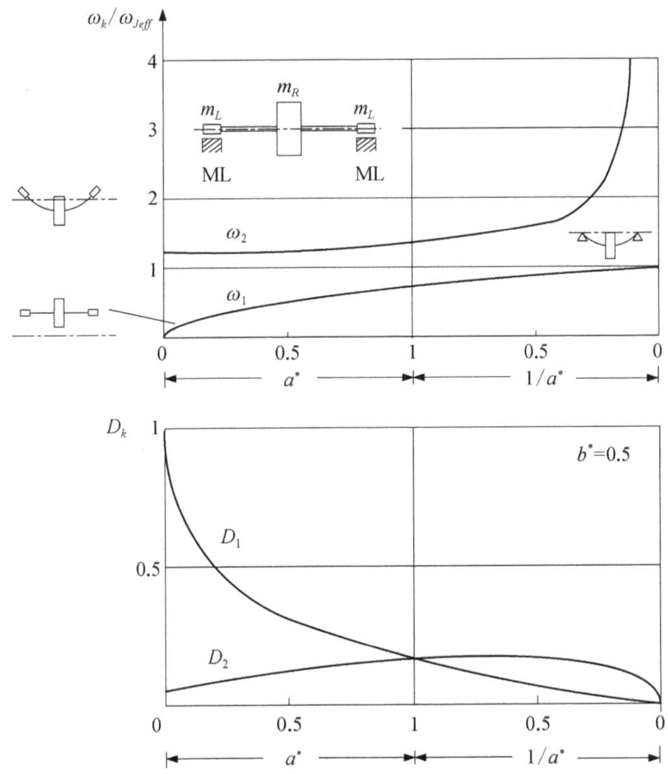

图 21.19　转子自振频率和阻尼比随电磁轴承参数的变化[1]

a^* 为电磁轴承的刚度;b^* 为电磁轴承的阻尼;$\xi = \dfrac{m_L}{m_R}$ 为轴承和转子的质量比

中横坐标一半为 a^*，另一半为 $1/a^*$。

由图 21.19 可见，a^* 越小，自振频率越低。当 $a^*=0$，对应两端自由的刚体运动，第一阶自振频率 $\omega_1=0$。在图中间位置的较大范围内，两阶模态都是“弹性”的，表明轴颈发生位移，轴也发生弯曲变形。当 a^* 增大，ω_1 趋近 ω_{Jeff}，即趋于刚性支承。而 ω_2 几乎不受轴刚度的影响，主要由轴颈质量 m_L 和轴承刚度（ak_i-s_o）确定。a^* 增加，ω_2 亦增加。

值得关注的是，阻尼系数 $D_1(a^*)$ 和 $D_2(a^*)$ 的变化规律。轴承刚度系数 a^* 很小时，刚体运动模态受到很强的阻尼影响；当 a^* 增加时，磁力轴承逐步失去对转子第一阶模态的阻尼作用。而对第二阶模态，a^* 从 0 变至 $a^*=2(1/a^*=0.5)$，第二阶自振频率 ω_2 和对应的阻尼系数 D_2 变化甚微。只有轴承刚度非常大时，阻尼 D_2 才会趋于零。

21.8.4 转子的不平衡响应

设转子的不平衡响应为

$$\begin{Bmatrix} \boldsymbol{r}_R(t) \\ \boldsymbol{r}_L(t) \end{Bmatrix} = \begin{Bmatrix} \hat{r}_R \\ \hat{r}_L \end{Bmatrix} e^{j\Omega t} \tag{21.30}$$

代入到微分方程(21.26)，得到如下的方程组：

$$\begin{bmatrix} -\bar{\Omega}^2+1 & -1 \\ -1 & -2\xi\bar{\Omega}^2+jb^*\bar{\Omega}+a^*+1 \end{bmatrix} \begin{Bmatrix} \hat{r}_R/\varepsilon \\ \hat{r}_L/\varepsilon \end{Bmatrix} = \bar{\Omega}^2 \begin{Bmatrix} 1 \\ 0 \end{Bmatrix} \tag{21.31}$$

式中，$\hat{r}_R$ 和 $\hat{r}_L$ 分别为转子和轴颈的振幅；$\bar{\Omega}=\dfrac{\Omega}{\omega_{Jeff}}$，取 $\xi=0.2$，$a^*=0.6$，$b^*=0.5$ 可得到转子和轴颈的幅频特性，如图 21.20 所示。

正如所预期的效果，在两个临界转速处（虚线所示），磁力轴承的阻尼作用都很明显。为把电磁轴承的电控系统和振动关联在一起，利用式(21.7)计算电流特性。把水平方向和垂直方向的电流 i_y 和 i_z 写成复量 $\boldsymbol{i}(t)=i_z+ji_y$，则电流为

$$\boldsymbol{i}(t)=a[\boldsymbol{r}_{L,ref}-\boldsymbol{r}_L(t)]+b\dot{\boldsymbol{r}}_L(t) \tag{21.32}$$

对于柔性转子，不考虑 $\boldsymbol{r}_{L,ref}$，即 $\boldsymbol{r}_{L,ref}=0$。

由方程(21.31)所解的 $\hat{r}_L$，可求出电流幅频特性：

$$\hat{i}(\Omega)=-\hat{r}_L(\Omega)[a-jb\Omega] \tag{21.33}$$

此表达式决定了电流放大器的输出特性。

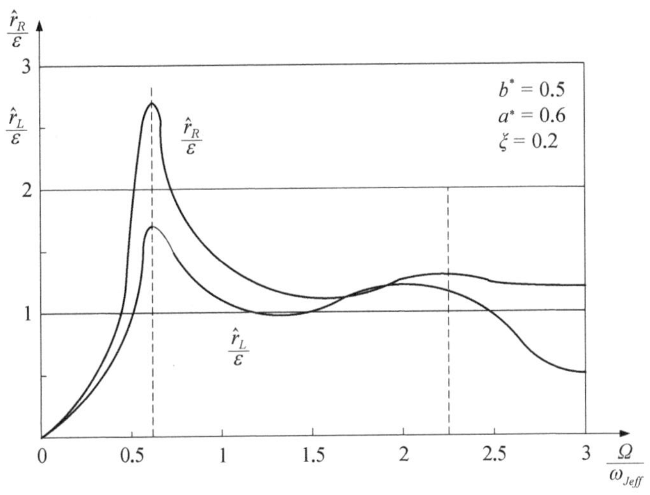

图 21.20　转子和轴颈的不平衡响应特性

$\frac{\hat{r}_R}{\varepsilon}$ 为转子的相对振动幅值；$\frac{\hat{r}_L}{\varepsilon}$ 为轴颈的相对振动幅值[1]

本 章 小 结

在电磁轴承的设计中，几个问题值得注意。应用本章所介绍的电磁轴承结构时，传感器集成在轴承之中。应避免轴承设置在转子振型节点位置。否则，传感器测不到这阶模态振动，即系统不可测；电磁轴承对此模态起不到作用，即系统不可控，如图 21.21 所示。

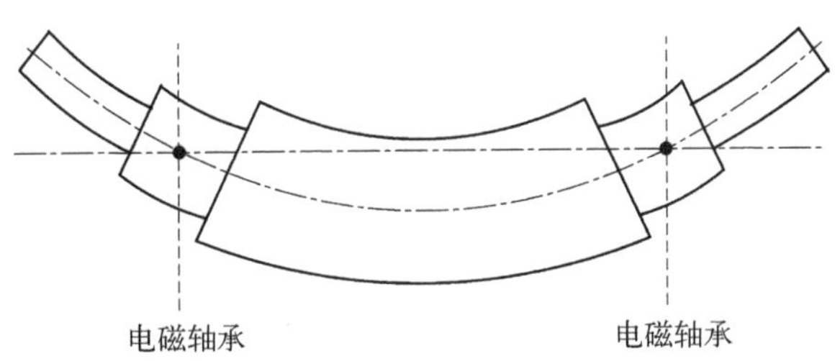

图 21.21　安置在振型节点的电磁轴承[1]

这种情况在设计时要予以避免。对陀螺效应很强的转子往往会出问题。由于模态与转速强关联，节点可能会发生明显移动。

人们经常运用诸如状态向量控制类的复杂控制技术，传感器不集成在轴承之中。在某些条件之下，会出现问题。瑞士的 Schweitzer 曾给出如图 21.22 所示的提示。

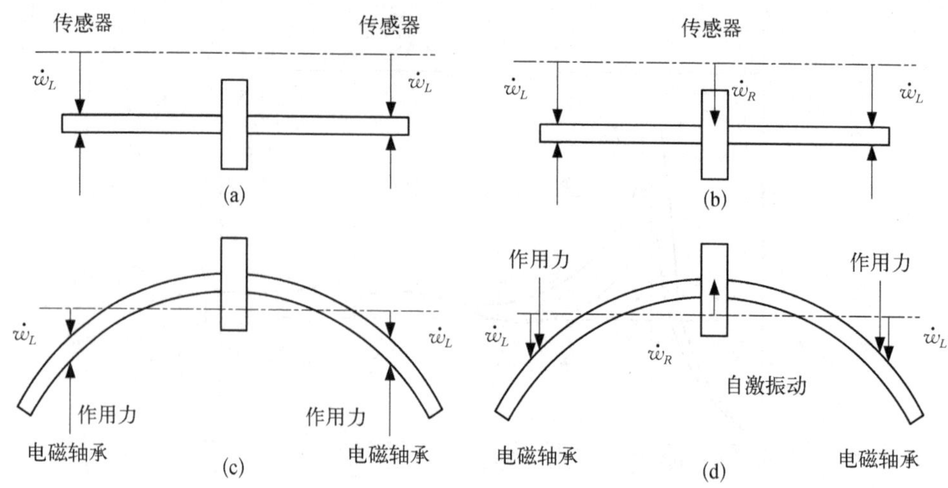

图 21.22 传感器位置和电磁轴承的作用力[1]

(a)和(c)：传感器安装在轴承截面，振动速度反馈，1 阶和 2 阶模态都受到抑制；
(b)和(d)：传感器不在轴承截面，1 阶模态受到抑制，但 2 阶模态受到激励

对于柔性转子，如图 21.22(b)和(d)所示，转子的振动速度 $\dot{w}_R$ 与轴颈的振动速度 $\dot{w}_L$ 是反相的，如用 $\dot{w}_R$ 作为控制量，则轴承的电磁力正好沿着 $\dot{w}_L$ 的方向作用，使转子发生第二阶模态失稳。

另外，电磁轴承还可用于机器的故障诊断。电磁轴承的调节和控制指令可与测试信号叠加，在机器运行过程中，检测机器结构是否出现异常变化。

参考文献

[1] GASCH R, NORDMANN R, PFÜTZNER H. Rotordynamik[M]. Berlin: Springer, 2002.
[2] SCHWEITZER G, TRAXLER G, BLEULER H. Magnetlager[M]. Berlin: Springer, 1993.

第 22 章 弹支干摩擦阻尼器

转子减振设计是航空发动机结构动力学设计的关键内容之一。截至目前，普遍采用的转子减振机构是挤压油膜阻尼器。如第 13 章所述，挤压油膜阻尼器对油膜间隙的不同心度很敏感，且当转子不平衡量过大时，表现出很强的非线性。这些因素会使挤压油膜阻尼器的阻尼效果恶化。另外，挤压油膜阻尼器是一种被动式阻尼器，不易实现振动主动控制。随着对发动机推重比和机动性能的要求进一步提高，振动主动控制技术将是未来航空发动机的核心技术。长期以来，人们在电磁轴承、电流变液、磁流变液等几种形式的主动减振技术方面，开展了大量研究，研究成果在地面机械中获得成功应用，但要应用于航空发动机，尚有相当的距离。

本章介绍由西北工业大学发明的一种新型主动式阻尼器-弹支干摩擦阻尼器[1-19]。该阻尼器利用弹支端面与静子件间的干摩擦为转子提供阻尼；通过调节弹支端面与静子件间的正压力实现振动主动控制，结构简单，减振效果显著，易于主动控制，是一种很有应用前景的振动主动控制机构[2-19]。

22.1 弹支干摩擦阻尼器的基本结构与减振原理

图 22.1 是弹支干摩擦阻尼器的基本结构与减振原理示意图。转子系统采用弹性支承（部件 1），转子支承在滚动轴承（部件 6）之上。在转子一侧或两侧安装一个或两个弹支干摩擦阻尼器。干摩擦阻尼器由静摩擦片（部件 2）、动摩擦片（部件 3）和压紧力施加装置（部件 A）等组成。动摩擦片固装在弹性支承的端部，不随着转子的转动而旋转。静摩擦片径向固定在静子结构上，但可沿轴向移动，通过压紧力施加装置使静摩擦片与动摩擦片压紧，压紧力施加装置保证压紧力可调。

弹支干摩擦阻尼器的减振机理是：当转子不振动时，动、静摩擦片皆不运动；当转子振动时，动摩擦片将随弹支一同作平面运动，但不旋转，动、静摩擦片间就产生相对滑动，从而产生干摩擦。干摩擦力的方向始终与转子振动速度的方向相反，由此就对转子的振动施加了阻尼作用。根据转子振动大小，压紧力施加装置调节动、静摩擦片之间的压紧力，从而实现振动的主动控制。由于动、静摩擦片的接触，

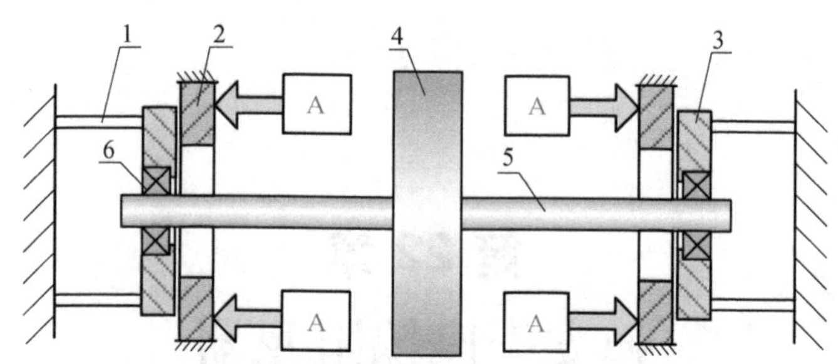

图 22.1 弹支干摩擦阻尼器的基本结构与减振原理

1. 弹性支承；2. 静摩擦片；3. 动摩擦片；4. 转子圆盘；
5. 轴；6. 轴承；A. 压紧力施加装置

弹支干摩擦阻尼器不仅给转子系统提供附加阻尼，也会提供附加刚度。

22.2 弹支干摩擦阻尼器的摩擦模型和分析方法

22.2.1 干摩擦模型

干摩擦阻尼作为结构振动控制的一种手段具有结构简单、效果明显、对环境要求不敏感等特点，已经广泛应用于航空、航天、交通运输、建筑等领域[20]。其中，叶轮机叶片、交通运输工具中的悬挂系统和建筑隔振是最活跃的三个应用领域。弹支干摩擦阻尼器就是将干摩擦耗能机制与发动机转子上广泛应用的弹性支承相结合，构成可主动控制的阻尼器来控制转子系统的振动。

干摩擦是指两摩擦接触面间既无润滑剂又无其他介质的摩擦。摩擦减振作用的最明显后果之一是使物体振动的机械能转变为热能扩散于周围介质中，即产生能量转换，因而达到减振的目的[21]。干摩擦现象涉及的因素很多，发生的机理也十分复杂，虽然没有准确的理论模型，但有一些模型能够满足工程设计和分析的需要。本章针对弹支干摩擦阻尼器，主要分析宏观条件下干摩擦表现出来的力学特性。

1. 干摩擦的理想模型

干摩擦的理想模型即古典摩擦定律或者称为库仑摩擦定律。Den Hartog 早在1931 年就提出了干摩擦的理想模型[21]。其基本思想是，在一个具有干摩擦交接面的单自由度系统中，交接面上的干摩擦力可用图 22.2 的模型表示。当一个干摩擦系统受到外力的激扰，发生运动时，干摩擦力总是阻碍运动，因此，它与运动速度反向。如果干摩擦力不是大到令质量运动发生断续现象，那么，当质量的速度发生反向变化时，干摩擦力也随之变向。

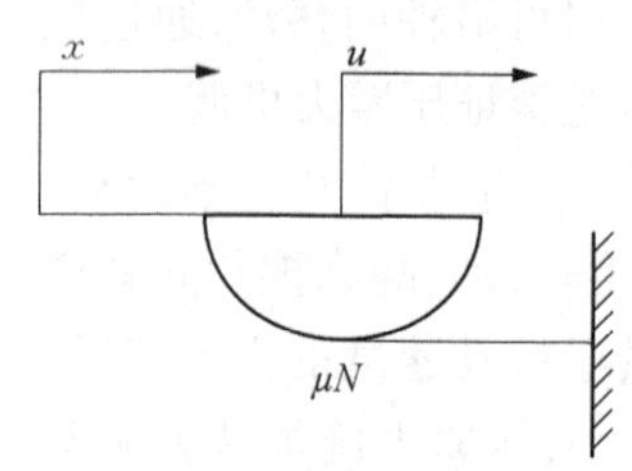

图 22.2 理想摩擦模型[20,21]

库仑摩擦模型又称为 Sgn 模型。其力学表达如图 22.3 所示，在滑移过程中，摩擦力的变化为

$$F_f = \begin{cases} \mu N, & v > 0 \\ -\mu N, & v < 0 \end{cases} \tag{22.1}$$

可以简化为

$$F_f = \mu N \mathrm{Sgn}(v) \tag{22.2}$$

式中，F_f 为摩擦力；μ 为滑动摩擦系数；N 为正压力；v 为接触表面相对滑动速度；Sgn 为符号函数。

在 $v=0$ 的情况下为黏滞状态，摩擦力为

$$F_s = \mu_s N \tag{22.3}$$

式中，μ_s 表示静摩擦系数。

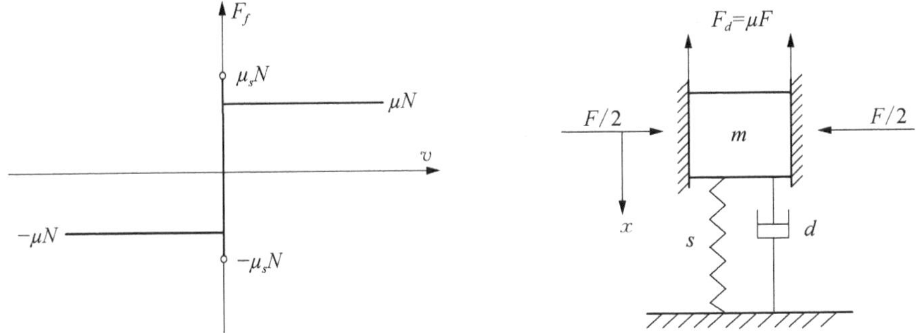

图 22.3　理想摩擦模型的力学表达[20,21]　　图 22.4　带干摩擦阻尼器的单自由度振系

根据理想摩擦模型，对于一个质量为 m、弹簧刚度为 s 和阻尼系数为 d 的单自由度振动系统，如图 22.4 所示，引入干摩擦阻尼，其运动方程为

$$m\ddot{x} + d\dot{x} + sx + F_d = F_0 \cos \Omega t, \quad \dot{x} > 0 \tag{22.4}$$

$$m\ddot{x} + d\dot{x} + sx - F_d = F_0 \cos \Omega t, \quad \dot{x} < 0 \tag{22.5}$$

式中，F_d 为干摩擦阻尼力，$F_d = \mu F$；x 为振动位移。

Den Hartog 曾给出方程的精确解。但是这种精确解的计算量较大，在工程实际应用中受到很大的限制。因此，对干摩擦阻尼发展了各种线性等效方法。其中，Den Hartog 按照耗能相等的原理得到了干摩擦的等效黏性阻尼系数方程，即

$$\pi(d_e \Omega X) X = 4F_d X$$

由此解得

$$d_e = \frac{4F_d}{\pi \Omega X} \tag{22.6}$$

式中，d_e 为等效黏性阻尼系数；Ω 是振动频率；X 是振幅。等效结果与精确解相差不大。

研究表明，用黏性阻尼来描述多自由度系统的库仑摩擦力，理论分析结果与实验结果可以很好地吻合；但如果运动中出现了黏滞效应，用黏性阻尼来等效摩擦阻尼，误差会较大。

2. 迟滞弹簧干摩擦模型

干摩擦的理想模型，与实际情况有较大出入。实际情况是，干摩擦接触面的变形不是突然发生的。当外力小于干摩擦力时，接触面仍然有变形，由于接触点本身具有一定的弹性，因此，接触面上干摩擦力不是常数，而是随着振幅的加大而缓慢上升的。

迟滞弹簧干摩擦模型考虑了在接触面产生相对滑动之前的变形问题，将摩擦接触面看作是由并联弹簧和理想的干摩擦阻尼器组成的系统。

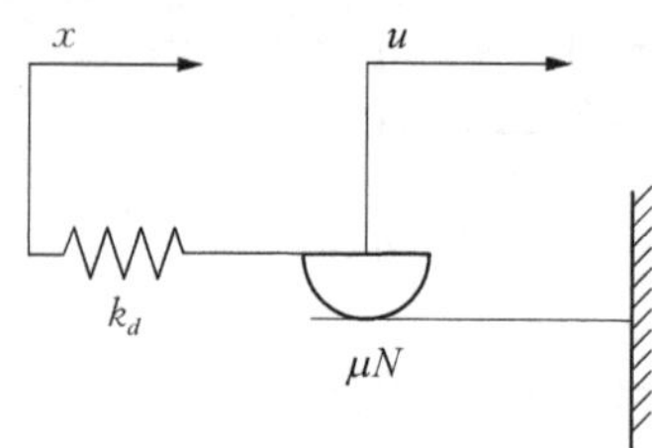

图 22.5　迟滞弹簧干摩擦模型

图 22.5 是迟滞弹簧干摩擦模型，图 22.6 和图 22.7 是相对应的力学模型，其中，μ_s 为静摩擦系数，μ 为滑动摩擦系数，N 为法向正压力。图 22.7 的力学模型不考虑静摩擦系数，是因为转子振动时，弹支干摩擦阻尼器产生的摩擦力是一种振动力，静摩擦系数 μ_s 只是在振动初始阶段与滑动摩擦系数 μ 不同，当振动持续了一段时间，经过磨合后，μ_s 与 μ 的差别很小，为了计算方便，通常忽略这种差别。

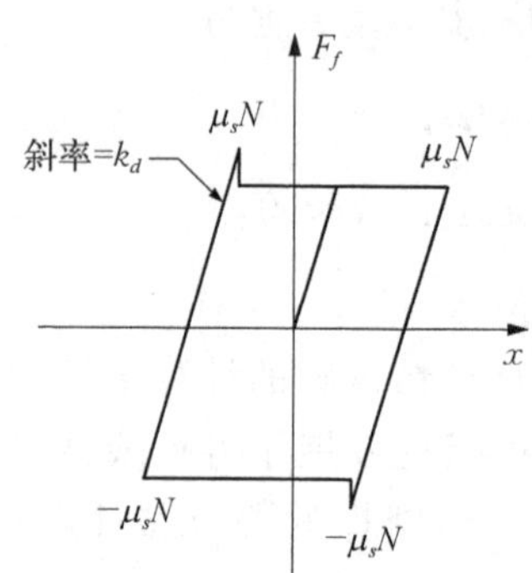

图 22.6　迟滞弹簧力学模型[20]

考虑静摩擦系数

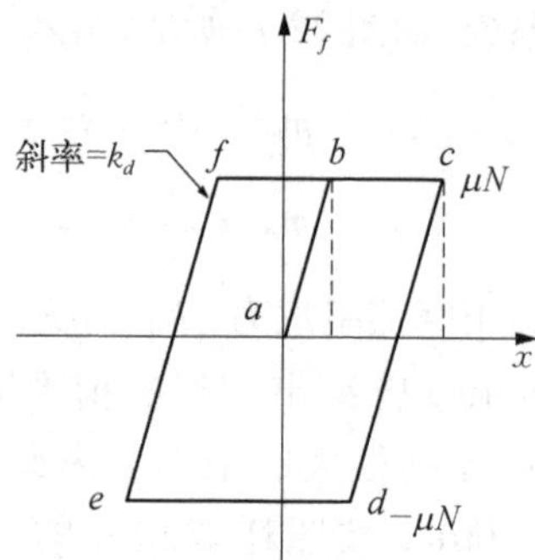

图 22.7　迟滞弹簧力学模型[20]

不考虑静摩擦系数

迟滞弹簧模型的本构关系可以表示为

$$u=\begin{cases} A-\mu N/k_d, & 0\leqslant\theta<\theta^* \\ x+\mu N/k_d, & \theta^*\leqslant\theta<\pi \\ -A-\mu N/k_d, & \pi\leqslant\theta<\theta^*+\pi \\ x-\mu N/k_d, & \theta^*+\pi\leqslant\theta<2\pi \end{cases} \tag{22.7}$$

式中，μN 为最大摩擦力；k_d 为接触面刚度。

若接触点作一维运动，设 $x=A\cos\theta$，这时，$\theta=\omega t+\psi$，$\theta^*=\arccos[1-2\mu N/(Ak_d)]$，$\theta^*\in[0,\pi]$。

图 22.7 中，c 点 $\theta=0$，由滑动转为黏滞；d 点 $\theta=\theta^*$，由黏滞转为滑动；e 点 $\theta=\pi$，由滑动转为黏滞；f 点 $\theta=\pi+\theta^*$，再由黏滞转为滑动。

由于迟滞弹簧干摩擦模型更能接近于实际的摩擦现象，因此，图 22.7 所示的模型适合作为弹支干摩擦阻尼器干摩擦部分的分析模型。

3. 小球/底盘干摩擦模型

为了描述摩擦副之间发生二维相对运动时的情形，本节将上一节所描述的迟滞弹簧干摩擦模型拓展到二维运动情形之下，提出一种二维迟滞弹簧干摩擦模型——小球/底盘摩擦模型，可以更加方便地描述摩擦副的二维运动。当摩擦副之间相对运动为一维运动时，此模型退化为迟滞弹簧干摩擦模型。

1）摩擦副的二维相对运动

在上一节中，分析了摩擦副之间发生一维相对运动时的情形，基于这种情形，得到了描述摩擦力的迟滞弹簧干摩擦模型。当摩擦副之间发生二维相对运动时，所经历的过程要复杂得多。

考虑如图 22.8 所示的物理过程，摩擦副依次经历如下四个运动状态。

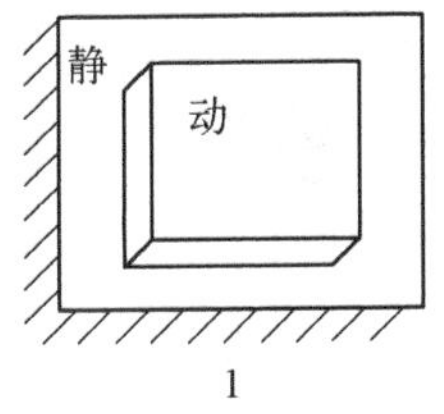

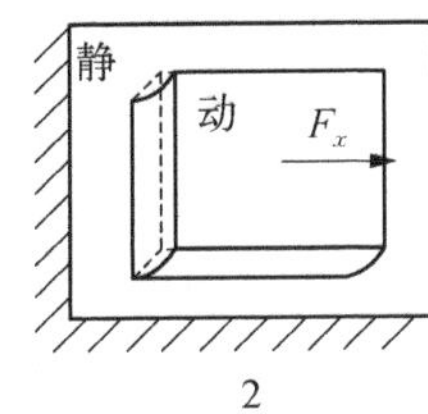

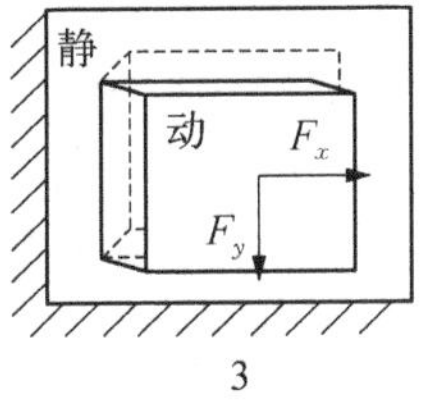

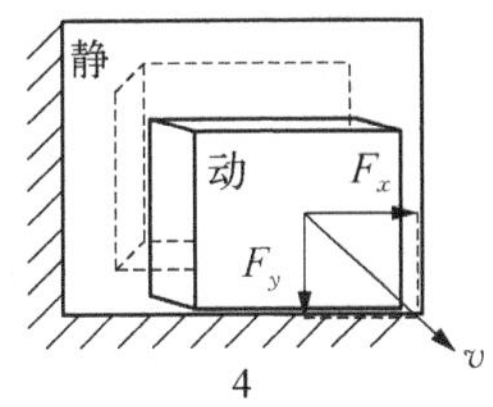

图 22.8　摩擦副的二维运动[16]

状态 1：动、静摩擦片相对静止，动摩擦片所受外力为 0。

状态 2：动摩擦片在 x 方向所受外力 F_x 等于最大静摩擦力，此时，宏观滑移尚未产生，动摩擦片微观滑移达到最大值 x_m。

状态 3：动摩擦片在 y 方向所受外力 F_y 等于最大静摩擦力，此时，动摩擦片所受合外力大于最大静摩擦力，摩擦副开始进入宏观滑移状态。

状态4(最终状态)：动摩擦片沿所受合外力方向发生宏观滑移。

分析上面的过程：摩擦副处于状态2时，动摩擦片微观滑移产生在 x 方向，达到最大值 $x = x_m$，而当动摩擦片处于状态4(最终状态)时，此时的微观位移在合外力方向达到最大值，它在 x 方向的微观位移分量为 $x = \frac{\sqrt{2}}{2}x_m$，如图22.9所示。以上分析说明，在状态3中，动摩擦片所受 y 方向的外力 F_y，同时导致了其在 x 方向和 y 方向上微观滑移的变化，也就是说，动摩擦片在一个方向所能达到的微观极限位移不只取决于最大静摩擦力 μN 以及 k_d，如式(22.7)所示，还取决于动摩擦片在与此方向垂直的方向上的受力情况。

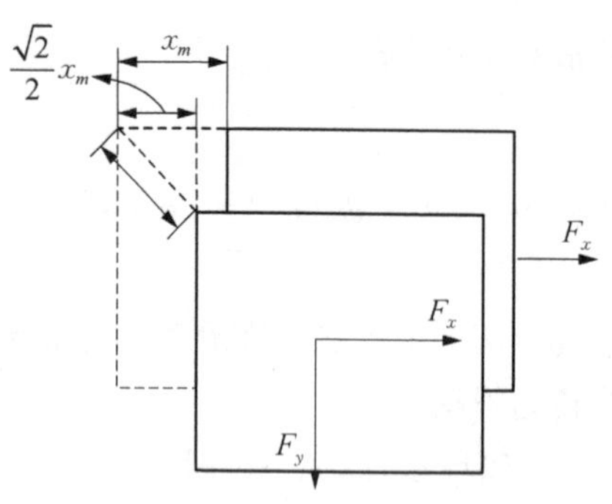

图 22.9　动摩擦片微观位移的变化

在摩擦副依次经历从状态1到状态4的过程中，当 y 方向的外力 F_y 作用之后，动摩擦片的微观位移发生了变化，即状态2与状态3之间缺少了一个过程，动摩擦片微观位移的改变正是发生在这个过程之中。

上面的分析中，动摩擦片的运动状态始终是直线运动，摩擦力的大小及方向容易确定。如果在外力作用下，动摩擦片历经的运动不是直线运动，而是圆周运动、椭圆运动，或更为复杂的二维运动形式，那么动摩擦片的微观位移将时刻改变，摩擦力的大小及方向也将时刻处于变化之中，弹支干摩擦阻尼器的运动就属于这种二维运动情形。

2）考虑底盘质量的小球/底盘干摩擦模型

通过上节的分析可知，当摩擦副发生二维相对运动时，动摩擦片的微观位移始终处在实时变化中，为了确切地表达这种微观运动，将动摩擦片与静摩擦片之间的宏观滑移界面和微观位移界面分成两个部分，由图22.10所示的小球/底盘干摩擦模型来表征。

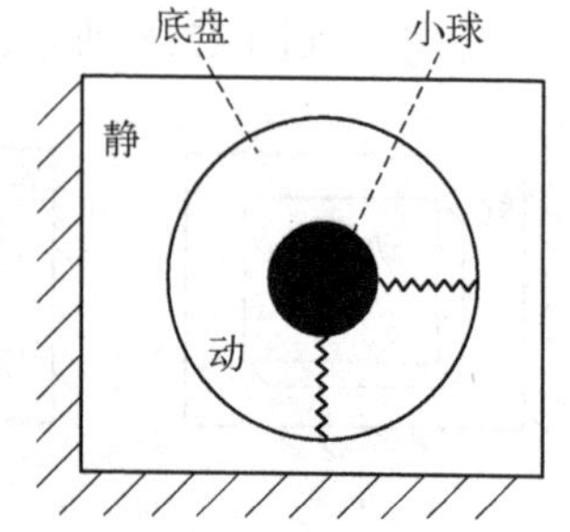

图 22.10　小球/底盘干摩擦模型[16]

图22.10所示的小球/底盘干摩擦模型是由一维的迟滞弹簧干摩擦模型发展而来的。在此模型中，静摩擦片绝对静止，动摩擦片由两部分来表征，分别表示为小球和底盘，其中，底盘代表动摩擦片与静摩擦片的宏观滑移界面，小球则代表动摩擦片与静摩擦片之间的微观位移界面。小球与底盘之间弹性连接，模拟摩擦副的切向接触刚度，底盘与静摩擦片之间可以考虑为理想的库伦摩擦。

当动、静摩擦片微动时，底盘不动，而只是小球相对底盘发生切向运动。由此在底盘上产生切向力。当该切向力大于底盘与静摩擦片之间的静摩擦力时，底盘相对静摩擦片开始滑移。由于小球与底盘之间由均匀的切向接触刚度连接，故易于表征摩擦副之间的二维相对运动。而任意时刻的摩擦力则取决于底盘的运动状态以及小球对底盘的弹性力。

为了得到上述小球/底盘干摩擦模型的动力学微分方程，设小球与底盘质量分别为 m_1 和 m_2；小球与底盘之间弹性连接的切向接触刚度为 $k_x = k_y = k$（考虑各向同性）；动摩擦片在法向上所受的正压力为 N，摩擦系数为 μ；动摩擦片在水平与垂直方向所受外力分别为 F_x 和 F_y。

对于小球，它在任意时刻的受力如图 22.11 所示。

任意时刻小球都受到外力 F_x、F_y 以及底盘对小球的弹性力 T_x 和 T_y 的共同作用。因此，小球的运动可由下面的动力学微分方程描述：

$$m_1\ddot{x}_1 = F_x + T_x \tag{22.8}$$

$$m_1\ddot{y}_1 = F_y + T_y \tag{22.9}$$

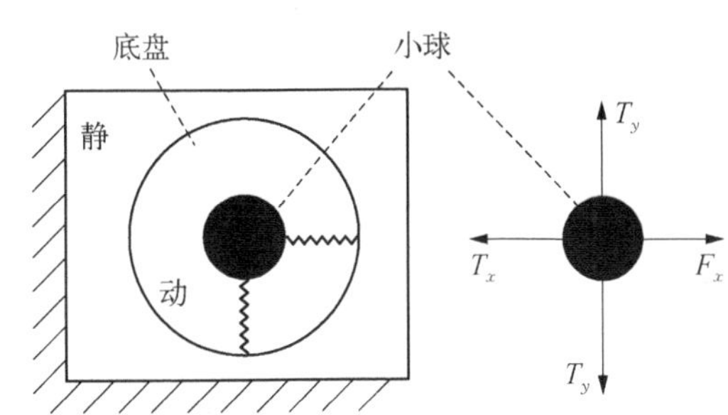

图 22.11　小球受力分析

式中，m_1 为小球的质量；$T_x = -k(x_1 - x_2)$ 和 $T_y = -k(y_1 - y_2)$，为底盘对小球的弹性力；x_1 和 y_1 分别表示小球在两个正交方向上的位移；x_2 和 y_2 分别表示底盘在这两个方向上的位移。

底盘的受力分析如下：

底盘受到小球对其施加的弹性力 T 及底盘与静摩擦片产生的库伦摩擦力 F_f 作用。库伦摩擦力 F_f 的本构关系如图 22.12 所示。

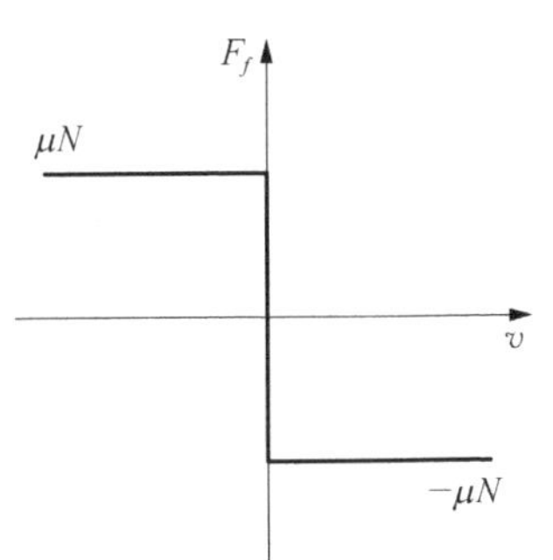

图 22.12　库伦摩擦力

底盘有三种受力状态，下面分别讨论。

（1）底盘速度不为 0。

当底盘速度不为 0 时，底盘与静摩擦片处于动摩擦状态，其受力如图 22.13 所示。

此时，底盘的运动微分方程如下：

$$m_2\ddot{x}_2 = -T_x + \frac{\dot{x}_2}{\sqrt{\dot{x}_2^2 + \dot{y}_2^2}}F_f \tag{22.10}$$

$$m_2\ddot{y}_2 = -T_y + \frac{\dot{y}_2}{\sqrt{\dot{x}_2^2 + \dot{y}_2^2}}F_f \tag{22.11}$$

式中，m_2 为底盘的质量；$T_x=-k(x_1-x_2)$；$T_y=-k(y_1-y_2)$；$F_f=-\mu N$。

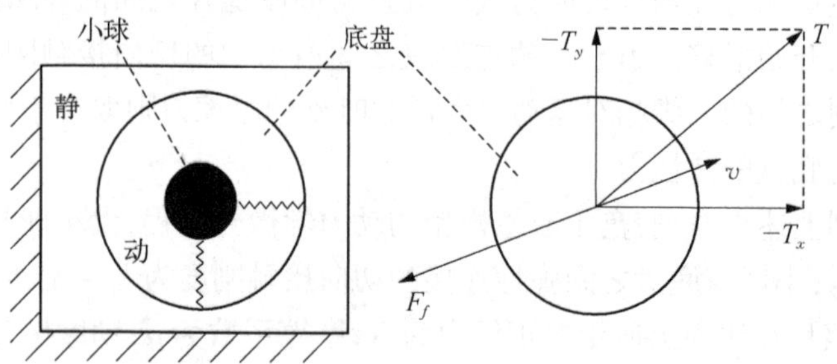

图 22.13　底盘速度不为 0 时，底盘受力分析

（2）底盘速度为 0。

当底盘速度为 0，底盘受到小球对其施加的弹性力小于最大静摩擦力时，底盘与静摩擦片处于静摩擦状态，静摩擦力方向与弹力方向相反，大小相等，如图 22.14 所示。

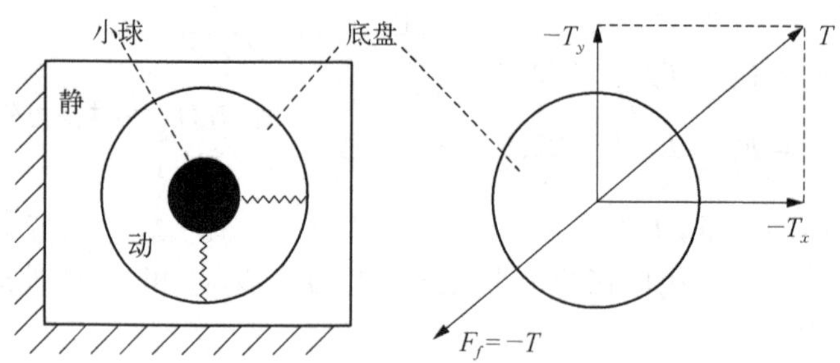

图 22.14　底盘速度为 0 时，底盘受力分析

此时，底盘的运动微分方程如下：

$$m_2\ddot{x}_2=0 \tag{22.12}$$

$$m_2\ddot{y}_2=0 \tag{22.13}$$

（3）底盘初速度为 0。

底盘受到小球对其施加的弹性力大于或等于最大静摩擦力。由于底盘带有质量，初始速度为 0。如果弹性力大于最大静摩擦力，底盘从静止状态开始加速运动；如果弹性力等于最大静摩擦力，底盘保持静止或匀速运动。

初始时，底盘与静摩擦片处于静摩擦状态，静摩擦力方向与弹力方向相反，但此时的静摩擦力已经达到最大静摩擦力，其大小不再随弹力 T 的大小而变化，如图 22.15 所示。

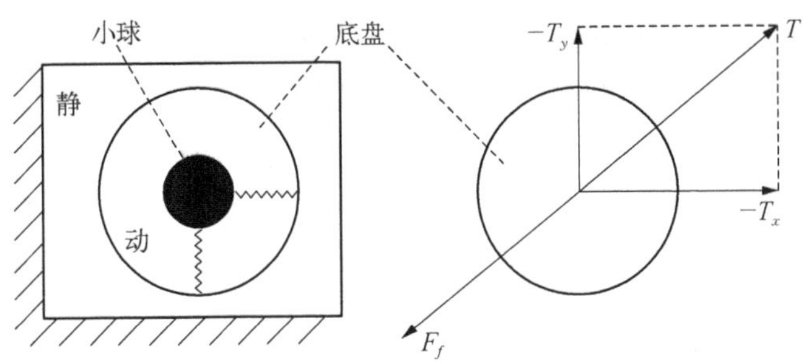

图 22.15　底盘初速度为 0 时,底盘受力分析

在此状态下,底盘的运动微分方程如下:

$$m_2\ddot{x}_2 = -T_x - \frac{T_x}{T}F_f \tag{22.14}$$

$$m_2\ddot{y}_2 = -T_y - \frac{T_y}{T}F_f \tag{22.15}$$

式中,$T_x = -k(x_1 - x_2)$;$T_y = -k(y_1 - y_2)$;$T = \sqrt{T_x^2 + T_y^2}$;$F_f = -\mu N$。

综合上述三种情况,并将变量代入,得到底盘的运动微分方程如下:

$$m_2\ddot{x}_2 = \begin{cases} k(x_1 - x_2) - \dfrac{\dot{x}_2}{\sqrt{\dot{x}_2^2 + \dot{y}_2^2}}\mu N, & \sqrt{\dot{x}_2^2 + \dot{y}_2^2} \neq 0 \\ 0, & \sqrt{\dot{x}_2^2 + \dot{y}_2^2} = 0 \text{且} \sqrt{(x_1 - x_2)^2 + (y_1 - y_2)^2} < \dfrac{\mu N}{k} \\ k(x_1 - x_2) - \dfrac{x_1 - x_2}{\sqrt{(x_1 - x_2)^2 + (y_1 - y_2)^2}}\mu N, & \sqrt{\dot{x}_2^2 + \dot{y}_2^2} = 0 \text{且} \sqrt{(x_1 - x_2)^2 + (y_1 - y_2)^2} \geqslant \dfrac{\mu N}{k} \end{cases} \tag{22.16}$$

$$m_2\ddot{y}_2 = \begin{cases} k(y_1 - y_2) - \dfrac{\dot{y}_2}{\sqrt{\dot{x}_2^2 + \dot{y}_2^2}}\mu N, & \sqrt{\dot{x}_2^2 + \dot{y}_2^2} \neq 0 \\ 0, & \sqrt{\dot{x}_2^2 + \dot{y}_2^2} = 0 \text{且} \sqrt{(x_1 - x_2)^2 + (y_1 - y_2)^2} < \dfrac{\mu N}{k} \\ k(y_1 - y_2) - \dfrac{y_1 - y_2}{\sqrt{(x_1 - x_2)^2 + (y_1 - y_2)^2}}\mu N, & \sqrt{\dot{x}_2^2 + \dot{y}_2^2} = 0 \text{且} \sqrt{(x_1 - x_2)^2 + (y_1 - y_2)^2} \geqslant \dfrac{\mu N}{k} \end{cases} \tag{22.17}$$

值得注意的是,由方程(22.16)和方程(22.17)可以看出,底盘的运动在 x 和 y

两个方向上是耦合的,即底盘在 x 方向的运动可能导致 y 方向的运动状态改变,反之亦然。这个耦合效应又通过弹性力影响了小球的运动。这正反映了本节中所分析的摩擦副的二维运动特征。

引入复向量 $\boldsymbol{r}_1 = x_1 + \mathrm{j}y_1$, $\boldsymbol{r}_2 = x_2 + \mathrm{j}y_2$, 则方程(22.8)、方程(22.9)、方程(22.16)和方程(22.17)可以简捷地表达如下:

$$m_1\ddot{\boldsymbol{r}}_1 = \boldsymbol{F} - k(\boldsymbol{r}_1 - \boldsymbol{r}_2) \tag{22.18}$$

$$m_2\ddot{\boldsymbol{r}}_2 = \begin{cases} k(\boldsymbol{r}_1 - \boldsymbol{r}_2) - \dfrac{\dot{\boldsymbol{r}}_2}{|\dot{\boldsymbol{r}}_2|}\mu N, & |\dot{\boldsymbol{r}}_2| \neq 0 \\ 0, & |\dot{\boldsymbol{r}}_2| = 0 \text{ 且 } |\boldsymbol{r}_1 - \boldsymbol{r}_2| < \dfrac{\mu N}{k} \\ k(\boldsymbol{r}_1 - \boldsymbol{r}_2) - \dfrac{\boldsymbol{r}_1 - \boldsymbol{r}_2}{|\boldsymbol{r}_1 - \boldsymbol{r}_2|}\mu N, & |\dot{\boldsymbol{r}}_2|_{t=0} = 0 \text{ 且 } |\boldsymbol{r}_1 - \boldsymbol{r}_2| \geqslant \dfrac{\mu N}{k} \end{cases} \tag{22.19}$$

式中, $\boldsymbol{F} = F_x + \mathrm{j}F_y$。

方程(22.18)和方程(22.19)描述了小球/底盘干摩擦模型的动力学特性,实部描述了水平方向的特性,虚部描述了垂直方向的特性。

方程(22.18)和方程(22.19)描述的是一种典型的非光滑系统,很难获得解析解。为了便于数值分析上述小球/底盘干摩擦模型的动力学特性,令 $\boldsymbol{r}_1 = \boldsymbol{u}_1$, $\dot{\boldsymbol{r}}_1 = \boldsymbol{u}_2$, $\boldsymbol{r}_2 = \boldsymbol{u}_3$, $\dot{\boldsymbol{r}}_2 = \boldsymbol{u}_4$, 方程(22.18)和方程(22.19)可以表示为如下状态方程的形式:

$$\begin{cases} \dot{\boldsymbol{u}}_1 = \boldsymbol{u}_2 \\ \dot{\boldsymbol{u}}_2 = \dfrac{\boldsymbol{F}}{m_1} - \dfrac{k}{m_1}(\boldsymbol{u}_1 - \boldsymbol{u}_3) \\ \dot{\boldsymbol{u}}_3 = \boldsymbol{u}_4 \\ \dot{\boldsymbol{u}}_4 = \begin{cases} \dfrac{k}{m_2}(\boldsymbol{u}_1 - \boldsymbol{u}_3) - \dfrac{\boldsymbol{u}_4}{|\boldsymbol{u}_4|}\dfrac{\mu N}{m_2}, & |\boldsymbol{u}_4| \neq 0 \\ 0, & |\boldsymbol{u}_4| = 0 \text{ 且 } |\boldsymbol{u}_1 - \boldsymbol{u}_3| < \dfrac{\mu N}{k} \\ \dfrac{k}{m_2}(\boldsymbol{u}_1 - \boldsymbol{u}_3) - \dfrac{\boldsymbol{u}_1 - \boldsymbol{u}_3}{|\boldsymbol{u}_1 - \boldsymbol{u}_3|}\dfrac{\mu N}{m_2}, & |\boldsymbol{u}_4|_{t=0} = 0 \text{ 且 } |\boldsymbol{u}_1 - \boldsymbol{u}_3| \geqslant \dfrac{\mu N}{k} \end{cases} \end{cases} \tag{22.20}$$

为便于理解小球/底盘模型所表征的摩擦副二维运动，特举如下示例加以说明。示例所取参数值如表 22.1 所列。

表 22.1　示例所取参数值

参数	m_1/kg	m_2/kg	k/(N/m)	μ	g/(m/s^2)	$N=(m_1+m_2)g$/N
取值	10	0.1	1×10^5	0.15	9.8	98.98

讨论下面两种情形：

(1) 摩擦副二维相对运动。

最大静摩擦力 $F_f=\mu N=0.15\times98.98=14.847$ N。

首先，在动摩擦片上作用 x 方向的外力 $F_x=\mu N=14.85$ N。此时，微观位移在 x 方向达到最大值 $x_m=\dfrac{F_x}{k}=1.485\times10^{-4}$ m，底盘保持静止状态，如图 22.16(a)所示。接着在 y 方向作用外力 $F_y=F_x=14.85$ N。此时，动摩擦片所受合外力为 21 N，大于最大静摩擦力，动摩擦片开始滑动。最终，动摩擦片将沿着合外力方向滑动，如图 22.16(b)所示。在初始状态与最终状态之间，小球与底盘的相对位置发生了改变。

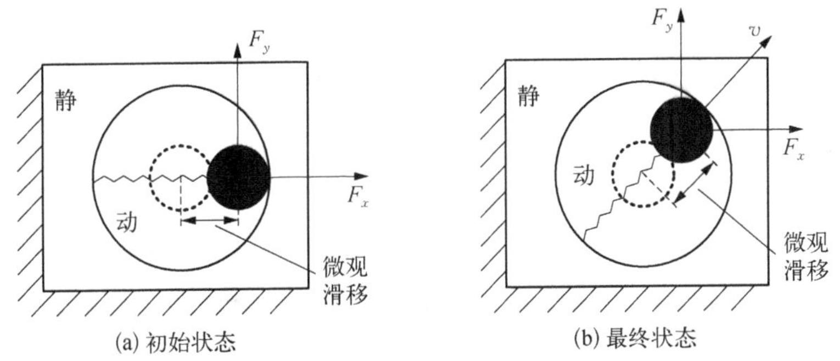

图 22.16　动摩擦片的受力及运动状态

取初始条件：

$$
\begin{cases}
\boldsymbol{r}_1=\dfrac{14.85}{k}+\mathrm{j}0\\
\boldsymbol{r}_2=0+\mathrm{j}0\\
\dot{\boldsymbol{r}}_1=0+\mathrm{j}0\\
\dot{\boldsymbol{r}}_2=0+\mathrm{j}0
\end{cases}
\tag{22.21}
$$

并令 $F_y = F_x = 14.85$ N，仿真计算得到小球和底盘运动轨迹如图 22.17 所示。其中，图 22.17(b)为图 22.17(a)在坐标原点附近的放大图。从图 22.17(a)可以看出，小球和底盘的运行轨迹最终重合成一条沿合外力方向的直线，与图 22.16(b)所示的最终状态一致。从图 22.17(b)可以看出，在动摩擦片开始发生宏观滑动的很短时间内，小球与底盘发生相对运动，正是在这个过程中，小球与底盘的状态发生了从图 22.16(a)到图 22.16(b)的转换，也就是说，动摩擦片的微观位移伴随着宏观滑移一起出现，这正是摩擦副二维相对运动与一维相对运动的本质不同。

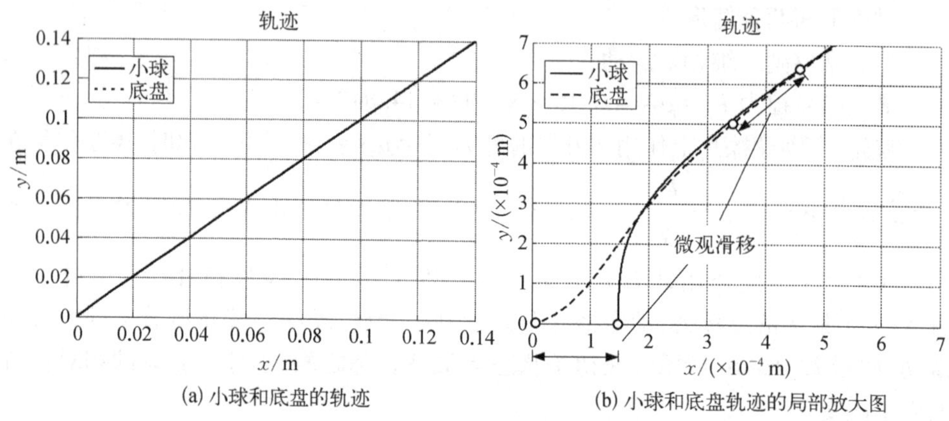

(a) 小球和底盘的轨迹　　(b) 小球和底盘轨迹的局部放大图

图 22.17　小球和底盘的运动轨迹

图 22.18 为整个过程中摩擦力随时间的变化。图中实线和虚线分别表示 x 方向和 y 方向的摩擦力，点划线表示两个方向摩擦力的合力。从图可以看出，在初始时刻，底盘所受摩擦力在 x 方向为−14.85 N，y 方向为 0 N，随后，在动摩擦片开始发

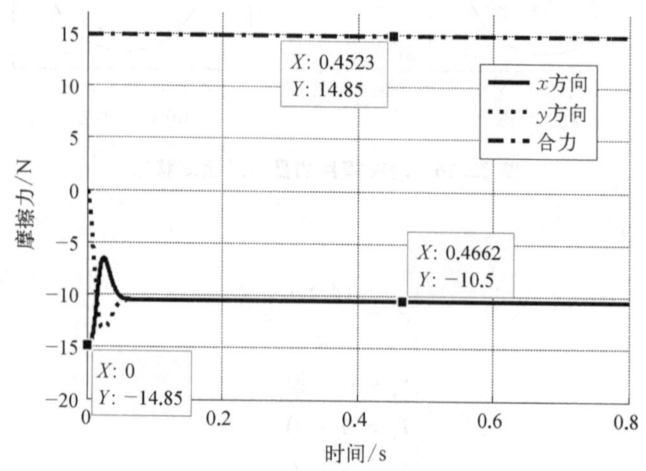

图 22.18　摩擦力随时间的变化

生宏观滑动的很短时间内,底盘所受到的摩擦力在 x 和 y 方向均发生了变化,并最终都保持在−10.5 N(即 $14.85/\sqrt{2}$),整个过程中,摩擦力的合力大小为 14.85 N。图 22.18 进一步说明了摩擦副发生二维运动时摩擦力的特性。

(2) 摩擦副的一维相对运动。

在动摩擦片上作用 x 方向的外力 $F_x = 20$ N, 0.3 秒后撤除。

取初始条件:

$$\begin{cases} \boldsymbol{r}_1 = 0 + \mathrm{j}0 \\ \boldsymbol{r}_2 = 0 + \mathrm{j}0 \\ \dot{\boldsymbol{r}}_1 = 0 + \mathrm{j}0 \\ \dot{\boldsymbol{r}}_2 = 0 + \mathrm{j}0 \end{cases} \tag{22.22}$$

并令

$$F_x = \begin{cases} 20\ \mathrm{N}, & t \leqslant 0.3\ \mathrm{s} \\ 0\ \mathrm{N}, & t > 0.3\ \mathrm{s} \end{cases} \tag{22.23}$$

计算得到动摩擦片位移随时间以及摩擦力随时间的变化如图 22.19 所示。从图 22.19(a)中可以看出,动摩擦片从 0 时刻起经过加速后减速,最终停止在 0.035 67 m 处。从 22.19(b)图可以看出,摩擦力从 0 时刻的 0 N 迅速增大到−14.85 N 后稳定,直到动摩擦片停止后,摩擦力在 14.85 N 与−14.85 N 之间振荡。

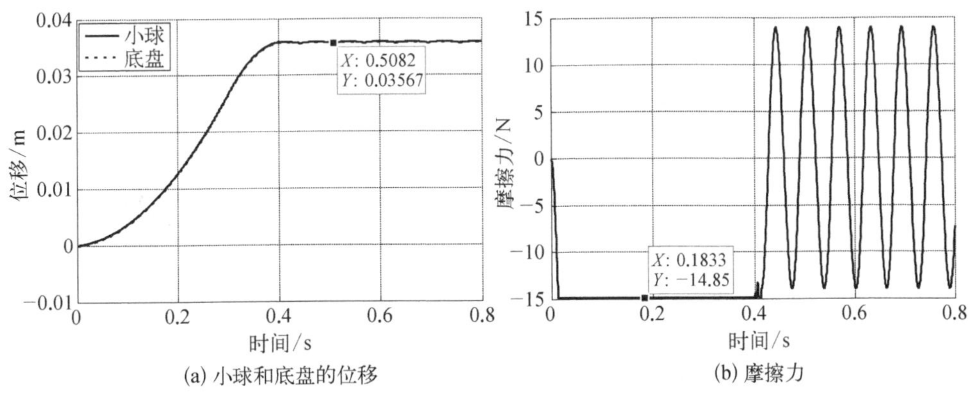

(a) 小球和底盘的位移　　(b) 摩擦力

图 22.19　小球和底盘的一维运动

图 22.20 为图 22.19(a)的放大图,其中,图 22.20(a)为 0 时刻附近的放大图,图 22.20(b)为最终状态的放大图。对比图 22.20(a)与图 22.19(a)可知,当小球在外力作用下开始运动,且当小球对底盘的弹性力大于最大摩擦力后,底盘开始滑移,由于模型中考虑了底盘的质量,忽略了底盘与小球之间的阻尼,底盘的滑动速

度在惯性作用下发生振荡。由图 22. 20(b)和图 22. 19(b)可见,当底盘在摩擦力的作用下最终停止运动后,小球的运动并不停止,而是以一个很小的幅值发生振动,这同样是由于小球与底盘之间考虑为理想弹性作用而忽略了阻尼所导致的结果。

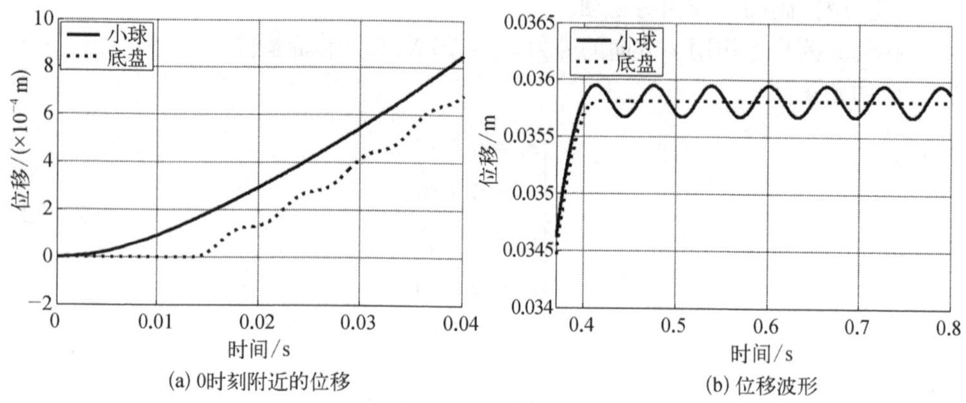

图 22. 20　小球和底盘位移时域波形图

上述两个示例表明,当摩擦副的动、静摩擦片之间存在二维相对运动时,动摩擦片的微观位移将伴随着宏观滑移同时发生,一维模型的"宏观滑移发生在微观位移之后"的假设将不再成立,此时,应考虑运用二维的小球/底盘摩擦模型。

由于算法精度的要求,在底盘质量取值较小时,对于上面分析的这种考虑小球和底盘质量的小球/底盘干摩擦模型,仿真计算时间会很长。

根据固体表面的接触理论,动、静摩擦片之间的实际接触面积很小,尤其在轻载状态下,只是摩擦副宏观接触面积的万分之一,甚至更小。因此,在小球/底盘干摩擦模型中,可忽略底盘的质量。

3）底盘无质量的小球/底盘干摩擦模型

分析表明,基于迟滞弹簧干摩擦模型的小球/底盘干摩擦模型可以较好地表征摩擦副的二维相对运动,但当考虑底盘质量时,仿真计算所耗的时间较长。本节讨论忽略底盘质量的小球/底盘干摩擦模型。

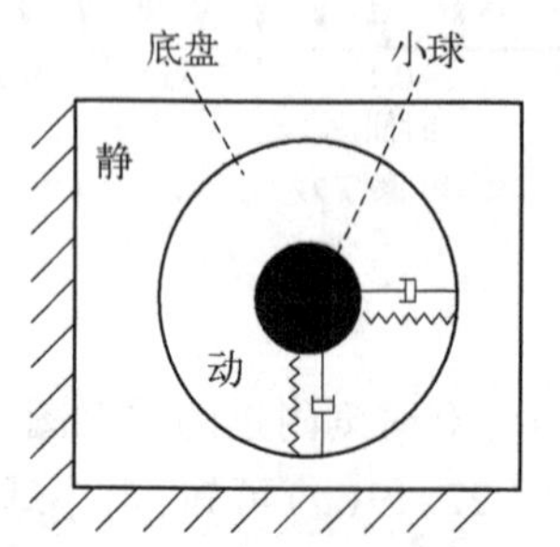

图 22. 21　无底盘质量的小球/底盘干摩擦模型

图 22. 21 为忽略底盘质量的小球/底盘干摩擦模型。与上一节的模型相比,此模型有以下两点不同:① 忽略了底盘的质量,即 $m_2 = 0$;② 在小球与底盘之间引入了线性阻尼,并设阻尼系数 $d_x = d_y = d$。其他参数均不变。值得注意的是,由于不计底盘的质量,底盘的惯性力为 0。因此,对底盘进行受力分析时应使其所受合外力在任意时刻均为 0。

对于小球:

仿照上一节的分析,小球的运动微分方程容易获得,即

$$m_1\ddot{\boldsymbol{r}}_1 = \boldsymbol{F} + \boldsymbol{T} + \boldsymbol{D} \tag{22.24}$$

式中,$\boldsymbol{F} = F_x + \mathrm{j}F_y$,为小球所受外力;$\boldsymbol{T} = -k(\boldsymbol{r}_1 - \boldsymbol{r}_2)$,为底盘对小球的弹性力;$\boldsymbol{D} = -d(\dot{\boldsymbol{r}}_1 - \dot{\boldsymbol{r}}_2)$,为底盘对小球的阻尼力。

对于底盘:

由于忽略底盘质量,因此,底盘在任意时刻均保持受力平衡,即小球对底盘的作用力时刻等于底盘与静摩擦片的摩擦力,且方向相反。分析如下:

首先,假定底盘与静摩擦片相对静止,$\dot{\boldsymbol{r}}_2 = 0$。此时,底盘与静摩擦片处于静摩擦状态,小球对底盘的作用力 $|\boldsymbol{F}_B| = |k(\boldsymbol{r}_1 - \boldsymbol{r}_2) + d(\dot{\boldsymbol{r}}_1 - 0)|$ 应小于最大静摩擦力 μN,即

当 $|k(\boldsymbol{r}_1 - \boldsymbol{r}_2) + d(\dot{\boldsymbol{r}}_1 - 0)| < \mu N$ 时,有

$$\dot{\boldsymbol{r}}_2 = 0 \tag{22.25}$$

如果式(22.25)的判断条件不成立,即假定底盘速度为 0 时,小球对底盘的作用力 $\boldsymbol{F}_B$(图 22.22 中虚线 $\boldsymbol{F}_B$)大于最大静摩擦力 μN,那么底盘不再保持静止,而开始运动,于是,底盘与静摩擦片处于动摩擦状态,小球对底盘的作用力 $\boldsymbol{F}_B$(图 22.22 中实线 $\boldsymbol{F}_B$)等于动摩擦力 $|F_f| = \mu N$(此处假设动摩擦力与静摩擦力相等),如图 22.22 所示,即

当 $|k(\boldsymbol{r}_1 - \boldsymbol{r}_2) + d(\dot{\boldsymbol{r}}_1 - 0)| \geqslant \mu N$ 时,有

$$k(\boldsymbol{r}_1 - \boldsymbol{r}_2) + d(\dot{\boldsymbol{r}}_1 - \dot{\boldsymbol{r}}_2) = \frac{\dot{\boldsymbol{r}}_2}{|\dot{\boldsymbol{r}}_2|}\mu N \tag{22.26}$$

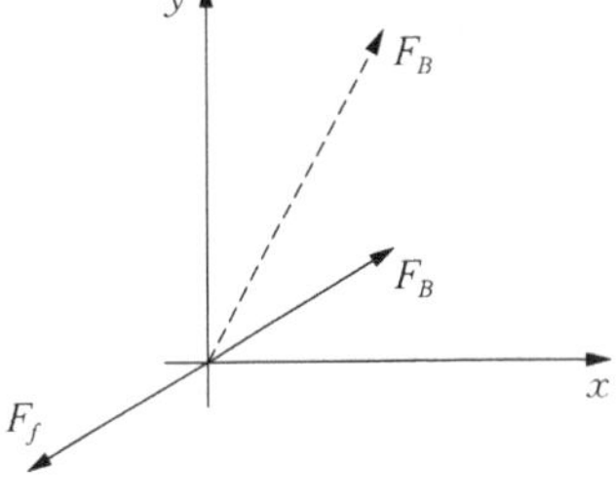

图 22.22　底盘受力分析

下面求解 $\dot{\boldsymbol{r}}_2$。

将式(22.26)写成分量形式如下:

$$k(x_1 - x_2) + d(\dot{x}_1 - \dot{x}_2) = \mu N \frac{\dot{x}_2}{\sqrt{\dot{x}_2^2 + \dot{y}_2^2}} \tag{22.27}$$

$$k(y_1 - y_2) + d(\dot{y}_1 - \dot{y}_2) = \mu N \frac{\dot{y}_2}{\sqrt{\dot{x}_2^2 + \dot{y}_2^2}} \tag{22.28}$$

式(22.27)和式(22.28)等号两边分别相除,可得

$$\frac{k(x_1 - x_2) + d(\dot{x}_1 - \dot{x}_2)}{k(y_1 - y_2) + d(\dot{y}_1 - \dot{y}_2)} = \frac{\dot{x}_2}{\dot{y}_2} \tag{22.29}$$

由式(22.29)解得

$$[k(x_1-x_2)+d\dot{x}_1]\dot{y}_2-d\dot{x}_2\dot{y}_2=[k(y_1-y_2)+d\dot{y}_1]\dot{x}_2-d\dot{x}_2\dot{y}_2 \quad (22.30)$$

于是,有

$$\frac{k(x_1-x_2)+d(\dot{x}_1-\dot{x}_2)}{k(y_1-y_2)+d(\dot{y}_1-\dot{y}_2)}=\frac{\dot{x}_2}{\dot{y}_2}=\frac{k(x_1-x_2)+d(\dot{x}_1-0)}{k(y_1-y_2)+d(\dot{y}_1-0)} \quad (22.31)$$

由式(22.31)可知,图(22.22)中虚线 $\boldsymbol{F}_B$、实线 $\boldsymbol{F}_B$ 以及 $\boldsymbol{F}_f$ 是共线的。因此,利用式(22.31),可将式(22.27)和式(22.28)变形,得

$$k(x_1-x_2)+d(\dot{x}_1-\dot{x}_2)=\mu N\frac{k(x_1-x_2)+d(\dot{x}_1-0)}{\sqrt{[k(x_1-x_2)+d(\dot{x}_1-0)]^2+[k(y_1-y_2)+d(\dot{y}_1-0)]^2}} \quad (22.32)$$

$$k(y_1-y_2)+d(\dot{y}_1-\dot{y}_2)=\mu N\frac{k(y_1-y_2)+d(\dot{y}_1-0)}{\sqrt{[k(x_1-x_2)+d(\dot{x}_1-0)]^2+[k(y_1-y_2)+d(\dot{y}_1-0)]^2}} \quad (22.33)$$

解得

$$\dot{x}_2=\dot{x}_1-\left[\frac{\mu N}{d}\frac{k(x_1-x_2)+d(\dot{x}_1-0)}{\sqrt{[k(x_1-x_2)+d(\dot{x}_1-0)]^2+[k(y_1-y_2)+d(\dot{y}_1-0)]^2}}-\frac{k}{d}(x_1-x_2)\right] \quad (22.34)$$

$$\dot{y}_2=\dot{y}_1-\left[\frac{\mu N}{d}\frac{k(y_1-y_2)+d(\dot{y}_1-0)}{\sqrt{[k(x_1-x_2)+d(\dot{x}_1-0)]^2+[k(y_1-y_2)+d(\dot{y}_1-0)]^2}}-\frac{k}{d}(y_1-y_2)\right] \quad (22.35)$$

于是,

$$\dot{\boldsymbol{r}}_2=\dot{x}_2+\mathrm{j}\dot{y}_2 \quad (22.36)$$

或

$$\dot{\boldsymbol{r}}_2=\dot{\boldsymbol{r}}_1-\left[\frac{\mu N}{d}\frac{k(\boldsymbol{r}_1-\boldsymbol{r}_2)+d(\dot{\boldsymbol{r}}_1-0)}{|k(\boldsymbol{r}_1-\boldsymbol{r}_2)+d(\dot{\boldsymbol{r}}_1-0)|}-\frac{k}{d}(\boldsymbol{r}_1-\boldsymbol{r}_2)\right] \quad (22.37)$$

归纳上述分析结果,可将小球和底盘的运动方程联立表示如下:

$$m_1\ddot{\boldsymbol{r}}_1=\boldsymbol{F}-k(\boldsymbol{r}_1-\boldsymbol{r}_2)-d(\dot{\boldsymbol{r}}_1-\dot{\boldsymbol{r}}_2) \quad (22.38)$$

$$
\dot{\boldsymbol{r}}_2 = \begin{cases} 0, & |k(\boldsymbol{r}_1 - \boldsymbol{r}_2) + d(\dot{\boldsymbol{r}}_1 - 0)| < \mu N \\ \dot{\boldsymbol{r}}_1 - \left[\dfrac{\mu N}{d} \dfrac{k(\boldsymbol{r}_1 - \boldsymbol{r}_2) + d(\dot{\boldsymbol{r}}_1 - 0)}{|k(\boldsymbol{r}_1 - \boldsymbol{r}_2) + d(\dot{\boldsymbol{r}}_1 - 0)|} - \dfrac{k}{d}(\boldsymbol{r}_1 - \boldsymbol{r}_2)\right], & |k(\boldsymbol{r}_1 - \boldsymbol{r}_2) + d(\dot{\boldsymbol{r}}_1 - 0)| \geqslant \mu N \end{cases} \tag{22.39}
$$

式中，$\boldsymbol{F} = F_x + \mathrm{j}F_y$。

方程(22.38)和方程(22.39)描述了小球/底盘干摩擦模型的动力学特性，实部描述了水平方向的特性，虚部描述了垂直方向的特性。

令 $\boldsymbol{r}_1 = \boldsymbol{u}_1$，$\dot{\boldsymbol{r}}_1 = \boldsymbol{u}_2$，$\boldsymbol{r}_2 = \boldsymbol{u}_3$，方程(22.38)和方程(22.39)可以表示为如下状态方程的形式：

$$
\begin{cases} \dot{\boldsymbol{u}}_1 = \boldsymbol{u}_2 \\ \dot{\boldsymbol{u}}_2 = \dfrac{\boldsymbol{F}}{m_1} - \dfrac{k}{m_1}(\boldsymbol{u}_1 - \boldsymbol{u}_3) - \dfrac{d}{m_1}(\boldsymbol{u}_2 - \dot{\boldsymbol{u}}_3) \\ \dot{\boldsymbol{u}}_3 = \begin{cases} 0, & |k(\boldsymbol{u}_1 - \boldsymbol{u}_3) + d(\boldsymbol{u}_2 - 0)| < \mu N \\ \boldsymbol{u}_2 - \left[\dfrac{\mu N}{d} \dfrac{k(\boldsymbol{u}_1 - \boldsymbol{u}_3) + d(\boldsymbol{u}_2 - 0)}{|k(\boldsymbol{u}_1 - \boldsymbol{u}_3) + d(\boldsymbol{u}_2 - 0)|} - \dfrac{k}{d}(\boldsymbol{u}_1 - \boldsymbol{u}_3)\right], & |k(\boldsymbol{u}_1 - \boldsymbol{u}_3) + d(\boldsymbol{u}_2 - 0)| \geqslant \mu N \end{cases} \end{cases} \tag{22.40}
$$

为了便于比较，取与表 22.1 相同的参数进行仿真计算（本处不考虑底盘质量 m_2，故在 m_1 中计入 m_2 的质量）。

$$
m_1 = 10.1\ \mathrm{kg},\ k = 1 \times 10^5\ \mathrm{N/m},\ d = 300\ \mathrm{N \cdot s/m},\ \mu = 0.15,
$$
$$
g = 9.8\ \mathrm{m/s^2},\ N = m_1 \cdot g = 98.98\ \mathrm{N}
$$

同样讨论本节中的两种仿真情况：

(1) 摩擦副二维相对运动。

令 $F_y = F_x = \mu N = 14.85\ \mathrm{N}$，并取初始条件：$\boldsymbol{r}_1 = \dfrac{14.85}{k} + \mathrm{j}0$，$\boldsymbol{r}_2 = 0 + \mathrm{j}0$，$\dot{\boldsymbol{r}}_1 = 0 + \mathrm{j}0$，进行仿真计算。

图 22.23 为小球和底盘的运动轨迹图。其中，(b)图为(a)图在坐标原点附近的放大图。对比图 22.23 和图 22.17 可见，两种模型描述的小球、底盘运动轨迹几乎相同，不计及底盘质量的小球/底盘干摩擦模型也很好地描述了摩擦副的微观位移以及宏观滑移。从图 22.23(b)可以看出，从 0 时刻开始的一段时间内，小球与底盘的相对位置发生变化。在这段时间内，摩擦副在发生宏观滑移的同时发生了微观位移，这反映了摩擦副二维运动的特点。

图 22.24 为整个过程中摩擦力随时间的变化。图中实线、虚线分别表示 x 方向和 y 方向的摩擦力，点划线表示两个方向摩擦力的合力。同样，对比图 22.24 和

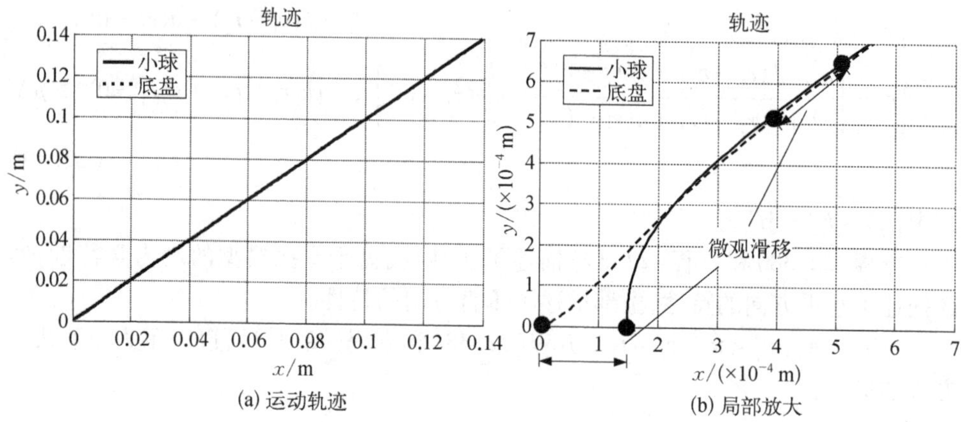

图 22.23　小球和底盘的运动轨迹

图 22.18 可以看出,两种模型描述的摩擦力也基本相同。不计及底盘质量的小球/底盘干摩擦模型也很好地描述了摩擦副发生二维运动时动、静摩擦片之间实时变化的摩擦力。由图 22.24 可见,经过一段时间的变化后,x 和 y 方向的摩擦力最终保持在-10.5 N(即 $14.85/\sqrt{2}$),整个过程中,摩擦力的合力大小为 14.85 N。这与图 22.18 所示的结果相同。

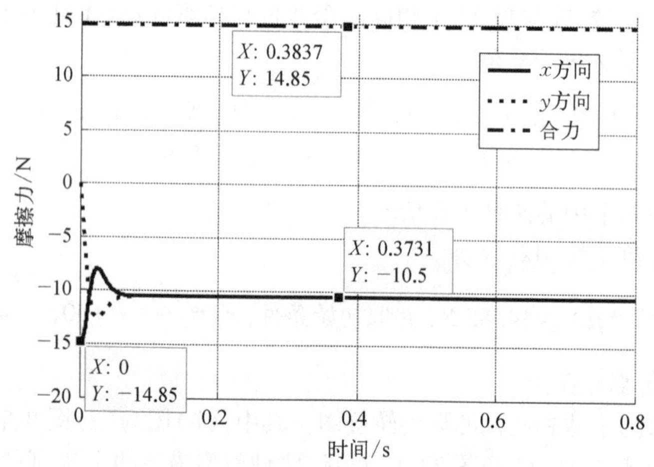

图 22.24　摩擦力随时间的变化

(2) 摩擦副的一维相对运动。

设初始条件:$\begin{cases} \boldsymbol{r}_1 = 0 + \mathrm{j}0 \\ \boldsymbol{r}_2 = 0 + \mathrm{j}0 \\ \dot{\boldsymbol{r}}_1 = 0 + \mathrm{j}0 \end{cases}$,并令 $F_x = \begin{cases} 20\ \mathrm{N}, & t \leqslant 0.3\ \mathrm{s} \\ 0\ \mathrm{N}, & t > 0.3\ \mathrm{s} \end{cases}$,进行仿真计算,结果

由下文描述。

图 22.25 表示小球/底盘的一维运动。由图 22.25(a)可见,动摩擦片从 0 时刻起经过加速后减速,最终停止在大约 0.034 61 m 处;摩擦力从 0 时刻的 0 N 迅速增大到-14.85 N 后稳定,直到动摩擦片停止后,摩擦力发生短暂的振荡,最终衰减为 0 N。

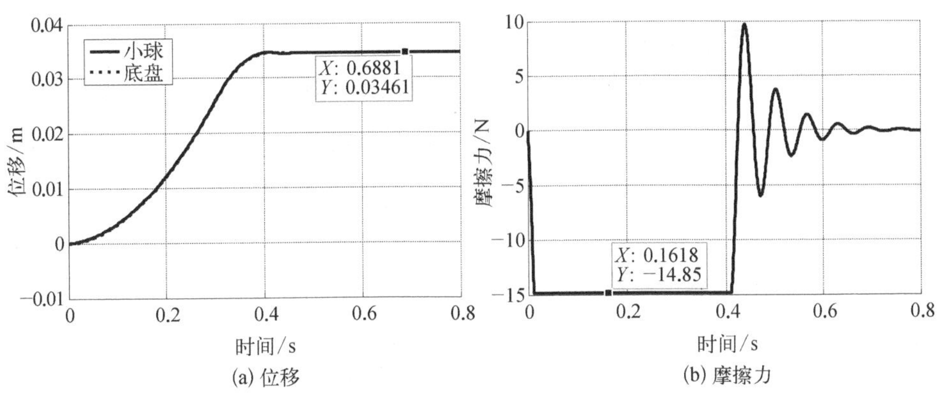

(a) 位移　　(b) 摩擦力

图 22.25　小球/底盘的一维运动

图 22.26 为小球/底盘位移时域波形图。其中,(a)图为 0 时刻附近的放大图,(b)图为达到最终状态的波形图。图 22.26(a)表明,当小球对底盘的弹性力大于最大摩擦力后,底盘开始跟随小球一起滑移。而由图 22.26(b)可见,撤除外力后,底盘在摩擦力的作用下最终停止运动;随后,小球在阻尼力的作用下很快停止振荡,整个系统静止。

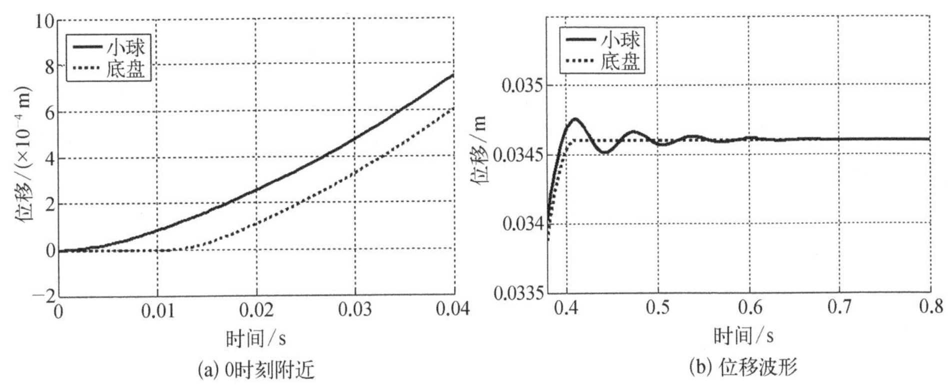

(a) 0时刻附近　　(b) 位移波形

图 22.26　小球/底盘位移时域波形图

分别对比图 22.25 与图 22.19、图 22.26 及图 22.20 可知,在小球/底盘干摩擦模型中,当不考虑底盘的质量,而在小球与底盘之间加入阻尼,当外力撤除后,小球及底盘的响应为衰减响应,最终均恢复静止,不再发生振荡。

上述的分析表明，在处理摩擦副发生二维运动的动力学问题时，为了充分考虑动、静摩擦片之间的微观位移和宏观滑移，应当利用二维摩擦模型进行分析和求解。本节将迟滞弹簧干摩擦模型进行了发展，建立了小球/底盘干摩擦模型，适合于表征弹支干摩擦阻尼器动、静摩擦片之间的二维运动。

22.2.2 干摩擦机制的简化

图 22.27 是带有干摩擦阻尼结构的单自由度振系模型，其振动微分方程为

$$M\ddot{x} + c_1\dot{x} + k_1 x = F_L + F_f \tag{22.41}$$

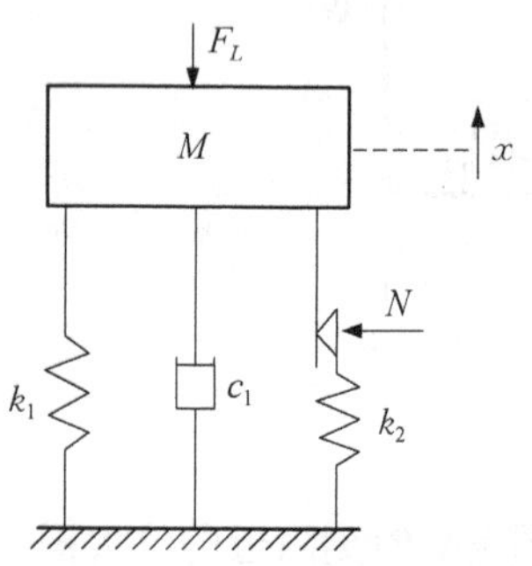

图 22.27 带干摩擦阻尼器的单自由度振系模型

N 为阻尼器上的正压力；k_2 为干摩擦环节未发生滑移时的线性刚度

式中，M 为振系质量；c_1 为振系阻尼系数；k_1 为振系刚度；x 为振系位移；F_L 和 F_f 分别为作用在振系上的常幅激振力和非线性摩擦力。

对于带有干摩擦阻尼器的非线性系统，一般很难得到其解析解，而常用谐波平衡法（harmonic balance method，HBM）进行近似求解。

求解方程(22.41)的稳态响应，一般都是将非线性摩擦力 F_f 线性化，然后采用谐波平衡法求解。

谐波平衡法是非线性系统动力学分析的一种方法，特别是在分析带有干摩擦环节的系统响应中得到了广泛的应用。谐波平衡法的基本思想是确定等效线性化系数，使得其可替代依赖于振系振动频率和振幅的非线性系数。弹支干摩擦阻尼器主要是用于控制转子通过临界转速区域的不平衡响应。此时，转子振动的主要谐波成分是一阶分量。因此，利用一阶谐波平衡法，得到一个与振幅相关的刚度和一个与振幅、激振频率都相关的阻尼系数，并用它们分别表达摩擦副中的摩擦力和摩擦耗能。

可设描述非线性摩擦力与位移关系的函数为

$$F_f = F(x) \tag{22.42}$$

同时，假设振系的谐波振动响应为

$$x = X\cos(\omega t) = X\cos\theta \tag{22.43}$$

设摩擦力可近似等效为第一阶谐波分量的线性函数，即干摩擦环节由一个刚度为 k_{eq} 的弹簧和一个阻尼系数为 c_{eq} 的阻尼器来等效，等效条件为

$$F(x) = k_{eq}x + c_{eq}\dot{x} = k_{eq}X\cos\theta - c_{eq}X\omega\sin\theta \tag{22.44}$$

式(22.44)两边同乘 $\cos\theta$，并在 $[0, 2\pi]$ 积分可以得到干摩擦环节的等效刚度为

$$k_{eq} = \frac{1}{\pi X}\int_0^{2\pi} F(X\cos\theta)\cos\theta\mathrm{d}\theta \tag{22.45}$$

式(22.44)两边同乘 $\sin\theta$，同样在 $[0, 2\pi]$ 积分可以得到干摩擦环节的等效阻尼系数为

$$c_{eq} = \frac{-1}{\pi\omega X}\int_0^{2\pi} F(X\cos\theta)\sin\theta\mathrm{d}\theta \tag{22.46}$$

取所述的迟滞弹簧干摩擦模型，摩擦力与位移的关系如图22.28所示。

代入式(22.45)和式(22.46)可以得到等效刚度为

$$k_{eq} = \begin{cases} \dfrac{k_2}{\pi}\left[\beta - \dfrac{1}{2}\sin(2\beta)\right], & X \geqslant X_{cr} \\ k_2, & X < X_{cr} \end{cases} \tag{22.47}$$

等效阻尼系数为

$$c_{eq} = \begin{cases} \dfrac{4\mu N}{\pi\omega X}\dfrac{X - X_{cr}}{X}, & X \geqslant X_{cr} \\ 0, & X < X_{cr} \end{cases} \tag{22.48}$$

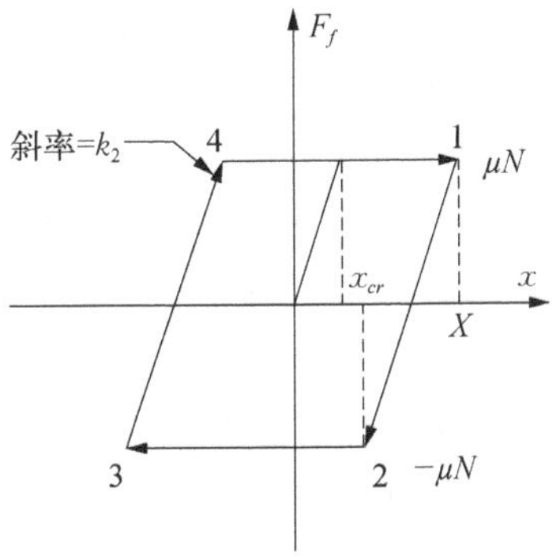

图22.28　迟滞弹簧干摩擦模型摩擦力与位移的关系

式中，X 为动、静摩擦片径向相对位移幅值；μ 为摩擦系数；N 为摩擦副之间的正压力；k_2 为干摩擦环节未发生滑移时的线性刚度；$X_{cr} = \mu N/k_2$；$\beta = \arccos(1 - 2X_{cr}/X)$；$\omega$ 为激振力的角频率。

经过上述推导，在建立接触面间合理的摩擦模型后，可以用数值分析方法得到较准确的结果，即以非比例黏性阻尼和弹性力来等效弹支干摩擦阻尼器摩擦副之间的摩擦力，然后，研究弹支干摩擦阻尼器的摩擦阻尼和接触刚度对转子系统固有特性及响应特性的影响。

22.3　带弹支干摩擦阻尼器转子的振动特性

22.3.1　带有弹支干摩擦阻尼器转子系统的力学模型

图22.29是带有弹支干摩擦阻尼器转子系统的力学模型。为了便于分析，

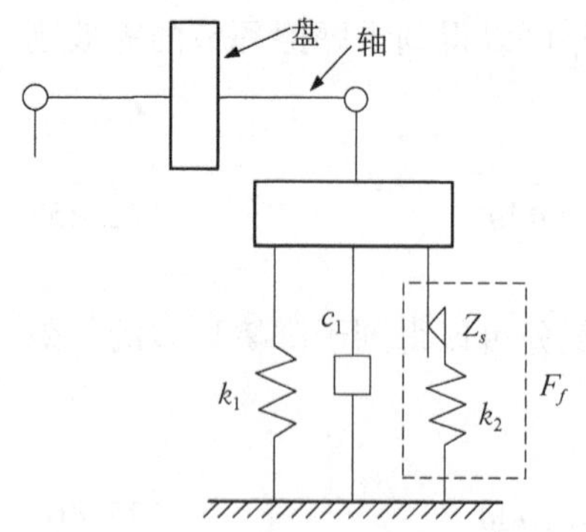

图 22.29 带有弹支干摩擦阻尼器转子系统的力学模型

假定转子支承和弹支干摩擦阻尼器各向同性,在分析转子振动时,只需研究一个方向的振动,选取垂直方向的振动作为研究对象。图中的参数为:z_s 为干摩擦环节产生滑移后的摩擦力;k_2 为干摩擦环节未发生滑移时的线性刚度;k_1 为弹性支承的刚度;c_1 为弹性支承的阻尼系数。

22.3.2 带弹支干摩擦阻尼器单自由度振系模型

为了分析弹支干摩擦阻尼器干摩擦环节线性化后对转子的减振效果,建立如图 22.30 所示的带弹支干摩擦阻尼器单自由度振系简化力学模型:M 为集中质量,包括转子作用在支承处的质量和弹支干摩擦阻尼器本身的质量,以及弹性支承的质量;k_1 为线性刚度,包括转子的刚度和弹性支承的刚度;c_1 代表转子系统中除干摩擦环节之外的阻尼;x 为集中质量 M 的位移;k_{eq} 为干摩擦环节的等效刚度;c_{eq} 为干摩擦环节的等效阻尼系数。

对于转子系统模型,将转子的不平衡量作为单自由度系统的外激励源,则外激振力可以表示为

$$f_{(\tau)}=f_{(\omega t)}=m\varepsilon\omega^2\sin(\omega t) \tag{22.49}$$

式中,ε 为偏心距,如图 22.31 所示;m 为盘的质量。

为了计算方便,将式(22.49)简化为

$$f_{(\tau)}=f_{(\omega t)}=F_0\omega^2\sin(\omega t),\ F_0=m\varepsilon \tag{22.50}$$

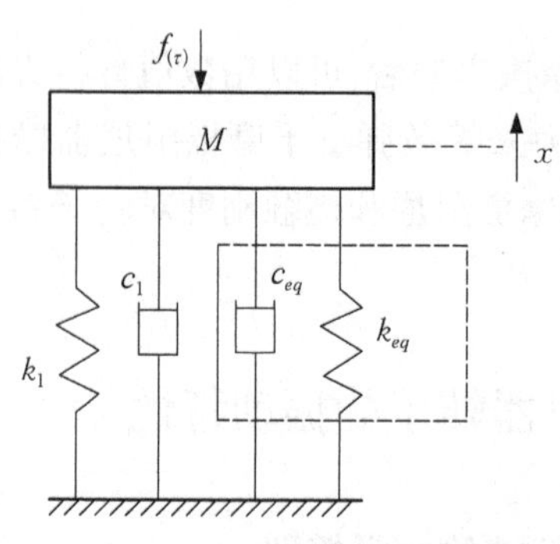

图 22.30 带弹支干摩擦阻尼器单自由度振系简化力学模型

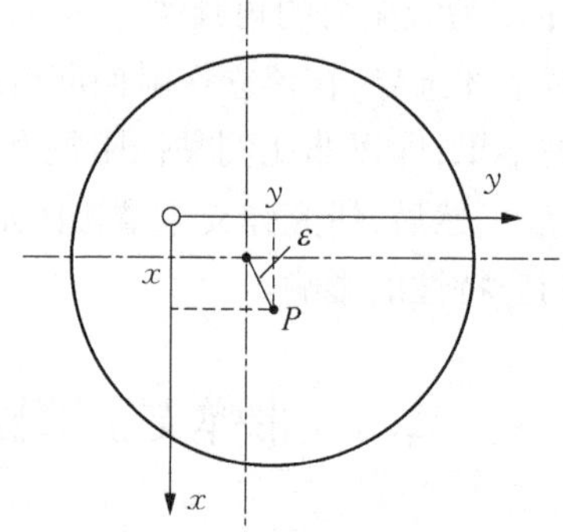

图 22.31 转子不平衡量示意图

22.3.3　振系振动响应分析

在 $X > X_{cr}$ 的情况下,振系的运动方程为

$$M\ddot{x} + c_1\dot{x} + k_1 x + c_{eq}\dot{x} + k_{eq}x = F_0\omega^2\sin(\omega t) \tag{22.51}$$

引入以下变量: $p_1^2 = k_1/M$, $D_1 = c_1/2\sqrt{Mk_1}$, $\tilde{g} = F_0/M$, 则式(22.51)变为

$$\ddot{x} + 2p_1 D_1\dot{x} + p_1^2 x + \dot{x}c_{eq}/M + xk_{eq}/M = \tilde{g}\omega^2\sin(\omega t) \tag{22.52}$$

假设:

$$x = X\sin(\omega t + \varphi) \tag{22.53}$$

于是有

$$\dot{x} = X\omega\cos(\omega t + \varphi),\ \ddot{x} = -X\omega^2\sin(\omega t + \varphi) \tag{22.54}$$

根据式(22.47)和式(22.48)有

$$k_{eq} = \frac{k_2}{\pi}\left[\beta - \frac{1}{2}\sin(2\beta)\right],\ c_{eq} = \frac{4\mu N}{\pi\omega X}\frac{X - X_{cr}}{X} \tag{22.55}$$

把式(22.53)、式(22.54)和式(22.55)代入式(22.52),令方程两边 $\sin(\omega t + \varphi)$ 和 $\cos(\omega t + \varphi)$ 项的系数相等,则可得到如下方程组:

$$\begin{cases} -X\omega^2 + p_1^2 X + \dfrac{Xk_2}{M\pi}\left[\beta - \dfrac{1}{2}\sin(2\beta)\right] = \tilde{g}\omega^2\cos\varphi \\ 2p_1 D_1 X\omega + \dfrac{4\mu N(X - X_{cr})}{\pi MX} = -\tilde{g}\omega^2\sin\varphi \end{cases} \tag{22.56}$$

由 $\sin^2\varphi + \cos^2\varphi = 1$, 对式(22.56)合并得

$$\left\{(p_1^2 - \omega^2)X + \frac{p_1^2 Xk_2}{\pi k_1}\left[\beta - \frac{1}{2}\sin(2\beta)\right]\right\}^2 + \left[2p_1 D_1 X\omega + \frac{4p_1^2 X_{cr}k_2}{\pi k_1}\left(1 - \frac{X_{cr}}{X}\right)\right]^2 = \tilde{g}^2\omega^4 \tag{22.57}$$

利用牛顿迭代法对式(22.57)进行求解。

设

$$f(X) = \left\{(p_1^2 - \omega^2)X + \frac{p_1^2 Xk_2}{\pi k_1}\left[\beta - \frac{1}{2}\sin(2\beta)\right]\right\}^2 +$$

$$\left[2p_1D_1X\omega+\frac{4p_1^2X_{cr}k_2}{\pi k_1}\left(1-\frac{X_{cr}}{X}\right)\right]^2-\tilde{g}^2\omega^4 \tag{22.58}$$

对式(22.58)关于 X 求导，得

$$f'(X)=2f_1\left\{p_1^2-\omega^2+\frac{p_1^2k_2}{\pi k_1}\left[\beta-\frac{1}{2}\sin(2\beta)\right]+\frac{p_1^2k_2X}{\pi k_1}[1-\cos(2\beta)]\dot{\beta}\right\}+2f_2\left[2p_1D_1\omega+\frac{4p_1^2X_{cr}^2k_2}{\pi X^2k_1}\right] \tag{22.59}$$

式中，$f_1=(p_1^2-\omega^2)X+\dfrac{p_1^2Xk_2}{\pi k_1}\left[\beta-\dfrac{1}{2}\sin(2\beta)\right]$；$f_2=2p_1D_1X\omega+\dfrac{4p_1^2X_{cr}k_2}{\pi k_1}\left(1-\dfrac{X_{cr}}{X}\right)$；$\dot{\beta}=-\dfrac{2X_{cr}/X^2}{\sqrt{1-\left(1-\dfrac{2X_{cr}}{X}\right)^2}}$。

根据牛顿迭代法，可以得到以下公式：

$$X_{(k+1)}=X_{(k)}-\frac{f(X_{(k)})}{f'(X_{(k)})} \tag{22.60}$$

在 $X<X_{cr}$ 的情况下，可设 $\tilde{k}=k_1+k_2$，则 $p_1^2=\tilde{k}/M$，可由下式直接求得系统的振动响应幅值：

$$X=\frac{\tilde{g}\omega^2}{\sqrt{(p_1^2-\omega^2)^2+(2p_1D_1\omega)^2}} \tag{22.61}$$

22.3.4 振系振动响应的数值仿真与分析

选取以下系统参数对如图22.30所示的单自由度振系进行数值计算。系统参数为：$M=0.5$ kg，$k_1=6\,497$ N/m，$k_2=2\,468$ N/m，$c_1=1.5$ N·s/m，$\mu=0.19$，$N=40$ N，$F_0=1\times10^{-3}$ kg·m。计算结果如图22.32所示。其中，A 是 $N=40$ N 曲线；B 是没有施加干摩擦力的曲线，即 $N=0$ N；C 是弹支干摩擦阻尼器未滑移的情况，阻尼器处于黏滞状态，系统刚度 $k=k_1+k_2$。

在图22.32中，从 A 和 B 幅频曲线可以看出，弹支干摩擦阻尼器能够显著减小振系的振动，特别是减小振系在共振区域的振动。同时，从 A 和 C 幅频曲线可以看出，弹支干摩擦阻尼器未滑移时，刚度 k_2 使振系自振频率增大。由此可见，弹支干摩擦阻尼器的引入，使振系刚度有所变化，会造成振系自振频率增加。

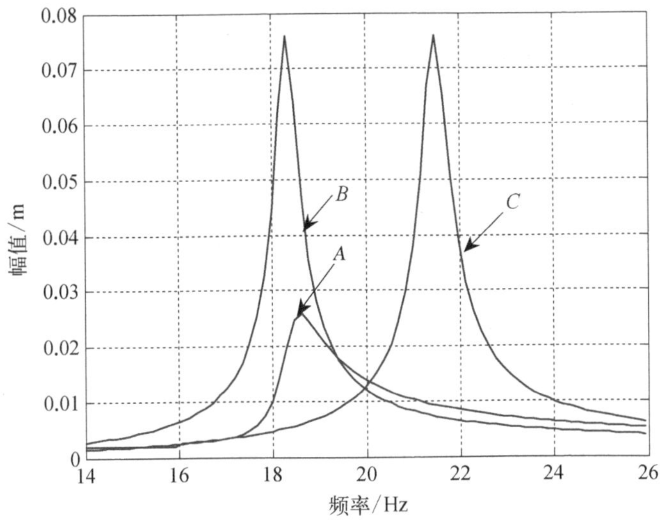

图 22.32　振系振动幅频特性仿真结果

22.3.5　干摩擦力对转子振动幅频特性的影响

图 22.33 是在不同正压力下带弹支干摩擦阻尼器转子振动幅频特性曲线。其中，按照箭头所指方向正压力 N 依次增大，分别为 1 N、10 N、25 N、50 N、100 N、300 N、500 N 和 800 N。由图可见，振动幅值随着正压力的增加先减小，后又开始增加，在 $N = 50$ N 和 $N = 100$ N 之间振幅最小，减振效果达到最佳。同时，由幅频特性曲线还可看出，随着正压力 N 的增加，临界转速升高。

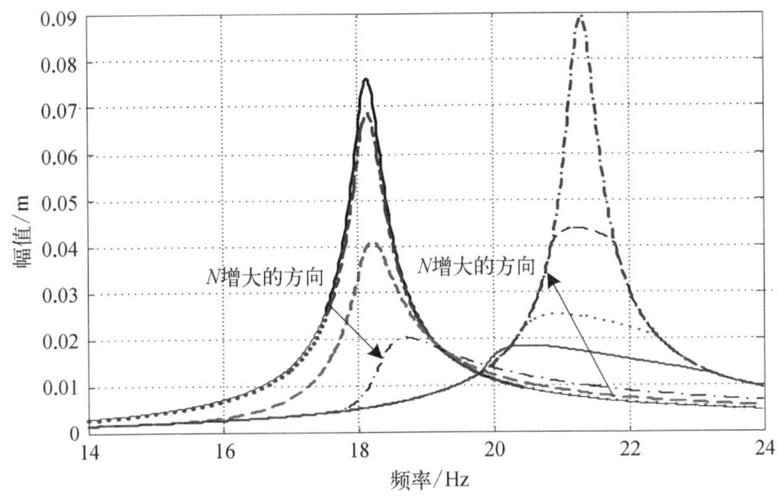

图 22.33　在不同正压力下带弹支干摩擦阻尼器转子振动幅频特性曲线

上述结果表明，当正压力 N 增大到一定程度后，幅频特性曲线将不再变化。原因是，此时，$X < X_{cr}$，即在整个运动过程中，阻尼器始终处于黏滞状态，不发生滑移。此时，弹支干摩擦阻尼器成为一个线性弹簧，系统也变为线性系统，阻尼器不再具有阻尼作用。

从上述弹支干摩擦阻尼器减振特性可知，有必要对弹支干摩擦阻尼器进行主动控制，始终施加最佳正压力，使阻尼器减振效果最优。可根据不同的减振要求，采用不同的控制律。例如，只要求减小转子的临界峰值，则只需在临界转速区域施加正压力，产生摩擦阻尼，而在其他转速区不加正压力。这样就不改变转子在控制转速区之外的动力学特性。

22.3.6 带有弹支干摩擦阻尼器转子的稳定性

转子失稳振动是工程实际中值得关注的问题。本书第 9 章指出，增大转子的外阻尼有利于提高转子系统的稳定性。弹支干摩擦阻尼器能够向转子系统提供附加的外阻尼。因此，弹支干摩擦阻尼器可作为镇定器，抑制转子的失稳振动。

1. 干摩擦阻尼器的镇定作用

为简单起见，不妨取库伦摩擦模型，并以图 22.4 所示的单自由度振动系统为例，讨论干摩擦阻尼器的镇定作用。设转子原有的阻尼为负，即 $D < 0$。若对振系不施加镇定措施，则此时转子就将失稳。无干摩擦阻尼器时，振系的自由振动方程为

$$\ddot{x} + 2\omega D\dot{x} + \omega^2 x = 0 \tag{22.62}$$

其解为

$$x = e^{-D\omega t}\left[A\cos(\sqrt{1 - D^2}\,\omega t) + B\sin(\sqrt{1 - D^2}\,\omega t)\right] \tag{22.63}$$

式中，阻尼比 D 和自振频率 ω 取如下的表达式：$D = d/2\sqrt{ms}$；$\omega = \sqrt{s/m}$；m 为振系的质量，s 为振系的刚度，d 为振系的阻尼，系数 A 和 B 则由初始条件确定。

当 $D \ll 1$ 时，$\sqrt{1 - D^2} \approx 1$，故可忽略阻尼对自振频率的影响。于是式(22.63)变为

$$x = e^{-D\omega t}\left[A\cos(\omega t) + B\sin(\omega t)\right] \tag{22.64}$$

当阻尼 $D<0$ 时，振系振动幅值将随时间不断增大，振系失稳。

如图 22.4 所示，当振系中有干摩擦阻尼器时，振系的自由振动方程为

$$\ddot{x} + 2\omega D\dot{x} + \omega^2 x = -\omega^2 r_f, \quad \dot{x} > 0 \tag{22.65}$$

$$\ddot{x} + 2\omega D\dot{x} + \omega^2 x = \omega^2 r_f, \quad \dot{x} < 0 \tag{22.66}$$

式中,等效位移为 $r_f=\dfrac{F_d}{s}$; $F_d=\mu F$ 为摩擦力。

取初始条件 $t=0$, $x(0)=x_0$, $\dot{x}(0)=0$, 则振动方程为

$$\ddot{x}+2\omega D\dot{x}+\omega^2 x=\omega^2 r_f \tag{22.67}$$

解得

$$x=e^{-D\omega t}[A_0\cos(\omega t)+B_0\sin(\omega t)]+r_f \tag{22.68}$$

由初始条件求得

$$A_0=x_0-r_f;\quad B_0=(x_0-r_f)D$$

于是,

$$x=e^{-D\omega t}[(x_0-r_f)\cos\omega t+(x_0-r_f)D\sin(\omega t)]+r_f \tag{22.69}$$

当 $\omega t_1=\pi$ 时, $\dot{x}=0$。自此之后, $\dot{x}>0$, 振动方程为

$$\ddot{x}+2\omega D\dot{x}+\omega^2 x=-\omega^2 r_f \tag{22.70}$$

解为

$$x=e^{-D\omega t}[A_1\cos(\omega t)+B_1\sin(\omega t)]-r_f \tag{22.71}$$

在 $\omega t_1=\pi$ 的时刻,联立求解方程(22.69)和方程(22.71),可得

$$A_1=x_0-r_f-2r_f e^{D\pi} \tag{22.72}$$

$$B_1=(x_0-r_f-2r_f e^{D\pi})D \tag{22.73}$$

继续上述的过程,得到振系一个周期后的振动为

$$x=e^{-D\omega t}[A_2\cos(\omega t)+B_2\sin(\omega t)]+r_f \tag{22.74}$$

式中,

$$A_2=x_0-r_f-2r_f e^{D\pi}-2r_f e^{2D\pi} \tag{22.75}$$

$$B_2=(x_0-r_f-2r_f e^{D\pi}-2r_f e^{2D\pi})D \tag{22.76}$$

如此反复循环,振系每振动一个周期,振幅都将减小。在干摩擦阻尼器的作用下,振动不断衰减,直至振幅 $X\leqslant r_f$ 时,振动停止。图 22.34 为无干摩擦阻尼器和带干摩擦阻尼器振系振动的比较。振系振动初始值为 $x_0=1$ mm, $\dot{x}_0=0$, $\omega=80\pi$ rad/s, $D=-0.02$, 虚线为未加入干摩擦阻尼器的振动波形,实线为加入 $r_f=0.08$ mm 的干摩擦阻尼器后的振动波形。由图可见,干摩擦阻尼器使转子镇定。

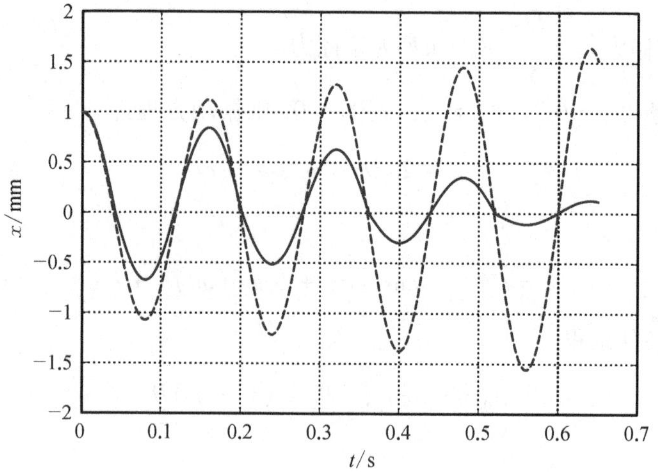

图 22.34 无干摩擦阻尼器和带干摩擦阻尼器振系振动的比较

$x_0 = 1\ \text{mm}$; $\dot{x}_0 = 0$; $\omega = 80\pi\ \text{rad/s}$; $D = -0.02$; $r_f = 0.08\ \text{mm}$

2. 干摩擦阻尼器的镇定边界

当负阻尼输入振系的能量与干摩擦阻尼器耗散的能量相等时,振系的运动达到稳定性边界。此时,振系发生周期运动,即

$$x = A\cos(\omega t + \beta) \tag{22.77}$$

式中,振幅 A 取决于初始激扰。

一个周期内,负阻尼输入振系的能量为

$$W = 2\pi DsA^2 \tag{22.78}$$

干摩擦阻尼器耗散的能量则为

$$W_\mu = 4AF\mu \tag{22.79}$$

令式(22.78)与式(22.79)相等,则得到干摩擦阻尼器的镇定边界,即

$$A_{\text{lim}} = \frac{2F\mu}{\pi|D|s} = \frac{2r_f}{\pi|D|} \tag{22.80}$$

式中,F 为正压力;μ 为摩擦系数。

式(22.80)说明,初始激扰引起的振动幅值 A 只要不超过 A_{lim},则负阻尼输入振系的能量总是小于干摩擦阻尼器耗散的能量,因此,振系的振动是稳定的。反之,则失稳。

另从式(22.80)可见,负阻尼 D 的绝对值越大,干摩擦阻尼器的镇定边界越小,而要提高镇定边界 A_{lim} 值,则需加大摩擦力 $F_d = F\mu$。

图22.35表示带干摩擦阻尼器振系3种振动形态。初始条件是 $x_0 = 2\ \text{mm}$，$\omega = 80\pi\ \text{rad/s}$，$D = -0.02$，$r_f = 0.08\ \text{mm}$。初始激扰产生的振动幅值分别为：(a) $A < A_{\text{lim}}$；(b) $A = A_{\text{lim}}$；(c) $A > A_{\text{lim}}$。由图可见，当 $A < A_{\text{lim}}$ 时，振动稳定，最后停止于 $r < r_f$ 处；当 $A = A_{\text{lim}}$ 时，振动处于稳定性边界状态；当 $A > A_{\text{lim}}$ 时，振系失稳。

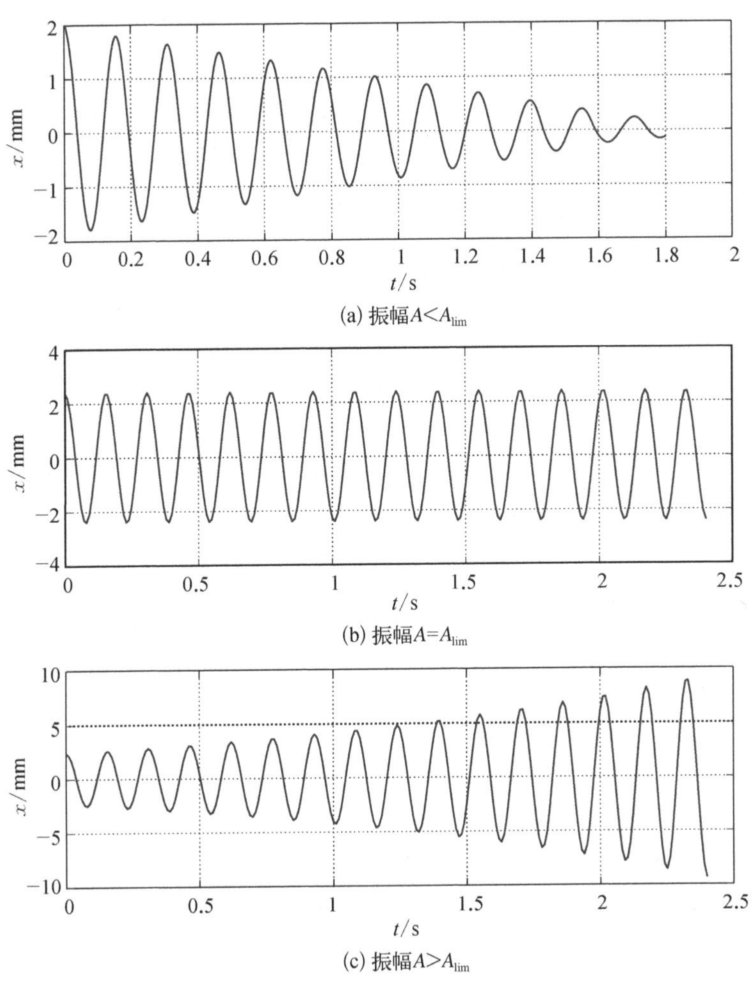

(a) 振幅 $A<A_{\text{lim}}$

(b) 振幅 $A=A_{\text{lim}}$

(c) 振幅 $A>A_{\text{lim}}$

图22.35　带干摩擦阻尼器振系的振动

$x_0 = 2\ \text{mm}$；$\dot{x}_0 = 0$；$\omega = 80\pi\ \text{rad/s}$；$D = -0.02$；$r_f = 0.08\ \text{mm}$

22.3.7　带弹支干摩擦阻尼器单盘转子的振动

如图22.36所示，利用一个简单转子模型来分析干摩擦阻尼器的减振原理。转子支承在滚动轴承之上。在转子跨度之间，两侧对称地各安装一个干摩擦阻尼器。干摩擦阻尼器由动摩擦片、静摩擦片和滚动轴承等元件组成。动摩擦片套装在安装于轴上的滚动轴承外环之上,但不旋转。静摩擦片固定在机匣或其他固定结构上,并与动摩擦片压紧,压紧力 F 可调。

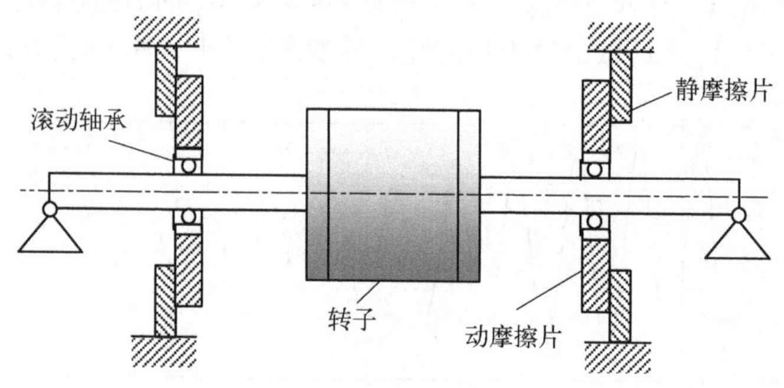

图 22.36 带干摩擦阻尼器的转子

当转子不振动时,动、静摩擦片皆不运动。当转子振动时,动摩擦片随轴一同发生平面运动,但不旋转。动、静摩擦片之间就产生相对滑动,从而产生摩擦力。摩擦力的方向始终与转子振动速度的方向相反,由此,就会给转子的振动施加阻尼作用。

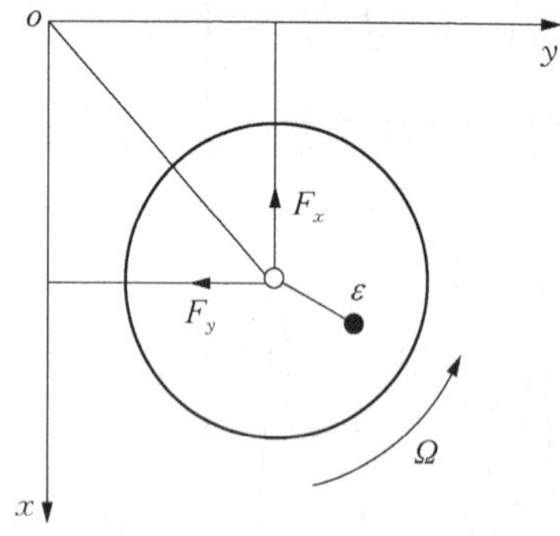

图 22.37 转子的运动与受力分析

转子的运动与受力如图 22.37 所示,其运动方程为

$$m\ddot{x} + d\dot{x} + F_x\mathrm{Sgn}(\dot{x}) + sx = m\varepsilon\Omega^2\cos(\Omega t) \tag{22.81}$$

$$m\ddot{y} + d\dot{y} + F_y\mathrm{Sgn}(\dot{y}) + sy = m\varepsilon\Omega^2\sin(\Omega t) \tag{22.82}$$

式中,m、d 和 s 分别为转子的质量、阻尼和刚度。F_x 和 F_y 分别为阻尼器作用在转子上的摩擦力,Sgn 为符号函数。当其变量为正时,其值为+1;当其变量为负时,其值为-1。ε 表示转子的质量偏心距,Ω 为转速。

假设压紧力在整个摩擦片上是均匀分布的,且摩擦片各向同性,取库伦摩擦模型,则有

$$F_x = F_y = \mu F = F_d \tag{22.83}$$

式中,F 为动、静摩擦片之间的压紧力;μ 为摩擦系数。

数学上,符号函数可表示为

$$\mathrm{Sgn}(\dot{x}) = \frac{\dot{x}}{|\dot{x}|} \tag{22.84}$$

$$\mathrm{Sgn}(\dot{y})=\frac{\dot{y}}{|\dot{y}|} \tag{22.85}$$

代入后,方程(22.81)和方程 (22.82)就变成非线性方程组,不易求解。

事实上,可将方程(22.81)和方程(22.82)分解成4个线性方程:

$$m\ddot{x}+d\dot{x}+sx=-F_d+m\varepsilon\Omega^2\cos(\Omega t),\quad \dot{x}>0 \tag{22.86}$$

$$m\ddot{x}+d\dot{x}+sx=F_d+m\varepsilon\Omega^2\cos(\Omega t),\quad \dot{x}<0 \tag{22.87}$$

$$m\ddot{y}+d\dot{y}+sy=-F_d+m\varepsilon\Omega^2\sin(\Omega t),\quad \dot{y}>0 \tag{22.88}$$

$$m\ddot{y}+d\dot{y}+sy=F_d+m\varepsilon\Omega^2\sin(\Omega t),\quad \dot{y}<0 \tag{22.89}$$

引入阻尼比 $D=\dfrac{d}{2\sqrt{ms}}$; 自振频率 $\omega=\sqrt{\dfrac{s}{m}}$; 等效位移 $r_f=\dfrac{F_d}{s}$, 则上述4个方程可简化为

$$\ddot{x}+2\omega D\dot{x}+\omega^2x=-\omega^2r_f+\varepsilon\Omega^2\cos(\Omega t),\quad \dot{x}>0 \tag{22.90}$$

$$\ddot{x}+2\omega D\dot{x}+\omega^2x=\omega^2r_f+\varepsilon\Omega^2\cos(\Omega t),\quad \dot{x}<0 \tag{22.91}$$

$$\ddot{y}+2\omega D\dot{y}+\omega^2y=-\omega^2r_f+\varepsilon\Omega^2\sin(\Omega t),\quad \dot{y}>0 \tag{22.92}$$

$$\ddot{y}+2\omega D\dot{y}+\omega^2y=\omega^2r_f+\varepsilon\Omega^2\sin(\Omega t),\quad \dot{y}<0 \tag{22.93}$$

方程的解将包含两部分。一部分是由初始激扰所引起的振动,即自由振动;另一部分是转子不平衡所激起的强迫振动。

为分析干摩擦阻尼器的阻尼镇定作用,只需考察转子的自由振动即可。

设转子质量偏心 $\varepsilon=0$, 则方程(22.90)、方程(22.91)、方程(22.92)和方程(22.93)变为

$$\ddot{x}+2\omega D\dot{x}+\omega^2x=-\omega^2r_f,\quad \dot{x}>0 \tag{22.94}$$

$$\ddot{x}+2\omega D\dot{x}+\omega^2x=\omega^2r_f,\quad \dot{x}<0 \tag{22.95}$$

$$\ddot{y}+2\omega D\dot{y}+\omega^2y=-\omega^2r_f,\quad \dot{y}>0 \tag{22.96}$$

$$\ddot{y}+2\omega D\dot{y}+\omega^2y=\omega^2r_f,\quad \dot{y}<0 \tag{22.97}$$

为了只分析干摩擦阻尼器的阻尼效果,可不考虑转子原有的阻尼,即 $D=0$。

假设转子运动的初始条件为 $t=0$, $x(0)=x_0$, $\dot{x}(0)=0$; $y(0)=0$, $\dot{y}(0)=\dot{y}_0$, 则首先应取方程(22.95)和方程(22.96)来描述转子的运动:

$$\ddot{x}+\omega^2x=\omega^2r_f \tag{22.98}$$

$$\ddot{y} + \omega^2 y = -\omega^2 r_f \tag{22.99}$$

方程的解为

$$x = (x_0 - r_f)\cos(\omega t) + r_f \tag{22.100}$$

$$\begin{aligned} y &= r_f \cos(\omega t) + \frac{\dot{y}_0}{\omega}\sin(\omega t) - r_f \\ &= Y_1 \sin(\omega t + \varphi_1) - r_f \end{aligned} \tag{22.101}$$

$$Y_1 = \sqrt{r_f^2 + \left(\frac{\dot{y}_0}{\omega}\right)^2} \tag{22.102}$$

$$\tan\varphi_1 = \frac{\omega r_f}{\dot{y}_0} \tag{22.103}$$

速度为

$$\dot{x} = -\omega(x_0 - r_f)\sin(\omega t) \tag{22.104}$$

$$\dot{y} = -\omega r_f \sin(\omega t) + \dot{y}_0 \cos(\omega t) \tag{22.105}$$

当 $0 < \omega t \leqslant \pi$，则 $\dot{x} < 0$，方程(22.98)在此范围内形式不变。但当

$$\tan(\omega t_1) = \frac{\dot{y}_0}{\omega r_f} \tag{22.106}$$

或

$$t_1 = \frac{1}{\omega}\tan^{-1}\frac{\dot{y}_0}{\omega r_f} \tag{22.107}$$

时，$\dot{y} = 0$。自此之后，$\dot{x} < 0$，$\dot{y} < 0$，则在 x 和 y 方向的运动方程应为

$$\ddot{x} + \omega^2 x = \omega^2 r_f \tag{22.108}$$

$$\ddot{y} + \omega^2 y = \omega^2 r_f \tag{22.109}$$

其解为

$$x = (x_0 - r_f)\cos(\omega t) + r_f \tag{22.110}$$

$$y = A\cos(\omega t) + B\sin(\omega t) + r_f \tag{22.111}$$

$$A = \frac{\omega^2 r_f^2\left[r_f + \dfrac{\dot{y}_0^2}{\omega^2 r_f} - \dfrac{2r_f}{\cos(\omega t_1)}\right]}{\omega^2 r_f^2 + \dot{y}_0^2} \tag{22.112}$$

$$B=\frac{\omega r_f\dot{y}_0\left[r_f+\dfrac{\dot{y}_0^2}{\omega^2 r_f}-\dfrac{2r_f}{\cos(\omega t_1)}\right]}{\omega^2 r_f^2+\dot{y}_0^2} \tag{22.113}$$

如果 x 和 y 仍然足够大,弹性恢复力足以克服静态摩擦力,转子轴心的运动将不会停止。

当 $\omega t_2=\pi$ 时,$\dot{x}=0$。自此之后,$\dot{x}>0$,$\dot{y}<0$,转子的运动方程为

$$\ddot{x}+\omega^2 x=-\omega^2 r_f \tag{22.114}$$

$$\ddot{y}+\omega^2 y=\omega^2 r_f \tag{22.115}$$

其解如下:

$$x=(x_0-3r_f)\cos(\omega t)-r_f \tag{22.116}$$

$$y=A\cos(\omega t)+B\sin(\omega t)+r_f \tag{22.117}$$

式中,A 和 B 由式(22.112)和式(22.113)给定。

转子继续运转至 $\omega t_3=\pi+\omega t_1$ 时,$\dot{y}=0$。从时刻 t_3 开始,$\dot{x}>0$,$\dot{y}>0$,转子的运动方程为

$$\ddot{x}+\omega^2 x=-\omega^2 r_f \tag{22.118}$$

$$\ddot{y}+\omega^2 y=-\omega^2 r_f \tag{22.119}$$

求得方程的解为

$$x=(x_0-3r_f)\cos(\omega t)-r_f \tag{22.120}$$

$$y=C\cos(\omega t)+E\sin(\omega t)-r_f \tag{22.121}$$

式中,

$$C=\frac{\omega^2 r_f^2\left[r_f+\dfrac{\dot{y}_0^2}{\omega^2 r_f}-\dfrac{4r_f}{\cos(\omega t_1)}\right]}{\omega^2 r_f^2+\dot{y}_0^2} \tag{22.122}$$

$$E=\frac{\omega r_f\dot{y}_0\left[r_f+\dfrac{\dot{y}_0^2}{\omega^2 r_f}-\dfrac{4r_f}{\cos(\omega t_1)}\right]}{\omega^2 r_f^2+\dot{y}_0^2} \tag{22.123}$$

当 $\omega t_4=2\pi$ 时,再次有 $\dot{x}=0$。自此之后,$\dot{x}<0$,$\dot{y}>0$,转子的运动方程为

$$\ddot{x}+\omega^2 x=\omega^2 r_f \tag{22.124}$$

$$\ddot{y} + \omega^2 y = -\omega^2 r_f \tag{22.125}$$

其解如下：

$$x = (x_0 - 5r_f)\cos(\omega t) + r_f \tag{22.126}$$

$$y = C\cos(\omega t) + E\sin(\omega t) - r_f \tag{22.127}$$

式中，C 和 E 由式(22.122)和式(22.123)确定。

由上面的分析过程可见，在干摩擦阻尼器的作用之下，转子每旋转一个周期，振动幅值都将减小。在 x 和 y 方向的减少量分别为 $4r_f$ 和 $\dfrac{4r_f^2}{Y_1^2}\dfrac{Y_1}{\cos(\omega t_1)}$。振动不断衰减，直到转子的振动幅值 $r = \sqrt{x^2 + y^2} < r_f$ 时，自由振动将停止。干摩擦阻尼器起到了阻尼效果。

图 22.38 表示转子的运动轨迹。初始值 $x_0 = 5$ mm；$\dot{x} = 0$；$y = 0$；$\dot{y}_0 = 800$ mm/s；$r_f = 0.25$ mm；$\omega = 80\pi$ rad/s；$D = 0$。在干摩擦阻尼器的阻尼作用下，转子的运动轨迹不断缩小，当转子运动的轨迹半径 $r = \sqrt{x^2 + y^2} < r_f$ 时，转子振动停止。

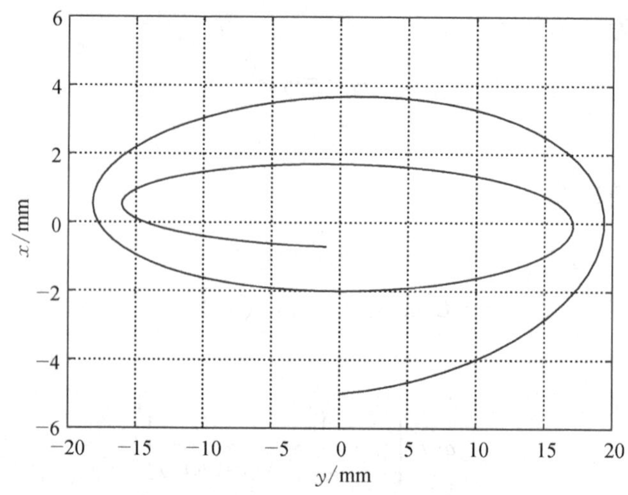

图 22.38　转子的运动轨迹

$x_0 = 5$ mm；$\dot{x} = 0$；$y = 0$；$\dot{y}_0 = 800$ mm/s；$r_f = 0.25$ mm；$\omega = 80\pi$ rad/s；$D = 0$

22.4　几种弹支干摩擦阻尼器结构形式和特点

西北工业大学经过了多年的探索研究，已经将弹支干摩擦阻尼器从最初的理论构想发展成为系列的主控式弹支干摩擦阻尼器，包括弹簧式弹支干摩擦阻尼器、电磁式主控弹支干摩擦阻尼器、压电式主控弹支干摩擦阻尼器、压电式主控折返弹支干摩擦阻尼器,以及压电式主控弹片弹支干摩擦阻尼器,已初步达到工程应用的水平。下面将介绍这几种弹支干摩擦阻尼器的结构形式和特点。

22.4.1 弹簧式弹支干摩擦阻尼器

图22.39表示弹簧式弹支干摩擦阻尼器的结构。轴承外环支承在鼠笼式弹性支座中;弹支一端固定在固装的支座1上,另一端端面上固定了动摩擦片。在弹簧支座7中安装了静摩擦片和弹簧筒,弹簧筒中的弹簧为静摩擦片提供压紧力,使静摩擦片与动摩擦片保持接触。转子不振动时,动、静摩擦片均保持静止;转子振动时,动摩擦片随弹性支承一同作平面运动,但不随着轴的旋转而转动。动摩擦片与静摩擦片之间产生相对运动,在压紧力的作用下摩擦耗能,从而为转子提供阻尼。

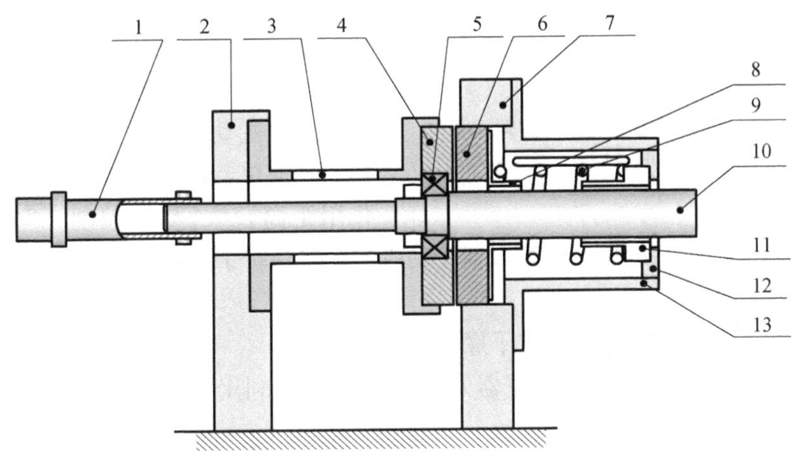

图22.39 弹簧式弹支干摩擦阻尼器结构[4]

1. 联轴器; 2. 轴承支座; 3. 鼠笼式弹性支承; 4. 动摩擦片; 5. 轴承; 6. 静摩擦片; 7. 弹簧支座; 8. 弹簧前导杆; 9. 弹簧; 10. 轴; 11. 弹簧后导杆; 12. 压板; 13. 弹簧筒

这种阻尼器的优点是,结构简单,重量轻,压紧力由预压弹簧提供。但缺点是不能根据转子的振动大小主动地控制压紧力。它适用于一般的转子实验器。

22.4.2 电磁式主控弹支干摩擦阻尼器

由前两节所述的干摩擦减振理论可知,弹支干摩擦阻尼器既可用于控制转子在通过临界转速时的振动,也可同时用于抑制转子的失稳振动。在发动机运行过程中,引起这两种振动的激励源及其强度是变化的。这就期望,减振所需提供的阻尼能与之相适应地变化。因此,主动式阻尼器是实现转子振动主动控制的关键。图22.40表示一种电磁式主动控制的弹支干摩擦阻尼器。该阻尼器用电磁铁作为

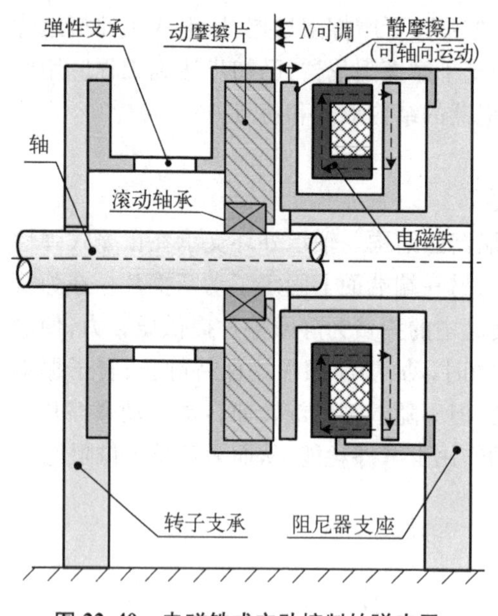

图 22.40 电磁铁式主动控制的弹支干摩擦阻尼器结构[8]

施力装置,提供静摩擦片与动摩擦片之间的压紧力,可以通过改变电压的大小来调节电磁铁施加的压紧力,从而实现振动主动控制。如图所示,电磁铁固定在阻尼器支座上,静摩擦片为一环形双圆板结构。前圆板与动摩擦片接触,产生干摩擦;后圆板与电磁铁端面配合。电磁铁对后圆板产生吸力。静摩擦片经内孔与支座的筒形支柱配合,可轴向移动。根据转子的振动,调节电磁铁的电压,由此改变电磁铁对后圆板的吸力,从而改变静摩擦片与动摩擦片之间的压紧力,达到以自适应的方式向转子提供阻尼的目的。

这种主动控制式弹支干摩擦阻尼器原理简单,调节范围大,不需预紧力,作用距离较大,易于控制。但重量较大,响应时间较长。适用于地面大型发动机实验系统转子的减振。

22.4.3 压电式主控弹支干摩擦阻尼器

压电式主控弹支干摩擦阻尼器如图 22.41 所示,利用智能材料作为作动器,以

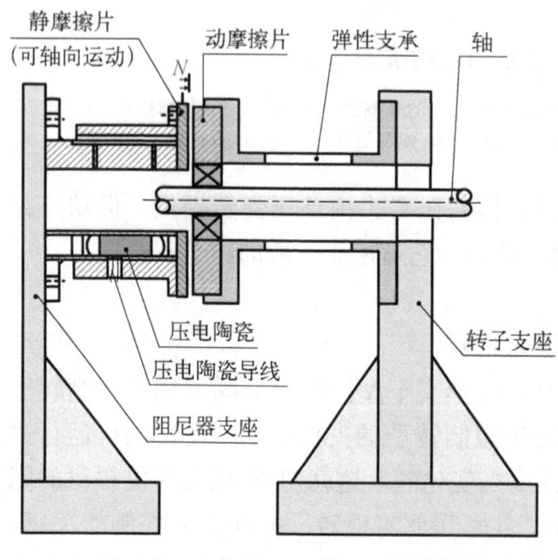

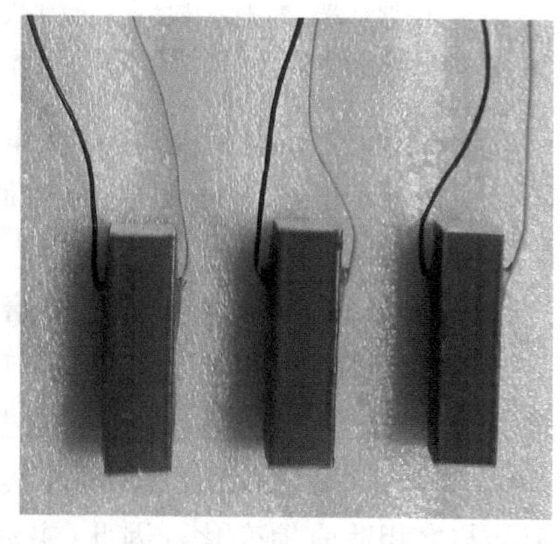

图 22.41 压电式主控弹支干摩擦阻尼器与堆叠式压电陶瓷[16]

使阻尼器小型化。其结构与上述两种阻尼器相似,但用 3 个堆叠式压电陶瓷作为阻尼器的施力元件,120°均布于支座的孔中,向静摩擦片提供压紧力。调节压电陶瓷的供电电压,就可控制压紧力。这种结构重量轻,响应快,但作用距离短,需提供预紧力。

22.4.4　压电式主控折返弹支干摩擦阻尼器

为了使弹支干摩擦阻尼器结构更加紧凑,适合于航空发动机转子系统的减振,将支座和弹支结构进行改进,设计出如图 22.42 所示的紧凑型主控弹支干摩擦阻尼器。

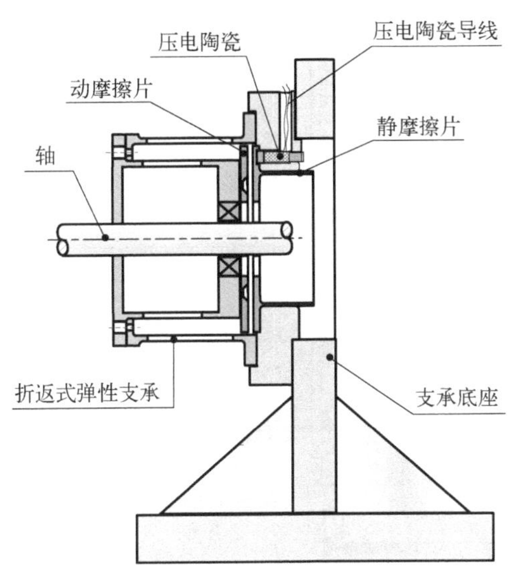

图 22.42　压电式主控折返弹支干摩擦阻尼器结构[17,18]

如图 22.42 所示,作动器仍用 3 个堆叠式压电陶瓷,120°均布于支座的通孔中。采用折返式弹性支承。外弹支一端固定在支座上,另一端与内弹支固连。内弹支尾端连接动摩擦片,动摩擦片只随弹支作径向运动,不随轴转动。静摩擦片固定于支座的内孔中,只能作轴向运动。压电陶瓷抵紧静摩擦片的背面,通过电压变化控制压电陶瓷的伸缩,进而改变动、静摩擦片之间的压紧力,实现转子振动的主动控制。

该阻尼器设计的进步在于引入了折返式弹支结构,即将原有弹支分成了外弹支和内弹支两个部分。这样便可使弹性支承与阻尼器的施力机构共用一个支座,结构紧凑,重量小,尺寸短,有望在航空发动机上获得应用。

22.4.5　压电式主控弹片弹支干摩擦阻尼器

在弹支干摩擦阻尼器中,要求静摩擦片径向限位,无位移,而轴向能够在作动器的作用下移动,以便与动摩擦片接触。为此,上述 4 种阻尼器的静摩擦片均带一圆筒,通过圆柱面与支座的内孔配合。为使静摩擦片可沿轴向运动,必须采用间隙配合。从减振角度出发,该配合间隙越小越好,理想情况下,间隙应该为 0。但这在工艺上难以实现,而且静摩擦片轴向运动的摩擦阻力会增大。间隙太小,加工和装配难度大,成本高。另外,间隙太小,静摩擦片的轴向运动可能受到卡滞。间隙较大时,当动摩擦片的振幅(即转子支点处的振动)小于此间隙时,静摩擦片在间隙内自由运动，动、静摩擦片之间没有相对运动，不产生摩擦，故无法获得减振效果。

为此，设计了一种改进的新型压电式主控弹片弹支干摩擦阻尼器结构，如图 22.43 所示。由图可见，在新型阻尼器中，将弹性支承的端面设计成动摩擦片，结构简单，可靠性高。

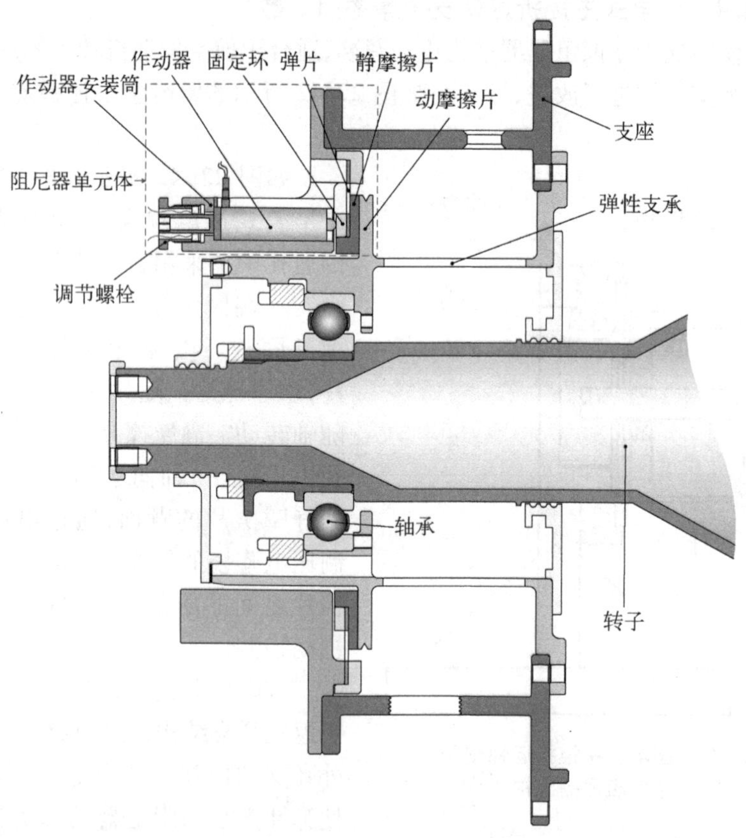

图 22.43 压电式主控弹片弹支干摩擦阻尼器结构[19]

静摩擦片、固定环和弹片连接成弹片组件，组件安装在静止件上。弹片组件和弹片如图 22.44 所示。弹片内外环均有通孔。静摩擦片通过内环的通孔与弹片装配为一体，外环的通孔则用于将带静摩擦片的弹片组件安装到静止件上。

弹片通过外环上的通孔与支座连接，径向刚度较大，以满足静摩擦片径向无间隙的要求。弹片轴向刚度较小，使静摩擦片可沿轴向运动。为获得较小的轴向刚度，弹片的厚度不宜太大。根据作动器作用力的量程，可对弹片的结构进行设计，保证径向刚度较大，而轴向刚度很小。由此就可解决静摩擦片的配合间隙问题。

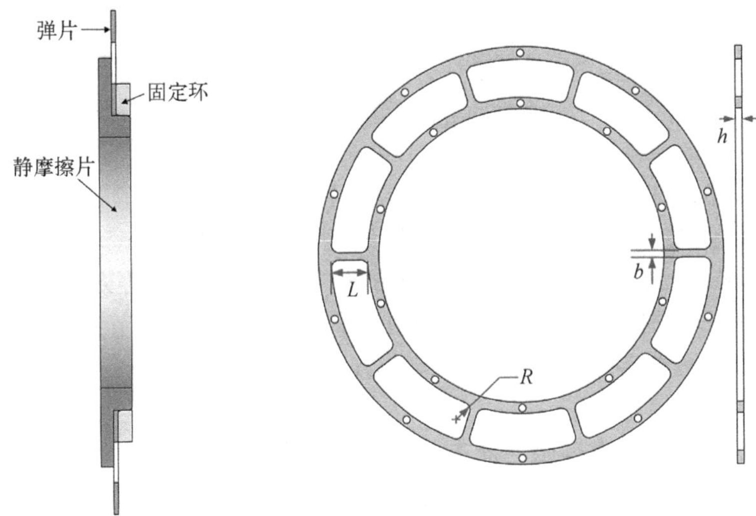

图 22.44 弹片组件和弹片[19]

由于弹片较薄,容易变形,直接与静摩擦片连接,可靠性不易保证。故另设计如图 22.44 所示的固定环。通过固定环将弹片与静摩擦片装配为一体,保证了结构连接的可靠性。装配好的弹片和静摩擦片组件如图 22.45 所示。

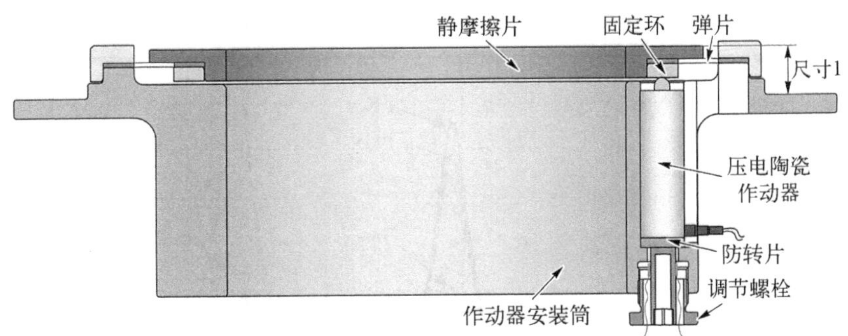

图 22.45 弹片和静摩擦片组件[19]

现将弹支干摩擦阻尼器的特点概括如下:

(1) 弹支干摩擦阻尼器减振机理清晰,构思巧妙,是航空发动机转子减振的新技术。

(2) 弹支干摩擦阻尼器结构简单,响应快,耗能小,便于实施主动控制,有望成为新一代发动机振动主动控制的支撑技术。

(3) 经过二十多年的持续研究,目前已初步达到工程应用的技术水平。可以预见,弹支干摩擦阻尼器在航空发动机领域将具有广阔的应用前景。

22.5 主控式弹支干摩擦阻尼器的控制策略和控制方法

如上所述，主控式弹支干摩擦阻尼器可用于转子系统的振动主动控制。转子振动主动控制器的设计可沿用经典控制理论中的 PID（Proportion Integration Differentiation）控制方法或现代控制论中的 H^{∞} 控制、最优控制等方法，控制转子通过临界转速区域的振动峰值，或同时拟制转子的失稳振动。本节介绍利用主控式弹支干摩擦阻尼器控制转子振动的策略与方法。

22.5.1 弹支干摩擦阻尼器主动控制转子振动的策略

图 22.46 是利用弹支干摩擦阻尼器施行振动控制时，转子的振动幅频特性曲线，其中，按照箭头所指方向压紧力依次增大，分别为 1 N、10 N、25 N、50 N、100 N、300 N、500 N 和 800 N。从图可以看出，在临界转速区域振动幅值随着压紧力的增加先减小，而后又开始增加。当压紧力达到 800 N 时，振动峰值甚至超过无阻尼器时的峰值。存在一个最佳压紧力，使转子振动峰值达到最小。因此，需进行寻优控制。同时，由幅频特性曲线可以看出，临界转速随着压紧力的增加而提高，阻尼器改变了转子系统的临界转速。

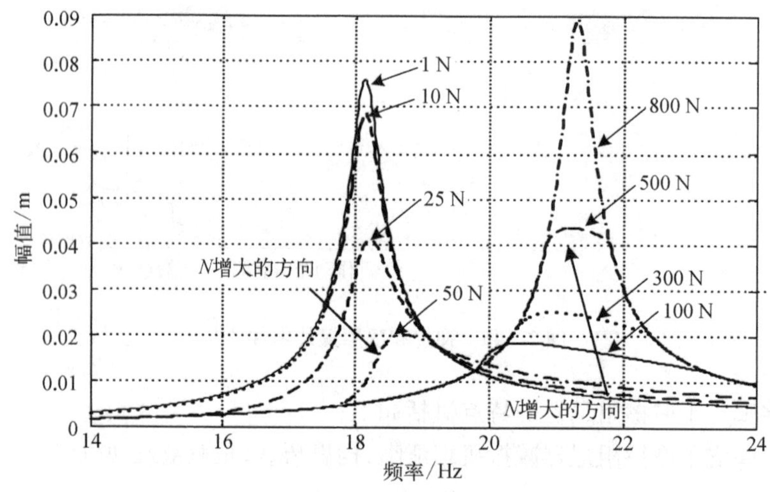

图 22.46 不同压紧力下转子振动的幅频特性曲线

由此可见，若弹支干摩擦阻尼器用于控制转子的临界峰值，则应选择合适的转速区间（临界转速区域）实施控制。在所选的控制转速区间内，调节弹支干摩擦阻尼器静摩擦片和动摩擦片之间的压紧力，进行寻优控制，以减小转子临界振动峰值;而在其他转速区域,不对阻尼器施加控制,这样,既能达到控制转子振动峰值的目的,又不会改变转子非控制转速区域的动力学特性。

22.5.2　主控式弹支干摩擦阻尼器的控制方法

1. PI(Proportion Integration)控制

1) PI 控制器设计

针对带有弹支干摩擦阻尼器的转子系统,设计 PI 控制器。PI 控制器输入到功率放大器的电压为

$$u(t) = k_p e(t) + k_i \int e(t)\,\mathrm{d}t \tag{22.128}$$

式中,$u(t)$ 为控制输入电压;k_p 为比例系数;k_i 为积分系数;$e(t)=A_r-A_t$ 是检测的振幅偏差信号;A_r 是目标振动峰值;A_t 为转子上实时测到的振动峰值。控制的目标是转子的临界振动峰值不超过限定的振动峰值。

2) 系统仿真

以简单对称转子为例,分析电磁式主控弹支干摩擦阻尼器对转子振动的控制效果。取比例系数 k_p 和积分系数 k_i 分别为 2.5 和 3.5,$A_r = 0.42 \times 10^{-3}$ m。

图 22.47 是当转速在 1 680~1 820 r/min 区域内,施加 PI 控制,仿真得到的转子幅频响应曲线,即在临界转速区域使用 PI 控制时的幅频响应曲线。其中,图 22.47(a)是利用弹支干摩擦阻尼器按照 PI 控制律对转子实施振动控制时,转子的幅频曲线,图 22.47(b)是控制过程的电磁铁电压曲线。

从图 22.47 可以看出,在转速区间(1 680~1 820 r/min)内,PI 控制要比简单被动控制有优势,既能有效降低转子通过临界转速区域的振动,又不改变转子系统的临界转速特性。由图 22.47(b)可见,在控制器刚打开时,以及在转子临界转速区域,控制电压明显增大,说明所设计的 PI 控制器能够根据振动幅值大小,调节励磁电压,控制转子通过临界转速区域的振动。

2. 连续增益调度(gain scheduling)PI 控制(连续 GSPI)

由于干摩擦滞迟特性的影响,利用固定比例系数和固定积分系数的 PI 控制器,控制转子通过临界转速区域的振动时,振动幅值先减小,后又有所增加,而在振动较大时,振动控制达不到最佳效果。因此,需要设计控制器,使得比例系数和积分系数能够根据转子振动的大小,实时变化,即在转子振动偏差较小时,给定较小的比例系数和较大的积分系数,而在振动偏差较大时,给定较大的比例系数和较小的积分系数,以此改善控制效果。

1) 连续 GSPI 控制器设计

电磁式弹支干摩擦阻尼器的 GSPI 控制原理和流程如图 22.48 所示,其上层驱

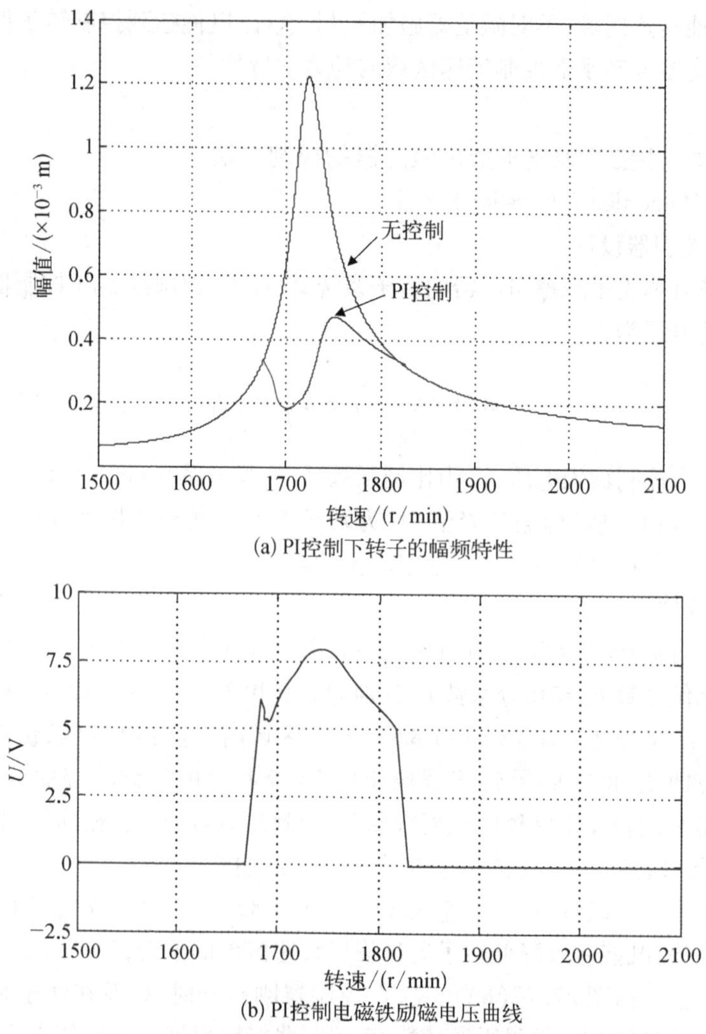

(a) PI控制下转子的幅频特性

(b) PI控制电磁铁励磁电压曲线

图 22.47 电磁式主控弹支干摩擦阻尼器控制下(PI 控制)转子的幅频特性及电磁铁的励磁电压(PI 控制)

动事件是转子的转速(r/min),完成临界转速区域的确定(即模态的调度,如 1/2 临界转速区域、1 阶临界转速区域等)及参数调整, $G_c(s)$、$G_a(s)$、$G_d(s)$ 和 $G_t(s)$ 分别是控制器、功率放大器、位移传感器和信号调理器的传递函数,它们都为比例传递函数;k_p 和 k_i 分别为比例系数和积分系数;u 和 U 分别是控制输出电压和功率放大后的电压。

控制器实时输入到功率放大器的电压为

$$u(t) = k_p(t)e(t) + k_i(t)\int e(t)\,\mathrm{d}t \tag{22.129}$$

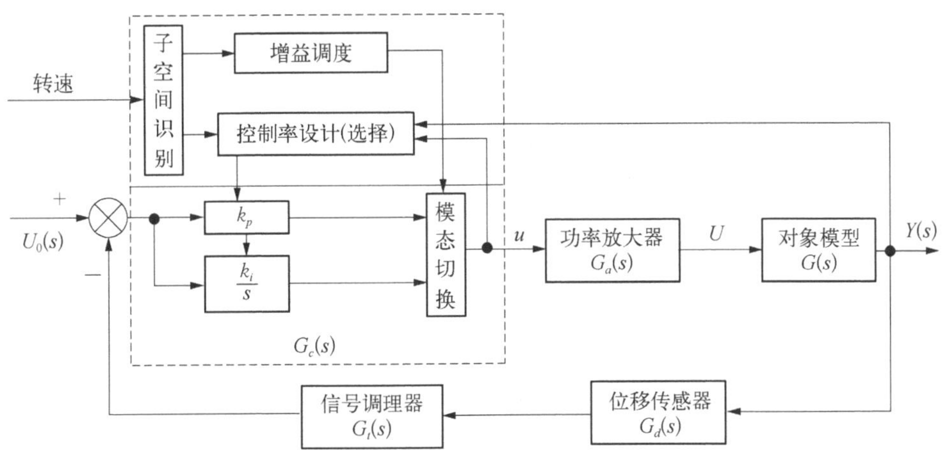

图 22.48　GSPI 控制器工作原理

式中，$e(t)=A_r-A(t)$，比例系数 $k_p(t)$ 和积分系数 $k_i(t)$ 都是振动幅值偏差 $e(t)$ 的函数。

比例系数 $k_p(t)$ 的数学表达如下：

$$k_p(t)=k_{p\max}-(k_{p\max}-k_{p\min})\exp\{-[a\,|\,e(t)\,|\,]\}\qquad(22.130)$$

式中，a 是常数；$k_{p\max}$ 和 $k_{p\min}$ 是比例系数 k_p 的最大值和最小值。由式(22.130)可知，比例系数 k_p 是根据振动幅值偏差 $e(t)$ 自动调节的，即当转速通过临界转速时，振动偏差 $e(t)$ 较大，指数项趋近于 0，k_p 达到最大 $k_{p\max}$。此时，较大的比例系数会使得动、静摩擦片之间的压紧力加大，从而使得转子振动迅速减小。在刚打开控制器和接近控制器关闭的转速点时，振动偏差较小，指数项趋近于 1，k_p 达到最小 $k_{p\min}$。a 的大小决定 k_p 在 $k_{p\max}$ 和 $k_{p\min}$ 之间调节得快慢。

积分系数 $k_i(t)$ 的数学表达式如下：

$$k_i(t)=k_{i\max}[1-b(t)]\qquad(22.131)$$

式中，$k_{i\max}$ 是增益系数的最大值，$0\leqslant b(t)\leqslant 1$。$k_i$ 随着 $b(t)$ 的变化而变化，变化范围为 $0\leqslant k_i\leqslant k_{i\max}$。当转子振动比较小时，较大的积分系数可以减小由于振动偏差信号小而引起的系统不稳定；当转子振动比较大时，较小的积分系数可以减小系统的振荡。

2）系统仿真

仍以上述的单盘对称转子模型为例，当转速在 1 680~1 820 r/min 区域内时，利用电磁式弹支干摩擦阻尼器对转子振动施加连续 GSPI 控制，得到的转子幅频特性如图 22.49 所示。其中，图 22.49(a)是 PI 控制和 GSPI 控制下转子振动幅频特性的比较，图 22.49(b)是 PI 控制和 GSPI 控制过程中电磁铁励磁电压的变化曲线。

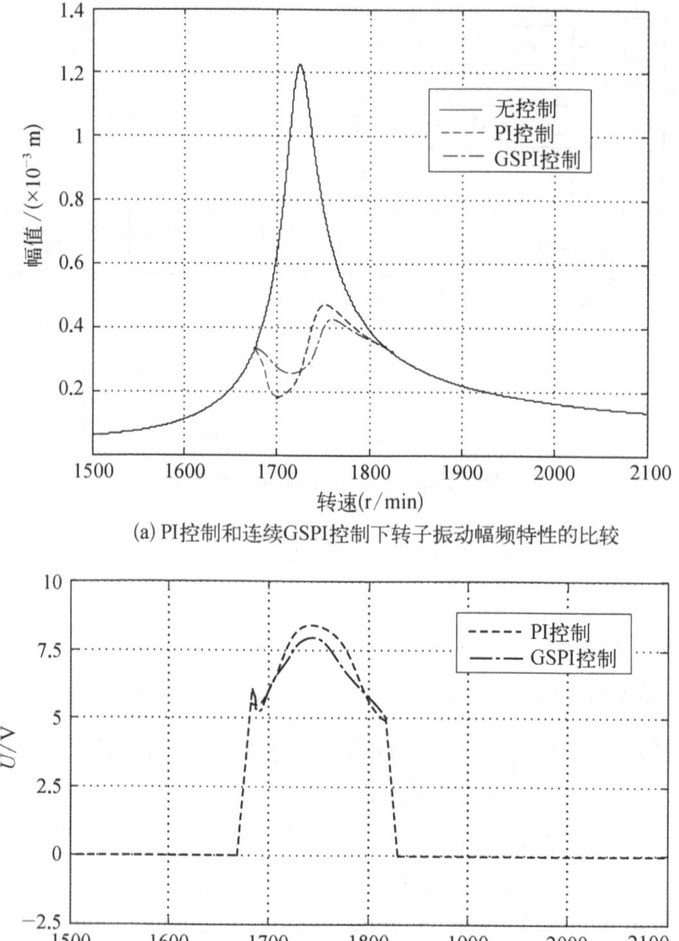

(a) PI控制和连续GSPI控制下转子振动幅频特性的比较

(b) 连续GSPI和PI控制电压的变化

图 22.49　连续 GSPI 和 PI 控制方法下转子振动的幅频特性和控制电压的变化

由图 22.49 可见，在转子振动信号偏差较小时，连续 GSPI 控制以较小的比例系数和较大积分系数实施控制，利于系统的稳定；而在振动偏差信号较大时，连续 GSPI 控制以较大的比例系数和较小的积分系数控制转子振动，利于迅速减小转子振动和减小系统的振荡，与 PI 控制方法相比，具有更好的控制效果。

综上所述，相同条件下，基于 PI 控制和连续 GSPI 控制方法的主动弹支干摩擦阻尼器，均能有效控制转子通过临界转速区域的振动。但在抑制转子通过临界转速时过大的振动、减小系统振荡和增大系统的稳定性方面，连续 GSPI 控制方法较 PI 控制更有优势。

22.5.3 主控式弹支干摩擦阻尼器控制转子振动的实验

1. 实验系统

图22.50(a)和图22.50(b)分别是带有主控弹支干摩擦阻尼器的转子系统结构简图和实验器实物照片。实验器主要包括：转子支座(1、4)；保护支座5；主动弹支干摩擦阻尼器(1#、2#)；轴；轮盘和柔性联轴器。主控弹支干摩擦阻尼器的鼠笼式弹性支承一端与转子支座相连，另一端安装有动摩擦片与滚动轴承。由轴和盘构成的转子支承在滚动轴承上。支座2和3是主控弹支干摩擦阻尼器的电控驱动机构与静摩擦片的固定支座；支座5是转子系统的保护支座，用于限制转子的最大振幅。转子系统通过柔性联轴器与三相异步电机相连，并由电机驱动。三相异步电机的转速由变频器进行控制。实验器的主要尺寸和参数如表22.2所示。

表22.2 实验器主要尺寸及参数

支点间距	轴直径	盘直径	盘厚	盘轴材料	弹支刚度	临界转速
700 mm	28 mm	240 mm	40 mm	45#钢	7.5×10^5 N/m	1 630 r/min

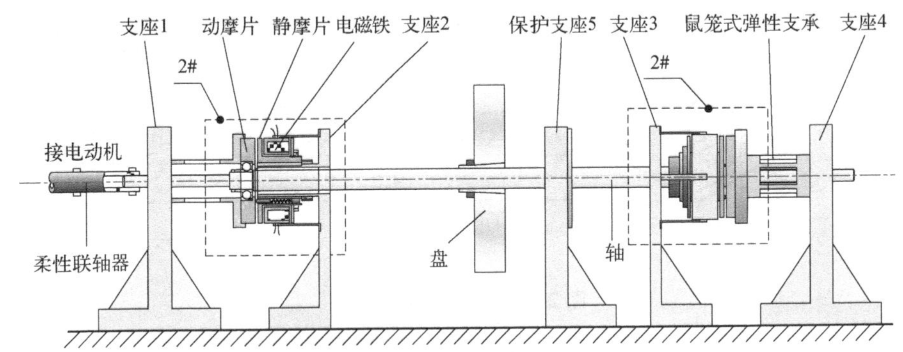

(a) 实验器整体结构

(b) 实验器照片

图22.50 带有主控式弹支干摩擦阻尼器的转子系统[8,15]

测控系统如图 22.51 所示。振动速度、振动位移和转速的测试信号输入信号调理器进行信号调理，然后经由数据采集卡 A/D 输入计算机，进行处理和分析。计算机根据处理和分析结果发出控制指令，经由数据采集卡 D/A 输入功率放大器，驱动电磁式主控弹支干摩擦阻尼器工作。测控系统控制流程如图 22.52 所示。

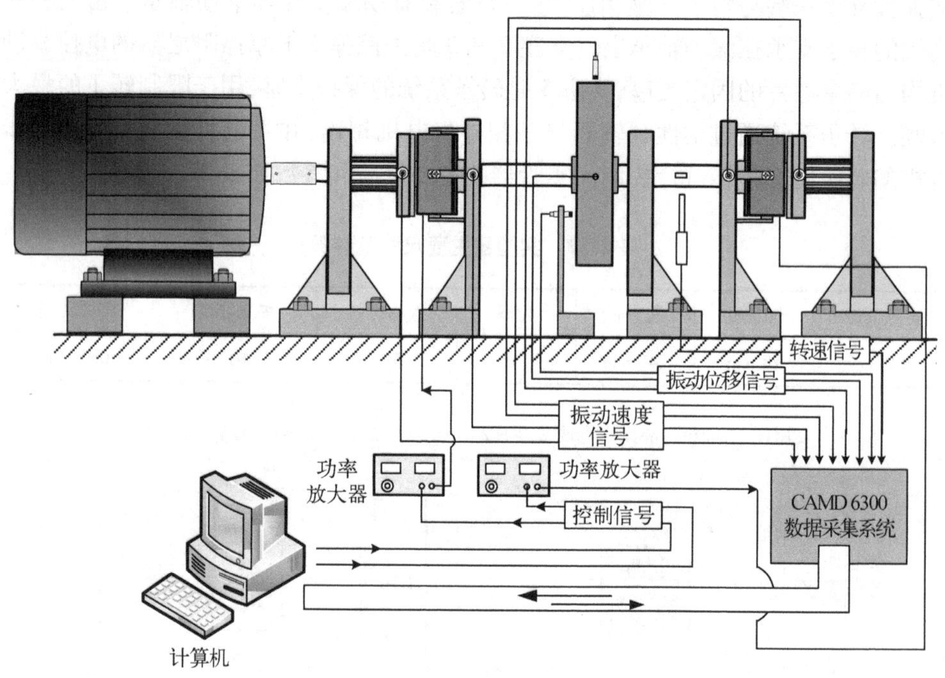

图 22.51 测控系统[8,15]

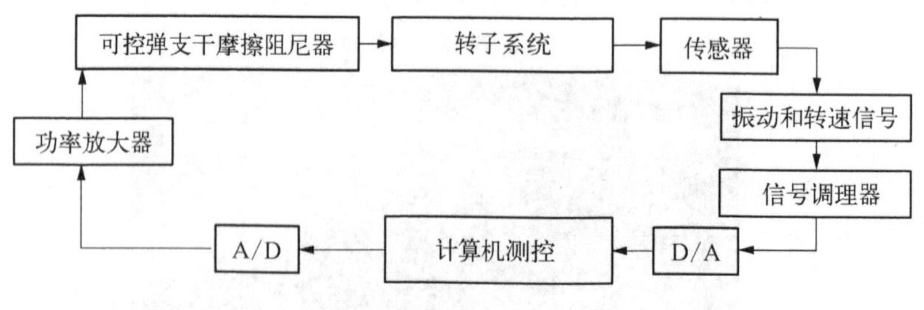

图 22.52 测控系统控制流程[8,15]

转子实验转速从 200 r/min 开始，均匀上升到 2 700 r/min，也可稳定在 200～2 700 r/min 之间的任意转速。当每次转速稳定后，采用同步整周期方式采集实验数据。每次连续采集 32 周期的信号，每周期采集 128 点数据。

在实验过程中，控制反馈信号为圆盘处的振动位移信号。

2. 实验过程

为了验证主控弹支干摩擦阻尼器对转子振动的控制效果，对比上述两种控制方法的优劣，主要进行以下实验：

(1) 主控弹支干摩擦阻尼器均不加控制电压，转子从 200 r/min 均匀增速到 2 700 r/min，测定转子的幅频特性曲线，以便确定增速过程中，实施振动控制的临界转速区域范围，并得到比较控制效果的基准。

(2) 根据实验过程(1)得到的幅频特性曲线，设置转子从 200 r/min 均匀增速到 2 700 r/min 过程中的控制转速区域。在控制转速区域内，分别按照 PI 控制和 GSPI 控制方法控制主控弹支干摩擦阻尼器的电磁铁励磁电压。控制的反馈信号为圆盘处的振动位移信号。临界转速区域的振动幅值参考值 A_r = 200 μm，非临界转速区域的 A_r = 80 μm。

3. 实验结果与分析

按照实验过程(1)不施加控制，使转子从 200 r/min 均匀增速至 2 700 r/min，得到转子的幅频特性如图 22.53 所示。由图可见，转子的临界转速约为 1 630 r/min。根据幅频特性曲线，设定控制转速区域为 1 500～1 720 r/min。

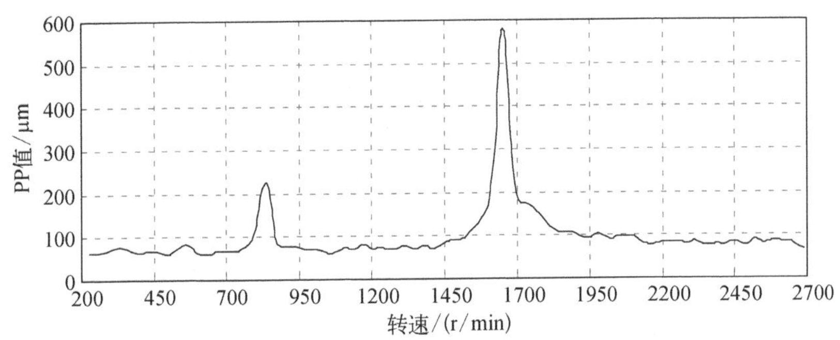

图 22.53　无控制时圆盘处的振动幅频特性

当转子增速在 1 500～1 720 r/min 时，分别按照 PI 控制方法和 GSPI 控制方法，利用电磁式主控弹支干摩擦阻尼器对转子通过临界转速区域的振动进行控制。在其他转速区域，应根据振动增大的原因采用相应的控制方法。如图 22.53 所示，转子在 1/2 临界时，振动幅值较大。为此，在转速区间 700～850 r/min 内也分别采用 PI 控制和 GSPI 控制法实施控制。在以上控制转速区间内主控式弹支干摩擦阻尼器工作，动摩擦片和静摩擦片之间的压紧力根据相应的控制方法进行调整；控制转速区间之外，主控弹支干摩擦阻尼器不工作，即动摩擦片和静摩擦片不接触。

按照实验过程(2)，在转速区间 700～850 r/min 和 1 500～1 720 r/min 分别使用 PI 控制和 GSPI 控制方法控制转子的振动，测量圆盘处的振动幅频特性曲线，并与无控制时的幅频特性曲线比较，结果如图 22.54 和图 22.55 所示。图 22.56 是控制过程中，主控式弹支干摩擦阻尼器电磁铁励磁电压的变化。图 22.57 是 PI 控制和 GSPI 控制效果的比较。

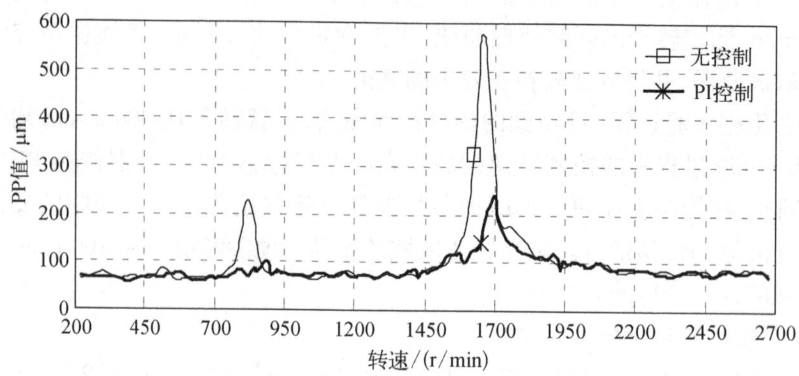

图 22.54 PI 控制时圆盘处的振动幅频特性

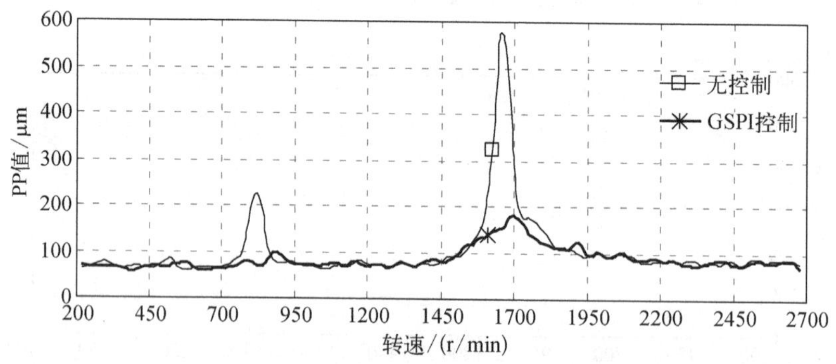

图 22.55 GSPI 控制时圆盘处的振动幅频特性

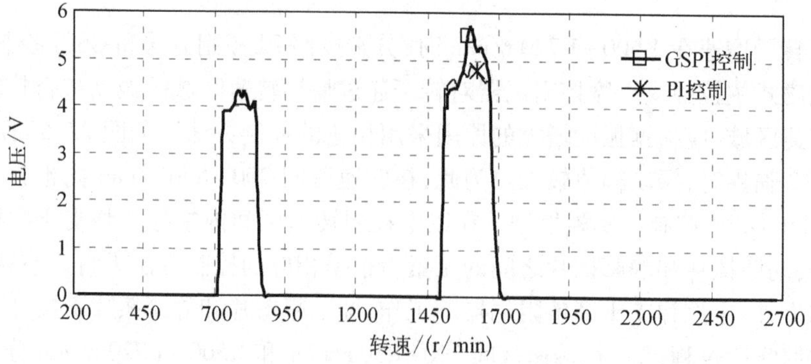

图 22.56 PI 和 GSPI 控制时电磁铁的励磁电压变化曲线

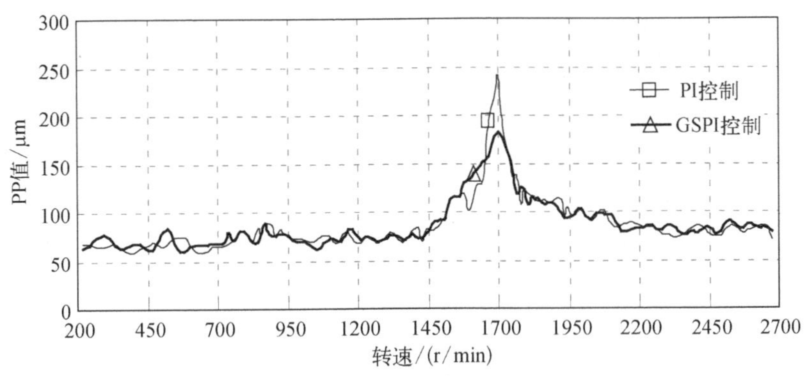

图 22.57 PI 控制与 GSPI 控制效果的比较

由图 22.54 和图 22.55 可见,主控式弹支干摩擦阻尼器实施控制后,在控制转速区域内,转子振动幅值大幅减小。在临界转速区域内振动幅值最大减幅为 65%,而“副临界”峰值消失。在非控制转速区域,转子的动力学特性没有发生变化。

综合图 22.54、图 22.55 和图 22.57 可知,在转子通过临界转速区域时,连续 GSPI 控制方法,即控制器的比例系数和积分系数能够根据转子振动的大小进行实时调整,控制转子振动的效果要优于 PI 控制方法。

实验结果证实,主控式弹支干摩擦阻尼器能有效地控制转子的振动,且易于实施。

本 章 小 结

本章系统地介绍了弹支干摩擦阻尼器的原理、结构、模型、控制方法以及实验验证。现总结如下:

(1) 弹支干摩擦阻尼器利用安装在弹性支承上的动摩擦片与安装在支座上的静摩擦片之间的干摩擦来耗散转子振动能量,从而为转子提供阻尼。机理清晰,结构简单,便于实现。

(2) 在剖析弹支干摩擦阻尼器减振机理、评估减振效果时,可应用迟滞弹簧干摩擦模型;而在设计弹支干摩擦阻尼器时,建议应用小球/底盘干摩擦模型。

(3) 电磁式主控弹支干摩擦阻尼器具有适用行程较远的优势,但体积和重量较大,频响较低。压电式主控弹支干摩擦阻尼器具有作用力大、频响快、体积和重量小的优点,但适用的行程较小。采用弹片连接静摩擦片,利于消除配合间隙的影响,但须与阻尼器一起精确设计。

(4) 对主控式弹支干摩擦阻尼器的控制易于实现。若主要控制转子在越过临界转速区域的振动时,可采用 PI 或 GSPI 控制方法。GSPI 方法的控制效果要优于

PI 控制。

(5) 利用一套转子实验系统对主控式弹支干摩擦阻尼器及其控制方法进行了实验验证。结果表明,主控式弹支干摩擦阻尼器的减振效果可达到65%。

概括而言,弹支干摩擦阻尼器减振机理清晰,构思巧妙,结构简单,响应快,耗能小,便于实施主动控制,有望成为新一代航空发动机振动主动控制的支撑技术。经过二十多年的持续研究,已初步达到工程应用的技术水平,在航空发动机领域将具有广阔的应用前景。

参考文献

[1] 沈达宽. 航空燃气涡轮发动机构造及强度计算[M]. 北京: 北京科学教育编辑室,1964.
[2] 范天宇,廖明夫. 转子干摩擦阻尼器及其减振机理[J]. 机械科学与技术,2003,22(5): 743-745.
[3] 范天宇,廖明夫,王俨剀. 弹性支撑干摩擦阻尼器减振试验研究[J]. 机械科学与技术,2005,24(9): 1062-1065.
[4] 范天宇. 弹性支承干摩擦阻尼器减振研究[D]. 西安: 西北工业大学,2006.
[5] 王四季,廖明夫,杨伸记. 主动式弹支干摩擦阻尼器控制转子振动的实验[J]. 航空动力学报,2007,22(11): 1893-1897.
[6] 王四季,廖明夫. 主动弹支干摩擦阻尼器控制转子突加不平衡响应的研究[J]. 机械科学与技术,2008,27(5): 667-672.
[7] 王四季,廖明夫. 弹支局部断裂后主动式弹支干摩擦阻尼器对转子的保护[J]. 航空动力学报,2008,23(11): 2026-2030.
[8] 王四季. 主动弹支干摩擦阻尼器控制转子振动的技术研究[D]. 西安: 西北工业大学,2008.
[9] 王四季,廖明夫. 带弹支干摩擦阻尼器的转子振动控制策略和方法[J]. 航空动力学报,2011,26(10): 2214-2219.
[10] 王四季,廖明夫. 转子突加不平衡响应在线控制方法的研究[J]. 机械科学与技术,2012,31(1): 71-74.
[11] 王四季,廖明夫. 弹支干摩擦阻尼器在线控制转子失稳[J]. 振动、测试与诊断,2012,32(2): 323-326.
[12] 宋明波,谭大力,廖明夫. 压电陶瓷弹性支承干摩擦阻尼器减振实验[J]. 航空动力学报,2013,231(96): 2223-2227.
[13] WANG S J, LIAO M F. Experimental investigation of an active elastic support/dry friction damper on vibration control of rotor systems [J]. International Journal of Turbo and Jet-Engines, 2014,31(1): 13-17.
[14] LIAO M F, SONG M B, WANG S J. Active elastic support/dry friction damper with piezoelectric ceramic actuator[J]. Shock and Vibration, 2014(9): 1-10.
[15] 廖明夫. 航空发动机转子动力学[M]. 西安: 西北工业大学出版社, 2015.
[16] 宋明波. 弹支干摩擦阻尼器与转子匹配的动力学设计方法研究[D]. 西安: 西北工业大学,2016.

[17] 陈先龙. 智能结构弹支干摩擦阻尼器研究[D]. 西安：西北工业大学,2015.
[18] 徐莹阁. 智能结构弹支干摩擦阻尼器设计方法与实验研究[D]. 西安：西北工业大学,2017.
[19] 宁培杰. 弹支干摩擦阻尼器结构优化设计与实验研究[D]. 西安：西北工业大学,2020.
[20] 陈燕生,沈心敏,闻英梅,等. 摩擦学基础[M]. 北京：北京航空航天大学出版社,1991.
[21] DEN HARTOG J P. Mechanical vibrations[M]. New York：McGraw-Hill, 1956.